中国核科学技术进展报告

（第七卷）

——中国核学会 2021 年学术年会论文集

第 5 册

核化学与放射化学分卷

核化工分卷

辐射防护分卷

中国原子能出版社

图书在版编目(CIP)数据

中国核科学技术进展报告. 第七卷. 中国核学会 2021
年学术年会论文集. 第五分册,核化学与放射化学、核化
工、辐射防护 / 中国核学会主编. —北京:中国原子
能出版社,2022.3
ISBN 978-7-5221-1883-3

Ⅰ. ①中… Ⅱ. ①中… Ⅲ. ①核技术-技术发展-研
究报告-中国 Ⅳ. ①TL-12

中国版本图书馆 CIP 数据核字(2021)第 256608 号

内 容 简 介

中国核学会 2021 学术双年会于 2021 年 10 月 19 日—22 日在山东省烟台市召开。会议主题是"庆贺党百年华诞
勇攀核科技高峰",大会共征集论文 1400 余篇,经过专家审稿,评选出 573 篇较高水平论文收录进《中国核科学技术进
展报告(第七卷)》,报告共分 10 册,并按 28 个二级学科设立分卷。

本分册为核化学与放射化学·核化工·辐射防护卷。

中国核科学技术进展报告(第七卷) 第 5 册

出版发行	中国原子能出版社(北京市海淀区阜成路 43 号 100048)
策划编辑	付 真
责任编辑	付 真
特约编辑	刘思岩 徐晓晴
装帧设计	侯怡璇
责任校对	宋 巍
责任印制	赵 明
印 刷	北京卓诚恒信彩色印刷有限公司
经 销	全国新华书店
开 本	890 mm×1240 mm 1/16
印 张	29.125 字 数 902 千字
版 次	2022 年 3 月第 1 版 2022 年 3 月第 1 次印刷
书 号	ISBN 978-7-5221-1883-3 定 价 120.00 元

网址:http://www.aep.com.cn   E-mail:atomep123@126.com
发行电话:010-68452845

中国核学会 2021 年
学术年会大会组织机构

主办单位　中国核学会

承办单位　山东核电有限公司

协办单位　中国核工业集团有限公司　　国家电力投资集团有限公司

　　　　　　中国广核集团有限公司　　　　清华大学

　　　　　　中国工程物理研究院　　　　　中国科学院

　　　　　　中国工程院　　　　　　　　　中国华能集团有限公司

　　　　　　中国大唐集团有限公司　　　　哈尔滨工程大学

大会名誉主席　余剑锋　中国核工业集团有限公司党组书记、董事长

大会主席　王寿君　全国政协常委　中国核学会理事会党委书记、理事长

　　　　　　祖　斌　国家电力投资集团有限公司党组副书记、董事

大会副主席　（按姓氏笔画排序）

　　　　王　森　王文宗　王凤学　田东风　刘永德　吴浩峰

　　　　庞松涛　姜胜耀　赵　军　赵永明　赵宪庚　詹文龙

　　　　雷增光

高级顾问　（按姓氏笔画排序）

　　　　丁中智　王乃彦　王大中　杜祥琬　陈佳洱　欧阳晓平

　　　　胡思得　钱绍钧　穆占英

大会学术委员会主任　叶奇蓁　邱爱慈　陈念念　欧阳晓平

大会学术委员会成员　（按姓氏笔画排序）

　　　　　　　　王　驹　王贻芳　邓建军　卢文跃　叶国安

　　　　　　　　华跃进　严锦泉　兰晓莉　张金带　李建刚

　　　　　　　　陈炳德　陈森玉　罗志福　姜　宏　赵宏卫

　　　　　　　　赵振堂　赵　华　唐传祥　曾毅君　樊明武

　　　　　　　　潘自强

大会组委会主任　刘建桥

大会组委会副主任　王　志　高克立

大会组织委员会委员　（按姓氏笔画排序）

　　　　　　　　马文军　王国宝　文　静　石金水　帅茂兵

　　　　　　　　兰晓莉　师庆维　朱　华　朱科军　伍晓勇

刘　伟　　刘玉龙　　刘蕴韬　　孙　晔　　苏　萍
苏艳茹　　李　娟　　李景烨　　杨　辉　　杨华庭
杨来生　　张　建　　张春东　　陈　伟　　陈　煜
陈东风　　陈启元　　郑卫芳　　赵国海　　郝朝斌
胡　杰　　哈益明　　昝元锋　　姜卫红　　徐培昇
徐燕生　　桑海波　　黄　伟　　崔海平　　解正涛
魏素花

大会秘书处成员　（按姓氏笔画排序）

于　娟　　于飞飞　　王　笑　　王亚男　　朱彦彦　　刘思岩
刘晓光　　刘雪莉　　杜婷婷　　李　达　　李　彤　　杨　菲
杨士杰　　张　苏　　张艺萱　　张童辉　　单崇依　　徐若珊
徐晓晴　　陶　芸　　黄开平　　韩树南　　程　洁　　温佳美

技术支持单位　各专业分会及各省核学会

专　业　分　会　核化学与放射化学分会、核物理分会、核电子学与核探测技术分会、核农学分会、辐射防护分会、核化工分会、铀矿冶分会、核能动力分会、粒子加速器分会、铀矿地质分会、辐射研究与应用分会、同位素分离分会、核材料分会、核聚变与等离子体物理分会、计算物理分会、同位素分会、核技术经济与管理现代化分会、核科技情报研究分会、核技术工业应用分会、核医学分会、脉冲功率技术及其应用分会、辐射物理分会、核测试与分析分会、核安全分会、核工程力学分会、锕系物理与化学分会、放射性药物分会、核安保分会、船用核动力分会、辐照效应分会、核设备分会、近距离治疗与智慧放疗分会、核应急医学分会、射线束技术分会、电离辐射计量分会、核仪器分会、核反应堆热工流体力学分会、知识产权分会、核石墨及碳材料测试与应用分会、核能综合利用分会、数字化与系统工程分会、核环保分会（筹）

省级核学会　（按照成立时间排序）

上海市核学会、四川省核学会、河南省核学会、江西省核学会、广东核学会、江苏省核学会、福建省核学会、北京核学会、辽宁省核学会、安徽省核学会、湖南省核学会、浙江省核学会、吉林省核学会、天津市核学会、新疆维吾尔自治区核学会、贵州省核学会、陕西省核学会、湖北省核学会、山西省核学会、甘肃省核学会、黑龙江省核学会、山东省核学会、内蒙古核学会

中国核科学技术进展报告
（第七卷）

总编委会

前　言

　　《中国核科学技术进展报告(第七卷)》是中国核学会 2021 学术双年会优秀论文集结。

　　2021 年中国核科学技术领域发展取得重大进展。中国自主三代核电技术"华龙一号"全球首堆福清核电站 5 号机组、海外首堆巴基斯坦卡拉奇 K-2 机组相继投运。中国自主三代非能动核电技术"国和一号"示范工程按计划稳步推进。在中国国家主席习近平和俄罗斯总统普京的见证下,江苏田湾核电站 7 号、8 号机组和辽宁徐大堡核电站 3 号、4 号机组,共四台 VVER-1200 机组正式开工。江苏田湾核电站 6 号机组投运;辽宁红沿河核电站 5 号机组并网;山东石岛湾高温气冷堆示范工程并网;海南昌江多用途模块式小型堆 ACP100 科技示范工程项目开工建设;示范快堆 CFR600 第二台机组开工建设。核能综合利用取得新突破,世界首个水热同产同送科技示范工程在海阳核电投运,核能供热商用示范工程二期——海阳核电 450 万平方米核能供热项目于 2021 年 11 月投运,届时山东省海阳市将成为中国首个零碳供暖城市。中国北山地下高放废物地质处置实验室开工建设。新一代磁约束核聚变实验装置"中国环流器二号 M"实现首次放电;全超导托卡马克核聚变实验装置成功实现 101 秒等离子体运行,创造了新的世界纪录。

　　中国核学会 2021 双年会的主题为"庆贺党百年华诞　勇攀核科技高峰",体现了我国核领域把握世界科技创新前沿发展趋势,紧紧抓住新一轮科技革命和产业变革的历史机遇,推动交流与合作,以创新科技引领绿色发展的共识与行动。会议为期 3 天,主要以大会全体会议、分会场口头报告、张贴报告等形式进行,同期举办核医学科普讲座、妇女论坛。大会现场还颁发了优秀论文奖、团队贡献奖、特别贡献奖、优秀分会奖、优秀分会工作者等奖项。

　　大会共征集论文 1 400 余篇,经专家审稿,评选出 573 篇较高水平的论文收录进《中国核科学技术进展报告(第七卷)》公开出版发行。《中国核科学技术进展报告(第七卷)》分为 10 册,并按 28 个二级学科设立分卷。

　　《中国核科学技术进展报告(第七卷)》顺利集结、出版与发行,首先感谢中国核学会各专业分会、各工作委员会和 23 个省级(地方)核学会的鼎力相助;其次感谢总编委会和

28个（二级学科）分卷编委会同仁的严谨作风和治学态度；再次感谢中国核学会秘书处和出版社工作人员，在文字编辑及校对过程中做出的贡献。

《中国核科学技术进展报告（第七卷）》编委会

2022 年 3 月

核化学与放射化学
Nuclear & Radio Chemistry

目　录

石墨炉原子吸收光谱法测定核电站二回路水中硅

屈　迪[1]，赵　艳[2]，肖浩彬[1]

(1. 福建福清核电有限公司,福建 福州 350300;2. 南京华天科技发展股份有限公司,江苏 南京 211200)

摘要：建立了石墨炉原子吸收光谱法测定核电站二回路水中硅的分析方法。使用硝酸钯作为基体改进剂,选择合适的基体改进剂浓度、灰化温度和原子化温度,确定了仪器最佳工作条件。该方法的定量限为 3.00 μg/L,标准曲线相关系数 $r=0.999\,978$,加标回收率为 91.5%～101%,精密度≤1.91%,与分光光度法测得的硅结果偏差在±10%范围内。该方法快速、简便,满足现场工作需求。

关键词：石墨炉原子吸收光谱法;硅;核电站二回路水样;硝酸钯;基体改进剂

　　在核电厂水汽循环系统中,硅可进入到许多低溶解性化合物的组成中(如:硅铝酸盐、硅酸盐、沸石等),这些化合物会沉积在热传递表面,使热传导性变差。国外的一些核电厂发现,在取样管上会见到硅铝酸盐沉积物,在运行工况下可能会形成胶态,不能起到保护富铬履盖层的作用,使因科镍 690 合金的蒸汽发生器传热管二次侧腐蚀加剧。因此,能够准确检测硅含量,对于电站的安全运行、及时采取应对措施意义重大。

　　目前福清核电化学实验室测定二回路水样中硅的方法为分光光度法,此方法需要准备包括盐酸、氢氧化钠等危险化学品在内的 9 种化学试剂,分析步骤繁杂(需分三次加入不同的试剂)且耗时较长(5 个样品需要花费约 60 min,其中样品制备 40 min,样品分析 20 min)。为了减少危险化学品的使用,提高分析工作效率,笔者进行了石墨炉原子吸收光谱法测定核电站二回路水样中硅的研究,获得了较满意的结果。

1　试验

1.1　原理

　　石墨炉原子吸收光谱法的原理是将光源辐射出的待测元素的特征光谱通过样品蒸汽中待测元素的基态原子,发射光谱被基态原子吸收,由发射光谱被减弱的程度,进而求得样品中待测元素的含量。

1.2　仪器

　　PE AA800 型原子吸收光谱仪(美国 PE 公司);热解涂层平台石墨管;AS-800 自动进样器;硅空心阴极灯。

1.3　仪器条件

　　波长 251.61 nm,狭缝 0.7 Lnm,灯电流 40 mA。进样体积 20 μL,进样方式为自动进样。石墨炉升温程序见表 1。

表 1　石墨炉升温程序

Step	$T/\text{℃}$	Ramp time/s	Hold time/s	Argon flow rates/(mL/min)
干燥 1	110(固定设定)	3	30	250
干燥 2	140(固定设定)	15	30	250
灰化	1 000(待确定)	10	20	250

作者简介:屈迪(1992—),男,河南南阳人,工程师,本科,现主要从事核电厂水化学分析方面研究

Step	$T/℃$	Ramp time/s	Hold time/s	Argon flow rates/(mL/min)
原子化	2 350(待确定)	0	4	0
高温清除	2 450(固定设定)	1	5	250

1.4 试剂

硅标准溶液 1 000 mg/L(PE),硅标准使用液为 200 μg/L,临用时采用高纯水稀释。

1.5 标准系列的配制与测定

仪器自动将浓度为 200 μg/L 的硅标准使用液用高纯水稀释成 0、50、100、150、200 μg/L 的标准溶液系列。仪器参数设定后自动吸取 20 μL 试剂空白(高纯水作为试剂空白)和标准溶液系列,注入石墨管中,启动石墨炉控制程序,待仪器完成分析后,记录吸光度,绘制工作曲线并计算出回归方程。

2 试验条件选择与结果验证

根据实验原理可知,得到准确的吸光度是准确测量样品浓度的关键。而得到准确的吸光度,对于石墨炉原子吸收光谱法来说一般可从添加基体改进剂、选择合适的灰化温度和原子化温度等方面进行优化。在选择最佳试验方法后,从测量标准曲线、方法定量限、精密度和准确度等方面对此分析方法进行验证。最后将测得的数据与分光光度法测得的二氧化硅数据进行比对,得出结论。

2.1 试验条件选择

2.1.1 基体改进剂浓度的选择

采用 200 μg/L 的硅标准使用液,直接进样测量,吸光度为 0.060 3,吸光度太小(最大测量浓度的吸光度需在 0.1~0.5 之间),不满足分析要求。吸光度过低,经评估,认为是在较低的灰化温度时,有大量的基体或杂质不能被去除,提高灰化温度则会造成硅的损失,在较低的原子化温度时,硅的原子化效率很低,而提高原子化温度也会造成硅的损失。经查阅大量资料发现,硝酸钯能和待测元素形成配体,在提高灰化温度和原子化温度的同时会尽可能减少待测元素的损失,同时硝酸钯能与基体组分形成化合物使其更容易挥发。灰化温度的提升使基体中的干扰成分在灰化阶段去除的更彻底,减少原子化时对吸光度的干扰。故在检测时加入 5 μL 硝酸钯基体改进剂,但是硝酸钯浓度需要试验确定。

采用 200 μg/L 的硅标准使用液,加入 5 μL 硝酸钯基体改进剂,基体改进剂的浓度分别为 0、10、40、100、200、300、400 mg/L,进行测定。测定结果如图 1 所示。

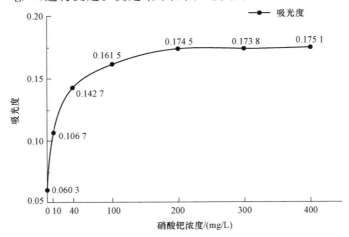

图 1 硝酸钯浓度与吸光度关系

从图 1 中可以发现,硝酸钯浓度从 0～200 mg/L 增加时,吸光度有明显增加,当硝酸钯浓度高于 200 mg/L,吸光度无明显变化,故选用 200 mg/L 为基体改进剂浓度。

2.1.2 灰化温度的选择

实验过程中的灰化是为了去除杂质和基体,减少原子化过程中的背景吸收,灰化温度过低会导致样品中的杂质和基体大量残留,导致背景信号高,灰化温度过高又会导致待测元素的损失,导致吸光度降低,故选择合适的灰化温度对提高吸光度有显著的影响。

采用 200 μg/L 的硅标准使用液,加入 5 μL 200 mg/L 基体改进剂(仪器自动进行)。灰化温度分别为 700、800、900、1 000、1 100、1 200、1 300、1 400 ℃进行测定。测定结果如图 2 所示。

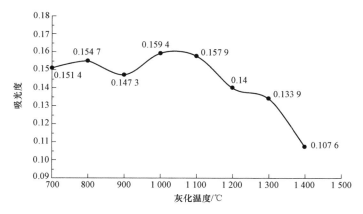

图 2　灰化温度与吸光度关系

从图 2 中可以发现,随着灰化温度的升高,吸光度先升高再降低再升高后降低,在 1 000 ℃时吸光度最大。故选用 1 000 ℃为测定时的灰化温度。

2.1.3 原子化温度的选择

试验过程中的原子化是为了将待测物分解为基态原子,以吸收空心阴极灯发出的待测元素的特征谱线。原子化温度过低会导致原子化不完全,相应的吸光度就达不到预期;原子化温度过高则会造成待测元素损失,石墨管寿命减少。故选用合适的原子化温度会使待测元素的原子化更完全,达到最好的吸光度。

采用 200 μg/L 的硅标准使用液,加入 5 μL 200 mg/L 基体改进剂,灰化温度为 1 000 ℃。原子化温度分别为 2 100、2 150、2 200、2 250、2 300、2 350、2 400、2 450 ℃进行测定。测定结果如图 3 所示。

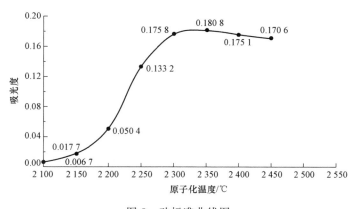

图 3　硅标准曲线图

从图 3 中可以发现,随着原子化温度的升高,吸光度也在不断的增加,当原子化温度在 2 350 ℃时吸光度最大。故选用 2 350 ℃为测定时的原子化温度。

2.2 结果与分析

2.2.1 标准曲线绘制

根据上述试验,确定了影响原子化效率所有因素的最佳试验条件为:每次进样时加入 5 μL 200 mg/L 的硝酸钯基体改进剂、灰化温度为 1 000 ℃ 和原子化温度为 2 350 ℃。根据此条件设定进行标准曲线绘制,仪器自动将浓度为 200 μg/L 的硅标准使用液采用高纯水稀释成 0、50、100、150、200 μg/L 的标准溶液系列。并加入 5 μL 200 mg/L 硝酸钯基体改进剂。按照上述条件测定,硅的标准曲线(非线性过零点)见图 4。

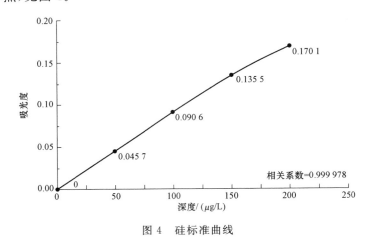

图 4   硅标准曲线

此标准曲线的相关系数为 0.999 978,满足标准曲线的相关系数须大于 0.995 的要求。

2.2.2 方法检测限和定量限

方法检出限是连续测定 11 次空白样品(结果见表 2),计算 11 次平行测定结果的标准偏差 $S = \sqrt{\dfrac{1}{n-1}\sum_{i=1}^{n}(X_i - \overline{X})^2}$,按照下列公式计算检出限。

$$MDL = St(n-1, 0.99) = 0.763\ 405 \times 2.764 = 2.11\ \mu g/L$$

其中:$t(n-1, 0.99)$ 为置信度为 99%、自由度为 $n-1$ 时的 t 值,n 为重复分析的样品数。

由此可得方法检出限为 2.11 μg/L,根据日常分析需要,定量限定为 3.00 μg/L。

表 2   连续测量 11 次空白样品结果   单位:μg/L

测定次数	1	2	3	4	5	6	7	8	9	10	11
测定值	2.00	−0.21	0.05	0.49	0.34	0.28	2.02	0.59	0.50	0.33	1.48

2.2.3 精密度

现场取 4SG1、4SG2 和 4SG3(4 号机组 1~3 号蒸汽发生器)水样分别进行精密度试验(同一样品测 7 次),测定结果见表 3。

表 3   4SG1/2/3 水样分析结果(n＝7)   单位:μg/L

样品名称	1	2	3	4	5	6	7	平均值	相对标准偏差/%
4SG1	27.18	27.91	27.53	27.33	27.01	28.24	28.30	27.64	0.51
4SG2	30.28	27.91	32.95	33.74	30.56	31.23	31.74	31.20	1.91
4SG3	31.03	30.60	29.70	29.86	31.17	29.70	29.72	30.25	0.66

由表 3 数据可得,三个样品的相对标准偏差分别为 0.51%、1.91%、0.66%,满足精密度 RSD≤

10%的要求。

2.2.4 准确度

将4SG1/2/3水样进行加标回收试验,测定结果见表4。

表4 4SG1/2/3水样加标分析结果

样品名称	测量平均值/(μg/L)	加标量/μg	回收量/μg	加标回收率/%
4SG1	27.64	50	78.60	101
4SG2	31.20	100	122.7	91.5
4SG3	30.25	150	173.0	95.2

由表4数据可得,样品加标回收试验加标回收率为91.5%～101%,满足90%～110%的要求,表明该方法准确度高。

2.2.5 与分光光度法测得数据比对

将石墨炉原子吸收光谱法测得的4SG1/2/3水样结果与分光光度法测得的4SG1/2/3水样二氧化硅结果进行比对,结果见表5。

表5 4SG1/2/3水样两种方法分析结果比对表

样品名称	原子吸收光谱法测得 Si 的量/(μg/L)	Si 转换为 SiO_2 系数	原子吸收光谱法测得的 SiO_2 的量/(μg/L)	分光光度法测得 SiO_2 的量/(μg/L)	对比偏差/%
4SG1	27.64		59.23	63.50	−6.73
4SG2	31.20	60/28	66.86	63.50	5.29
4SG3	30.25		64.82	66.50	−2.52

3 结论

(1)用石墨炉原子吸收光谱法测定硅的最佳实验条件如下。

1)加入 5 μL 200 mg/L 的硝酸钯基体改进剂;

2)灰化温度设定为 1 000 ℃;

3)原子化温度设定为 2 350 ℃。

在此条件下进行实验,0～200 μg/L 的硅标准曲线相关系数为0.999 978、定量限为 3.00 μg/L、精密度≤1.91%、加标回收率为91.5%～101%,与分光光度法测量结果偏差在±10%范围内,满足核电站二回路水质分析需求。

(2)此方法仅使用2种化学试剂(硅标准溶液、硝酸钯),省时且消耗资源少,可作为核电厂二回路水中硅测定的日常方法。

参考文献:

[1] 原子吸收光谱分析法通则:GB/T 15337—2008[S].

[2] 工业循环冷却水和锅炉用水中硅的测定:GB/T 12149—2007[S].

[3] 姚继军.美国 PerkinElmer 公司 Analyst 系列 AAS 石墨炉操作手册[R].珀金埃尔默仪器(上海)有限公司.

[4] 邹智.石墨炉原子吸收法测定铅量时灰化温度与原子化温度的优化[J].湖南有色金属,2016,32(3);79-80.

Determination of Silicon in Second-Loop Water
of Nuclear Power station by GFAAS

QU Di[1], ZHAO Yan[2], XIAO Hao-bin[1]

(1. Fujian Fuqing Nuclear Power Co., Ltd, Fuzhou, Fujian, China;

2. Nanjing Huatian Science and Technology Development Co., Ltd, Nanjing, Jiangsu, China)

Abstract: An analytical method of the determination of Silicon in Second-Loop Water of Nuclear Power station by using graphite furnace atomic absorption spectrum-etry(GFAAS) was established in the paper. Palladium nitrate was adopted as matrix modifier, appropriate matrix improver concentration, ashing temperature, atomization temperature and instrument best working conditions were selected in the experiment. The detection limit of the method was 3.00 μg/L, the related coefficient of the standard curve for the method was 0.999 978, the recovery rate was 91.5%-101%, the precision was less than 1.91%, the deviation of silicon results measured by spectrophotometry is within ±10%. The method is accurate, rapid and simple, which is meet the needs of on-site work.

Key words: GFAAS; Silicon; Second-Loop Water of Nuclear Power station; Palladium nitrate; Matrix modifier

高庙子膨润土胶体对 U(VI)吸附行为研究

刘　晨，方　升*，徐毓炜，许强伟，王　波，陈　曦，周　舵*

(中国原子能科学研究院,北京 102413)

摘要：高庙子膨润土是我国高放废物地质处置库(下称"处置库")的首选缓冲回填材料,膨润土块体被地下水浸蚀后会形成膨润土胶体。膨润土胶体粒径小、比表面积大、表面带电荷,易吸附放射性核素,放射性核素被胶体吸附后,其迁移规律会发生一定变化,进而对环境安全构成潜在威胁。因此,为保证处置库工程万年以上安全,在处置库安全评价中必须考虑胶体载带放射性核素迁移的情况。本研究在膨润体胶体稳定性的基础上,采用批式吸附实验法研究吸附时间、胶体浓度、背景电解质 pH 及其浓度对 U(VI)在高庙子膨润土胶体上的吸附行为。结果表明:高庙子膨润土胶体对 U(VI)的吸附符合准二阶吸附动力学模型,表明该吸附为限速吸附过程;吸附分配系数随着胶体用量的增加先缓慢增大而后基本保持不变;吸附分配系数随着胶体溶液 pH 的上升先增强后降低,在 pH≈6 时达到最大值;U(VI)在膨润土胶体上的吸附随着背景电解质离子强度增大而减弱。

关键词：高庙子膨润土胶体;稳定性;U(VI);吸附

前言

近年来,随着中国核能事业的迅猛发展和对环境问题的日益重视,放射性废物,尤其是高水平放射性废物(以下简称"高放废物")的安全处置是确保我国国民和环境安全、核工业可持续发展的必然要求。高放废物地质处置是目前世界公认的可行方法,通过将高放废物深埋地下 300～1 000 m 的地质体(即处置库)中,通过多重屏障的方式将核素阻滞、包容在处置库中,为确保处置库中核素在万年以上不会迁移至生物圈,开展处置库环境下放射性核素的迁移行为研究,可为处置库的安全分析和环境评价提供重要依据。

在多重屏障概念中,高庙子膨润土作为最后一道人工屏障,其被地下水浸蚀后会形成膨润土胶体。这些胶体将会成为处置库环境最为活跃的组分之一,其稳定性与污染物的迁移行为息息相关,分散在水中的胶体由于其具有良好的迁移能力,可通过吸附移动性较弱的组分而加速组分移动,从而对环境安全造成潜在威胁。胶体具有较高的表面能和比表面积,可以吸附大量的放射性核素,被认为是一种潜在的放射性核素迁移的载体[1]。

目前,国内外许多学者通过实验室和现场试验[1-2]对胶体存在下放射性核素的迁移行为进行研究,发现胶体影响核素迁移的本质是胶体对核素有较强的吸附作用。Thorsten Schäfer 等[3]研究表明处置库远场环境中除了固液两相外还存在纳米胶体相,且其对放射性核素的迁移有重要影响,忽略地下水系统中的胶体相将会很大程度低估污染物的吸附和迁移。Delos 等[4]发现被胶体吸附的 ^{244}Pu 和 ^{241}Am 在陶瓷柱中的迁移速率快于在水中时的迁移速率,表明可移动的胶体能够有效地促进 ^{244}Pu 和 ^{241}Am 的迁移。谢金川等[5]发现在孔隙结构中,Pu(IV)被矿物胶体吸附后,其迁移速率发生明显变化,其中主要因素是水的流速和离子强度[6]。尽管人们已认识到胶体对放射性核素的迁移具有重要影响,但目前关于胶体与放射性核素相互作用的研究尚不够深入,对于胶体控制放射性核素环境行为的过程和机制仍不够明确。

铀作为最重要的核燃料之一,其种态形式多种多样,在地下水中的迁移更是取决于周围自然环境

作者简介:刘晨(1996—),女,安徽宿州人,硕士研究生,现主要从事胶体稳定性及其载带核素迁移研究

基金项目:核设施退役及放射性废物治理科研项目(BD18000103)

的变化和水溶液中化学成分的性质,尤其是铀本身的性质。研究胶体对铀吸附行为,对研究胶体载带铀迁移行为及处置库安全评价具有重要的科学价值和实际意义。基于此,本文在研究膨润体胶体稳定性的基础上,采用批式吸附实验研究吸附时间、胶体浓度、溶液 pH、背景电解质浓度对 U(VI)在高庙子膨润土胶体上的吸附行为影响。以期进一步认识膨润土胶体的环境行为,准确掌握胶体所携带的 U(VI)在地下水环境中的迁移和归趋规律,为处置库的安全评价提供重要参考。

1 实验部分

1.1 试剂及仪器

实验所用膨润土购买于核工业北京地质研究院。实验所用试剂购买于北京试剂公司,均为分析纯。

电子天平,Metteler Toledo 公司;DHG-9123A 型电热恒温鼓风干燥箱,上海 SYSBERY 公司;2000D 型超纯水机,北京长风仪器仪表公司;HI8424 型 PH 计,意大利 HANNA 公司;Zeta 电位激光粒度分析仪,美国贝克曼公司;H2050R-1 型高速离心机,长沙湘仪离心机仪器有限公司;恒温震荡仪,常州天瑞仪器有限公司;NexION 300 电感耦合等离子体质谱仪,美国 PerkinElmer 公司。

1.2 胶体储备液的制备及浓度表征

取固液比为 10 g/L、浸泡 2 年的膨润土上清液于离心管中,离心、分离后,上清液用于胶体性质表征及后续吸附实验。

胶体浓度采用重量分析法进行表征,将一定量胶体放于烘箱 60 ℃恒温 48 h 烘干,通过离心管有无胶体前后的质量差获取胶体的质量浓度(mg/L),其计算如式(1):

$$\rho = \left(\frac{\Delta m}{100}\right) \cdot 10^6 \qquad (1)$$

式中:Δm 为离心管前后质量差,g。

本研究制备的胶体质量浓度为 0.649 g·L^{-1},下文中所述胶体用量亦通过此进行换算。

1.3 胶体的稳定性

采用 Zeta 电位激光粒度分析仪检测胶体在 15 min 内的水和动力学直径变化规律,并分析胶体溶液稳定后的 Zeta 电势;其中 pH 值是通过体积可忽略的 HCl 或者 NaOH 调节至所需 pH(2.5～12.5)。以 NaClO₄ 为背景电解质,配制离子强度为 0.001～0.1 mol/L 的胶体溶液,考察电解质对胶体稳定性的影响。

团聚可逆性实验:测定空白胶体溶液和不同离子强度/pH 条件下胶体分散液调中胶体团聚体的粒径,分析胶体水合动力学直径变化规律及 Zeta 电势。

1.4 吸附实验

大气条件下,在离心管中加入一定体积的胶体和硝酸铀酰(U(VI))储备液进行吸附实验,调节初始溶液 pH≈7.5,置于恒温震荡仪中,25 ℃、150 r/min 震荡,每隔一定时间取样,研究膨润土胶体对铀(VI)吸附动力学实验。

大气条件下,离心管中加入一定量的胶体和 U(VI)储备液,调节溶液 pH 和离子强度至所需时间,置于恒温震荡仪中 25 ℃、150 r/min 震荡 24 h,研究胶体用量、溶液 pH 及背景电解质对吸附行为的影响实验。

吸附实验结束后,混合物经过离心、HNO₃酸化后,用 ICP-MS 测定 U(VI)浓度。

铀在膨润土胶体上的吸附情况可以用吸附率(%)来表示,吸附率计算公式(2)如下:

$$吸附率\% = \frac{C_0 - C_t}{C_t} \times 100\% \qquad (2)$$

式中,C_0、C_t 分别吸附前后溶液中 U(VI)的浓度,mol/L。

2 结果与讨论

2.1 高庙子膨润土胶体稳定性

本研究采用光子相关性光谱,系统研究 pH、电解质浓度等因素对高庙子膨润土胶体稳定性的影响,在此基础上讨论了胶体粒子团聚的可逆性,期望进一步理解胶体的环境行为,为探究胶体与放射性核素的相互作用提供依据。运用动态光散射(DLS)测量胶体的水合动力学直径和 Zeta 电势,通常,Zeta 电势绝对值越大,胶体粒子间排斥力越大,胶粒越不易聚集,胶体溶液越稳定。

不同 pH 和电解质浓度下,高庙子膨润土胶体粒径和 Zeta 电势变化如图 1 所示。由图 1 可知,pH 在 4～12,膨润土胶体呈现良好的稳定性,胶体平均粒径在 210 nm 左右,但当 pH<4 时,随着 pH 减小,其 Zeta 电势迅速升高,粒径显著增大,胶体发生聚沉,pH>12 时,胶体粒径也显著增大;另一方面,随着离子强度的增加,胶体的平均粒径上升,胶体逐渐发生聚集,但是 Zeta 值仍处于−50 mV 以下。通常,地下环境中水溶液 pH 在 6～10,背景电解质浓度小于 0.01 mol/L[7],根据实验结果,表明高庙子膨润土胶体在自然环境下相对稳定,能够随着水流迁移扩散。

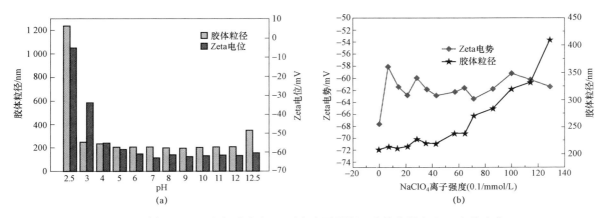

图 1 不同 pH(a)和电解质浓度(b)下高庙子膨润土胶体粒径和 Zeta 电势变化

值得注意的是,在所研究的 pH 和电解质浓度范围内,Zeta 电位均为负值且在电解质浓度为 10～140 mmol/L、pH 为 6～12.5 时,zeta 电位的变化不大,表明膨润土胶体在该电解质浓度和 pH 范围内稳定性良好,这是由于膨润土边缘表面羟基位点(如 SiOH 或者 AlOH)的质子化和去质子化反应所产生的电荷的贡献低于黏土层间的永久性电荷,而 pH 主要影响边缘电荷[8]。背景电解质对胶体 Zeta 电势的影响主要通过双电层实现,双电层愈薄,胶体表面电势下降愈快。Schulze-Hardly 认为二价阳离子电解质对膨润土胶体的团聚速率影响较为明显[9-10]。究其原因,胶体体系中迪拜长度 (1/κ) 与离子价态成反比,离子价态升高使得胶体的迪拜长度降低,导致胶粒间的静电斥力降低[11]。有学者用二价 Ca^{2+} 作为背景电解质,发现膨润土胶体的稳定性大大降低[7]。

由于雨水增多/干旱时间较久,地下环境会发生变化,聚集的胶体团簇有可能再次释放和迁移,因此研究胶体团聚的可逆性对理解胶体的稳定性和胶体在环境中的迁移行为具有重要意义。本研究重点研究了 pH 和电解质浓度对膨润土胶体团聚可逆性的影响,结果如图 2 所示。

由图 2(a)可知,在膨润土胶体体系中,当背景电解质 NaClO$_4$ 的浓度为 1.0×10^{-2} mol/L 时,胶体粒子直径显著增大直至产生沉淀;当胶体体系中 NaClO$_4$ 的浓度为 1.0×10^{-3} mol/L 时,膨润土胶体的粒径会恢复到动力学实验初始状态胶体的粒径[(210±10)nm],二者的粒径分布基本重合,如图 2(c)所示。这表明由电解质浓度引起的胶体团聚过程是可逆的,改变电解质浓度,胶体再次由团聚状态恢复到分散状态。图 2(b)和(d)给出了 pH 对高庙子膨润土胶体团聚可逆性的影响。当 pH=2.5 时,膨润土胶体的水动力学直径随着时间的延长而急剧上升,胶体的粒径分布曲线与初始状态胶体粒径分布曲线偏差较大;而 pH=7.0 时,团聚状态的胶体被解聚,其动力学曲线与初始状态胶体动

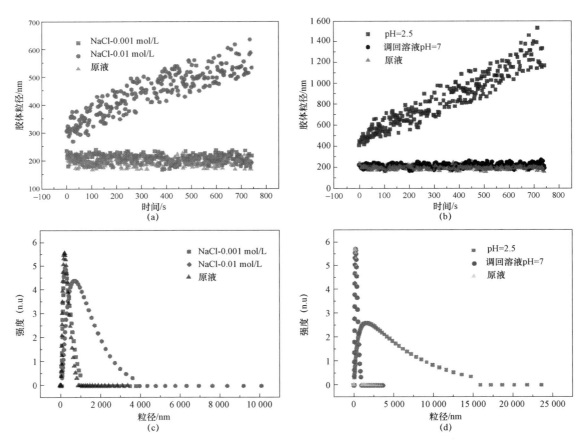

图 2   膨润土胶体团聚可逆性的影响:动力学(a,b)和粒径分布(c,d)
在不同背景电解质(a,c)和 pH(b,d)条件下的影响

力学曲线趋势一致且相互靠近。因此,如果环境条件有利于胶体分散,则团聚的膨润土胶体可以重新分散到原分散体系中。

通过分析可知,在一定条件下,电解质浓度和 pH 的改变而引发的胶体的团聚过程是一个可逆的过程。

2.2   接触时间对 U(VI)吸附的影响

U(VI)在膨润土胶体上的吸附率随接触时间变化的关系如图 3 所示。由图 3(a)可知,U(VI)在膨润土胶体上的吸附在 15 min 内可达到平衡,之后吸附率基本保持不变。采用准二阶吸附动力学模型对实验数据进行拟合,以进一步探讨 U(VI)在膨润土胶体上的吸附反应机理,准二阶吸附动力学方程如下:

$$\frac{t}{q} = \frac{1}{k_2 q_e^2} + \frac{t}{q_e} \tag{3}$$

式中,q_t 为 t 时刻 U(VI)在膨润土胶体上的吸附量,mol/g;q_e 为吸附平衡时 U(VI)在膨润土胶体上的吸附量,mol/g;k_2 为准二级动力学速率常数,g·mg^{-1}·min^{-1}。基于准二阶吸附动力学方程(3),以 t/q_t 对 t 作图,结果如图 3(b)所示。拟合计算了得到了相应的吸附动力学参数,结果见表 1。

由表 1 中结果可知,线性相关系数 R^2 趋于 1,表明膨润土对 U(VI)的吸附符合准二阶吸附动力学模型。因此,U(VI)在膨润土胶体上的吸附过程是一个限速控制过程,该过程受化学吸附机理控制,与体系中的 U(VI)浓度和胶体的浓度有关。为了确保吸附能够达到平衡,本实验选择 48 h 作为 U(VI)在膨润土胶体上的吸附时间。

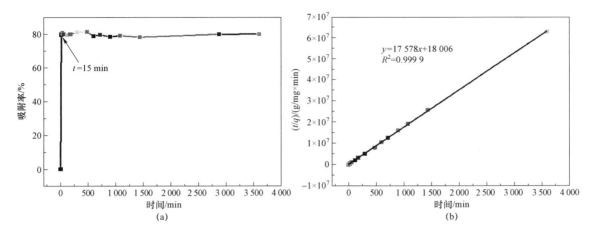

图 3 接触时间对 U(VI)在膨润土胶体上吸附的影响

表 1 准二级动力学方程拟合结果

模型	参数	数值
准二级动力学方程	$K_2/(\text{min}^{-1})$	0.009
	$q_e/(\text{mg} \cdot \text{g}^{-1})$	15.41
	R^2	0.999 9

2.3 胶体用量对 U(VI)吸附的影响

胶体用量(依据加入实验所用胶体体积进行换算)对 U(VI)在膨润土胶体上吸附的影响如图 4 所示。由图 4(a)可知,在一定胶体用量内,U(VI)在膨润土胶体上的吸附率随着膨润土胶体用量的增加迅速达到 90% 而后保持不变;当胶体用量低于 4 mg 时,U(VI)在膨润土胶体上的吸附百分比随着胶体浓度的增加而呈线性增加($R^2=0.993\ 9$),线性拟合结果见图 4(b)中插图。胶体浓度增加,膨润土胶体表面的吸附位点增加,为胶体与金属离子的协同作用提供更大的反应场所,从而导致 U(VI)在膨润土胶体上的吸附量增大[12]。

图 4(b)给出 U(VI)在膨润土胶体上的吸附分配系数 K_d(mL/g)随胶体浓度变化的趋势,K_d 值可根据 U(VI)的初始浓度 C_0 和 U(VI)在离心过滤分离后上清液中的平衡浓度 C_t 通过公式(4)计算得到:

$$K_d = \frac{C_0 - C_t}{C_t} \times \frac{1}{C_{\text{colloid}}} \tag{4}$$

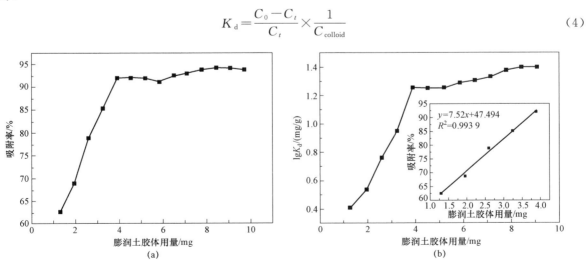

图 4 U(VI)在膨润土胶体上的吸附率(a)和分配系数(b)及吸附百分比(b 中插图)随胶体用量的变化

由图4(b)可知,分配系数K_d随着胶体用量的增加先缓慢增大而后基本保持不变。当胶体用量很低时,胶体表面的吸附位点尚未达到饱和,吸附百分比呈线性增长;基于K_d的理化性质,当胶体浓度用量到一定程度,K_d值几乎与胶体用量的变化无关[13],证实U(VI)在膨润土胶体上的吸附属于化学吸附过程。

2.4 pH对U(VI)吸附的影响

pH是影响放射性核素在黏土矿物表面吸附的一个重要参数[14-18],它不仅影响黏土矿物表面的吸附位点分布,还会改变元素的种态分布[15]。用PHREEQC模拟不同pH下U(VI)的种态分布,如图5所示。不同pH条件下,U(VI)的种态不同。因此,可以预见pH对U(VI)在膨润土胶体上的吸附、迁移行为将产生较为显著的影响作用。

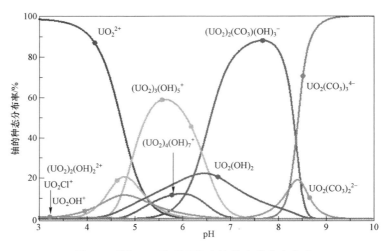

图5　不同pH下U(VI)在溶液中的种态分布

图6给出不同初始U(VI)浓度下,pH对U(VI)在膨润土胶体上的吸附的影响。结果表明,当pH<6时,U(VI)在膨润土胶体上的吸附率随pH的增大而逐渐上升,且吸附率最高可达90%以上;当pH>6时,U(VI)在膨润土胶体上的吸附率随pH的增大而减小。表明表面配位络合吸附过程中还伴随着静电吸附过程。结合图5,在低pH条件下,U(VI)在溶液中的主要优势种态UO_2^{2+}、$(UO_2)_3(OH)_2^+$、$(UO_2)_4(OH)_7^+$等正价离子,此时,胶体的Zeta电势随着pH的增大而逐渐变得更负,两者的静电引力逐渐增大,因此膨润土胶体对U(VI)的吸附逐渐增大;当pH>6时,水溶液中

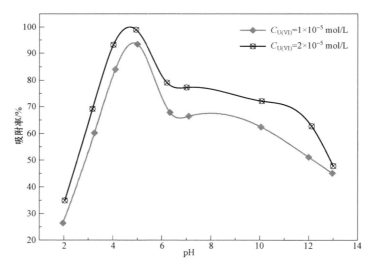

图6　不同pH边界下,初始U(VI)浓度对U(VI)在膨润土胶体上吸附的影响

U(VI)的优势种态转变为$(UO_2)_2(CO_3)(OH)_3^-$、$(UO_2)_2(CO_3)_3^{4-}$等,而膨润土胶体的 Zeta 电势始终在-50 mv 以下,静电引力转为静电斥力,吸附减弱。

2.5 离子强度对 U(VI)吸附的影响

离子强度对放射性核素在黏土矿物上吸附影响可以判断放射性核素的吸附机理[19]。通常,离子强度会影响离子交换和外层络合,而内层络合反应则与离子强度无关[20]。图 7 给出不同 pH 值和不同 $NaClO_4$ 浓度对 U(VI)在膨润土胶体上的吸附行为影响。结果表明,不同 $NaClO_4$ 浓度下,U(VI)在膨润土胶体上吸附行为明显不同。表明离子强度对 U(VI)在膨润土胶体上吸附的影响较大,这可能是因为:随 Na^+ 浓度的增大,U(VI)和 Na^+ 的竞争吸附增强,从而引起 U(VI)的吸附降低;另一方面,结合图 1,随着溶液中离子强度的增大,胶体粒径相应增大,比表面积减小,对 U(VI)的吸附能力下降。

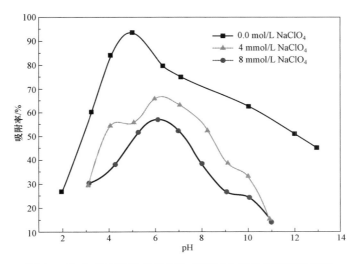

图 7 pH 和离子强度对 U(VI)在膨润土胶体上吸附的影响

为了进一步阐述吸附机理,图 8 给出给定 pH(pH$=7.5$)条件下,$NaClO_4$ 浓度对 U(VI)在膨润土胶体上的吸附的影响。结果表明,当 pH 恒定时,U(VI)在膨润土胶体上的吸附率随 $NaClO_4$ 浓度的增大而呈现明显下降,表明离子强度对 U(VI)在膨润土胶体上吸附有较大影响,其吸附机理可能为离子交换和外层配位[21]。

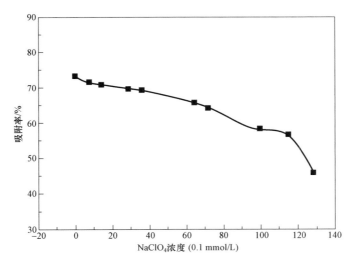

图 8 $NaClO_4$ 浓度对 U(VI)在膨润土胶体上吸附作用的影响

3 结论

本研究采用浸泡方式批量制备了粒径在 210 nm 左右、质量浓度为 0.649 g/L 的高庙子膨润土胶体,并研究其在不同 pH、背景电解质浓度下的稳定性,及其在不同 pH、背景电解质浓度下团聚的可逆性。结果表明:高庙子膨润土胶体在自然环境下相对稳定,会随着水流进行迁移扩散,且随着环境的改变,胶粒的团聚是可逆的。

U(VI)在高庙子膨润土胶体上的吸附速率较快,其动力学符合准二级动力学。高庙子膨润土胶体对 U(VI)的吸附先随胶体用量的增加而增强,随后保持不变,佐证吸附为快速平衡的化学吸附。高庙子膨润土胶体对 U(VI)的吸附过程主要是静电吸附和特异性吸附控制;在 pH≈6.0 时胶体对 U(VI)的吸附达到峰值,pH 在 3~6.0 时吸附随着 pH 上升而增强,在偏碱性条件下随着 pH 上升胶体对 U(VI)的吸附减弱;在本论文的 $NaClO_4$ 浓度范围内,$NaClO_4$ 会抑制膨润土胶体对 U(VI)的吸附,$NaClO_4$ 的浓度越高,膨润土胶体对 U(VI)的吸附越弱。

参考文献:

[1] A. Delos, C. Walther, T. Schafer, et al. Size dispersion and colloid mediated radionuclide transport in a synthetic porous media[J]. J Colloid Interface Sci. 2008,324(1-2):212-215.

[2] G. Cornelis, L. Pang, C. Doolette, et al. Transport of silver nanoparticles in saturated columns of natural soils[J]. Sci Total Environ. 2013,463-464(5):120-130.

[3] A. Delos, C. Walther, T. Schafer, et al. Size dispersion and colloid mediated radionuclide transport in a synthetic porous media[J]. J Colloid Interface Sci. 2008,324(1-2):212-215.

[4] T. M. Dittrich, H. Boukhalfa, S. D. Ware, et al. Laboratory investigation of the role of desorption kinetics on americium transport associated with BC[J]. J Environ Radioact. 2015,148(15):170-182.

[5] K. K. Norrfors, R. Marsac, M. Bouby, et al. Lützenkirchen, T. Schäfer. Montmorillonite colloids: II. Colloidal size dependency on radionuclide adsorption[J]. Appl. Clay Sci. 2016,123(1):292-303.

[6] J. Xie, J. Lin, Y. Wang, et al. Colloid-associated plutonium aged at room temperature: evaluating its transport velocity in saturated coarse-grained granites[J]. J. Contam. Hydrol. 2015,172(1):24-32.

[7] Min, Hoon, Baik, et al. Colloidal stability of bentonite clay considering surface charge properties as a function of pH and ionic strength[J]. Journal of Industrial and Engineering Chemistry, 2010.

[8] E. Tombácz, M. Szekeres. Colloidal behavior of aqueous montmorillonite suspensions: The specific role of pH in the presence of indifferent electrolytes[J]. Appl. Clay Sci. 2004,27(1-2):75-94.

[9] T. Missana, Ú. Alonso, M. J. Turrero. Generation and stability of BC at the bentonite/granite interface of a deep geological radioactive waste repository[J]. J. Contam. Hydrol. 2003,61(1-4):17-31.

[10] M. H. Baik, S. Y. Lee. Colloidal stability of bentonite clay considering surface charge properties as a function of pH and ionic strength[J]. J. Ind. Eng. Chem. 2010,16(5):837-841.

[11] R. A. French, A. R. Jacobson, B. Kim, et al. Influence of ionic strength, pH, and cation valence on aggregation kinetics of titanium dioxide nanoparticles[J]. Environ. Sci. Technol. 2009,43(5):1354.

[12] E. L. Tran, N. Teutsch, O. Klein-BenDavid, et al. Uranium and cesium sorption to BC under carbonate-rich environments: Implications for radionuclide transport[J]. Sci. Total Environ. 2018,643(3):260-269.

[13] S. Yang, J. Li, Y. Lu, et al. Sorption of Ni(II) on GMZ bentonite: Effects of pH, ionic strength, foreign ions, humic acid and temperature[J]. Appl. Radiat. Isotope. 2009,67(9):1600-1608.

[14] W. Yao, J. Wang, P. Wang, et al. Synergistic coagulation of GO and secondary adsorption of heavy metal ions on Ca/Al layered double hydroxides[J]. Environ Pollut. 2017,229(5):827-836.

[15] S. Song, S. Huang, R. Zhang, et al. Simultaneous removal of U(VI) and humic acid on defective TiO2-x investigated by batch and spectroscopy techniques[J]. Chem. Eng. J. 2017,325:576-587.

[16] X. Wang, Y. Sun, A. Alsaedi, et al. Interaction mechanism of Eu(III) with MX-80 bentonite studied by batch, TRLFS and kinetic desorption techniques[J]. Chem. Eng. J. 2015,264:570-576.

[17] X. Tan, M. Fang, J. Li, et al. Adsorption of Eu(III) onto TiO$_2$: effect of pH, concentration, ionic strength and soil fulvic acid[J]. J Hazard Mater. 2009, 168(1): 458-465.

[18] C. Chen, J. Hu, D. Xu, et al. Surface complexation modeling of Sr(II) and Eu(III) adsorption onto oxidized multiwall carbon nanotubes[J]. J Colloid Interface Sci. 2008, 323(1): 33-41.

[19] P. Li, Z. Liu, F. Ma, et al. Effects of pH, ionic strength and humic acid on the sorption of Np(V) to Na-bentonite [J]. J. Mol. Liq. 2015, 206(4): 285-292.

[20] 范桥辉, 郭治军, 吴王锁. 放射性核素在固-液界面上的吸附模型及其应用[J]. 化学进展. 2011, 23(7): 1429-1444.

[21] Fan, Q. H., Hao, L. M., Wang, C. L., et al. 2014. The adsorption behavior of U(VI) on granite. Environmental Science-Processes & Impacts 16(3): 534-541.

The Study of Adsorption behavior of U(VI) on GMZ bentonite colloid

LIU Chen, FANG Sheng*, XU Yu-wei, XU Qiang-wei,
WANG Bo, CHEN Xi, ZHOU Duo*

(China Institute of Atomic Energy, Beijing, China)

Abstract: GMZ bentonite is the preferred buffer material for high-level radioactive waste (HLW) geological repository in China. The bentonite colloid (BC) will be formed inevitably if the buffer blocks are eroded by groundwater. The BC possess small particle size, greater specific surface area, surface-charged, and easily adsorption to radionuclides, which will cause potential threats to environment due to its radionuclide-carrying ability. Therefore, in order to assure the safety of HLW repository for over million years, it is of significance to consider the migration of radionuclide-carrying colloids when evaluating the safety assessment of HLW repository. The batch adsorption experiments were conducted to understanding the effects of time, colloid concentration, pH, and iconic strength of background electrolyte on the adsorption behaviors of U(VI) in BC. The results show that the adsorption behaviors of U(VI) by BC confirm to the pseudo-second-order adsorption kinetic, indicating that the adsorption is a rate-limiting process. In addition, the distribution coefficient (K_d) first increases slowly with the increasing of the amount of colloid and then remains constant basically; it increases with the pH increasing and reaches the peak in the range of pH$\approx$6; and it decreases as the ionic strength of background electrolyte increases.

Key words: GMZ Bentonite; Colloid; U(VI); Stability; Adsorption

双阳离子吡啶基团改性离子交换树脂的制备及其对 Re 的吸附性能研究

陈怡志，张　鹏，翁汉钦*，林铭章*

(中国科学技术大学核科学技术学院，安徽 合肥 230027)

摘要：核事故产生的放射性[99]Tc 具有半衰期长和迁移能力强等特点，对人类和环境构成了巨大的威胁，因此去除环境中的 Tc 具有重要意义。本文利用双阳离子吡啶基团($-Py^+C_2H_4N^+Me_3$)对 Reillex 425 离子交换树脂进行改性，大幅提高了其对 Tc 的类似物 Re 的吸附性能。双阳离子吡啶本身所带的正电荷使改性后的树脂可以在较宽的 pH(1-9)范围内吸附 ReO_4^-，尤其在近中性条件下对 ReO_4^- 具有较高的吸附容量($588.2~mg~g^{-1}$)，这赋予了改性树脂吸附自然环境中放射性 Tc 的能力。树脂孔道内表面的双阳离子吡啶基团可以形成有助于 ReO_4^- 快速传输的离子通道，加快了吸附过程中颗粒内扩散的速率，从而有效提高了树脂对 ReO_4^- 的吸附速率，在 60 分钟内即可达到吸附平衡。此外，改性后的树脂具有良好的循环性能和选择性吸附能力。双阳离子吡啶基团有望用于商用离子交换树脂的改性以提高其对环境中放射性 Tc 的吸附能力。

关键词：离子交换树脂；双阳离子吡啶基团；吸附分离；Tc(Re)

　　核电的快速发展会不可避免地产生含有大量放射性核素的乏燃料，一旦发生核事故，可能会造成严重的放射性危害。据估计，2011 年福岛核事故向环境中释放了$(6.3\sim7.7)\times10^{17}$ Bq 的放射性同位素[1]。其中，[99]Tc 在乏燃料中含量高($0.77~kg~t^{-1}$)，半衰期长(2.13×10^5 a)[2]，具有较强的长期放射毒性。而 Tc 的主要物种 TcO_4^- 易溶于水，很容易在环境中迁移，并被植物吸收，最终在动物体内富集，从而危害人类健康[3]，因此有必要开发用于放射性污水中 TcO_4^- 高效分离的材料。

　　Tc 的同位素都具有放射性而不便操作，实验中常选用与其离子尺寸和化学性质相似的非放射性 Re 作为替代物进行研究。尽管溶剂萃取法、还原法等多种方法均可有效分离 Re(Tc)，但在放射性污水的实际处理中，吸附法因富集能力强，特别适用于低浓度金属离子的高效分离。福岛核事故后东京电力公司使用十六烷基三甲基溴化铵改性的沸石去除放射性污水中的 Tc[4]，但由于沸石基体表面负电荷与 TcO_4^- 之间的静电排斥，改性沸石对 Tc 的吸附容量低、吸附速率慢。

　　吸附剂表面基团的结构决定了吸附剂与吸附质之间的亲和力，近年来开发出的季铵、含氮杂环和冠醚等各种官能团可以有效吸附 ReO_4^-(TcO_4^-)，但是复杂的合成工艺和高昂的成本严重限制了它们的实际应用。在用于吸附放射性 Tc 的商业树脂中，成本低廉且辐射稳定性强的吡啶基团是最常用的基团之一。然而吡啶需在强酸性条件下质子化方能有效吸附 ReO_4^- 阴离子。若使用带正电荷的季铵化试剂与吡啶反应，获得的多阳离子吡啶衍生物提供更多有效的吸附位点，提高对中性水溶液中 ReO_4^-(TcO_4^-)的吸附性能[5]。

　　本文合成了双阳离子吡啶基团(DCP)改性的 Reillex 425 离子交换树脂，用于 Re 的高效和快速吸附，同时研究了改性 Reillex 425 的吸附动力学与热力学。本文设计的 DCP 基团不仅大幅提高了 Reillex 425 树脂在中性条件下的 Re 吸附容量，更增强了 ReO_4^- 阴离子的颗粒内扩散速率，有望用于快速去除受污染水体中的放射性 Tc。

作者简介：陈怡志(1996—)，女，四川乐山人，硕士研究生，现主要从事辐射化学研究工作

基金项目：国家自然科学基金(NSFC 51803205 和 11775214)

1 实验部分

1.1 试剂与仪器

(2-溴乙基)三甲基溴化铵(2-BETAB,99%)、(5-溴戊基)三甲基溴化铵(5-BPTAB,97%)购于 TCI(上海)开发有限公司;Reillex 425 离子交换树脂从 Sigma-Aldrich(上海)贸易有限公司购入;高铼酸钠(99%)购于 Alfa Aesar(中国)化学有限公司;盐酸(36-38%)、氯化钠、硝酸钠、硫酸钠、硫氰酸钾均从国药控股化学试剂有限公司购入;实验中使用的超纯水由 Kertone Lab Vip 超纯水系统生产;所有化学品使用前均未纯化。

样品形貌通过透射电子显微镜(Hitachi H-7700,100 kV)观察;N_2 吸附-脱附等温线通过全自动气体吸附分析仪(Quantachrome Autosorb iQ)在 77 K 下测量;比表面积和孔径分布通过多点 BET 和 BJH 方法获得;X 射线光电子能谱(Thermo-VG Scientific ESCALAB 250)通过单色 Al Kα X 射线(1 486.6 eV)测量;固体 ^{13}C 交叉极化魔角自旋(MAS)核磁共振(NMR)谱通过 Bruker AVANCE AV400 谱仪进行扫描;溶液中 Re 的浓度通过电感耦合等离子体发射光谱(ICP-OES,PerkinElmer Optima 7300DV,波长选择为 197.248 nm)测量。

1.2 实验方法

1.2.1 双阳离子吡啶改性 Reillex 425 的制备

将 1 g Reillex 425 树脂分散在 50 mL 乙醇中,然后加入 2.643 g 2-BETAB 或者 3.093 g 5-BPTAB,将混合物置于水浴锅中加热至 60 ℃,在避光条件下反应 6 天,得到的产物用纯水洗涤 5 次后再用乙醇洗涤 1 次,在 60 ℃下真空干燥 6 h 后,获得改性后的 Reillex 425 树脂,分别称为 Reillex 425-C2、Reillex 425-C5。

1.2.2 改性 Reillex 425 对 Re(VII)吸附性能研究

ReO_4^- 的吸附通过批次实验进行,将 1.6 mg 吸附剂与 0.4 mL ReO_4^- 溶液(1 000 mg L^{-1})和 3.6 mL 超纯水混合,使用体积可忽略的 NaOH 溶液和 HCl 将吸附体系的 pH 调节至目标值。悬浮液在(298±1)K 振荡 12 h 后,用 0.22 μm 混合纤维素膜分离固相吸附剂。Re 的平衡吸附容量(q_e)由式(1)算出:

$$q_e = \frac{(c_0 - c_e) \times V}{m} \tag{1}$$

式(1)中,c_0(mg L^{-1})和 c_e(mg L^{-1})分别是溶液中 Re 的初始浓度和平衡浓度;m(g)和 V(L)分别是吸附剂的质量和吸附实验中所用溶液的体积。热力学平衡常数 K_d(mL g^{-1})由式(2)求出:

$$K_d = \frac{q_e}{c_e} \times 1\ 000 \tag{2}$$

ReO_4^- 的脱附如下,将使用过的吸附剂分散在硫氰酸钾溶液(2 mol L^{-1})中,振荡 12 h 后通过离心(10 000 r/min,5 min)收集吸附剂,用超纯水洗涤后在真空下干燥,将回收的吸附剂再次用于吸附。在与上述相同的条件下,吸附-脱附过程循环 5 次。

2 结果与讨论

2.1 改性 Reillex 425 的表征

Reillex 425 树脂 DCP 改性前后,N_2 吸附-脱附等温线均为 Ⅱ 型等温线,当 $P/P_0 > 0.8$ 时,N_2 的吸附量急剧增加,表明存在大孔结构(图 1a);而孔径分布表明所有树脂都还具有大量微孔和介孔孔道(图 1b)。此外,改性前后 Reillex 425 树脂的比表面积和总孔体积也未发生明显变化(表 1)。上述结果表明改性后的 Reillex 425 仍保留了有利于吸附的多孔结构。

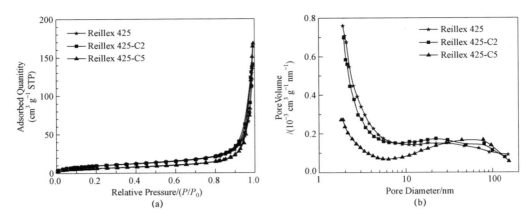

图 1　Reillex 425、Reillex 425-C2、Reillex 425-C5 的 N₂ 吸附-脱附等温线（a）和孔径分布（b）

表 1　**Reillex 425、Reillex 425-C2 和 Reillex 425-C5 的比表面积、孔体积**

	Reillex 425	Reillex 425-C2	Reillex 425-C5
Specific Surface Area/(m² g⁻¹)	35.48	34.92	23.89
Pore Volume/(cm³ g⁻¹)	0.21	0.22	0.26

　　DCP 基团对 Reillex 425 的改性不仅使原有的吡啶三级氮原子变为四级氮原子，还引入了季铵基团，因此 Reillex 425-C2 和 Reillex 425-C5 的 XPS N 1s 能谱中（图 2a-c），在 401.5 eV 左右出现了季铵氮和吡啶四级氮的新峰。Reillex 425-C2 和 Reillex 425-C5 的 ¹³C SSNMR 谱（图 2d-f）中分别在 45.2、63.6 和 55.4 ppm 处新出现了 DCP 基团中亚甲基碳（C_g）和甲基碳（C_h）的峰。

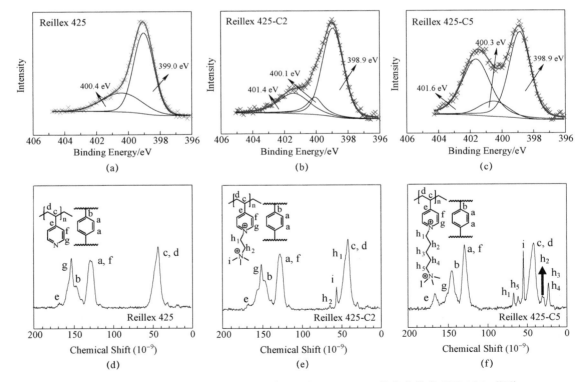

图 2　Reillex 425（a）、Reillex 425-C2（b）和 Reillex 425-C5（c）的高分辨率 XPS N 1s 能谱；
Reillex 425（d）、Reillex 425-C2（e）和 Reillex 425-C5（f）的 ¹³C CP-MAS SSNMR 谱

2.2 改性 Reillex 425 对 Re(VII)的吸附行为研究

2.2.1 pH 对吸附行为的影响

溶液的 pH 会影响吸附质的物种和吸附剂的表面电荷,从而影响吸附。在 pH 为 0～12 时,水溶液中 Re(VII)的主要形态为 ReO_4^-[6],吸附剂的表面电荷是影响吸附的主要因素。当 pH 从 9 降至 2 时,由于吡啶质子化($pK_a=5.6$)产生的正电荷与 ReO_4^- 之间静电吸引,未改性 Reillex 425 对 Re 的 q_e 逐渐升高;但如果 pH 进一步降低,高浓度的 Cl^- 会与 ReO_4^- 竞争从而阻碍 ReO_4^- 的吸附。因此,在 pH=2 时,q_e 达到最大值 194.8 mg g^{-1}(图 3a)。DCP 改性显著增大了 Reillex 425 在近中性条件下对 Re 的吸附容量,在 pH>7 时,改性 Reillex 425 的季铵 N 和吡啶四级 N 带正电荷,可有效吸附 ReO_4^-,q_e 始终保持在 135.5 mg g^{-1} 以上。

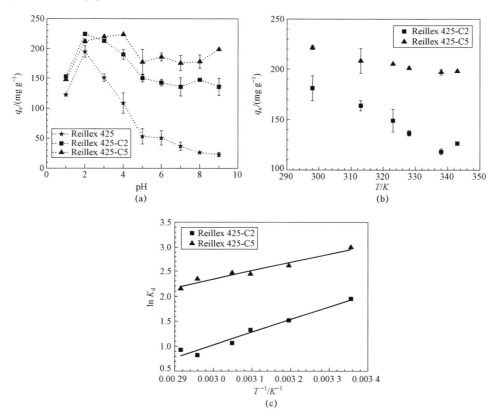

图 3 不同 pH(a)和不同温度(b)下 Reillex 425-C2 和 Reillex 425-C5
对 Re 的吸附容量;$\ln K_d$ 对 T^{-1} 的线性拟合(c)

2.2.2 吸附热力学

温度对 Re 的吸附也有重要影响(图 3b 及 3c),吸附过程的标准吉布斯自由能(ΔG_0),标准焓变(ΔH_0)和标准熵变(ΔS_0)可通过式(3)和(4)计算,

$$\Delta G^0 = \Delta H^0 - T\Delta S^0 \tag{3}$$

$$\ln K_d = -\frac{\Delta H^0}{RT} + \frac{\Delta S^0}{R} \tag{4}$$

式(4)中,K_d(mL g^{-1})是由等式计算得出的热力学平衡常数;R(8.314 J mol^{-1}·K^{-1})是理想气体常数,T(K)是绝对温度。$\ln K_d$ 对 T^{-1} 作图并线性拟合所得的热力学参数如表 2 所示。Reillex 425-C2 和 Reillex 425-C5 树脂吸附 ReO_4^- 的 ΔH^0 均为负值,说明该吸附是放热过程。ΔG_0 在所有测试温度下均为负数,低温时变小,说明吸附过程为自发的,低温有利于吸附,故 DCP 基团改性的 Reillex 425 适合在室温下去除 Tc。

表 2　Reillex 425-C2 和 Reillex 425-C5 吸附 Re 的热力学参数

	$\Delta H^0/$ (kJ mol^{-1})	$\Delta S^0/$ (J mol^{-1})	$\Delta G^0/$(kJ mol^{-1})						R^2
			298 K	313 K	323 K	328 K	338 K	343 K	
Reillex 425-C2	−21.28.	−55.30	−4.796	−3.967	−3.414	−3.137	−2.585	−2.308	0.961 4
Reillex 425-C5	−14.43	−23.86	−7.318	−6.960	−6.721	−6.602	−6.363	−6.244	0.953 5

2.2.3　吸附等温线

Reillex 425-C2 和 Reillex 425-C5 对 ReO$_4^-$ 的吸附等温线进行研究用 Langmuir 和 Freundlich 模型进行分析,以研究吸附机理。它们的线性形式可写成下式(5)和(6),其中 q_m(mg g^{-1})是最大吸附量,K_L(L mg^{-1})是 Langmuir 吸附平衡常数,K_F 是 Freundlich 吸附平衡常数,n 表示吸附强度。

$$\frac{c_e}{q_e}=\frac{1}{K_L \times q_m}+\frac{c_e}{q_m} \tag{5}$$

$$\ln q_e=\ln K_F+\frac{1}{n}\ln c_e \tag{6}$$

通过 Langmuir 吸附模型拟合得到的 R^2 比 Freundlich 得到的 R^2 更大(图 4),这表明 ReO$_4^-$ 是单层吸附。根据 Langmuir 模型,Reillex 425-C2 和 Reillex 425-C5 的 q_m 分别为 344.8 和 555.6 mg g^{-1}。本课题组之前的研究表明[7],与季铵端相比,ReO$_4^-$ 更容易被吡啶端吸附。由此推断,在 Re 浓度较低时,ReO$_4^-$ 主要吸附吡啶位点上;而在 Re 浓度较高,季铵和吡啶位点同时吸附 ReO$_4^-$。

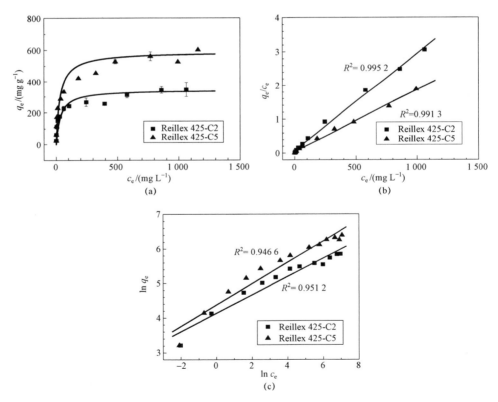

图 4　Reillex 425-C2 和 Reillex 425-C5 对 Re 吸附等温线(a)与
Langmuir 模型(b)和 Freundlich 模型(c)的拟合

2.2.4 吸附动力学

在近中性下,Reillex 425-C2 表现出比 Reillex 425-C5 更快的吸附速率,吸附平衡时间从 5 h 减至 1 h(图 5a)。本工作用准一级和准二级动力学模型研究了改性 Reillex 425 树脂对 ReO_4^- 的吸附动力学,其线性形式如(7)和(8)所示,其中 q_e 和 q_t 分别表示平衡容量和时间 t(min)时的吸附容量,k_1(min^{-1})和 k_2(g mg^{-1}·min^{-1})是准一级和准二级吸附速率常数。图 5b 及 5c 是准一级和准二级动力学模型的线性拟合曲线,拟合结果表明在近中性下,改性树脂对 ReO_4^- 的吸附行为更符合准二级动力学,这表明吸附速率受 ReO_4^- 和吸附剂浓度的影响。

$$\ln(q_e - q_t) = \ln q_e - k_1 t \tag{7}$$

$$\frac{t}{q_t} = \frac{1}{k_2 q_e^2} + \frac{t}{q_e} \tag{8}$$

在近中性下 Reillex 425-C2 的 k_2(0.002 60)大于 Reillex 425-C5 的 k_2(0.000 43),这说明 Reillex 425-C2 的吸附速率比 Reillex 425-C5 快。这是由于 $-Py^+C_2H_4N^+Me_3$ 基团有效地促进了 ReO_4^- 的颗粒内扩散。相比于 $-Py^+C_5H_{10}N^+Me_3$ 基团改性的 Reillex 425-C5,Reillex 425-C2 中烷基链较短的 $-Py^+C_2H_4N^+Me_3$ 基团空间位阻更小,且对 ReO_4^- 的亲和力更弱[7],这加速了 ReO_4^- 的颗粒内扩散过程从而使 Reillex 425-C2 对 ReO_4^- 的吸附速率更快。

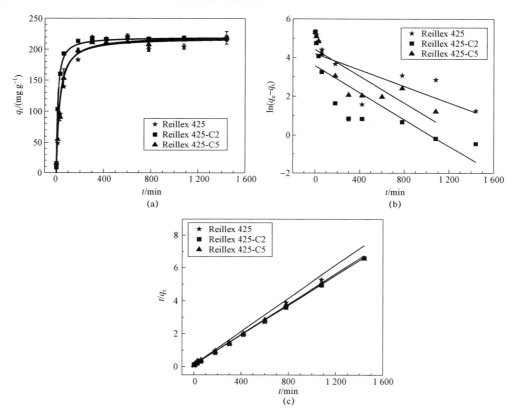

图 5 Reillex 425-C2 和 Reillex 425-C5 对 Re 的动力学曲线(a)
及准一级(b)和准二级动力学模型(c)线性拟合

2.2.5 吸附选择性和循环稳定性

核事故产生的放射性污水中所含的 ^{127}I、^{90}Sr、^{134}Cs、^{137}Cs 和 ^{60}Co 等放射性核素会干扰吸附剂对 Tc 的吸附。实验证明,Reillex 425-C2 和 Reillex 425-C5 对 Co^{2+}、Sr^{2+} 和 Cs$^+$ 等阳离子几乎没有吸附。虽然同为阴离子的 I$^-$ 会竞争吸附,但 Reillex 425-C2 和 Reillex 425-C5 对 ReO_4^-/I$^-$ 的选择性系数分别超过 10.4 和 8.6(图 6a)。Reillex 425-C2 和 Reillex 425-C5 还具有较好的重复使用性能,在 5 个吸附-脱附循环后,Reillex 425-C2 和 Reillex 425-C5 保有 47.6% 和 70.5% 的吸附容量(图 6b)。

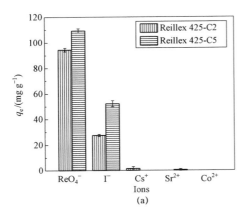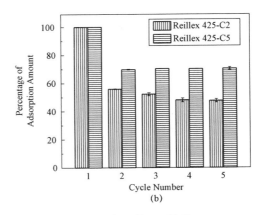

图 6　Reillex 425-C2 和 Reillex 425-C5 对 ReO_4^-、I^-、Cs^+、Sr^{2+}、Co^{2+} 的吸附选择性图（a），Reillex 425-C2 和 Reillex 425-C5 的循环稳定性图（b）

3　结论

本文用 DCP 基团对 Reillex 425 离子交换树脂进行改性，提高了 Reillex 425 树脂对 Re 的吸附容量和吸附速率。改性后的 Reillex 425 在近中性溶液中具有出色的吸附性能，Reillex 425-C2 和 Reillex 425-C5 对 Re 的最大吸附量分别达到 344.8 和 588.2 mg g^{-1}。得益于 -Py$^+$C$_2$H$_4$N$^+$Me$_3$ 基团增强了 ReO_4^- 在树脂中的颗粒内扩散，在近中性下 Reillex 425-C2 的吸附速率是 Reillex 425-C5 的 6 倍。此外，改性 Reillex 425 对 ReO_4^- 的吸附是放热和自发过程，这使它们在室温下具有优异的吸附性能，而且 Reillex 425-C2 和 Reillex 425-C5 均表现出对 Re 优异的选择性和良好的重复使用性。DCP 基团改性有望作为一种提高商用吡啶基离子交换树脂对 Tc 吸附性能的方法。

致谢：

感谢国家自然科学基金 NSFC 51803205 和 11775214 对本工作的支持。

参考文献：

［1］　D. Parajuli, et al. Dealing with the Aftermath of Fukushima Daiichi Nuclear Accident：Decontamination of Radioactive Cesium Enriched Ash［J］. Environmental Science & Technology,2013,47(8)：3800-3806.

［2］　P. Xiao, et al. Comparison with adsorption of Re(VII)by two different γ-radiation synthesized silica-grafting of vinylimidazole/4-vinylpyridine adsorbents［J］. Journal of Hazardous Materials,2017,324：711-723.

［3］　I. T. Burke, et al. Effects of Progressive Anoxia on the Solubility of Technetium in Sediments［J］. Environmental Science & Technology,2005,39(11)：4109-4116.

［4］　J. Lehto, et al. Removal of Radionuclides from Fukushima Daiichi Waste Effluents［J］. Separation & Purification Reviews,2019,48(2)：122-142.

［5］　A. Majavu, et al. Separation of rhodium(III)and iridium(IV)chlorido complexes using polymer microspheres functionalized with quaternary diammonium groups［J］. Separation Science and Technology,2017,52(1)：71-80.

［6］　R. R. Srivastava,et al. Liquid-liquid extraction of rhenium(VII)from an acidic chloride solution using Cyanex 923,［J］. Hydrometallurgy,2015,157：33-38.

［7］　Weng H,et al. Efficient and Ultrafast Adsorption of Rhenium by Functionalized Hierarchically Mesoporous Silica：A Combined Strategy of Topological Construction and Chemical Modification［J］. ACS Applied Materials & Interfaces,2021,13(7)：8249-8262.

Modification for Ion Exchange Resin with Dicationic Pyridyl Groups and Its Adsorption Performance for Re

CHEN Yi-zhi, ZHANG Peng, WENG Han-qin*, LIN Ming-zhang*

(School of Nuclear Science and Technology, University of Science and Technology of China, Hefei, Anhui, China)

Abstract: Radioactive ^{99}Tc released by nuclear accidents threatens the environment and human health due to its long half-life and strong transportability. In this work, the Reillex 425 ion exchange resin was modified by dicationic pyridyl groups($-Py^+ C_2 H_4 N^+ Me_3$), which can greatly improve its Re(Tc) adsorption performance. The positive charges of dicationic pyridy groups allow the modified resin to adsorb ReO_4^- in a wide pH range (1-9). It achieved a high adsorption capacity for ReO_4^- (588. 2 mg g^{-1}) under neutral conditions, which should be capable of absorbing radioactive Tc in the natural environment. The dicationic pyridyl groups on inner surface of the pores inside the resin can form ion channels, speeding up the rate of intra-particle diffusion during the adsorption process. Therefore the adsorption rate of ReO_4^- on the modified resin significantly increased, which reached the adsorption equilibrium within 60 minutes. In addition, the modified resin performed good reusability as well as excellent selectivity for Re. The dicationic pyridyl groups are promising in the modification of commercial resins to improve its capability of radioactive Tc decontamination.

Key words: Ion exchange resin; Dicationic pyridyl groups; Adsorption; Tc(Re)

后处理复杂体系微量元素分析预处理
技术国内外发展现状

刘美辰，王　　征，李辉波*

（中国原子能科学研究院 放射化学研究所，北京 102413）

摘要：后处理分析技术是后处理技术的重要组成部分，是乏燃料后处理技术进步的"眼睛"。由于复杂样品体系中待测元素含量低、成分复杂且相互干扰性强，难以实现待测元素的直接准确分析测量，故常需采用分析前的预处理技术实现待测元素的分离和富集。预处理分离材料是实现复杂体系中待测微量元素分离富集的关键技术之一，常用的预处理分离材料有功能化纳米材料、离子交换树脂、萃取色层柱等。本文综合论述了各种分离材料在复杂溶液体系中分离富集微量元素的应用特点，并结合乏燃料后处理流程中各分析样品的特点，提出了适用于后处理样品分析预处理材料研发的途径及发展趋势。

关键词：锕系元素；纳米材料；离子交换；硅胶；预处理

随着核电快速发展，核电工业产生的辐照核燃料（乏燃料）也在逐年增加，因其具有放射性强、发热率高等特点，对环境具有潜在的巨大威胁。目前一些国家对于乏燃料的处理方式是将乏燃料进行后处理。乏燃料后处理是核燃料循环中的一个重要组成部分，其主要任务之一是为提取纯化新生成的、有用的可裂变物质并回收纯化没有用完的可裂变物质和尚未转化的材料，降低其对环境的长期威胁，提高核能的使用效率，促进核能的可持续利用。

后处理分析技术是后处理技术的重要组成部分，为后处理工艺研发和运行提供分析手段和数据，为核材料质量提供分析鉴定技术支持，是乏燃料后处理技术进步的"眼睛"。我国在后处理工艺研究、核材料生产以及性能检测评价等多方面致力于分析技术的研究，建立了一系列分析技术和方法，并形成了较为完整的技术体系。在后处理分析过程中，核心是铀、镎、钚等各关键核素的分析。其中复杂体系中各微量元素的分析是目前分析的难点。对于各种溶液状态的后处理复杂样品体系，其中待测元素含量低、成分复杂且存在相互干扰性，整个化学处理过程在强辐照环境中进行，这些问题使得实现微量元素直接分析的难度加大。因此，面对复杂体系，为实现待测微量元素的精准分析测量，需要在分析前对样品进行预处理，实现待测元素的富集与纯化。目前，国内外常采用的纳米吸附、离子交换分离、萃取色层分离等技术，已被尝试应用于核燃料后处理环节，有效地实现溶液体系下微量元素的分离纯化，显示出未来先进预处理技术的潜在应用前景。

1　功能化纳米材料吸附技术

纳米材料吸附技术的实现得益于合成的各类功能化纳米材料，如磁性纳米材料（magnetic nanoparticles，MNPs）和金属有机骨架材料（Metal-organic Frameworks，MOFs）。功能化不仅可以提高纳米粒子的分散性和稳定性，还能赋予纳米粒子良好的官能团，提高材料对目标元素的选择性。但目前该类材料在后处理分析方面应用较为有限，今后旨在实现复杂体系中功能化纳米材料吸附技术的广泛应用。

1.1　磁性纳米材料

MNPs 以铁基纳米颗粒居多，铁氧化物（Fe_2O_3 和 Fe_3O_4）及其铁氧体 MFe_2O_4（M＝Co、Cu、Mn、

作者简介：刘美辰（1996—），女，在读硕士生，核燃料循环与材料专业

Ni、Zn 等)具备许多优点:(1)粒子尺寸极小、表面积与体积比高,为金属离子在溶液中的吸附提供了更好的动力学条件;(2)磁性纳米粒子的高磁化率有助于偶联物从废液中有效分离目标元素;(3)磁性纳米粒子因保持磁性,便于分离回收;(4)工艺简单、用途广泛、结构紧凑,在材料和设备方面具有成本效益;(5)二次废物产生量低,更具环境友好性。

各类组分不同的 MNPs 可应用于不同的分离领域。张盼青等[1]通过共沉淀法成功制备磁性纳米 Fe₃O₄,制得的磁性纳米 Fe₃O₄ 对 Cr(VI)的吸附在 60 分钟达到平衡,最大吸附量为 7.235 mg/g。Asadi 等[2]采用共沉淀法合成了 CoFe₂O₄ 尖晶石型铁氧体纳米粒子,考察了 CoFe₂O₄ 对 Zn(II)的去除性能,在最佳实验条件下,该纳米粒子对 Zn(II)的吸附容量为 384.6 mg/g。研究表明,将各类 MNPs 功能化可以更好的实现对后处理体系微量元素的分离。You Qiang 研究组[3]将 MNPs 与二乙烯三胺五乙酸(diethylenetriamine-pentaacetic acid,DTPA)进行接枝反应生成偶联物(magnetic nano-particle-chelator,MNP-Che),用于分离高放废液中的锕系元素。结果表明,偶联物对 Am(Ⅲ)和 Pu(Ⅳ)具有较高的亲和力和选择性,0.2 g/L 的 MNPs 对二者的吸附率分别为 97%(pH=3)和 80%(pH=1),反应 7 分钟可达平衡。在 3 500 高斯/厘米的磁场梯度下,吸附了目标锕系元素的纳米粒子在不到 1 分钟即可被捕获。用少量液体便可实现负载锕系元素的洗脱。后续将 MNP-Che 进行磁分离,MNPs 可进行回收复用。该研究组使用重金属镉(Cd)和铅(Pb)离子作为放射性核素的替代物进行另一吸附试验。通过将 DTPA 分子附着在双层磁性纳米颗粒(double coated magnetic nanoparticles,dmnp)表面合成新型磁性纳米吸附剂(dMNP-DTPA)。结合 DTPA 分子提供的快速化学吸附过程以及磁性纳米颗粒的快速物理分离过程,dMNP-DTPA 被证明是一种快速高效的磁性纳米吸附剂。Verma[4]将甘氨酸功能化磁性纳米颗粒(GFMNPS)包埋在海藻酸聚合物中,由于微珠表面的氨基和羧酸基,吸附剂对重金属 Pb 废水表现出良好吸附能力。Abdolmaleki[5]等人用三嗪基-β-环糊精(T-β-CD-MNPs)修饰 MNPs,MNPs 表面三嗪基环糊精中含有大量的羟基和氮基,使得吸附剂对 Pb(II)、Cu(II)、Zn(II)和 Co(II)表现出优异的吸附性能。

因此,功能化 MNPs 利用功能基团的选择性和 MNPs 的简易性,这种技术大大消除了传统液—液萃取过程中使用大量有机溶液的需要,并提高了材料的选择性和吸附速率。该类材料在从重金属废水和后处理样品中快速、简便地吸附回收放射性核素方面展现出巨大潜力。目前该材料多应用于较为简单的后处理体系,日后可探究将该材料应用于后处理复杂体系预处理微量元素的领域。

1.2 金属有机骨架材料

MOFs 是近年来研究颇多的一类开放式多孔纳米材料,在吸附、分离、传感、催化等方面发挥了重要作用。由于其具有比表面积大、密度低、较高的孔隙率和化学稳定性以及表面具有大量功能基团、可通过替换有机配体或无机金属离子来获得多种优异结构的结构可调节能力等特点,使其在吸附分离方面表现出极佳的性能[6,7]。

MOFs 对复杂体系中放射性核素的吸附主要归结于表面功能基团与放射性核素的络合作用、孔道的有效调控与放射性核素离子半径的有效匹配等作用[8]。MOFs 最早应用于放射性核素吸附的例子是 UiO-68 型材料(MOF-2 和 MOF-3),在 pH 为 2.5 的水溶液和模拟海水中 MOF-2 对 U(VI)的吸附量分别达到了 217 mg/g 和 188 mg/g,其中 U(VI)离子与磷酰脲功能基团形成了强络合物,配位作用增加了 UiO-68 对铀酰离子在酸性条件下的吸附能力[9]。中国科学院高能物理研究所石伟群等[10]制备了三种氨基功能化的 MIL-101 材料包括 MIL-101-NH₂、MIL-101-ED(ED:乙二胺)和 MIL-101-DETA(DETA:二亚乙基三胺),表征发现各功能化材料具有八面体形貌、良好的结晶性、丰富的官能团和较大的表面积。静态吸附实验结果表明各材料对 U(VI)最大理论吸附能力为 MIL-101-DETA(350 mg/g)>MIL-101-ED(200 mg/g)>MIL-101-NH₂(90 mg/g)>MIL-101(20 mg/g),因此用氨基功能化 MOFs 能够有效提高对放射性核素的吸附能力和去除效率。袁立永等人[11]通过在有机骨架(苯环)上引入功能基团,合成了羧基化 MOFs。该材料保留了 UiO-66 的骨架结构和较高的比表面积,其中双羧基功能化 UiO-66 可用于低 pH 下对 U(VI)的高效去除。在 pH 为 3.0 的水溶液中,双羧基功能化 UiO-66 对 Th(IV)的吸附容量较未功能化 UiO-66 提高近 20 倍。分析吸附结构表明,Th(IV)在 UiO-66 表面的吸附是客体分子置换和沉淀共同作用的结果,而 Th(IV)在羧基功能化 UiO-66 表面的吸附则是羧基强络合作用的结果。

上述功能化 MOFs 为分离检测锕系元素的应用提供了基础数据支持,极大丰富了核燃料后处理的内涵。利用材料上的功能基与微量元素的络合作用,有效吸附目标微量元素。该材料在放射性核素预处理方面显示出独特的优势,如吸附速率快、吸附能力强、良好的选择性和可重复利用等。但MOFs 的不足之处在于耐酸性耐辐照性较差,在强酸环境中容易分解出有机物和金属离子造成水体的二次污染;一般多孔纳米材料还存在解吸过程困难,拖尾现象严重等问题[12];这类材料通常由金属盐与有机配体通过溶剂热等过程进行制备,成本较高,这些缺点均限制了 MOFs 的应用。因此,为实现该类材料的广泛应用,日后选用合适的配体结构与低成本的制备方法合成 MOFs 显得尤为关键。

2 离子交换分离技术

离子交换分离由于具有设备简单、易于掌握、分离效率高和树脂可以再生并重复使用等优点,所以发展较快,已成为最常用的分离技术之一[13]。离子交换容量常常被定义为可交换相反离子的量,它与单位重量树脂上活性基团的数目、树脂的交联度和交换溶液的性质有关。利用这些优点,该技术采用的各类阴、阳离子交换树脂材料可应用于后处理复杂体系中分离微量元素。

早在 50 年代,前苏联和美国科学家就开展了后处理中分离、提取及纯化镎和钚元素的研究[14],结论是温度、树脂类型、硝酸浓度以及铀浓度对镎(IV)和钚(IV)吸附行为的影响极其相似,因此可以在酸性环境中将镎(IV)和钚(IV)以阴离子络合物的方式,稳定吸附在阴离子交换树脂上。Kuwabara[15]、Tavcar[16]等都相继报道了利用阴离子交换树脂分离纯化镎钚元素的方法。宋树林等[17]采用 AG1-X4 对海洋沉积物中的钚进行分离,用双氧水调节钚的价态,1.2 mol/L HCl−0.6% H₂O₂ 进行洗脱,钚的全程回收率达 96%。O. Alhassanieh 等人[18]研究了在 HCl 介质中离子交换树脂(DOWEX 1×8 和 DOWEX 50W×8)对钍的吸附。实验结果表明,钍在高浓度状态下并不被DOWEX 1×8 阴离子交换树脂吸附,但是可以被 DOWEX 50W×8 阳离子交换树脂高效吸附。由此可见,离子交换树脂经常被广泛地应用在复杂体系中分离微量锕系元素。吡啶类树脂相较烷基类阴离子交换树脂具有很高的化学稳定性和辐照稳定性,适合在高放射性的乏燃料后处理环节分离具有放射性的金属元素[19]。张绍绮等[20]以 252×4 乙烯吡啶型阴离子交换树脂从辐照过的 NpO₂ 靶中分离纯化²³⁸Pu。结果表明,²³⁷Np 和²³⁸Pu 的交叉污染小于 1%,总回收率分别达到 99.6% 和 98.0%。R. Kumaresan 等[21]使用强碱性吡啶基树脂分离提纯钚,结果表明吡啶基树脂具有良好的分离效果和辐照稳定性。

离子交换树脂可以为核电生产或后处理中产生的放射性微量核素提取分析提供较大帮助。镎、钚元素的阴离子络合物在 2-4 mol/L 硝酸条件下在阴离子交换树脂中的分配比很高,可达到 10⁴。但该材料缺点在于离子交换树脂选择性较弱,需要 7-8 mol/L 硝酸环境下维持镎、钚价态为 Np(IV)和 Pu(IV),才能在复杂体系中将镎、钚与其他阳离子分开;但高酸条件并不容易控制镎、钚的价态。与液—液萃取和纳米吸附技术相比,离子交换速度较慢,不能分离分子结构。离子交换树脂通常以有机聚合物为骨架[22],其刚性结构和耐辐照性差,这些都限制了其在后处理领域的大规模应用。

3 萃取色层分离技术

萃取色层法是有机萃取剂吸附在惰性支持体上作为固定相,水溶液作为流动相的色谱分离方法。萃取色层法包含多级萃取分配过程,同时兼具选择性好和速度快等优点[23]。近年来,在核燃料后处理复杂体系中,该技术采用的萃淋树脂等材料在铀、镎、钚元素分离分析方面得到了广泛的应用。

各大研究组相继报道了利用萃淋树脂或联合萃淋树脂材料实现微量元素的萃取分离技术。王孝荣等[24]建立了准确测定常量铀中微量镎的方法。先将镎调至 Np(V)后通过 TBP 萃淋树脂,将大部分铀去除,再将镎调至 Np(IV)用 7402 季铵盐萃淋树脂纯化镎。全程 Np 的回收率＞80％,对 U 的去污因子 DF＞1×10^6。Horwitz[25]等早在 1995 年就提出采用不同萃取色层柱联合分离锕系元素。他推荐使用 TEVA(固定相为三辛基甲基氯化铵或硝酸铵)＋UTEVA(固定相为戊基膦酸二戊酯)＋TRU(固定相为辛基(苯基)-N,N-二异丁基氨甲酰基甲基氧化膦)联合萃取色层法,其中通过 TEVA 完成钍、镎的分离,UTEVA 用于铀的分离,TRU 用于镅和钚的分离。

萃取色层法兼具液—液萃取的高选择性和色层法的高效性,可有效萃取目标微量元素。但是以有机聚合物为骨架的萃取色层材料机械性能、耐辐照、耐高温等性能较差[26],限制了其大规模应用。因此,人们把目光投向了以无机材料为骨架的萃取色层材料。其中硅胶具有强度好、比表面积大、良好的物化稳定性、足够反应活性硅羟基等优点,是较为理想的基质材料。利用硅胶为载体,将固定相以物理负载的方式固定在硅胶上,利用萃取色层法分离微量元素的技术逐渐被广泛应用。

以韦悦周为核心的研究团队在浸渍合成硅基材料及分离元素应用领域的探索较为深入。早在 2008 年,该课题组成员 Zhang 等[27]就以 TBP 对 4′,4″(5″)-二叔丁基二环己基并-18-冠-6(DtBuCH$_{18}$C$_6$)进行分子修饰,修饰后将其浸渍并固定在大孔 SiO$_2$ 颗粒的孔隙中,研究了 DtBuCH$_{18}$C$_6$＋TBP/SiO$_2$ 材料对 Pd(II)、La(III)、Ba(II)、Ru(III)、Cs(I)、Mo(VI)、Y(III)等元素的吸附。结果表明,材料对除 Ba(II)外的所有被测试元素均表现出高选择性和良好的吸附性,且有望实现在高放废液中有效分离 Sr(II)。Zhang 等[28]将杯冠化合物 Calix[4]/arene-R14 与 TBP 混合后浸渍在大孔 SiO$_2$ 颗粒孔隙中制备出新型材料 arene-R14/SiO$_2$,并成功选择性分离出高放废液中的 Cs(I);Yin 等[29]采用连续浸渍/沉淀法制备了不溶性氰化铁多孔硅胶复合材料(SLFC),对高放废液中的 Cs(I)取得了良好的吸附固化效果。2019 年,Wang 等人[30]合成了二氧化硅负载型阳离子交换剂(SiPS-SO$_3$Na)。由于其较大的比表面积和二氧化硅骨架的保护,SiPS-SO$_3$Na 在吸附动力学和稳定性方面均优于传统树脂。实验结果表明,SiPS-SO$_3$Na 在低浓度铅的动态富集实验中,对铅具有较高的富集速率和回收率。这是由于硅基的存在使 SiPS-SO$_3$Na 兼具极快的交换动力学、较大的交换容量、极好的柱相容性、良好的可再生能力以及优异的化学稳定性和尺寸稳定性等优点。

以硅胶等无机材料为支持体的萃取色层材料虽然具有良好的机械性能、耐辐照性能等,但是固定相大多是以涂覆、干燥的物理方式附着在基体表面,存在负载量有限且易流失,减少材料使用寿命且易造成分析不准确等缺点。李辉波等[31]根据季铵盐平衡时间短、对 Pu(IV)的高选择性的优点,将三辛胺功能团单体化学键合在硅胶表面,合成了硅基季铵化分离材料 SiR$_4$N,该材料具备机械强度高、传质速度快、耐辐照、使用寿命长、色层分离效率高等优点。通过对 Pu(IV)的吸附行为研究发现,SiR$_4$N 具有较高的选择吸附性和辐照稳定性。但不足之处在于季铵化过程中三辛胺空间位阻较大导致接枝率和材料吸附容量比较低。尽管该技术存在些许不足,但化学键合后的功能化材料以良好的机械性、优异的化学稳定性等弥补了传统有机材料及物理负载萃取剂的缺陷,利用功能基团功能化无机萃取色层材料合成新型预处理材料的技术有望解决目前后处理复杂体系分析预处理微量元素面临的众多难题。

4 结论

预处理技术主要目的是进行各种放射性微量元素的分离富集,进而实现微量元素更加准确地分析测量。本文综合叙述了在各类溶液状态下后处理复杂体系中功能化纳米吸附材料、离子交换树脂、萃取色层柱等预处理材料通过功能化改性等技术,有效提高了预处理分离效果。其中纳米材料具备高强度磁性、多孔性、可回收等优点,进行功能化后可高效吸附目标微量元素,目前多用于简单体系中;离子交换树脂的化学性质稳定、交换基团单一、交换容量大;萃取色层法兼具溶剂萃取的选择性和色层法的高效性。但是离子交换树脂和萃取色层柱通常以有机聚合物为骨架,其机械性能、耐高温、耐辐照方面的不足限制了其在后处理领域的应用。以硅胶等无机材料为基体的各类材料具备良好的物理稳定性、耐辐照性,但是固定相大多是以物理负载方式附着在基体表面,负载量有限且易流失。

为了更准确的实现后处理复杂体系微量元素的分析,如何将功能化纳米材料广泛应用于复杂体系,如何提高化学接枝率、以化学键合的方式对无机材料功能化制备新型预处理材料应是日后的研究重点。

致谢:

在调研期间,衷心感谢李辉波、刘丽君老师及王征师兄提供的指导与帮助。

参考文献:

[1] 张盼青,王利军. 磁性纳米 Fe_3O_4 的制备及其对 Cr^{6+} 的吸附[J]. 净水技术,2020,39(6):112-120.

[2] Raa B,Ha A,Mg A,et al. Effective removal of Zn(II)ions from aqueous solution by the magnetic $MnFe_2O_4$ and $CoFe_2O_4$ spinel ferrite nanoparticles with focuses on synthesis, characterization, adsorption, and desorption[J]. Advanced Powder Technology,2020,31(4):1480-1489.

[3] Kaur M,Johnson A,Tian G,et al. Separation nanotechnology of diethylenetriaminepentaacetic acid bonded magnetic nanoparticles for spent nuclear fuel[J]. Nano Energy,2013,2(1):124-132.

[4] Verma R,Asthana A,Singh A K,et al. Novel glycine-functionalized magnetic nanoparticles entrapped calcium alginate beads for effective removal of lead[J]. Microchemical Journal,2017,130:168-78.

[5] Abdolmaleki A,Mallakpour S,Borandeh S. Efficient heavy metal ion removal by triazinyl-β-cyclodextrin functionalized iron nanoparticles[J]. RSC Advances,2015,5:90602-08.

[6] 杨祥,刘攀攀,张晓迪,等. 金属有机骨架材料在吸附分离中的应用进展[J]. 齐鲁工业大学学报,2021,35(3):34-40.

[7] Liu W,Dai X,Bai Z,et al. Highly Sensitive and Selective Uranium Detection in Natural Water Systems Using a Luminescent Mesoporous Metal-Organic Framework Equipped with Abundant Lewis Basic Sites:A Combined Batch,X-ray Absorption Spectroscopy,and First Principles Simulation Inve[J]. Environmental Science & Technology,2017,51(7):3911-3921.

[8] 王祥学,于淑君,王祥科. 金属有机骨架材料在放射性核素去除中的研究[J]. 无机材料学报,2019,34(01):17-26.

[9] Carboni M,Abney C,Liu S,et al. Highly porous and stable metal-organic frameworks for uranium extraction[J]. Chemical Science,2013,4(6):2396-2402.

[10] Bai Z Q,Yuan L Y,Zhu L,et al. Introduction of amino groups into acid-resistant MOFs for enhanced U(VI) sorption[J]. Journal of Materials Chemistry A,2015,3(2):525-534.

[11] 袁立永,张男,柴之芳,等. 金属有机骨架(MOF)材料在 U(VI),Th(IV)分离检测中的应用[C]//全国核化学与放射化学青年学术研讨会. 中国化学会;中国核学会,2017.

[12] 石伟群,赵宇亮,柴之芳. 纳米材料与纳米技术在先进核能系统中的应用前瞻[J]. 化学进展,2011,23(07):1478-1484.

[13] 李孟璐,胡书红,崔跃男. 离子交换法的发展趋势及应用[J]. 广东化工,2014,41(14):112.

[14] Ryan,J. L. Concentration and final purification of neptunium by anion exchange. [J]. Office of Scientific & Technical Information Technical Reports,1959.

[15] Kuwabara J,Yamamoto M,Oikawa S,et al. Measurements of ^{99}Tc, ^{137}Cs, ^{237}Np,Pu isotopes and ^{241}Am in sediment cores from intertidal coastal and estuarine regions in the Irish Sea[J]. Journal of Radioanalytical & Nuclear Chemistry,1999,240(2):593-601.

[16] Tavcar P,Jakopic R,Benedik L. Sequential determination of Am-241,Np-237,Pu radioisotopes and Sr-90 in soil and sediment samples[J]. Acta Chimica Slovenica,2005,52(1):60-66.

[17] 宋树林. 海洋沉积物中钚的分析方法[J]. 海洋环境科学,1994,013(002):28-31.

[18] Alhassanieh O,Abdul-Hadi A,Ghafar M,et al. Separation of Th,U,Pa,Ra and Ac from natural uranium and thorium series[J]. Applied Radiation and Isotopes,1999,51(5):493-498.

[19] Nogami M,Fujii Y,Sugo T. Radiation resistance of pyridine type anion exchange resins for spent fuel treatment[J]. Journal of Radioanalytical & Nuclear Chemistry,1996,203(1):109-117.

[20] 张绍绮,胡怀忠,张琴芬,等. 阴离子交换法从辐照过的(237)Np 中回收(238)Pu[J]. 原子能科学技术,1984,

000(005):513.

[21] Kumaresan R,Sabharwal K N,Srinivasan T G,et al. Synthesis,Characterization,and Evaluation of Gel-Type Poly (4-Vinylpyridine)Resins for Plutonium Sorption[J]. Solvent Extraction & Ion Exchange,2007,25(4):515-528.

[22] 钱庭宝,刘维琳. 离子交换树脂应用手册[M]. 南开大学出版社,1989.

[23] 伊小伟,李冬梅,党海军,等. UTEVA 萃取色层分离超铀元素的性能研究[J]. 核化学与放射化学,2010(01): 22-26.

[24] 王孝荣,林灿生,刘峻岭,等. 铀中微量^{237}Np的分析[J]. 核化学与放射化学,2002,24(1):16.

[25] Horwitz E P,Chiarizia R,Dietz M L. Method for the chromatographic separation of cations from aqueous samples [J]. 1998.

[26] 孙素元. 萃取色层及其在放射化学中的应用[J]. 原子能科学技术,1979,13(004):466.

[27] Zhang A,Chen C,Wang W,et al. Adsorption Behavior of Sr(II)and some Typical Co-existent Metals Contained in High Level Liquid Waste onto a Modified Macroporous Silica-Based Polymeric DtBuCH18C6 Composite[J]. Solvent Extraction & Ion Exchange,2008,26(5):624-642.

[28] Zhang A,Wei Y,Hoshi H,et al. Partitioning of Cesium from a Simulated High Level Liquid Waste by Extraction Chromatography Utilizing a Macroporous Silica-Based Supramolecular Calix［4］arene-Crown Impregnated Polymeric Composite[J]. Solvent Extraction & Ion Exchange,2007,25(3):389-405.

[29] Xiang B Y,Yan W U,Hitoshi M,et al. Selective adsorption and stable solidification of radioactive cesium ions by porous silica gels loaded with insoluble ferrocyanides[J]. Science China Chemistry,2014,57(011):1470-1476.

[30] Wang X,Ye Z,Chen L,et al. Microporous silica-supported cation exchanger with superior dimensional stability and outstanding exchange kinetics, and its application in element removal and enrichment[J]. Reactive & Functional Polymers,2019,142(Sep.):87-95.

[31] 李辉波,叶国安,林灿生,等. 新型硅基季铵化功能材料对 Pu(Ⅳ)的吸附行为研究[J]. 湿法冶金,2012(04): 208-212.

The research status of pretreatment technology for trace element analysis of complex systems during reprocessing

LIU Mei-chen,WANG Zheng,LI Hui-bo*

(Department of Radiochemistry,China Institute of Atomic Energy,Beijing,China)

Abstract:Pretreatment analysis technology is an important part of pretreatment technology and the "eye" of spent fuel pretreatment technology progress. Due to the low content,complex composition and strong mutual interference of the elements to be tested in the complex sample systems,it is difficult to realize the direct and accurate analysis and measurement of the elements to be tested,so the pretreatment technology before analysis is often used to realize the separation and enrichment of the elements to be tested. Pretreatment separation material is one of the key technologies to realize the separation and enrichment of trace elements in complex systems. The commonly used pretreatment separation materials include functional nanomaterials,ion exchange resin,extraction chromatography column and so on. In this paper,the application characteristics of various separation materials in the separation and enrichment of trace elements in complex solution systems are comprehensively discussed. Combined with the characteristics of each analytical sample in the spent fuel reprocessing process,the research and development approaches and development trends of pretreatment materials suitable for the analysis of samples in the reprocessing process are proposed.

Key words:Actinides;Nanometer material;Ion exchange;Silica gel;Pretreatment

一种用于热室内高放废液稀释分液装置的优化设计

朱　琪，唐应兵，吴季蔚

（中核四川环保工程有限责任公司，四川 广元 610006）

摘要：高放废液分析数据是工艺运行系统的重要参数，而高放废液样品分析往往在中热室内开展，需借助远距离机械手对样品进行稀释分装。本文在 MircoLab 600 稀释配液仪的基础上，设计加工了一种用于热室内高放废液稀释分液装置，通过对装置的优化完善，结合模拟高放废液的分析验证情况，该装置结构便于远距离机械手操作，能在故障情况下实现快速拆取更换，在对样品稀释分液时相对误差小于 0.5%，相对标准偏差小于 1%，稳定性好，可用于玻璃固化热试运行。

关键词：高放废液；自动稀释和分装；稀释分液装置；稀释配液仪；远距离机械手

　　为开展高放废液固化处理，八二一厂引进了德国焦耳加热陶瓷熔炉玻璃固化技术[1]，建立了国内首个高放废液处理厂房，其中的高放废液分析项目主要包括总氧化物含量、自由酸、元素组分分析，分析数据是工艺运行系统的重要参数，直接影响着项目工程能否顺利开展。一般分析实验室内样品的稀释、移液操作是分析人员通过移液枪、移液管等移液器手动完成的，虽然方法成熟、操作便捷、精度高，但热室内分析的样品具有很强的放射性，必须借助远距离机械手来远程实现样品的稀释和移取，传统的移液器无法直接应用。为了防止放射性物质对人体造成伤害，提高样品处理的精度和稳定性，加工制造一种用于热室内高放废液稀释分液的装置很有必要。但热室内安装稀释分液装置还存在许多问题，如：存在样品和稀释液交叉污染问题；样品高倍数稀释问题；装置设置与实际操作需求不符等。

　　针对这些问题，本文在 MircoLab 600 稀释配液仪的基础上，对稀释分液装置进行优化改进，保证装置基本功能的实现，解决装置外设存在的问题，并提高稀释、移液的准确性和稳定性，使热室内分析工作能够更好的开展。

1　国内外研究现状

1.1　国外研究现状

　　国外对于稀释配液仪的研究非常成熟，本设计中采用的 MircoLab 600 稀释配液仪就是来自美国汉密尔顿的仪器，但对于可应用于热室内的自动稀释和分装装置相关研究较少，无可借鉴的成熟装置。

1.2　国内研究现状

　　我国对于自动稀释和分装装置的研究开始较晚，主要是针对放射性同位素药液的自动稀释和分装，装置的应用对于医疗领域有重要意义。2008 年由陈守强等研制开发的全隔离防护自动稀释分装机，可用于在热室中将定量的高浓度 ^{131}I 液体和生理盐水混合，自动稀释与分装，使作业人员免受高强度放射源的辐射伤害，同时保证了患者服用放射性药物的安全性和可靠性[2]；2010 年李广义等人在"放射性核素自动分装仪"的基础上进行了二次研发，研制出具有大剂量分装功能的核素药液自动稀释分装仪，使其适用范围扩大[3]。而自动稀释和分装装置在放射性分析领域应用的研究较少，最近的是在 2019 年刘玉平等发布的一种放射性溶液取样装置[4]的专利，该装置将手动移液器与垂直升降气缸相结合，使其能够以远程操控的方式在热室内对放射性溶液进行精确微量取样，避免了现有技术在操作放射性溶液过程中对环境造成放射性污染与人员受到放射性照射的风险。

2 稀释分液装置

2.1 ML600 稀释配液仪简介

MircoLab 600 稀释配液仪是一种半自动液体处理装置,可在实验室内对微量液体的转移、液体高倍数稀释进行自动化操作。仪器能极大程度的提高液体处理的精度和处理量,可避免溶液不必要的浪费,并且整个过程不受溶液黏度、蒸汽压力和温度的影响,同时可兼容绝大多数强酸碱及有机溶剂等。

2.2 稀释分液装置的结构与基本功能

稀释分液装置由 MircoLab 600 稀释配液仪和回取装置组成,其中回取装置包括底座、升降台、回取针头座、液路接头、连接座和管道。回取针头座连接升降台固定于底座,管道连接针头和液路接头(见图1),最后通过连接座与 MircoLab 600 稀释配液仪的针管注射泵相连接。

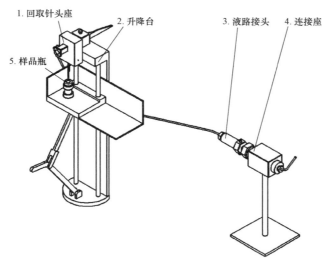

图 1 回取装置

装置的针管注射泵精度高达 99%,配合 MircoLab 600 稀释配液仪的触屏操作界面可以在使用远距离机械手远程操作的情况下实现热室内对于高放废液的倍数稀释、定量移液等工作。

3 稀释分液装置外设优化

3.1 配件

稀释分液装置原本规格、原有配件与实际分析操作不匹配。

原设计中底座尺寸非常小,长 5.5 cm,宽 2.4 cm,中间设置样品槽,基本仅能容纳一个样品瓶。而在实际分析过程中,在取样、稀释和分装的时候需要放置坩埚、烧杯等器皿,为解决这一问题,决定在底座的基础上增加一个盛样平台。

已知常用坩埚规格为 30 mL 的最大直径约 4 cm,高约 4.2 cm。常用塑料烧杯规格为 300 mL 的直径 8 cm,高约 9.5 cm;规格为 50 mL 的直径约 5 cm,高约 6 cm;升降装置高约 12.5 cm,针头长 5 cm,可用高度为 7.5 cm。若使用超过可用高度的器皿,需要操作远距离机械手将烧杯按照一定角度倾斜放入,容易造成液体洒落且无法固定,使用尺寸过小的器皿则存在远距离机械手无法夹取、不利于操作人员观察等问题。目前最佳使用器皿为 30 mL 坩埚、50 mL 塑料烧杯。

为保证平台有一定缓冲区方便挪动器皿,同时能有充足容量放置备份器皿,方便操作进行,特将盛样平台尺寸设置为内长 20 cm、内宽 7 cm,该尺寸下,可容纳下两个 50 mL 塑料烧杯,同时还留有

10 cm 左右的缓冲区域。见图 2。

图 2　盛样平台添加前后视图

原设计下取样针头固定不稳容易倾斜，无法准确扎入样品瓶，容易弯折且原装置无法固定样品瓶，在针头拔出样品瓶时样品瓶容易卡在针头上或是倾倒、掉落。基于以上问题，对稀释分液装置的样品槽进行改造，为样品瓶的固定增加了防打滑配件，该装置在针头扎入样品瓶后能自动弹出卡住样品瓶下沿，避免样品瓶在取样、注样时打滑。详情见图 3。

图 3　防打滑配件添加前后视图

3.2　装置模块化处理

作为连接样品与各个分析项目的枢纽，需保证设备状态性能良好，其维护检修格外重要，其中由于针头和进液管道使用较为频繁，使用寿命缩短，面临经常性更换。但热室内使用机械手远程操作的特殊情况，给装置的维护与检修带了困难。而如若采用人工更换，人员在热室内容易受到高剂量放射性照射，且因进出热室需严格穿戴防护用品，会延长维修时间，延误分析任务。

为解决上述问题，重新对稀释分液装置进行重组设计，将原先的固定装置（图 4）设置为模块化组装、活动式安装，以方便远距离机械手快速检修并更换零部件。

原设计中针头直接固定于升降台头座，手动拆卸困难，操作远距离机械手更无法进行拆卸。现将固定式针头改为针头模块安装在升降平台上，它由导向块、恒压孔、把手、压管螺母和针头组成，如图 5 所示。在该设计下可使用机械臂将压块解锁后，抓取把手对针头进行拆卸。

原设计中升降台与底座一体化，底座一般直接焊接在所需放置的位置，无法拆卸、挪动。现将升降台和底座分为两部分，底座直接焊接在热室地面，升降台插入底座预留孔，通过卡扣装置固定，能操

图 4 原始装置

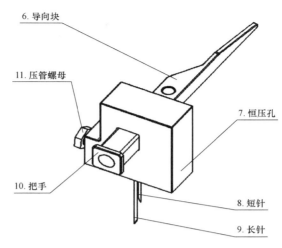

图 5 针头模块

作远距离机械手夹取把手转动对装置进行锁定、解锁。

原设计中针头与管道与稀释分液仪的针管注射泵直接相连,液体管道不易固定且操作远距离机械手无法夹取液体管道对其进行调整。现增加一个液路接头,管道通过液路接头再与热室外的稀释分液仪的针管注射泵连接,可将液路接头固定于连接座而固定液体管道路线,且只有在液路接头连接在连接座后,流通通道才会打开。液路接头上设置有按钮(见图6),当远距离机械手按压按钮时,它会自动弹出,可由远距离机械手轻松取下。

稀释分液装置快拆模块化设计详情见图7~图10。

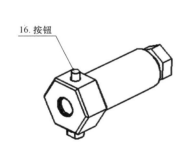

图 6 液路接头

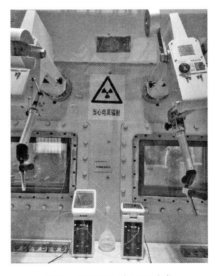

图 7 ML600 稀释配液仪

优化后将热室内的稀释分液装置拆分为针头模块、底座模块、进液模块,各个模块及整机都能通过远距离机械手检查和快速拆换,成功解决稀释分液装置检修问题。

4 稀释分液装置使用方法优化

4.1 移液

4.1.1 常规方法

稀释分液装置,可通过从容器 A 中吸取定量样品,将移取的样品定量打入接样的容器 B、容器 C

图 8　针头模块

图 9　底座模块

图 10　进液模块

中,实现移液和分装,分液范围是 50~5 000 μL。

　　已发布实施的分析方法规定热室内开展的自由酸分析和总氧化物分析时所需的样品量为 0.5 mL。为验证常规方法,使用稀释分液装置移取 0.5 mL 纯水,发现每次移液针头处都有水滴残留,为探究影响,设置对照实验,一组(B)常规移液,一组(A)移液完成后使用远距离机械手操作让容器内壁轻靠针头带走残余液体,其余不变,通过多次实验,结果如表1所示。

表1 常规移液和稀释分液装置移液比较

取样体积/mL	对照组	质量/g	实际理论体积/mL	相对误差/%	平均误差	相对标准偏差
	A	0.503 4	0.504 7	0.94		
		0.502 7	0.504 0	0.80	0.87%	0.35%
0.5		0.503 0	0.504 4	0.88		
	B	0.488 8	0.490 1	−1.98		
		0.489 0	0.490 3	−1.94	−2.08%	1.04%
		0.487 1	0.488 4	−2.32		

注:实验温度为24 ℃,24 ℃时,水的密度为0.997 3 g/mL。

经过多次试验,发现对照组A比对照组B,误差明显减小,验证残余水滴对常规方法影响较大。使用常规方法不做多余动作直接移液时误差较大,但若每次移液均操作远距离机械手,工作量增加,且在对稀释分液装置进行安装、调试的过程中发现,装置进稀释液和样品用的是同一条管道,进行移液、稀释等操作时,液体扩散导致样品易与管道内的稀释液直接接触,造成样品和稀释液交叉污染。常规方法在此情况下存在缺陷。

4.1.2 隔空移液

为解决移液问题,经多次研究探索,发现隔空移液法,即先抽取一定量的空气,再从容器A吸取定量样品,然后将移取的样品及部分的空气打入接样的容器B中,最后将剩余的空气排到废液杯中,其中抽取及排出的空气的量应根据实际分析情况进行适当调整。该方法既可以避免样品与管道内的稀释液直接接触导致交叉污染,又能保证液体的完整转移。

为了验证该方法移液的准确性,用稀释分液装置隔空移液法移取0.5 mL纯水,通过多次重复实验,得到结果如表2所示。

表2 稀释分液装置取液结果

取样体积/mL	纯水温度/℃	质量/g	实际理论体积/mL	相对误差/%	平均误差	相对标准偏差
	24	0.500 2	0.501 6	0.32		
	24	0.499 7	0.501 1	0.22		
0.5	24	0.500 1	0.501 5	0.30	0.24%	0.31%
	24	0.499 6	0.501 0	0.2		
	24	0.499 5	0.500 9	0.18		

注:24 ℃时,水的密度为0.997 3 g/mL。

同时针对热室内分析项目实际情况,选取三个取样体积用纯水对稀释分液装置进行了精度试验,取样体积分别为0.5 mL、3 mL和50 mL,其中0.5 mL是进行自由酸分析和氧化物分析时所需的样品量,3 mL是需要注入样品瓶的量,50 mL是稀释过程中需要移取的稀释液的量。试验结果如表3所示。

表3 不同移液体积的结果对比

装置取样体积/mL	纯水温度/℃	质量/g	实际理论体积/mL	相对误差/%
0.5	28	0.499 4	0.501 3	0.26
3	28	2.990 2	3.001 3	0.04
50	28	49.817 9	50.002 9	0.006

注:28 ℃时,水的密度为0.996 3 g/mL。

结论表明使用隔空移液的方法移液时,相对误差小于 0.5%,随着移液体积的增大而减小,结果的偏差稳定在固定水平上,且此方法下装置的相对标准偏差达 0.31%。验证得出稀释分液装置的隔空移液的方法是可行的,所能达到的精度满足高放废液分析的需求。

4.2 稀释

稀释分液装置最小一次性取样量为 50 μL,至多可稀释至 5 000 μL,理论可达到最大稀释倍数为 100 倍,通过向盛装样品的容器中反复多次加入稀释液,还可以进行更高倍数稀释。

但根据工艺运行特点,热室内的高放废液样品至少需要稀释千倍、万倍才能发送至其他工位。而稀释分液装置使用的烧杯大小为 50 mL,单次稀释无法满足工艺稀释要求。

故在样品需要高倍数稀释时,采用梯度稀释的方法稀释品。即先从样品瓶 A 中取样后按一定可达到倍数稀释至烧杯 I 中,混合均匀后按一定倍数取稀释液的稀释至烧杯 II 中,混合均匀后再从烧杯 B 中取 3 mL 注入样品瓶 B 中(具体稀释次数和取样量根据实际分析情况进行调整)。完成稀释,样品瓶 B 便可由气动送样系统发送至热室外的分析工位。

4.3 其他误差分析

为对稀释分液装置的准确度进行补充验证,将之前测过的模拟料液用稀释分液装置稀释,并通过 ICP-AES 进行了元素组分分析,发现其中 Ni、Cr、Fe 测定结果相对偏差很大远超正常值,其他元素则正常。分析发现,稀释分液装置管道中样品流经的一截不锈钢管道,其主要成分正好为 Ni、Cr、Fe[5],元素组分分析所用到的稀释样是用 2% 的稀硝酸稀释的,而普通不锈钢材料是不耐酸、碱、盐的。为了验证稀释分液装置稀释的样品中 Ni、Cr、Fe 元素偏高是否是这截不锈钢管道的被硝酸腐蚀的原因,做了以下一系列的实验:不排气泡,取在稀释分液装置中放置了两天的用 2% 硝酸稀释的样品 20 mL;将管道润洗数次后,用稀释分液装置取 2% 硝酸稀释的样品 20 mL;手动从装有用 2% 硝酸稀释的样品瓶子中取样品 20 mL,分别测量三个样品中 Ni、Cr、Fe 的含量,另外还选择测定了三个样品中不锈钢中不含的元素 Sr 的含量来侧面验证,实验结果如表 4 所示。

表 4 硝酸中 Ni、Cr、Fe 元素含量表

元素名称	Ni/(mg/L)	Cr/(mg/L)	Fe/(mg/L)	Sr/(mg/L)
原瓶中的样品	0	0.001 9	0.021 4	0.002
经稀释分液装置取出的样品	0.038 2	0.123	0.198 2	0.001 8
在稀释分液装置中放置了两天的样品	1.944	0.089 6	1.025	0.002 2

实验数据表明,在装置存放时间越长,样品溶液中所含 Ni、Cr、Fe 元素含量越高,证明不锈钢材质管道确会对用硝酸稀释的样品部分的元素分析产生影响。

以上研究表明,在进行元素组成分析时,使用的稀硝酸作稀释液,会导致部分元素测量误差较大,且稀释过程损伤进液管道,影响装置的使用寿命。目前的解决方案,倾向于先将样品使用纯水稀释直接测量或稀释后手动加酸。使用其他材料代替不锈钢材料作为这部分进液管道,是稀释分液装置的进行下一步优化的方向。

5 结论

本文通过对稀释分液装置的优化设计,解决了热室内无法利用机械手远距离稀释移取样品的问题,同时将整个装置模块化设计,便于在热室内对装置快速更换维修。稀释分液装置玻璃固化项目冷调试阶段得到了验证与应用,其移液相对误差低于 0.5%,相对标准偏差低于 1%,保证了分析数据的准确性和可靠性,提高了设备的便捷性与安全性,对热室内高放废液分析有重要的实际意义。

参考文献：

[1] 高振,宋玉乾,吉头杰,等. 焦耳加热陶瓷熔炉处理高放废液经验概述[A]. 中国核学会核化学与放射化学分会. 第二届全国核化学与放射化学青年学术研讨会论文摘要集[C]. 中国核学会核化学与放射化学分会,2013.

[2] 陈守强,宫霞霞,柏海平. 全隔离防护自动稀释分装机的研制开发[J]. 中国组织工程研究与临床康复,2008(26):5095-5098.

[3] 李广义,刘峰,项茂琳. 具有大剂量分装功能的核素药液自动稀释分装仪的研制[J]. 中国医疗设备,2010,25(10):5-7.

[4] 刘玉平,李楠,曹端,等. 一种放射性溶液取样装置[P]. 北京市:CN210571540U,2020-05-19.

[5] 刘亚丕,牛振标,周焊峰,等. 现代不锈钢材料:结构、性能、特点和应用[J]. 磁性材料及器件,2016,47(01):72-77+80.

An optimal design of dilution unit for high radioactive waste liquid in hot chamber

ZHU Qi, TANG Ying-bing, WU Ji-wei

(Sichuan Environmental Protection Engineering Co., Ltd. CNNC, Sichuan Guangyuan, China)

Abstract: The analysis data of high radioactive waste liquid is an important parameter of the process operation system. The analysis of high radioactive waste liquid samples is usually carried out in an intermediate heat chamber, and the samples need to be diluted and repackaged with the help of a remote manipulator. Based on the MircoLab 600 dilution dispensing instrument, this paper designs and processes a dilution and dispensing device for high radioactive waste liquid in thermal chamber. Through the optimization and improvement of the device, combined with the analysis and verification of simulated high radioactive waste liquid, the structure of the device is convenient for remote manipulator operation, and can realize rapid disassembly and replacement in the case of failure. The relative error is less than 0.5% and the accuracy is less than 1% when the sample is diluted. It has good stability and can be used in the thermal test run of glass curing.

Key words: High radioactive waste liquid; Dilution recovery device; Automatic dilution and repackaging; Dilution dispenser; Manipulator

X 射线荧光光谱法筛选擦拭样品中铀的方法研究

赵兴红，王　琛，赵永刚

(中国原子能科学研究院,北京 102413)

摘要:将 X 射线荧光光谱法用于擦拭样品中铀的分析,本文对其方法进行了研究,绘制了标准曲线,并对模拟擦拭样品进行了测定。实验结果表明,本仪器对于光斑范围内铀浓度大于 1 ppm 的样品可以准确测量,误差小于 10%。仪器加装移动平台后使得擦拭布的测量简便快捷,可对其铀含量进行筛选;选用移动步幅为 7.2 mm 时,测量最为准确。经过对空白多次测量得到仪器检测限为 0.400 μg。

关键词:X 射线荧光光谱;擦拭样品;铀含量;筛选

　　擦拭样品的分析在核保障中具有重要意义,在样品进行微粒分析前需要对擦拭样品进行铀筛选。目前国际上通常选用低本底高纯锗(HPGe)γ 谱仪及 X 射线荧光光谱筛选样品,但是 γ 谱仪铀探测限高,对部分擦拭样品达不到筛选目的。IAEA 研制了石墨晶体预衍射 X 射线荧光光谱仪"Tripod",可以给出擦拭样品中铀的含量及分布,为微粒分析提供便利。本实验室尝试利用电子显微镜进行擦拭样品筛选,但是在本底控制及效率方面存在一定问题。

　　X 射线荧光光谱作为一种非破坏的分析方法,可对擦拭样品进行初步分析而使其保持原貌,为其筛选提供参考,更方便制定后续的分析方案。本文中探讨了 X 射线荧光光谱法测定擦拭样品中铀的方法研究,并对模拟擦拭样品进行了测定,误差小于 10%。

1　能量色散 X 射线荧光分析仪及工作条件

　　选用 XD-8010 型能量色散 X 射线荧光分析仪作为擦拭样品 U 含量的筛选仪器。仪器原理图及实物图如图 1、图 2 所示:

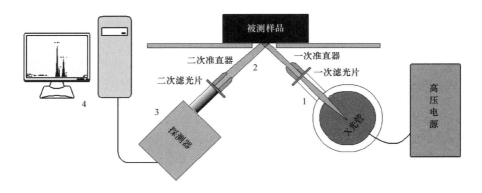

图 1　能量色散 X 射线荧光分析仪原理图

　　该分析仪采用 Mo 靶铷窗 X 光管作为激发源,最大电压为 49 kV,最大电流为 800 mA。为了满足擦拭样品扫描测量及低水平 U 含量测定的要求,为仪器加装了移动平台,其移动速度为 50 mm/s,XY 方向行程为 90 mm×90 mm,定位精度为 0.1 mm;为仪器更换了效率更高的高灵敏度 SDD 硅飘移探测器,其能量分辨率达到 140 eV(^{55}Fe,5.9 keV)。

作者简介:赵兴红(1981—),女,助研,硕士,现主要从事核保障技术、环境样品分析等科研工作

图 2　XD-8010 型能量色散 X 射线荧光分析仪及加装的移动平台

2　方法建立

2.1　能量色散 X 射线荧光分析仪测量 U 测量参数的确定

在 Mo 靶 X 光管窗口前加 Mo 片作为吸收片,一次准直直径为 7 mm,采用 Ni 和 Mo 片作为 X 光管的一次准直滤光片,Mo 靶激发 U 产生 X 射线后,用 Mo 片作为吸收片,再经二次准直(5.5 mm)到探测器。

将 100 μg 的铀滴到称量纸上并控制在 X 射线光管光斑大小内,烘干以供测量。U 的测定用 Lα1 线(13.613 keV),选定快计数率为 5 000,在不同的 X 射线管电压、管电流、滤光片等条件下对样品进行测量,最后确定管电压为 49 kV,管电流为 200 μA,测量时间 100 秒,校正方法选用指定元素归一法。

2.2　标准曲线的绘制

将 1 μg、5 μg、10 μg、50 μg、100 μg、500 μg 的铀滴到称量纸上并控制在 X 射线光管光斑大小内,烘干进行标样测定,绘制工作曲线。如图 3 所示,其标准曲线为 $C = 0.285 \times I + 0.489$,线性相关系数为 0.999。式中 C 为 U 的含量(μg),I 为铀 Lα1 线(13.613 keV)计数(cps)。

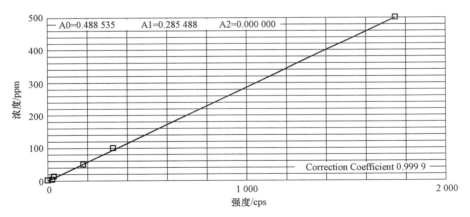

图 3　X 射线荧光光谱测定铀样品标准曲线

3　样品测定

3.1　纯铀样品测定

制备在光斑范围内不同铀含量的样品,分别作十次测量,铀含量计算值及测量值相对标准偏差列于表 1。结果表明,该方法数据统计性偏差及其相对误差均在 10% 以内,基本满足筛选需求。

表 1　不同铀含量样品测定值及标准偏差

U 加入量/μg	166	80	60	15	7.5	2.5
U 测量平均值/μg	176.80	84.40	65.27	15.95	7.97	2.64
U 测量平均值相对标准偏差/%	3.64	3.96	5.23	4.07	2.29	4.45
相对误差/%	6.50	5.50	8.78	6.33	6.27	5.60

3.2　不同铀含量溶液模拟擦拭样品的测定

将含 1 000 μg 铀的擦拭布在 X 射线荧光作扫描测量,设置移动平台不同的移动步幅,测量 U 的含量,测量结果列于表 2,结果表明在移动平台移动步幅为 7.2 mm 时,结果最为准确。

表 2　含 1 000 μg 铀擦拭布不同步幅的测定值

U 测量/μg	1 612.7	1 005.5	1 029.4	1 316.1	1 231.9	1 171.5
移动平台移动步幅/mm	7.0	7.2	7.4	7.6	7.8	8.0
相对误差/%	61.20	0.55	2.94	31.60	23.10	17.10

通过上面实验结果,设置移动平台移动步幅为 7.2 mm,将已知不同含量的铀溶液滴入擦拭布进行测量。测量结果如图 4、表 3 中。结果表明,移动平台移动步幅为 7.2 mm 时,U 加入量与测量值之间的相对误差均小于 10%,在测量数据统计性偏差之内,表明移动步幅选择 7.2 mm 是合适的。图 4 表示擦拭布中铀分布状态颜色由浅到深代表铀含量由低到高,可实现擦拭布中铀含量的筛选。

表 3　模拟擦拭样品铀含量真实值及测量值列表(移动平台移动步幅为 7.2 mm)

U 加入量/μg	1 000	500	250	100	50	10
U 测量值/μg	1 025.50	533.30	270.00	102.90	51.10	8.29
相对误差/%	2.55	6.66	8.0	2.9	2.2	17.1

3.3　煤飞灰掺铀模拟擦拭样品的测定

实际擦拭样品中并非纯铀基体,通常会与长期沉积的灰尘混合在一起。以煤飞灰样品作为基体模拟实际擦拭样品进行方法验证。称取煤飞灰 0.01 g,加入 1 mL 乙醇混匀后,分别加入 500 μg、100 μg 铀,不停搅拌直至乙醇挥发至近干,制作擦拭样品用于测量。选用 7.2 mm 移动步幅,测量结果如图 5、表 4 所示。

测量结果表明,加入煤飞灰后,基体效应不明显。且 X 射线荧光测铀的影响元素为铷和溴,而煤飞灰中不含有相关元素。另外滤纸可做成铀的薄膜样品,而擦拭布的厚度与滤纸相近,可近似于薄膜试样,分析强度只与铀含量有关,和基体组分无关。因此,煤飞灰掺铀模拟擦拭样品的测量无需进行基体校正。该方法对模拟擦拭样品数据统计性偏差及其相对误差均在 10% 以内,基本满足筛选需求。

表 4　煤飞灰模拟擦拭样品铀含量真实值及测量值列表

U 加入量/μg	500	100
U 测量值/μg	546.6	108.7
相对误差/%	9.32	8.7

3.4　擦拭样品筛选方法的建立

通过上述各个条件实验过程,初步建立了 X 射线荧光光谱仪筛选擦拭样品中铀的方法。设置仪

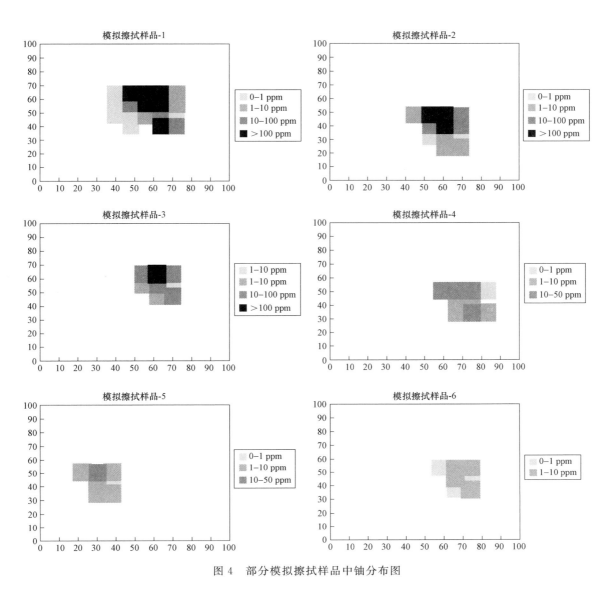

图 4　部分模拟擦拭样品中铀分布图

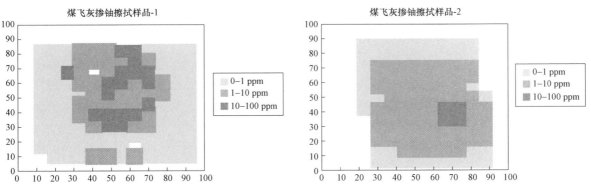

图 5　煤飞灰掺铀模拟擦拭样品铀分布图(1~500 μg;2~100 μg)

器电压为 49 kV,电流为 800 mA,U 的测定用 Lα1 线(13.613 keV),选定快计数率为 5 000,管电流为 200 μA,测量时间 100 s,校正方法选用指定元素归一法。设置移动平台移动步幅为 7.2 mm,移动速度为 50 mm/s,对擦拭样品进行扫描。

3.5　实际擦拭样品中 U 含量的测定

用擦拭布对芯块 VVER、101 堆芯块、压水堆芯块进行擦拭得到实际擦拭样品进行测定。该方法可通过扫描确定擦拭布上铀的分布情况,为后续的 SIMS 分析提供参考。

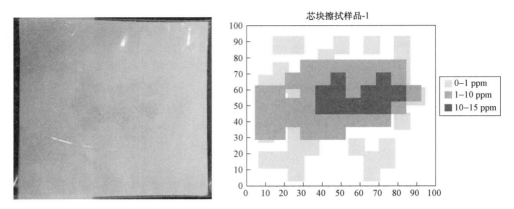

图 6　VVER 芯块实际擦拭样品及铀分布图(总铀含量 125.30 μg)

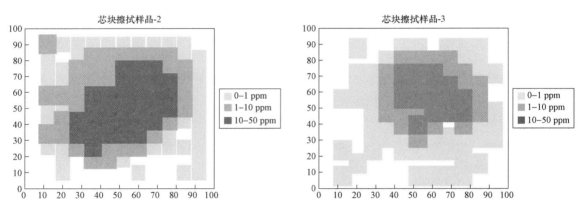

图 7　左-压水堆芯块擦拭样品铀分布图(总铀含量 823.40 μg)

右-101 堆芯块擦拭样品铀分布图(总铀含量 447.50 μg)

4　仪器检测限

设置好实验条件,对空白擦拭布进行二十次测量,所得数据取标准偏差。仪器检测限 DL=3SD,测得仪器对铀的检测器为 0.400 μg。

5　结论

经实验测定,U 的测定用 Laı 线(13.613 keV),最佳测量条件为 X 光管电压 49 kV,管电流为 200 μA,测量时间 100 s,校正方法选用指定元素归一法。本仪器对于光斑范围内铀浓度大于 1 ppm 的样品可以准确测量,误差小于 10%。仪器加装移动平台后使得擦拭布的测量简便快捷,可对其铀含量进行筛选;选用移动步幅为 7.2 mm 时,测量最为准确。经过对空白多次测量得到仪器检测限为 0.400 μg。

致谢:

在相关实验的进行当中,受到了中国东西仪器公司的大力支持,并提供了很多有益的数据和资料,在此向东西仪器的大力帮助表示衷心的感谢。

参考文献：

[1] 杨天丽,等. 擦拭样品中铀微粒甄别技术的研究[J]. 核技术,2007,30(3):208-212.

[2] Cooley J N,Donohue D L. Current status of environmental sampling for IAEA safeguard[C]. Proceedings of the 19 th Annual ESARDA Symposium on Safeguards and Nuclear Material Manaagement,EUR 17665 EN,1997: 31-40.

[3] 乔亚华,等. 多次全反射 X 射线荧光分析装置研制[J]. 核电子学与探测技术,2013,33(12):1495-1497.

Study on the method of screening uranium in wiping samples by X-ray fluorescence spectrometry

ZHAO Xing-hong,WANG Chen,ZHAO Yong-gang

(China Institute of Atomic Energy,Beijing. 102413,China)

Abstract:X-ray fluorescence spectrometry was used for the analysis of uranium in wipe samples. In this paper, the method was studied, the standard curve was drawn, and the sample was determined. The experimental results show that the instrument can accurately measure the samples with uranium concentration more than 1 ppm in the light spot range,and the error is less than 10%. After the mobile platform is installed on the instrument,the measurement of the wiping cloth is simple and fast,and the uranium content can be screened;When the moving stride is 7. 2 mm,the measurement is the most accurate. The detection limit of the instrument is 0. 400 μg.

Key words:X-ray fluorescence spectrum;Wiping sample;Uranium content;Screen

新型发射剂用于热电离质谱法测定单铀微粒同位素比

高　捷,赵永刚,徐常昆

(中国原子能科学研究院,北京 102413)

摘要:铀微粒同位素比测定是核保障环境取样分析中的有效方法。本文将扫描电子显微镜(SEM)与热电离质谱(TIMS)联用,使用 SEM 结合能量色散 X 射线谱仪(EDX)及微操作系统完成铀微粒的挑选和转移,提高了样品制备效率,简化了制备工艺。采用新的热离子发射剂制备样品,提高了铀的电离效率,优化了实验条件。用 TIMS 对已知同位素丰度的 CRM U200 中 1 μm 左右的铀微粒同位素比进行直接测量。结果表明,$^{234}U/^{238}U$、$^{235}U/^{238}U$ 和 $^{236}U/^{238}U$ 同位素比的相对误差(即测量值与参考值之间的偏差)分别在 24.2%、2.1% 和 10.8% 以内,相对标准偏差(RSD)分别在 9.0%、1.9% 和 5.0% 以内。该方法有望成为国际核保障环境擦拭取样分析的常规技术之一。

关键词:核保障;铀微粒;同位素比;TIMS;SEM

　　铀微粒同位素比测量是核保障环境取样分析的重要技术,可以有效探测未申报的核活动[1-3],目前开发的分析方法主要有二次离子质谱法(SIMS)[4-7]和结合裂变径迹的热电离质谱法(FT-TIMS)[8-12]。SIMS 法对于丰度较低的次同位素比值的准确测定受到多原子离子的干扰[6,13],FT-TIMS 的分析流程较复杂,反应堆辐照条件降低了测量效率,也限制了方法的推广[12],韩国原子能研究所(KAERI)、联合研究中心(JRC)的标准物质和测量研究所(IRMM)和中国原子能科学研究院(CIAE)王凡等[14,15]对 SEM-TIMS 进行了相关研究。本工作建立了一种用 SEM-TIMS 分析单铀微粒同位素比的改进方法,采用一种新型热离子发射剂进行样品制备,以 CRM U200 中的铀微粒为研究对象,通过扫描电子显微镜结合 X 射线能量色散谱仪及微操作器识别、转移单个铀微粒,经过对比不同浓度发射剂的 TIMS 测量结果,确定了制样的优化条件,降低了测量检测限和偏差。

1　实验部分

1.1　仪器和试剂

　　扫描电子显微镜(SEM,型号 JSM-6360V,日本 JEOL 公司);能量色散 X 射线能谱仪(EDX,型号 X-MaxN,牛津仪器公司);微操作系统(MM3 A,德国 Kleindiek Nanotechnik 公司);Triton Plus 型 TIMS(P/N1250860,德国赛默飞世尔科技公司);铼带脱气装置(P/N 0641142,德国赛默飞世尔科技公司);铼带涂样装置(S/N X12430239,德国赛默飞世尔科技公司);超纯水机(型号 ULUP-1-20 T,优普时代北京科技有限公司);电热板(型号 EH45 A Plus,北京莱伯泰科仪器股份有限公司);高光碳片(批号 061013-12103,美国 Ted Pella 公司);超声波清洗机(型号 PS-10 A,洁康科技有限公司)。

　　CRM U200 铀同位素标准物质(美国 New Brunswick Laboratory 产品);无水乙醇(分析纯,批号 20180518,北京化工厂);阿皮松真空润滑脂 L(Apiezon L,APIEZON 产品 M&I 材料有限公司);正庚烷(分析纯,批号 090802,国药集团化学试剂有限公司);10% 葡萄糖注射液(批号 M201903073,华润双鹤药业股份有限公司);铼带(纯度 99.999%,尺寸 0.7 mm×0.04 mm×15 mm,H. Cross 公司)。

1.2　微粒样品制备

1.2.1　铼带脱气

　　实验中使用的铼带先采用仪器厂商配备的脱气装置进行脱气。脱气过程为:将两组铼带(共 30 个,每组 15 个)同时放入除气装置中,在 1×10^{-5} mbar 的真空室中进行除气。先将一组铼带以

作者简介:高捷(1987—),女,河北衡水人,博士研究生,现主要从事核保障、环境取样分析等科研工作

0.5 A/min 的速率加热至 4.5 A,保持 25 min,然后以 0.5 A/min 的速率继续加热至 5.0 A,保持 5 min,然后以 1.0 A/min 的速率冷却至 0 A,保持 60 min,另一组铼带按上述相同步骤操作,两组再同时以 5 A/min 的速率加热至 5 A,保持 15 s,然后以 5 A/min 的速率冷却至 0 A。除气完成后,在 0 A 的真空下冷却至少 2 h,取出,仔细保存、转移除气后的铼带,避免污染。

1.2.2 铼带涂样

结合铼带和电镜装置的特点,设计加工一个样品转移台,可以同时放置碳片和铼带。涂样的目的是在样品带上滴加一种发射离子增强剂,既能固定放置的微粒,又能增强电离效率,具体操作:采用微量移液枪将 1 μL 发射剂滴在铼带中间,通 0.8 A 电流 30 s 将样品蒸干,在扫描电子显微镜下完成微粒转移后取出,再用微量移液枪将 1 μL 发射剂滴在铼带中间,通电流 1.0 A 加热 1 min,电流升至 1.6 A 加热 30 s,快速将电流降为 0,之后将样品装入仪器中进行测量。放置碳片和铼带的样品转移台的照片及铼带涂样装置如图 1 所示。

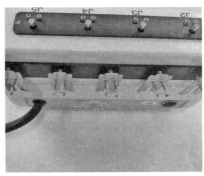

图 1　微粒转移台及铼带涂洋装置

左—微粒转移台;右—铼带涂洋装置

1.2.3 微粒提取与转移

取少量 CRM U200 铀微粒粉末,加入适量无水乙醇超声振荡制成悬浮液,取少量悬浮液至干净的碳片上,将碳片置电热板上,在 300 ℃ 下烘干。在对每个铼带进行脱气和涂样后,将其和回收有微粒的碳片同时放入 SEM 样品腔内,由 SEM-EDX 寻找并鉴别铀微粒,由微操作系统控制极细的钨针将铀微粒挑起,随后转移至铼带中心,微粒转移过程的示例如图 2 所示。

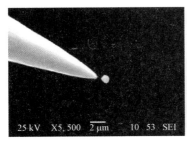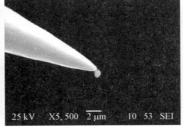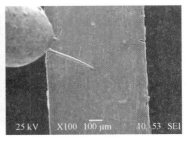

图 2　微粒转移至铼带的扫描电镜图

左—微粒识别;中—微粒从碳片挑起;右—微粒被转移至铼带

1.2.4 样品制备

使用正庚烷溶解阿皮松真空润滑脂,配制不同浓度的真空润滑脂溶液(0.01 g/mL,0.002 5 g/mL,0.000 5 g/mL),使用超纯水稀释 10% 的葡萄糖注射液,配制 0.5% 的葡萄糖注射液,按照涂样和转移步骤分别制备铀样和相应的空白样,样品描述见表 1。

表 1　实验样品说明

样品编号	微粒来源	微粒粒径/μm	发射剂种类及用量
1	空白	—	真空润滑脂 1 μg
2	空白	—	真空润滑脂 5 μg
3	空白	—	真空润滑脂 20 μg
4	空白	—	葡萄糖液 10 μg＋真空润滑脂 10 μg
5	CRM U200	1.2	真空润滑脂 1 μg
6	CRM U200	0.7	真空润滑脂 1 μg
7	CRM U200	0.6	真空润滑脂 1 μg
8	CRM U200	1.0	真空润滑脂 5 μg
9	CRM U200	1.0	真空润滑脂 5 μg
10	CRM U200	0.6	真空润滑脂 5 μg
11	CRM U200	1.0	真空润滑脂 20 μg
12	CRM U200	0.8	真空润滑脂 20 μg
13	CRM U200	0.9	真空润滑脂 20 μg
14	CRM U200	1.1	葡萄糖液 10 μg＋真空润滑脂 10 μg
15	CRM U200	1.0	葡萄糖液 10 μg＋真空润滑脂 10 μg
16	CRM U200	1.0	葡萄糖液 10 μg＋真空润滑脂 10 μg

1.3 TIMS 测量

1.3.1 进样方式

铀的第一电离电位较高,较难电离,在铼带上添加发射剂可有效降低电离电位,提高样品的离子化效率及电离稳定性。本实验采用单带添加发射剂的方式进样,进样方法如图 3 所示。

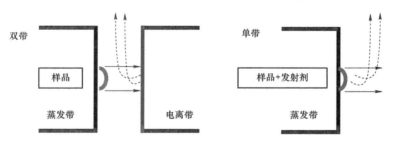

图 3　双带与单带进样方法

1.3.2 全蒸发法测量

全蒸发法即通过控制金属带的加热电流将待测样品全部蒸发,对离子信号全积分的过程,采用接收的信号总和得到同位素丰度比,此方法被广泛应用于铀同位素的测量[16]。实验所使用的 Triton Plus 型热电离质谱仪配有专门测微量铀的多接受离子计数器(MIC)共 5 个(3 个 SEM,两个 CDD,其中两个离子计数器上配备了 RPQ,用于提高丰度灵敏度)以及两个测量^{235}U、^{238}U 的法拉第杯,两个测量^{234}U、^{236}U 的 RPQ,如图 4 所示。对于 1 μm 左右的含微粒样品,样品量很少,所有的铀同位素均采用离子计数器进行测量。^{234}U、^{235}U、^{236}U、^{238}U 分别用 IC3、IC2、IC1、IC5 测量,由于该 MIC 结构除 IC5 外,其他 IC 的位置是专门为铀同位素排布的,不需要再进行调节,只需要将 IC5 调节到^{238}U 的位置即可。全蒸发方法在样品用量以及测量结果的精确度方面具有明显优势,其重复性好、精密度高、所需样品量少等特点使其在 U、Pu 同位素分析中具有不可替代的优势。

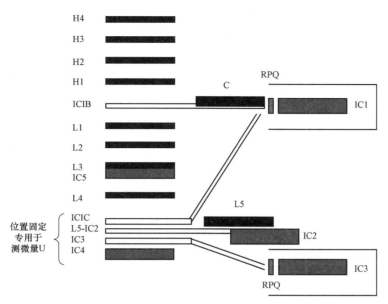

图 4　TIMS 系统结构

2　结果与讨论

2.1　不同发射剂的信号对比

　　将不同浓度的发射剂对应的空白样品的测量结果进行对比,如图 5(左)所示。结果表明,1 μg 的真空润滑脂作发射剂时,其空白计数率最低,即本底最低,效果好于 20 μg,可以适当降低发射剂的浓度来降低本底干扰,提高测量准确度,但过度降低会影响电离效率及胶黏性,如图 5(右)所示,随着发射剂的量增大,信号强度增大。

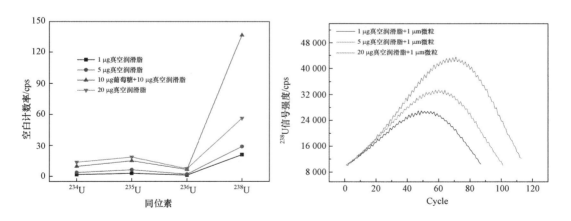

图 5　不同浓度发射剂的空白样品(左)和微粒样品(右)结果对比

2.2　铀微粒同位素比测量

　　每种浓度的发射剂均测量了三个微粒样品,结果如图 6 所示,1 μg 的真空润滑脂作发射剂时,其 $^{234}U/^{238}U$、$^{235}U/^{238}U$ 和 $^{236}U/^{238}U$ 同位素比值和标准值吻合良好,且稳定性良好,当发射剂的浓度升高,吻合度变差,这种规律对于次同位素比更加明显,其中尺寸最小的微粒(0.6 μm)所测值与标准值之间的偏差分别为 7.39%、−0.07% 和 7.66%。每种浓度的发射剂样品的测量外精度和测量平均值的相对误差如表2所示。$^{234}U/^{238}U$、$^{235}U/^{238}U$ 和 $^{236}U/^{238}U$ 同位素比的相对误差分别在24.2%、2.1%和10.8%以内,相对标准偏差分别小于9.0%、1.9%和5.0%,$^{235}U/^{238}U$ 测量结果均小于5%,部分 $^{234}U/^{238}U$ 和 $^{236}U/^{238}U$ 同位素比结果偏高可能是分子离子对^{234}U和^{236}U的干扰造成的,可继续优化制样条件,进一步提高电离效率。

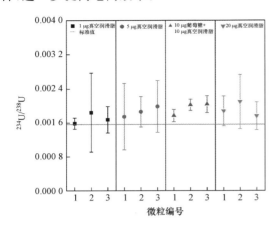
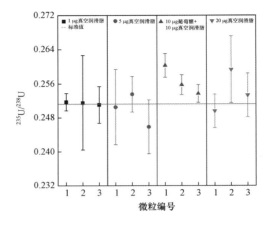

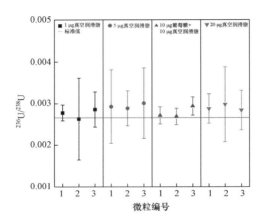

图6　使用不同浓度发射剂的铀微粒的同位素比测量结果对比

表2　微粒样品的测量外精度和测量平均值的相对误差

样品	$^{234}U/^{238}U$		$^{235}U/^{238}U$		$^{236}U/^{238}U$	
	RSD/%	RE/%	RSD/%	RE/%	RSD/%	RE/%
1 μg 真空润滑脂	7.43	8.89	0.13	0.08	4.24	3.77
5 μg 真空润滑脂	6.44	19.33	1.55	−0.51	2.08	10.79
10 μg 葡萄糖＋10 μg 真空润滑脂	7.74	24.23	1.31	2.13	5.00	4.65
20 μg 真空润滑脂	9.01	22.31	1.93	1.13	2.49	9.16

注:RSD 为测量值的外精度,RE 为测量平均值的相对误差(即测量值与标准值的偏差)。

3　结论

本文采用 SEM-TIMS 法测定了已知同位素组成的铀同位素标准物质 CRM U200 中的一系列微米及亚微米尺寸(直径范围 0.6~1.2 μm)的单个铀微粒同位素比,此方法较 FT-TIMS 法操作简便,简化了样品制备流程,测量结果表明:采用 1 μg 的真空润滑脂作发射剂时,测量效果较好,制样方法可行,所测 $^{234}U/^{238}U$、$^{235}U/^{238}U$ 和 $^{236}U/^{238}U$ 同位素比的相对误差和相对标准偏差均小于10%,

^{235}U/^{238}U 测量结果均满足核保障分析需求(<5%),次同位素比在测量精密度方面有待进一步优化。总之,结合制样条件的进一步优化,该技术有望成为国际核保障环境擦拭取样分析的有效方法之一。

参考文献:

[1] Axelsson A,Fischer D M,Peńkin M V. Use of data from environmental sampling for IAEA safeguards Case study:uranium with near-natural ^{235}U abundance[J]. J. Radioanal. Nucl. Chem,2009,282:725-729.

[2] Donohue D L. Strengthening IAEA safeguards through environmental sampling and analysis[J]. J. Alloy Compd, 1998,271-273:11-18.

[3] Donohue D L. Strengthened nuclear safeguards[J]. Anal. Chem,2002,74:28A-35A.

[4] Tamborini G,Betti M,Forcina V,et al. Application of secondary ion mass spectrometry to the identification of single particles of uranium and their isotopic measurement[J]. Spectrochim. Acta Part B,1998,53:1289-1302.

[5] Esaka F,Esaka K T,Lee C G,et al. Particle isolation for analysis of uranium minor isotopes in individual particles by secondary ion mass spectrometry[J]. Talanta,2007,71:1011-1015.

[6] Ranebo Y,Hedberg P M L,Whitehouse M J,et al. Improved isotopic SIMS measurements of uranium particles for nuclear safeguard purposes[J]. J. Anal. At. Spectrom,2009,24:277-287.

[7] Shen Y,Zhang Y,Zhao Y G,et al. The development of uranium isotopic ratio analysis for uranium-bearing particles by using oxygen flooding technique with SIMS[J]. Surf. Interface. Anal,2014,46:326-329.

[8] Esaka K T,Esaka F,Inagawa J,et al. Application of fission track technique for the analysis of individual particles containing uranium in safeguard swipe samples[J]. Jpn. J. Appl. Phys,2004,43:L915-L916.

[9] Lee C G,Iguchi K,Esaka F,et al. Improved method of fission track sample preparation for detecting particles containing fissile materials in safeguards environmental samples[J]. Jpn. J. Appl. Phys,2006,45:L294-L296.

[10] Shen Y,Zhao Y G,Guo S L,et al. Study on analysis of isotopic ratio of uranium-bearing particle in swipe samples by FT-TIMS[J]. Radiat. Meas,2008,43:S299-S302.

[11] Chen Y,Shen Y,Chang Z Y,et al. Studies on analyzing single uranium-bearing particle by FT-TIMS[J], Radiat. Meas,2013,50:43-45.

[12] Chen Y,Wang F,Zhao Y G,et al. An improved FT-TIMS method of measuring uranium isotope ratios in the uranium-bearing particles[J]. Radiat. Meas,2015,83:63-67.

[13] 沈彦,王同兴,王琛,等. SIMS含铀微粒同位素比分析中多原子离子影响及消除方法研究[J]. 原子能科学技术, 2019,053(004):585-593.

[14] 王凡,张燕,王晓明,等. 扫描电子显微镜结合热电离质谱测定单微粒中铀同位素比值[J]. 原子能科学技术, 2015,49(3):400-403.

[15] Kraiem M,Richter S,Kühn H,et al. Development of an improved method to perform single particle analysis by TIMS for nuclear safeguards[J]. Anal. Chim. Acta,2011,688:1-7.

[16] 魏兴俭,徐新晃,张海路,等. 全蒸发技术在铀同位素丰度测量上的应用[J]. 质谱学报,2000,22(1):7-14.

Determination of isotope ratios in individual uranium particles by thermal ionization mass spectrometry with a new emitter

GAO Jie,ZHAO Yong-gang,XU Chang-kun

(China Institute of Atomic Energy,Department of Radiochemistry,Beijing,102413,China)

Abstract: The determination of uranium isotope ratios in uranium particles is an effective method in the analysis of environmental sampling for nuclear safeguards. Scanning electron microscope(SEM) was used combined with thermal ionization mass spectrometry (TIMS) in the paper. Uranium particles were selected and transferred by SEM combined with energy dispersive X-ray spectrometer (EDX) and micromanipulator, which could improve the efficiency of sample preparation and simplify the procedure. The experimental condition was optimized by using a new kind of thermal ion emitter to enhance the ionization efficiency of uranium. The isotope ratios of uranium particles about 1 μm from CRM U200 with known isotopic abundance were measured by TIMS. The results show that the relative error(i. e., the deviation of measured value from the certified value) of $^{234}U/^{238}U$, $^{235}U/^{238}U$ and $^{236}U/^{238}U$ isotope ratios was within 24.2%, 2.1% and 10.8%, respectively, and the relative standard deviation (RSD) was within 9.0%, 1.9% and 5.0%, respectively. It is expected that the method will become one of the conventional techniques for environmental sampling and analysis in international nuclear safeguards.

Key words: Nuclear safeguards; Uranium particle; Isotope ratio; TIMS; SEM

中国核科学技术进展报告（第七卷）

核化学与放射化学分卷　Progress Report on China Nuclear Science & Technology（Vol.7）　　2021 年 10 月

单分散微米级铀钍氧化物混合微粒制备及表征

胡睿轩，王　凡，沈　彦，李力力，赵立飞，赵永刚*

（中国原子能科学研究院 北京 102413）

摘要：铀微粒年龄测量是核保障环境样品分析领域一种重要技术方法，准确测量单个铀微粒年龄需要使用铀钍比值已知、尺寸适宜的标准微粒推算母子体含量比。通过将铀、钍标准物质溶解，并将溶液雾化形成气溶胶，再经蒸发、热分解等一系列步骤，制得了混合氧化物微粒。经扫描电子显微镜（SEM）观测，所制备微粒呈球形，微粒粒径主要分布于 $2\sim3\ \mu m$；能谱分析表明，微粒组成成分为铀、钍和氧；二次离子质谱（SIMS）测量结果表明，微粒 $^{232}Th/^{238}U$ 信号比值为 0.694 ± 0.017，$^{232}Th/^{238}U$ 比值相对灵敏度因子（$RSF_{Th/U}$）为 1.259 ± 0.032，不同微粒间 $RSF_{Th/U}$ 波动较小。本工作所制备微粒形貌统一、单分散性良好、钍铀比值稳定，为后续混合微粒标准物质研制奠定了基础。

关键词：混合微粒；年龄测量；二次离子质谱

含铀微粒"年龄"分析是核保障环境样品分析技术中最前沿的研究内容之一[1]。铀微粒"年龄"指的是铀最近一次分离纯化时间，通过收集并测量核设施内部或周边环境微粒擦拭样品"年龄"可以获悉相应核活动发生时间这一关键信息，进而判定是否存在违约生产活动[2]。微粒"年龄"测量原理与常量样品年龄分析原理一致，都是通过测量铀及其衰变子体的原子比，从而推算出其年龄。分析铀年龄所能采用的母子体对包括 $^{235}U/^{231}Pa$、$^{234}U/^{230}Th$ 两类[5][6]，由于 ^{230}Th 含量高于 ^{231}Pa，因此，含铀微粒年龄分析通常选择 $^{234}U/^{230}Th$ 母子体对进行测量。

二次离子质谱（SIMS）由于其高质量分辨率、高灵敏度、低检测限、具备微区分析能力等特点，是具备含铀微粒年龄分析潜力的技术手段之一。SIMS 进行元素组分分析时，受基体效应（matrix effect）影响，不同元素离子化效率存在一定差异，需要使用标准物质对待测样品元素比值测量结果进行校正：即将元素比值已知的标准物质与待测样品在相同仪器、相同条件下进行测量，通过测量标准物质得到不同元素离子化效率比，也就是相对灵敏度因子（RSF），进而对待测样品元素比值测量结果进行校准。为准确测量铀微粒中 $^{234}U/^{230}Th$ 比值，需尽可能模拟实际铀微粒样品化学组分来制备混合微粒标准物质[5][6]。此前，国内外微粒制备相关研究大都聚焦于单元素微粒制备[7~13]，关于混合微粒制备，仅德国超铀元素研究所（ITU）的 Y. Ranebo 等人曾开展 U、Pu 混合微粒制备研究[14]。

本工作采用气溶胶喷雾热分解的方式，通过改进实验条件，确定最优制备参数，探索制备物理形态统一、几何尺寸已知、钍铀比值稳定的微米级铀钍混合氧化物微粒。并使用电感耦合等离子体质谱（ICP-MS）、扫描电子显微镜（SEM）、能谱（EDX）及 SIMS 对其进行表征。为后续年龄分析用混合微粒标准物质的研制及铀微粒年龄的准确测量奠定基础。

1　实验

1.1　主要试剂及仪器

硝酸铀酰 $[UO_2(NO_3)_2\cdot 6H_2O]$，分析纯，中国医药公司北京化学试剂采购供应站；硝酸钍 $[(ThNO_3)_4\cdot 6H_2O]$，分析纯，长沙晶康新材料科技有限公司；异丙醇（C_3H_8O），优级纯，上海阿拉丁生化科技股份有限公司；水中铀成分分析标准物质 [GBW（E）080173]、水中钍成分分析标准物质 [GBW（E）080174]，核工业北京化工冶金研究院；实验用水采用美国 Millipore 公司生产的 Milli-Q 型纯水系统制备，电阻率为 18.2 MΩ·cm。

VOAG-3450 型振动孔气溶胶发生器，美国 Tsi 公司；JSM-6360LV 型扫描电子显微镜（SEM），日本 JEOL 公司；ELAN DRC-e 型电感耦合等离子体质谱仪，美国 Perkin Elmer 公司；IMS-6S 型二次离子质谱仪,法国 CAMECA 公司;CPXH 型超声清洗仪,美国 Branson 公司;XPE205 型电子天平,瑞士 Mettler Toledo 公司;EH45A plus 型电热板,中国 Labtech 公司。

1.2 实验流程

实验流程如图 1 所示,包括配制溶液并使用 ICP-MS 定量、混合微粒制备、微粒悬浮超声转移、SEM-EDX 测量及单微粒转移、SIMS 测量五部分内容:

图 1 实验流程

(1) ICP-MS 测量:取适量硝酸铀酰($UO_2(NO_3)_2$)和硝酸钍($Th(NO_3)_4$)溶于异丙醇配制得到样品溶液,移取适量浓度为 100 $\mu g/mL$ 的铀标准溶液于样品瓶中,加入 2% 硝酸逐级稀释得到浓度为 0.1、0.5、2、10 ng/mL 的标准工作溶液。以各质量浓度点所对应响应值(y)对相应的质量浓度(x,ng/mL)绘制浓度曲线,随后测量样品溶液中铀钍比值。

(2) 混合微粒制备:微粒制备装置如图 2 所示,样品溶液通过振动孔气溶胶发生器形成均一液滴,在载气载带下进入马弗炉加热,液滴溶剂蒸发形成固体微粒,再经 900 ℃ 高温分解,形成铀钍混合氧化物微粒,经冷却管冷却后收集于孔径约 500 nm 的核孔膜。

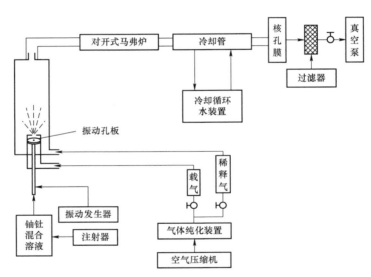

图 2 微粒制备装置示意图

(3) 悬浮超声转移:随机挑选 3～4 处位置,将收集有微粒的核孔膜剪成小块浸于 2 mL 乙醇溶液,经超声振荡制成悬浮液。将清洗过的高纯碳片置于加热板上,加热至 80 ℃。取 1 mL 悬浮液逐滴滴加在碳片中心区域,电热板升温至 300 ℃ 并保持 3 h,冷却后将碳片放入样品盒备 SIMS 测量用。

(4) SEM-EDX 测量及单微粒转移:将载有微粒的碳片与空白碳片同时放入电镜样品腔内,通过 SEM 寻找单个微粒,经能谱(EDX)确认为铀微粒后,测量其元素组成,并使用微操作器控制探针将待测微粒挑起,移动 SEM 样品台,调节空白碳片中心点至探针下方,控制探针每隔 100 μm 放置一颗微粒。微粒转移过程如图 3 所示。

(5) SIMS 测量:将微粒转移后的碳片固定碳片于样品台,使用 APM 软件寻找并记录待测微粒坐标,调节一次束流强度使 $^{238}U^+$ 信号值大于 10^5,使用 SIMS 分析微粒铀、钍比值,具体测量参数如表 1 所示。

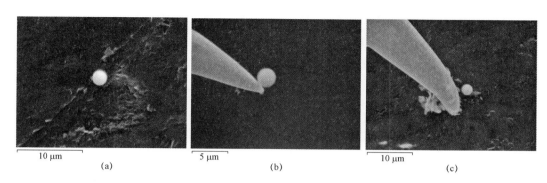

图 3 微粒转移过程

a、b、c 分别为待测微粒、使用探针挑起微粒时和在空白碳片上探针和微粒分离时的 SEM 图像

表 1 IMS-6F 测量参数

参数	离子源	一次束能量	样品高压	视场光阑	对比度光阑	质量分辨率	接收器
数值	O_2^+	12.5 kV	5 000 V	1 800 μm	400 μm	300	电子倍增器

2 结果与讨论

2.1 混合微粒制备参数

微粒制备过程各条件参数值对微粒大小、形貌有着巨大影响。(如振动孔板振动频率、气溶胶溶液浓度影响微粒大小,载气气流量大小、加热温度影响微粒形貌等。)通过条件实验,最终确定具体制备条件参数归纳于表2。

表 2 单分散氧化物微粒制备条件参数

序号	条件参数	参数选择
1	振动孔板振动频率	88.5 kHz
2	气溶胶溶液浓度	6.3×10^{-5} g/mL
3	载气气流量	40~50 L/min
4	马弗炉加热温度	900 ℃
5	冷却循环水温度	15 ℃
6	振动孔板直径	20 μm
7	收集时长	30 min

2.2 微粒形态和元素组成

通过 SEM 观察微粒形貌,结果如图 4 所示,图中白色圆球为所制备铀钍混合微粒,混合微粒呈均匀球形,且表面光滑,边界清晰。

参考 Ruth Kips[10] 等人采用形状系数[form factor,计算见式(1)]这一量化指标表征微粒形貌,统计得到所制备铀钍混合氧化物微粒形状系数结果如图5所示,为 1.01±0.02,表明混合微粒形状基本为球形。

$$F_f = \frac{4\pi S}{(L_c)^2} \qquad (1)$$

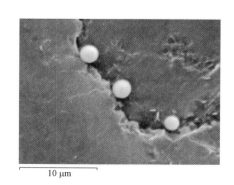

图 4 微粒形貌图示

式(1)中,S 为微粒面积;L_c 为微粒周长。当 $F_f=1$ 时,表明微粒为球形;F_f 数值与 1 的偏离程度代表微粒形貌的偏离球形程

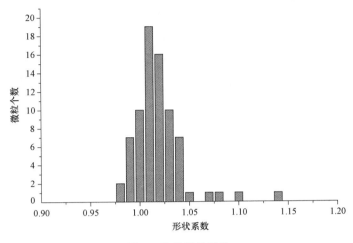

图 5　微粒形状系数

通过 SEM 配备的能谱仪分析单微粒元素组成,单微粒能谱如图 6 所示,未能观察到 N 峰,说明 $UO_2(NO_3)_2$、$Th(NO_3)_4$ 热分解完全,没有硝酸盐的残留。单微粒元素组成为铀、钍、氧,微粒组成成分为铀、钍氧化物,谱图中 C 峰是由样品台(碳片)所引起。

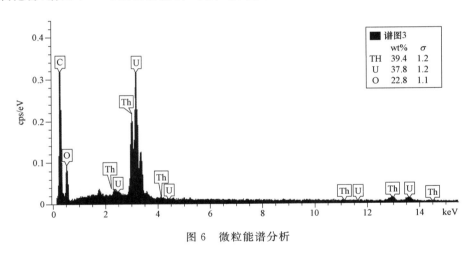

图 6　微粒能谱分析

2.3　微粒粒径分布与形状系数统计

统计 SEM 搭载微粒分析软件给出的微粒粒径数据,所制备微粒平均粒径为 $(2.33\pm0.41)\mu m$,

分散系数 ε(粒径的标准偏差与平均粒径之比)为 0.17,几何标准偏差 σ_g(计算见式 2)为 1.21,说明该微粒体系具备单分散性(通常认为 $\varepsilon \leqslant 0.35$ 或小于 1.4 微粒体系是单分散的),具体微粒粒径分布如图 7 所示,粒径 $2\sim3\ \mu m$ 区间内混合微粒占比达 85%。

$$\ln\sigma_g=\left\{\frac{\sum[n_i(\ln d_i-\ln\overline{d})]^2}{N}\right\}^{v2} \tag{2}$$

式(2)中:n_i 为直径为 d_i 的微粒个数;N 为微粒总数;$\overline{d}$ 为算术平均直径。

2.4　SIMS 测量结果

SIMS 测量时,统计从测量开始至微粒消耗 50% 这段时间内平均 $^{232}Th/^{238}U$ 比值,各微粒 $^{232}Th/^{238}U$ 比值测量结果如表 3 所示:

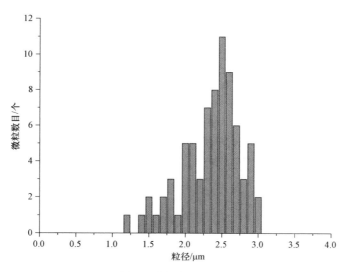

图 7 微粒粒径分布

表 3 微粒铀钍比值测量结果

编号	$^{232}Th/^{238}U$ 比值	相对标准偏差/%	编号	$^{232}Th/^{238}U$ 比值	相对标准偏差/%
1	0.704	1.58	7	0.684	1.55
2	0.680	4.99	8	0.698	3.09
3	0.731	4.83	9	0.698	2.09
4	0.697	1.27	10	0.705	3.72
5	0.664	1.59	11	0.702	3.72
6	0.694	2.38	12	0.673	3.97

混合微粒平均钍铀比为 0.694 ± 0.017，不同微粒间钍铀比相对标准偏差小于 3%，单个微粒测量过程中钍铀比值相对标准偏差均小于 5%，制备微粒所用样品溶液中 $^{232}Th/^{238}U$ 比值分别为 0.874 ± 0.01。将 $(^{232}Th/^{238}U)_{icp\text{-}ms}$、$(^{230}Th/^{234}U)_{sims}$ 代入式 3 得到 SIMS 测量时微粒 $RSF_{Th/U}$ 为 1.259 ± 0.032，该值处于国际各实验室[15][16]测量年龄已知样品所得 $RSF_{Th/U}$ 值区间 1.1 至 1.4 内。

$$\left(\frac{^{232}Th}{^{238}U}\right)_{icp\text{-}ms} = RSF_{Th:U} \cdot \left(\frac{^{232}Th}{^{238}U}\right)_{sims} \tag{3}$$

3 结论

本工作初步完成形貌、粒径统一，元素比值较稳定的铀钍混合微粒的制备及表征，得到如下结论：

（1）初步确定了铀钍混合氧化物微粒制备条件，并成功制备了粒径约 2.3 μm 单分散性良好，呈均匀球形的铀钍混合微粒；

（2）使用 SIMS 对所制备混合微粒中钍铀比值进行了测量，计算得出混合微粒中钍铀比值的相对灵敏度因子 RSFTh/U 值，该值与国际上各实验室测量年龄已知样品进行测量所得 RSFTh/U 值接近。

参考文献：

[1] Stebelkov V，Grachev A，Ermakov A，et al. Determination of the Age of Uranium in Microparticles by Russian Laboratory[DB/OL]. https://www.iaea.org/,2010.

[2] Shinonaga T，Donohue D，Ciurapinski A，et al. Age determination of single plutonium particles after chemical

separation[J]. Spectrochimica Acta Part B:Atomic Spectroscopy,2009,64(1):95-98.

[3] YANG Suliang,DING Youqian,et al. Uranium Age Determination by 230Th/234U Ratio[J]. Annual Report of China Institute of Atomic Energy,2014,00:209-210.

[4] 黄声慧,常利,陈彦,等 .235U/231Pa 质谱法测铀年龄[J]. 核化学与放射化学,2017(05):368-372.

[5] 杨得全,范垂祯 . 基体效应对二次离子质谱相对灵敏度因子影响的研究[J]. 真空科学与技术,1998,12:173-176.

[6] 杨亚楠,李秋立,刘宇,等 . 离子探针锆石 U-Pb 定年[J]. 地学前缘,2014,21(002):81-92.

[7] N Erdmann, M Betti, O Stetzer, et al. Production of monodisperse uranium oxide particles and their characterization by scanning electron microscopy and secondary ion mass spectrometry[J]. Spectrochimica Acta Part B:Atomic Spectroscopy,2000,55(10):1565-1575.

[8] Ould-Dada Z,Shaw G,Kinnersley R. Production of radioactive particles for use in environmental studies[J]. Journal of Environmental Radioactivity,2003,70(3):177-191.

[9] Park Y J,Lee M H,Pyo H Y,et al. The preparation of uranium-adsorbed silica particles as a reference material for the fission track analysis[J]. Nuclear Inst & Methods in Physics Research A,2005,545(1/2):493-502.

[10] Kips R,Leenaers A,Tamborini G,et al. Characterization of Uranium Particles Produced by Hydrolysis of UF$_6$ Using SEM and SIMS[J]. Microscopy & Microanalysis the Official Journal of Microscopy Society of America Microbeam Analysis Society Microscopical Society of Canada,2007,13(03):156-64.

[11] Shinonaga T,Donohue D,Aigner H,et al. Production and Characterization of Plutonium Dioxide Particles as a Quality Control Material for Safeguards Purposes[J]. Analytical Chemistry,2012,84(6):2638.

[12] A Knott,S Vogt,E Chinea,et al. Production and Characterization of Monodisperse Reference Particles[Z]. Vienna:IAEA-Symposium on International Safeguards,2014.

[13] 王凡,常志远,赵永刚,等 . 单分散微米级铀氧化物微粒的制备[J]. 原子能科学技术,2010,044(007):809-812.

[14] Ranebo Y,Niagolova N,Erdmann N,et al. Production and Characterization of Monodisperse Plutonium, Uranium,and Mixed Uranium-Plutonium Particles for Nuclear Safeguard Applications[J]. Analytical Chemistry, 2010,82(10):4055-62.

[15] Fauré,Anne-Laure,Dalger T. Age dating of individual micrometer-sized uranium particles by secondary ion mass spectrometry:an additional fingerprint for nuclear safeguards purposes[J]. Analytical Chemistry,2017,89(12): 6663-6669.

[16] Szakal C,Simons D S,Fassett J D,et al. Advances in age-dating of individual uranium particles by large geometry secondary ion mass spectrometry[J]. Analyst,2019,144:4219-4232.

Preparation and characterization of monodisperse micron-sized mixed particles of uranium and thorium oxide

HU Rui-xuan,WANG Fan,SHEN Yan,LI Li-li,
ZHAO Li-fei,ZHAO Yong-gang *

(China Institute of Atomic Energy,Beijing 102413,China)

Abstract:Age-dating of uranium particle is an important technical method in the field of nuclear safeguard environmental sampling and analysis. Standard particles with known uranium-thorium ratio and suitable size are needed to insure the precision and the accuracy of the measurement for the age of individual uranium particles. Mixed oxide particles were prepared by dissolving uranium and thorium standard reference materials,nebulizing the solution into droplets of proper diameter and collecting the particles after the desolation and calcination of the droplets. It was observed by scanning electron microscope(SEM)that the prepared particles are nearly spherical, the particle size is mainly distributed in $2 \sim 3 \ \mu m$; The composition of the particles, measured by energy dispersive X-ray spectrum, is only uranium, thorium and oxygen; Secondary ion mass spectrometry (SIMS) measurement results show that the signal ratio of particles $^{232}Th/^{238}U$ is 0.694 ± 0.017, the relative sensitivity factor($RSF_{Th/U}$) of $^{232}Th/^{238}U$ ratio is 1.259 ± 0.032, the fluctuation of $RSF_{Th/U}$ between different particles is small. The particles with uniform morphology, good monodispersity and stable thorium uranium ratio were prepared by this work. It laid a foundation for the subsequent development of mixed particulate reference materials.

Key words: Mixed particles; Age-dating; SIMS

中国核科学技术进展报告（第七卷）

核化学与放射化学分卷 Progress Report on China Nuclear Science & Technology (Vol.7)　　2021 年 10 月

基于改性 C18 色谱柱的燃耗监测体高效液相色谱分离分析方法研究

彭曼舒，王定娜，陈云明，胡　银，冯伟伟

（中国核动力研究设计院 第一研究所，四川 成都 610005）

摘要：为实现燃耗监测体的快速分离分析，采用浸渍法对两种 C18 反相色谱柱进行了萃取剂二(2-乙基己基)磷酸酯(HDEHP)的修饰改性研究，制备得到萃取剂负载量分别为 0.48 mmol/column 的高效液相色谱柱（HPLC 柱）与 0.32 mmol/column 的超高效液相色谱柱（UPLC 柱），并将其应用于燃耗监测体钕(Nd)的快速分离与定量分析。在优化实验条件下，改性 HPLC 柱可在 10 min 内实现四种轻稀土的基本分离，各相邻组分分离度(R)分别为 3.05(La/Ce)、1.92(Ce/Pr)与 1.47(Pr/Nd)。该 HPLC 法对 Nd(Ⅲ)的检测限为 2.62 μg/mL。60 次重复分离实验后，各组分保留时间略微减小，该色谱柱具有较好稳定性。而改性 UPLC 柱可在 7 min 内实现四种轻稀土的基本分离，各相邻组分分离度(R)分别为 1.80(La/Ce)、1.33(Ce/Pr)与 1.00(Pr/Nd)。该 UPLC 法对 Nd(Ⅲ)的检测限为 1.38 μg/mL。随着使用次数增多，UPLC 柱分离效能明显下降。萃取剂浸渍法修饰色谱柱操作简单，改性后的色谱柱可实现轻稀土的快速分离与定量分析，有望应用于燃料元件中镧系燃耗监测体的分离纯化，为绝对燃耗测量提供有力的分离工具。

关键词：C18 色谱柱改性；高效液相色谱(HPLC)；超高效液相色谱(UPLC)；稀土分离；定量分析

　　燃耗是核燃料元件受辐照程度与能量释放大小的重要指标[1]。反应堆燃料元件的燃耗测量为新型燃料元件的研制、核反应堆特性与状态的监测、乏燃料的贮存管理等提供了重要的参考依据，建立准确、可靠的燃耗测量方法对提高核反应堆运行的安全性与经济效益有着重要影响。相比于非破坏性燃耗分析手段，破坏法能测得绝对燃耗值，获得低不确定度的高精度数据，在核燃料的定量分析过程中必不可少。其中的监测体法通常通过同位素稀释质谱法测定样品中的铀和监测体含量，根据监测体的裂变产额来计算燃料的裂变百分燃耗。然而，考虑到辐照样品的特性，裂变产物中往往会存在多种具有相同质荷比的核素，这些同质异位素的存在会导致质谱的测量结果不准确，因此在进行样品的质谱分析前，元素的纯化及化学分离是极其必要的[2]。^{139}La、^{148}Nd 等核素作为燃耗监测体的测量方法被广泛应用，辐照后燃料中轻稀土的高效分离对燃耗的测定具有重要意义[3,4]。

　　高效液相色谱(High performance liquid chromatography，HPLC)具有分离效能高、分析速度快、色谱柱可反复使用等优点，并且其自动化集成度高，可提高样品的分析通量，减少实验人员的受照剂量，在燃耗样品的分离分析过程中具有广阔的应用前景。在 HPLC 的基础上，超高效液相色谱(Ultra performance liquid chromatography，UPLC)迅速发展，进一步提高了液相色谱的分析通量及检测灵敏度。然而，目前常用的反相离子对色谱法按照从重稀土到轻稀土的顺序依次出峰，在镧系元素分离过程中，要实现 La 的完全洗脱大概需要 60 min，这对于燃耗监测体 ^{139}La、^{148}Nd 的分离是较为耗时的[5]。此外，分离后样品溶液中伴随着辛烷磺酸钠、乳酸等有机物，在进行热电离质谱仪(Thermal ionization mass spectrometry，TIMS)测量前需消化蒸干去除，这无疑增加了操作步骤[2,5]。萃取剂对金属元素具有选择性配位作用，针对镧系元素的分离，各类萃取剂的研制得到了极大发展，使得萃取色谱在镧系、锕系元素分离中的作用日益增强并建立了较为成熟的分离方法[6,7]。使用浸渍法将萃取剂修饰到 C18 色谱柱上用于分离稀土元素具有许多优点[7]：1. 商业色谱柱可以通过浸渍特异性的萃取剂为特定一组元素设计具有适当选择性的固定相。2. 浸渍过程操作简单易行，并且可以通过改变萃取剂的装载量以优化分离效率。3. 在除去先前浸渍的萃取剂后，还可以使用另一种萃取剂重新浸

作者简介：彭曼舒(1993—)，女，博士，助理研究员，现主要从事燃料和材料辐照后放化分析

渍同一根色谱柱,实现色谱柱的重复利用。4. 流动相成分简单,可以使用稀释的无机酸。5. 由于浸渍的萃取剂在烷基链周围形成了一层保护膜,提高了二氧化硅固相载体在无机酸中的稳定性。另外,相比于反相离子对色谱法,萃取剂修饰的色谱柱对稀土元素具有很强的保留作用,在利用二维液相色谱分离大量铀基体与微量稀土以及后续稀土间相互分离过程中,可以先利用第一根色谱柱多次分离铀基体与稀土,使微量稀土富集在第二根分离柱上,再进行大量稀土的分离,大大缩短了燃耗监测体的分离收集时间,在绝对燃耗测量中,有着重要的实际应用价值。

本工作借鉴萃取色谱在镧系、锕系元素分离中的原理与技术,选择具有较强稀土萃取能力的二(2-乙基己基)磷酸酯(HDEHP)作为固定相,基于浸渍法对商业化的 C18 色谱柱进行了 HDEHP 的改性研究,分别考察了在高效液相模式下和超高效液相模式下该改性色谱柱在分离分析 Nd(Ⅲ)方面的可行性,并对其稳定性与色谱性能进行了初步评价。

1 实验部分

1.1 试剂和仪器

色谱级甲醇,二(2-乙基己基)磷酸酯(97%,Sigma-Aldrich);1 000 $\mu g/mL$ 的镧、铈、镨、钕单元素标准储备溶液及 100 $\mu g/mL$ 的 15 种稀土混合标准储备溶液(国家有色金属及电子材料分析测试中心);UP-S 级硝酸,实验用水为去离子水。

色谱柱:岛津 Inertsil ODS-3 色谱柱(4.6 mm×250 mm,5 μm)与 Waters ACQUITY UPLC BEH C18 色谱柱(2.1 mm×50 mm,1.7 μm)。色谱柱的粒径是决定 HPLC 和 UPLC 两种技术的关键,无另外说明的情况下,本文中 HPLC 柱指代的是上述粒径为 5 μm 的色谱柱,UPLC 柱指代的是上述粒径为 1.7 μm 的色谱柱。高效液相实验模式下使用的是 HPLC 柱,超高效液相模式下使用的是 UPLC 柱。

超高效液相色谱仪:Waters ACQUITY UPLC(Waters,美国),配置自动进样器,四元梯度泵,柱温箱、紫外检测器,外接柱后衍生系统。柱后衍生试剂为 0.1 mmol/L 偶氮胂Ⅲ、10 mmol/L 尿素与 100 mmol/L 乙酸的混合水溶液。

1.2 C18 色谱柱的改性制备

取适量体积的 HDEHP 溶于甲醇/水(55:45 v/v%)混合溶液,配制成浓度为 2.88 mmol/L 或 4.56 mmol/L 的浸渍液。25 ℃柱温条件下,以 0.5 mL/min 和 0.2 mL/min 的流速分别浸渍 HPLC 柱和 UPLC 柱,浸渍时间 20 h。浸渍结束后,用去离子水以相同流速冲洗色谱柱 30 min,除去未结合的萃取剂。为了计算每根色谱柱上萃取剂的负载量,参照 Ramzan 的报道[7],用纯甲醇将吸附在 C18 柱上的萃取剂洗脱,收集到烧杯中,随后采用电位滴定法测量洗脱的萃取剂含量。基于三次相同实验条件的结果,计算出萃取剂的平均负载量。最终制备出 HDEHP 负载量分别为 0.12 mmol/column 与 0.48 mmol/column 的 HPLC 柱,负载量分别为 0.09 mmol/column 与 0.32 mmol/column 的 UPLC 柱。

1.3 标准溶液的配制

La、Nd 单元素样品溶液:取适量体积的镧或钕标准储备溶液,用去离子水稀释至 1 mL,混合均匀,配制成浓度为 25～200 $\mu g/mL$ 的单元素样品溶液。

La-Nd 混合样品溶液:分别取 50 μL 镧、钕标准储备溶液,用去离子水稀释至 1 mL,混合均匀,配制成镧、钕浓度分别为 50 $\mu g/mL$ 的双元素混合样品溶液。

轻稀土(LREEs:La、Ce、Pr、Nd)混合样品溶液:分别取 25 μL 镧、铈、镨标准储备溶液与适量体积的钕标准储备溶液,混合均匀,配制成镧、铈、镨浓度分别为 25 $\mu g/mL$,钕浓度为 25～125 $\mu g/mL$ 的轻稀土混合样品溶液。

稀土混合样品溶液:取 250 μL 15 种稀土混合标准储备溶液,电炉加热蒸干后,加入 0.1 mol/L 硝酸溶解稀释,配制成 1 mL 样品溶液。

1.4 液相色谱实验条件

流动相:去离子水与 0.08～1.0 mol/L HNO₃ 溶液;HPLC 与 UPLC 流动相流速分别为 1.0 mL/min 与 0.6 mL/min;工作柱温:60 ℃;样品进样量:50 μL;HPLC 与 UPLC 柱后衍生试剂流速分别为 0.5 mL/min 与 0.3 mL/min;检测波长:650 nm;洗脱方法包括等度洗脱与梯度洗脱。根据下文具体实验,各参数在上述范围内变动。

2 结果与讨论

2.1 改性后 HPLC 柱的色谱性能评价

2.1.1 HPLC 柱的改性与分离

通过调节浸渍液中 HDEHP 的含量,制备出 2 种改性 HPLC 柱,萃取剂的平均负载量分别为 0.12 mmol/column 与 0.48 mmol/column。随后对该两种 HPLC 柱分离轻稀土的能力进行了考察,结果如图 1 所示。在 0.2 mol/L HNO₃ 以 1.0 mL/min 流速的等度洗脱条件下,当 C18 柱修饰上的萃取剂含量较小时(0.12 mmol/column),La 与 Nd 的保留时间皆约为 3.31 min,与该方法的死时间大致相当,表明轻稀土离子未在该色谱柱上保留。当色谱柱上修饰的萃取剂含量提高至 0.48 mmol/column,轻稀土离子随着离子半径的减小,保留时间增加,La(Ⅲ)在约 5.00 min 出峰,而 Nd(Ⅲ)在约 9.50 min 出峰。经公式(1)计算,在该条件下各相邻元素的分离度 R 分别为:3.05(La/Ce)、1.92(Ce/Pr)、1.47(Pr/Nd),达到基本分离要求。随后在该洗脱条件下对含有 15 种稀土的混合样品溶液进行了分离实验,结果发现除 LREEs 外,其他离子无法被洗脱,只有当硝酸浓度提高至 2 mol/L,Sm(Ⅲ)及其他中、重稀土离子才能在 15 min 后依次被洗脱下来。说明 HDEHP 对中、重稀土的萃取能力更强,不易被低浓度硝酸溶液反萃。后续实验中所使用的 HPLC 柱萃取剂的修饰量皆为 0.48 mmol/column。

$$R = \frac{2 \times (t_{R2} - t_{R1})}{W_1 + W_2} \tag{1}$$

式(1)中:

t_{R2}——相邻两色谱峰中后一峰的保留时间;

t_{R1}——相邻两色谱峰中前一峰的保留时间;

W_1——相邻两色谱峰中前一峰的峰宽;

W_2——相邻两色谱峰中后一峰的峰宽;

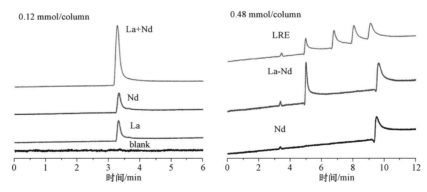

图 1　HDEHP 负载量分别为 0.12 mmol/column 与 0.48 mmol/column 的
HPLC 柱分离轻稀土元素的色谱图

2.1.2 分离条件优化

流动相中硝酸浓度对稀土离子的分离效果有着重要影响,首先在等度洗脱方式下探究了 LREEs

分离的最佳硝酸浓度,图2A为4种不同浓度硝酸溶液洗脱下LREEs样品的液相色谱图。随着硝酸浓度升高,各LREEs的保留时间逐渐减小。在10 min持续洗脱过程中,0.1 mol/L HNO$_3$无法将任一轻稀土离子洗脱下来,而0.2 mol/L HNO$_3$能实现从La(Ⅲ)到Nd(Ⅲ)的基本分离。0.3 mol/L HNO$_3$浓度过高,在5 min左右LREEs离子被全部洗脱,而色谱峰难以分开。当HNO$_3$浓度提高到2.0 mol/L,四种轻稀土在同一时间被洗脱出来,其保留时间接近该方法的死时间,说明在过高酸度的HNO$_3$溶液中,轻稀土离子难以保留在色谱柱上。

随后对改性HPLC柱在梯度洗脱方式下的分离效果进行了探究,图2B中的流动相为水(A)−1.0 mol/L HNO$_3$溶液(B),其2种梯度洗脱程序分别为0 min(100%A:0%B)−15 min(50%A:50%B)与0 min(100%A:0%B)- 15 min(0%A:100%B)。在以上两种梯度洗脱条件下,色谱图的基线皆出现了较大的波动,无法实现LREEs的有效分离。因此在后续HPLC实验中,采用的流动相为0.2 mol/L HNO$_3$,洗脱方式为1.0 mL/min等度洗脱。

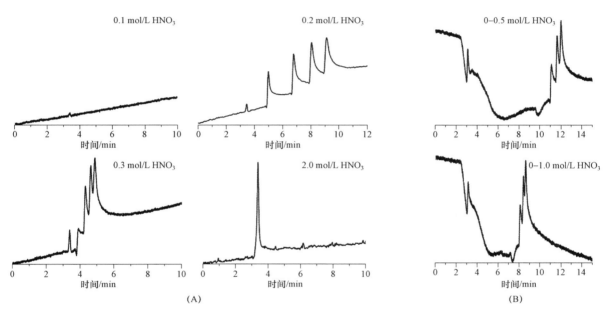

图2　不同硝酸浓度的流动相进行(A)等度洗脱时与(B)梯度洗脱时LER样品的色谱图

2.1.3　HPLC柱的定量分析

为探究改性后HPLC柱应用于Nd(III)定量分离分析的性能,在优化条件下,首先对混合轻稀土中一系列浓度的Nd(III)进行了分离检测。如图3A所示,混合样品中La(III)、Ce(III)和Pr(III)的浓度为25 μg/mL,Nd(III)的浓度范围为25~125 μg/mL。随Nd(III)浓度的升高,色谱峰随之增强,且其他LREEs能与之基本分离,不干扰其定量检测。将浓度为25~200 μg/mL的Nd(III)标准样品溶液进行HPLC定量检测,结果如图3B和C所示。以离子浓度为横坐标,与之响应测定的峰面积为纵坐标,绘制标准工作曲线,在选定的浓度范围内色谱信号呈现良好的线性关系,拟合得到线性方程为:$y = 18\,355x - 157\,820$,相关系数R为0.995,计算得到该方法的检测限($3\sigma/k$,σ为3次空白样的标准偏差,k为线性方程的斜率)为2.62 μg/mL,这表明改性后的HPLC柱可应用于Nd(III)的定量分析。

2.1.4　改性HPLC柱的稳定性

色谱柱的稳定性是衡量其使用寿命的关键参数之一,在使用过程中会对分析的准确性产生较大影响。图4A记录了60次重复分离实验中,各轻稀土离子的保留时间。随着色谱柱使用次数的增多,各离子的保留时间略有减小,总体上该色谱柱较为稳定。但在长期使用过程中,C18色谱柱上吸附的萃取剂将逐渐损失,导致各组分保留时间变短,分离效能降低。

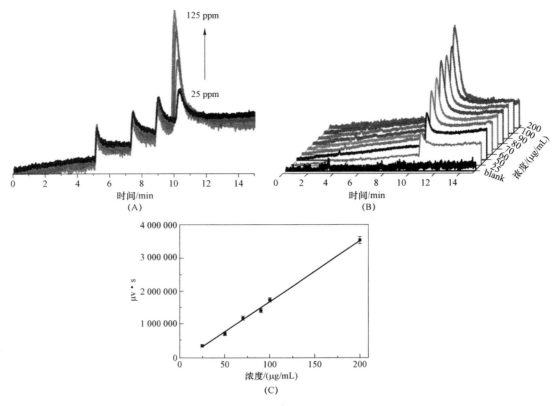

图 3 （A)轻稀土混合样品与(B)一系列浓度单 Nd(Ⅲ)样品的色谱图
(C)色谱峰面积与 Nd(Ⅲ)浓度之间的线性关系

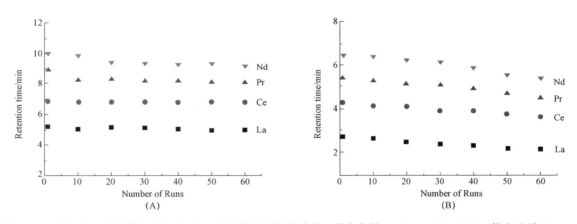

图 4 （A)各轻稀土离子保留时间与 HPLC 柱分离次数的关系。分离条件:0.20 mol/L HNO₃ 等度洗脱 15 min
（B)各轻稀土离子保留时间与 UPLC 柱分离次数的关系。分离条件:0.10 mol/L HNO₃ 等度洗脱 10 min

2.2　改性后 UPLC 柱的色谱性能评价

2.2.1　UPLC 柱的改性与分离

　　为了进一步考察经 HDEHP 修饰改性后的 C18 色谱柱在超高效液相色谱中的分离性能,同样制备了两种修饰量分别为 0.09 mmol/column 与 0.32 mmol/column 的 UPLC 柱,在 0.1 mol/L HNO₃以 0.6 mL/min 流速的等度洗脱条件下,对 La(III)-Nd(III)混合双元素样品进行分离检测。低萃取剂修饰量的 UPLC 柱无法完全分离 La(III)与 Nd(III),后续选择萃取剂负载量为 0.32 mmol/column的改性色谱柱进行 UPLC 实验。图 5 为不同硝酸浓度(0.08～0.10 mol/L)的流动相等度洗脱轻稀土的色谱图,可以看见,随硝酸浓度的降低,四种轻稀土的分离度逐渐加大,其中 0.10 mol/L 与

0.08 mol/L HNO₃ 分离效果较好,分别在 7 min 与 12 min 内可完成分离。经公式(1)计算,以
0.10 mol/L HNO₃ 为流动相,各相邻元素的分离度 R 分别为:1.80(La/Ce)、1.33(Ce/Pr)、1.00
(Pr/Nd);而以 0.08 mol/L HNO₃ 为流动相,各相邻元素的分离度 R 分别为:2.42(La/Ce)、1.41
(Ce/Pr)、0.97(Pr/Nd)。综合考虑,选择 0.1 mol/L HNO₃ 作为最佳洗脱液浓度。

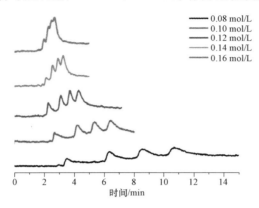

图 5　不同硝酸浓度(0.08～0.16 mol/L)的流动相进行等度洗脱时 LER 样品的色谱图

2.2.2　UPLC 柱的定量分析

将浓度为 25～200 μg/mL 的 Nd(Ⅲ)标准样品溶液进行 UPLC 定量检测,结果如图 6 所示。随
着样品浓度的增加,色谱响应峰逐渐增高,并且发生了明显的左移。Nd(Ⅲ)的保留时间缩短,应与色
谱柱的稳定性有关。以离子浓度为横坐标,峰面积为纵坐标,绘制标准工作曲线,拟合得到线性方程
为:$y = 21\,418x - 127\,293$,相关系数 R 为 0.996,计算得到该方法的检测限为 1.38 μg/mL。

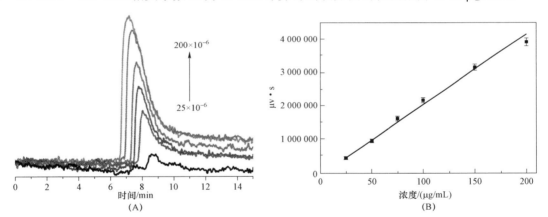

图 6　(A)一系列浓度单 Nd(Ⅲ)样品的色谱图(B)色谱峰面积与 Nd(Ⅲ)浓度之间的线性关系

2.2.3　改性 UPLC 柱的稳定性

在 UPLC 定量检测 Nd(Ⅲ)的实验过程中,发现随使用时间增加,色谱峰的保留时间不断减小。
同样以 60 次重复分离实验探究了改性 UPLC 柱的稳定性,结果如图 4B 所示,随着色谱柱使用次数的
增多,各离子的保留时间显著减小,相比于改性 HPLC 柱,其稳定性明显变差。HPLC 实验中系统稳
定压力约为 1 953 psi,而 UPLC 实验中系统稳定压力约为 4 300 psi,UPLC 柱承受了更大的压力,导
致其修饰上的萃取剂损失速率更快,在长时间实验过程中分离效能明显降低。

3　结论

本工作采用浸渍法实现了萃取剂 HDEHP 对 HPLC 柱与 UPLC 柱的修饰改性。两种改性后的
C18 柱皆可有效完成轻稀土元素的基本分离与 Nd(Ⅲ)的定量分析,其分离效果受萃取剂的修饰量、
流动相中 HNO₃ 浓度等因素的影响,在本工作的最优条件下,改性 HPLC 柱对四种轻稀土离子的分

离度更高,而改性 UPLC 柱完成分离的时间更短,所需流动相的酸度更低,检测灵敏度更高。由于 UPLC 系统工作压力较高,导致色谱柱上萃取剂损失速率较大,随使用时间增加,色谱分离效能不断降低。针对 UPLC 实验,色谱柱的修饰方法有待改进,以增强改性色谱柱的稳定性。该改性 C18 色谱柱的高效液相色谱法有望应用于燃料元件溶液中镧系燃耗监测体的分离纯化,为今后绝对燃耗测量提供有力的分离工具。

参考文献:

[1] 梁帮宏,等. 燃料元件破坏性燃耗测量过程的质量控制[J]. 原子能科学技术,2019,53(4):611-617.

[2] E. K. Fenske, et al. Inline Gamma-spectrometry of Fission Product Elements after Rapid High-pressure Ion Chromatographic Separation[J]. J Radioanal. Nucl. Chem.,2020,19(5):23-35.

[3] F. Cappia,et al. Post-irradiation Examinations of Annular Mixed Oxide Fuels with Average Burnup 4 and 5% FIMA. [J]. J Nucl. Mater.,2020,533,152076.

[4] P. De Regge,et al. Determination of Neodymium Isotopes as Burnup Indicator of Highly Irradiated (U,Pu)O$_2$ Lmfbr Fuel. [J]. J. Radioanal. Chem.,1977,35,173-184.

[5] 赵贵文,等. 高效液相色谱法分离及测定 16 种稀土元素[J]. 分析化学研究简报,1996,24(11):1298-1300.

[6] M. Ramzan,et al. A Rapid Impregnation Method for Loading Desired Amounts of Extractant on Prepacked Reversed-phase Columns for High Performance Liquid Chromatographic Separation of Metal Ions [J]. J. Chromatogr. A,2017,1500,76-83.

[7] M. Ramzan, et al. Comparative Study of Stationary Phases Impregnated with Acidic Organophosphorus Extractants for HPLC Separation of Rare Earth Elements[J]. Sep. Sci. Technol. 2016,51(3):494-501.

The study on separation and analysis of burnup monitors by high performance liquid chromatography based on the modified C18 column

PENG Man-shu,WANG Ding-na,CHEN Yun-ming,
HU Yin,FENG Wei-wei

(The First Sub-institute of Nuclear Power Institute of China,Chengdu 610005,China)

Abstract: To realize the rapid separation and analysis of burnup monitors,two types of C18 reversed-phase columns were modified with HDEHP by impregnation. The high performance liquid chromatography column(HPLC column)and the ultra performance liquid chromatography column (UPLC column) were prepared and loaded with 0.48 mmol/column and 0.32 mmol/column extractant,respectively. Then they have been applied to the rapid separation and quantitative analysis of the burnup monitor Nd(Ⅲ). Under the optimized conditions,four light rare earth elements (LREEs) can be separated by the modified HPLC column within 10 min and the resolution of adjacent pairs is 3.05(La/Ce),1.92(Ce/Pr) and 1.47(Pr/Nd),respectively. The detection limit of Nd(Ⅲ) was 2.62 μg/mL based on the HPLC method. After 60 runs,the retention time of each components decreased slightly which indicated the good stability of the modified HPLC column. While the UPLC column could achieve the basic separation of the four LREEs within 7 min and the resolution of adjacent pairs is 1.80 (La/Ce),1.33 (Ce/Pr) and 1.00 (Pr/Nd), respectively. The detection limit of Nd(Ⅲ) was 1.38 μg/mL based on the UPLC method. With the increase of separation times, the separation efficiency of the UPLC column showed obvious decrease. It is easy to modify the chromatographic column with HDEHP by impregnation and the modified column can achieve a rapid separation and the quantitative analysis of LRREs. This method has potential to be applied in the separation and purification of burnup monitors and provides a useful tool for absolute burnup measurement.

Key words: C18 column modification; High performance liquid chromatography (HPLC); Ultra performance liquid chromatography(UPLC); Separation of REEs; Quantitative analysis

核化工
Nuclear Chemical Engineering

目　录

中国核科学技术进展报告(第七卷)

核化工分卷　　Progress Report on China Nuclear Science & Technology (Vol.7)　　2021 年 10 月

基于 Pitzer 模型的三元体系 $UO_2(NO_3)_2$＋ HNO_3＋H_2O 298 K 溶解度计算

王　　林,王继财,岳旭娅,白志愿,冯建新,崔韩龙

(中核四〇四有限公司,甘肃 兰州 730050)

摘要: 铀化工回收过程中,通常采用 HNO_3 对含铀固体废物进行溶解,后通过溶剂萃取等方法对溶液中的金属铀进行回收。三元体系 $UO_2(NO_3)_2$＋HNO_3＋H_2O 相平衡关系普遍存在于铀化工回收生产过程中,为进一步探讨铀化工生产过程中含铀、硝酸共存体系的热力学性质,论文开展了基于 Pitzer 模型的三元体系 $UO_2(NO_3)_2$＋HNO_3＋H_2O 298 K 溶解度热力学计算工作。结合文献报道数据,本文采用 Pitzer 活度系数模型对二元体系 $UO_2(NO_3)_2$＋H_2O 平均离子活度系数进行拟合,获取了相应单盐参数 $\beta^{(0)}$,$\beta^{(1)}$ 和 C^{ϕ}。同时根据文献报道的 $UO_2(NO_3)_2$ 在 HNO_3＋H_2O 体系中的溶解度实验数据,拟合得到了 298 K 下 HNO_3 浓度范围为 $0\sim8.5$ mol·kg^{-1} 时三元体系 $UO_2(NO_3)_2$＋HNO_3＋H_2O 的离子混合参数 $\theta_{UO_2,H}$ 和 ψ_{UO_2,H,NO_3}。根据本文计算得到的 Pitzer 参数,对 HNO_3 浓度范围为 $0\sim8.5$ mol·kg^{-1} 时三元体系 $UO_2(NO_3)_2$＋HNO_3＋H_2O 298 K 溶解度进行计算。结果表明:在 HNO_3 浓度范围为 $0\sim8.5$ mol·kg^{-1} 时,研究温度下 $UO_2(NO_3)_2$ 以 $UO_2(NO_3)_2\cdot6H_2O$ 形式结晶析出。对比计算结果与文献报道溶解度数据,计算值与文献实验值吻合较好。

关键词: 硝酸铀酰;溶解度;Pitzer 模型

　　铀的地球化学性质活泼,自然界中,通常以四价或六价离子与其他元素化合的形式存在。作为一种稀有元素,地壳中铀的平均含量约为 $3.5\times10^{-4}\%$,即平均每吨地壳物质中约含 3.5 g 铀。现已查明的含铀矿物和铀的矿物高达数百种,但真正具有工业利用价值的仅 20 余种[1]。在铀矿开采、铀纯化转化及铀化工回收等铀的纯化富集过程中,硝酸在固体矿物溶解、溶剂萃取等过程中发挥着重要作用。开展铀、铀酰离子在硝酸水溶液中的相化学研究,获取相应的热力学性质数据,同时采用适当的热力学模型对简单体系热力学性质进行模拟,对铀化工生产和相关核燃料制备等基于多组分体系相化学行为的加工过程具有十分重要的理论指导意义。

　　在硝酸水溶液中,金属铀通常以铀酰(UO_2^{2+})离子形式存在。因此,对于铀酰离子、硝酸共存于水溶液中时,可将其归纳为三元水盐体系 $UO_2(NO_3)_2$＋HNO_3＋H_2O。针对论文研究体系 $UO_2(NO_3)_2$＋HNO_3＋H_2O,Davis 等[2]通过测定了 298 K 时不同浓度 $UO_2(NO_3)_2$ 与 HNO_3＋H_2O 混合溶液的表面蒸汽压数据,并采用 Gibbs-Duhem 方程对体系中各组分活度数据进行计算,同时通过实验测定了 298 K HNO_3 浓度为 $0\sim11$ mol·kg^{-1} 时,体系中 $UO_2(NO_3)_2$ 的溶解度实验数据;Yu 等[3]测定了 298.15 K 该三元体系离子强度为 $0\sim6.2$ mol·kg^{-1} 时溶液的密度、表观摩尔体积等实验数据,并采用 Pitzer 离子作用模型对该体系的密度、表观摩尔体积等实验数据进行计算,计算结果与实验结果吻合较好。

　　在众多水盐体系热力学计算模型[4-6]中,Pitzer 模型[7-9]因其结构紧凑简洁,同时考虑到溶液中两离子间的长程静电位能、短程硬心效应位能(离子间的排斥能)和三离子间的相互作用能,可用于描述较高浓度水盐体系的热力学性质而被广泛应用于水盐体系溶解度的计算。从已有的文献来看,尚未开展论文研究体系以 Pitzer 离子相互作用模型为基础的热力学计算工作。因此,论文将采用 Pitzer 模型,开展三元体系 $UO_2(NO_3)_2$＋HNO_3＋H_2O 298 K 活度系数、溶解度数据模拟工作,并通过计算给出相应的 Pitzer 单盐参数和混合离子作用参数,为铀化工生产过程中铀、硝酸共存复杂水溶液基础

作者简介:王林(1995—),男,四川梓潼人,助理工程师,硕士,现主要从事核化工科研、生产等工作

热力学研究提供数据支撑。

1 热力学模型

论文采用 1973 年 Pitzer 教授提出的 Pitzer 离子作用模型[7-9]对三元体系 $UO_2(NO_3)_2 + HNO_3 + H_2O$ 298 K 溶解度进行热力学计算,对应溶液中水的渗透系数、各离子组分的活度系数计算公式见式(1)～(3),渗透系数、活度系数计算公式中相关参数的计算见式(4)～(19)。

$$\phi - 1 = \left(\sum_i m_i\right)^{-1} \left\{2\left[-A^\phi I^{3/2}/(1+1.2I^{1/2}) + \sum_{i_C=1}^{N_C}\sum_{i_A=1}^{N_A} m_C m_A (B_{CA}^\phi + ZC_{CA})\right.\right.$$
$$\left.\left. + \sum_{i_C=1}^{N_C-1}\sum_{j_C'=i_C+1}^{N_C} m_C m_{C'}\left(\varphi_{CC'}^\varphi + \sum_{i_A=1}^{N_A} m_A \psi_{CC'A}\right) + \sum_{i_A=1}^{N_A-1}\sum_{j_A'=i_A+1}^{N_A} m_A m_{A'}\left(\varphi_{AA'}^\varphi + \sum_{i_C=1}^{N_C} m_C \psi_{AA'C}\right)\right]\right\} \tag{1}$$

式中:ϕ 为溶液的渗透系数,A^ϕ 为德拜休克尔常数,I 为离子强度;下标 C 和 C' 为不同的阳离子,下标 A 和 A' 为不同的阴离子;C 的表达见式(5);m 为组分的重摩尔浓度,$mol \cdot kg^{-1}$;Z 为总电荷数,Z 的表达式见式(6),N 是离子的种类数;Ψ 为三离子混合作用参数,B^ϕ、φ^φ 为计算渗透系数的第二维里系数,与离子强度有关,B^ϕ 和 φ^φ 的表达分别见式(7)和式(12)～(19)。

$$\ln\gamma_M = Z_M^2 F + \sum_{i_A=1}^{N_A} m_A(2B_{MA} + ZC_{MA}) + \sum_{i_C=1}^{N_C} m_C\left(2\varphi_{MC} + \sum_{i_A=1}^{N_A} m_A \psi_{MCA}\right)$$
$$+ \sum_{i_A=1}^{N_A-1}\sum_{j_{A'}=i_A+1}^{N_A} m_A m_{A'} \psi_{AA'M} + |Z_M| \sum_{i_C=1}^{N_C}\sum_{i_A=1}^{N_A} m_C m_A C_{CA} \tag{2}$$

式中:γ 为溶液中离子的活度系数,M 为阳离子,F 通过式(4)进行表达,B、φ 为计算活度系数的第二维里系数,与离子强度有关,表达式分别见式(8)和式(13)～(9)。

$$\ln\gamma_X = Z_X^2 F + \sum_{i_C=1}^{N_C} m_C(2B_{CX} + ZC_{CX}) + \sum_{i_A=1}^{N_A} m_A\left(2\varphi_{XA} + \sum_{i_C=1}^{N_C} m_C \psi_{XAC}\right)$$
$$+ \sum_{i_C=1}^{N_C-1}\sum_{j_{C'}=i_C+1}^{N_C} m_C m_{C'} \psi_{CC'X} + |Z_X| \sum_{i_C=1}^{N_C}\sum_{i_A=1}^{N_A} m_C m_A C_{CA} \tag{3}$$

式中:X 为阴离子。

$$F = -A^\phi[I^{1/2}/(1+1.2I^{1/2}) + 2\ln(1+1.2I^{1/2})/1.2]$$
$$+ \sum_{i_C=1}^{N_C}\sum_{i_A=1}^{N_A} m_C m_A B_{CA}' + \sum_{i_C=1}^{N_C-1}\sum_{j_C=i_{C'}+1}^{N_A} m_C m_C' \varphi_{CC'}' + \sum_{i_A=1}^{N_A-1}\sum_{j_{A'}=i_A+1}^{N_A} m_A m_A' \varphi_{AA'}' \tag{4}$$

$$C_{MX} = C_{MX}^\phi/(2|Z_M Z_X|^{1/2}) \tag{5}$$

$$Z = \sum_i |z_i| m_i \tag{6}$$

$$B_{CA}^\phi = \beta_{CA}^{(0)} + \beta_{CA}^{(1)}\exp(-\alpha_1 I^{1/2}) + \beta_{CA}^{(2)}\exp(-\alpha_2 I^{1/2}) \tag{7}$$

$$B_{CA} = \beta_{CA}^{(0)} + \beta_{CA}^{(1)} g(\alpha_1 I^{1/2}) + \beta_{CA}^{(2)} g(\alpha_2 I^{1/2}) \tag{8}$$

$$B_{CA}' = [\beta_{CA}^{(1)} g'(\alpha_1 I^{1/2}) + \beta_{CA}^{(2)} g'(\alpha_2 I^{1/2})]/I \tag{9}$$

式中:B' 为 B 对离子强度 I 求导后的结果,$\beta^{(0)}$、$\beta^{(1)}$、$\beta^{(2)}$ 和 C^ϕ 为 Pitzer 单盐参数,对于本文研究体系,$UO_2(NO_3)_2$、HNO_3 属于 $1-n$ 型电解质,$\beta^{(2)}$ 可忽略,$\alpha_1 = 2.0$,$\alpha_2 = 0$。θ 和 ψ 为 Pitzer 混合参数,表示离子之间的相互作用。

$$g(x) = 2[1-(1+x)\exp(-x)]/x^2 \tag{10}$$

$$g'(x) = -2[1-(1+x+x^2/2)\exp(-x)]/x^2 \tag{11}$$

$$\varphi_{ij}^\varphi = \theta_{ij} + {}^E\theta_{ij} + I {}^E\theta_{ij}' \tag{12}$$

$$\varphi_{ij} = \theta_{ij} + {}^{E}\theta_{ij} \tag{13}$$

$$\varphi'_{ij} = {}^{E}\theta'_{ij} \tag{14}$$

$${}^{E}\theta_{ij} = (Z_i Z_j / 4I) [J(x_{ij}) - J(x_{ii})/2 - J(x_{jj})/2] \tag{15}$$

$${}^{E}\theta'_{ij} = -({}^{E}\theta_{ij}/I) + (Z_i Z_j / 8I^2) [x_{ij} J'(x_{ij}) - x_{ii} J'(x_{ii})/2 - x_{ij} J'(x_{jj})/2] \tag{16}$$

$$x_{ij} = 6 Z_i Z_j A^{\phi} I^{1/2} \tag{17}$$

$$J(x) = x [4 + C_1 x^{-C_2} \exp(-C_3 x^{C_4})]^{-1} \tag{18}$$

$$J'(x) = [4 + C_1 x^{-C_2} \exp(-C_3 x^{C_4})]^{-1} + [4 + C_1 x^{-C_2} \exp(-C_3 x^{C_4})]^{-2} \times$$
$$[C_1 x \exp(-C_3 x^{C_4}) \cdot (C_2 x^{-C_2-1} + C_3 C_4 x^{C_4-1} x^{-C_2})] \tag{19}$$

式中：$C_1 = 4.581$，$C_2 = 0.7237$，$C_3 = 0.0120$，$C_4 = 0.5280$。根据式（12）～（19）依次求出 x_{ij}、$J(x)$、$J'(x)$、${}^{E}\theta_{ij}$、${}^{E}\theta'_{ij}$ 和 φ^{φ}_{ij}、φ_{ij}、φ'_{ij}，从而根据式（1）～（3）计算出电解质溶液的渗透系数以及活度系数。

2 模型参数

采用 Pitzer 模型对三元体系 $UO_2(NO_3)_2 + HNO_3 + H_2O$ 298 K 下溶解度进行计算之前，首先需要获得相应的 Pitzer 参数，包括二元体系 $UO_2(NO_3)_2 + H_2O$ 和 $HNO_3 + H_2O$ 中 $UO_2(NO_3)_2$ 和 HNO_3 的单盐参数 $\beta^{(0)}$、$\beta^{(1)}$ 和 C^{ϕ}，三元体系 $UO_2(NO_3)_2 + HNO_3 + H_2O$ 中的混合离子作用参数 $\theta_{UO_2,H}$ 和 ψ_{UO_2,H,NO_3}。

一般地，盐类的单盐参数由对应二元体系的活度系数或渗透系数拟合得到。从已有的文献来看，$UO_2(NO_3)_2$ 和 HNO_3 在水溶液中的 Pitzer 单盐参数均有所报道。其中，May 等[10]采用 Pitzer 方程对 $UO_2(NO_3)_2$ 浓度范围为 0～2.75 mol·kg^{-1} 时体系中 $UO_2(NO_3)_2$ 的平均离子活度系数进行了拟合，并给出了相应的 Pitzer 参数。论文采用 May 等[10]获得的单盐参数对 $UO_2(NO_3)_2 + H_2O$ 体系中的平均离子活度系数以及对应的水活度进行计算，同时与 Goldberg 等[11]报道的浓度范围为 0～5.511 mol·kg^{-1} 时 $UO_2(NO_3)_2$ 的平均离子活度系数和水活度实验数据进行比较，见图1。从图1可以看出，当溶液中 $UO_2(NO_3)_2$ 浓度超过 3.0 mol·kg^{-1} 时，采用 May 等[10]给出的参数计算得到的 $UO_2(NO_3)_2$ 的平均活度系数和体系中水活度相较于实验值偏差较大。因此，为使 $UO_2(NO_3)_2$ 的 Pitzer 单盐参数能对更高浓度下 $UO_2(NO_3)_2$ 溶液的平均离子活度系数及水活度的预测具有更高的精度，论文对 $UO_2(NO_3)_2$ 的 Pitzer 单盐参数进行重新拟合，对应参数值列于表1。如图1所示，当 $UO_2(NO_3)_2$ 浓度超过 3.0 mol·kg^{-1} 时，采用论文获得的参数计算得到 $UO_2(NO_3)_2$ 的平均离子活度系数与实验值吻合更好。对于 HNO_3 的 Pitzer 单盐参数，论文采用文献报道数据[12]。三元体系 $UO_2(NO_3)_2 + HNO_3 + H_2O$ 中的混合离子作用参数由 Davis 等[2]报道溶解度实验数据拟合得到，混合离子作用参数 $\theta_{UO_2,H}$ 和 ψ_{UO_2,H,NO_3} 值列于表2。

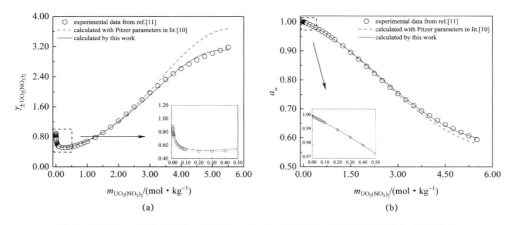

图1　298 K 二元体系 $UO_2(NO_3)_2 + H_2O$ 中的平均离子活度系数与水活度图

（a：平均离子活度系数图；b：水活度图）

表 1   298 K 时 UO₂(NO₃)₂ 和 HNO₃ 的 Pitzer 单盐参数

Species	$\beta^{(0)}$	$\beta^{(1)}$	C^{ϕ}	$m_{max}/(\mathrm{mol \cdot kg^{-1}})$	Source
UO₂(NO₃)₂	0.473 5	1.539 0	−0.036 65	2.75	[10]
UO₂(NO₃)₂	0.459 7	1.818 6	−0.037 0	5.511	This work
HNO₃	0.088 3	0.483 38	−0.002 33	28	[12]

表 2   298 K 时三元体系 UO₂(NO₃)₂＋HNO₃＋H₂O 混合离子作用参数 $\theta_{\mathrm{UO_2,H}}$ 和 $\psi_{\mathrm{UO_2,H,NO_3}}$

System	$\theta_{\mathrm{UO_2,H}}$	$\psi_{\mathrm{UO_2,H,NO_3}}$	Source
UO₂(NO₃)₂＋HNO₃＋H₂O	0.254 0	−0.032 8	This work

3   溶解度计算

依照化学平衡原理,恒温恒压下,盐在溶液中的溶解过程是一个动态平衡过程,当达到溶解平衡是,该盐的溶解平衡常数 K_{sp} 为一常数,其值等于组成该盐的离子、分子的活度积。从 Davis 等[2]给出的 298 K 时三元体系 UO₂(NO₃)₂＋HNO₃＋H₂O 溶解度实验数据来看,当体系中 HNO₃ 浓度范围为 0~8.5 mol·kg⁻¹时,当体系达到固-液平衡时,UO₂(NO₃)₂ 以 UO₂(NO₃)₂·6H₂O 形式结晶析出。因此,对于论文研究三元体系 UO₂(NO₃)₂＋HNO₃＋H₂O 而言,当体系达到固-液平衡时,体系中 UO₂(NO₃)₂·6H₂O 溶解平衡常数 K_{sp} 则存在如式(20)~(21)所示关系:

$$K_{sp} = m_{\mathrm{UO_2^{2+}}} \cdot \gamma_{\mathrm{UO_2^{2+}}} \cdot (m_{\mathrm{NO_3^-}} \cdot \gamma_{\mathrm{NO_3^-}})^2 \cdot a_w^6 \tag{20}$$

$$\ln a_w = -\phi \sum_{i=1}^{N} \frac{M_w m_i}{1\,000} \tag{21}$$

式中,a_w 为溶液中水的活度,M_w 为 H₂O 的相对分子质量。

根据式(20)~(21)中 UO₂(NO₃)₂·6H₂O 溶解平衡常数 K_{sp} 与溶液中各组分浓度与活度系数的关系,采用 Pitzer 方程,结合式(1)~(19),根据文献报道[13] 298 K 时 UO₂(NO₃)₂ 在水中的溶解度 3.24 mol·kg⁻¹,便可计算得到 UO₂(NO₃)₂·6H₂O 的溶解平衡常数 K_{sp},本文计算得到的 $\ln K_{sp}$ 为 5.294 7。同时,基于已经获得的 Pitzer 参数,对 298 K 时 HNO₃ 浓度范围为 0~8.5 mol·kg⁻¹,三元体系 UO₂(NO₃)₂＋HNO₃＋H₂O 溶解度进行计算。将本文计算结果与文献实验溶解度进行对比,见图 2。从图 2 可知,计算值与实验值吻合较好。值得注意的是,论文构建的 Pitzer 模型仅能对 298 K 时 HNO₃ 浓度范围为 0~8.5 mol·kg⁻¹ UO₂(NO₃)₂ 的溶解度进行计算,对更高浓度硝酸体系中

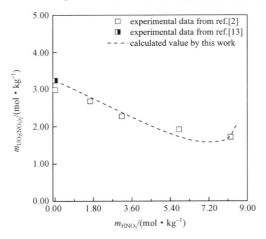

图 2   298 K 三元体系 UO₂(NO₃)₂＋HNO₃＋H₂O
溶解度计算值与实验值对比

$UO_2(NO_3)_2$的溶解度进行预测时,则需进一步对模型进行优化。

4 结论

论文采用 Pitzer 离子相互作用模型对 298 K 时 HNO_3 浓度范围为 $0\sim8.5$ mol·kg^{-1} 三元体系 $UO_2(NO_3)_2+HNO_3+H_2O$ 溶解度开展了热力学计算,得到如下结论:

(1) 论文根据文献中 $UO_2(NO_3)_2+H_2O$ 体系平均离子活度系数和水活度实验数据,拟合得到了研究温度下 $UO_2(NO_3)_2$ 的 Pitzer 单盐参数,计算得到了 298 K 时 $UO_2(NO_3)_2$·$6H_2O$ 的溶解平衡常数 K_{sp},同时拟合得到三元体系 $UO_2(NO_3)_2+HNO_3+H_2O$ 298 K 时的 Pitzer 混合参数 $\theta_{UO_2,H}$ 和 ψ_{UO_2,H,NO_3}。

(2) 对 298 K 时 HNO_3 浓度范围为 $0\sim8.5$ mol·kg^{-1} 三元体系 $UO_2(NO_3)_2+HNO_3+H_2O$ 溶解度开展了热力学计算。计算结果表明:通过本文构建的 Pitzer 热力学模型计算得到的 $UO_2(NO_3)_2$ 溶解度与文献报道实验溶解度吻合较好。

参考文献:

[1] 王俊峰,栗万仁,魏刚,等. 铀转化工艺学[M]. 北京:中国原子能出版社,2012,28.

[2] Davis W.,Lawson P. S.,deBruin H. J.,et al. Activities of the three components in the system water-nitric acid-uranyl nitrate hexahydrate at 25 ℃[J]. J. Phys. Chem.,1965,69:1904—1914.

[3] Yu Y. X.,Bao T. Z.,Gao G. H.,et al. Densities and apparent molar volumes for aqueous solutions of HNO_3-$UO_2(NO_3)_2$ at 298.15 K[J]. J. Radioanal. Nucl. Chem.,1999,241(2):373-377.

[4] Chen C. C.,Evans L. B. A local composition model for excess Gibbs energy of electrolyte systems[J]. AIChE J.,1986,32(3):444-454.

[5] Abrams D. S. Prausnitz John M. Statistical thermodynamics of liquid mixtures:A new expression for the excess Gibbs energy of partly or completely miscible systems[J]. AICHE J.,1975,21(1):116-128.

[6] Honarparvar S.,Saravi H. S.,Reible D.,et al. Comprehensive thermodynamic modeling of saline water with electrolyte NRTL model:A study on aqueous Sr^{2+}-Na^+-Cl^--SO_4^{2-} quaternary system [J]. Fluid Phase Equilib. 2018,470:221-231.

[7] Pitzer K. S. Thermodynamics of electrolytes. I. Theoretical basis and general equations[J]. J. Phys. Chem.,1973,77(2):268-277.

[8] Pitzer K. S.,Mayorga G. Thermodynamics of electrolytes. II. Activity and osmotic coefficients for strong electrolytes with one or both ions univalent[J]. J. Phys. Chem.,1973,77(19):2300-2308.

[9] Pitzer K. S. 1992. Activity coefficients in electrolyte solutions[M],2nd ed.,CRC Press:London.

[10] May P. M.,Rowland D.,Hefter G.,et al. A Generic and updatable Pitzer characterization of aqueous binary electrolyte solutions at 1 bar and 25 ℃[J]. J. Eng. Chem. Data.,2011,56(12):5066-5077.

[11] Goldberg R. N. Evaluated activity and osmotic coefficients for aqueous solutions:Bi-univalent compounds of lead,copper,manganese,and uranium[J]. J. Phys. Chem. Ref. Data. 1979,8:1041.

[12] 邓天龙,周桓,陈侠. 水盐体系相图及应用[M]. 北京:化学工业出版社. 2013,284.

[13] Cohen-Adad R.,Lorimer J. M.,Phillips S. L.,et al. A consistent approach to tabulation of evaluated solubility data:application to the binary systems RbCl-H_2O and $UO_2(NO_3)_2$-H_2O^{II}[J]. J. Chem. Inf. Comput. Sci.,1995,35(4):675-696.

Solubilities calculation of ternary system $UO_2(NO_3)_2$ + HNO_3 + H_2O at 298 K based on Pitzer thermodynamic model

WANG Lin, WANG Ji-cai, YUE Xu-ya, BAI Zhi-yuan,
FENG Jian-xin, CUI Han-long

(The 404 Company Limited, CNNC, Lanzhou, Gansu, Prov. 730050, China)

Abstract: Concentrated HNO_3 was widely used to dissolve the solid waste containing uranium in the process of uranium industry, and then the metal uranium was recovered by the methods of solvent extraction or others. Generally, the relationship of phase equilibrium of ternary system $UO_2(NO_3)_2$ + HNO_3 + H_2O exists in the process of uranium chemical recovery. To further study the thermodynamic properties of $UO_2(NO_3)_2$ in HNO_3 + H_2O mixed solution in the process of uranium chemical industrial, thermodynamic calculation of phase equilibrium for ternary system $UO_2(NO_3)_2$ + HNO_3 + H_2O at 298 K was studied by Pitzer activity coefficient model in this work. According to the experimental data in literature, the single parameters $\beta^{(0)}$, $\beta^{(1)}$ and C^{ϕ} of $UO_2(NO_3)_2$ at 298 K was fitted by Pitzer activity coefficient model. Meanwhile, the mixed parameters $\theta_{UO_2,H}$ and ψ_{UO_2,H,NO_3} were acquired by Pitzer model according to the solubilities of $UO_2(NO_3)_2$ in system HNO_3 + H_2O with HNO_3 concentration range of $0 \sim 8.5$ mol $\cdot$ kg^{-1} reported by literature. On the basis of Pitzer parameters obtained by this work, the solubility of $UO_2(NO_3)_2$ in ternary system $UO_2(NO_3)_2$ + HNO_3 + H_2O at 298 K were calculated with HNO_3 concentration range of $0 \sim 8.5$ mol $\cdot$ kg^{-1}. Result show that $UO_2(NO_3)_2$ crystallized in the form of $UO_2(NO_3)_2$ $\cdot$ $6H_2O$ from aqueous solution contain HNO_3 with concentration range of $0 \sim 8.5$ mol $\cdot$ kg^{-1} at 298 K. Compared with the calculated solubility and experimental reported by literature, the calculated value agrees well with the experiment.

Key words: $UO_2(NO_3)_2$; Solubility; Pitzer model

真空辅助空气提升系统应用问题探讨

储　凌,欧阳再龙

(中国核电工程有限公司,北京 100840)

摘要:本文根据真空辅助空气提升的原理,分析真空辅助空气提升的最大抽吸高度、提升高度范围,以及气液分离罐与接收槽的相对安装高度,讨论了真空辅助空气提升系统在输送过程中应满足的条件和采取的安全措施,为真空辅助空气提升系统的设计和工程应用提供参考。

关键词:空气提升;料液输送;真空;后处理

　　空气提升系统具有结构简单、无传动部件和维修部件、可靠性好等特点,适合输送放射性料液,广泛应用于乏燃料后处理及其他核工程中。空气提升输送料液时需要一定的浸没度,为保证其浸没度,空气提升底节安装高度低于贮槽,用空气提升系统输送料液时,一般从贮槽底部出料。对于不适合从贮槽底部出料的情况,或浸没度不满足输送要求时,采用真空辅助空气提升,在乏燃料后处理中试厂取样系统的料液循环采用了真空辅助空气提升系统,R 项目中,真空辅助空气提升除了用于取样系统外,还用于贮槽间放射性料液的输送。一些文献对普通(常压)空气提升系统进行了讨论[1-2],但很少有文献对真空辅助空气提升进行讨论。由于真空辅助空气提升在运行过程中抽负压,因此其运行工况比普通空气提升更复杂,如果操作参数和布置参数不匹配,会导致输送不畅,甚至会发生窜料等安全问题,本文对真空辅助空气提升系统进行分析,讨论真空辅助空气提升在设计、操作方面应满足的条件和注意的问题,虽然这些问题的原理很简单,但在设计中容易被忽视。希望通过本文的讨论,引起大家的重视,为今后的工程设计和工程应用提供借鉴或参考。

1　真空辅助空气提升原理

　　与普通(常压)空气提升相比,真空辅助空气提升系统在气液分离罐排气管道上增加一个压空喷射器,将气液分离罐抽成负压,利用供料槽与气液分离罐间的压差,将供料槽内的液体抽吸到一定高度,以满足空气提升浸没度的要求,完成料液输送。

　　真空辅助空气提升的原理流程如图 1 所示,由供料槽、气液分离罐、压空喷射器、接收槽、提升管、提升底节及相关管路和阀门组成。首先打开压空喷射器压空入口管道上的阀门,将气液分离罐抽负压,将供料槽内液体抽吸到提升底节以上的某一高度,再开启压空管上的阀门,压空在提升底节与液体混合,气液混合物从提升管上升至气液分离罐,气液分离后液体自流进入接收槽,气体从压空喷射器排出。真空辅助空气提升的浸没度为:

$$N = \frac{H_T + h - H_{AL}}{H} \tag{1}$$

　　式中,H_T 为真空辅助空气提升的真空抽吸高度;h 为供料槽液位高度;H 为总提升高度。

2　应用工况分析

2.1　真空抽吸高度

　　气液分离罐内压力越低,液体越容易挥发,当气液分离罐的压力等于被输送料液的饱和蒸汽时,提升管内的料液会沸腾,不能正常输送,因此气液分离罐的压力要大于被输送料液的饱和蒸汽压。供

作者简介:储凌(1974—),男,安徽潜山人,高级工程师,硕士,主要从事核化工研究工作

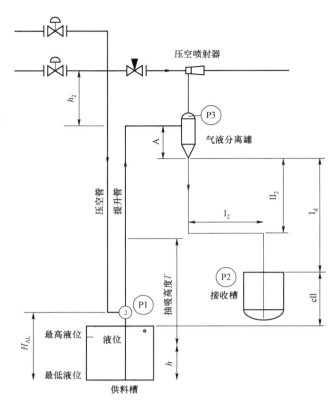

图 1　真空辅助空气提升流程示意图

料槽料液被抽吸高度为 H_T,则气液分离罐与供料槽的压差为:

$$\Delta P = P_1 - P_3 = \rho g H_T \tag{2}$$

式中,P_3 为气液分离罐的压力;P_1 为供料槽的压力;ρ 为料液的密度。被输送料液的饱和蒸汽压为 P^*,应满足:

$$H_T < \frac{P_1 - P^*}{\rho g} \tag{3}$$

嘉峪关地区的大气压力为 0.84 atm,假设 P_1 等于当地的大气压力,用真空辅助空气提升输送 40 ℃ 的 30% 硝酸(饱和蒸汽压为 5.5 kPa,密度为 1.165 g/mL)时,真空抽吸高度 H_T 应小于 6.97 m,核工程中贮槽一般在微负压条件下操作,核工程中要考虑其负压条件,实际上这个数值应当更小。

2.2　真空辅助空气提升输送高度范围

空气提升在倒料的过程中,供料槽的液位是从最高液位 H_{max} 到最低液位 H_{min} 不断降低的,在真空抽吸高度不变的情况下,其浸没度也是逐渐降低的。贮槽在最高液位时的浸没度最大,最低液位时的浸没度最小,其最大和最小浸没度分别为:

$$N_{max} = \frac{H_{max} + H_T - H_{AL}}{H} \tag{4}$$

$$N_{min} = \frac{H_{min} + H_T - H_{AL}}{H} \tag{5}$$

由式(3)(4)可以得到:

$$H = \frac{H_{max} - H_{min}}{N_{max} - N_{min}} \tag{6}$$

供料槽的填充系数取 0.8,近似认为 $H_{max} = 0.8 H_{Su}$(供料槽的高度),假设供料槽可全部倒空,则:

$$H = \frac{0.8 H_{Su}}{N_{max} - N_{min}} \tag{7}$$

从式(7)看,真空辅助空气提升的总提升高度与供料槽的高度以及最大和最小浸没度的取值有关。根据常压空提的试验及设计经验,N_{min}一般不小于30%,N_{max}不超过80%,所以:

$$H \geqslant \frac{8}{5} H_{Su} \tag{8}$$

根据式(2)条件,总提升高度应满足:

$$H < \frac{1}{N_{min}} \left(\frac{P_1 - P^*}{\rho g} - H_{AL} \right) \tag{9}$$

总提升高度和最小浸没度还要根据空气提升系统的布置情况、输送流量要求确定。

2.3 气液分离罐与接收槽的相对安装高度

真空辅助空气提升系统中,为了使系统形成负压,气液分离罐排液管要插入接收槽的液面以下进行水封(如图1所示)。在启动真空辅助空气提升时,接收槽内需要有一定高度的料液保证水封。运行过程中,气液分离罐排液管内液面与接收槽液面的高差为:

$$H_T' = \frac{P_2 - P_3}{\rho g} \tag{10}$$

一般情况下,供料槽的压力P_1与接收槽的压力P_2近似相等,则可以认为$H_T = H_T'$。从图1可以看出,若$H_T \geqslant H_d + A$,接收槽内液体就会被抽吸到气液分离罐的进料口,当接收槽高于供料槽时,在接收槽与供料槽间形成虹吸现象,接收槽内的液体被反吸到供料槽内,因此气液分离罐与接收槽间安装高度差必须满足:

$$H_d > H_T \tag{11}$$

为了避免接收槽与供料槽间因虹吸窜料,工艺设计时要考虑必要的安全措施:

(1)选择合适的压空喷射器,在其最大抽吸负压下,仍然满足式(10)条件;

(2)气液分离罐内设置高液位报警,报警值低于气液分离罐进料口,报警信号与压空喷射器的引射压空管道上的阀门联锁,当触发报警时,关闭压空喷射器引射压空管道上的阀门,使压空喷射器停止工作,破坏气液分离罐的负压。

(3)监测气液分离罐与供料槽的压差,并设置报警,报警值根据H_d的大小,结合现场调试情况确定,当气液分离罐与供料槽压差超过报警值时,关闭压空喷射器引射压空管道上的阀门,使压空喷射器停止工作。

3 总结

通过本文的讨论,在真空辅助空气提升的应用中注意以下几点:

(1)气液分离罐的压力越低,通过排气系统挥发损失的液体量越大,避免气液分离罐内压力过低,出现提升管内液体"沸腾"现象;

(2)根据输送流量及相关条件,选取合适的空气提升系统,确定N_{min}、N_{max}、H_T、H、H_d等参数,避免出现虹吸等无法正常运行的现象;

(3)选用适当的压空喷射器,并设置报警-联锁等安全措施,当真空辅助系统出现异常时,能及时响应,采取措施,避免发生事故。

(4)为了使系统能够形成真空,接收槽要设置补液管,当首次启动或者接收槽内液体被倒空时,通过补液管补充液体,保证气液分离罐出料管的水封;接收槽设置最低液位报警信号,接收槽内料液向下游输送过程中,当达到最低液位时停止输送,保证接收槽内存留一定量液体进行水封,避免每次启动时向接收槽补液。

参考文献:

[1] 胡彦涛,杨欣静. 小流量空提提升应用于料液输送的可行性研究[C]. 全国核化工学术交流年会会议论文集,2010:36-41.

[2]　明宁宁,常戈. 中试厂料液输送系统的研究及热验证[G]. 中国核科学技术进展报告(第四卷)核化工分卷,2015:
189-195.

Discussion on the design and application of vacuum air-lifting pump

CHU Ling OUYANG Zai-long

(China Nuclear Power Engineering Co.,Ltd.,Beijing,China)

Abstract:According to the principle of vacuum air-lifting pump,this paper analyzes the maximum suction height and lifting height range of vacuum air-lifting pump,the relative installation height between gas-liquid separator and receiving tank. We also discuss the conditions and safety measures of the vacuum air-lifting pump in the transportation process. It provides references for the design and application of vacuum air-lifting pump.

Key words:Air-lift;Transportation of liquid;Vacuum;Fuel reprocessing

500 kg/h 立式炉冷模装置的理论分析及计算

智红强,贺　霓,郭永健,刘芝妍

(中核第七研究设计院有限公司,山西　太原 030012)

摘要:为研究及掌握立式氟化炉中顶部气体载带布料方式对固体物料分布性能的影响,拟建立一套 500 kg/h 冷态模拟装置来进行试验研究。该文首先对冷态模拟装置建立所需各项条件进行了说明;然后通过对喷嘴内颗粒运动的分析,论述了颗粒在冷态模拟装置及实际反应器喷嘴内流动的相似性;接着通过对颗粒出喷嘴后在反应器内受力情况分析,确定了斯托克斯准则及雷诺准则为冷模装置设计的两项准则。最后依据已确定的两项准则,分别对冷态模型设计需考虑的喷头和反应区出口两个截面进行计算,并确定了模拟物料、500 kg/h 冷模装置的各段直径、高度等关键设计参数,为立式炉冷模装置的建立提供了理论基础。

关键词:立式炉;冷模装置;斯托克斯准则;雷诺准则

国内铀转化生产厂内 UF_4 与氟气反应制取 UF_6 的过程是在我国特有独立研制的立式氟化炉内进行的,早期的立式氟化炉 UF_4 固体粉末的喷嘴位于反应器侧部,由于侧部喷嘴会导致喷出的物料至对面的反应器器壁,使反应在此发生,从而导致反应器器壁被腐蚀甚至被烧穿的情况,同时也存在固体物料布料不均匀的问题。新的立式氟化炉喷嘴由侧部调整至顶部。UF_4 固体粉末通过顶部喷嘴在氮气载带作用下进入反应炉内,为保证固体 UF_4 物料的转化效率,喷嘴需将 UF_4 固体粉末均匀的喷洒至反应炉内,因此粉末喷射的喷嘴是顶部氮气载带进料工艺技术的关键。而喷嘴研究中气体及液体喷嘴可查阅资料较多,也有较多的生产厂家在专业生产气体及液体喷嘴,而用于固体颗粒喷射的喷嘴公开文献较少,可查阅资料较少。为进一步研究及掌握立式氟化炉顶部氮气载带布料中喷嘴对固体物料的分布性能,建立一套 500 kg/h 立式炉冷模装置是必要的,冷模装置的建立需首先进行理论分析及计算。

1　喷嘴内颗粒运动相似分析

冷模试验为了保证所研究的气体载带物料喷射的流体运动最接近于真实的反应器内物料喷射流动规律,需要尽可能的使冷态模型中的流体与真实反应器内流动相似。流体动力模型试验要遵循的条件主要包括[1]:

① 模型与实物中流体的流动应皆被统一完整方程式所描述;

② 模型与实物几何相似;

③ 介质进入及引出模型的流速分布与实物相似;

④ 满足相似准则的条件下建立冷态模型。

对于一般热力设备,只要模型与实物的介质都是黏性流体,①条件即可得到保证。该冷态试验采用非放固体粉末代替四氟化铀粉末作为固体物料,压缩空气代替氮气作为物料喷吹气流,空气代替氟气作为反应气流,介质都属于黏性流体,因此第①条得到了保证。在建立冷态试验模拟装置时,喷射区域处及立式炉冷态模型几何形式与实际生产装置保持一致,第②条即可得到保证。建立冷态模型时满足相对应的相似准则,第④条即可得到保证。为满足第③条准则,颗粒由喷嘴进入反应器时运动需相似,对粉末在喷嘴内运动进行分析如下。

1.1　颗粒在喷嘴内主作用力确定

四氟化铀在进入反应器前喷嘴内运动状态:生产中四氟化铀粉末在由螺旋输送器进入物料进口

作者简介:智红强(1990—),男,山西人,工程师,硕士,现从事核化工研究设计

管时,首先受到顶部一个吹气口的喷吹作用,同时还会受到颗粒本身自身重力的作用,颗粒即会加速,而在颗粒落入喷嘴出口处时,会再受到中心喷管的喷吹作用,颗粒再次进行加速,由于喷嘴内颗粒及气流运动较为复杂,较难用确切的理论计算推导得出结果,接下来对其运动情况进行分析。500 kg/h立式炉喷嘴示意图见图1。

固体颗粒在气流中的运动主要受到流体曳力、附加惯性力、重力、浮力共四个力,上述力之和等于微粒质量乘加速度。经过分析,颗粒在喷嘴内受到浮力及附加惯性力影响较小,主要受到载带气体的曳力及自身重力两个力的作用;而固体颗粒在冷模装置及实际生产装置中自身重力对其运动加速度影响是一致的,均为g,因此流体曳力为保证颗粒在冷模装置与实际生产装置中运动相似的重要作用力。

1.2 喷嘴内相关参数确定

流体曳力为保证颗粒在冷模装置与实际生产装置中运动相似的重要作用力,公式为[2]:

$$F_D = C_D \frac{\pi}{4} d_p^2 \frac{\rho'' u^2}{2} \qquad (1)$$

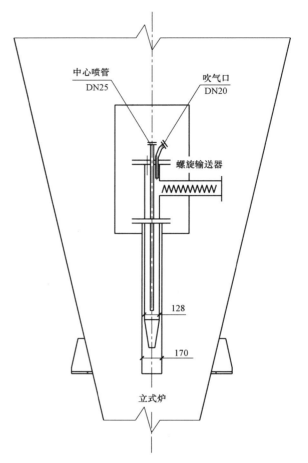

图1 500 kg/h立式炉喷嘴示意图

注:C_D——曳力系数(流体绕过颗粒流动的曳力系数与流体流动状态有关

可,当$Re_p < 2$时,曳力系数$C_D = 24/Re_p$;当$2 < Re_p < 1\,000$时,$C_D = 18.5/Re_p^{0.6}$;当$1\,000 < Re_p < 2 \times 10^5$时,$C_D = 0.44$;当$Re_p > 2 \times 10^5$时,$C_D = 0.1$);

d_p——颗粒直径;

ρ''——流体密度(本文所用符号右上角带记号(')的代表颗粒,带记号(")的代表气流);

u——流体与颗粒相对速度;

而流体绕过颗粒流动的颗粒雷诺数:

$$Re_p = \frac{u d_p \rho''}{\mu''} \qquad (2)$$

注:μ''——流体的黏度,Pa·s;

通过分析颗粒在喷嘴出口前主要影响因素为颗粒直径d_p,气流密度ρ'',气流黏度μ'',颗粒与流体相对速度u四项参数,流体密度会受到流体压力p的影响,相对速度u会受到气流速度的影响,为保证固体颗粒在喷嘴内流动的相似性,首先需保证喷嘴几何形式的一致性,然后保持这四项参数的一致性,即可保证了颗粒在喷嘴出口处进入反应器时与实际生产装置的一致性。

实际反应器中喷吹气体为氮气,标准状况下气流密度为1.251 kg/m³,气流黏度为1.7×10⁻⁵ Pa·s,空气在标准状况下气流密度为1.293 kg/m³,气流黏度为1.73×10⁻⁵ Pa·s,两项参数均接近,喷吹气体由同等压力的压缩空气来代替氮气,则保证了气流密度、气流黏度两项参数的一致性。冷态试验采用的UF₄粉末模拟物料颗粒粒径与实际物料粒径保持一致,保证颗粒直径参数的一致性。喷嘴内气体压力及气体流量保持一致,颗粒与流体相对速度即会一致;这样喷嘴内影响颗粒在流体中运动的四项参数均基本保持了一致,即可保证颗粒与喷吹气流在冷态模型与实际反应器中喷嘴内的流动是相似的,喷嘴出口处流动一致性也得到了保证。

2 冷模装置相似准则确定

颗粒通过喷嘴进入反应器后会分散开来,冷模装置中空气代替氟气作为反应气流,颗粒分散开后会遇到上升的空气气流,上升气流速度较慢,颗粒在上升气流的作用下运动。为了保证模型中的运动与要研究的运动是相似的,必须保证系统中各种力的相互作用是相同的,这其中就需要保证一些无量纲准数是相等的,相似准则就是所有无量纲准数相等的关系。如果要保证研究的运动与模拟运动相似,要保证系统内各种惯性力的作用有相似关系,即相对应比例关系,常用相似准则见表1[1]。

表1 相似准则表

序号	名称	公式	意义
1	斯托克斯准则	$Stk = \dfrac{\rho' u''^{n} \delta^{n+1}}{c \, \mu''^{n} l \, \rho''^{1-n}}$	微粒惯性力与流体曳力之比
2	雷诺准则	$Re'' = \dfrac{\rho'' u'' d}{\mu''}$	气流惯性力与黏滞力之比
3	弗鲁德准则	$Fr'' = \dfrac{u''^{2}}{gl}$	气体惯性力和重力之比
4	欧拉准则	$Eu'' = \dfrac{P}{\rho'' u''}$	动压力与气体惯性力之比
5	普朗特准则	$Pr'' = \dfrac{\mu'' g \, c_p''}{\lambda''}$	该准则用以说明流体的物理性质,该准则考虑了温度场的影响
6	流体动力均时性准则	$Ho'' = \dfrac{u'' \tau}{l}$	表示速度场随时间改变的快慢与流体在系统内停留时间的比值
7		u'/u''	颗粒速度与气流速度之比
8		ρ'/ρ''	重力与浮力之比

进行模型研究时,完全满足模型实验所应遵守的条件是很困难的,甚至无法实现,具有数个定性准则,想同时都保证各自数值相等,一般无法实现,就必须抓主要的,起决定性的因素方法来处理,将那些居于次要地位、起局部作用、不影响全局的因素只做近似的保证或忽略不计。

固体微粒在气流中运动的冷态模型化,斯托克斯准则是起决定性作用的因素,故必须考虑。准则 ρ'/ρ'' 及弗鲁德准则在自由运动场合条件下对流动状态起决定作用,在热态的实物中,由于射流是强制的,惯性力远大于重力的作用,试验及计算分析均表明,重力及浮力的影响可以忽略不计,该冷态模型试验喷嘴处固体颗粒属于射流,流动属强迫流动,因此这两个准则均不予考虑,同时 u'/u'' 也可忽略。雷诺准则对于冷态装置的建立也是较为重要的;欧拉准则 Eu'' 的物理意义为流体运动方程中压力项物理量组合与惯性力物理量组合的比值,由于冷态模型与实际反应器中压力基本一致,较为稳定,因此该准则可忽略;流体动力均时性准则 Ho'' 是考虑时间因素的准则,该模型是稳定状态下的流动,因此该准则可以忽略不计。

普朗特准则是流体本身的物理性质,只与流体本身有关,查资料得 0 ℃下空气的黏度为 1.73×10^{-5} Pa·s,质量定压热容为 1.009×10^{3} J/kg·℃,导热系数 0.024 4 W/m·K;经过计算普朗特数:

$$Pr = \frac{\mu g \, c_p}{\lambda} = \frac{1.73 \times 10^{-5} \times 10 \times 1.009 \times 10^{3}}{0.024\ 4} = 7.2$$

查资料得,对于原子数目相同的气体,准则数 Pr 是常数,不受压力和温度的影响,双原子气体 Pr 均为 7.2。

反应完成后生成的气体成分为 UF$_6$、F$_2$、HF、O$_2$、N$_2$;除 UF$_6$ 外均为双原子气体,查资料得 600 ℃下

UF$_6$气体的黏度为 4.49×10^{-5} Pa・s,质量定压热容为 466 J/kg・℃,导热系数 0.03 W/m・K;对于 UF$_6$:

$$Pr=\frac{\mu g\,c_p}{\lambda}=\frac{4.49\times10^{-5}\times10\times466}{0.03}=6.97$$

因此模拟气流与实际反应气流中 Pr 较为接近,冷态装置是满足该准则的。

通过分析,建立冷态模型时,首先考虑斯托克斯准则,再考虑雷诺准则,在满足这两个条件的基础上计算即可。

3 冷模装置各项参数的确定

实际生产中主反应区域在进料喷嘴处下方 1.8 m 左右,说明物料在反应区出口已基本反应完全,因此冷态模型设计时主要考虑喷头处(直径 $\phi1\,024$)和反应区出口处(直径 $\phi680$)两个截面的气流情况,通过这两个截面来建立冷态装置与实际反应器的相似条件,即可满足冷态模型与实际反应器固体颗粒分布情况相似的条件。经过计算获得的真实反应器的反应区出口及喷头处雷诺数及斯托克斯数见表 2。

表 2 真实反应器参数表

位置	气流雷诺数 Re''	流动状态	斯托克斯数 Stk	颗粒雷诺数 Re'
反应区出口 ($\phi680$)	7 134	$Re''>4\,000$,属湍流流动	0.08	0.525
喷头处 ($\phi1\,024$)	5 575	$Re''>4\,000$,属湍流流动	0.023	0.272

3.1 冷模装置温度的确定

真实反应器内四氟化铀与氟气是发生剧烈燃烧反应的,流体各点的温度都不太一致,这一要求在模型试验中难以做到。国外在做模拟试验时有将进入模型中空气加热到 200~300 ℃,也有将模型外套通以冷却介质,但试验结果均表示加热温度不高的热态模型试验结果与一般冷态模型试验无差别,故在冷模试验时皆按等温(绝热)状态进行试验。因此该试验介质及设备温度均按常温考虑设置,但最终在分析试验结果时,专门考虑不等温状态的影响[4]。

3.2 冷模装置反应区出口分析计算

计算基于模拟物料密度与 UF$_4$ 粉末一致,密度为 6.7 t/m^3;且采用加压的空气(20 kPa)代替反应气流。

(1)基于雷诺准则计算

冷态装置雷诺数需与实际反应器雷诺数一致,$Re''=7\,134$。

查得常温下 20 kPa 空气:黏度 $\mu_{空}=1.81\times10^{-5}$ Pa・s;密度 $\rho=1.205$ kg/m^3;该处直径仍按 680 mm 考虑;则

气流雷诺数:

$$Re''=\frac{u''D\rho''}{\mu''}=u''\times\frac{0.68\times1.205}{1.81\times10^{-5}}=7\,134$$

求得模拟气流气速:$u''=0.158$ m/s;

则模拟空气流量:

$$\upsilon=u\times0.785\times D^2=0.158\times0.785\times0.680^2=0.057\text{ m}^3/\text{s}=205\text{ m}^3/\text{h}$$

(2)基于斯托克斯准则计算

冷态装置斯托克斯数需与实际反应器一致,$Stk=0.08$。

颗粒直径 $d_p=50$ μm,则:

$$Stk = \frac{\rho' u'' d_p^2}{\mu'' D} = u'' \frac{6\,700 \times (5 \times 10^{-5})^2}{1.81 \times 10^{-5} \times 0.68} = 0.08$$

求得气流速度 $u'' = 0.058$ m/s，该速度与满足雷诺准则下速度 $u'' = 0.158$ m/s 相差较大。

为同时保证斯托克斯准则及雷诺准则相似性，尽可能保持气流黏度、筒体直径不进行调整（调整会带来雷诺系数的变化），还需保证气流速度 $u'' = 0.158$ m/s，可调整的仅有颗粒直径及密度，而调整颗粒直径会带来喷嘴内运动无法相似，因此调整颗粒密度。颗粒密度：

$$\rho' = \frac{Stk \cdot \mu'' D}{u'' d_p^2} = \frac{0.08 \times 1.81 \times 10^{-5} \times 0.68}{0.158 \times (5 \times 10^{-5})^2} = 2\,492 \ \text{kg/m}^3$$

与该密度接近的粉末有二氧化硅粉（2 600 kg/m³）和铝粉（2 700 kg/m³）。由于铝粉价格较高且有一定的爆炸危险性，因此模拟物料暂按二氧化硅粉考虑，反推计算得模拟气流速度应为 $u = 0.15$ m/s。则：

$$V = 0.15 \times 0.785 \times 0.68^2 = 0.054\ 4 \ \text{m}^3/\text{s} \approx 196 \ \text{m}^3/\text{h}$$

通过分析计算模拟物料采用二氧化硅粉，反应气流采用加压的空气，在 $V = 196$ m³/h，$D = 0.68$ m 的条件下，反应区既可满足斯托克斯准则，也可满足雷诺准则。

3.3 冷模装置喷头处分析计算

（1）基于雷诺准则计算

此处雷诺数需与实际反应器雷诺数一致，$Re'' = 5\,575$；

$$Re'' = \frac{u D \rho}{\mu} = \frac{u \times D \times 1.205}{1.81 \times 10^{-5}} = 5\,575$$

此处应与反应区出口处模拟气流量一致：

$$V = u \times 0.785 \times D^2 = 0.057 \ \text{m}^3/\text{s}$$

联立求解可得：$D = 0.867$ m；取整 $D = 0.87$ m，求得 $u'' = 0.096$ m/s。

则冷态模型喷头口处直径为 0.87 m。

（2）基于斯托克斯准则计算

实际反应器，斯托克斯数 $Stk = 0.023$，经过前述计算，在满足雷诺准则基础下，该处冷态模拟装置 $D = 0.87$ m，则 $u = 0.096$ m/s；则

$$Stk = \frac{\rho' u'' d_p^2}{\mu'' D} = \frac{2600 \times 0.096 \times (5 \times 10^{-5})^2}{1.81 \times 10^{-5} \times 0.87} = 0.04$$

计算得斯托克斯数与实际反应器的斯托克斯数差别较大。由于固体微粒在气流中的运动斯托克斯准则是起决定性作用的因素，因此需调整直径和气速来满足该准则，对该处直径和气速进行调整。

$$Stk = \frac{\rho' u'' d_p^2}{\mu'' D} = 0.023$$

$$V = u'' \times 0.785 \times D^2 = 0.054\ 4 \ \text{m}^3/\text{s}$$

求得布料口直径 $D = 1.02$ m，模拟气流速度 $u = 0.066\ 6$ m/s；此时雷诺数：

$$Re'' = \frac{u D \rho}{\mu} = \frac{0.066\ 6 \times 1.02 \times 1.205}{1.81 \times 10^{-5}} = 4\,523$$

与实际反应器喷头处雷诺数 $Re = 5\,575$ 有一定差距，差距约 20%。

由于固体微粒在气流中的运动冷态模型化，斯托克斯准则较雷诺准则更为重要，该计算已经满足了斯托克斯准则，雷诺准则差距也较小，可满足要求。

3.4 其他参数

实际生产中主反应区域在进料喷嘴处下方 1.8 m 左右，立式炉冷模装置（见图 1）主要模拟物料分布状况，因此直筒段高度设置为 2 000 mm，可保证有效的模拟物料分布；布料口上部对喷嘴物料分布也无影响，因此喷嘴处上部设计成圆筒形，直径与布料口直径一致，直径为 $D = 1\,020$ mm，高度 600 mm。

UF₄粉末进料速度为 660 kgU/h，为保持与实际生产装置的一致性，固体颗粒进料体积流量需保

持一致,二氧化硅进料体积流量需与 UF$_4$流量一致,则二氧化硅进料速率:

$$v=(660/6\ 700)\times 2\ 600=256\ \text{kg/h}$$

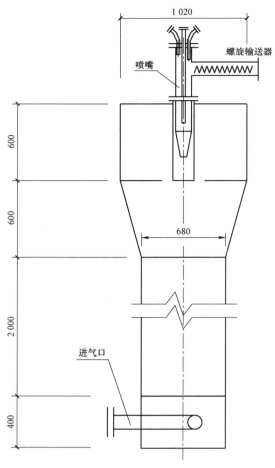

图 2　立式炉冷模装置简图

4　结论

（1）立式炉冷模装置喷嘴在保证与实际喷嘴几何形式一致的条件下,冷模装置内固体物料粉末与 UF$_4$粉末粒径保持一致,喷嘴内压缩空气压力、气体流量与氮气保持一致,可保证颗粒在冷态模型的喷嘴内与实际反应器喷嘴内流动是相似的,保证冷态模型喷嘴出口处流动与真实反应器的一致性。

（2）通过冷模装置相似准则的计算及分析,确定了斯托克斯准则、雷诺准则为建立冷模装置的两项准则。

（3）为保证冷模装置颗粒在喷嘴喷出后与实际反应器内一致性,通过理论分析计算确定了固体 UF$_4$粉末的模拟介质为二氧化硅粉末,反应气流模拟介质为加压的空气,并确定了冷模装置内空气流量、二氧化硅粉末进料速率、各段直径、高度等关键设计参数,为立式炉冷模装置的建立提供了理论基础。

参考文献:

[1]　李之光. 相似与模化[M]. 北京:国防工业出版社,1982.

[2]　蒋维钧,戴猷元,顾惠君. 化工原理[M]. 北京:清华大学出版社,2009.

[3]　高金龙. 半干法脱硫系统反应器内固体颗粒浓度分布的测量与优化[D]. 浙江:浙江大学,2013.

[4]　龙战军,温良英,等. 高炉回旋区冷态模化理论研究[J]. 中国稀土学报,2006,24:210-213.

Theoretical analysis and calculation of 500 kg/h vertical furnace cold model device

ZHI Hong-qiang,HE Ni,GUO Yong-jian,LIU Zhi-yan

(CNNC No. 7 Research & Design Institute Co.,Ltd,Taiyuan Shanxi,China)

Abstract:In order to study and master the distribution performance of solid materials in the top nitrogen-carrying belt of vertical fluoride furnace. It is proposed to set up a cold model device to carry out experimental research for 500 kg/h vertical furnace. Firstly, this paper presents the requirements for the establishment of cold simulation device. Through the analysis of the particle movement in the nozzle,the similarity of the particle flow in the cold simulation device and the actual reactor is described. Then,through the analysis of the force acting on the reactor after the particle exit nozzle,the Stokes criterion and Reynolds criterion are determined as two criteria for the design of the cold model device At last,according to the two established criteria,the two sections of nozzle and outlet of reaction zone which need to be considered in cold model design are calculated separately and the key design parameters such as diameter and height of each section simulated material of 500 kg/h model device are determined,which provides a theoretical basis for the establishment of vertical furnace cold model device.

Key words:Vertical furnace;Cold model device;Stokes criterion;Reymolds criterion

特种含铀氟化物反应器机械化拆装方式的研究

贺　霓,智红强,王榕静,郭永健,王淳朝

(中核第七研究设计院有限公司,山西 太原　030012)

摘要:由于特种含铀氟化物反应容器物料及工艺过程的特殊性,反应容器为可分解成三段的立式压力容器,容器通过上下两组法兰的螺栓紧固达到密封要求。该容器的拆装存在法兰螺栓的间距近,拆装操作烦琐,容器密封要求高等特点,原有拆装方式为人工操作,劳动强度大,操作人员受到辐射剂量的风险高。本文首先介绍特种含铀氟化物反应容器及原有人工拆装方式,然后针对该容器的两种机械化拆装研究方案进行论述,对比每种方案的优劣,最后,提出机械化装置后续优化改进的设想。机械化拆装方式的研究成果,为铀转化生产线产量和自动化水平的提升提供了技术支持。

关键词:含铀氟化物;反应容器;机械化;拆装方式

引言

在科技不断进步的今天,机械化的生产模式已深入工业生产中。由于其操作物料的特殊性,在铀转化生产中部分工序仍采用人工操作的模式。为提高铀转化生产线的自动化水平和控制技术,对存在制约产量、安全性差、劳动强度大等问题的工序进行技术攻关,故开展特种含铀氟化物反应容器机械化拆装方式的研究。将机械化操作和自动化控制技术融入现有生产工艺中,其研究成果为铀转化生产线产量和自动化水平的提升提供了技术支持。

1　特种含铀氟化物反应容器

特种含铀氟化物反应容器是转化生产过程中的一种关键容器,由法兰盖、上筒体和下筒体三部分组成,分别通过多个 M20 的螺栓紧固,以达到高密封、耐高压的要求。反应完成后,需将反应容器进行拆解,把其中的反应产物——固体物料全部卸出(见图 1)。

2　反应容器拆装方式

2.1　原有人工拆装方式

特种含铀氟化物反应容器人工拆装工序存在安全性差、劳动强度大等问题,其人工拆装卸料操作过程是人工在局排风罩下将反应容器上段和下段的所有螺栓拧松,借助电动葫芦搬运至手套箱

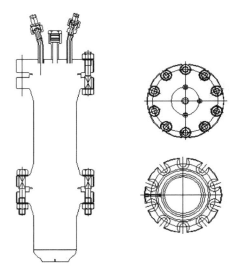

图 1　含铀氟化物反应容器外形

内,在手套箱内取下螺栓,将反应容器拆分成三段进行卸料,最后再将其组装,检测合格待用。反应容器的组装需将螺栓拧紧,拧紧过程分为预紧和紧固两步,需两人按十字交叉的顺序、同时拧紧对角线上两个螺栓,拧紧力矩较大。

整个拆装过程操作步骤烦琐,劳动强度大,生产效率低,存在反应器跌落或被砸伤的风险。

作者简介:贺霓(1989—),女,工程师,现主要从事铀转化工艺的设计和科研工作

2.2 机械拆装方式

基于人工拆装反应容器的方式开展机械化拆装方式的研究,从反应容器拆装过程分析,机械化操作的关键点包括反应容器上螺栓的拆卸、容器的卸料、容器的组装。由于反应容器的拆卸、组装均是围绕容器内物料的卸出而进行的,故反应器的卸料方式是决定整个操作过程的关键。机械拆装方式的研究从不改变和改变原有卸料方式的两个方向进行:① 采用原有卸料方式,引入专用机器人并开发专用工装将反应容器上下两排螺栓全部进行拆装的方式;② 采用真空吸料的方式进行卸料,引入专用机器人并开发专用工装仅将反应容器上排螺栓进行拆装的方式。

螺栓紧固有三种方法:扭矩紧固法、转角紧固法、屈服点紧固法。机械装置拆装螺栓普遍采用扭矩紧固法,是当拧紧的扭矩达到某一设定的目标值时,立即停止紧固工作的控制方法。通过计算确定螺栓 M20 的拧紧力矩为 180 N·m 密封效果最佳,并可在一定范围内进行调整。为确保螺栓连接的可靠性,螺栓的紧力需达到一定的要求,根据计算和实际验证结果,预紧力设定值为 90 N·m 即可满足预紧要求;由于伺服拧紧轴设定值越大,与实际损耗值越大,故机械化拆装装置的拧紧设定值需大于 200 N·m。

2.2.1 两排螺栓全部拆装的方式

采用原有卸料方式,反应容器的拆装方式也基本不改变,即引入机器人按照人工拆装的方式进行反应容器的拆装。设计专用机器人及夹具完成反应容器的抓取,搬运,螺栓的松动、取放和拧紧工作,由于动作烦琐、工装更换频繁,为满足工作节拍,设置两台机器人配合完成拆装操作。1#机器人完成容器的抓取、搬运及螺栓的松动和拧紧工作,2#机器人完成容器上螺栓的取下和装上工作。

机器人本体无法完成拆装动作,设计开发出与机器人配合的专用工装。专用工装与机器人通过快速接头连接。专用工装一是抓取反应器的夹具,气动控制;二是伺服拧紧轴,用于螺栓的拧紧和松动,考虑到机器人的负载能力和装置的安全性,采用单伺服拧紧轴;三是取螺栓的夹具。机器人及专用工装见图 2、图 3。

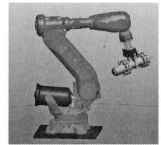 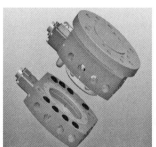  

| 1#机器人 | 快换盘 | 气动夹具 | 伺服拧紧轴 |

图 2　1#机器人及其专用工装

 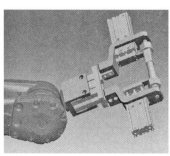

2#机器人　　取螺栓夹具

图 3　2#机器人及其专用工装

根据机器人运动特点及工艺要求,确定拆装步骤,编辑程序。通过视觉系统判断固定于**螺栓拆装平台**上反应容器的螺栓位置,反馈到机器人控制器,机器人根据控制器已编辑的程序进行动作,实现自动拆装反应器上、下两层法兰共 20 个 M22 螺栓的操作。具体操作为:① 1♯机器人工装使用拆装工装,通过激光感知反应容器螺栓的位置,将容器上、下两层螺栓全部松动;② 螺栓拆装平台夹持反应容器的工装缓慢自转,2♯机器人利用激光定位螺栓位置,暂停工装动作,依次拆卸容器部分的螺栓,按顺序放置于螺栓收纳库中。为防止还原反应器内物料外泄,故上、下两层各保留 2 个螺栓。③ 卸完料的容器再次固定于螺栓拆装平台上,2♯机器人在螺栓收纳库中按顺序抓取螺栓,依次插入反应器空缺的螺栓槽中。④ 待螺栓填满空缺槽后,1♯机器人利用拆装工装紧固所有螺栓。机器人拆装示意图见图 4。

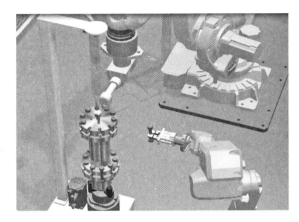

图 4　机器人拆装示意图

　　运行采用两排螺栓全部拆装方式的机械化拆装装置进行试验,装置能完成工艺要求的所有动作,各机构间衔接流畅,装置运行稳定,完成所有操作的时间可控制在 25 分钟内。

2.2.2　上排螺栓拆装的方式

　　采用真空吸料的卸料方式可简化反应容器的拆装步骤,仅拆卸上部法兰,插入吸料管将反应容器底部的物料直接吸出来。

　　设计专用机械装置、配合机器人完成反应容器搬运,螺栓的松动、取放和拧紧工作。为提升拆装节拍,采用双伺服拧紧轴完成螺栓松动及紧固操作,机器人难以负载双伺服拧紧轴的重量,故设计专用机械装置。专用机械装置完成容器的搬运及螺栓的松动和拧紧工作,机器人配合完成容器上螺栓的取放工作,设计专用机器人工作可实现同时取放 10 组螺栓的功能。专用机械装置及配合机器人见图 5。

图 5　专用机械装置及配合机器人

根据工艺要求,确定拆装步骤,编辑程序。通过视觉系统判断固定于转台上反应容器的螺栓位置,反馈到机械装置控制器,机械装置及机器人根据控制器已编辑的程序进行动作,实现自动拆装反应器上层法兰 10 个 M22 螺栓的操作。具体拆装操作为:① 通过反应器上件小车送至人机交接工位;② 将反应器从人机交接工位运输至反应器螺栓拧松工位;③ 松动反应器上部的全部待拆螺栓上螺母,将反应器送至螺栓抓取工位;④ 取下反应器上部的全部螺栓(带螺母),存放至螺栓暂存架上,或将螺栓(带螺母)从暂存架抓取安装至反应器上;⑤ 将反应器运送至卸料工位,或将反应器取回;⑥ 将反应器送至螺栓拧紧工位,紧固反应器上部的全部松动螺栓上螺母;⑦ 将反应器送会人机交接工位,通过反应器上件小车回送至指定工序。

运行采用上排螺栓拆装方式的机械化拆装装置进行试验,装置能完成工艺要求的所有动作,各机构间衔接流畅,装置运行稳定,完成所有操作的时间可控制在 15 分钟内。

3 方案对比

两种方案均可自动完成工艺要求的规定动作,把人从简单繁重的体力劳动中解放,实现特种含铀氟化物反应容器自动化拆装的操作。

两排螺栓全部拆装方式的方案,对现有生产工艺改动量小,装置较为简单,可直接进行生产线的改造,其技术更为可靠。但由于反应器上下两排螺栓的拆装方案中,机器人需不断更换工装,且一个一个依次取/装螺栓,导致操作一台反应器的周期较长,不利于生产能力的扩大,而且生产一段时间后,容器本体及其螺栓磨损、变形后机器人夹具对容器的抓紧、螺栓定位难度增加,同时也存在螺栓紧固时,姿态各异的金属垫片的就位和平铺对机器人难度较大,需要人的干预,人、机操作的交叉进行存在安全隐患。

上排螺栓拆装方式的方案,缩短了拆装螺栓的时间,机械装置的包容性更佳,减少夹具对容器的抓紧、螺栓定位的难度,同时取放 10 组螺栓的专用机器人工作能维持金属垫片的原有状态,减少了人的干预。但是真空吸料的卸料方式存在物料滞留的问题,且装置较为复杂,对生产线的改造较大。

4 改进设想

后续研究方向是使用尽量简化机械装置,在尽量短的时间内智能化完成所有操作。

以现有研究结果为基础,继续进行深入研究,方案一:保留原有的卸料方式,按照专用机械装置、配合机器人的设计思路,采用双伺服拧紧轴或更多伺服拧紧轴完成螺栓松动及紧固操作和同时取放 10 组螺栓的机器人工装,将反应容器上下两排螺栓全部进行拆装,解决机器人不断更换工装的问题,缩短拆装时间,提高装置的包容性,大大减少人工干预的频次;方案二:开展真空吸料卸料机械化装置的研究,通过优化装置结构形式和提高设备材料的光洁度等方式,解决物料滞留及工序衔接的问题,使上排螺栓拆装方式适用于工程。

5 总结

两排螺栓全部拆装和仅上排螺栓拆装的两种机械化拆装方式均能完成工艺要求的拆装反应容器的操作,改变传统以人工操作为主的拆装模式,实现智能化拆装,降低操作人员的辐射剂量水平,提高系统运行的安全性,使操作人员从烦琐繁重的工作中解脱出来。研究的两种拆装方式中,两排螺栓全部拆装方式更为简单可靠,且已在工程中成功应用。

参考文献:
[1] 李杰. 著. 邱伯华. 译. 工业大数据[M]. 北京:机械工程出版社,2015
[2] 陆平. 张浩. 马玉敏. 数字化工厂及企业信息系统的集成[J]. 成组技术与生产现代化,2005
[3] 王俊杰. 化工项目数字化、智能化建设模式探索[J]. 化工自动化及仪表,第 46 卷
[4] 吉旭. 徐娟娟. 卫柯丞. 唐盛伟. 化学工业 4.0 新范式及其关键技术[J]. 高校化学工程学报,2015

Study on mechanization dismounting method of special fluorides containing uranium reaction vessel

HE Ni, ZHI Hong-qiang, WANG Rong-jing,
GUO Yong-jian, WANG Chun-chao

(Nucleus Industry No. 7 Research Design Institute, Taiyuan City Shanxi Province, China)

Abstract: Due to the particularity of the materials and process of the special uranium containing fluoride reaction vessel, the reaction vessel is a vertical pressure vessel which can be divided into three sections. The vessel can be sealed by the bolts of the upper and lower flanges. The disassembly and assembly of the container has the characteristics of close distance between flange bolts, tedious disassembly and assembly operation, and high sealing requirements of the container. The original disassembly and assembly method is manual operation, with high labor intensity and high risk of radiation dose to operators. This paper first introduces the special uranium containing fluoride reaction vessel and the original manual disassembly method, then discusses two kinds of mechanized disassembly research schemes of the vessel, compares the advantages and disadvantages of each scheme, and finally puts forward the idea of subsequent optimization and improvement of the mechanized device. The research results of mechanized disassembly mode provide technical support for the improvement of uranium conversion production line output and automation level.

Key words: Uranium containing fluoride; Reaction vessel; Mechanization; Dismounting method

从辐照靶中分离纯化锎-252 的技术研究进展

杨啸帆,李峰峰,唐洪彬 *

(中国原子能科学研究院 放射化学研究所,北京 102413)

摘要:锎-252 作为高通量的非反应堆放射性中子源,其生产制备方法长期以来受到外国垄断。对其性质进行研究与学术评价从而开展具有自主知识产权的制备分离流程具有重大意义。本文首先对锎元素的发现历程与理化性质进行了介绍,并对其用于放射性治疗中子源,活化分析中子源与反应堆一次点火中子源等应用进行概述。然后对几十年来锎-252 的制备与分离纯化技术进行了梳理,简要论述了从高通量堆辐照锔/锎靶中提取锎-252 的工艺流程。总体来说,当前锎-252 的提取最有应用前景的方法是在传统溶剂萃取基础上进行拓展,研究的重点也在于尝试找到更有效的萃取剂。除萃取法之外,高压离子交换技术在三价超锔元素的分离上也有较好的表现与广阔的前景。

关键词:超铀元素;锎-252;分离纯化;溶剂萃取;高压离子交换

1 锎的性质

1.1 物理性质

锎(Californium)是第 98 号元素,符号为 Cf,是一种人工合成的放射性金属元素,其原子质量约为 251 g/mol。1950 年,加州大学伯克利分校的 Glenn T. Seaborg 团队首次发现了锎元素,以美国的加利福尼亚州命名。锎是第 6 个被发现的超铀元素,也是自然界能自行产生的最重的元素,所有比锎更重的元素皆必须通过人工合成才能产生[1]。单质金属锎为银白色,预测熔点约为(900 ± 30) ℃,沸点约为 1 745 ℃,真空状态下的金属锎到了 300 ℃ 以上时便会气化。当处于纯金属态时,锎具较好的延展性。锎在正常气压 900 ℃ 以上、以下与高压下(48 GPa)分别有三种晶体结构。

如表 1 所示,目前已知的锎的同位素中,锎-251 是最为稳定的,其半衰期约为 898 年。锎-252 是最常被使用的同位素,半衰期约为 2.64 年,该同位素主要由美国的橡树岭国家实验室及俄罗斯的库尔恰托夫研究所合成与分离。由于大部分锎同位素的半衰期都很短,所以地壳中不存在大量的锎元素。锎-252 有极大的概率进行 α 衰变(96.91%)以形成锔-248,剩余的核素则进行自发性裂变。

表 1　部分锎同位素的衰变特性

同位素	半衰期	放射性比活度/(Ci/g)	衰变模式	分支比/%
^{249}Cf	350.6 年	4.095	α	约为 100
			SF	5.2×10^{-7}
^{250}Cf	13.08 年	109.3	α	99.923
			SF	0.077
^{251}Cf	898 年	1.59	α	100
^{252}Cf	2.64 年	536.3	α	96.908
			SF	3.092
^{253}Cf	17.81 天	2.898×10^4	β	99.69
			α	0.31

作者简介:杨啸帆(1997—),男,硕士研究生,核燃料循环与材料专业

基金项目:国家自然科学基金委员会-中国核工业集团有限公司 核技术创新联合基金(U1867203)

即原子核在不受外来粒子作用和没有外界激发条件存在时,自行分裂成两块或多块碎片的核过程。锎-252 最重要的核性质是自发裂变时放出大量中子,锎-252 平均每次自发裂变能释放 3.7 颗中子。锎-252 自发裂变放出大量具有较高能量的快中子和 γ 射线,这种较硬 γ 射线能够很轻易地穿透人体来引起生物组织的辐照损伤。对辐射敏感的组织,如神经系统、骨髓干细胞等造血器官、生殖器性腺等部位受到损伤最为严重。

1.2 化学性质

锎的外层电子结构是 $[Rn]5f^{10}7s^2$,如果失掉 3 个电子,便形成稳定的 $5f^77s^2$ 半充满结构,所以锎的最稳定化合物价态是 +3 价[2]。锎的化学性质和其他三价锎系元素,特别是超钚元素极其相似,因此从化学手段上将其分离十分困难,这是由锎系元素外层电子结构的相似性决定的[3]。

1.3 实际应用

放射性同位素锎-252 是强中子源,通常被严密封装在具有良好屏蔽效应的金属圆柱外壳中。^{252}Cf 放射源的比放射性强度极大,体积很小。含有 1 g ^{252}Cf 的放射源体积不足 1 cm³[4]。由于锎具有较强的中子放射性,已被广泛应用在中子照射治疗癌症等医学方面。含有 4 微克锎的微型放射性源植入到人体的肿瘤组织内进行中子治疗,特别是对子宫癌、口腔癌、直肠癌、食道癌、胃癌、鼻腔癌等有较好的疗效。便携式锎-252 中子源可为较低通量的中子辐照应用提供理想的非反应堆中子源。当用作中子源进行辐照时,100 mg 的锎-252 可以达到小型反应堆的辐照能力,可降低中子射线照相,中子活法分析等应用的设计,管理和人员成本。锎-252 中子源也可作为核电站启动源,压水堆的首次启动每次需要消耗 $150 \sim 250\ \mu g$ 的锎-252 中子源。与其他各种同位素中子源相比,锎-252 具有体积小、放射性强度大、裂变方式单一等优点,非常适合用作反应堆的初次启动源(表 2)[5]。

表 2 锎-252 和其他启堆中子源属性对比

属性/单位	锎-252	钚-238	锑-124
体积/cm³	<1	50	100
热量/W	0.03	300	60 000
温度限制/℃	1 500	850	2 000
膨胀问题	无	有	有
放射性/Ci	<1	400	2 500
半衰期/a	2.645	89	0.16
废物危害	普通放射性	高放射性	普通放射性

2 锎的生产

锎-252 的生产与分离过程一般包括辐照靶件的制备、靶件在高通量中子反应堆(HFIR)中的辐照、靶件的溶解转化与目标产物锎-252 的提取分离等连续性步骤[6]。美国在萨凡纳河工厂内的超钚元素多用途处理设备(MPPF)进行锎-252 的辐照靶材料的制备,然后在高通量堆中进行持续性的高强度辐照,辐照过后的靶件被运回 MPPF 进行溶解与分离的处理工序。锎-252 的生产周期为 24 个月,生产出来的锎-252 元素经过封装处理后以完整中子源的形式发送至用户所在地[7]。

2.1 靶件制备

锎系元素(主要为超钚元素的混合物)所制成靶材料放在反应堆中进行照射,原子核连续俘获中子,发生多次核反应和衰变而生成锎-252。^{239}Pu、^{242}Pu、^{241}Am、^{243}Am、^{244}Cm 等超铀元素都可作为堆照的靶材料。这些直接或间接生产锎-252 的超铀元素靶物的金属状态,一般来说,纯金属靶材料导热性能良好,但化学性质过于活泼,不适于反应堆照射。锎系元素金属氧化物热稳定性极佳,但导热性能差,所以需要通过高温条件下加大制备压力来提高靶件的密度,进而提高靶块的导热系数。靶件由导流挡板、底塞、底部间隔管、芯块、顶部间隔管、顶塞和翅片管组成,结构如图1所示[8]。

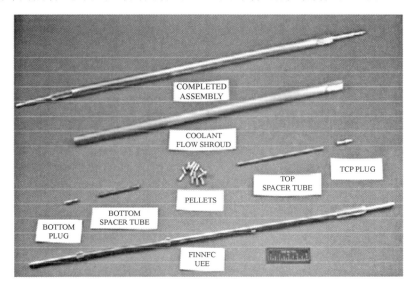

图1　靶件结构

2.2　靶件辐照

超铀元素靶材料放在反应堆中照射,靶核连续俘获中子,发生多次(n,γ)反应和β^-衰变而生成锎-252。目前世界上的商品锎-252全是高通量中子反应堆内生产的。其他途径,如加速器或"地爆"法生产都还不能大规模应用。通过高通量中子反应堆生产锎-252最好分两步进行,才能最大限度地发挥高通量堆的作用。第一步,在堆内辐照^{239}Pu、^{241}Am逐渐积聚^{242}Pu、^{243}Am、^{244}Cm等核素,作为下一步反应堆辐照的原材料。第二步,堆内辐照^{242}Pu、^{243}Am、^{244}Cm靶(重锔靶),生产出极微量的目标产物锎-252[9]。

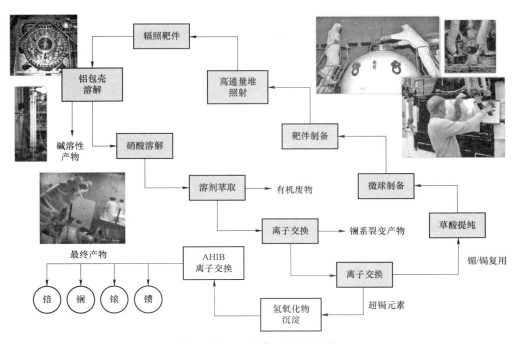

图2　锎-252制备-分离流程图

3 锔的分离

由于锔主要在反应堆内产生,或者作为反应堆产物 [249]Bk 的副产品得到,从反应堆的辐照后靶件中回收锔的分离工艺流程如图 2 所示。如果使用镅和锔,或者纯锔作为靶材料,那么辐照后的靶材料中只有较少的轻锕系元素(Am 之前的元素)存在,无需再次进行轻重锕系元素的组内分离,这样就大大简化了分离工艺。

3.1 靶件溶解

经过高通量中子反应堆辐照的靶材料,即 [243]Am-[244]Cm 或经过一次辐照完的"重锔"靶块,送入超铀元素处理厂,经机械切割后进行溶解处理。靶材料的溶解分两步:首先把带有铝包壳的靶件溶解在碱性溶液中,然后把带有溶解铝的废液排出后,将残留的氧化物(超铀元素和裂变产物)溶于浓硝酸中。溶解后的溶液包含锔系元素、镧系元素、裂片元素等。通过调节酸碱度等条件使较重锕系元素与某些裂变产物(特别是稀土元素)留在溶液中,而其他裂变产物,主要是过渡金属(Zr、Nb、贵金属、Mo 和 Fe 等)从溶液中沉淀分离出来,送去废物固化。

3.2 靶材料与粗产物回收

在进行完靶件溶解之后,溶液中残留了大量新生成与残留未参与反应的镧系元素(如 La,Eu,Gd 等)与锔系元素(如 Am,Cm,Cf 等)。将未反应靶材料(Am,Cm)进行回收复用与含有三价超重锕系元素的粗产物(如 Bk,Cf,Fm 等)的共分离是进行锔的提取的第一步。目前尚未有专门的文献对锔分离流程中的三价镧系与锕系元素分离步骤的基础元素化学,模拟工况实验与分离工艺流程进行细致而系统的报道。因此对其进行深入性的科学研究十分必要。高放废液分离与锔的纯化分离中此步骤具有相似的特点,值得参考与借鉴[10,11]。

近年来,本方向研究主要集中在中性和酸性有机磷化合物(最初是针对 PUREX,TRUEX 和 TALSPEAK 工艺开发),酰胺荚醚[如二甘醇酰胺(DGA)和丙二酰胺](针对 DIAMEX 工艺)。和 N-杂环配体(用于 SANEX 工艺)[12-14]。有机磷化合物的萃取性能主要取决于磷原子上存在 OH 基团,以及 OR 基团的数量。有机磷配体,如 HEH[EHP]和 Cyanex 272 对较重的几个稀土元素(如 Gd、Y、Yb)的选择性差,同时存在反萃酸度高和分离系数低的缺点,并且工业实际应用中易于形成乳液。在良好的萃取能力和低反萃酸度之间达到一个折中平衡是具有挑战性的工作。与六价金属离子相比,酰胺荚醚类配体对三价金属离子显示出高亲和力。且不需要添加改性剂以避免在溶剂间形成第三相。并且与其他配体相比,更易从酰胺荚醚类配体上将金属离子反萃。N-杂环配体对镧锔具有较好的选择性,且分解产物满足"CHON"原则,可以完全燃烧而不产生其他固体污染物,因此被认为是理想的镧锔分离候选萃取剂[15]。

3.3 目标产物提取

基于三价锔系元素萃取性能的差别可进行锔系元素组内分离,但是通常相邻元素萃取性能的差别不大[16]。因此,为了达到有效分离,往往需要采用多级连续分离过程。寻找选择性优良的萃取剂或利用各种元素在水相中络合性能的差别,可提高三价元素的分离效率[17]。本步骤需首先将可复用的 Am,Cm 与 Cf,Es 等超锔元素进行分离,然后再将含有 Cf 的粗产物进行提纯。

美国对 Am-Cm 与超锔元素的组分离应用的是名为"Pharex"萃取过程,以苯基膦酸(2-乙基乙基)酯作萃取剂,从 1 mol/L 盐酸含 Bk、Cf、Es、Fm、Am、Cm 的水溶液中萃取出 Am-Cm,而超锔元素仍留在水相中。俄罗斯研究了含硝酸和盐酸的水-醇溶液中 Am、Cm、Bk,Cf 及一些其他元素在阳离子及阴离子交换树脂上的吸附行为。在超钚元素系列中,被吸附的性能随着元素原子序数的增加而下降。在 0.75 mol/L 硝酸的溶液中超钚元素分配系数的差别最为显著。在醇含量为 90% 的溶液中,Am-Cm 的分离系数在硝酸浓度为 0.1~0.2 mol/L 时达到最大。但是用这种溶液作为洗脱液时,洗脱曲线很宽,这显然是由于达到平衡缓慢所造成的结果。

将 Am-Cm 从料液中去除掉之后,仍然有大量的 Bk 与 Es 等杂质元素存在,如果不对其进行分离与去除,必将影响到目标产物的纯度,这个过程也称为锎的纯化[18]。目前有两种流程分别被投入实际生产中,即萃取法和高压离子交换法。

3.3.1 溶剂萃取法

在有些情况下,如果待分离元素以不同价态存在,则用络合活性物质与螯合剂的混合物能改善分离系数。美国通过所谓"Berklex"即"锫萃取"过程将可变价元素 Bk 氧化为+4 价后分离。用磷酸二(2-乙基己基)酯作为萃取剂,从含 Bk、Cf、Es、Fm 的 10 mol/L 盐酸溶液中萃取分离出 Bk(IV)。留存在水相中的其他超锔元素 Cf、Es、Fm 再用阳离子交换柱吸附,应用络合淋洗技术,进行最后的分离。

俄罗斯在库尔恰托夫原子能研究所,已用萃取法流程处理了许多辐照靶件,结果获得了毫克量的^{252}Cf,几百微克的^{249}Bk 和微克量的^{253}Es。只有极少数萃取体系能酸性较强的溶液中定量萃取三价超钚元素。常用的萃取剂,如噻吩甲酰三氟丙酮(HTTA)或 1-苯基-3-甲基-4-苯酰基吡唑啉酮-5(PMBP),无法从强酸性溶液中萃取超锔元素。高分子量的叔胺可以从有大量盐存在的弱酸性介质中萃取超锔元素。把惰性溶剂(煤油或正十二烷)换成一种含氧的活性萃取剂,如将上述萃取剂与磷酸三丁酯(TBP)或三辛基氧化膦(TOPO)混合后由于协同效应使超锔元素分配比增加,并使萃取最大值向高酸度范围偏移。

3.3.2 高压离子交换法

美国现行的成熟流程是使用 α-羟基异丁酸(AHIB)溶液作为洗脱剂,应用高压离子交换法(Dowex 树脂,80 ℃)进行超锔元素的分离而得到 Cf。离子交换柱和产物收集器,通常由耐辐照的酸浸石英构成。特殊的 α 探测器被用来探测最终产物所含的 Cf 的份额。其设备如图 3 所示。

由于离子交换树脂具有良好的辐射稳定性及对锔系和镧系元素离子出色的分离能力,被广泛应用于放射化学领域,其优点有如下几条[19]:

图 3　高压离子交换法设备

1. 淋洗液被加压泵压入离子交换柱,淋洗液的流速高,增大了分离效果。极大地提高了离子交换柱对超锔元素离子的分离能力,其中也包括对 Bk 的分离,这样就兼有了"Berklex"萃取过程的性能。

2. 由于超锔元素的放射性极强,因此树脂在常压离子交换的过程时所受较大的辐射损伤。如果使用高压离子交换柱,加大淋洗液流速与流量,可以很大程度上缩短高放射性元素与所用离子交换树脂的接触时间。与常规单次使用的常压离子交换柱不同的是,这种实验方法以及被证实可以延长分离柱的使用寿命,从而达到多次复用的目的。

3. 分离柱内产生的放射性辐解气体在高压条件下会溶解入淋洗液,避免了由于气泡造成的"沟流"或短路的影响,保持了流洗色带的自然分布。

4. 操作安全。液体的不可压缩性使高压离子交换的操作过程绝不会像高压气体那样容易发生爆炸事故,一旦容器被破坏,系统的内部压力立即降低。所以对人身、设备的破坏性极小。

总而言之,高压离子交换非常适合超钚元素这些化学行为相似、放射性比较高、辐射破坏力强和处理量小的特点,因此被超钚元素处理厂广泛采纳,博得好评。

^{252}Cf 的纯化首先用酒精-盐酸作为溶剂的阳离子交换柱或 TEVA® 交换柱来去除镧系元素、碱土族元素、碱金属、Fe 和 Ni 等。用氨水,氢氧化锂等碱性环境将锔系元素沉淀后,使用硝酸进行洗涤溶解来获得纯度较高的超锔元素料液,被称为 Cf 的粗产物。超锔元素(含有 Bk,Cf,Es 和 Fm)在高压阳

离子交换柱内进行分离。然后要用 pH 为 3.8 到 4.2 之间的 AHIB 作为洗脱剂在离子交换柱中把锎从其他超钚元素 (Bk、Es、Fm) 中分离出来,然后用 pH＝4.6 的 AHIB 洗脱 Bk,其流程图如图 4 所示。从 Cf 中分离较轻的 Bk 的去污系数约为 10^3,较重的 Es 从 Cf 中分离出来的去污系数高达 10^5。这套流程对超钚元素回收率都在 90％ 以上,而且分离效果极好。可以得到纯度非常高的精制产物,可用于制备研究所用含 Cf 的化合物或者纯金属。

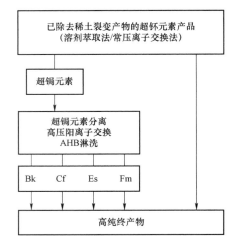

图 4 高压离子交换法分离锎流程图

4 总结

本文对锎的理化性质与实际应用范围进行介绍,强调了锎-252 具有高中子放射性的特点,是一种高效的非反应堆高通量同位素中子源,已广泛用于放射性治疗中子源,活化分析中子源与反应堆一次点火中子源等用途。然后对制造锎-252 所需靶材料的制备与使用高通量堆对锔/锎靶进行辐照的技术进行了概述。将锎的化学提取过程分为靶材料的溶解,靶材料与粗产物回收和目标产物提取三个步骤,分别进行了详细论述。不仅对其进行了分离原理上的介绍,也对目前实际应用的工业流程进行了叙述,旨在结合理论与实际进而对将来研发出具有自主知识产权的新型高效实用分离流程提供参考借鉴。

参考文献:

[1] THOMAS EDWARD ALBRECHT,SCHMITT F D W. Contemporary Chemistry of Berkelium and Californium [J]. Chemistry-A European Journal,2019.

[2] CARY S K,SU J,GALLEY S S,et al. A series of dithiocarbamates for americium,curium,and californium[J]. Dalton Trans,2018,47(41):14452-14461.

[3] GALLEY S S,PATTENAUDE S A,GAGGIOLI C A,et al. Synthesis and Characterization of Tris-chelate Complexes for Understanding f-Orbital Bonding in Later Actinides[J]. J Am Chem Soc,2019,141(6):2356-2366.

[4] YEVGENI A. KARELIN Y N G V. Californium-252 Neutron Sources[J]. Appl. Radiat. isot,1997,48(10-12):1563-1566.

[5] R C MARTIN J B K. Californium-252 production and neutron source fabrication[R]. Chemical Technology Division Oak Ridge National Laboratory,2008.

[6] BRADLEY D. PATTON S R S. Retrieval, Disposal, and Disposition of Legacy [252]Cf Sealed Sources[J]. J. Hazard. Toxic Radioact. Waste,2019,4(23):1-9.

[7] MARTIN R C,KNAUER J B,BALO P A. Production,distribution and applications of californium-252 neutron sources[J]. Applied Radiation and Isotopes,2000,53(4):785-792.

[8] ROBERTO J B. Actinide Targets for Super-Heavy Element Research[R]. Oak Ridge,Tennessee,USA:Oak Ridge National Laboratory,2015.

[9] HOGLE S. Optimization of Transcurium Isotope Production in the High Flux Isotope Reactor[D]. The University of Tennessee,Knoxville,2012.

[10] LEONCINI A,HUSKENS J,VERBOOM W. Ligands for f-element extraction used in the nuclear fuel cycle[J]. Chemical Society Reviews,2017,46(23):7229-7273.

[11] LEWIS F,HUDSON M,HARWOOD L. Development of Highly Selective Ligands for Separations of Actinides from Lanthanides in the Nuclear Fuel Cycle[J]. Synlett,2011,2011(18):2609-2632.

[12] PANAK P J,GEIST A. Complexation and Extraction of Trivalent Actinides and Lanthanides by Triazinylpyridine N-Donor Ligands[J]. Chemical Reviews,2012,113(2):1199-1236.

[13] KOLARIK Z. Complexation and Separation of Lanthanides(III) and Actinides(III) by Heterocyclic N-Donors in Solutions[J]. Chemical Reviews,2008,108(10):4208-4252.

[14] DAM H H,REINHOUDT D N,VERBOOM W. Multicoordinate ligands for actinide/lanthanide separations[J]. Chem. Soc. Rev.,2007,36(2):367-377.

[15] 刘文杰. 萃取色层法分离锎-252 和锔-248 的研究[D]. 中国原子能科学研究院,2001.

[16] GOURGIOTIS A,ISNARD H,NONELL A,et al. Bk and Cf chromatographic separation and ^{249}Bk/^{248}Cm and ^{249}Cf/^{248}Cm elemental ratios determination by inductively coupled plasma quadrupole mass spectrometry[J]. Talanta,2013,106:39-44.

[17] 张祖逸,钟家华. 混合介质中 HDEHP 溶剂萃取锎、锔、锘的研究及应用[J]. 原子能科学技术,1984(03): 262-266.

[18] BURNS J D,BURNS J D,Van CLEVE S M,et al. Californium purification and electrodeposition[J]. Journal of Radioanalytical and Nuclear Chemistry,2015,305(1):109-116.

[19] DU M,TAN R,BOLL R. Applications of MP-1 anion exchange resin and Eichrom LN resin in berkelium-249 purification[J]. Journal of Radioanalytical and Nuclear Chemistry,2018,318(1):619-629.

Research progress in the separation and purification of californium-252 from irradiated targets

YANG Xiao-fan,LI Feng-feng,TANG Hong-bin*

(Department of Radiochemistry,China Institute of Atomic Energy,Beijing)

Abstract:As an efficient high-flux ignition neutrons source of power reactors,production and preparation methods of californium-252 have been monopolized by foreign countries for decades. It is of great significance to research and explore its properties to develop a preparation and separation process with independent intellectual property rights. This review first introduces the discovery process and physicochemical properties of californium,then summarizes its application in radio-therapeutic neutron source,activation analysis neutron source,and reactor primary ignition neutron source. The process elaborate the manufacture technology of californium-252. The manufacture process of californium-252 from americium/curium irradiated target from high neutron flux reactor was briefly discussed. In general,the most promising method for the separation and purification of californium-252 is liquid-liquid solvent extraction. The focus of research is to find extractant with highly separation efficiency. In addition to the extraction method,high-pressure ion exchange techno-logy also has good performance and broad prospects in the separation of trivalent trans-uranium elements.

Key words:Trans-uranium elements;Californium-252;Separation and purification;Solvent extraction;High-pressure ion-exchange

中国核科学技术进展报告(第七卷)

核化工分卷　　Progress Report on China Nuclear Science & Technology (Vol.7)　　2021 年 10 月

基于 Python 的多级混合澄清槽基本功能数字建模及验证

王　亮[1]，刘协春[1]，叶国安[1]，易　祯[2]

(1. 中国原子能科学研究院,北京 102413;2. 首都经济贸易大学,北京 100070)

摘要:混合澄清槽是核燃料水法后处理(以下简称"后处理")领域应用最早、使用最广泛的逐级接触式萃取设备。后处理工艺运行时,混合澄清槽中会发生萃取、反萃取、氧化还原、辐解等复杂物理、化学反应,数字化建模难度极大。针对以多级混合澄清槽为代表的工艺设备的物料进出、混合、澄清等基础功能进行数字建模是后处理工艺数字化的前提。本文以后处理台架试验采用的混合澄清槽为实物参考,用 Python 语言开发了混合澄清槽的数字模型,利用已有台架试验酸试、铀试的真实数据对模型进行测试,证明该模型基本可以模拟单台套设备或多设备联动从充槽到酸、铀平衡过程,模拟结果与试验数据符合良好,可以作为基础数字模型单元,用于后处理工艺数字化研发。

关键词: Python;混合澄清槽;台架试验;数字化模型

后处理是实现核燃料闭式循环的关键环节,在我国"推动数字经济和实体经济融合发展"的大背景下,后处理产业数字化升级转型是必然趋势。后处理产业数字化升级的核心和最终表现形式是生产规模后处理设施的数字化,而后处理设施数字化升级的重点和难点是以萃取柱和混合澄清槽为代表的核心萃取设备的数字化实现。

实验室规模的后处理工艺试验多采用混合澄清槽作为萃取设备,积累了大量数据。与以萃取柱为主要萃取设备的后处理厂相比,混合澄清槽试验的工艺参数更丰富,样品分析结果更多元,数字模型拟合结果更易验证。因此宜先对混合澄清槽进行数字建模,再用已有试验数据进行测试,待数字模型通过测试后,进行进一步扩展、升级和推广。

1　混合澄清槽数字模型及工作原理

1.1　混合澄清槽数字模型

本研究采用传统台架试验的混合澄清槽作为物理原型,如图 1 所示。数字模型增加了料液罐与槽体之间的衡算器,衡算器的作用是记录各料液罐进入槽体的料液相态、体积、成分浓度等信息,以实现数据存储、展示,并根据原始数据完整程度进行试验物料的衡算。

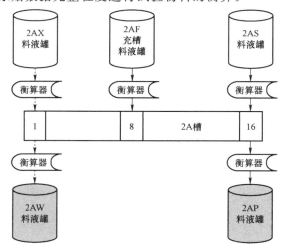

图 1　混合澄清槽数字模型示意图

作者简介:王亮(1983—),男,山西长治人,副研究员,现从事项目管理工作

模拟流程与台架试验的流程基本相同,供料料液罐向混合澄清槽供料,混合澄清槽的混合室对水相有机相物料进行充分混合,实现料液成分再分配后,进入澄清室,依次进行直到料液排入接料料液罐。衡算器记录模型拟合的各类数据并在拟合完成后存为文件。

1.2 混合澄清槽工作原理

混合澄清槽的各级是实现其功能的基本工作单元,图2是本研究数字模型中单级的工作原理示意图,假设试验只使用一种成分、两股料液,且各级水相有机相已达到理论体积,其数学公式描述和解释如下:

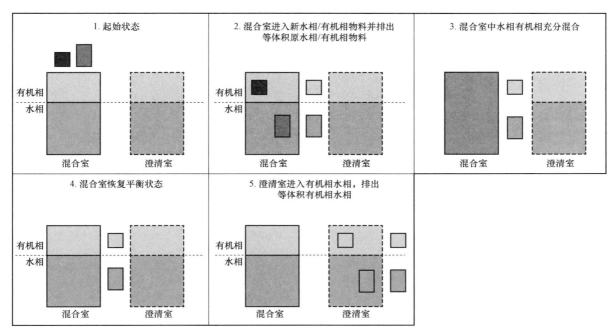

图2 混合澄清槽数字模型单级工作原理示意图

① $V\_aqu * C\_0\_aqu + V\_org * C\_0\_org = Total\_0$

原始水相、有机相料液体积乘以成分浓度之和为原料液中成分总量 $Total\_0$

② $s\_aqu * \Delta t * c\_aqu + s\_org * \Delta t * c\_org = Total\_in$

水相、有机相进料液流速乘以单位时间及成分浓度之和为进入成分总量 $Total\_in$

③ $s\_aqu * \Delta t * C\_0\_aqu + s\_org * \Delta t * C\_0\_org = Total\_out$

水相、有机相出料液流速乘以单位时间及成分浓度之和为流出成分总量 $Total\_out$

④ $Total\_1 = Total\_0 + Total\_in - Total\_out$

新的料液中成分总量为 $Total\_1$,⑤、⑥、⑦ 三式联立可以解出 D、C_1_aqu 和 C_1_org,即成分根据萃取规律发生了重新分配。

⑤ $Total\_1 = V\_aqu * C\_1\_aqu + V\_org * C\_1\_org$

⑥ $D = C\_1\_org/C\_1\_aqu$

⑦ $D = f(Total\_1)$

其中求 D 的表达式是本数字模型功能实现的关键,表达式的求解有论文另行论述。

2 模型测试与结果比对

本研究采用了9组台架试验的真实数据对混合澄清槽数字模型进行了测试。包括文献[1]中的两次 2A 槽酸试,3 次 2B 槽酸试,1 次 2A 槽铀试(从单循环联动铀试提取),1 次 2A 槽 2B 槽联合铀试,文献[2]中的一次酸试和一次铀试,并从中挑选了具有代表性的测试结果进行说明,各台架试验参数如表 1 所示。其中由于第 6 次测试 2B 槽铀浓度波动较大,延长了模型运行时间。

表 1 台架试验数据运行参数

(体积:mL;流速:mL/min;酸浓度:mol/L;铀浓度:g/L)

编号	文献	级数/进料级/混合室体积/澄清室体积/	有机相		水相			中间进料液				备注
			流速	酸浓度	流速	酸浓度	铀浓度	相态	流速	酸浓度	铀浓度	
1	[1]	16/8/6/12	1.432	0	1.412	1.01		水	9.203	4.53		图 3
2	[1]	16/8/3/5	0.291	0.35	0.546	0.35		有机	2.228	0.2		图 4
3	[2]	4/无/*2/*3	*0.2	0	*0.2	3.2						图 5
4	[2]	8/无/9/22.5	*1.5	0	*1.5	3.03	44.6					图 6
5	[1]	16/8/6/12	1.7	0	0.85	1.0		水	11.04	4.48	2.86	图 7.1
6	[1]	16/8/6/12(2A 槽)	1.7	0	0.85	1.0		水	11.04	4.48	2.86	图 7.1
		16/8/3/5(2B 槽)	0.425	0.35	0.425	0.3		2A 槽有机相出口料液				图 7.2

* 表示数据未给出,根据文献上下文推断或假设。

完成测试后,将测试结果与原始数据进行比对,比对内容包括混合澄清槽出口料液参数,混合澄清槽各级料液浓度、持料量和分配比。用 Python 语言编写绘图程序,将比对结果进行图示。

3 拟合结果比对及分析

3.1 测试 1:三股料液,中间料液为水相,有机相充槽,单槽酸试

1）如图 3(a)图所示,数字模型拟合 2A 槽出口“浓度-时间”关系的符合度高,误差小于 5%。尤其是 60 min 时水相出口硝酸浓度下降的特征点也被准确拟合,证明数字模型的设计符合混合澄清槽实体的体积、浓度变化规律;

2）如图 3(b)、(c)、(d)图所示,数字模型拟合台架试验终点各级样硝酸浓度及持料量的符合度高。除第 9、10、11 级外,大部分样品误差小于 5%;

3）如图 3(d)图所示,数字模型求得分配比与实际分配比在 1～9 级差别较小,10～16 级差别较大。

3.2 测试 2:三股料液,中间料液为有机相,水相充槽,单槽酸试

如图 4(a)图所示,数字模型拟合 2B 槽有机相出口“浓度-时间”关系的符合度高,误差小于 5%,水相出口“硝酸浓度-运行时间”变化趋势一致,但拟合值的平均绝对误差大于 0.15 mol/L。结合(b)图可知,数字模型对各级的水相硝酸浓度拟合值较试验值偏高,从 16 级向 1 级绝对偏差呈递增趋势。(d)图的分配比结果显示,二次试验的分配比数值明显更接近拟合值,说明台架试验设计停留时间未能使级效率达 100%,从而导致水相出口料液的硝酸浓度与拟合值有较大误差;

3.3 测试 3:两股料液,水相充槽,单槽酸试(图 5)

数字模型对本次台架试验的各试验值的拟合符合度高,拟合结果良好。

3.4 测试 4:两股料液,水相充槽,单槽铀试(图 6)

1）数字模型对本次台架试验中硝酸的各试验值的拟合符合度高,拟合结果良好。

2）数字模型对本次台架试验中铀的各试验值的拟合符合度一般,“浓度-时间”曲线的有级料液拟合趋势基本一致,单对于 50 min 特征点的拟合误差较大。

3）数字模型对分配比的拟合有较大偏差,主要是计算铀分配比表达式的方程不如计算硝酸分配比的精确造成的。

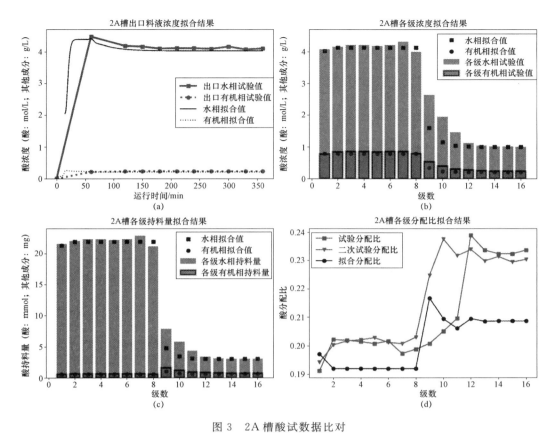

图 3　2A 槽酸试数据比对

"二次试验"指试验结束后取出混合室各级料液再萃取 15 min 后分相再分析浓度,下同

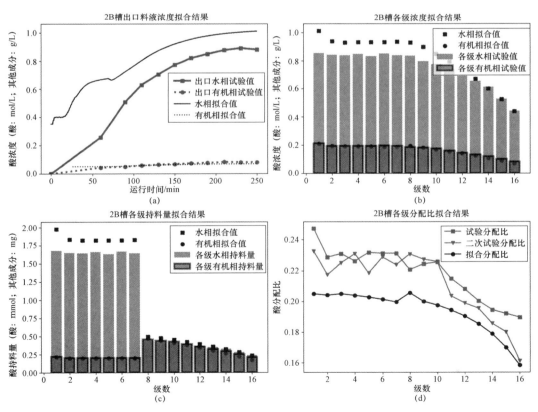

图 4　2B 槽酸试数据比对

4）由于文献未提供全部试验数据,无法有效比较铀分配比的拟合结果。

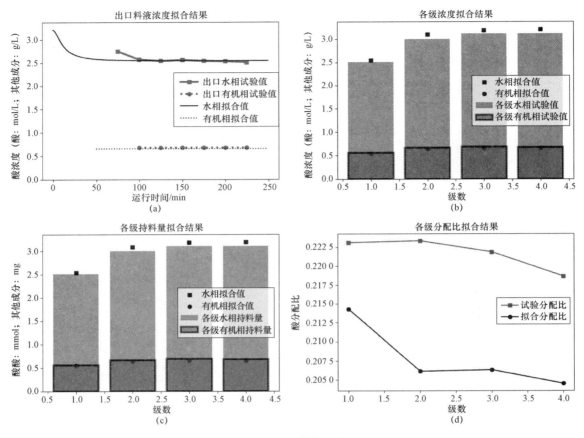

图 5　酸试数据比对

3.5　测试 6:多股料液,2A 槽有机相充槽,2B 槽水相充槽,两槽联动铀试(图 7、图 8)

测试 5 是在数字模型未能实现多槽联动时提取联动数据比对 2A 槽的单槽拟合结果,与联动结果完全一致,故不对测试 5 单独进行分析。

1）2A 槽的酸数据拟合结果与试验结果拟合符合度高;

2）2A 槽的铀数据拟合结果与试验结果拟合符合度一般,拟合数据对"时间-浓度"曲线拟合在 150 min 左右出现了异常峰值,4～8 级的分配比拟合数值相差较大,上述两种情况都是计算铀分配比表达式的方程不精确造成的;

3）2B 槽的算数据拟合结果与试验结果拟合符合度一般,8～16 级的水相有机相酸浓度的拟合值与试验值偏差较大,可能在这些级内酸发生的是反萃反应;

4）2B 槽的"时间-浓度"拟合曲线在试验数据达到平衡的时间,发生了较强烈波动,各级样浓度的符合度以及分配比的符合度也发生了波动,说明计算铀分配比表达式的方程在对 2B 槽条件进行计算时,出在了方程的边界条件上,引起了强烈波动。

4　结论

1）以通用混合澄清槽为原型,采用 Python 语言开发了数字模型。

2）采用已有的台架试验数据对混合澄清槽数字模型进行了测试,对常见的台架试验类型均可记性模拟,可以完全实现进料、混合、澄清等基本功能。

3）数字模型对酸数据的拟合符合度较高,对铀数据的拟合符合度一般,铀分配比求解方程有待进一步优化。

4）数字模型对萃取段的拟合效果由于反萃段。

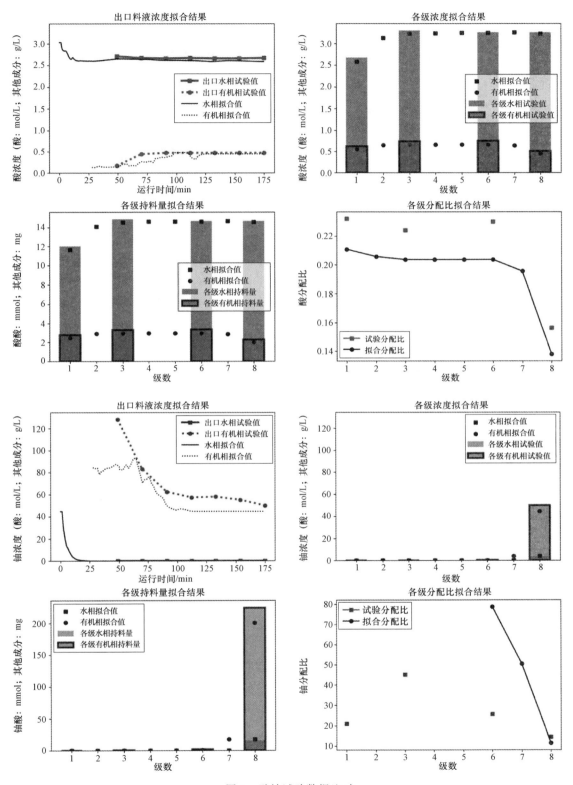

图 6   酸铀试验数据比对

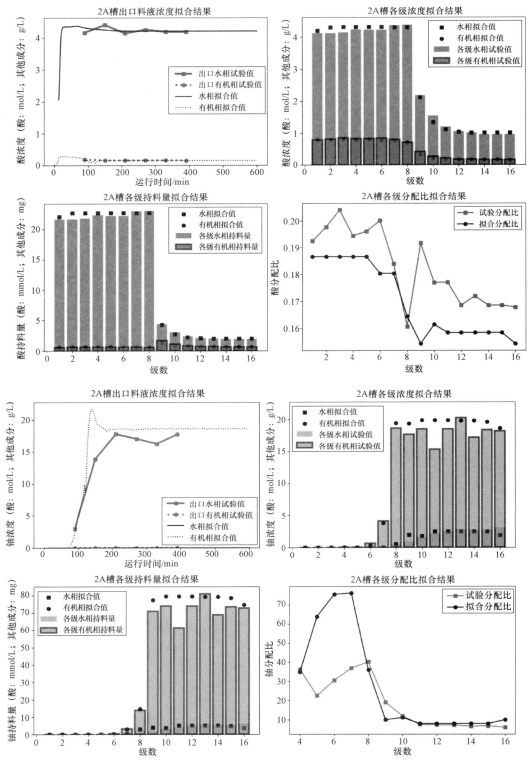

图 7　2A 槽 2B 槽联动酸铀试验数据比对之 2A 槽

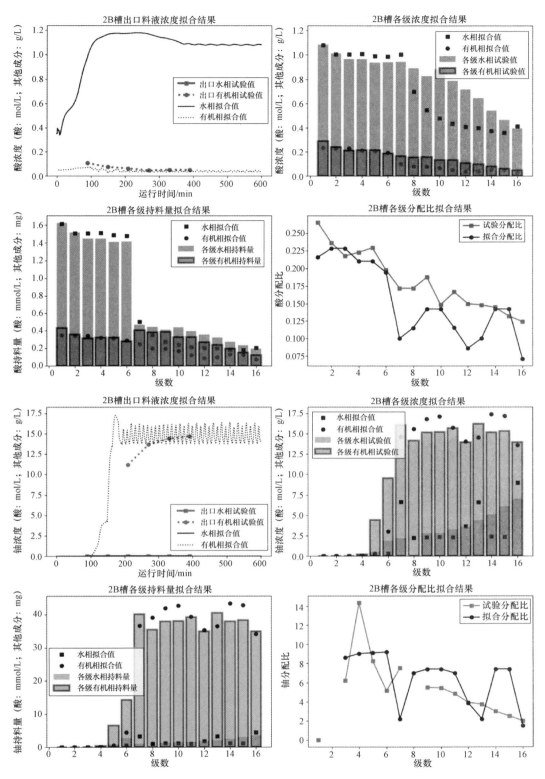

图 8 2A 槽 2B 槽联动酸铀台架试验数据比对之 2B 槽

参考文献:

[1] 于婷,何辉,刘占元,等.混合澄清槽萃取过程的瞬态行为及瞬态数学模型[J].核化学与放射化学,2020,42(4):214-225.

Digital modeling and verification of basic functions of multistage mixer-settler based on Python

WANG Liang[1], LIU Xie-chun[1], YE Guo-an[1], YI Zhen[2]

(1. China Institute of Atomic Energy, Beijing, 102413, China;

2. Capital University of Economics and Business, Beijing, China)

Abstract: Mixer-settler is the earliest and most widely used step-by-step contact extraction equipment in the field of nuclear fuel aqueous reprocessing. When the reprocessing process is running, complex physical and chemical reactions such as extraction, reverse extraction, REDOX and radiolysis will occur in the mixer-settler, which makes digital modeling extremely difficult to design. The digital modeling of the basic functions of the process equipment such as material entry and exit, mixing and clarifying represented by the multi-stage mixer-settler is the premise of the digitization of the reprocessing process. In this paper, the mixer-settler for later processing bench test object reference, using the Python language developed a digital model of mixer-settler, leverage existing bench test, uranium acid try real data to test the model, proved that the model can simulate from the trough to the acid filling, uranium equilibrium process, the simulation results with the test data and the feature points in line with the good, it can be used as a basic digital model unit for the digital research and development of reprocessing technology.

Key words: Python; Mixer-settler; Bench test; Digital model

水法后处理工艺主要成分分配比的
高拟合方程求解与验证

易　祯[1]，王　亮[2]

(1. 首都经济贸易大学，北京 100070；2. 中国原子能科学研究院，北京 102413)

摘要：乏燃料萃取过程中，计算各元素的分配比是实现试验流程化、数字化控制的关键。目前国内外主流的四类计算方法存在以下问题：第一，标准偏差过大，无法在试验中直接使用；第二，无法判定和识别测量误差。本文针对后处理台架试验中核素分配比的计算，尤其是针对单级分配比数据的计算，提出了更优的计算方法。具体地，本文采用直接针对数据处理的“纯拟合”思路，获得分配比拟合方程。其具体实现过程为：第一步，搜集实验数据，确定分配比拟合中应包含的酸和铀数据。第二步，开展非线性多项式拟合。这一步的数学基础是，复杂的多项式总是可以泰勒展开成高次多项式叠加的形式。第三步，采用非线性广义矩估计(Generalized Method of Moments，GMM)估计参数。第四步，计算偏离程度，处理测量误差。第五步，计算标准偏差，评估模型。经过计算，本文纯酸环境下的分配比方程拟合优度为 0.99，表明有 99％的分配比变化可以由拟合方程描述。本文计算方法可以直接获得核素的分配比方程，并且能够将标准偏差控制在 10％以内。

关键词：分配比；GMM；测量误差

引言

　　乏燃料又称辐照核燃料，是经受过辐射照射、使用过的核燃料，通常是由核电站的核反应堆产生。水法后处理，就是把乏燃料溶解于酸中，再用溶剂萃取、反萃取、沉淀等方法使铀、钚以及裂变产物相互分离，因各道工序均为水相操作，故称为水法后处理。随着数字化技术的发展，需要对乏燃料水法后处理过程进行数字建模，以实现后处理设施自动化、智能化和数字化运行。后处理料液所含元素在萃取、反萃取工艺中的分配比是数字模型的基础，通过对单级、台架试验分配比数据的分析、拟合，得出的用于计算元素分配比的表达式，是数字模型以及后续工作质量的最基本要素。

　　文献中常用的核素分配比表达式拟合步骤为：第一步，建立萃取及反应的化学方程式；第二步，根据化学方程式推导分配比表达式；第三步，根据分配比数据修正表达式；第四步，根据表达式修正方程式。上述过程经过一次或几次反复迭代，最终得到相应的分配比表达式。这一数据处理思想建立在化学反应原理的基础之上，可以从理论上用少量数据获得更精确的表达式。

　　目前国内外主流的计算方法包括四类：第一，美国模式。这一模式将不同温度的核素萃取数据与总硝酸浓度数据进行拟合，得到一个非线性分配比函数，其标准偏差在 0.275 5 左右；第二，印度模式。这一模式对美国模式进行了修正，通过拟合系数修正后，其标准偏差在 0.270 9 左右；第三，日本模式。这一模式采用了指数函数的形式，对函数形式和系数均进行了相应的调整；第四，中国模式。这一模式综合了前三种模式的优点，在一定的适用范围之内，将标准偏差控制在 0.15 以内。

　　这样的拟合方式也存在一定不足：第一，推导和拟合的流程较长；第二，对于萃取及反应机理尚不明确的元素得出的分配比表达式误差较大；第三，由于分配比数据的缺乏，基本无法拟合多元素体系中各元素分配比表达式；第四，由于是理想条件下获得的表达式，在用于台架试验、放大规模试验等复杂、非理想试验环境下的分配比计算时，无法得到理想的结果。这些不足造成了两个后果：第一，标准偏差过大，无法在试验中直接使用；第二，无法判定和识别测量误差。

作者简介：易祯（1992—），女，四川宜宾人，讲师，现从事教学科研工作

鉴于这样的研究背景,本文放弃了"推导—拟合"的传统思路,改用直接针对数据处理的"纯拟合"思路。这么做的理论出发点是:乏燃料水法后处理过程中,有明确的反应方程式。那么,实验数据中应天然隐含着函数关系式。具体地,本文针对分配比数据拟合的实现过程包括:第一步,搜集实验数据,确定分配比拟合中应包含的变量序列;第二步,开展非线性多项式拟合,这一步的数学基础是,复杂的多项式总是可以泰勒展开成高次多项式叠加的形式;第三步,采用非线性 GMM 方法获得模型参数;第四步,计算偏离程度,处理测量误差;第五步,计算标准偏差,评估模型。

本文拟合了水法后处理工艺主要成分的分配比,具体包括:(1)纯酸环境下,硝酸分配比的拟合优度为 0.99,显示 99% 的分配比变化可以由拟合方程刻画;(2)酸＋铀环境下,硝酸和铀分配比拟合优度分别为 0.97 和 0.95;(3)酸＋钚环境下,硝酸和钚分配比拟合优度分别为 0.90 和 0.93。本文计算方法可以直接获得核素的分配比方程,并且能够将标准偏差控制在 10% 以内。

1 拟合思路及理论推导

1.1 线性模型矩估计基本思想

假设被解释变量 y 和解释变量 x 满足线性方程:

$$y = x\beta + \varepsilon \tag{1}$$

式中,β 为待估系数向量;ε 为随机扰动项。

那么,在满足 x 和 ε 不相关的前提下,系数向量的估计值应该为:

$$\hat{\beta} = (x^T x)^{-1}(x^T y) \tag{2}$$

可以根据式(2)求得 β 的估计值。

1.2 广义矩估计的基本思想

广义矩估计方法令 z_t 表示在 t 时期观察到的一个 $\alpha \times 1$ 维自变量向量,$f(z_t, \theta)$ 表示一个 $\gamma \times 1$ 维向量值函数。我们要估计 $q \times 1$ 维参数向量 θ_0 的真实值。在 θ_0 点,$f(z_t, \theta)$ 的无条件期望满足下列正交条件:

$$E[f(z_t, \theta_0)] = 0 \tag{3}$$

考虑式(3)的一种特殊情形:

$$E[f(z_t, \theta_0)] = E\left\{\begin{array}{l} [f_1(\omega_t, \theta_0)]u_t \\ [f_2(\omega_t, \theta_0)]u_t \\ \cdots \\ [f_m(\omega_t, \theta_0)]u_t \end{array}\right\} = 0 \tag{4}$$

广义矩估计的思想是选择合适的参数值以估计 θ_0,使得上式尽可能成立。

模拟矩估计用于解决所考察的模型正交条件并不能通过解析方法获得的情况。在式(3)和(4)没有解析表达式时,模拟矩估计假设存在一个结构模型的参数 θ_0,使得下式成立:

$$E[h(z_t)] = E[h(y_t, \theta_0)] \tag{5}$$

式(5)中,z_t 可观测,y_t 为与之对应的模型变量。

1.3 关于测量误差的判定和处理

后处理台架试验中核素分配比的计算过程中,试验的测量误差是干扰计算结果的重要因素。此处对测量误差造成的估计结果加以说明,并讨论如何处理。

假设真实模型形式为:

$$Y = f(x \mid \beta) + g(z^* \mid \gamma) + u \tag{6}$$

式中,Y 为分配比,x 和 z^* 为决定变量,z^* 为出现测量误差的决定变量,β 和 γ 为待估系数,u 为扰动项。

简便起见,假设观测到的 z 是真实 z^* 的函数,满足:

$$z = z^* + v \tag{7}$$

那么,在估计式(6)时就有:

$$\begin{aligned}
Y &= f(x \mid \beta) + g(z^* \mid \gamma) + u \\
&= f(x \mid \beta) + g(z^* \mid \gamma + v \mid \gamma) + u \\
&= f(x \mid \beta) + g_1(z^* \mid \gamma) + g_2(v \mid \gamma) + u
\end{aligned} \tag{8}$$

此时,回归的随机误差项为 $g_2(v \mid \gamma) + u$。

z^* 与随机误差项的相关系数为:

$$\begin{aligned}
\mathrm{cov}(z, u) &= \mathrm{cov}(z^* + v, u) \\
&= \mathrm{cov}(z^*, u) + \mathrm{cov}(v, u) \\
&= \mathrm{cov}(v, g_2(v \mid \gamma) + u) \neq 0
\end{aligned} \tag{9}$$

因此,参数估计结果会出现不一致,影响方程的系数取值、系数检验和拟合优度,造成标准偏差较大。

处理测量误差的常用方法包括工具变量和加权 GMM,其基本思想是给定一组与扰动项不相关的工具变量 $\mathbf{Z}$,在矩条件 $E[\mathbf{Z}\epsilon] = 0$ 时可识别偏好参数。$\mathbf{Z}$ 通常由可观测变量组成。

本文针对后处理台架试验中的单级分配比数据,提出了专门的处理方法。处理过程包括四步:第一步,拟合所有数据,获得拟合结果;第二步,计算每一真实值与拟合值的偏离程度;第三步,剔除偏离程度最大的 1 个样本点;第四步,重复第一步,直到模型模拟标准偏差控制在 10% 以内。

2 拟合结果

2.1 纯酸环境下分配比的拟合

本文首先拟合纯酸环境下的硝酸分配比数据。原始数据来源于 Petrich and Kolarik(1977)[1] 和王祥云等(1979)[2]。图 1 拟合结果显示:本文的拟合方程能够较好刻画真实数据的变化趋势。具体地,方程拟合优度为 0.99,表示有 99% 的分配比变化可以由拟合方程刻画。

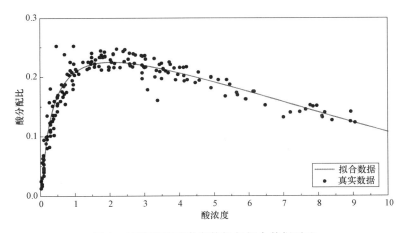

图 1　纯酸环境下真实数据与拟合数据对比

① 图中横轴为硝酸浓度,纵轴为硝酸分配比;② 方程拟合优度为 0.99,表示有 99% 的
分配比变化可以由拟合方程刻画;③ 估计方程具体表达式备索

2.2 酸+铀环境下分配比的拟合

进一步,本文考察了酸+铀环境下的分配比拟合。图 2 绘制了酸和铀分配比真实数据和拟合数据。可以看出:(1)拟合方程能够较好刻画分配比数据的变化趋势;(2)估计结果表现出明显的异方差特征。

为了尽可能消除异方差影响,图 3 绘制了分配比对数数据的拟合结果。我们发现:采用对数处理

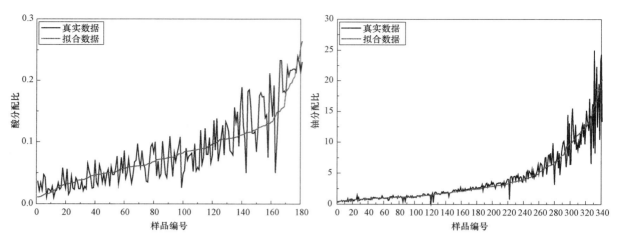

图 2　铀酸环境下分配比真实数据与拟合数据对比

① 图中横轴为样本编号,排序根据拟合数据由小到大,纵轴为分配比;② 左图为酸分配比,方程拟合优度为 0.97;
③ 右图为铀分配比,方程拟合优度为 0.95;④ 估计方程具体表达式备索

后的分配比数据,可以获得更优的拟合结果,并能够更好发现极端值数据。

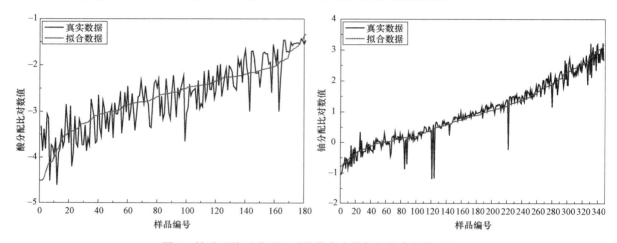

图 3　铀酸环境下分配比对数值真实数据与拟合数据对比

① 图中横轴为样本编号,排序根据拟合数据由小到大,纵轴为分配比对数值;② 左图为酸分配比,方程拟合优度为 0.97;
③ 右图为铀分配比,方程拟合优度为 0.95;④ 估计方程具体表达式备索

图 3 中,铀分配比出现了明显的极端值。我们在图 4 中去掉了这部分异常值重新拟合。可以看出:去掉部分极端值后可以获得更优的拟合结果。

2.3　酸＋钚环境下的拟合

本文还估计了酸＋钚环境下的分配比表达式。图 5 结果显示:(1)这一环境下,酸分配比拟合效果有待提升;(2)估计方程能够较好描述钚分配比的变化。

3　结论

本文提出了一种新的分配比拟合思路。鉴于文献中的研究结果,本文放弃了"推导—拟合"的传统思路,改用直接针对数据处理的"纯拟合"思路。本文针对分配比数据拟合的实现过程包括:第一步,搜集实验数据,确定分配比拟合中应包含的变量序列;第二步,开展非线性多项式拟合。这一步的数学基础是,复杂的多项式总是可以泰勒展开成高次多项式叠加的形式;第三步,采用非线性 GMM 方法获得模型参数;第四步,计算偏离程度,处理测量误差;第五步,计算标准偏差,评估模型。

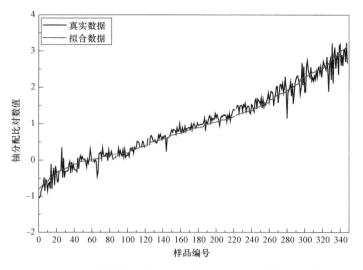

图 4　铀酸环境下铀分配比对数值去除极端值拟合结果

① 图中横轴为样本编号,排序根据拟合数据由小到大,纵轴为分配比对数值;② 方程拟合优度为 0.98;

③ 估计方程具体表达式备索

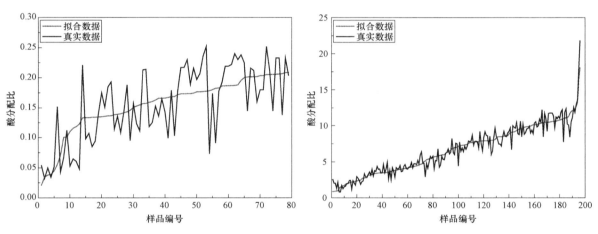

图 5　钚酸环境下分配比真实数据与拟合数据对比

① 图中横轴为样本编号,排序根据拟合数据由小到大,纵轴为分配比;② 左图为酸分配比,方程拟合优度为 0.90;

③ 右图为钚分配比,方程拟合优度为 0.93;④ 估计方程具体表达式备索

　　本文拟合了水法后处理工艺主要成分的分配比,具体包括:(1)纯酸环境下,硝酸分配比的拟合优度为 0.99,显示 99％的分配比变化可以由拟合方程刻画;(2)酸＋铀环境下,硝酸和铀分配比拟合优度分别为 0.97 和 0.95;(3)酸＋钚环境下,硝酸和钚分配比拟合优度分别为 0.90 和 0.93。本文计算方法可以直接获得核素的分配比方程,并且能够将标准偏差控制在 10％以内。

参考文献:

[1]　Petrich G,et al. Distribution of U(VI),Pu(IV) and Nitric Acid in the System Uranyl Nitrate-Plutonium(IV) Nitrate-Nitric Acid-Water/30％TBP in Aliphatic Diluents:A Compilation and Critical Valuation of Equilibrium Data[J]. KERNFORSCHUNGS ZENTRUM KARLSRUHE,1977(77).

[2]　王祥云,等. Uo_2(no_3)_2-hno_3-h_2o/30％(体积)tbp-240 号煤油体系中铀,酸分配数据的测定[J]. 核化学与放射化学,1979,1(1):31-43.

Solving and verifying the high fitting equation of the distribution ratio of the main components of the water treatment process

YI Zhen[1], WANG Liang[2]

(1. Capital University of Economics and Business, Beijing, China;

2. China Institute of Atomic Energy, Beijing, China)

Abstract: In the process of spent fuel extraction, calculating the distribution ratio of each element is the key to realizing test procedures and digital control. The four mainstream calculation methods have the following problems: First, the standard deviation is too large to be directly used in the experiment. Second, the measurement error cannot be judged and identified. The two problems are the ending problems to be solved by the calculation method of the present invention. This paper proposes a better calculation method for the calculation of the nuclide distribution ratio in the post-processing bench test, especially for the calculation of the single-stage distribution ratio data. This article abandons the traditional idea of "derivation to fitting", and uses the idea of "pure fitting" directly for data processing. The specific steps are: First, collect experimental data and determine the sequence of variables that should be included in the allocation ratio fitting. Second, carry out nonlinear polynomial fitting. The mathematical basis of this step is that complex polynomials can always be expanded by Taylor into the form of superposition of higher-order polynomials. Third, use nonlinear generalized method of moment(GMM) to estimate the parameters. The fourth step is to calculate the degree of deviation and deal with measurement errors. Fifth, calculate the standard deviation and evaluate the model.

Key words: Distribution Ratio; GMM; Measurement Error

硼碳氮纳米片的制备及其光催化还原 UO_2^{2+} 性能研究

王　怡[1]，陈　耿[1]，王　兰[2]，翁汉钦[1]，林铭章[1]

(1. 中国科学技术大学核科学技术学院，安徽 合肥 230026；

2. 中国科学技术大学国家同步辐射实验室，安徽 合肥 230029)

摘要：将易溶的 UO_2^{2+} 还原为难溶的 U(IV) 是治理放射性铀污染和回收铀资源的有效方法。本研究以尿素、硼酸和葡萄糖作为前驱体，通过热聚法制备了硼碳氮(BCN)纳米片，并将其用于光催化还原分离溶液中的 U(VI)。对 BCN 结构表征表明：随着碳含量的增加，样品的比表面积逐渐增加，孔道结构更加丰富，光学吸收明显增加，带隙减小，光生载流子的迁移增加。鉴于此，将 BCN 纳米片应用于光催化还原分离溶液中的铀酰离子，并实现了铀酰的高效提取，可见光照射 1.5 h 后铀酰分离率可以达到 97.4%，并且表现出良好的重复使用性能。由于 BCN 纳米片优异的光催化还原性能，该材料有望应用于水溶液中 U(VI) 的快速高效清除和回收。

关键词：硼碳氮；可见光；光催化还原；U(VI)

引言

　　核能具有能量密度高和温室气体排放量少等优势，被认为是极具潜力的化石燃料替代品。作为核燃料的基本成分，铀在大多数核反应堆中总是燃烧不充分，乏燃料中的铀占到了 95% 左右[1-2]。考虑到铀资源稀缺，因此有必要对乏燃料进行后处理，提高铀的利用率。此外，在铀矿开采、核燃料加工过程中，铀可能会被释放到地下水和土壤中，并可能通过生物链被人类摄入[3-5]。因此，高效分离水相中的铀对核燃料循环和环境保护具有重要意义。

　　目前，含铀废水的处理工艺主要有离子交换、化学沉淀、吸附以及还原法等，其中，还原法是指采用化学还原、生物还原、电化学还原以及光化学还原等方法将易溶的铀酰离子[U(VI)O_2^{2+}]还原为难溶的 U(IV) 物种，从而有利于从废水中分离回收铀[6-7]。其中，基于半导体的光催化技术能够实现在光照下 U(VI) 的还原，具有高效和环保等优势，引起了科研人员的广泛关注[8]。近年来，研究人员相继合成出多种用于还原 U(VI) 的光催化剂，如二氧化钛及其复合材料。然而这些材料的带隙较宽，仅响应于紫外线或者波长较短的可见光，并且它们的化学稳定性较差[9-10]。作为一种新兴的无金属光催化剂，石墨相氮化碳($g\text{-}C_3N_4$)能够在可见光照射下还原溶液中的 U(VI)，但是 $g\text{-}C_3N_4$ 存在光学吸收不足、光生载流子复合较快以及比表面积小等缺陷，这都显著降低了其光催化效率[11]。为此，有必要开发一种具有可见光响应，易于分离光生载流子，且结构稳定的光催化剂。

　　本研究采用热聚法制备了硼碳氮(BCN)纳米片，表征 BCN 样品的物理结构和电子结构，并将其用于光催化还原分离溶液中的 U(VI)。BCN 样品在可见光的照射下能够快速还原溶液中的 U(VI)，分离效率高，反应条件温和。

1　实验

1.1　实验材料

　　硼酸(99.0%)和偶氮胂 III(AR)购于上海阿拉丁生化科技有限公司，尿素(99.0%)、葡萄糖(99.8%)、氢氧化钠(96%)、异丙醇(99.7%)、硝酸(65%～68%)等试剂购自国药集团化学试剂有限

作者简介：王怡(1993—)，男，四川南充人，博士研究生，现主要从事辐射化学、放射化学等研究工作

基金项目：挑战计划(TZ2018004)与国家自然科学基金(11775214、51803205)

公司,三氧化铀(99.99%)购自楚盛威化工有限公司,高纯度氮气(含量≥99.999%)由南京上元工业气体厂提供。以上所有药品使用前均未经纯化。

1.2 实验步骤

样品制备:4.8 g 尿素、0.2 g 硼酸和一定量的葡萄糖充分研磨,将所得混合物至于管式炉中,在氮气气氛中升温至 900 ℃,并保温 5 h。待冷却至室温,将所得粉末洗涤、干燥,最终产物命名为 BCN-x,x 表示葡萄糖与硼酸的质量百分比。作为对比,在不存在葡萄糖的情况下合成了 BN 样品。

光催化测试:首先配置含有 15 mg 催化剂、10 mmol/L $UO_2(NO_3)_2$ 和 0.75 mol/L 异丙醇的反应溶液 30 mL,用 NaOH 溶液或 HNO_3 调节 pH 为 4。将该分散液在黑暗中搅拌 2 h,接着,转移至 50 mL 的石英试管,充氮气 15 min。密封后,置于光化学反应仪中,采用带有 420 nm 滤光片的 300 W 氙灯作为光源进行照射。定期取出 2 mL 溶液,以偶氮胂 III 法测量 U(VI)浓度。

1.3 样品表征

物相结构采用 X 射线衍射(XRD,TTR-III,Rigaku)表征,Cu-Kα 辐射($\lambda = 1.541\,8$ Å,40 kV,20 mA);物理结构采用 ASAP2020M+C 仪记录的 N_2 吸附-脱附等温线进行分析;化学成分采用 X 射线光电子能谱(XPS,ESCALAB 250XI)表征,Al-Kα 辐射($h\nu = 1\,486.6$ eV,200 W);微观形貌与元素分布采用透射电镜(TEM,JEM-2100F,200 kV)观察;光学吸收在分光光度计(SOLID3700)上测试;光致发光采用稳态/寿命分光荧光计(Horiba JY Fluorolog-3-Tou)测量。

电化学测试:在三电极电化学工作站(CHI 760E)上测试样品的光电化学性能,使用 KCl 饱和的 Ag/AgCl 为参比电极,铂网为对电极。工作电极的制备:将 8 mg 样品超声分散 1 mL 的水/异丙醇(体积比为 1∶1)溶液中,将该分散液均匀滴在 1 cm×2 cm 的 FTO 玻璃上,然后在 60 ℃ 干燥。所有的电化学测试均在 0.1 mol/L Na_2SO_4 电解液中进行,采用具有 300 W 氙灯($\lambda > 420$ nm)作为可见光源。

2 结果分析与讨论

BN 和 BCN 样品的 XRD 分析表明,在 ～27° 和 ～43° 处有两个明显的衍射峰,如图 1a 所示。这分别对应于样品的(002)和(100)晶面,说明 BN 与 BCN 都具有典型的石墨结构。此外,与 BN 相比,BCN 样品的(002)衍射峰略微朝小角度方向移动,并且该峰明显展宽,这是由于 C 原子引入导致的二维材料分层效应,意味着 C 原子成功掺入 BN 的晶格并形成了 B-C-N 三元杂化结构。从 N_2 吸附-脱附等温线及孔径分布与比表面积(图 1b)上看出,由于 BN 没有多孔结构和较小的比表面积,基本不吸附 N_2。而引入 C 元素后,N_2 的吸附量明显上升,这与碳掺杂导致的多孔结构密切相关,BCN-80 具有 1～7 nm 的微孔和介孔,以及 47 nm 左右的介孔。此外,随着含碳量的增加,比表面积显著增加,这有利于提供更多的活性位点,从而显著提升 BCN 的光催化性能。

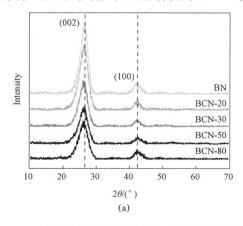
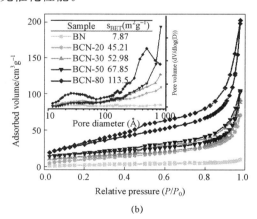

图 1 BCN 样品的 XRD 图谱(a)、N_2 吸附-脱附等温线及孔径分布和比表面积(b)

BCN-80 呈现层状形貌（如图 2a 所示），含有约 40 nm 的介孔和丰富的小孔（图 2b），这也证实 BCN-80 的等级孔结构。此外，还观察到明显的晶格条纹，间距为 0.34 nm，对应于 BCN 的（002）晶面。B、C、N 元素在样品中分布均匀，如图 2c 所示，说明 C 原子均匀地掺杂入 BN 的晶格中，形成 BCN 纳米片。

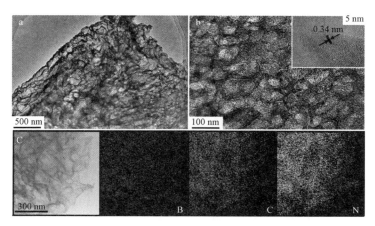

图 2 BCN-80 样品的 TEM 照片（a,b）及其元素分布图（c）

碳掺杂会显著改变 BCN 样品的光学吸收与能带结构性质。如图 3a 所示，BN 作为典型的绝缘体，其带隙较大（~5.5 eV），仅在紫外波段存在较弱的吸收。碳掺杂显著增强了 BCN 样品对可见光的吸收，随着碳含量的上升，BCN 样品的吸收强度增加，吸收边逐渐红移。根据 Kubelka-Munk 方程，样品的本征带隙能随着碳含量增加而减小，BCN-20、BCN-30、BCN-50 和 BCN-80 的带隙分别是 2.71、2.58、2.47 和 2.29 eV。不同 BCN 样品的 Mott-Schottky 曲线（图 3b）的斜率均为正，表明它们属于 n 型半导体。而根据 Mott-Schottky 曲线与 x 轴的截距可以推算出 BCN-20、BCN-30、BCN-50 和 BCN-80 样品的平带电势分别为 -1.35、-1.29、-1.19 和 -1.06 V。由于 n 型半导体的导带底（CB）与平带电势基本相等，因此 BCN 样品的 CB 均低于 $E^{\theta}(UO_2^{2+}/UO_2) = +0.41$ V 和 $E^{\theta}(UO_2^{2+}/U^{4+}) = +0.33$ V，可生成足以还原 U(VI) 的光生电子。

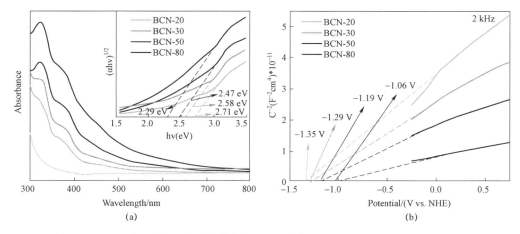

(a) (b)

图 3 BCN 样品的 UV-vis 漫反射光谱及禁带宽度的 $(\alpha h \nu)^{1/2}$-$h\nu$ 曲线图（a）和电化学 Mott-Schottky 曲线

在光致 i-t 曲线中，BCN 样品的光电流响应较 BN 更强，并且随着含碳量增加而增加，表明高碳含量有利于提高 BCN 样品的电子-空穴的分离/转移效率。在电化学阻抗谱（图 4b）中，Nyquist 点的圆弧半径：BN＞BCN-20＞BCN-30＞BCN-50＞BCN-80，表明碳掺杂降低了电荷转移的电阻并促进了界面电荷的迁移，有利于光催化反应。此外，从图 4c 看出，随着碳含量的增加，样品的光致发光强度逐渐下降，表明引入更多的碳将抑制光生载流子的复合。

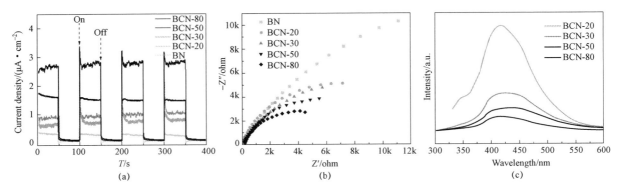

图 4   BCN 样品的瞬态光电流响应(a),电化学阻抗谱(b)和稳态光致发光谱(c)

若不添加光催化剂 U(VI)的浓度始终保持不变,说明 UO_2^{2+} 比较稳定,不会被可见光激发并发生还原反应。不同的样品对 UO_2^{2+} 均有一定吸附能力,因此在研究其光催化还原性能前,先进行 2 h 的暗反应,使 UO_2^{2+} 在光催化剂表面的吸脱附达到平衡。BN 没有光催化活性,而 BCN 可在 3 h 内完成 U(VI)的光还原。BCN 的光催化活性随着含碳量增加而增加,光照 1.5 h 时,BCN-80、BCN-50、BCN-30 和 BCN-20 催化的 U(VI)还原分离率分别为 51.8%、76.2%、93.7% 和 97.4%。该反应遵循准一级动力学过程(图 5b),反应速率分别为 0.85 h^{-1}(BCN-20)、1.39 h^{-1}(BCN-30)、2.19 h^{-1}(BCN-50)和 2.97 h^{-1}(BCN-80)。碳含量最高的 BCN-80 表现出最佳的光催化性能,反应速率是 BCN-20 的 3.5 倍。这主要是由于 BCN 中碳的掺杂量提高有利于扩大比表面积,丰富孔道结构,增强光学吸收,缩小带隙以及加快光生载流子的分离,从而提高材料的光催化性能。

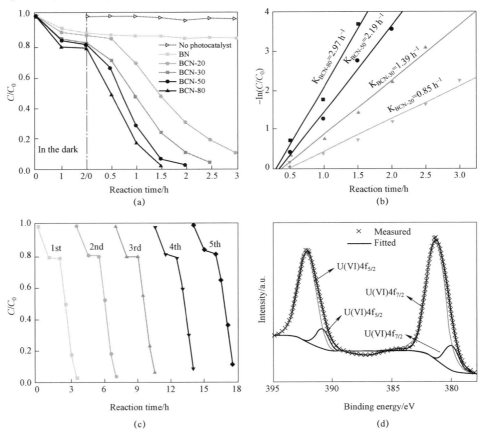

图 5   BCN 光催化还原 U(VI)的性能图(a)和还原反应速率(b),BCN-80 的
重复实验(c)以及反应后样品表面 U 元素的 XPS 谱图

BCN-80 还具有优异的重复使用性能。如图 5c,五次连续重复使用后,UO_2^{2+} 的分离率仍保持在 90％以上。XPS 表征在样品表面检测到 U 元素(图 5d),其物种主要是 U(VI)和 U(IV),表明经过可见光照射,在使用 BCN-80 作催化剂的条件下,UO_2^{2+} 可以被还原成 U(IV)。

3 结论

本文采用热聚法制备了系列不同碳含量的 BCN 纳米片,将其应用于水溶液中 U(VI)的光催化还原分离。BCN 纳米片结构表征表明,随着碳含量的增加,样品孔道结构变得更加丰富,比表面积增大,并且光学吸收增加,带隙减小,光生电子-空穴的转移也明显加快。BCN 样品对 U(VI)的光还原展现出优异的催化活性,尤其是 BCN-80,可见光照射 1.5 h,U(VI)的分离率可以达到 97.4％,重复使用 5 次后,U(VI)分离率仍能保持在 90％以上。这项工作不仅证明了 BCN 材料在 UO_2^{2+} 分离回收方面的巨大潜力,而且为进一步开发新型半导体光催化剂奠定了基础。

致谢:
感谢挑战计划(TZ2018004)与国家自然科学基金(11775214、51803205)对本工作的支持。

参考文献:

[1] F. Fiori, Z. Zhou, Sustainability of the Chinese nuclear expansion: Natural uranium resources availability, Pu cycle, fuel utilization efficiency and spent fuel management[J]. Ann. Nucl. Energy, 2015, 83: 246-257.

[2] Y. Yuan, Y. Yang, X. Ma, et al. Molecularly imprinted porous aromatic frameworks and their composite components for selective extraction of uranium ions[J]. Adv. Mater., 2018, 30: 1706507.

[3] X. Bai, J. Liu, Y. Xu, et al. CO$_2$ Pickering emulsion in water templated hollow porous sorbents for fast and highly selective uranium extraction[J]. Chem. Eng. J., 2020, 387: 124096.

[4] X. Wang, X. Dai, C. Shi, et al. A 3, 2-Hydroxypyridinone-based decorporation agent that removes uranium from bones in vivo[J]. Nat. Commun., 2019, 10: 1-13.

[5] J. Domingo, J. Llobet, J. Tomas, et al. Acute toxicity of uranium in rats and mice[J]. B. Environ. Contam. Tox., 1987, 39: 168-174.

[6] 赵敏,范富有,孙亚楼,等. 功能纳米材料用于含铀废水的净化处理[J]. 核化学与放射化学,2019,41:311-327.

[7] 闫增元,习海玲,袁立永,等. U(Ⅵ)的还原固定研究进展[J]. 核化学与放射化学,2019,41:186-193.

[8] P. Li, J. Wang, Y. Wang, et al. An overview and recent progress in the heterogeneous photocatalytic reduction of U (VI), J. Photoch. Photobio. C, 2019, 41: 100320.

[9] Z. Li, Z. Huang, W. Guo, et al. Enhanced photocatalytic removal of uranium (Ⅵ) from aqueous solution by magnetic TiO$_2$/Fe$_3$O$_4$ and its graphene composite[J]. Environ. Sci. Technol., 2017, 51: 5666-5674.

[10] Y. K. Kim, S. Lee, J. Ryu, et al. Solar conversion of seawater uranium (Ⅵ) using TiO$_2$ electrodes[J]. Appl. Catal. B-Environ., 2015, 163: 584-590.

[11] L. Ke, P. Li, X. Wu, et al. Graphene-like sulfur-doped g-C$_3$N$_4$ for photocatalytic reduction elimination of UO_2^{2+} under visible Light[J]. Appl. Catal. B-Environ., 2017, 205: 319-326.

Facile synthesis of BCN nanosheets for photocatalytic reduction elimination of UO_2^{2+} under visible light

WANG Yi[1], CHEN Geng[1], WANG Lan[2],
WENG Han-qin[1], LIN Ming-zhang[1]

(1. School of Nuclear Science and Technology, University of Science and Technology of China, Hefei, Anhui, China;

2. National Synchrotron Radiation Laboratory, University of Science and Technology of China, Hefei, Anhui, China)

Abstract: Reduction of soluble UO_2^{2+} to insoluble U(IV) is an effective approach to remedy radioactive uranium contamination and recover uranium resources. In this study, urea, boric acid and glucose were used as precursors to prepare borocarbonitride (BCN) nanosheets by a facile pyrolysis for efficient photocatalytic U(VI) reduction from aqueous solution. The specific surface area, pore texture, optical absorption, and charge-transfer kinetics BCN can be increased easily and effectively by increasing the carbon amount during synthesis. As a result, BCN samples were used to extract uranium by the photocatalytic reduction technique and exhibited an excellent visible-light photocatalytic activity and reusability for U(VI) reduction with the highest separation ratio of 97. 4% after 1. 5-hour irradiation. Due to its excellent photocatalytic activity, BCN nanosheets are expected to be applied in the efficient removal and recovery of U(VI) in aqueous solution.

Key words: BCN; Visible light; Photocatalytic reduction; U(VI)

乏燃料后处理酸回收系统压力梯度的工程试验研究

徐圣凯，庞　臻，吴志强

（中国核电工程有限公司，北京 100840）

摘要：目前世界主流的 PUREX 乏燃料后处理工艺中，乏燃料溶解产生大量氮氧化物，设计溶解排气酸回收系统将排气中夹带的 NO_x 制备成硝酸循环使用。为了探究工艺流程中设备的压力梯度及其构建方式，本文针对乏燃料后处理工艺中酸回收系统压力梯度进行了研究分析，通过工程试验得到了系统压力梯度及建立步骤，考察了关键设备压力控制的有效性与稳定性。结果表明，通过合理的控制方式，可以使溶解器保持微负压状态，当气体流量发生较大范围变化时，系统压力梯度可以迅速响应并保持稳定。

关键词：乏燃料溶解排气；酸回收系统；压力梯度

概述

　　乏燃料后处理是核燃料循环过程中重要的组成部分，随着我国核电事业的发展，乏燃料产量逐年攀升，对乏燃料后处理工艺的环境效益和经济效益提出了新的要求。目前国内普遍使用的 PUREX 乏燃料后处理工艺中，使用一定浓度的硝酸溶解乏燃料，并从中获取重要的金属元素[1]。溶解过程中，硝酸与乏燃料反应产生氮氧化物（NO_x），由于溶解过程温度较高，气体中还含有一定比例的水蒸气，统称为溶解排气。溶解排气具有放射性水平高、流量变化大、净化处理困难等特点，有必要在工艺流程中增加酸回收系统，用于吸收溶解排气中 NO_x 并降低放射性水平，防止酸性气体腐蚀过滤器滤芯及其他设备，净化气体的同时，生成一定浓度的硝酸供乏燃料溶解循环使用，有利于减少放射性废液与废气产量[2]。

　　乏燃料溶解过程复杂，酸回收系统增加了溶解器及全流程压力控制的难度。溶解排气酸回收系统具有处理量小、气体放射性强、负压操作的特点。目前，溶解排气酸回收系统设计属于我国乏燃料后处理的缺项，没有工程经验可供参考，需要通过试验研究酸回收系统压力梯度的控制方法及其可行性。

　　溶解排气酸回收系统主要由溶解器、多管除尘器、吸收塔、风机、换热器及多组过滤器等设备组成，因溶解排气组成及流量随时间变化明显，多管除尘器、吸收塔压降变化较大。系统流程较长，仅通过风机变频难以维持系统压力稳定，且溶解器气相压力反馈周期长，使溶解器内易出现正压状态。本工作通过工程试验得到系统压力梯度及其建立步骤，研究系统中关键设备压力自调的稳定性和有效性，得到适合乏燃料后处理工艺溶解排气酸回收系统的压力控制方法，为我国乏燃料后处理工程应用提供技术支持。

1　工艺流程

　　溶解排气酸回收系统工艺流程简图如图 1 所示，主要由溶解器、吸收塔、解析塔、氧化冷却器、换热器、过滤器及其他辅助设备仪表组成。（1）溶解产生的 NO_x、压缩空气、蒸汽在溶解器内混合后形成溶解排气。（2）溶解排气经分凝器、多管除尘器、冷凝冷却器、丝网除沫器等设备除尘并捕集液滴，在氧化冷却器中被氧化。（3）混合气体进入三级吸收塔，与淋洗液逆流接触，形成一定浓度的硝酸，气体净化后进入风机排放[3]。

作者简介：徐圣凯（1994—），男，黑龙江人，硕士，工程师，现主要从事核化工科研与设计研究工作

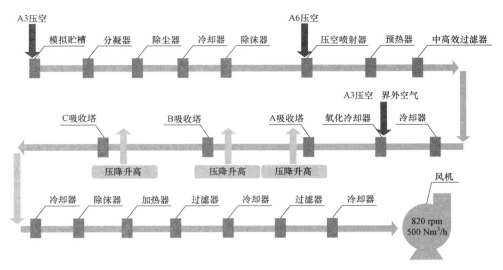

图 1 溶解排气酸回收系统工艺流程简图

试验中吸收塔、解析塔、过滤器、多管除尘器中气体压降较大,由于溶解排气流量随时间发生不规则变化,气体经过设备后的压降也发生变化,通过控制风机频率和转速难以精准控制系统压力梯度。在工程应用中,溶解器内必须维持稳定的微负压状态(−1.1 kPa),采取必要的措施控制系统气体压力尤为重要[4]。

2 工程试验研究

2.1 试验方法

试验时将 NO_x、压缩空气、蒸汽按一定比例混合形成溶解排气,通过改变通入蒸汽流量控制溶解排气温度。建立溶解器压力自调、氧化冷却器压力自调程序后,调整系统溶解排气流量模拟实际溶解过程,连续监测溶解过程中两级压力自调程序的有效性和系统压力梯度的稳定性。

系统压力梯度通过两级自调程序及风机变频实现。风机是系统压力梯度的唯一动力,溶解排气经过各个设备后产生压降,由于工艺流程较长,设备繁多,为使溶解器稳定维持微负压状态,设置两级压力自调点:(1)溶解器压力自调:将压空喷射器进气流量与溶解器内气相空间压力(溶解器压力)目标值建立自调关系,当溶解排气流量发生波动时,压空喷射器进气流量接收压力反馈,改变压缩空气流量,维持溶解器压力。(2)氧化冷却器压力自调:将氧化冷却器界外空气补气流量与氧化冷却器内气相空间压力(氧化冷却器压力)目标值建立自调关系,作为流程中部压力梯度分界点,即实现溶解排气流量变化时,氧化冷却器后端压力始终稳定在−1.0 kPa,避免因压力变化对吸收塔造成影响。

2.2 结果与讨论

2.2.1 溶解器压力自调

建立溶解器压力自调程序后,调整系统进气,连续监测气体压力变化,三种工况下溶解器内气相空间压力变化如图 2 所示。

由图 2(a)与图 2(b)可以看出,当溶解排气流量为 50 Nm³/h、130 Nm³/h 并保持稳定时,溶解器气相空间压力稳定在(−1.1±0.3)kPa。溶解排气流量保持不变时,流量越大,溶解器压力波动越为明显,主要原因是溶解器气相空间有限,对较大流量溶解排气的缓冲性降低,致使压力偏差增大。由图 2(c)可以看出,溶解排气流量由 40 Nm³/h 增大到 170 Nm³/h 的过程中,虽然流量变化较大,压力仍能稳定在(−1.1±0.15)kPa,说明该压力自调方式可有效应对溶解排气流量的变化,溶解器内部发生溶解反应而产生较大范围气量波动时,压力自调稳定有效。

2.2.2 氧化冷却器压力自调

建立氧化冷却器压力自调程序后,调整系统进气,连续监测气体压力变化,三种工况下氧化冷

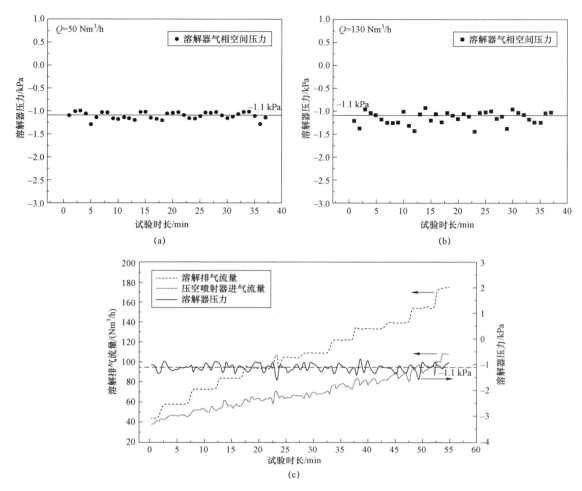

图 2　溶解器压力随溶解排气流量的变化

（a）溶解排气流量为 50 Nm³/h；（b）溶解排气流量为 130 Nm³/h；（c）溶解排气流量随时间变化

却器压力变化如图 3 所示。

氧化冷却器压力自调将系统压力梯度分为前后两部分，前端的压力梯度由溶解器压力自调及氧化冷却器压力自调维持，后端由风机提供真空度并通过变频维持压力梯度。将氧化冷却器压力自调预设值设为−1.0 kPa，能够在维持系统压力梯度稳定的前提下，避免因溶解排气流量较小，对溶解器压力自调有效性造成干扰。

由图 3 可以看出，在三种不同溶解排气流量工况下，氧化冷却器压力为（−1.0±0.15）kPa。溶解排气流量由最低值 50 Nm³/h 增大到 130 Nm³/h 时，压力正负偏差由±0.1 kPa 升高到±0.15 kPa，这与整个系统压力梯度自调的波动有关。由图 3（c）可以看出，氧化冷却器压力自调稳定有效，当溶解排气流量发生大幅度变化时，氧化冷却器压力自调相应较快，氧化冷却器中−1.0 kPa 的压力自调预设值不会对溶解器压力自调造成影响。

2.2.3　系统负压梯度的建立方法

风机是全系统负压的动力，在溶解器压力自调有效的基础上，关闭氧化冷却器界外补气，通过系统中数个压缩空气补气点，与溶解排气混合，形成总流量为 500 Nm³/h 混合排气，保持气体流量及各设备压降稳定，调整风机转速，使氧化冷却器压力稳定为−1.0 kPa，此时开启氧化冷却器压力自调，完成系统负压梯度的建立。试验中建立系统压力梯度的步骤如下：

（1）关闭氧化冷却器压力自调；

（2）将溶解器压力自调开启，调整溶解器气体流量为最大值 130 Nm³/h，调整系统中各路补气流

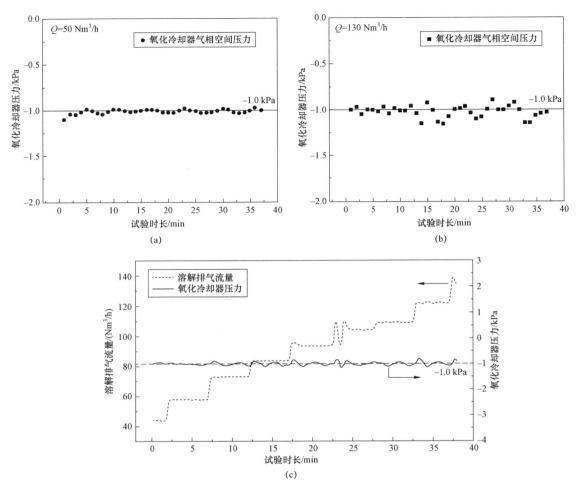

图 3　氧化冷却器压力随溶解排气流量的变化

（a）溶解排气流量为 50 Nm³/h；（b）溶解排气流量为 130 Nm³/h；（c）溶解排气流量随时间变化）

量,使混合排气流量稳定为 500 Nm³/h；

（3）开启三个吸收塔淋洗液自循环,将各塔淋洗液流量调整为 600 L/h；

（4）待系统中设备压降稳定后,调整风机转速,使氧化冷却器内压力为 -1.0 kPa；

（5）压力梯度稳定后将风机转速与风机入口处压力值设置联锁；

（6）开启氧化冷却器压力自调；

（7）改变溶解排气流量,验证系统负压梯度的稳定性。

2.2.4　系统压力梯度

系统压力梯度建立完成后,改变溶解排气流量,使气体流量及设备压降发生变化,验证溶解器压力自调、氧化冷却器压力自调及风机变频能否使系统压力梯度保持稳定,获得系统稳定运行时压力梯度如图 4 所示,关键设备压降参考值如表 1 所示。

表 1　关键设备压降

设备名称	设备压降/kPa	
	溶解器排气流量 50 Nm³/h	溶解器排气流量 130 Nm³/h
多管除尘器	0.89±0.10	3.70±0.10
丝网除沫器	0.020±0.002	0.036±0.002
中效过滤器	0.017±0.002	0.035±0.002

设备名称	设备压降/kPa	
	溶解器排气流量 50 Nm³/h	溶解器排气流量 130 Nm³/h
高效过滤器	0.020±0.002	0.036±0.002
A 吸收塔	3.16±0.10	3.20±0.10
B 吸收塔	3.20±0.10	3.24±0.10
C 吸收塔	3.25±0.10	3.29±0.10
解析塔	0.26±0.02	0.30±0.02
丝网除沫器	0.040±0.002	0.060±0.002
碘过滤器	0.16±0.01	0.16±0.01
高效过滤器	0.22±0.01	0.22±0.01

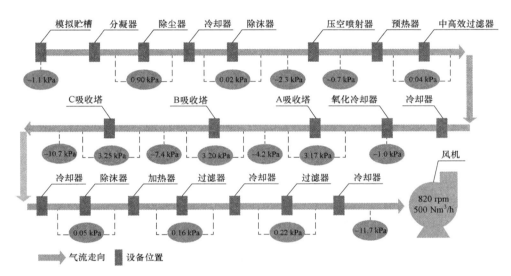

图 4　系统压力梯度(溶解排气流量为 50 Nm³/h)

由图 4 可以看出,溶解排气流量为 50 Nm³/h,混合排气流量为 500 Nm³/h 时,风机入口处压力为−11.7 kPa。压空喷射器与氧化冷却器两处有压缩空气进入,设备前后压力相差较大,其余设备压力成梯度变化。表 1 对比了溶解排气流量分别为 50 Nm³/h、130 Nm³/h 时,关键设备压降参考值。在系统稳定后,各设备压降稳定,当溶解排气流量增大,设备压降均增大。其中多管除尘器、吸收塔压降变化明显,是系统压力梯度中最需关注的设备。

根据上述试验数据与结果,可以确定系统压力梯度稳定有效。工程应用时以此为基础,根据实际工况做进一步优化。与工程实际状况不同,试验中气体为干净气体,无放射性粉尘及杂质,过滤器及丝网除沫器压降试验值可能与工程实际值偏差较大,应用时需适当提高风机入口处真空度,以抵消因溶解排气所夹带放射性颗粒所导致的设备压降升高。

3　结论

针对乏燃料后处理厂溶解排气酸回收系统压力梯度进行试验研究,以 NO$_x$、压缩空气、蒸汽为模拟溶解排气研究了系统压力梯度及其自调效果,分析得出压力梯度和适合工程应用的压力梯度建立方法。根据试验结果,得出以下结论。

(1)溶解器压力自调、氧化冷却器压力自调稳定可靠,其中溶解器压力稳定在(−1.1±0.2)kPa,

氧化冷却器压力稳定在(-1.0±0.1)kPa；

（2）系统压力梯度可通过合适步骤构建，溶解排气流量为 $50\sim130\,Nm^3/h$，混合排气流量为 $500\,Nm^3/h$，风机入口处压力为-11.7 kPa，此时系统压力梯度稳定；

（3）当溶解排气流量发生变化时，多管除尘器、吸收塔等关键设备压降变化较大，工程中应着重关注该部分设备压降变化，并适当改变压力梯度控制方案。

参考文献：

[1] 姜圣阶. 核燃料后处理工学[M]. 北京：原子能出版社，1995：1-19.

[2] 吴志强，等. 中试厂工艺排气系统整改方案探讨[R]. 中国核学会核化工分会，2016.

[3] 刘郢. 乏燃料后处理工程工艺设计[D]. 南华大学，2018.

[4] 吴志强. 乏燃料批式溶解器放大设计与水力学试验研究[J]. 原子能科学与技术，2016，50(8)：1480-1485.

The engineering study of pressure gradient in acid recycling system of irradiated fuel reprocessing process

XU Sheng-kai ,PANG Zhen,WU Zhi-qiang

(China Nuclear Power Engineering Co.,Ltd,Beijing,China)

Abstract：The dissolution of irradiated fuel will discharge amount of nitrogen oxide in PUREX irradiated fuel reprocessing process. The nitrogen oxide from irradiated fuel dissolution exhaust can be recycled and prepared to nitric acid. This paper analyses the pressure gradient of acid recycling system and obtains the building steps from engineering test. The availability and stability of the pressure gradient are also investigated. The results show that the micro-negative pressure of the system responses quickly and remains stable,even the gas flow rate changes dramatically.

Key words：Exhaust of irradiated fuel dissolution；Acid recycling system；Pressure gradient

某新型清洗技术的应用及经济性探讨

李晓杰，敖海麒，李罗西，韩悌刚

（四川红华实业有限公司，四川 峨眉 614200）

摘要：高压三维喷淋和超声波结合清洗作为一种新型绿色的清洗方法，已逐步替代传统机械摩擦、化学清洗，广泛应用在大型容器清洗领域。本文通过介绍国内外大型容器的清洗工艺及流程，将高压三维喷淋和超声波结合清洗法与化学试剂清洗法进行对比分析，依据工业现场验证得出，高压三维喷淋和超声波结合清洗法采用纯物理机制，具有操作方便、避免拆卸、无损清洁、低能耗等特点，能有效提高清洗质量及清洗一次合格率，为清洗废水后处理减轻负担，与传统化学清洗法相比，经济效益显著。

关键词：高压三维喷淋；超声波；经济性

近年来，随着我国经济的迅猛发展，化工领域的大型容器清洗任务不断加重，容器的洁净程度直接影响着所盛装产品的质量。传统的大型容器清洗方式普遍为化学清洗法，此类方式需消耗大量的化学试剂，产生较多的清洗废水，尤其是 740 L 六氟化物容器更为显著，在化工生产企业的废水处理环节，约 80% 的废水由大型容器清洗产生。为减少资源消耗，使得废物产生实现最小化、无害化，对大型容器清洗新工艺的研讨十分必要。

1　国内外容器清洗方式

国内大型容器的清洗方式主要是通过碳酸钠和双氧水等化学试剂彻底清洗容器内壁，最后采用草酸对容器进行除锈，从而达到清洗容器内壁顽固杂质的目的。此类方法主要采用转动清洗的方式，水压冲击力较小，不能彻底去除容器内壁顽固的杂质，产生的清洗液约为容器体积的三倍[1]，对后续的废水处理造成较大负担。

国外清洗方式中，法国、美国化工企业大多采用碱液作为清洗剂清洗容器，鉴于化学清洗法一直存在产生废水较多和消耗试剂量大等诟病，国内外科研人员开始寻求回避化学清洗的方式，1990 年 Liu Katherine 将干式激光法应用于清洗金属基底方面[2]。结果表明激光清洗技术的应用虽然减少了废水的产生，有效去除污物，但高能量的激光射线在一定程度上会破环容器表面，使容器表面变薄，不适用于生产线长期循环使用。

2　新型清洗技术及优势

目前，我公司采用高压三维喷淋与超声波结合的方式清洗 740 L 六氟化物容器，主要有三维清洗、旋转横移、自动传送等装置。工作过程主要是：自动将容器旋转倾斜至 80°，对容器内壁进行高压水冲击，在不会破坏容器表面的情况下使得污垢层产生微观裂纹，同时利用超声波在裂缝内形成空化气泡，空化气泡闭合后产生的冲击波使微观裂纹进一步向里扩展，最后形成宏观裂纹被高压水冲洗脱落。整个清洗过程采用纯物理机制，具有操作方便、避免拆卸、无损清洁、低能耗等特点，同时自动化程度高，由 PLC 自动模板控制，通过超高清摄像头对清洗质量进行检查，保证高质量、无损、快速清洗的同时，极大地减少了废水的产生及处理压力，也有效避免人员接触化学试剂带来的职业伤害。

3　现场生产实际验证

应用 5 台 740 L 六氟化物容器进行生产试验，确定试验工序为：水解→高压喷洗→摄像头检测→

作者简介：李晓杰（1994—），男，河南省许昌人，助理工程师，学士学位，从事化工工作

水压试验→吹干→烘干。

1）水解

水解是采用清水吸收容器内部残留的氟化物，水解数据统计如表1所示。

表1   水解数据统计表

容器编号	水解介质	水解液体积/L	废水 F⁻ 含量/(g/L)
8-07-022	生产上水	22	5.3
8-07-023	生产上水	22	4.8
8-07-040	生产上水	22	4.5
8-07-038	生产上水	22	5.2
8-07-034	生产上水	22	5.5

2）喷淋＋超声波清洗

采用高压水对容器内壁进行冲击，同时打开超声波发生器，加快容器的清洗速度。高压喷淋＋超声波清洗数据统计如表2所示。

表2   高压喷淋＋超声波清洗数据统计表

容器编号	清洗介质	喷淋时间	喷淋耗水量/L	摄像头探测
8-07-022	生产上水	一个行程	150	清洗合格
8-07-023	生产上水	一个行程	155	清洗合格
8-07-040	生产上水	一个行程	148	清洗合格
8-07-038	生产上水	一个行程	145	清洗合格
8-07-034	生产上水	一个行程	140	清洗合格

试验效果表明，新型清洗技术能够有效地去除容器内部残留的氟化物和内壁上顽固的杂质。且清洗后产生的清洗液平均为 172 L，远远少于采用化学清洗法所产生的废水体积，同时未引入任何的化学试剂，减轻了后续废水处理的负担。

4   效益分析

目前我公司采用膜处理富集清洗废水中的惰性离子，并通过蒸发浓缩去除水分，实现固液分离。化学清洗法及我公司新型清洗技术酸碱试剂消耗对比情况如表3所示。

表3   两种清洗方式酸碱消耗对比(每年处理量为50台)

类别	化学清洗法	新型清洗技术
碳酸钠	885.985 kg	4.33 kg
氨水	396.45 kg	51.6 kg
硝酸	1 221.576 kg	0.045 kg
消耗工时	571.125 h	48.725 h

我公司废水处理流程将节约成本如表4所示。

表 4 节约成本计算表

清洗方法名称	节约类型	数量
新型清洗技术	能耗	9 662.208 kW
	固体废物	8 063 kg
	固废管理费	40.315 万元
	人力成本	216.43 万元

5 结论

新型清洗技术采用自动化控制与智能检测结合,利用纯物理机制实现废物最小化,在减少废水产生的同时,取得了一定的经济效益和社会效益。每年可减少固体废物产生 8 063 kg,减少废水排放体积 61.44 m³,节约能耗 9 662.208 kW,为我公司每年节约生产运行成本约 217.83 万元,节约固体废物管理费用 40.315 万元。取得废物产出最小和废水排放最少。

参考文献:

[1] 时烨华. 大型××××容器清洗工艺研究[G]. 中国核科学技术进展报告第 5 分册,2017:118-120.

[2] Liu Katherine. Garmire Elsal Paint removal using lasers[J]. Applied Optics,1995,34(21):4409-4415.

Discussion on the application and economy of a new cleaning technology

LI Xiao-jie,AO Hai-qi,LI Luo-xi,HAN Ti-gang

(Sichuan Honghua Industrial Co.,Ltd.,Emei,Sichuan 614200,China)

Abstract:as a new green cleaning method, high-pressure three-dimensional spray and ultrasonic cleaning have gradually replaced the traditional mechanical friction and chemical cleaning, and are widely used in the field of large container cleaning. This paper introduces the cleaning process and process of large containers at home and abroad, and compares the high-pressure three-dimensional spray and ultrasonic combined cleaning method with chemical reagent cleaning method. According to the industrial field verification, the high-pressure three-dimensional spray and ultrasonic combined cleaning method adopts pure physical mechanism, which has the characteristics of convenient operation, avoiding disassembly, non-destructive cleaning and low energy consumption. It can effectively improve the cleaning quality and the first pass rate of cleaning, and reduce the burden of cleaning wastewater after treatment. Compared with the traditional chemical cleaning method, the economic benefit is remarkable.

Key words:High pressure three-dimensional spray;Ultrasonic;Economy

中国核科学技术进展报告(第七卷)
核化工分卷　Progress Report on China Nuclear Science & Technology (Vol.7)　2021 年 10 月

热箱在 UF₆ 残料捕集过程中的应用

文鹏程

(中核建中核燃料元件有限公司，四川 宜宾 644000)

摘要：干法 UO₂ 粉末生产工序包括气化、转化、稳定化，均匀化等，其中气化工序中随着供料的不断进行，30B 内 UF₆ 逐渐减少，当 UF₆ 的供气压力不足以保证系统维持相对稳定的 UF₆ 流量和压力时，需要对 30B 中 UF₆ 残料进行捕集操作。中核建中化工生产线在 400 t 扩建技改工程中引入了热箱捕集的方式，该捕集方式完成了 UF₆ 正料生产和残料捕集有机结合，实现 UF₆ 残料的在线捕集和向转炉供气的同时进行，热箱通过真空泵将 UF₆ 从专用容器抽出再增压送入转化炉，该捕集方式可以连续进行，相较于以往所使用的冷阱捕集方式，热箱捕集在操作性、辐射防护、生产运行稳定、能源消耗、捕集效果等方面具有较大的优势，热箱在国内核燃料元件制造行业尚属首次应用，在同行业具有推广意义。

关键词：热箱；冷阱；UF₆ 残料；捕集

IDR(全名为 Integrated Dry Route，集成干法工艺路线)是在世界范围内使用较广的将 UF₆ 转化为 UO₂ 的成熟工艺路线，相比较与 ADU(重铀酸铵)或者 AUC(碳酸铀酰胺)湿法工艺路线，在生产能力、"三废"排放、自动控制以及产品质量的稳定性等方面有优势[1]。

干法工艺，分为 UF₆ 气化、UF₆ 气相水解、脱氟还原、粉末稳定化、粉末破碎、筛分以及粉末均匀化。通常情况下，UF₆ 为白色固体，UF₆ 的三相点温度为 64.02 ℃，基于 UF₆ 三相间温度和压力的关系原理，可以实现 UF₆ 从气体到固体再到气体的转化。因 UF₆ 的性质特殊，其采用专用容器盛装，在气化过程中，随着供料的不断进行，30B 内 UF₆ 越来越少，当罐内压力不足以保证系统维持相对稳定的供气压力和 UF₆ 流量时，需对 30B 中 UF₆ 残料进行捕集操作。干法 UO₂ 生产线采用两种工艺对 UF₆ 残料进行捕集供料，第一种为间歇捕集—集中供料，另外一种为捕集供料一体化，前者使用冷阱完成操作，后者则使用热箱进行操作。热箱捕集完成了 UF₆ 正料生产和残料捕集有机结合，实现 UF₆ 残料的在线捕集和向转炉供气的同时进行。

1　热箱装置简介

在 1103 生产线，采用了国外引进的热箱设备，将 UF₆ 供料和捕集集成化，使得整个干法工艺路线更加的紧凑，提高集成化和效率。这也是国内第一次使用热箱进行 UF₆ 供料和 UF₆ 残料捕集工作。热箱是一个密闭的加热保温箱，位于两个气化罐和转化炉之间是中转设备，衔接气化工序和转化工序，其设备连接如图 1 所示。

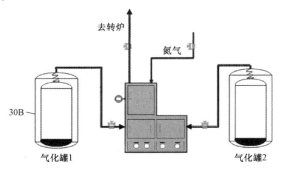

图 1　热箱设备的连接图

作者简介：文鹏程(1990—)，男，四川南充人，工程师，工学学士，现从事二氧化铀粉末生产工作

2 热箱的结构

热箱整个设备分为四个小室,在不同的小室内分布着管道、真空泵、阀门以及反馈阀门开关状态的传感器,以便自控系统实现对 UF_6 或吹扫 N_2 在管道中的流动路径以及流量大小的控制,同时实现从 30B 中捕集残余 UF_6 的功能。在每一个小室内装有加热元件以便对热箱内部温度进行控制,在热箱内通过一个小型装置与电导率仪连接,确保了一旦发生微量 UF_6 泄漏后能及时报警,同时热箱较好的密封性也提供了防止 UF_6 泄漏的一道屏障。为了便于对管道进行吹扫,UF_6 管道还与压缩 N_2 管道相连。为防止在吹扫过程中 UF_6 凝华,热箱采用热氮进行管道吹扫。在热箱小室内设置了送风和局排管路,以加快小室内的空气流动,使热箱小室内的温度分布均匀。从气化罐出来的 UF_6 管道与位于热箱中室两侧的管道相连接,通过压空驱动的开关阀和三通阀来调整在气化、捕集等不同阶段中热箱内 UF_6 在管道中的路径。

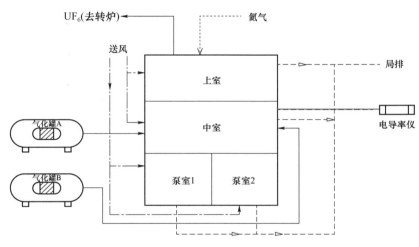

图 2 热箱结构示意图

整个生产过程中,热箱内部需加热到一定的温度以便保证 UF_6 不在管道内转化为固态而造成管道的堵塞。在泵室中装有真空泵,用以将 30B 中的残余 UF_6 进行捕集和供料。真空泵与电机通过一根连接杆进行连接,真空泵电机也在热箱内,只不过放置在没有加热元件的电机室。以便保证电机工作环境温度不超过其限制减少因电机过热造成的真空泵停止运行。通过真空泵入口和出口的三通阀的阀门开关方向来控制选择使用哪台真空泵进行 UF_6 残料的捕集工作,同时在真空泵上还装有压力开关以检测设备可能存在的泄漏。显而易见,双真空泵的设计能保证系统运行的可靠性。

真空泵采用金属活塞双气缸真空泵,并装有压力检测开关,以便在泵体发生 UF_6 泄漏(如金属活塞发生故障)时紧急停泵。真空泵有两台,一用一备以提高可靠性。基本结构如图 3 所示,参数见表 1。

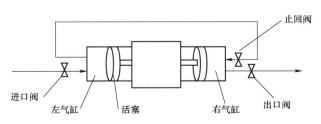

图 3 金属活塞双气缸真空泵示意图

表 1　真空泵参数

最大真空度/ bar	最大压力/ bar	最大流量/ (Nm³/h)	额定电压/ V	额定频率/ Hz	启动电流/ A	额定转速/ (r/min)
0.95	6.9	8.5	380	50	8.3	1 452

3　热箱捕集的工艺原理

热箱在整个生产过程中,依靠内部 4 块加热板的工作维持箱体内部的保温效果,防止 UF_6 在热箱内部冷凝成固态造成管道堵塞。热箱的工艺分两部分,正料生产和残料生产。

正料生产是指 30B 内 UF_6 经加热逐步气化,当供气压力和流量满足工艺要求后,经热箱内指定供气管道持续向转炉供气生产直至 UF_6 供气压力和流量无法继续满足工艺要求的过程。

残料生产是当 UF_6 供气压力不满足生产工艺时,停止向干法转炉反应室供料,利用热箱内真空泵高速旋转,真空泵进气口形成的负压将 30B 内残留 UF_6 抽吸进入增压泵,UF_6 气体在增压泵内增压后进入干法转炉。与正料生产不同的是,为保证 UF_6 的供气压力和供气流量,整个残料生产过程中,都需要通过热箱上层 N_2 管道向转炉补气。

4　热箱捕集供料的流程

1♯气化罐供料前、中期,UF_6 经 AOV04B、FCV05B、FIT001B 向转化炉供气,UF_6 流量的控制依靠气动调节阀 FCV05B 阀位来自动调节,这一过程称为正料生产。

当气化罐内的压力不足以保证正常生产的 UF_6 的流量时,需要启动热箱残料捕集供料操作,转为残料生产。具体过程,以 1♯气化罐为例。

当 1♯气化罐进行残料生产时,首先 N_2 补气阀 AOV14 打开引入微量 N_2(压力 0.1 MPa,流量 2 kg/h),防止炉内气体在堵住喷嘴或转化炉到热箱的 UF_6 管路。打开阀门 AOV02,将三通阀 AOV01 和 AOV10 设置为左开,并启动真空泵 P01B,逐渐关闭 AOV14,此时真空泵不断将 30B 中残余的 UF_6 抽出并立即向转炉将这部分 UF_6 输送到转炉内进行气相水解反应。

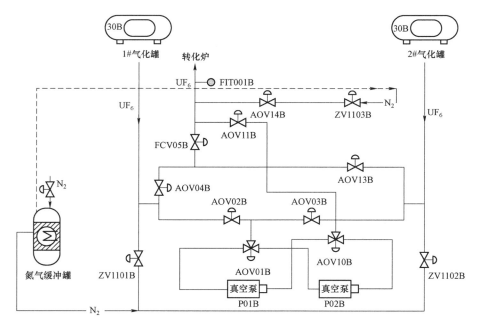

图 4　热箱工序连接图

5 运行结果与比较

5.1 捕集时间及前后压力变化

分别从使用冷阱和热箱的生产线各选取 10 批次 UF$_6$ 捕集前后 30B 内的压力数据和持续时间进行分析对比。

表 2　冷阱捕集时间及前后压力变化

编号	1	2	3	4	5	6	7	8	9	10	平均
持续时间/min	80	80	85	85	80	85	85	80	80	85	82.5
起始压力/kPa	64	77	66	70	58	69	72	74	70	72	69.2
捕集后压力/kPa	−59	−61	−63	−60	−63	−62	−58	−62	−66	−65	−62.6

表 3　热箱捕集时间及前后压力变化

编号	1	2	3	4	5	6	7	8	9	10	平均
持续时间/min	45	45	45	45	40	45	40	42	40	40	42.7
起始压力/kPa	90	85	88	90	92	91	95	86	85	88	89
捕集后压力/kPa	−70	−65	−68	−68	−70	−70	−75	−70	−65	−67	−69.4

从捕集前后的压力可以看出,热箱捕集时,整个捕集的操作比冷阱要有所提前,体现在数据上就是热箱进行捕集时 30B 内的压力较高,平均为 89.2 kPa,而冷阱只有 69.2 kPa。同时相比于冷阱平-62.6 kPa的捕集后压力,热箱能达到-69.4 kPa的捕集后压力。

从捕集时间上来看使用冷阱捕集-供料的时间平均为 82.5 min,而热箱采用捕集-供料一体化的方式,仅为 42.7 min,大大缩短了工作时间,热箱捕集的使用扩大了干法 UO$_2$ 粉末转化工艺的集成高效性的优势。

5.2 捕集后 UF$_6$ 的残余量

2020 年,110-1 和 1103 生产线分别通过冷阱和热箱对 30B 残料捕集后统计的 30B 内残余量进行对比,如表 4 所示。

表 4　30B 内残余量统计表

编号	使用冷阱		使用热箱	
	30B 编号	残余量/kg	30B 编号	残余量/kg
1	CNEIC180B	2.6	CNEIC346Q	2.1
2	CNEIC248B	2.7	CNEIC106Q	1.9
3	CNEIC018B	3	CNEIC385Q	2.1
4	CNEIC868B	2.8	CNEIC378Q	2.1
5	CNEIC233Q	2.4	21266-144	2.1
6	C367	2.9	UREU102576	1.7
7	CNEIC118B	2.3	CNEIC313Q	2
8	CNEIC268Q	2.9	CNEIC001Q	2
9	CNEIC209B	2.8	CNEIC005Q	1.8
10	CNEIC220B	3	CNEIC386Q	1.8
平均值		2.74		1.96

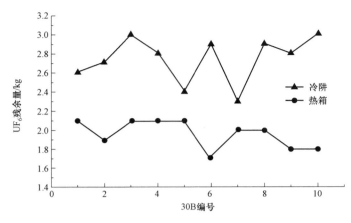

图 5　冷阱捕集与热箱捕集残余量

从残余量来看,使用热箱对 30B 进行残料捕集后,30B 内 UF_6 平均残余量为 1.96 kg,而冷阱为 2.74 kg,统计数据表明热箱捕集效果优于使用冷阱进行残料捕集。

5.3　能耗

热箱的工作仅需电能和驱动气源,按 2020 年 1103 生产线使用的能耗进行估算,热箱泵进行捕集供料操作每次持续时间约为 45 min,热箱泵的功率为 2.2 kW。热箱的每一个小室内装有加热元件用于对热箱内部的温度进行控制,共有 4 块不同的加热板,其加热元器件的总功率为 5.8 kW,其每天有效工作时间约为 8 h,由于驱动气源为压空,费用可忽略不计。计算单台热箱能耗费。

表 5　热箱能源消耗费用

名称	功率/kW	有效工作时间/h	电费/(元/度)	合计费用/元
热箱泵	2.2	210	1.1	508.2
加热元器件	5.8	2 240	1.1	14 291.2

以往的冷阱在残料捕集过程中需要大量液氮以保证冷阱夹层温度保持在-10 ℃左右。一般每瓶液氮只能进行 1～2 次残料捕集,以 110-1 生产线和 GFX-200 生产线为例,按照 2020 年产量推算,共计消耗液氮 126 瓶。每瓶液氮容量 160 L,液氮的市场价格 19 元/L,110-1 和 GFX-200 生产线一年共计消耗液氮数量约 20 160 L,消耗液氮费用约为 383 040 元,而使用热箱进行 UF_6 残料捕集完全杜绝了液氮的使用。同时冷阱向转炉供料时还需要使用蒸汽伴热,还会产生部分消耗饱和蒸汽费用。相比冷阱的能耗费用,热箱仅需少量的电费,节约了大量液氮和蒸汽的损耗,使得整个捕集操作环保和经济。同时热箱实现了正料生产和残料捕集的结合,减少了设备成本、能源成本及人工成本。

5.4　操作安全性

从残料捕集操作过程来看,热箱的残料捕集是没有载体暂存 UF_6 介质,是利用真空泵产生一个负压将 30B 内残余的 UF_6 直接输送到转化炉内,即在捕集的同时和也在向转炉供气,因此整个过程是连续的。而以往的残料捕集是要用冷阱暂存 UF_6,然后再进行下一步,故而是分段进行的,这样冷阱生产的连续性相对热箱来说较差。热箱捕集供料一体化的操作简化了整个捕集和供料的过程,使得大部分操作在中控室内借助 DCS 集成控制系统就可以实现,方便高效,整个操作过程的稳定连续也有了很大的提高。根据现场生产经验表明,以往的间歇捕集-集中供料操作烦琐,当冷阱捕集 2～3 次后就需要加热气化并向转炉供气,其中每次进行捕集操作中需要人工连接液氮瓶和手动开启水蒸气阀门用以加热捕集到的 UF_6。在整个操作过程中,既有被液氮冻伤的风险,又有被水蒸气烫伤的危险,除此以外,如在常压下气化产生的氮气过量,可使空气中氧分压下降,引起缺氧窒息[4]。

6 结论

热箱在国内核化工领域均属首次应用,处于国内领先水平,具有很好的应用价值,完全可以在同行业推广,促进行业技术水平和装备的升级。

(1)从捕集结果上看,热箱捕集的效果和效率整体比冷阱捕集要好,且稳定。

(2)热箱的捕集供料一体化的应用极大的简化了30B捕集残料的过程,实现了一瓶一捕的模式,摆脱了过去使用冷阱捕集时存在的一些风险。

(3)热箱捕集杜绝了液氮的使用,使得整个捕集操作环保和经济,减少了能源消耗,降低了生产成本。

(4)热箱能把正料生产和残料捕集有机结合起来,在铀金属直收率方面有一定的提升,减少了铀物料的滞留量和损耗。

参考文献:
[1] 段德智. 核纯陶瓷二氧化铀粉末制备[R]. 2009.
[2] 812SAR-1元件制造整体安全分析报告[R]. 中国核电工程有限公司,2010.
[3] 宁立. 液氮工业应用[J]. 化工试剂,2004(41):3-33.
[4] 任力天. 工艺冷阱应用[M]. 北京:机械工业出版社,2004.
[5] 沈超纯. 铀及其化合物的化学与工艺学[M]. 北京:原子能出版社,1991:92-111.
[6] 许贺卿. 铀化合物转化工艺学[M]. 北京:原子能出版社,1994:83-89,301-302.
[7] 夏青. 化工原理[M]. 天津:天津大学出版社,2005.
[8] 何玮. 核燃料元件制造厂UF_6气化工序风险分析[J]. 原子能科学技术,2015.

Application of hot box in UF$_6$ residue collection method

WEN Peng-cheng

(CNNC Jianzhong Nuclear Fuel Co.,Ltd. Yibin Sichuan,China)

Abstract: The production process of IDR UO_2 powder including gasification, conversion, stabilization and homogenization, etc. In the gasification process of IDR UO_2 powder conversion, UF_6 in 30b gradually decreases with the continuous feeding. It is necessary to capture the UF_6 residue in 30b when the pressure of UF_6 is not enough to ensure the whole system to maintain a relatively stable UF_6 flow and pressure. The chemical production line of CJNF establish a hot box collection method, thus combine the regular material production and the residue collection, this method realize the online residue and online gas feeding simultaneously, and can extract UF_6 from special vessel and then pressurize it into the reformer. Compared with the previous cold trap method, this method can be carried out continuously, besides, from the perspective of practical application effect, hot box method has great advantages in operability, radiation protection, stability of production operation, energy consumption and collection effect. The hot box process is the first application in the domestic nuclear fuel element manufacturing industry, and it has the promotion significance in the same industry.

Key words: Hot box;Cold trap;UF_6 residue;Collection

UF₆气体输送管道堵塞原因分析及解决措施

张宇航

（中核建中核燃料元件有限公司，四川 宜宾 644000）

摘要：UO_2 粉末制造干法工艺使用 UF_6 作为反应原料，UF_6 气体通过管道输送至反应炉。当 UF_6 冷凝堵塞管道时，直接加热堵塞中段，管道有破裂风险，采用超低压的真空泵配合深冷箱可在常温下抽空堵塞 UF_6。UF_6 管道在高温且存在水汽的情况下，易形成严重腐蚀并堵塞管道，更换管道材质有效解决该问题。若管道内有水蒸气进入，形成的反应物将堵塞管道或喷嘴，对管道进行检漏及吹扫，减少水蒸气进入管道，提高水蒸气干燥度堵塞。解决 UF_6 输送管道堵塞问题，能够有效降低管道破裂风险，降低检修频次，保障安全生产。

关键词：UF_6；输送管道；堵塞；腐蚀

　　UF_6 作是铀的唯一稳定气态化合物，广泛用于铀浓缩厂及核燃料厂，UF_6 气体或液体大多通过管道输送，输送过程常见的异常为管道破损、堵塞。UF_6 管道破损可能导致泄漏，该方面的研究较多。国外多次 UF_6 泄漏大都是铀浓缩厂的输送软管或连接破损导致的[1]。核燃料制造铀化工转化车间常见异常为管道堵塞。干法 UO_2 粉末制造工艺管道输送需伴热、加热，且管道内 UF_6 气体压力较高，管道的喷嘴出口直接通入转化炉，炉内气体可能返入管道，堵塞原因较为复杂。管道堵塞会造成生产线停产，若处理不及时或处理不当可能有管道破损风险。根据 UF_6 的理化性能结合工况分析管道堵塞原因，并采取有效预防、处理措施，能够有效保障生产线的正常运行，降低安全风险。

1　UF₆冷凝堵塞

　　UO_2 粉末制造干法工艺的气化工序在气化罐内对装有 UF_6 的 30B 容器进行加热，UF_6 气体达到一定的温度和压力后，通过不锈钢管将 UF_6 气体从 30B 容器输送至转化炉。管道上设有伴热带，对管道进行加热。UF_6 输送管道温度范围在 70～150 ℃，压力范围在 0.15～0.45 MPa。

1.1　冷凝堵塞形成原因分析

　　图 1 为反映压力、温度和 UF_6 物理状态的相图。UF_6 三相点出为 0.15 MPa 和 64.1 ℃，这是气、液、固三态同时平衡共存的唯一条件。在三相点以下，固体 UF_6 升华为气体，而气体 UF_6 也可凝华为固体；在三相点以上，液体 UF_6 气化为气体，而气态 UF_6 冷凝为液体；在温度为 64.1 ℃，压力高于 0.15 MPa 时，液体 UF_6 和固体 UF_6 平衡共存。

　　当出现管道伴热失效时，管道降至室温，UF_6 气体将会逐渐冷凝。在管道内，UF_6 气体会首先在管道内壁上发生凝华，形成的固体晶核生长为成核胚胎，新的固体晶核在成核胚胎上继续形成。该过程不断循环，形成了具有多

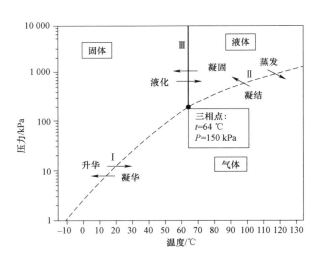

图 1　UF₆三相点图

作者简介：张宇航(1989—)，男，湖北襄阳人，工程师，学士，铀化工

孔结构的固体料层,之后气体在初期形成的固体料层表面或者内部发生凝华,使固体料层逐渐增厚加密。当压强较大时,UF$_6$沉积速率高,形成的固体料层厚度与密度均较大[2]。干法工艺 UF$_6$ 输送管道压力高,若管道堵塞时未及时切断供料,大量 UF$_6$ 气体将被冷凝。随着冷凝固体料层内部不断有气体凝华,孔隙率下降,将会形成致密的 UF$_6$ 堵塞段。

1.2 冷凝堵塞处理风险

UF$_6$冷凝导致的管道堵塞,处理较为困难。若采取切断供料源,拆开管道,进行人工疏通,处理过程有较大的泄漏风险,危害作业环境和人员健康。若直接加热堵塞段,当出现加热不均时,形成堵塞中段受热高于两端,中段冷凝的致密的 UF$_6$ 在受热过程中,可能形成固体 UF$_6$ 部分熔化,形成的液体与未熔化的固体一起填满堵塞中段空间。如图 2 所示。

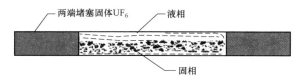

图 2　UF$_6$堵塞中段加热示意图

当 UF$_6$ 从固体到液体的转化过程中体积会发生膨胀,融化时密度约减少 25%。有研究表明[3],加热装填系数为 77% 的容器至 73 ℃ 时,容器内 UF$_6$ 形成如图 2 所示的固液并存的状态,在该温度下,产生的压力约为 20 MPa。因此,直接加热堵塞段,将产生极大的静压力,有冲破管道或连接的风险。

1.3 冷凝堵塞预防及处理措施

UF$_6$冷凝堵塞的预防措施首要的是要保障伴热,岗位 UF$_6$ 管道伴热采用自限温电伴热带,保障温度在安全限值内运行,且故障率低。管道伴热设置低温报警,当温度低于设定范围时,发出声光报警提醒操作人员。将 N$_2$ 吹扫管道与 UF$_6$ 管道接口移动到靠近气化罐出口的位置,确保进行 UF$_6$ 管道吹扫时不留"死角",在发生停电或管道伴热失效时,能够全面吹扫管道,减少管道残留,避免冷凝堵塞。

当管道出现 UF$_6$堵塞时,设置一套真空凝冻系统,用于抽取堵塞 UF$_6$,设备连接如图 3 所示。

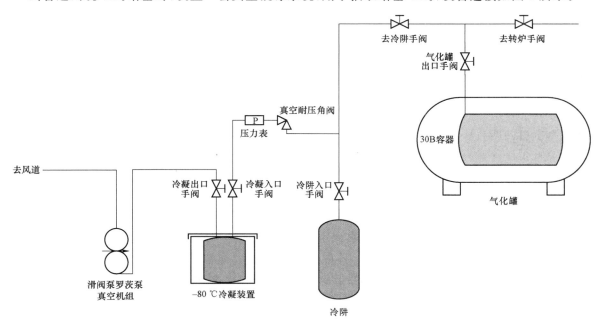

图 3　凝冻真空系统设备连接图

在 25 ℃时，UF_6 饱和蒸汽压为 15 kPa[4]，而该系统使用罗茨滑阀真空泵组可产生小于 20 Pa 的负压，即真空泵组产生的负压远低于常温下 UF_6 的饱和蒸汽压。若管道内发生堵塞，可使用该系统直接在常温下对堵塞的 UF_6 进行抽吸，抽吸的 UF_6 收集于 -80 ℃冷凝装置内，实现常温下处理 UF_6 堵塞的目的，避免加热或人工疏通带来的安全、辐射防护风险。

2 UF_6 管道腐蚀导致的堵塞

低碳钢常被被用于加工 UF_6 贮运容器及输送管道，因其受 UF_6 腐蚀形成保护膜而大大减少腐蚀。干法工艺使用 316 L 不锈钢管道输送 UF_6 气体，在常规使用条件下管道是耐 UF_6 腐蚀的。为达到干法工艺 UF_6 中高温气相水解的反应条件，要求 UF_6 进炉反应的温度较高，因此在 UF_6 管道上设置了管式加热器，加热器温度一般为 300～400 ℃。在实际工艺生产中，UF_6 管道加热处常出现堵塞，导致生产中断，严重影响生产线正常运行。

2.1 加热器处管道堵塞原因分析

各生产线 UF_6 管道加热处均出现不同程度的堵塞现象，清理出的堵塞物形态、颜色各异，形态多为块状、粉状，偶有晶体状，颜色也各不相同，绿色、灰白、黑色甚至蓝色。如图 4 所示。

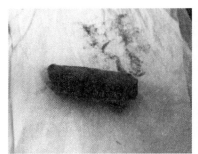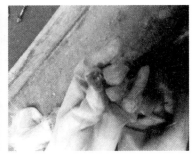

图 4 堵塞物形态图

对堵塞物取样分析 U 含量、水含量等，分析结果见表 1。

表 1 堵塞物取样结果

编号	U 总	四价铀	H_2O 含量	Fe 含量
1	69%	37%	1.5%	/
2	70.2%	40%	1.6%	7%左右
3	69.2%	35.8%	4.5%	/

注：堵塞物有一定的挥发性，故只进行了一次 Fe 含量检测。

从分析结果来看，分析的几次样品中均出现了四价铀，即 UF_6 被还原。从还原剂分析，可能的还原剂只有转化炉内氢气和管道含有的 Fe（管道材质为 316 L 不锈钢，含铁量在 60% 左右）。

UF_6 可以被 H_2 还原，但有研究表明，在温度低于 390 ℃时 UF_6 和 H_2 一般不发生相互作用，甚至在温度高于 500 ℃时反应仍较缓慢。这是由于该反应的活化能很高，让 H_2 分子断键变为活泼氢原子所需能量较大。

另外，加热器处若有氢气，只可能是从转化炉返进管道，炉内返气中 H_2 含量也必定非常少，不具备将大量 UF_6 还原的量，同时此还原反应需要很高的温度。而加热器处加热最高温度 400 ℃左右，管道内温度更低，不具备反应所需的温度条件。因此管道堵塞物中出现的四价铀的还原剂不是 H_2。

而 Fe 很容易与 UF_6 发生反应，管道内堵塞物含有大量的 U^{4+} 是由 UF_6 与管道所含有的铁反应生成，反应的生成物可能为 UF_4 和 FeF_3。生成 Fe^{3+} 的可能性更大的原因是，Fe^{2+} 还原性仍比较强，分析 UO_2 粉末中 U^{4+} 含量时就是使用 Fe^{2+} 对 U^{6+} 进行还原。因此，我们认为总反应方程式如下：

$$3UF_6 + 2Fe \longrightarrow 3UF_4 + 2FeF_3 \tag{1}$$

通过取样分析得到当四价铀含量为 40% 时，根据以上方程式算得，Fe 含量为 6.2%，这与表 1 取样分析数据偏差不大（若为 FeF_2 则 Fe 含量约为 16%），也进一步验证了加热器管道中发生此反应的可能性大，因此 UF_6 管道加热处的堵塞物为管道腐蚀产物。

2.2 加热器管道腐蚀原因分析

UF_6 会与输送管道内的 Fe 反应，但会形成致密的氟化物膜，会阻止管道的进一步腐蚀。因而，UF_6 管道腐蚀严重的原因在于反应所形成的氟化物薄膜不断被破坏。

氟化物成分主要包括 UF_4 和 Fe 的氟化物，要将其破坏，需要管道中可能存在的能与之反应的物质。30B 容器在供料结束时，UF_6 管道流量和压力低，转化炉进行反吹时炉压高，可能存在微量的炉内气体返入管道内。这些气体能够在高温下破坏氟化物薄膜的主要是水蒸气。

当管道内温度大于 100 ℃ 时，水蒸气会与 UF_4 相互作用发生水解反应：

$$UF_4 + 2H_2O \Longleftrightarrow UO_2 + 4HF \tag{2}$$

UF_4 与水蒸气反应生成 UO_2 和 HF 是一个可逆反应，该反应体系平衡的主要因素是温度和氟化氢的平衡分压[5]。随着氟化氢分压的升高，该反应将向不利于 UO_2 生成的方向转变。提高反应温度，将有利于 UF_4 的水解反应的进行。

基于以上分析，UF_6 输送管道形成的氟化物膜被破坏，需要以下两个条件：

（1）管道内存在水蒸气；

（2）管道的温度较高（低于 300 ℃ 时，反应不明显）。

管道内若出现水蒸气，最大的可能是炉内水蒸气返进管道，距离转化炉越近的管道内出现水蒸气的可能性越大；管道内温度最高的地方在加热器处。因此，同时满足两个条件的地方为超级加热器出口段。此段温度较高，离转化炉较近，发生腐蚀的可能性最大。

如图 5 所示，加热器处的同一根管道，加热器出口管道离转化炉入口近，炉内水蒸气返入可能性大，腐蚀较为严重。加热器入口管道离转化炉入口远，水蒸气返入可能性小，基本只有表面腐蚀，二者温度基本相同，均高于 300 ℃，但因水蒸气返入量多少不同呈现不同的腐蚀情况。加热器出口管道至转化炉之间还有一段同材质的管道，其离转化炉更近，返入水蒸气量更多，但基本无腐蚀，原因就在于其温度远远低于加热器处管道。以上 2 种现象充分说明了 UF_6 管道腐蚀所需的 2 个条件缺一不可。

(a)   (b)

图 5　加热器处管道出入口内腐蚀情况

(a)加热器出口管道内腐蚀情况；(b)加热器入口管道内腐蚀情况

在生产过程中，当 30B 处于正常供料步时，管道内充满 UF_6，管道压力较高，炉内水蒸气不会返进管道，且若有水蒸气返进管道也会优先与 UF_6 发生水解反应。因此加热器段的管道能接触到水蒸气时必然是 UF_6 输送管道压力不足且管道内 UF_6 含量少的时候。符合此情况的生产阶段为 30B 残料捕集时，此时 UF_6 流量低，且管道压力偏低（加热器前段压力为 6 kPa 左右），转化炉内的压力在尾气过滤管反吹时，炉压瞬时可能高于 5 kPa，炉内的水蒸气等气体可能返至加热器出口段。此时在加热器的高温作用下，管道形成的 UF_4 薄膜及管道内的 UF_6 发生水解反应，破坏薄膜，且生成的 HF 也会加速腐蚀的进行。

经过上述分析，我们认为堵塞物的成分可能包括 UF_4、FeF_3 或其结晶水合物，水解生成的 UO_2 和 UO_2F_2 以及少量的含 U、Fe 的其他化合物。其中 UF_4 为绿色晶体、FeF_3 根据其含水量不同颜色成浅绿色至蓝色，UO_2 为棕褐色或黑色。这也与平常观察到的堵塞物颜色符合，从侧面验证了推断的合理性。

2.3 腐蚀堵塞预防及处理措施

为减少管道腐蚀现象的发生，需从腐蚀反应机理着手，消除反应条件。腐蚀发生的条件主要包括还原剂 Fe 及破坏氟化物膜的水蒸气及管道加热的高温。为此采取以下措施：将加热器处 UF_6 输送管道由 316L 材质更换为蒙乃尔材质，蒙乃尔为铜镍合金，含铁量很少，耐 HF 和 UF_6 腐蚀；同时进一步优化赶残结束参数，减少管道内低流量、低压力的时间，严格控制赶残时的炉压，避免炉压的剧烈波动，减少管道内返水的可能性。管道加热器高温问题可在后续改造中使用电加热带加热替代，避免加热器集中高温加热加速腐蚀的进行。

自更换管道材质及加强赶残炉压控制后，生产线加热器处的 UF_6 管道未再次出现腐蚀现象，有效地解决了困扰干法线运行的疑难问题。

3 反应生成 UO_2F_2 堵塞

UF_6 极易水解，其反应为：

$$UF_6 + 2H_2O \longrightarrow UO_2F_2 + 4HF \tag{3}$$

干法工艺 UF_6 和水蒸气发生气相进料喷嘴采用二套管式，干法工艺在实际生产时进料喷嘴常常发生堵塞现象，堵塞现象的发生影响了设备的有效运行。喷嘴严重堵塞时见图 6，反应生成的氟化铀酰成坚硬块状，可能原因包括喷嘴水蒸气干燥度不足，形成 UO_2F_2 黏度较高，堵塞物较为致密，同时喷嘴出口处气态 UF_6 和水蒸气浓度高，导致两种物料雾化后在喷嘴处有效接触面积最大，在喷嘴处水解反应速度较快，生成的固体 UO_2F_2 容易黏附在进料喷嘴上而形成结块。

在生产中若管道连接处出现漏点，空气中水蒸气在漏点处与 UF_6 反应形成的 UO_2F_2 固体将被带入管道，UO_2F_2 固体在管道内沉积，将堵塞阀门、喷嘴。若有微量水汽由喷嘴返入管道，也可能在转炉入口管道手阀、软管处出现 UO_2F_2 固体堵塞。

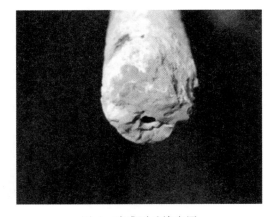

图 6 喷嘴严重堵塞图

预防 UO_2F_2 固体堵塞主要措施为在进料前对 UF_6 沿途管道进行漏率检测，管道内不进 UF_6 或 UF_6 压力低时使用氮气进行吹扫和置换，防止水蒸气进入管道与 UF_6 发生反应，同时在喷嘴入口水蒸气管道上加装汽水分离装置，提高水蒸气干燥度，对喷嘴进行仿真优化，使反应核心区远离喷口，减少喷嘴处形成 UO_2F_2 块状堵塞。

4 结论

（1）UF_6 冷凝堵塞管道若直接加热管道风险很大，通过改善管道吹扫，设置凝冻真空系统，能够有效减少管道残留，在常温下处理冷凝堵塞。

（2）UF_6 管道加热段出现腐蚀堵塞的原因为 316L 不锈钢管道在高温和存在水蒸气的情况下被 UF_6 腐蚀，更换管道材质从根本上解决管道腐蚀问题。

（3）管道内 UF_6 和空气中或转化炉内水蒸气反应生成的 UO_2F_2 也可导致管道或喷嘴堵塞，采取对管道进行检漏、氮气吹扫、水蒸气管道加装汽水分离器、喷嘴重新设计等方式可有效预防 UO_2F_2 堵塞。

参考文献：

[1] 周济人. 国外六氟化铀泄漏事故调研分析[J]. 辐射防护通讯,1992,5:23-29.
[2] 徐威. 8 L 容器内 UF_6 气体凝华传热过程的数值模拟[D]. 北京:清华大学工程物理系,2016.
[3] 王德义. 六氟化铀钢瓶受热时某些部件炸裂原因的分析[J]. 原子能科学技术,1987,21(4):504-507.
[4] 沈朝纯. 铀及其化合物的化学与工艺学[M]. 北京:原子能出版社,1991:241-242.
[5] 许贺卿. 铀化工转化工艺学[M]. 北京:原子能出版社,1994:74-75.

Analysis and solution of UF$_6$ gas pipeline blocking

ZHANG Yu-hang

(CNNC Jianzhong Nuclear Fuel Co., Ltd. Yibin Sichuan, China)

Abstract：IDR process uses UF$_6$ to produce UO$_2$ powder. The UF$_6$ gas is piped to the kiln. IDR conversion process uses stainless steel pipe to transport UF$_6$. When UF$_6$ condensation clogs the pipe, The pipe may burst when heating the middle part of the plug. The blocked UF$_6$ can be extracted at room temperature by ultra-low pressure vacuum pump with deep cold box. Under the condition of high temperature and water vapor, UF$_6$ pipes easy to form serious corrosion and plug pipes. Replacing the material effectively solves the problem. If there is water vapor in the UF$_6$ pipe, the reactants that will block pipe or nozzle. Leak detection and purge of the pipeline to reduce water vapor entering the pipe line and improve the dryness of water vapor will reduce blokage. The risk of UF$_6$ pipeline breach can be effective reduced and the frequency of repairs can be reduced by solving the pipe blockage.

Key words：UF$_6$；Pipeline；Blocking；Corrosion

中放泥浆处理技术路线的一些思考

郭倚天

（中核环保工程设计研究有限公司,北京 100083）

摘要:我国西南某核工业基地的许多大型放射性废液贮罐已经处于超设计寿期服役阶段,必须尽快对这些贮罐进行退役。随着退役治理专项工作的深入开展,部分贮罐也已进入退役实施阶段,但罐内底部残留的放射性泥浆能否有效地回取和妥善地处理极大制约了贮罐的退役拆除进程。中放废液贮罐内泥浆超铀核素放射性水平较高,达到了中放水平,导致中放贮罐退役面临更为复杂的情况。目前,我国尚无处理处置中放泥浆的方法。尽快明确中放泥浆的处理技术路线成为制定切实、可行的中放贮罐退役拆除技术方案的重要前提条件。本文通过调研国内外关于中放/α废物（泥浆）的处理技术现状和研究现状,分析并探讨了适合于西南某核工业基地中放废液贮罐内泥浆的处理技术方案。

关键词:核设施退役;放射性废物治理;中放泥浆;固化

前言

我国于 1990 年初启动了退役治理专项计划,经过 30 年的工作,退役治理专项工作成绩斐然,部分重要核设施退役进入拆除实施阶段,放射性废物治理工作正有条不紊地进行。随着退役治理专项工作的广泛深入开展,退役实施过程中也面临一些问题。比如,由于技术的革新、项目实施条件发生变化,需要对某些技术路线重新论证。以西南某核工业基地某罐区为代表的中放贮罐退役项目最为典型。贮罐内废液超期贮存后发现不溶的泥浆层,目前罐内废液及部分泥浆已陆续转入新建设施暂存、处理,极大程度上减轻了某罐区废液的安全贮存压力,但由于泥浆倒料系统的能力限制,某罐区各贮罐罐底仍残留一定的放射性泥浆,导致中放贮罐退役面临更为复杂的情况。因此,某罐区中放贮罐退役前必须重新审视和论证泥浆的处理技术路线,罐内物相能否有效地回取和妥善地处理极大制约了中放贮罐的退役拆除进程。

1 泥浆现状分析

西南某核工业基地中放废液是由热铀元件在生产堆后处理厂溶壳过程中产生的偏铝酸钠脱壳废液、溶剂洗涤废液的蒸残液和其他中放工艺废液混装组成。中放废液在长期贮存期间,产生了化学沉淀泥浆（以下简称泥浆）。泥浆（主要是铁盐）载带有相当高浓度的裂变产物和超铀元素,尤其是 α 核素的浓度比上层清液中的浓度高许多,超过 4×10^6 Bq/kg,达到中放水平。根据国家相关管理规定和标准,α 泥浆需中等深度处置。目前,我国尚无中等深度处理处置相关的标准和规定,亦无处理处置 α 泥浆的方法。尽快明确中放泥浆的处理技术路线成为制定切实、可行的某罐区贮罐退役技术方案的重要前提条件。此外,针对中放泥浆处理技术路线进行系统性的研究,进而对含泥浆核设施（如后处理厂和蒸残液贮罐）退役面对的共性问题提出解决思路,也是非常有现实意义的。

2 国内外 α 废物处理处置相关研究现状

2.1 α 废物介绍

各国家和组织关于 α 废物的描述并不相同（见表 1）。下文不再具体区分 α 废物、TRU 超铀废物和中放废物。

作者简介:郭倚天(1990—),男,硕士,工程师,现从事核设施退役与放射性废物治理治理相关工作

表 1　关于 α 废物的不同描述

国家/组织	名称	描述
IAEA	α 废物	含有一种或多种发射 α 射线的核素,其量或浓度超过了容许水平,这些核素可能是短寿命或延长寿命的
美国	TRU 废物	含原子序数大于 92,半衰期长于 20 a 的 α 核素,且比活度超过 3.7×10^6 Bq/kg
法国	长寿命中放废物	含半衰期长于 30 a 的 α 核素,其比活度超过 3.7×10^6 Bq/kg
英国	α 废物	钚污染废物
中国	α 废物	含半衰期长于 30 a 的 α 核素,其比活度超过 4×10^6 Bq/kg

2.2　国内外研究现状

笔者调研了国内外关于 α 废物(泥浆)的处理技术现状和研究现状。对于泥浆等具有弥散特性的废物需要将其转化为稳定的固化体,然后放入处置库中进行处置。对于 α 废物的处置,国际上普遍倾向于同乏燃料、高放废物进行深地质处置[1]。

2.2.1　国外 α 废物(泥浆)处理技术现状

国外 α 废物(泥浆)常见的且成熟应用的处理技术有水泥固化和玻璃固化。此外,沥青固化、聚合物固化、陶瓷固化和蒸汽重整-矿化也有文献报道。

表 2　α 废物(泥浆)的处理技术现状

技术路线	工程或研究应用情况	主要优点	主要缺点
水泥固化	美国处理超铀泥浆[2] 俄罗斯处理中放泥浆残渣[3] 英国处理中放泥浆[4]	材料易得、便宜;辐射稳定性好;设备和操作简单	废物包容率低、废物量大,导致处置成本高;放射性核素浸出率较高;中放废物固化体性能可能较差
聚合物固化	斯洛伐克处理 α 泥浆[5]	放射性核素浸出率较低;辐射稳定性好;设备和操作简单	材料较贵、配方要求严格;自身安全性较差;辐射稳定性比水泥固化体差
玻璃固化	美国处理超铀泥浆[6] 英国处理中放泥浆[7]	技术适用范围广(适用于任何浆料、泥浆或浓缩液体废物的处理);包容率较高,废物体积小;中放废物固化体性能优异;放射性核素浸出率低	设备和操作复杂;设施建造和运行费用高
陶瓷固化	德国处理 α 泥浆残渣[8] 英国处理模拟中放泥浆[9]	包容能力更强;耐热性和耐 α 辐照性能更优;放射性核素浸出率低	设施建造和运行费用高;技术成熟度还不高
蒸汽重整-矿化	美国处理高盐泥浆和含有机物的泥浆、法国处理硝酸盐泥浆[10]	包容率高,废物体积小;废物完全无机化;空腔笼式结构的天然优势使得矿化物比玻璃固化体更稳定、抗浸出率更高	设施建造和运行费用高;技术成熟度还不高
真空干燥	德国处理 α 泥沙/泥浆[11]	废物体积小;设备和操作简单;技术成熟	中间暂存状态,未形成稳定的固化体

2.2.2　国外 α 废物处置现状

国外对于含长寿命核素的 α 废物的处置,基于本国实际情况,均有不同考虑。从目前经验来看,多考虑为深地质处置。如法国、德国、加拿大等考虑与乏燃料一起进行深地质处置;比利时考虑与高放废液玻璃固化体一起处置;英国拟在敦雷地区建立一个中放废物处置设施;美国单独建设了废物隔离示范工厂(WIPP)处置军工产生的超铀废物。值得注意的是,WIPP 对废物的形态、强度、浸出性能并无任何要求;若货包正确,废物可以以未固化、半固态、塑料废物形式存在。因此在美国超铀废物处理领域,几乎不需将废物转化为固化体。仅受限于长途运输(大于 4 000 km)的要求,才强调减少超铀废物的体积。

2.3 国内 α 废物(泥浆)处理处置研究现状

α 废物(泥浆)处理研究方面,国内研究较少,且研究较为基础,距离工程应用还有很多研究需要开展。西南科技大学李江波等[12]针对模拟 α 泥浆进行了水泥固化配方研究(α 泥浆源项为:絮凝微滤中空纤维膜处理含 ^{241}Am 废水后产生的工艺残余物,Fe(OH)$_3$ 泥浆含水率 90 wt% 以上,泥浆中 ^{241}Am 平均比活度为 1.7×10^{10} Bq/kg)。不同包容率的配方均得到了性能指标满足国家处置规定要求的水泥固化体;兰州大学丁兴成[13]和中核四〇四侯永明等人[14]针对某反应堆工艺水池内的 α 泥沙/锈垢的去 α 化进行了技术研究,实验证明通过硝酸浸取-阳离子交换工艺是可行的。

α 废物(泥浆)处理工程应用方面,四〇四厂采用大体积浇筑水泥固化法处理含泥浆废液,将包容有废物的水泥浆直接灌浇于处置沟槽中,废物固化与处置为一体的处理工艺具有处理量大、无需包装、工序简单、成本较低的优点;八二一厂在汶川地震前开展过中放废液水力压裂工程,从 1996 年到 2006 年进行了 12 次热试车,成功完成了含泥浆中放废液的热试车注浆[15]。

α 废物处置方面,我国还处于研究起步阶段,目前还没建立中放/α 废物整备标准以及废物接收标准,中等深度处置库建设也未启动。

3 α 泥浆处理技术方案探讨

参考国内外 α 泥浆处理技术,将 α 泥浆处理技术路线归纳为三类并进行对比分析:α 泥浆干燥固结技术、α 泥浆固化技术、α 泥浆 FBSR 矿化技术。虽然 α 泥浆进行非 α 化预处理再进行常规整备处理符合退役活动中 α 最小化的原则和要求,但考虑到预处理工艺复杂,并不适合贮罐内 α 泥浆的处理;已工程化应用的大体积浇筑水泥固化法和水力压裂法对于核设施所在地理位置及工程屏障要求很高,故亦不再本次探讨范围内。

3.1 技术路线及方案

3.1.1 α 泥浆干燥固结技术方案

根据西南某核工业基地中放废液贮罐泥浆源项数据,泥浆中 α 核素主要富集在贮罐底部泥浆中。可以采用过滤的方法将泥浆和清液分离,并分别进行下一步处理:清液作为低放废液进行水泥固化;泥浆干燥降低其含水率,装入 HIC 中暂存(脱水的泥浆不经过固化处理就可以送去处置[16])。这样可实现中放废物和低放废液的分类处理与处置,固体废物作为中放废物待后续中等深度处置工艺技术、中等深度处置库接收标准成熟后在进行处置,废液作为低放废液进行处理处置,符合放射性废物最小化原则。

α 泥浆干燥固结工艺包括泥浆回取/输送及暂存、泥浆烘干、泥浆装桶和 HIC 二次包装四个步骤。贮罐内的中放泥浆经过管沟水力输送或中放泥浆回取装置至干燥设施的泥浆接收槽,接收槽内设置搅拌装置防止泥浆二次沉积。采用减压过滤的方式进行固液分离,完成过滤后,在专用干燥设备中对泥浆滤饼进行烘干干燥处理,烘干废物装 200 L 钢桶封盖后在 HIC 封装工位进行混凝土 HIC 二次包装,并在 α 废物暂存库暂存。本设施主要包括料液接收系统、过滤干燥系统、尾气净化系统、真空系统、辅助操作系统等。处理流程简图见图 1。

3.1.2 α 泥浆水泥固化技术方案

α 泥浆水泥固化处理处置分为四个步骤:泥浆回取/输送、泥浆暂存/调料、泥浆/废液混合后水泥固化处理、水泥固化体暂存和最终处置。西南某核工业基地在水泥固化科研及生产方面具有丰富的经验,可生产满足近地表处置要求或其他要求(如更高废物包容率)的水泥固化体,亦可选择桶外搅拌水泥固化或弃桨式桶内搅拌水泥固化两种方式。其中,水泥固化方式、配方(泥浆包容率)的不同和处置场的现状及接收限值要求,将会影响后续两步的技术方案。具体来说有两种方案,处理流程简图见图 2。

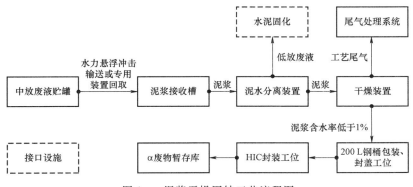

图1 α泥浆干燥固结工艺流程图

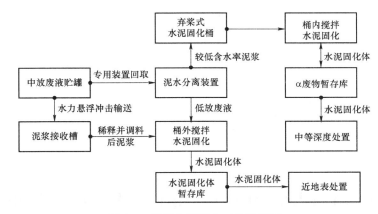

图2 α泥浆水泥固化工艺流程图

方案一:贮罐内的中放泥浆经过管沟水力输送至泥浆接收槽进行稀释和调料操作,接收槽内设置搅拌装置防止泥浆二次沉积,达到固化配方要求的超铀元素含量、泥浆包容率和pH等条件后,计量废液进入水泥固化线搅拌仓进行桶内搅拌水泥固化,初凝后的水泥固化体(低放废物)进入水泥固化体暂存库养护28天后送近地表处置场处置。

方案二:贮罐内的中放泥浆经中放泥浆回取装置至泥水分离装置,采用减压过滤的方式进行固液分离,过滤后的泥浆装400 L钢桶运至水泥固化线,进行弃桨式桶内搅拌水泥固化,此种固化方式对水泥固化厂房α屏蔽和通风系统要求较高,初凝后的水泥固化体(中放废物)进入α废物暂存库长期暂存,待中等深度处置库建成后送处。

3.1.3 α泥浆玻璃固化技术方案

玻璃固化技术处理高放泥浆已成功应用于美国萨凡纳河厂址,中放泥浆处理也已在英国塞拉菲尔德厂址得到实践。以一步法容器内玻璃固化(ICV)技术处理α泥浆为例,分为泥浆输送、泥浆进料、容器加热、容器冷却、容器卸出、玻璃固化体暂存和最终处置四个步骤。处理流程简图见图3。

3.1.4 α泥浆FBSR矿化技术方案

FBSR矿化技术对于处理成分和形态均匀的低热值废物(废树脂、橡胶、废液、硝酸盐废液和泥浆、废石墨等)适用性很强。α泥浆FBSR矿化工艺系统包括进料子系统、添加剂进料子系统、流化床系统、分离与过滤系统、热氧化器和气体洗涤装置、喷雾干燥器和尾气排放系统几部分组成。进料阶段,α泥浆经输送器或泵输送至流化床,同时将添加剂和过热蒸汽按比例通入流化床反应器。反应阶段,α泥浆/添加剂从流化床下部送入流化床反应器中,低压过热蒸汽从流化床反应器底部进入,使得α泥浆/添加剂在反应器内呈流化状态,在一定的条件下,α泥浆、过热蒸汽、添加剂、氧气在反应器中发生蒸汽重整反应。产品收集与尾气处理阶段,废气夹带着矿化产品经过旋风分离器和高温过滤器后,气固分离,矿化产品被收集到产品容器(HIC容器)中暂存,废气则进一步进入热氧化器和气体洗涤装置中进一步氧化和净化。处理流程简图见图4。

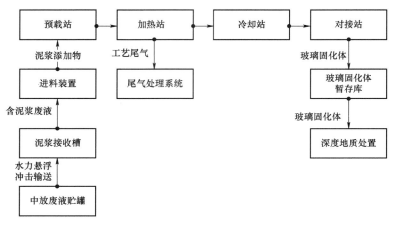

图3 α泥浆容器内玻璃固化工艺流程图

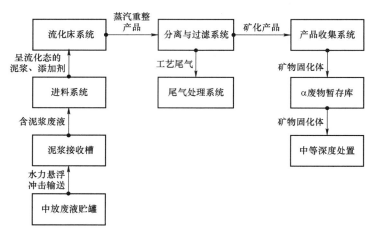

图4 α泥浆FBSR矿化工艺流程图

3.2 技术路线及方案对比

3.2.1 工艺优劣分析

干燥固结工艺:干燥固结技术在民用行业相对成熟,有较多的工程应用,近些年是应用于核电站处理放射性废树脂的新工艺技术,国内外应用于α泥浆的处理并不多见;从干燥固结技术本身角度,系统设计简单,运行操作也简单,但考虑到α泥浆的处理还需进一步开展工程验证,尤其是对于α核素的防护密封问题要审慎考虑。

水泥固化工艺:水泥固化技术非常成熟,国内外应用广泛,西南某核工业基地运行经验丰富,并已实现国产化;α泥浆处理工艺十分成熟,在国外已有多个成功案例;系统和设备简单,但α泥浆提取输送与水泥固化设施接口需要优化,水泥固化工艺条件、固化配方需要根据泥浆源项进行相关调整,以确保水泥固化体性能符合最终处置要求。

玻璃固化工艺:玻璃固化技术比较成熟,国外应用广泛,且国外已经开始商业化处理泥浆的进程;西南某核工业基地玻璃固化设施建成尚未投运,技术也未国产化,且处理α泥浆需进行专门的工艺条件和固化配方研究,以确保玻璃固化体性能符合最终处置要求;引进容器内玻璃固化技术处理泥浆等特殊废物存在一定的风险,系统和设备较为复杂,容器的耐高温性和尾气处理要求很高。

FBSR矿化工艺:FBSR矿化技术在石化领域相对成熟,在放射性废物处理领域的应用历史较短,国内外应用于α泥浆的处理并不多见;从FBSR矿化技术本身角度,系统和设备较复杂,还需进一步开展α泥浆处理工程验证。

3.2.2 减容性及废物产量分析

根据西南某核工业基地中放废液贮罐泥浆源项数据,泥浆含水率在30%～60%不等。假定干燥前的泥浆平均含水率按50%,干燥后的泥浆平均含水率按1%考虑;湿泥浆平均密度按1.24 g/cm³考虑,则干泥浆平均密度为$0.5÷0.99÷(1÷1.24-0.5÷1+0.5×0.01÷1)=1.62$ g/cm³。通过计算,α泥浆干燥后的减容比为$1÷(1.24×0.5÷0.99÷1.62)=2.59$,200 L钢桶填充率按90%考虑,200 L钢桶用260 L混凝土HIC容器(CED-I型)二次包装过程体积增加,增容比为1.3,则通过干燥固结处理α泥浆的减容比为1.80,每方α泥浆将产生2.15个HIC废物货包。

对于水泥固化,不同的包容率及处置场接收限值将影响增容比及水泥固化体产生量。具体来说:(1)若以飞凤山处置场一期工程接收限值,水泥固化体单个货包超铀核素比活度不超过$3.7×10^5$ Bq/kg,西南某核工业基地水泥固化体使用400 L钢桶,固化体密度约为1.85 g/cm³,填充率为90%,经计算每个废物包的超铀核素不超过$2.46×10^8$ Bq。若再合理预估实际生产过程中的源项差异、泥浆混合效率、取样分析误差、安全裕量等生产控制因素,α泥浆通过水泥固化处理增容比为16.9～23.8,每方α泥浆将产生47～66个400 L废物货包;根据中放废液贮罐内超铀核素总量计算,按每桶处理废液(含泥浆)200 L计算,则为处理α泥浆将引入近万方低放废液。(2)若采用400 L弃桨式桶内搅拌水泥固化,根据已有配方研究基础,湿泥浆包容率可达35%,固化材料采用高致密固化材料,固化体密度约为2 g/cm³,填充率为80%,湿泥浆平均密度按1.24 g/cm³考虑,经计算每个水泥固化体可包容泥浆224 kg,若再合理预估实际生产过程中的源项差异、泥浆混合效率、取样分析误差、安全裕量等生产控制因素,α泥浆通过水泥固化处理增容比为1.77～1.90,每方α泥浆将产生5～6个400 L废物货包;根据中放废液贮罐内超铀核素总量计算,按每桶处理废液(含泥浆)200 L计算,则为处理α泥浆将引入近百立方米低放废液。

对于玻璃固化和FBSR,可实现高效减容。预计玻璃固化处理α泥浆的减容比为8～10,FBSR处理α泥浆的减容比可达5～15。初步估算每方α泥浆将产生0.82个玻璃固化产品(170 L玻璃固化产品容器)、0.43个矿化产品(260 L矿化产品HIC容器)。

3.2.3 安全性及产品最终处置分析

除了α泥浆干燥固结方案得到的产品为中间暂存状态,未形成稳定的固化体,安全性相对较差,α泥浆进行固化和矿化处理得到的产品可以最终处置,安全性相对较好。相较于水泥固化体存在核素浸出率高、固化体遇水可能胀裂或破损等缺点,玻璃固化最终产物为玻璃体,产品结构稳定,核素包容性好;FBSR最终矿化产物存在笼式或环状晶体结构,比玻璃固化体的亚稳定性准晶体结构更具有稳定性,核素包容性更优异[10]。

3.2.4 经济性分析

技术的经济性,既要考虑废物处理单价,还要考虑应用前期投入建造成本、后期运输和处置等成本。同时对于新建设施工期和废物处理周期的估算也要统筹考虑。从各处理技术工程设施造价和西南某核工业基地现技术储备及条件等方面综合分析处理α泥浆的经济性,相关数据参考上报或批复的项目建议书/设施运行实施方案、国内外商务报价和国内外类似工程。

对于干燥固结技术涉及的费用:预计倒料系统或泥浆回取装置0.16亿元、泥浆干燥设施建设费用1.3亿元、α废物暂存库建设费用1.5亿元、泥浆干燥运行费用(含HIC容器)1亿元、α废物暂存库运行按30年考虑(鉴于中等深度处置场建设尚未选址)0.6亿元、中等深度处置费用20万元/m³、运输费2万元/m³,干燥后产生的废液处理处置费用暂不考虑,总费用约5.35亿元;该技术方案周期约33年。

对于水泥固化技术涉及的费用分两种情况。(1)送近地表处置:预计倒料系统0.4亿元、水泥固化线运行费用1.4万元/桶、近地表处置费用0.8万元/m³,总费用约6.62亿元;该技术方案周期约7.5年。(2)送中等深度处置:预计泥浆回取装置0.16亿元、泥浆泥水分离装置0.1亿元、α废物暂存库建设费用1.5亿元、水泥固化线运行费用1.4万元/桶、α废物暂存库运行按30年考虑(鉴于中等深度处置场建设尚未选址)0.6亿元、中等深度处置费用20万元/m³、运输费2万元/m³,总费用约6.28亿元;该技术方案周期约33年。

对于玻璃固化处理技术涉及的费用:预计倒料系统0.4亿元、容器内玻璃固化设施报价预计3.5亿元、玻璃固化线运行费用130万元/m³(含玻璃固化体暂存库运行费用,预计暂存50年),深地质处置费用暂不考虑,总费用约12.22亿元;该技术方案周期约55年。

对于FBSR处理技术涉及的费用:预计倒料系统0.4亿元、FBSR设施报价预计5亿元、α废物暂存库建设费用1.5亿元、FBSR运行费用50万元/m³,α废物暂存库运行按30年考虑(鉴于中等深度处置场建设尚未选址)0.3亿元、中等深度处置费用20万元/m³、运输费2万元/m³,总费用约10.56亿元;该技术方案周期约35年。

3.3 综合评价

通过对α泥浆干燥固结、固化和矿化处理技术的工艺、废物减容性、安全性和经济性等方面进行综合分析,每类技术都有其自身的优缺点和适用范围。其中水泥固化技术具有工艺简单、性能稳定、经济性较好的优势,但存在废物增容的劣势。(1)受飞凤山处置场超铀核素接收限值的约束,采用α泥浆稀释再水泥固化的工艺方案将引入上万方低放废液。若从西南某核工业基地退役治理总体进度分析,该基地在未来五年内,低放废液的盘存量不能满足α泥浆固化的需求,且飞凤山处置场超铀核素上限和现有库容也无法满足α泥浆的处置需求,需考虑同步启动飞凤山处置场二期工程。(2)采用弃桨式桶内搅拌水泥固化处理α泥浆,虽然可获得较大的泥浆包容率(35%),使产生的水泥固化体总量减少90%,但产生的中放水泥固化体需新建α废物暂存库进行中转,且在中等深度处置标准不明确的情况下,水泥固化体能否满足中等深度处置的相关要求还是一个未知数。

相比于传统的水泥固化技术,玻璃固化和FBSR矿化技术处理α泥浆在废物减容、长期稳定性和安全性等方面有一定优势,国外也有相关的工程实践经验。但这国内尚无这两项技术的开发能力和条件,若从国外引进技术,也面临工程验证尚需深入研究、处置标准不明确、工程造价高等问题。但从长远来看,FBSR矿化技术的成熟可靠性、高安全性、优异的减容效果有望成为放射性废物中等深度处置潜在废物整备技术。

尽管α泥浆干燥固结技术的成熟度、废物减容性、安全性和经济性适中,但由于得到产品为中间暂存状态,未形成稳定的固化体,后续存在二次回取和整备的风险。

4 结论和建议

针对中放泥浆处理和处置,水泥固化、玻璃固化、流化床蒸汽重整-矿化技术均为可行的技术,综合考虑技术成熟度、废物减容性、安全性及产品最终处置、工程造价和建设周期等经济性因素,优先推荐水泥固化技术,但是选择水泥固化处理中放泥浆不可避免地造成废物增容,不符合放射性废物最小化的原则,引入大量废水、大量固化体暂存与转运对水泥固化线生产和处置场库容造成的压力也不能忽视。同时,玻璃固化及流化床蒸汽重整-矿化技术均为可行的方案,减容效果较好,且后两者产生的固化体/矿化体性能更加稳定,有利于长期处置。最后值得一提的是,对中放泥浆进行干燥暂存虽然不符合处置的要求,但是可以快速消除泥浆贮罐安全隐患,以及规避当前中放废物整备标准不确定导致的技术风险,也不失为一种行之有效的方法。故此,适时开展飞凤山处置场二期工程建设,加快中等深度处置库的研究及建设审批,完善中等深度处置接收标准,促进我国中放/α废物的处理处置技术发展,推动相关标准制定和管理体系建设,还是迫在眉睫的。

参考文献:

[1] Donald E. Saire. 世界放射性废物管理现状(译文)[J]. 国际原子能机构通报,1986.

[2] Prignano A L. Example of a Risk-Based Disposal Approval:Solidification of Hanford Site Transuranic Waste-8180 [R]. Hanford Site HNF,2007.

[3] Sukhanov L P,Zakharova K P,Naumenko N A,et al. R&D on Cementation of Pulp with Complex Physical and Chemical Composition Stored in Tanks at the Mining Chemical Combine[M]. Springer New York,2013.

[4] Phillips C,Houghton D,Crawford G. The Use of Transportable Processing Systems for the Treatment of Radioactive Nuclear Wastes[C]. The 34 th Annual Waste Management Conference & Exhibition. 2008.

[5] Majersky D,Sekely S,Katrlik J. Characterization and Treatment Experience of TRU Sludges During Decommissioning NPP A-1 in Slovak Republic[C]. International Conference on Radioactive Waste Management and Environmental Remediation. 2003,37327:251-257.

[6] R. D,Spence,and,et al. Laboratory stabilization/solidification of surrogate and actual mixed-waste sludge in glass and grout[J]. Waste Management,1999.

[7] Walling S A,Kauffmann M N,Gardner L J,et al. Characterisation and disposability assessment of multi-waste stream in-container vitrified products for higher activity radioactive waste[J]. Journal of Hazardous Materials,2020,401.

[8] Loida A,Kahl N. Solidification of TRU-wastes by embedding into an aluminium-silicate based ceramic matrix[M] Ceramic transactions. 1990.

[9] Heath P G,Stewart M,Moricca S,et al. Hot-isostatically pressed wasteforms for Magnox sludge immobilisation [J]. Journal of Nuclear Materials,2018,499:233-241.

[10] Jantzen C M. Mineralization of radioactive wastes by fluidized bed steam reforming(FBSR):Comparisons to vitreous waste forms,and pertinent durability testing[J]. SRNL,Aiken,SC,2008.

[11] Pfeifer W. Treatment,Conditioning and Packaging of Low and Medium Level Radioactive Wastes at the Karlsruhe Nuclear Research Center[C]. 1988 DOE MODEL CONFERENCE PROCEEDINGS. 1988:254.

[12] 李江波. 含镅-241 低放泥浆的水泥固化研究[D]. 西南科技大学,2007.

[13] 丁兴成. 801 堆水池锈垢非 α 化研究[D]. 兰州大学,2002.

[14] 侯永明,景顺平,韩建平. 801 堆水池 α 泥沙非 α 化工程处理技术研究[C]. 全国核化学化工学术交流年会论文集. 2004:19-25.

[15] 胡蓉. 浅谈中放废液泥浆提取与输送技术[C]. 放射性废物处理处置学术交流会论文集. 2007.

[16] 罗上庚. 谈谈高整体容器[J]. 核安全,2009(4):9-15.

Some considerations on the choice of technical route of the intermediate-level sludge treatment

GUO Yi-tian

(China Nuclear Environmental Protection Engineering Co.,Ltd,Beijing,China)

Abstract:In Southwest China Nuclear Industrial Base many large-scale radioactive liquid waste tanks have been kept in service far longer than originally design intended,and these tanks must be decommissioned as soon as possible. As the decommissioning work going on,some tanks have entered the decommissioning implementation stage,however,whether the residual radioactive sludge at the bottom of the tanks can be effectively retrieved and properly treated greatly restricted the process of decommissioning and dismantling of these tanks. Transuranic nuclides are detected in the sludge in the bottom of tanks,with the intermediate radioactivity level. As a result,the situation of these tanks decommissioning became more and more complicated. At present,there is no method to handle the treatment and disposal of intermediate-level sludge in China,and it is necessary to choose the reasonable technical route as soon as possible,which is the important prerequisite to formulate a practical and feasible technical plan for the decommissioning and dismantling of intermediate-level liquid waste tanks. In this paper, by investigating the research status on the treatment technology of intermediate-level waste, the alpha-sludge treatment technology suited to the tanks located in Southwest China Nuclear Industrial Base is analyzed and discussed.

Key words: Decommissioning of nuclear facilities; Radioactive waste treatment; Intermediate-level sludge; Solidification

流化床在硝酸铀酰溶液脱硝反应中的应用研究

陈　　静，李　　力，王　　冬，纪雷鸣

（中国核电工程有限公司，北京 100840）

摘要： 硝酸铀酰脱硝转化是乏燃料后处理厂制备铀产品的关键环节，流化床是典型的干法脱硝工艺设备。本文通过对硝酸铀酰溶液脱硝反应的现场试验，研究了硝酸铀酰溶液浓度、进料流量、流化气流量、反应温度、雾化气温度等不同操作参数对流化床运行的影响以及对 UO_3 产品指标的影响，获得了流化床稳定运行的操作参数。试验结果表明，流化床系统操作弹性大，在较宽的硝酸铀酰料液浓度、进料流量、流化气流量范围内均可稳定运行。脱硝反应的温度控制在 300 ℃左右可保证流化床稳定运行。适当提高雾化气温度可有效避免喷嘴环隙轻微堵塞情况。另外，流化床所生产出的 UO_3 总铀质量分数大于 82%，水分质量分数小于 0.04%，硝酸根质量分数小于 0.6%。

关键词： 流化床；硝酸铀酰；脱硝反应

引言

乏燃料后处理厂的铀产品一般是三氧化铀，由硝酸铀酰分解脱硝制得。硝酸铀酰转化是后处理厂最终制备铀产品的关键环节，国内外对此都进行了大量的研究[1,2]。硝酸铀酰脱硝主要分为干法和水法两种，而干法脱硝根据最终产品形态又分为一步法、两步法等[3]。相比而言，水法脱硝存在严重的三废问题，因此绝大多数的后处理厂选择采用干法脱硝制备铀产品。硝酸铀酰干法脱硝中，两步法为先脱硝制备 UO_3 产品，再用 H_2 还原成 UO_2；而一步法则直接在脱硝过程中加入氢气还原制备 UO_2。相比较一步法脱硝还原直接获得 UO_2，两步法中先脱硝制备的 UO_3 产品性能更加稳定，适合贮存或作为厂间交换的产品；装置安全性能高，可降低运行费用；尾气成分相对较单一，便于处理[4]。

脱硝流化床是典型的干法脱硝工艺设备，具有传热与传质性能优良、设备生产能力大、机械设备简单、产品质量好、适于集中控制易实现连续操作等优点，且在多国后处理工程上都有应用。本文基于我国乏燃料后处理厂工程目标，在新型脱硝流化床反应器中探究了硝酸铀酰溶液浓度、进料流量、流化气流量、反应温度、雾化气温度等不同操作参数对流化床运行的影响以及对 UO_3 产品指标的影响，从而为脱硝流化床在我国后处理厂工程中的应用提供理论依据。

1　试验部分

1.1　反应原理

硝酸铀酰脱硝的化学过程实际上是六水硝酸铀酰的热分解反应，按下式进行：

$$UO_2(NO_3)_2 \cdot 6H_2O \longrightarrow UO_3 + 2NO_2 + 1/2O_2 + 6H_2O$$

硝酸铀酰开始分解温度为 188 ℃。分解作用在 200～350 ℃之间分两步进行，第一步生成水合物。两个反应都是一级反应，整个反应由第二步控制。只要供应足够的热量，完成脱硝反应是十分迅速的。

1.2　试验流程

硝酸铀酰流态化脱硝的试验流程如下：调好料的硝酸铀酰溶液自供料槽经计量泵定量输送至流化床进行脱硝，进料管线用热水套管进行保温。流化床开车之前，先通过上部加料口充入一定量的 UO_3 粒子，经加热器预热后的流化气从流化床底部经气体分布板进入流化床中，使床内粉末处于流化

作者简介：陈静（1987—），女，山西大同人，工程师，硕士研究生，现主要从事核化工设计工作

状态。然后,硝酸铀酰料液经位于流化床侧壁的气液双流体雾化喷嘴喷入床内,流化床内部安装有电加热棒,保持床内温度在300 ℃左右。雾化喷嘴的雾化性能至关重要,它直接影响流化床床内物料的流化状态以及产品指标[5,6]。喷入床内的硝酸铀酰料液在300 ℃下经干燥脱硝后生成UO_3固体颗粒,每隔一段时间从下卸料口卸出一部分UO_3产品以保证床内料面的动态平衡[7],卸下的UO_3产品通过螺旋输送机送往产品桶进行储存。流化床内尾气经过滤器过滤后排出,过滤管需定期用预热后的压空进行反吹,防止粉尘堵塞过滤管。流化床出来的尾气分别进入脱硝冷凝器、脱硝冷却器和淋洗塔进行冷却和淋洗处理,冷却下来的冷凝液收集在脱硝冷凝液接收槽,并通过计量泵输送至淋洗塔进行尾气淋洗。试验流程图如图1所示。

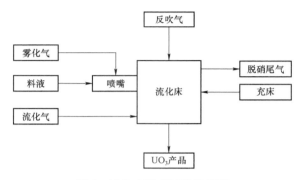

图 1 流化床脱硝试验流程图

本文中新型流化床反应器的设计是基于我国乏燃料后处理厂工程应用为目标,在前期初步方案设计和数值模拟的基础上,优化了各系统设备及工艺方案,细化了流化床脱硝系统工艺流程,开展了流化床及系统配套设备的设计和加工。为了验证脱硝流化床系统运行的稳定性、工艺操作参数的合理性以及仪表检测及控制系统的可靠性,搭建了脱硝流化床冷铀试验台架,进而开展相关验证试验。冷铀试验台架现场情况如图2所示(局部)。流化床冷铀试验台架中包含流化床反应器、供料设备、供气设备、尾气冷凝冷却设备、废液接收设备等。

图 2 流化床试验台架

2 结果与讨论

此次脱硝流化床冷铀试验过程中,进行了多次的硝酸铀酰进料试验,其中包含工艺条件试验以及长周期连续运行试验。工艺条件试验中考察了料液浓度、进料流量、反应温度、流化气流量、雾化气温度的影响。

2.1 进料铀浓度影响

本文考察了不同进料铀浓度对 UO_3 产品技术指标的影响,在 $400 \sim 1\,000\ gU/L$ 铀浓度范围内 UO_3 产品的技术指标如表 1 所示。结果表明,随着进料铀浓度的增加,UO_3 产品中粒径大于 $150\ \mu m$ 的粉末明显增多,小粒径粉末明显减少,表明料液浓度越大,越有利于粒子的长大。前期喷嘴模拟料液雾化试验结果表明,雾化后的液滴粒径在 $40\ \mu m$ 左右,试验中产生的大部分 UO_3 粉末粒径都大于 $40\ \mu m$,表明硝酸铀酰料液脱硝过程中料液液滴不断包覆在先前生成的 UO_3 粒子上而生成最终的 UO_3 粉末。另外,随着进料铀浓度的增加,水含量也有所减少,硝酸根含量有所增加,这源于料液中水分含量减少,硝酸铀酰含量增加。不同料液浓度下,UO_3 产品比表面积和总铀质量分数变化无明显差别。上述反应条件下 UO_3 产品的总铀质量分数均大于 82%,水分的质量分数均小于 0.08%,硝酸根质量分数均小于 0.6%。

表 1　不同铀浓度下 UO_3 产品技术指标

条件变量	粒径百分比/%			比表面积/ (m²/g)	水分/ %	总铀质量/ %	硝酸根/ %
	>150 μm	25～150 μm	<25 μm				
料液 400 gU/L	2.13	70.8	27.2	0.22	0.08	82.39	0.50
料液 550 gU/L	29.4	64.4	6.14	0.23	0.03	82.39	0.52
料液 800 gU/L	20.3	73.2	6.42	0.22	0.02	82.32	0.59
料液 1 000 gU/L	21.7	74.2	4.10	0.23	0.03	82.39	0.55

料液浓度对流化床供料管路的通畅性也有影响,随着进料铀浓度的增加,料液结晶的可能性增大,一旦进料管路保温能力下降或者料液流动性降低,料液极易发生结晶而导致供料管路堵塞。现场试验结果表明,在料液浓度较高时,保证供料管路温度在 $85\ ℃$ 以上可有效防止料液结晶。另外,料液浓度对尾气系统中脱硝冷凝液生成量产生直接影响,料液浓度越高,料液中含水量就越少,进而脱硝冷凝液生成量也越少。

2.2 进料流量影响

为了探究不同进料流量对 UO_3 产品指标的影响,本文以流化床的设计进料流量为基础,在设计流量的 $70\% \sim 120\%$ 范围内进行了脱硝反应。脱硝反应中生成的 UO_3 产品的技术指标如表 2 所示。结果表明,随着硝酸铀酰进料流量的增加,UO_3 产品粒径有波动,但并无明显的规律变化。不同进料流量下的 UO_3 产品比表面积、水含量、总铀质量分数无明显差别。所有进料流量条件下 UO_3 产品的总铀质量分数均大于 82%,水分的质量分数均小于 0.04%,硝酸根质量分数均小于 0.6%。

表 2　不同进料流量下 UO_3 产品技术指标

条件变量	粒径百分比/%			比表面积/ (m²/g)	水分/ %	总铀质量/ %	硝酸根/ %
	>150 μm	25～150 μm	<25 μm				
70%设计流量	21.7	74.2	4.1	0.23	0.03	82.31	0.52
100%设计流量	18.9	75.9	5.2	0.22	0.03	82.27	0.51
120%设计流量	29.4	66.3	4.3	0.22	0.04	82.33	0.56

进料流量的大小直接影响着流化床的处理能力。流化床试验运行期间,采用间隙卸料方式,将床层压差维持在特定范围内,即床层压差达到范围上限后,开启螺旋输送机进行卸料,当床层压差降低至范围下限后,关闭螺旋输送机,完成卸料。随着进料流量的增大,床层压差增长加快,进而卸料时间间隔相应缩短。

另外,随着进料流量的增加,尾气处理量相应增加,脱硝尾气冷凝液的酸度逐渐增大。尾气处理系统中换热器不凝气出口和冷凝液出口实际温度均小于 40 ℃,换热效果良好,满足设计要求。

2.3 反应温度影响

试验过程中流化床电加热器系统控温效果良好,床内喷嘴附近温度在设定温度的±4 ℃范围内波动。试验过程中流化床内反应段温度分布均匀,自喷嘴上部至加热棒底部各测点温差在 3 ℃以内,并且电加热棒运行正常,未出现加热棒底部窝热的情况,上述结果表明流化床内 UO_3 颗粒流态化良好。

不同反应温度条件下,脱硝反应中生成的 UO_3 产品的技术指标如表 3 所示。结果表明,随着反应温度的增加,UO_3 产品的技术指标无明显差别。300~330 ℃反应温度条件下,UO_3 产品的总铀质量分数均大于 82%,水分的质量分数均为 0.03%,硝酸根质量分数均小于 0.6%。

表 3　不同反应温度下 UO_3 产品技术指标

条件变量	粒径百分比/%			比表面积/ (m²/g)	水分 /%	总铀质量 /%	硝酸根 /%
	>150 μm	25~150 μm	<25 μm				
300 ℃	27.6	68.1	4.3	0.22	0.03	82.31	0.53
320 ℃	21.7	74.2	4.1	0.23	0.03	82.39	0.55
330 ℃	21.8	73.3	4.9	0.21	0.02	82.23	0.52

现场试验过程中,为防止喷嘴中料液结晶堵塞,在喷嘴上设置了冲洗酸入口,在喷嘴出现堵塞征兆后可及时通入冲洗酸进行清堵。本文探究了喷嘴进冲洗酸和进料状况与床内温度的关联性,如图 3 所示。图中 T1 为流化床扩大段温度测点,T2 为流化床过渡段温度测定,T3~T7 为流化床反应段自上而下温度测点。当往喷嘴中通入冲洗酸后,床内反应段温度迅速下降,同时流化床过渡段温度 T2 迅速上升。在保持进酸的情况下,往喷嘴中通入硝酸铀酰料液,当料液进入到流化床内时,床内反应段温度下降更快,温度变化趋势出现拐点,之后,床内温度逐步趋于稳定,流化床内扩大段和过渡段温度也趋于平稳。因此,从上述喷嘴进酸和进料时床内温度变化趋势可以判断冲洗酸和硝酸铀酰料液是否真正进入了流化床,从而判断喷嘴是否正常,有无堵塞。

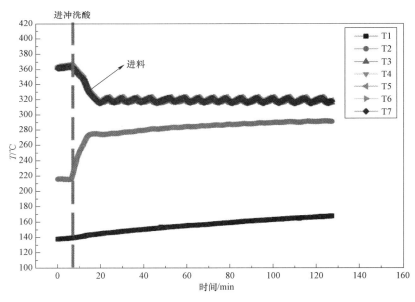

图 3　流化床进酸和进料过程中床内温度变化

2.4 流化气流量影响

流化气流量对床内流态化效果起着重要的作用。测定流化床冷态条件下的流态化曲线,可得到流化床起始流化速度。在测定流态化曲线的过程中,开启流化床外加热器,保持床内温度在 150 ℃ 左右(防止床内 UO₃ 粉末因温度过低而吸收结块),在流化床设计流量的 20％～160％ 范围内,依次由低到高调节流化气流量,再由高到低调节流化气流量,测定不同流化气流量下床层压差,据此绘制流化床冷态条件下的流态化曲线(包括上行和下行两条曲线)。试验过程中的冷态流态化曲线如图 4 所示。试验结果表明,在流化气流量设计范围内,流化床床层压差起初增长缓慢,随着流化气流量的进一步增加,床层压差稳步升高,上升过程中并无明显的拐点,流态化状态良好,表明流化床流化操作弹性大。为了能够清晰的观察流化床内物料流态化情况,设计中在流化床反应段设置了窥视窗。在流化气流量一定的情况下,床内 UO₃ 粉末的料面并非稳定在某一高度,而是在小范围内上下波动。随着流化气流量的不断增加,床内 UO₃ 粉末的料面高度也随之增加。

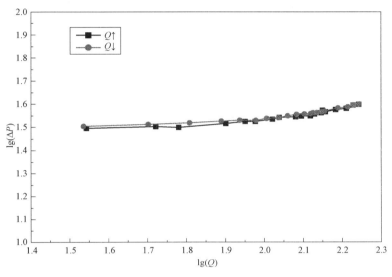

图 4　流化床流态化曲线

不同流化气流量条件下,脱硝反应中生成的 UO₃ 产品的技术指标结果表明,随着流化气流量的逐渐增加,粒径大于 150 μm 的 UO₃ 产品粉末占比显著减少,这可能缘于流化气流量增加导致床内 UO₃ 颗粒运动加剧,颗粒之间的摩擦剧烈,导致大颗粒粉末占比减少。另外,不同流化气流量条件下,UO₃ 产品比表面积、水含量和总铀质量分数无明显差别。上述流化气流量条件下,UO₃ 产品的总铀质量分数均大于 82％,水分的质量分数小于 0.04％,硝酸根质量分数均小于 0.6％。

2.5　雾化气温度的影响

雾化气温度对喷嘴正常运行有较大的影响。当雾化气温度较低时,在喷嘴中心孔料液与雾化气相遇的位置易出现环隙轻微堵塞的情况,这可能缘于料液从喷嘴喷出后,由于喷嘴出口温度较低,流化床内的 UO₃ 颗粒在喷嘴处吸收料液中的水分而发生轻微的结疤。随着雾化气温度的升高,料液中的水分在喷嘴出口迅速汽化,减少了 UO₃ 颗粒吸湿结疤的概率,使得喷嘴环隙轻微堵塞的情况显著改善,因此,在硝酸铀酰料液分解温度以下,适当的提高雾化气温度能有效避免喷嘴环隙轻微堵塞情况。

不同雾化气温度条件下,脱硝反应中生成的 UO₃ 产品的技术指标结果表明,随着雾化气温度的升高,UO₃ 产品技术指标并无明显差别:UO₃ 产品的总铀质量分数均大于 82％,水分的质量分数小于等于 0.04％,硝酸根质量分数均小于 0.6％。

3　结论

本文通过对硝酸铀酰溶液脱硝反应的现场试验,探究了硝酸铀酰溶液浓度、进料流量、流化气流量、反应温度、雾化气温度等不同操作参数对流化床运行的影响以及对 UO₃ 产品指标的影响,获得了流化床稳定运行的操作参数,对脱硝流化床系统在我国后处理厂工程应用上具有积极意义,本文主要结论如下：

（1）脱硝流化床系统的操作弹性大,在 400～1 000 gU/L 的硝酸铀酰料液浓度、70％～120％设计进料流量、20％～160％设计流化气流量以及 300～330 ℃反应温度范围内均可稳定运行;

（2）流化床在较大的操作弹性下均可生产出满足指标要求的 UO_3 产品,其中 UO_3 产品的总铀质量分数大于 82％,水分的质量分数小于 0.04％,硝酸根质量分数小于 0.6％;

（3）在硝酸铀酰料液分解温度以下适当的提高雾化气温度可有效避免喷嘴环隙轻微堵塞情况。

参考文献：

[1] 姜圣阶,任凤仪.核燃料后处理工学[M].北京:原子能出版社,1995.
[2] 刘马林.化工流化床技术在铀燃料循环工业中的应用[J].化工进展,2013,32(3):508-514.
[3] 江亦平,周永平,高云程.硝酸铀酰溶液流化床脱硝还原制取氧化铀[J].核科学与工程,1981,1(1):84-95.
[4] 熊佳丽,纪雷鸣,刘泽康,胡彦涛.硝酸铀酰干法脱硝制备氧化铀工艺研究[J].当代化工,2019,48(5):1036-1039.
[5] 李铮.流化床喷嘴雾化可靠性仿真分析[J].现代机械,2016,6:36-40.
[6] 刘海军,吴华.核燃料后处理中硝酸铀酰雾化特性的数值模拟研究[J].节能技术,2016,34(1):3-12.
[7] 朱长兵,崔玉林,石秀高.硝酸铀酰脱硝流化床运行控制研究[J].核科技进展,217-226.
[8] 胡彦伟.脱硝流化床内流动特性及脱硝反应的模拟研究[D].哈尔滨:哈尔滨工业大学,2013.

Application of fluidized bed in the denitration reaction of uranyl nitrate solution

CHEN Jing,LI Li,WANG Dong,JI Lei-ming

(China Nuclear Power Engineering Co.,Ltd,Beijing,China)

Abstract：The conversion of uranyl nitrate is a key link in the preparation of uranium products in the reprocessing process of spent fuel,and the fluidized bed is a typical equipment in dry denitration process. In this paper,through the field test of the denitration reaction of uranyl nitrate,the influence of different operating parameters such as the concentration of uranyl nitrate solution,feed flow rate, flow rate of fluidizing gas,reaction temperature and the temperature of atomizing gas on the operation of the fluidized bed and the UO_3 product index were obtained. The test results show that the fluidized bed system has large operating flexibility and can operate stably within the wider range of uranyl nitrate concentration,feed flow rate,and fluidizing gas flow rate. The temperature of the denitration reaction is controlled around 300 ℃ to ensure the stable operation of the fluidized bed. Properly increasing the temperature of atomization gas can effectively avoid the clogging of the nozzle annulus. In addition,the total uranium mass fraction of UO_3 produced in the fluidized bed is greater than 82％,the moisture mass fraction is less than 0.04％,and the nitrate mass fraction is less than 0.6％.

Key words：Fluidized bed;Uranyl nitrate;Denitration reaction

美国核军工退役治理专项进展和管理经验

张　雪，陈思喆，陈亚君，梁和乐，赵　远

（中核战略规划研究总院有限公司，北京 100048）

摘要：为解决上世纪核军工生产遗留的退役治理问题，美国设立了"环境管理（EM）计划"专项，并在能源部下面成立了主管机构"环境管理办公室"负责该专项的开展。这项计划至今已实施三十余年，取得了一定成绩，也积累了先进管理经验，对我国核设施退役治理专项管理工作具有较高的参考借鉴价值。本文总结了美国核军工退役治理工作进度；并总结分析了实施效果较好的项目和严重拖期超概的典型项目。本文还研究了美国核军工退役治理专项的管理经验，主要包括：重视顶层规划，建有制约机制；经费投入连续、充足；管理层级少、力量强，市场化运营效率高；不断改革，改进项目管理；科研能力强，注重联合科技攻关，成果转化制度完善。最后，本文提出完善我国核设施退役治理管理工作的四点建议。

关键词：核设施退役治理；项目进展；管理经验；环境管理计划

　　美国在上世纪开展的 50 多年核武器研发、生产和核能研究活动产生了大量放射性废物待处理，数千座污染核设施待退役，大量污染的土壤和地下水待治理。针对这些核军工遗留问题，美国于 1989 年设立了专项计划进行处理——"环境管理（EM）计划"，并在能源部下面成立了主管机构"环境管理办公室"负责该计划的开展。至今已实施三十余年，取得了一定成绩，也积累了先进管理经验[1]。随着核环保事业的发展，我国核设施退役治理工作越来越受到国家重视。通过研究分析美国 EM 计划的进展和经验，对我国核设施退役治理管理工作具有较高的参考借鉴价值。

1　美国核军工退役治理进展

1.1　进度总体可控

　　（1）场址数量和占地面积大幅减少

　　EM 计划在启动时负责美国 35 个州的 107 个污染场址的环境整治，总面积约为 3 100 平方英里。至今 EM 已经将覆盖面积减少了 90%，仅剩 11 个州内的 16 个场址还在进行环境整治工作，共计 300 平方英里。

　　（2）所有场址都有清晰的规划节点

　　EM 计划对剩余 16 个场址的退役治理周期和成本都有详细的规划。其中时间和成本最多的是汉福特场址，在 2019 年时评估需要到 2078 年和花费 3 600 多亿美元完成[2]。该场址将任务分解成几个子项，并规划了完成节点（图 1）。

　　（3）专项平均完成近半

　　EM 任务启动时包括处理和整治 13 t 钚、108 t 钚和铀的残余物、34.8 万余 m^3 储罐放射性废液、2 400 t（重金属）乏燃料、15.8 万 m^3 超铀废物、140 万 m^3 低放/混合低放废物、450 个核设施、3 600 个工业设施和 900 个辐射防护设施。截至 2019 年[3]，低放废物处置和可直接操作的超铀废物处置工作已完成近 90%；土壤和地下水治理已完成 72%；辐射防护设施和工业设施退役已超过 50%。废液处理技术挑战大，只完成了 8.6%，因处理设施建设缓慢而制约大罐退役、废液处理、高放废物整备工作的整体进度。

作者简介：张雪（1982—），女，硕士，研究员，现主要从事核设施退役和放射性废物治理情报研究工作

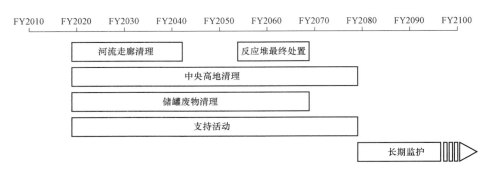

图 1　汉福特场址退役治理子项完成节点[2]

1.2　一些典型项目实施效果较好,值得借鉴

(1)汉福特场址生产堆安全封存接近尾声

汉福特场址采取对生产堆安全封存 75 年后将反应堆室整体运到中央高地处置场中填埋处置。目前 9 个生产堆中已安全封存了 6 个,有 1 个作为博物馆。正在进行 KE 和 KW 堆水池的退役,将分别于 2021 和 2024 年完成。

(2)2 个后处理厂正在进行就地埋葬示范工程

1995 年美国能源部认为后处理厂水泥墙和地基很厚,适合作为废物处置场。经初步评估,用后处理厂来处置废物,可节省 1 700 万至 5 亿美元费用,同时还可以降低对处置库容的需求。为了对后处理厂就地埋葬策略进行验证,美国能源部选取汉福特 U 厂和爱达荷后处理厂作为示范工程,为其他后处理厂退役路径提供经验。目前,爱达荷后处理厂已完成地下设施灌浆,并拆除地面上大部分设施,临时用土覆盖,等待后续工程。汉福特 U 厂泥浆灌注工作完成。

(3)汉福特钚精炼厂退役即将完成

钚精炼厂用于将后处理产品硝酸钚加工成固体形式,该厂生产的钚占全美钚储量的近三分之二。因工艺区残留大量钚,钚精炼厂退役难度大,也是汉福特最危险的核设施之一。钚精炼厂自 2010 年开始退役,目标是拆除至"地面板"。目前,所有建筑已拆除,将开始土地治理工作。

(4)高放玻璃固化设施已稳定运行 24 年,熔炉平均寿命 11 年

萨凡纳河场址国防废物处理设施(DWPF)是美国第一座和目前唯一在运行的生产规模的玻璃固化设施,于 1996 年开始运行,至今已稳定运行 24 年,共处理了超过 1.5 万 m³ 高放废液。目前,该设施仅使用了三台熔炉。其中,1 号熔炉运行了 6 年;2 号熔炉运行了 14 年;2017 年 12 月 3 号熔炉成功运行,预计使用到 2029 年再进行更换。

(5)储罐退役工程经验较丰富

美国把后处理产生的放射性废液贮存于大型地下储罐中,至少有 82 个储罐曾发生过泄露,危害风险大。1997 年 EM 计划首次完成储罐退役,至今已完成 15 个,其中萨凡纳河场址 8 个,爱达荷场址 7 个。汉福特场址的储罐数量最多,有 177 个,但受限于废液处理设施延期投运,故而储罐退役尚无进展。但因储罐泄露而实施了多次废物回取和倒罐工程,相关工程技术和经验较为成熟。

1.3　一些复杂项目拖期超概严重,值得关注

复杂核设施的设计、建造、启动和运行工作最为困难,尤其是对高放废液处理的相关设施,主要包括:汉福特场址的废物处理和固化综合设施(WTP)、萨凡纳河场址的盐废物处理设施(SWPF)、爱达荷场址的综合废物处理设施(IWTU),每一个项目均存在严重的拖期超概。

(1)WTP 厂

WTP 厂是一座大型综合设施,用于处理汉福特场址的储罐废物,包括四个主要设施——预处理设施、高放废液玻璃固化设施、低放废物玻璃固化设施和分析实验室,以及众多配套和支持设施。

WTP 厂项目于 1995 年启动,2001 年开始土建,至今已建设了 20 年,甚至有两个主要设施停工待

定,即使能够按照新的法规规定 2036 年热运行,也已延期了 29 年;初始签约金额 43 亿美元,至今已花费超过 110 亿美元,预计还要花费 190 亿至 300 亿美元,总成本翻了 7～9 倍。

(2)SWPF 设施

SWPF 设施用来对萨凡纳河场址的储罐废物进行预处理,可以分离出锕系元素、锶-90 和铯-137。含有上述成分的浓缩液被送往国防废物处理设施(DWPF)进行玻璃固化,剩余经分离后的低放废液被送往大体积浇筑水泥固化设施。

美国能源部于 2002 年与 Parsons 公司签订合同,由后者负责设计、建造、调试和运行 1 年 SWPF 设施,计划 2008 年建成,2009 年运行,项目总成本为 9 亿美元。经过几次延期和调概,该设施于今年 10 月才正式进行热调试,项目成本已超过 23 亿美元。为此,能源部打算对 Parsons 公司罚款 3 300 万美元。

(3)IWTU 设施

综合废物处理装置(IWTU)用于处理爱达荷场址的储罐废物,采用了 Thor 处理技术公司开发的蒸汽重整技术,通过流化床工艺加热废液和有害物质,使其转化为稳定的固体粒状废物,放入罐中后贮存等待处置。

爱达荷场址的 IWTU 已经于 2012 年 4 月建成,但对处理工艺的初步测试显示出设计问题。此后,EM 一直在努力重新设计 IWTU。截至 2019 年 2 月,项目建设和再造工程总支出已接近 10 亿美元。至今,IWTU 一直未能运行,因此被爱达荷州罚款 677 万美元。

2 美国核军工退役治理管理经验

2.1 重视顶层规划,建有制约机制

EM 计划在推行之初就遇到很多问题,为全面掌握退役治理任务范畴和详细构成,厘清总周期和总成本,更好推进计划,EM 办公室对 EM 计划进行了多次全面评估。这些评估报告也是对 EM 计划最权威的顶层设计规划文件,各部门均以这些文件为准,进行管理工作,包括监督和制约。

《1995 年环境管理基线报告》是第一次对"冷战遗产"的范围、成本和进度的全面评估[4]。评估工作由总部根据未来土地使用,处理、贮存和处置设施需求,监管要求以及拟采用的技术等假设,通过成本估算模型编制而成。初步评估 EM 计划需要 3 500 亿美元和到 2070 年才能完成[4]。对于初次评估工作中的不足,EM 办公室又发布了《1996 年环境管理基线报告》,用于对 1995 年评估的更新和补充[5]。

作为对《基线报告》的响应,继续完善任务分解,到 1998 年 EM 各场址按项目详细划分了所有退役治理工作的范围,开发了项目基线总结(PBS)结构。通过 PBS 结构可以获得基线项目的详细关联信息,包括完成具体退役治理项目所需的总成本、时间表和工作范围。例如汉福特场址退役治理工作分解成 14 个 PBS,每个 PBS 又包含几级详细的工作分解,大部分都至少能分解到第 3 级。

以《基线报告》为基础,各核场址的退役治理工作还受监管协议等法规约束。这些协议规定了各场址的治理任务和完成时间表,经各方协商可进行调整,但若违规将被罚款。例如,汉福特场址的退役治理受三方协议约束,其废物处理和固化综合设施(WTP)按原技术方案建设遇到困难,为了不违反时间表的规定,拟采用替代技术方案先行投运。但华盛顿州生态部认为替代方案没有经过其认可,对汉福特罚款 100 万美元。

2.2 经费投入连续、充足

EM 办公室每年获得的经费占美国能源部年度总经费的 20％左右,是能源部的第二大支出部门。截至 2017 年,EM 计划已花费 1 372 亿美元,近十年年均批复经费 62.76 亿美元,尤其是近五年来逐年递增。2020 年预算申请 64.69 亿美元,批复 74.55 亿美元;2021 年预算申请 60.66 亿美元[6]。

2.3 管理层级少、力量强,市场化运营效率高

EM 办公室直接隶属于美国能源部,组织机构包括总部、现场运营办公室和支持机构(如综合商

务中心和国家实验室)。其中,总部职员 263 人,负责制定 EM 计划各方面的战略、政策和指南,还负责大型项目的支持和各项科研资源的协调等。EM 办公室在 8 个主要场址上设立了现场运营办公室,有职员 957 人,一线管理人员配备充裕。

在 EM 办公室总部的统筹管理下,各场址现场运营办公室根据规划,制定详细的项目招标书,通过市场竞标来选择承包商执行具体的退役治理活动。承包商可以是一个公司,也可以是多家公司的联盟企业,后者再从众多分包商中采购设备和服务。EM 计划至少有数十个一级承包商,数千个分包商。承包商要使用由 EM 办公室统一提供的商务管理系统,该系统能提供成本评估、审计和挣值管理等功能。这样可以统一评估标准,方便各方的财务管理和绩效评价,市场化机制成熟,管理效率高。

2.4 不断改革,改进项目管理

(1)两次重大改革,理顺管理机制

在 EM 计划开展十余年后,花费了数百亿美元,但实际风险却没有降低。例如等待处理和处置的废物存量有所增加;一些高风险设施继续恶化,却没有明确的去污和退役计划。由于进展缓慢,能源部长指示对 EM 计划进行评估和改革。EM 办公室于 2002 年由主管领导挂帅开展了"自上而下评估"[7],成为 EM 计划的重大改革转折点。根据评估结果,EM 办公室启动了改革措施,主要包括:① 改进合同管理,发挥绩效合同作用;② 使 EM 转向基于风险的加速治理策略,修订与监管机构签订的协议;③ 针对过去项目管理中的经验教训,调整内部业务流程;④ 聚焦核心业务,将非核心业务转给其他部门。随后,各场址开始制定绩效管理计划(PMP),根据场址退役治理目标来详细说明工作计划、优先事项和时间表。

2007 年应美国国会能源和水资源委员会要求,美国国家行政科学院针对 EM 计划的管理工作进行了全面审查[8],分别对管理机构设置、采购和项目管理等方面进行了评估。根据评估建议,EM 进行了管理工作的全面改革:① 总部机构重组,明确各部门权限和责任范围,设立主管采购和项目管理的副职领导,专门成立管理分析办公室执行业绩评价;② 改良采购流程,编制指南,用于确定适当的采购合同类型;③ 提高项目绩效,开发更优的项目绩效管理和监督工具,逐例制定项目的评价指标;④ 由综合商务中心集中提供和管理所有财务支持,由 EM 总部审批采购交易。

(2)改革的重点领域——合同模式改进

EM 计划中 90% 以上的工作是通过合同完成的,两次重大改革都将采购合同作为主要改革事项。合同模式决定了 EM 办公室和承包商之间的风险分担程度。由于保密等原因,早期的核设施设计、建设和运行记录不够详细;熟悉设施的人员去世、退休或离职,流失严重。此外,一些设施陈旧、腐蚀严重;设施中存留大量放射性,操作人员很难进入;大量项目缺乏经验基础,没有明确的方案。这些因素导致在制定计划时,难以弄清设施或废物状况,需要在工作中不断明确,技术方案、费用也会相应变化。因此,合同模式的选择至关重要。EM 办公室采用过的合同模式主要有:

① 固定价格合同——以固定支付金额完成指定工作,在项目开始时工作和报酬就已确定。成本上升风险由承包商承担。

② 成本加酬金激励(CPIF)合同——从一开始为指定工作设定目标成本,按照合同规定的比例,客户与承包商分享节约开支带来的利润,分担超支的费用。

③ 成本加奖金(CPAF)合同——按照承包商的实际成本支付资金,通常还对达到或超额完成既定目标(如进度目标)进行奖励。

EM 计划刚启动时,能源部推行对退役治理项目使用固定价格合同,将风险转移给承包商,结果许多项目都存在了拖期超概。在改革后,EM 办公室逐渐转为使用 CPIF 合同和 CPAF 合同。在 2015 年中这两种合同占了 EM 计划合同的 98%[9],这种方法增大对承包商的激励,极大提高承包商推进项目任务积极性,从而提高合同成功率。从 2008 年开始,EM 计划合同成功率得到大幅提升(图 2)。在 2008 年之前的合同成功率在 40% 以下,到 2009 年成功率已达 90%,2011 年之后都保持在 100%。EM 计划成本也得到节省(图 3),2009 到 2012 年计划总经费为 21.08 亿美元,而实际花费 16.6 亿美元,成本节省了 4.48 亿美元。

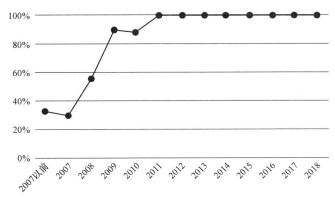

图 2　EM 计划合同成功率

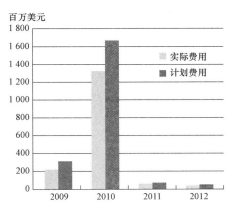

图 3　2009 至 2012 年费用对比

2.5　科研能力强,注重联合科技攻关,成果转化制度完善

美国建有规模庞大、系统完整、具有国际领先水平的国家实验室体系,其中国防实验室起到"中流砥柱"的重要作用。美国能源部拥有 17 个国家实验室,其中涉核领域的就有 13 家。EM 办公室拥有自己的国家实验室——萨凡纳河国家实验室。

EM 办公室重视整合各种科研资源,采取多项措施寻找最佳技术实践,包括:制定了《EM 国家实验室合作框架》(EMNLN),通过与其他实验室的协同合作,为退役治理工作提供科研和技术支持;协调跨机构使用科研平台;促进国际、部门间以及院校的技术交流,以发现先进技术、解决方案、材料和工艺等。

美国能源部为国家实验室制定了鼓励成果转化的灵活机制,促进科研成果的工程应用,鼓励科研产品走入市场。2011 年 12 月,为减少国家实验室与创新企业合作的障碍,能源部推出技术商业化协议(ACT),使企业能够访问实验室研究成果、并与科学家建立合作关系,从而将创新产品带入市场。2014 年 10 月,能源部投入 2 300 万美元发起"国家实验室-联盟"计划,向实验室的研究团队提供优质商业资源,促进成果转移转化。

3　对我国核设施退役治理管理工作的启示与建议

(1)制定全治理周期、全范围的总体规划

美国核军工退役治理工作量远远大于我国,在项目前期就开始着手制定能够科学评估专项总周期和总成本的基线报告,为后续的管理决策提供支持。我国核设施退役治理工作已积累了相当的管理经验,有能力、有条件、也有需求开展一次全面评估工作,把范围、时间表、经费等事项总结清楚。本文建议由国家相关主管部门联合开展针对专项的全面评估工作,制定出核设施退役治理工作全治理周期和全范围的规划性文件,指导退役治理工作的开展。

(2)加大对退役治理的投资力度

退役治理项目的特点是:随着运行维护,放射性废物的总量会增加,也增加了安全管理的风险;一些风险点不消除,就需要投入大量维护成本,越早进行治理,总成本反而越低。美国对核军工退役治理的经费投入稳定,有利于工程和科研的稳步推进,人才队伍的培养和承包商市场发展。本文建议国家进一步重视退役治理的重要性和紧迫性,加大经费支持力度,尤其是增加对科研项目的经费投入。

(3)改进管理体制

针对政府部门管理人员配备不足的问题,本文建议可以增强政府部门的管理力量,壮大管理机构规模,并在几个主要的核场址派驻现场管理人员,负责现场管理和决策,还能及时准确了解各项目的开展情况,提高管理效率;或者政府管理部门保持现有力量,但将工作聚焦于战略、规划和指南等政策编制和实施的组织领导,将一定项目管理权限下放。例如中核集团就包含了总部→专业化公司→核场址业主公司三级管理,拥有潜在管理能力,但缺少一定的管理权限。

(4)加快科研能力建设,建立联合研发和成果转化的激励机制

我国退役治理工程科研需求紧迫,本文建议尽快投入科研平台建设,全面提升我国退役治理科研设计能力;强化退役治理基础科研和预先研究,为创新能力奠定基础。

建立"小核心,大范围"的联合研发模式。在现有退役治理主要单位的基础上,联合高校、社会优质资源共同参与关键技术攻关,制定合作框架协议,规范合作模式;建立跨机构使用科研平台的协调机制,促进资源有效利用。

强化工程科研与工程需求对接,考核工程科研成果在工程应用中的效果;鼓励科研成果市场转化,建立配套激励机制,促进退役治理领域市场化和产业化发展。

参考文献:

[1] 张雪,张锐平. 基于美国经验优化我国核设施退役治理项目管理探究[J]. 核科学与工程,2018,38(增):7.
[2] DOE. 2019 HANFORD LIFECYCLE SCOPE,SCHEDULE AND COST REPORT[R]. DOE/RL-2018-45,2019.
[3] 张雪. 美国主要核场址退役治理安全管理进展研究[R]. 中国核科技信息与经济研究院,2019.
[4] DOE. Estimating the Cold War Mortgage-The 1995 Baseline Enviromental Management Report[R]. DOE/EM-0232,1995.
[5] DOE. The 1996 Baseline Enviromental Management Report[R]. DOE/EM-0290,1996.
[6] DOE. Department of Energy FY 2021 Congressional Budget Request-Environmental Management[R]. DOE/CF-0166,2020.
[7] DOE. Environmental Management Top-to-Bottom Review:Implementation Status[R]. 2003.
[8] The National Academy of Public Administration. MANAGING AMERICA'S DEFENSE NUCLEAR WASTE [R]. 2007.
[9] Christopher Honkomp. EM Contract and Project Management[R]. DOE,2015.

Study on progress and management experience of nuclear facility decommissioning and nuclear waste disposal of military legacy in the united states

ZHANG Xue,CHEN Si-zhe,CHEN Ya-jun,LIANG He-le,ZHAO Yuan

(China Institute of Nuclear Industry Strategy,Beijing. 100048,China)

Abstract:In order to solve the legacy problems of nuclear weapons production,American government established the "Environmental Management(EM)Program",and created the Office of Environmental Management under DOE to carry out the program. Up to now, the program has been implemented for more than 30 years and a lot of achievements have been made. Its management experience has very high reference value for the management of nuclear facility decommissioning and nuclear waste disposal project in our country. This article summarizes the progress of the EM program,including:a significant reduction in the number of sites and floor space;all sites have clear milestones;and nearly half of the program have been completed. This article also analyzes projects with good implementation effects and projects with serious delays and increased costs. This paper also studies the management experience of the EM program, which mainly includes 5 aspects. Finally, this article puts forward four suggestions to improve the management work in our country.

Key words: Nuclear facility decommissioning and nuclear waste disposal; Project progress; Management Experience; Environmental management program

水合活化工艺尾气系统的优化改进

孙成龙,孙玉鹤,黄灼升

(中核四 0 四有限公司第一分公司,甘肃 兰州 732850)

摘要:针对水合活化系统运行过程中尾气部分故障频发的问题,对其进行分析后,采取增设风机,尾气管线分线,更换尾气管道直径及材质,增加排液装置,加装止回阀等措施进行改进,水合活化系统月运行率提升 25% 左右,旋涡风机故障率降低约 71%,两台冷凝器尾气管道排液量分别减少约 83% 和 80%,提高了尾气负压,系统气路畅通性得到改善,系统运行的连续稳定性得到显著提高。

关键词:水合活化;尾气;旋涡风机;排液装置;负压

　　UO_3 水合活化工艺是以脱硝 γ-UO_3 为原料,与去离子水混合进行水合反应后得到 $UO_3 \cdot xH_2O$,水合物在干燥脱水系统脱除表观水及结晶水后得到高活性的 UO_3(A)[1],经过筛分后通过物料输送机提升至气送料斗,将制得的符合要求的 UO_3(A)物料气力输送至还原工艺,进行氢还原反应。在调试,生产过程中,由于进料量、加水量、运行生产线数量等的变化导致的尾气风机、负压、管道水分问题,水合尾气系统故障频发,严重影响了生产的稳定运行。鉴于此种情况,在生产实践中改良,优化,尾气系统逐渐趋于稳定,保证了水合系统气路的畅通和压力的平衡,运行稳定性,经济型显著提高。

1　水合尾气系统构成

　　水合活化工艺尾气系统,采用了以脱水除尘器作为主要过滤除尘装置,在旋涡风机负压的作用下,对干燥脱水后的生产尾气(主要成分为水蒸气)进行过滤,沉降,气固分离后,固体物料回落,气体透过除尘器过滤管后大部分通过冷凝器换热形成液态水,回流至除盐水箱,进行水合活化过程去离子水的循环利用,剩余气体继续通过旋涡风机作用,引至局排[2],如图 1 所示。

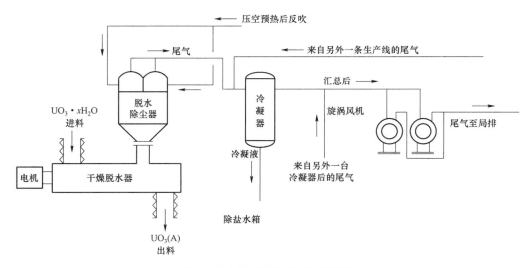

图 1　水合活化尾气系统示意简图

作者简介:孙成龙(1988—),男,安徽萧县人,工程师,工学学士,现主要从事核化工技术、核材料管理衡算等工作

2 存在问题及原因分析

在水合还原生产运行过程中,水合尾气系统故障频发,严重影响了工艺系统的正常运行,因此必须彻底有效解决此问题。找到尾气系统故障存在的问题并进行分析,以期找到准确的原因并优化改进。

2.1 尾气负压偏低

原设计上旋涡风机为两台,一用一备,其相关技术参数为:输出功率 1.6 kW;风量 420 m³/h;频率 50 Hz;电压 380 V;电流 7.2 A。一台风机同时抽取四条生产线的尾气,在单线初始运行时漩涡风机入口压力可以达到 $-10 \sim -12$ kPa,但随着进料量的增大及加水量控制的增大,除尘器过滤管附着物料较多,尾气管道阻力增大,系统气路畅通性降低。在两条甚至三条生产线同时运行时,单台风机入口压力会降低至最低 -1.8 kPa,导致系统中水蒸气大量滞留,造成产品中水分含量较高,物料较湿,螺旋输送器带料及破碎效果不好,氢还原及氢氟化流化床流化效果欠佳。在加水量不变(11.3%)的情况下,尾气负压与水合进料速率及对产品水分含量的影响关系如表 1 所示。

表 1　进料速率(自然量)与尾气负压及产品水分的关系

序号	进料速率/ (kg/h)	脱水除尘器入口 压力/kPa	水合冷凝器入口 压力/kPa	尾气负压/kPa	脱水后 UO₃ 水分含量/%
1	500	-4	-9.2	-12.3	2.92
2	600	-3	-7.7	-9.2	3.74
3	700	-2.4	-5.4	-6.5	5.47
4	800	-1.3	-3.2	-4.4	6.82

从表 1 可以看出,在加水量控制不变的情况下,随着进料速率的提升,尾气负压逐渐降低,进而导致冷凝器入口负压降低,脱水除尘器入口压力降低。考虑主要影响因素为进料量增大,导致除尘器过滤管上附着物料较多,造成尾气负压偏低,干燥脱水过程脱去的表观水及结晶水滞留时间较长,不易及时排出系统,导致脱水后 UO₃ 中水分含量偏多,对系统稳定运行产生不利影响。

水合加水量控制程度的不同也会影响尾气系统负压,造成波动,在进料速率不变(550 kg/h 自然量)的情况下,不同的加水量控制与尾气负压及产品水分含量的关系如表 2 所示。

表 2　加水量与尾气负压及产品水分的关系

序号	水合加水量/%	脱水除尘器入口 压力/kPa	水合冷凝器入口 压力/kPa	尾气负压/kPa	脱水后 UO₃ 水分含量/%
1	10.5	-3.6	-9.0	-11.5	3.15
2	11.3	-3	-7.6	-9.7	4.34
3	12	-2.2	-5.4	-7.2	5.85
4	12.6	-1.1	-3.2	-5.3	7.03

因水合反应器内物料分布不均匀,物料与水未能完全接触反应,造成产品堆密度波动较大,鉴于此种情况,需要提升加水量以期获得较好的活化效果。在向理论加水量 12.6%(生成 UO₃·2H₂O 的加水量)提升的过程中,水分含量逐渐增大,另外水合反应本身放热,会产生大量水汽,干燥及脱水过程会将物料表面的表观水及内部的结晶水脱离出来,经过除尘器与物料进行分离,加水量控制的增多及脱水温度的升高,势必会使得过滤管上附着的含水物料增多,增大了过滤管反吹难度,降低了透气性,影响了系统的负压,因此加水量增多也是影响尾气负压的一个主要因素[3]。

另由于 γ-UO_3 中含有 NO_3^-，遇水形成硝酸，尾气管道采用 $\phi57 \times 3.5$ mm 碳钢管，长时间运行会造成管壁减薄，甚至腐蚀，泄漏，影响系统负压。脱水除尘器出口管道仅有保温，而无伴热，在水蒸气经过尾气管道时，部分冷凝成液态水，阻塞管道，影响系统负压。负压偏低同时导致气力输送物料时部分气体从水合反应器喷出，影响系统的连续稳定运行。

2.2 尾气中水分含量较多

水合系统尾气主要成分为水蒸气，伴随着投料量及加水量的逐步提升，物料中的表观水及结晶水的持续脱离，尾气中水分含量逐渐增多，在经过冷凝器热量交换后，大部分的水蒸气能够被冷凝下来回流至除盐水箱，但仍有少部分的水蒸气未进行冷凝回流，直接进入尾气管道，在管道内冷却，形成液态水，随着系统负压的作用，流至旋涡风机，造成风机进水损坏，停车，影响生产线的稳定运行。

造成尾气中水分含量较多的原因主要有以下两点。

一是冷凝器冷凝效率不够。设计上，水合尾气中的水蒸气在冷凝器的作用下冷凝为液态水，回流至除盐水箱，作为水合过程的反应用水重复利用，实际运行时除盐水箱液位整体呈下降趋势，说明了冷凝器未能将水蒸气完全冷凝，从而被旋涡风机抽走至尾气管道。

二是系统负压的存在。尾气中的部分水蒸气未能来得及冷凝，随着负压进入尾气管道里，在管道内自然冷却冷凝成液态水，导致尾气中水分含量较多。

3 优化与改进

3.1 增加尾气风机设置

水合尾气风机共有两台，一用一备，实际生产时一台风机对应四条生产线尾气总管，经过生产实践验证，随着运行时间的增长，风机入口压力逐渐减小，满足不了长期运行的需要。在此基础上进行改造，另采购两台 1.6 kW 旋涡风机，将原尾气总管进行分线，使一台风机对应两条生产线。另外在两条尾气分线管线中间增加过桥球阀，使风机由原来的一用一备改为两用两备，任何一台风机可以任意对应四条生产线中的任意一条。备用风机设置后，大大提高了生产线的运行率，降低了停车检修频次，使用效果良好。改造后的风机设置如图 2 所示。

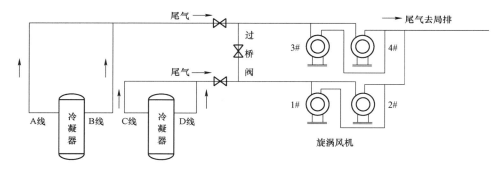

图 2　尾气风机改造示意图

此处增设两台风机，并加装过桥球阀后，系统负压显著提高，在原有的负压基础上增大约一倍，水合系统月运行率提升了 25% 左右。在一台旋涡风机故障，或除尘器过滤管堵塞较严重的情况下，可以切换至其余风机或同时运行两台风机，以保证系统的负压，使用效果良好。在进料量逐渐增加或加水量逐步提高导致的系统负压不足情况下，可以启动两台风机同时运行，并加强手动反吹，使用效果良好。在双线运行甚至三线运行时，可以同时启动两台风机，保证尾气系统畅通，每条线彼此之间的负压不会减少和相互影响，系统运行稳定性得到了提高。

3.2 尾气管道改进

脱硝 γ-UO_3 中含有 NO_3^-，溶于水形成硝酸，测量水样中 H^+ 浓度约为 0.012 mol/L，易对碳钢材质管道造成腐蚀，导致系统负压偏低，同时由于原管径为 $\phi57 \times 3.5$ mm，考虑提升尾气畅通性，可以将原管径变大,改为 $\phi 89 \times 4$ mm 不锈钢材质。另外此处管道有流量计,流量计前后端设计了变径,也对系统负压造成了一定影响,且生产时此处流量监测意义不大,将此处流量计拆除,使用 DN80 不锈钢短接连接,相应截止阀更换为 DN80 不锈钢截止阀。同时对脱水除尘器后端管道加装电加热带,并加做保温,保证尾气温度处于 $100 \sim 150$ ℃ 范围内。整改前后情况如图 3 所示。

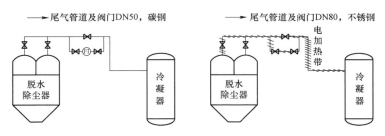

图 3 尾气管道改造前后示意图

此处进行改造后,效果明显,风机负压较以往增大,从 -3.5 kPa 可以增至 -9 kPa,尾气管道加装伴热后,尾气温度从 30 ℃ 可以升至 110 ℃ 以上,保证了尾气中水分以气态形式进入冷凝器,系统畅通性得到提高,同时尾气管道因硝酸腐蚀造成减薄情况明显改善,因腐蚀造成尾气管道内残留金属杂质等情况明显减少,管道出现漏点的情况杜绝,设备故障及停车检修频次降低,系统气路畅通性得到提高。

3.3 尾气管道增加排液装置

鉴于尾气中生成水分较多,且水合冷凝器无法完全冷凝回收,从而造成部分水蒸气从尾气后端管道流走,在管道内冷凝,对旋涡风机的正常运行及系统的畅通性造成较大影响,在尾气管道中增加两台集液器,可以富集一部分冷凝水后排出,同时将每台旋涡风机基座高度整体提高 500 mm,将进出口管道整体提高 500 mm,在每台风机入口管道下方加装 DN50 不锈钢法兰各两个,DN50 不锈钢截止阀各一个,起到二次排液及对风机入口处进行过滤的作用,本次改进分两部分进行,分别如图 4、图 5 所示。

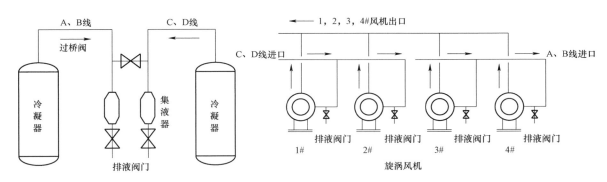

图 4 集液器加装示意图　　　　　图 5 风机进口改造示意图

如图 4 所示,在冷凝器出口,风机进口前端管道上加装集液器后,可以用于富集尾气管道中的残留水分,并在集液器装满后及时排水,一方面防止了风机进水故障,造成生产线被迫停车,另一方面加装此装置可以判断脱水除尘器运行情况,再次可以直观的判断出风机的负压情况,使用效果良好。

图 5 中将 4 台风机基座及进出口管道整体抬高 500 mm,并在风机进口端增加排液阀门,一方面可以对管道中的残留液体进行二次排出,再次可以及时将管道中残留及风机运行损耗产生的杂质及时排出系统,相当于在风机进口增加了一道过滤装置,在需要排液时及时打开排液,或用于定期检查维护,延长了风机的使用寿命,保证了生产线运行的连续稳定性。在加装排液装置后,旋涡风机故障率显著减低,各月统计故障率如表 3 所示。

表 3　加装排液装置前后风机故障率统计

未加装排液装置前			加装排液装置后		
时间	故障频次	风机故障占水合系统设备故障率/%	时间	故障频次	风机故障占水合系统设备故障率/%
2019.6	5	35.3	2019.10	2	11.5
2019.7	6	36.5	2019.11	1	9.3
2019.8	5	33.2	2019.12	2	10.6
2019.9	4	28.7	2020.3	1	7.4

从表 3 中可以看出,在未加装排液装置前,风机故障频次较高,取 4 个月数据,风机故障频次平均为 5 次/月,风机故障占水合系统设备故障率平均为 33.4%/月。在加装排液装置后,风机故障频次明显减少,降低至平均为 1.5 次/月,风机故障占水合系统设备故障率降低至平均为 9.7%/月,与未整改前相比,故障频次降低 70%,故障率降低约 71%,较好的提升了水合活化系统连续稳定运行性,减少了设备故障检维修频次及故障率。

3.4　冷凝器下方排液管道加装止回阀

原冷凝器下方冷凝液回流管道采用 DN25 不锈钢材质管道直连至除盐水箱,考虑尾气风机采用真空式,在负压的作用下一部分冷凝水未能回流至除盐水箱,直接被负压抽走至尾气管道,一定程度上造成了尾气管道中水分含量较高,也对系统负压造成了一些影响。考虑此因素存在,在冷凝液回流管道上加装止回阀,可以保持水分单向流通,减少倒流。加装止回阀前后尾气管道排液量变化如表 4 所示。

表 4　加装止回阀前后尾气管道排液量变化情况

加装止回阀前尾气管道排液量/每班(平均)				加装止回阀后尾气管道排液量/每班(平均)			
时间	冷凝器	排液量/mL	冷凝器	排液量/mL	时间	冷凝器	排液量/mL	冷凝器	排液量/mL
2019.8	1#	1 250	2#	780	2019.12	1#	240	2#	180
2019.9	1#	1 170	2#	860	2020.3	1#	210	2#	172
2019.10	1#	980	2#	830	2020.4	1#	127	2#	212
2019.11	1#	1 050	2#	920	2020.5	1#	185	2#	126

从表 4 中的统计结果可以看出,在加装止回阀后,1# 冷凝器及 2# 冷凝器尾气管道排液量均下降明显,1# 冷凝器尾气管道平均下降约 83%,2# 冷凝器尾气管道平均下降约 80%,对减少尾气管道水分含量起到了较好的改善作用。此举既减少了操作人员的工作量,又提高了生产线运行的稳定性。

4　结论

本文针对水合活化工艺运行过程中尾气系统故障频发的情况,对存在的问题进行分析后,采取了四种改进措施,并在生产线上逐一实施,改善了系统的气路畅通性,提高了运行的连续稳定性。

1) 加装尾气风机并进行分线改造后,尾气负压增大约一倍,系统运行的连续性、稳定性得到提高,水合系统月运行率提升 25% 左右。

2) 对尾气管道进行改造后,尾气管道温度可以维持在 110 ℃以上,保证了尾气水分以气态的形式流通,尾气管道腐蚀的情况基本消失,系统负压得到了显著提高。

3) 尾气管道加装排液装置后,旋涡风机故障频次降低 70%,故障率降低约 71%,同时可以及时准确的掌握脱水除尘器的运行情况,直观的判断风机的负压,应用效果良好。

4）冷凝器下部加装止回阀后，排液量明显减少，两台冷凝器尾气管道排液量分别下降约 83％和 80％，尾气管道中的水分含量明显降低，尾气负压及系统畅通性，运行稳定性显著提高。

致谢：

在相关的研究验证进行过程中，得到了中核四０四有限公司科技处王俊副处长，中核四０四有限公司第一分公司魏刚总工程师，王伟副总工程师的大力支持，并提供了很多有益的思路和数据，在此向王俊副处长、魏刚总工程师、王伟副总工程师的大力帮助表示衷心的感谢。

参考文献：

[1]　栗万仁,等. 铀转化工艺学[M]. 北京:中国原子能出版社,2012:135-162.

[2]　魏刚,王伟,王俊,等. 脱硝三氧化铀水合活化工艺:中国,201310005550.8[P]. 2015-08-26.

[3]　王伟,等. 脱硝 γ-UO₃水化-脱水工艺技术研究[C]. 核科技进展. 北京:中国原子能出版社,2011:148-154.

Optimization and improvement of tail gas system of hydration activation process

SUN Cheng-long, SUN Yu-he, HUANG Zhuo-sheng

(The First Filial Company of 404 Company Limited, CNNC, Lanzhou of Gansu Prov. 732850, China)

Abstract: Aiming at the problem of frequent failure of tail gas in the operation of hydration activation system, after analysis, measures were taken to improve the system, such as adding fans, branching tail gas pipelines, changing the diameter and material of tail gas pipelines, adding drainage devices and installing check valves. The monthly operation rate of hydration activation system was increased by about 25％, the failure rate of vortex fans was reduced by about 71％, and the tail gas pipelines of two condensers were improved the discharge volume is reduced by 83％ and 80％ respectively, the negative pressure of the system is increased, the smoothness of the system gas path is improved, and the continuous stability of the system operation is significantly improved.

Key words: Hydration activation; Tail gas; Vortex fan; Drainage device; Negative pressure

不同筛分方式对干法粉末性能及芯块制备的影响

安　冬

（中核建中核燃料元件有限公司 四川 宜宾 644000）

摘要：干法工艺主要包括 UF_6 气化、UF_6 转化、UO_2 粉末稳定化、破碎筛分均匀化，其中筛分均匀化是干法工艺中对粉末性能调整的重要环节。目前 UO_2 粉末生产线采用的破碎筛分方式主要有锤式破碎筛分和旋转破碎筛分，本文通过对经两种筛分处理方式后的粉末在粒度分布、松装、振实密度、微观结构、烧结性能以及其制备芯块的外观、微观结构的对比分析，结果表明经过两种筛分处理后的粉末，其粒度分布向均向小粒径方向偏移，松装密度降低、振实密度升高，说明两种处理方式均对粉末中的大颗粒进行了有效的处理。最终，锤式破碎和旋转筛分两种处理后的粉末在制备芯块时，芯块的外观及微观结构均有所改善，说明对干法粉末进行锤式破碎或旋转筛分处理均有利于芯块制备，但无法从源头上消除硬质颗粒的存在，还是需从粉末转化工艺优化来改善硬质颗粒的形成及分布。

关键词：锤式破碎筛分；旋转筛分；硬质颗粒；粉末性能；芯块制备

引言

　　UO_2 粉末生产主要工艺流程包括 UF_6 气化、UF_6 转化、UO_2 粉末稳定化、粉末破碎筛分均匀化及尾气处理部分。其中粉末破碎筛分均匀化工艺主要是对转化炉生产出的不同粒径粉末以一定筛孔尺寸，按所要求的颗粒大小进行分离，同时与粉碎相配合，对粉末中存在的较大颗粒进行破碎处理，使颗粒大小更加均匀并取得合适的粒度分布，再经合批均匀化得到性能更趋于一致且更宜于芯块制备的粉末。

　　但由于干法二氧化铀粉末生产过程中，转化炉内部少量粉末会在高温条件下结团烧结，会产生少量的微烧结颗粒，这些微烧结颗粒会对粉末在进行压制烧结制备芯块过程中产生不利的影响，造成芯块局部缺陷，所以在均匀化工艺中对粉末中存在的聚团颗粒和烧结颗粒进行破碎筛分处理，以改善粉末性能，改善制备芯块的缺陷。

1　筛分处理方式

　　在元件生产线干法生产线中常用的筛分处理方式主要有锤式破碎筛分、旋转筛分。

　　锤式破碎筛分是利用高速回转的破碎刀具不断冲击料仓内物料，剪切撕裂物料，同时，物料受力作用冲向料仓壁与筛板，不断撞击致物料完全破碎。粉碎物料中小于筛孔尺寸粒级的通过设置在下部的筛板排出，大于筛孔尺寸的物料阻留在筛板上继续受到冲击和研磨，直到破碎至所需出料粒度后，通过筛板排出。

　　旋转筛分，工作部分为圆筒形，圆筒形的筛网通过筛框固定在设备内。粉末从一端进入后，由电机带动内置的送料螺旋输送入筛面，并在工作区被刀片击碎。由于刀片转速较低、接触面不大，故破碎力度较小。粉末经一定目数的筛网进行筛分后，只有小于筛网孔径的粉末被排出，未能经过筛网孔径的大颗粒粉末便通过输送，进入设备另一端的筛上料桶内。

2　两种不同处理方式对粉末性能的影响

2.1　粉末粒度分布的影响

　　通过表 1 锤式破碎、旋转筛分前后粉末粒径分布结果可知，经过锤式破碎和旋转筛分后，粉末中

作者简介：安冬（1990—），男，四川资阳人，工程师，学士，从铀化工工作

小颗粒(<10 μm)含量均出现了增加,且含量超过了大颗粒含量。这是由于在旋转筛分过程中,筛网工作区刀片的破碎力度较小,对形成的粉末聚团有较好的破碎作用,对极少量烧结的大硬质颗粒无法进行破碎,从而通过筛网筛网筛分出来。同时锤式破碎采用高速旋转刀片具有较大的破碎力度,能对粉末中的硬质大颗粒进行破碎,从而使粉末粒径分布向小粒径方向偏移。

表 1　锤式破碎、旋转筛分前后粉末粒径分布

粒径	<10 μm	10~20 μm	>20 μm
旋转筛分前	49.96%	32.92%	17.03%
旋转筛分后	56.65%	26.75%	16.38%
旋转筛分前后变化	6.69%	−6.17%	−0.65%
锤式破碎前	37.23%	39.49%	23.19
锤式破碎后	51.07%	32.27%	16.50%
锤式破碎前后变化	13.84%	−7.22%	−6.69%

通过破碎与筛分的粒径分布对比,两种处理方式对粉末的粒度分布趋势上得到了相似的结果,两种处理方式均使粉末的整体粒径想小粒径方向偏移,这说明这两者处理方式均对粉末中的大颗粒进行了有效的处理。

2.2　粉末松装、振实密度的影响

定义:经过振动后中颗粒间被填充的空隙体积与自由堆积时总体积比例为 ω,则 ω 可通过公式(1)计算得到:

$$\omega = \frac{v_{振实过程中颗粒间空隙被填充体积}}{v_{自由堆积时的总体积}} = \frac{v_{松装体积} - v_{振实体积}}{v_{松装体积}} = 1 - \frac{\rho_{松装}}{\rho_{振实}} = 1 - \frac{1}{\delta} \tag{1}$$

其中 $\rho_{松装}$ 为松装密度、$\rho_{振实}$ 为振实密度、$\delta = \rho_{振实}/\rho_{松装}$,是粉末振实密度和松装密度的比值,定义为粉末的振松比。ω 的大小代表粉末在自由堆积下颗粒间的空隙可实现紧密填充的能力,反过来就是粉末在自然状态下颗粒填充效果的度量,而且 ω 越大则填充效果越差,ω 越小则填充效果越好。

本文通过对采用旋转筛分处理方式及锤式破碎筛分处理方式各取 10 个生产批次的样品进行松装、振实密度分析,取得的结果如表 2、表 3 所示。

表 2　旋转筛分前后粉末松装、振实密度表　　　　　　　　　　单位:g/cm³

粉末批次	1	2	3	4	5	6	7	8	9	10
筛分前松装	0.98	1.00	1.05	1.04	1.00	1.07	1.09	1.13	1.16	1.12
筛分后松装	0.90	0.92	0.95	0.94	0.91	0.93	1.02	1.06	1.09	1.06
筛分前振实	1.51	1.58	1.63	1.59	1.53	1.62	1.68	1.70	1.74	1.73
筛分后振实	1.78	1.61	1.66	1.64	1.75	1.64	1.74	1.75	1.82	1.75
筛分前 ω	0.35	0.37	0.36	0.35	0.35	0.34	0.35	0.34	0.33	0.35
筛分后 ω	0.49	0.43	0.43	0.43	0.48	0.43	0.41	0.39	0.40	0.39
前后 ω 差	0.14	0.06	0.07	0.08	0.13	0.09	0.06	0.05	0.07	0.04

表 3　锤式破碎前后粉末松装、振实密度表　　　　　　　　　　单位:g/cm³

粉末批次	1	2	3	4	5	6	7	8	9	10
破碎前松装	1.04	1.06	1.05	1.07	1.09	1.15	1.12	1.06	1.11	1.12
破碎后松装	0.90	0.89	0.88	0.96	0.96	0.97	0.99	0.92	0.96	0.97

粉末批次	1	2	3	4	5	6	7	8	9	10
破碎前振实	1.51	1.50	1.47	1.56	1.51	1.53	1.60	1.49	1.66	1.66
破碎后振实	1.71	1.70	1.64	1.69	1.75	1.75	1.78	1.71	1.74	1.75
破碎前 ω	0.31	0.29	0.29	0.31	0.28	0.25	0.30	0.29	0.33	0.33
破碎后 ω	0.47	0.48	0.46	0.43	0.45	0.45	0.44	0.46	0.45	0.45
前后 ω 差	0.16	0.19	0.17	0.12	0.17	0.2	0.14	0.17	0.12	0.12

对比分析表2、表3中数据可以看到,经过筛分和破碎处理后的粉末,其松装密度均出现减小,振实密度增大,体积比 ω 增大的现象,这说明经过处理后的粉末由于小颗粒粉末比例的增加,更多的孔隙被小颗粒填充,粉末整体的孔隙填充率增大;通过前后 ω 差的变化发现,经过锤式破碎前后的 ω 差大于旋转筛分前后的 ω 差,说明锤式破碎后粉末中小颗粒的填充效果要稍优于旋转筛分后粉末中小颗粒粉末填充效果,这与两种处理方式前后的粒度分布结果相符。

2.3 粉末微观结构的影响

通过取样分析锤式破碎前后、旋转筛分前后的粉末进行金相分析取得相应的粉末金相图,如图1~图4所示。

图1　锤式破碎前粉末金相图

图2　锤式破碎后粉末金相图

图3　旋转筛分前粉末金相图

图4　旋转筛分后粉末金相图

取样分析粉末的金相图后,通过对比两种处理方式前后粉末的微观结构可以发现,经过破碎处理过后的粉末相对于破碎前的粉末仍然有硬颗粒分布其中;经过筛分处理后的粉末相对于筛分前的粉末粒径表观上更为细致,较大的硬颗粒相对较少。

3 两种不同处理方式对芯块制备的影响

3.1 粉末烧结性的影响

通过对锤式破碎处理和旋转筛分处理前后 10 批次粉末进行取样分析其烧结性能,得到的结果如表 5 所示:

表 5   锤式破碎及旋转筛分处理前后粉末压烧数据   单位:%T.D

粉末批次	1	2	3	4	5	6	7	8	9	10
锤式破碎前	98.4	98.4	98	98.3	98.1	98.2	97.9	98.2	98.3	98.4
锤式破碎后	97.7	97.9	97.7	98	98.2	97.8	97.8	97.7	98.3	98.1
旋转筛分前	98.2	98.4	98.1	98.3	98.3	98	98.7	98.6	98.5	98.4
旋转筛分后	98.3	98.9	98.3	98.4	98.9	98.6	98.6	98.4	98.7	98.6

其压烧性能图如图 5 所示。

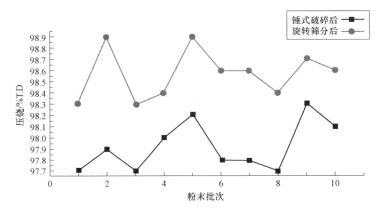

图 5   锤式破碎及旋转筛分处理后粉末压烧性能图

从表 5 及图 5 中可以看出,锤式破碎、旋转筛分处理后的粉末均表现处理较好的烧结性能,压烧结果均在 97.7%T.D 以上。分析表 5 数据可知,经过锤式破碎后,粉末的整体压烧稍差于破碎前的粉末,但经过旋转筛分后,粉末的整体压烧性能稍优于筛分前的粉末,这说明锤式破碎将粉末中极少量烧结性能较差的大颗粒破碎为烧结性能较差的小颗粒,这些小颗粒填充在粉末的孔隙中,在进行芯块烧结时,二氧化铀生坯块收缩、孔隙消除过程中,由于烧结性能较差的小颗粒存在,导致烧结过程中部分小孔隙无法消除,从而导致烧结性能变差,但由于进行锤式破碎将粉末中大的硬质颗粒破碎为小颗粒,避免了在芯块烧结时由于大硬质颗粒的存在可能导致芯块坑洞,掉块等缺陷。旋转筛分是将部分烧结性能较差的大颗粒通过筛分从粉末中分离出来,同时对聚团粉末进行破碎为易烧结的小颗粒粉末来填充粉末间的孔隙,这增速了生坯在烧结过程中芯块中一些小孔隙的消除,从而使粉末整体烧结性能得到改善。

根据 2.2 节内容可知,锤式破碎后粉末中小颗粒的填充效果要稍优于旋转筛分后粉末中小颗粒粉末填充效果,且锤式破碎后粉末中含有小硬质颗粒较多,所以经过锤式破碎后粉末中烧结性能差的小颗粒的填充量也稍多于旋转筛分后粉末中的小硬质颗粒,这也可能是锤式破碎后粉末整体压烧稍性能稍差于旋转筛分后粉末整体压烧性能的原因。

3.2 芯块外观及微观结构的影响

结果示于图 6~图 9 和表 6。

图 6 破碎筛分前物料制备芯块外观及微观结构图

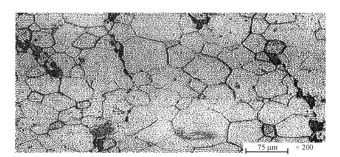

图 7 筛下料制备芯块外观及微观结构图

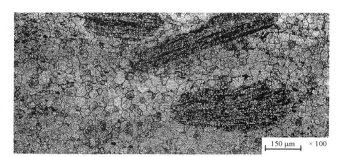

图 8 筛上料制备芯块外观及微观结构图

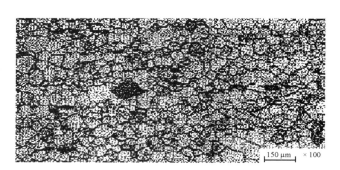

图 9 破碎料制备芯块的外观及微观结构图

表 6 不同物料制备芯块的晶粒尺寸

晶粒尺寸	边缘/μm	中间/μm	中心/μm	平均值/μm
筛前料	17.3	15.5	16.5	16.4
筛上料	19.4	22.3	19.9	20.5
筛下料	13.4	12.8	13.3	13.2
破碎料	13.4	13.2	13.2	13.3

从以上图表中可以看出,筛上料制备的芯块外观及微观结构最差,破碎筛分前及破碎后物料制备的芯块外观表面光滑,微观结构中可以看出有部分气孔不均匀分布在晶粒之间,筛下料制备的芯块外观最为光滑,微观结构晶粒较为均匀,但仍然有少量的极小气孔存在,这说明分布在粉末中的硬质颗粒对芯块烧结过程中气孔的形成状态及分布有一定的影响,同时晶粒尺寸明显较筛上料制备的芯块晶粒最大,筛下料制备的芯块与破碎料制备的芯块晶粒相差不大,但筛下料与破碎料制备的芯块晶粒均小于未进行处理物料制备芯块的晶粒,这说明锤式破碎和旋转筛分处理都对原始粉末中较大的硬质颗粒进行了有效处理。

4 结论

(1)锤式破碎和旋转筛分两种处理方式,对干法粉末的粒度分布、松装、振实密度等性能均有所影响,经过处理后的粉末,其粒度分布向小粒径方向偏移,松装密度降低、振实密度升高,说明两种处理方式均对粉末中的大颗粒进行了有效的处理。

(2)经过锤式破碎处理后粉末的填充效果稍优于旋转筛分处理后粉末的填充效果,但由于硬质颗粒的存在对粉末烧结及芯块制备有不利影响,锤式破碎处理后粉末中含有少量大硬质颗粒破碎而成的小颗粒填充在整体粉末中,导致锤式破碎粉末的烧结性能稍差于旋转筛分后的粉末。

(3)经过锤式破碎和旋转筛分两种处理后的粉末在制备芯块时,芯块的外观及微观结构均有所改善,说明对干法粉末进行锤式破碎或旋转筛分处理均有利于芯块制备,但无法从源头上消除硬质颗粒的存在,还是需从粉末转化工艺优化来改善硬质颗粒的形成及分布。

参考文献:

[1] 黄佩云. 粉末冶金原理与工艺[M]. 北京:冶金工业出版社,2019:133-151.

[2] 高翔. 粉末中硬颗粒对陶瓷 UO_2 芯块质量的影响[G]. 中国核科学技术进展报告,2011,2:937-943.

[3] 蔡文仕,舒保华. 陶瓷二氧化铀制备[M]. 北京:原子能出版社,1987:201-249.

[4] 阮建明,黄培云. 粉末冶金原理[M]. 北京:机械工业出版社,2012:106-110.

[5] 李冠兴,武胜. 核材料科学与工程核燃料[M]. 北京:化学工业出版社,2007:323-325.

[6] 许贺卿. 铀化合物转化工艺学[M]. 北京:原子能出版社,1994:28-32.

The impact of different sieving process on IDR powder performance and pellets preparation

AN Dong

(CNNC Jianzhong Nuclear Fuel Co.,Ltd.,Yibin Sichuan,China)

Abstract:The IDR process mainly contains the UF_6 vaporization, UF_6 conversion, UO_2 powder stabilization,crushing and sieving homogenization; the crushing and sieving homogenization is the important part of optimizing the powder's performance. The UO_2 production lines use the process of crush sieving and rotation sieving,and the paper compares and analyzes the powder and pellets preparation performance such as powder size,apparent and tap density,microstructure,sinter performance,and pellets appearance and microstructure after the two processes. The result shows that the size of powder offsets in a small direction,apparent density drops and tap density rises which improves the two ways can effectively treat the large particles in the powder. Finally,for the pellets preparation,the crush sieving and rotation sieving all make the powder have a improvement on pellets appearance and microstructure, but it still cannot eliminate the bad hard particle existence, and needs improve the bad hard particle formation and distribution from conversion process optimization.

Key words:Crush sieving;Rotation sieving;Hard particle;Powder performance;Pellets preparation

热室区土建综合施工技术

周　军,盛　伟,徐丰年,力　锋

(中国核工业第二二建设有限公司,湖北 武汉 430000)

摘要:根据设计文件,某项目较多的子项都设置有热室结构,热室采取重型防辐射混凝土加普通混凝土进行包裹,且相应区域的安装物项多、结构形式复杂、相应区域的土建施工与热室吊装及上部的物项安装深度交叉,互相影响,施工难度大。经对某子项热室土建施工各重难点的理论研究及模拟试验,从热室吊装安装与土建施工逻辑、重型防辐射混凝土施工工艺、热室防变形施工技术、热室安装与土建施工配合等各方面开展研究工作。经现场实际工程施工验证,满足现场施工需求,保证了重点工程的施工质量及施工进度,并对类似工程具有极大的参考价值。

关键词:热室;建安交叉;重型防辐射混凝土;变形控制

前言

后处理项目是我国自主设计、自主建造的重大项目,主要任务是建设民用设施。热室为后处理项目特有的结构形式,热室区周边设置有屏蔽门、窥视窗、各类型贯穿件、穿墙管等,安装物项多,且围绕屏蔽门、窥视窗设计有较多的暗梁或暗柱,钢筋密集。相应区域的土建施工与热室吊装及上部的物项安装深度交叉,互相影响,施工难度大。

本项目充分考虑热室区的特殊结构形式,通过理论研究加试验验证的方式,确定热室区土建施工的特殊施工方法,形成一整套的关键技术体系,并在正式工程施工中予以应用。

1　工程概况

根据后处理项目的设计信息,某子项工程设置有南北两条热室线,位于厂房的 I 区,布置在 C 轴与 F 轴、2 轴与 7 轴之间,房间标高 -2.65~+4.75 m。南北侧各设置有热室 9 台,进杯手套箱 1 台,共 20 台。每台热室的前后墙分别设置有一个窥视窗及两樘屏蔽门,中部设置有运输机通道。

根据设计文件要求,本子项热室采用整体吊装安装就位的形式,吊装时热室外部贯穿设备和内部设备无需安装就位,仅吊装热室壳体。吊装前底部楼板(400 mm 厚)需浇筑完成,每条热室线相邻热室间隔为 400 mm,对应间墙采用 C40 普通混凝土,前后墙采用重型防辐射混凝土,墙体厚度为 600 mm,浇筑标高 -2.8~+4.75 m,浇筑高度 7.55 m,重混凝土单位密度不小于 $3.5×10^3 kg/m^3$。

2　工程施工特点及难点

根据本子项特殊的热室结构形式,结合周边土建结构设计情况,相应热室区主要的工程施工特点及难点如下:

2.1　热室安装与土建施工深度交叉

热室间距 400 mm,相邻热室中间存在管道、埋件,与钢筋间墙绑扎相互影响。

热室结构前后墙分别设置有窥视窗及屏蔽门,且壳体上部设置有大量的贯穿件结构,而相应热室区周边外墙暗梁、暗柱多,钢筋密,埋件多,相应的热室吊装及上部的物项安装与土建中的钢筋、混凝土等工作深度交叉,互相影响,热室安装物项与土建钢筋大量冲突。故需要与安装单位进行研究讨论、模拟确定施工逻辑、各穿插点,保证施工的可行性。

2.2　重型防辐射混凝土浇筑施工困难

本工程设计的防辐射混凝土容重要求达 $3.5×10^3 kg/m^3$,为重型防辐射混凝土,内部分别有大量的钢锻、钢珠等,性能要求高,在国内其他类似工程中均未涉及,为全新的混凝土形式。且浇筑区域为热室区前后墙,相应的热室结构安装物项多,对应浇筑墙体结构复杂,包括墙体结构的钢筋布置、安装物项及设备分布等,同时热室区屏蔽门及窥视窗下部为暗梁结构,钢筋、埋件密集且门框/窗框没有下料振捣口,其下部浇筑的重混凝土因自然沉实效应,将导致重混凝土与门框难以紧密结合,故防辐射混凝土浇筑存在较多的难点及较大的难度,需要进行研究、模拟实验保证混凝土浇筑顺利浇筑及质量控制。

2.3 热室壳体防变形控制

热室壳体为 3 mm 厚不锈钢,骨架为 50 mm×3 mm 的等边角钢,间距 500 mm×500 mm,其本身无法承受混凝土浇筑压力。同时重混凝土密度大,在混凝土浇筑时候更容易挤压热室壳体导致变形及热室整理移位。需研究考虑其他切实可行的加固及混凝土浇筑方式,满足热室顶板变形要求。

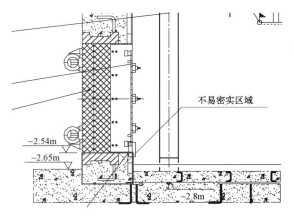

图 1 热室区屏蔽门及底部结构形式图

3 热室安装与土建施工逻辑研究

本子项热室壳体需生根在厂房结构上,热室周边及顶部都为钢筋混凝土墙体或楼板,且热室壳体就位后仍有大量的物项需进行安装,相应的热室吊装及上部的物项安装与土建中的钢筋、混凝土等工作深度交叉,热室区土建施工需充分考虑安装因素,其主要的施工逻辑要求及安排如下。

3.1 热室安装就位先决条件

本子项热室位于厂房的 I 区,布置在 C 轴与 F 轴、2 轴与 7 轴之间,标高−2.65～+4.75 m,采用整体吊装,安装标高为−2.8 m,板厚 400 mm。就位前楼板需养护 7 天以上,热室的一侧墙体钢筋不得绑扎,预留墙体插筋长度要短,不影响热室吊装。热室安装的底部中心预埋件及 4 角预埋件均安装就位,安装标高与−2.8 m 板持平。

3.2 热室安装逻辑顺序

两条热室线可独立开展安装,无严格的逻辑关系。单条热试采用从东向西的顺序进行安装,即先安装 1 号热室,依次至最后的 10 号热室。相邻两个热室间的间墙钢筋绑扎穿插于安装过程中,即最东侧墙体钢筋绑扎→第一个热室吊装安装→间墙钢筋绑扎→第二个热室吊装安装,依次开展直至全部热室吊装安装完成。其中前六个热室中部设置有贯通的运输机,在相应的第五个热室吊装就位后,进行运输机安装(贯穿前五个热室),并在其后第六个热室吊装安装完成后,调整运输机至设计位置。

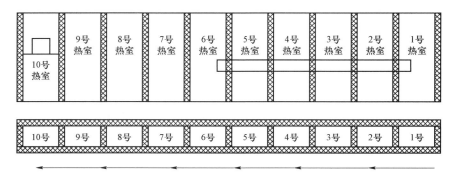

图 2 热室分布及吊装安装顺序图

3.3 热室安装与土建施工逻辑顺序

根据上述描述的热室安装逻辑顺序,结合土建施工工作及后续的热室安装作业,相应的热室区安装与土建施工整体施工逻辑顺序如下:

热室下部就位楼板(−2.8 m)施工→1号热室东侧墙体钢筋绑扎→1号热室安装→间墙钢筋绑扎→2号热室安装→间墙钢筋绑扎→……→5号热室安装→运输机安装→间墙钢筋绑扎→6号热室安装→运输机调整就位→间墙钢筋绑扎→7号热室安装→……→最后一台热室吊装→前、后墙钢筋绑扎→热室连接管道安装→热室内部支撑体系安装→间墙混凝土分层浇筑→热室前后墙附件(管道、屏蔽门、窥视窗等)安装→前后墙模板安装→重混凝土分层浇筑→模板拆除。

3.4 热室吊装安装过程间墙钢筋调整及绑扎方法

本子项热室采用整体吊装安装就位的形式,热室四周外围存在突出构件,其中在间墙位置墙体主要为预装预埋件及其突出锚爪,锚爪结构将于已绑扎钢筋位置冲突无法垂直下落就位,对此问题经与现场设计及安装单位沟通,采用如下解决方案:

(1)垂直进行下落,对垂直下落过程中冲突的间墙钢筋进行倾斜调整。

(2)垂直吊装离地1 m左右时,水平移动热室至铅锤就位处,再次进行垂直下落至最终就位。

(3)核对热室壳体上预埋件标高,埋件标高1 m范围内的水平筋待热室吊装就位后进行。

(4)每道墙体钢筋绑扎前,通知安装单位复核,防止钢筋绑扎完成后,与安装物项冲突。

(5)主要安装施工逻辑顺序如下:第一道间墙钢筋绑扎→第二道间墙竖向钢筋弯曲→第一台热室吊装(先将热室壳体垂直下落至一定高度,然后将热室壳体水平平移至铅锤位置,再将热室壳体下落至设计位置)→第二道间墙竖向钢筋恢复及绑扎→第三道间墙竖向钢筋弯曲→以此类推。

4 重型防辐射混凝土施工技术研究

4.1 重型防辐射混凝土配合比设计

防辐射混凝土的配合比设计应根据其质量密度和强度等设计要求选择原材料进行计算,并应兼顾施工过程的质量控制、施工工艺性,同时结合对氢氧元素含量、重核元素含量、骨料均匀性的要求进行试配,从满足强度及其他力学性能、耐久性要求、辐射屏蔽要求和施工可行性等方面选出最佳配合比。

4.2 混凝土浇筑施工工艺研究

(1)重型防辐射混凝土泵送技术研究

本子项热室区前后墙都采用重型防辐射混凝土,墙体厚度为600 mm,浇筑标高−2.8 m～+4.75 m,浇筑高度7.55 m,混凝土量约704 m³,浇筑方量大,故计划优先采用泵送的方式进行浇筑。

按此要求,现场开展了泵送模拟试验,试验尽量模拟现场实际条件,采用车载式地泵(低压13 MPa,高压25 MPa)进行浇筑,包含3.0 m混凝土泵送管22节,弯管5个。根据试验结果,同标号砂浆泵送成功,混凝土泵送失败。

根据上述试验结果,考虑防辐射混凝土黏度大,流动性差的特点,且现场实际条件较试验更加复杂,为满足现场混凝土浇筑质量,故不再考虑泵送的浇筑方式,采用传统塔吊料斗浇筑方式。

(2)重型防辐射混凝土吊斗浇筑方式研究

根据本工程现场实际情况,为加快现场浇筑进度,拟设计采用大容量料斗进行浇筑,料斗容量达1 m³,出料口设圆形挡板,下部设置可转动接料漏斗及橡胶软管,按此料斗形式,现场进行了模拟试验,根据试验情况,料斗出料口设置不合理,混凝土经二次接料漏斗后压力小,且混凝土黏度大,橡胶软管直径小,故浇筑过程中料斗堵塞严重,需振捣棒辅助下料。

按照试验结果,对相应的料斗进行了改造,取消二级接料漏斗及橡胶软管,直接在料斗下部斜向连接200 mm直径钢管,并按此形式再次进行了模拟试验,经试验能满足防辐射混凝土浇筑需求,相应料斗使用方便。具体的料斗情况如图 3 所示。

图 3　重型防辐射混凝土首次设计及改造后料斗情况

（3）重型防辐射混凝土浇筑工艺参数研究

用模拟试验的方式,选取不同参数条件进行浇筑试验,采用最终成型效果对比及钻芯取样的方式进行验证,获取最佳的施工性能。根据试验结果,相应的防辐射混凝土最佳施工性能为:下料高度小于 1 m,振捣时间 20～25 s,振捣间距 300～400 mm。具体试验情况如图 4 所示。

图 4　不同施工参数下钻芯取样效果图

4.3　混凝土分层分段研究

4.3.1　分层分段原则

根据热室区前后墙的特殊情况,综合考虑安装物项分布、浇筑机械能力、结构质量保证等因素,主要如下:

（1）热室侧压力平衡原则:对单条热室线的前后墙同时进行浇筑,保持侧压力对称。

（2）浇筑能力保证:根据模拟试验情况,防辐射混凝土 1 h 浇筑量按 2 m³ 考虑,结合现场可浇筑塔吊数量、混凝土初凝时间及分层厚度、安全余量,控制单段浇筑长度,满足覆盖要求。

（3）结构质量保证:每排热室有两层屏蔽门,屏蔽门上下均有暗梁,需暗梁一次浇筑。同时为保证屏蔽门下方密实度,分层位置需高于屏蔽门底部,浇筑过程中形成压力差填充屏蔽门下侧。

4.3.2　竖向分段情况

热室区域竖向分 6 个施工段,6～7 轴/C～D 轴热室为 1 块,4～5 轴/C～D 轴热室为 2 块,2～4 轴/C～D 轴热室为 3 块,6～7 轴/E～F 轴热室为 4 块,4～5 轴/E～F 轴热室为 5 块,2～4 轴/E～F 轴热室为 6 块。分段图如图 5 所示。

4.3.3　水平分层情况

本工程热室区域施工标高为－2.8 m～5.15 m,施工高度为 7.95 m,按照上述分段原则,水平分层主要考虑墙体屏蔽门的位置,为保证施工质量,水平分为 6 层施工,具体分层如图 6 所示。

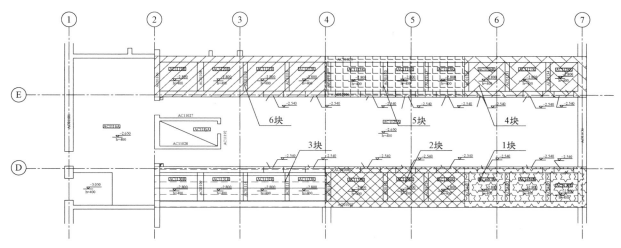

图 5　热室区防辐射混凝土竖向分块图

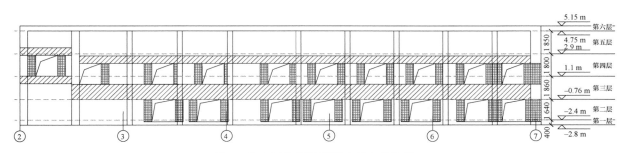

图 6　热室区防辐射混凝土竖向分块图

4.4　模板设计

4.4.1　外墙模板

热室区域前后外墙体直接采用 3 mm 厚的热室不锈钢覆面作为内侧模板,浇筑前进行内部加固。外侧模板采用大模板,次龙骨选用 50×100 的木枋,间距 250;主龙骨采用两根 50×100×2 方通,间距为 500 mm,加固采用直径 16 mm 的螺杆与热室不锈钢覆面角钢双面焊接,角焊缝长度为 4 cm,焊缝高度为 6 mm,焊接点尽量选择在角钢的纵横交叉节点处,在焊接处钢覆面表面铺设一层 15 mm 厚模板,保证钢覆面不受焊接影响,对拉螺杆间距为 500 mm×500 mm。

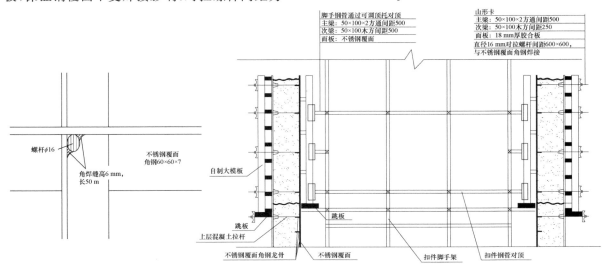

图 7　螺杆焊接及模板设计图

4.4.2 屏蔽门下方模板设计

屏蔽门及窥视窗与墙体厚度基本相同,门框底部无法开设浇筑孔,其下部浇筑的防辐射混凝土因自然沉实效应,将导致与门框难以紧密结合,设计特殊支设方式及浇筑顺序保证成型质量。

根据屏蔽门或窥视窗间距进行斜口模板配模加工,斜口模板由 18 mm 厚胶合板做斜口,用 50 mm×100 mm 木枋与 18 mm 厚定型胶合板做下部支撑,加工完成后进行安装,保证与竖向模板完全拼合,不得出现大于 1 mm 缝隙,避免出现漏浆,将模板进行有效加固,防止模板移位,具体如图 8 所示。

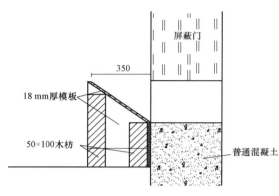

图 8 屏蔽门下模板设计及现场安装图

4.5 重型防辐射混凝土浇筑施工方法

热室外墙重混凝土采用塔吊+料斗布料的方式,布料点间距约 1.5～2 m。料斗采用自制料斗(最大容量为 0.95 m³),根据塔吊的吊装能力,在对应热室线不同区域,可装载吊装 0.6 m³～1 m³ 的防辐射混凝土,在料斗侧面内侧做好 0.6 m³、0.8 m³ 容量的标示(用不同直径的短钢筋头点焊),防止装料过多超出塔吊吊装能力。

混凝土施工前,底部先填以 20～30 mm 厚与混凝土成分相同的水泥砂浆。布料时,将料斗导管伸到墙体内部,控制重混凝土自高处自由倾落高度不超过 1 m,采用水平分层浇筑方式,浇筑方向由东向西分块浇筑,浇筑厚度≤250 mm,布料时不得采用振捣棒振捣引流摊平,根据模拟试验结果,振捣时间按 20～25 s 进行控制。浇筑期间,现场塔吊专供现场重混凝土浇筑,不得用在其他工序,以防止重混凝土浇筑期间无塔吊可用,而造成冷缝。

4.6 凹凸施工缝的留设

根据设计要求,热室区属于辐射控制红区,相应墙体混凝土垂直及水平施工缝应按凹凸缝形式留设,凹缝或凸缝尺寸为 200 mm 高(深)及 1/3 墙厚。

根据现场实际情况,前期选用留设凸缝形式,其留设的 200 mm×200 mm 为素混凝土,经后期凿毛极易破坏,如现场最终选用留设凹缝方式。并经现场不停优化改进,采用预先嵌填挤塑板,后期剔除的方式留设凹缝,经现场实践,效果良好。

5 热室防变形施工技术研究

5.1 热室整体防位移施工研究

为防止混凝土浇筑时侧压力不平衡造成热室之间的整体侧移,主要从加大热室整体稳定性,减少浇筑混凝土侧压力及不均衡性进行研究,主要方式为:减少首次浇筑混凝土高度,包括热室间墙及外墙,以减少浇筑侧压力。采用对拉螺杆将相邻热室焊接为一个整体,增加整体稳定性,对拉螺杆焊接在热室背肋上,竖向间距 1 000 mm,焊缝长度 5 cm,焊缝高度 6 mm,如图 9 所示。

5.2 热室墙体防变形施工技术研究

热室区域内侧墙体直接采用 3 mm 厚的热室不锈钢覆面作为混凝土浇筑内侧模板,为保护热室不锈钢覆面,防止混凝土侧压力对热室钢覆面造成挤压变形,考虑采用在热室内部设置顶撑的方式,首先在热室内侧满铺一层 18 mm 厚胶合板,再安装主、次龙骨,次龙骨采用 50×100 木枋,间距 200～300 mm,主龙骨采用双钢管,主龙骨间距与水平杆步距相同,热室内部墙体支撑架采用扣件脚手架,立杆间距 1.2 m×1.2 m,水平杆步距 1.2 m,通过水平杆对顶主龙骨的方式进行加固。

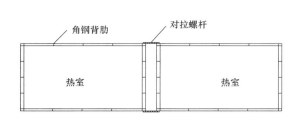

图 9　热室外部整体加固示意图　　　　　　　图 10　热室内部支撑加固示意图

5.3　热室顶板混凝土浇筑变形控制研究

根据设计要求,热室顶板采用 C40 普通混凝土,浇筑标高为 4.75～5.15 m,浇筑厚度为 400 mm。相应的热室顶板为不锈钢板,厚度 3 mm,设置有 500 mm×500 mm 角钢框架。整体热室面板需控制变形小于 5 mm,其中局部重点区变形需小于 1 mm。

为保证混凝土浇筑时热室顶板钢覆面变形,在顶板上部设计采用"反吊法"进行加固,采用扣件式脚手架搭设桁架,用高强螺杆与加固角钢焊接防止热室顶板钢覆面变形。经有限元受力分析,按此形式热室顶板最大变形量为 3.68 mm。

按照上述热室顶板加固方案,根据现场实际热室顶板尺寸,采用 1∶1 形式进行模拟试验,相应顶板桁架设置形式及现场模拟试验情况如图 11 所示。

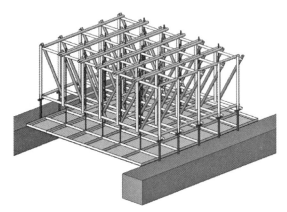

图 11　热室顶板"反吊法"加固示意图

根据模拟试验情况,分别在混凝土浇筑前及浇筑后进行面板标高的测量,按照顶板不同部位共选取 9 个测量点,根据测量结果,变形量为 1～6 mm,相应的测量点分布及测量数据情况如图 12 所示。

根据有限元计算结合试验数据,为控制最终浇筑后的热室顶板变形,经设计及上游同意,采用预应力反拉的形式,提前将热室顶板中部的角钢张拉 5 mm。

6　总结及建议

根据后处理热室区土建施工实际情况,就热室安装及土建施工过程的注意事项及施工重点予以

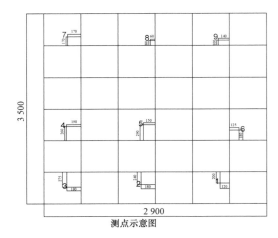

测点示意图

测量点	混凝土浇筑前	混凝土浇筑后	
	标高	标高	变形量
1	0.197	0.196	1
2	0.205	0.201	4
3	0.205	0.203	2
4	0.208	0.206	2
5	0.195	0.189	6
6	0.203	0.198	5
7	0.213	0.211	2
8	0.211	0.206	5
9	0.203	0.202	1

图 12　热室顶板模拟试验测量点及测量数据

总结,并对后续项目或类型工艺的施工建议如下:

（1）重视与安装单位的沟通交流,获取并熟悉热室结构,了解热室安装需求,工艺方案等,与安装单位一起确定施工逻辑。

（2）提前与安装单位沟通,了解屏蔽门安装加固方案,在土建施工至相应阶段,提前通知安装单位进行支架安装。

（3）在热室周边进行混凝土浇筑前,提前做好热室支撑加固工作,并重点关注加固作业时的成品保护,对加固钢管端部提前进行必要的包裹处理。

（4）在进行模板支设时,重点关注螺杆与热室框架焊接作业,焊接前对热室不锈钢覆面用防火布进行必要的防护,杜绝焊接作业对不锈钢覆面的破坏。

（5）防辐射混凝土浇筑时,关注出厂混凝土性能参数,检测合格后方可出站,同时加强与搅拌站沟通,协调好混凝土的运输频率,保证混凝土施工的连续性,确保运输和入模之间不大于 90 min。

（6）防辐射混凝土采用原始的吊斗运输进行浇筑,根据实际浇筑情况,连续浇筑速率只有 2.0～3.0 m³/h,浇筑速率低下,且塔吊作业受混凝土影响较大。后续在满足技术规格书防辐射的基础上,建议对骨料配比进行调优化整,具备泵送条件,同时对不同配比的重混确定布料高度、间距、振捣时间进行研究确定。

（7）热室吊装就位时因侧面有预埋件锚爪,需错位下落至一定高度后再进行平移就位,过程中存在间墙插筋影响热室下落需进行插筋弯曲的情况,后期可通过提前考虑间墙插筋下料长度避免。

（8）根据防辐射混凝土分层高度,对墙体钢筋进行相应的下料策划,尽量确保钢筋绑扎与混凝土分层同步,减少钢筋对防辐射混凝土浇筑施工影响。

7　结语

后处理项目热室区结构形式复杂,建安深度交叉,施工难度大。我方经充分考虑热室区的特殊结构形式,并与安装单位积极沟通交流,获取热室设备参数信息,提前梳理土建施工与热室安装的逻辑顺序及施工重难点。通过理论研究加试验验证的方式,获取关键性能参数,确定热室区土建施工的特殊施工方法,形成一整套的关键技术体系,包括施工逻辑、顶板、底板土建施工工艺,并在正式工程施工中予以应用,保证了现场施工质量及施工进度。

参考文献:

[1]　《建筑施工手册》(第五版)中国建筑工业出版社出版

[2]　《建筑施工计算手册》(第四版)中国建筑工业出版社出版

[3]　混凝土结构设计规范:GB 50010—2010[S].

［4］ 建筑施工模板安全技术规程:JGJ 162—2008[S].

［5］ 建筑结构荷载规范:GB 50009—2012[S].

［6］ 钢结构设计规范:GB 50017—2017[S].

［7］ 《核反应堆工程重混凝土施工技术》施工技术 1996 年 05 期

［8］ 《重混凝土施工工艺和质量控制要点》河南建材 2009 年 04 期

［9］ 现场防辐射混凝土设计技术规格书及热室区设计图纸

Comprehensive construction technology of civil engineering in hot chamber area

ZHOU Jun,SHENG Wei,XU Feng-nian,LI Feng

(China Nuclear Industry 22ND Construction Co. LTD Wuhan City,Hubei Province,China)

Abstract:Set according to the design documents, the more items. Do you have a hot chamber structure,hot chamber to take heavy parcel anti-radiation concrete and normal concrete,and the corresponding area of the installation items more regions,complicated structure form,the upper part of the civil engineering construction and hot chamber hoisting and cross items installation depth, influence each other,the construction is difficult. Based on the theoretical research and simulation test on the important and difficult points in the civil construction of a sub-hot chamber,the research work is carried out from the aspects of hoisting and installation of hot chamber and the logic of civil construction,construction technology of heavy radiation-proof concrete,construction technology of anti-deformation of hot chamber,coordination of installation and civil construction of hot chamber, etc. Through the verification of the actual construction,it meets the construction requirements, guarantees the construction quality and progress of key projects,and has a great reference value for similar projects.

Key words:Hot chamber; Construction and installation cross; Heavy radiation-proof concrete; Deformation control

不同 *We* 数下水喷射系统抽力影响研究

陈　毅

（中核建中核燃料元件有限公司，四川 宜宾 644000）

摘要：通过变量全微分法对水喷射系统的引射系数进行分析，提出了表征其影响因素的无因次量 *We* 数。在确保系统稳定的情况下对水喷射系统进行实验，分别研究了代表 *We* 数中速度项 u、密度项 ρ 的液位高度 H 和循环水含气率 ε 对系统抽力的影响，结果表明，高液位或低液位均会对系统抽力产生不利影响，同时 ε 是影响系统抽力的关键性因素，ε 越高，对系统抽力影响越大，液位可调节区间越小。在保证尾气调节阀阀值低于 60% 以下，当 $\varepsilon=40.2\%$、38.5%、36.0% 时，*We* 数应分别控制在 3 575～4 676、3 333～5 250、3 195～5 647 范围内，对应的最佳液位值分别为 830 mm、875 mm、910 mm。

关键词：水喷射系统；引射系数；*We* 数；含气率 ε

UO₂ 粉末的制备可以分为干法和湿法两种，其中干法具有流程短、产生的废物少和产品质量稳定三个方面的优势，成为我国 UO₂ 粉末生产的主要方式[1]。在干法工艺中，水喷射系统所提供的抽力起着控制炉压的作用，稳定的炉压对保证 UO₂ 粉末物性的稳定至关重要，同时，水喷射系统拥有足够的抽力将回转炉的尾气 HF 及时抽走，保证回转炉稳定的气氛压力，可以有效降低 UO₂ 粉末发生氟化反应的几率，从而降低产品 UO₂ 粉末的氟含量[2]。

流体撞击液面生成大量气泡是影响水喷射系统抽力的重要原因。首先，气泡破裂造成水喷射器出口压力变化，从而影响水喷射器的引射系数，孙奉仲运用变量全微分的方法推出了影响引射系数的具体表达式，提出水喷射器出口压力微小的变化会导致引射系数较大的变化[3]。其次，气泡向循环槽底部运动，进入循环泵后造成气蚀，进而影响系统抽力。液体撞击液面后的流动非常复杂，涉及惯性力、黏性力和表面张力的相互作用，申峰对不同 *We* 数下的液体撞击液面产生的气泡动力学进行了实验研究，发现 *We* 数越大，越容易产生气泡[4]。郭亚丽使用 CLSVOF 算法对液滴撞击液面进行了数值模拟，表明液滴直径决定撞击后的气泡产生量及存在时间，同时 *We* 数直接决定液滴撞击液面后的气泡流动特性[5]。

虽然有大量文献对液滴撞击液膜产生气泡进行研究，但有关气液两相流体垂直撞击液面，并生成气泡后对水喷射系统产生的影响研究还未见报道。本文以中核建中一车间现有的 200 T UO₂ 粉末干法生产线为基础，对不同 *We* 数下水喷射系统的抽力变化进行了实验研究，分别考察了引起 *We* 数变化的液位高度 H 和含气率 ε 对系统抽力的影响，以期找到适宜生产的循环槽最佳液位条件，为生产线的操作控制提供依据。

1　理论分析

水喷射系统的抽力大小可用引射系数 η 来表示，引射系数可用下式[3]表示：

$$\eta=\sqrt{\dfrac{2\varphi_2 f-\dfrac{1}{\varphi_1^2 f^2}\dfrac{P_C-P_N}{P_P-P_N}}{2-\varphi_3^2}}-1 \tag{1}$$

式中：$f=f_2/f_1$；f_1——喷嘴出口面积；f_2——喷射器混合室喉部面积；φ_1——工作喷嘴速度系数；φ_2——混合室速度系数；φ_3——扩散管速度系数；P_P——工作介质压力；P_N——引射压力；P_C——喷

作者简介：陈毅，男，四川绵阳人，工程师，工学硕士，从事二氧化铀粉末生产工作

嘴出口压力。引射系数的变化量 $\Delta\eta$ 可用全微分表示：

$$\Delta\eta = \frac{\partial\eta}{\partial f}\Delta f + \frac{\partial u}{\partial P_C}\Delta P_C + \frac{\partial u}{\partial P_P}\Delta P_P + \frac{\partial u}{\partial P_N}\Delta P_N + \frac{\partial u}{\partial\varphi_1}\Delta\varphi_1 + \frac{\partial u}{\partial\varphi_2}\Delta\varphi_2 + \frac{\partial u}{\partial\varphi_3}\Delta\varphi_3 \qquad (2)$$

根据式(1)求出各偏微分量,带入(2)式的引射系数的相对变化量形式：

$$\delta\eta = \frac{\varphi_2 - \dfrac{1}{\varphi_1^2}f\dfrac{P_C - P_N}{P_P - P_N}}{\sqrt{A\cdot B}}\cdot\frac{f}{\eta}\delta f - \frac{\dfrac{1}{\varphi_2^2}f^2\dfrac{1}{P_P - P_N}}{2\sqrt{A\cdot B}}\frac{P_C}{\eta}\delta P_C + \frac{\dfrac{f^2}{\varphi_1^2}\dfrac{P_C - P_N}{(P_P - P_N)^2}}{2\sqrt{A\cdot B}}\frac{P_P}{\eta}\delta P_P$$

$$+ \frac{\dfrac{f^2}{\varphi_1^2}\dfrac{P_P - P_C}{(P_P - P_N)^2}}{2\sqrt{A\cdot B}}\frac{P_N}{\eta}\delta P_N + \frac{\dfrac{f^2}{\varphi_1^2}\dfrac{P_C - P_N}{P_P - P_N}}{\sqrt{A\cdot B}}\frac{\varphi_1}{\eta}\delta\varphi_1 + \frac{f}{\sqrt{A\cdot B}}\frac{\varphi_2}{\eta}\delta\varphi_2 + \sqrt{\frac{A}{B^3}}\frac{\varphi_3^2}{\eta}\delta\varphi_3$$

$$= C_f\delta f + C_{P_C}\delta P_C + C_{P_P}\delta P_P + C_{P_N}\delta P_N + C_{\varphi_1}\delta\varphi_1 + C_{\varphi_2}\delta\varphi_2 + C_{\varphi_3}\delta\varphi_3 \qquad (3)$$

式中:$A = 2\varphi_2 f - \dfrac{1}{\varphi_1^2}f^2\dfrac{P_C - P_N}{P_P - P_N}$;$B = 2 - \varphi_3^2$;$C_i$ 表示第 i 个参数改变引起变化的影响因子,C_i 越大,对应参数影响越大。上式 C_{P_P}、$C_{P_N} > 0$,$C_{P_C} < 0$,这表明工作介质压力 P_P 和引射压力 P_N 升高时,引射系数 η 增大;当喷射器出口压力 P_C 升高时,引射系数 η 降低。生产中,P_P 值的范围是:$180\sim 270$ kPa,P_N 值的范围是:$-1\sim 5$ kPa,P_C 的值约为 20 kPa,带入数据计算可得到如表 1 所示结果。可以看出,P_P 和 P_C 对引射系数影响相当,相比之下,P_N 对喷射器的影响则可以忽略不计。在既定水喷射系统中,P_P 的改变主要原因是循环泵发生气蚀导致其功率下降,循环液所夹带的气泡和循环液撞击循环槽液面产生的气泡下降至循环槽底部进入循环泵则是导致气蚀的直接原因;P_C 的改变则是气泡上升至循环槽液面破裂而引起的压力波动。可见,系统的抽力与循环槽内的气泡产生直接相关。

表 1　水喷射系统引射系数影响因子计算结果

$\Delta P_C/\Delta P_P$	f	u	C_{P_C}	C_{P_P}	C_{P_N}
0.595	1.2	0.258	−1.462 9	1.449 7	0.013 2
0.595	1.6	0.551	−1.198 5	1.187 7	0.010 8
0.595	2.0	0.772	−1.423 5	1.410 7	0.012 8
0.595	2.8	1.125	−3.962 5	3.926 8	0.035 7
0.464	1.2	0.291	−0.947 0	0.934 3	0.012 7
0.464	1.6	0.566	−0.814 3	0.803 4	0.010 9
0.464	2.0	0.780	−0.913 5	0.901 2	0.012 2
0.464	2.8	1.129	−1.405 8	1.387 0	0.018 8
0.343	1.2	0.321	−0.602 2	0.590 9	0.011 3
0.343	2.0	0.788	−0.591 0	0.579 9	0.011 1
0.343	2.8	1.132	−0.789 9	0.775 0	0.014 8
0.231	1.2	0.348	−0.359 7	0.348 7	0.011 1
0.231	2.0	0.795	−0.361 9	0.350 8	0.011 1
0.231	2.8	1.136	−0.453 4	0.439 5	0.014 0
0.231	4.8	1.803	−0.837 7	0.811 9	0.025 8
0.104	1.2	0.378	−0.146 9	0.138 1	0.008 8
0.104	2.0	0.804	−0.152 6	0.143 5	0.009 1
0.104	2.8	1.139	−0.183 4	0.172 4	0.010 9
0.104	4.8	1.804	−0.280 7	0.263 9	0.016 8
0.067	1.2	0.387	−0.094 5	0.085 6	0.008 8
0.067	2.0	0.806	−0.099 1	0.089 9	0.009 2
0.067	2.8	1.140	−0.118 0	0.107 0	0.011 0
0.067	4.8	1.804	−0.175 1	0.158 7	0.016 3

气泡的生成能力由无因次量韦柏数 $We = \dfrac{\rho u^2 d}{\sigma}$ 进行表征,σ 为表面张力,系统温度保持在 40 ℃左右,所以取 $\sigma = 69.56 \times 10^{-3}$ N·m^{-1};d 为液柱直径,忽略液柱破裂行为,其值取管道直径 0.05 m;u 为气液两相撞击循环槽液面的速度,与液位高度 H 相关;ρ 为气液两相流体密度,其值取决于循环水密度及其含气率 ε,密度 ρ 可由下式求得:

$$\rho = \sum_{i=1}^{n} \varepsilon_i \cdot \rho_i + \left(1 - \sum_{i=1}^{n} \varepsilon_i\right) \cdot \rho_{液} \tag{4}$$

式中:ε_i 为 i 组分含气率;ρ_i 为 i 组分密度;$\rho_{液}$ 为循环水密度。

忽略尾气进入循环水后对循环水管道内流速 u_1 的影响,认为管道内两相流体的体积流量保持不变。H_2、N_2 流量见表 2 所示,密度计算采用理想气体状态方程进行简化计算。

同时,循环水中 HF、UF_2O_2 含量很小,取 $\rho_{液} = \rho_{水} = 992.2$ kg/m^3。求取循环水流速 u_1,可对水喷射系统列伯努利方程[6]进行简化计算:

$$\frac{u_2^2}{2g} + \frac{p_2}{\rho_{水} g} + z_2 + H_L = \frac{u_1^2}{2g} + \frac{p_1}{\rho_{水} g} + z_1 + \sum H_f \tag{5}$$

式中:1,2 分别表示气液两相流体管道出口界面与循环槽液面;g 为重力加速度;P_1、P_2 为压强;$z_1 = 1.3$ m,为循环槽高度;z_2 为循环槽液位高度 H;H_L 为压头或扬程,系统循环泵扬程为 32 m;$\sum H_f$ 为管路损失压头,管道、管件阻力系数可查阅化工原理[6]。

2 实验装置

以中核建中一车间现有的 200 t UO$_2$ 粉末干法线开展实验,其水喷射系统如图 1 所示,循环槽内的水通过离心泵以一定压力进入水喷射器,在吸收室内产生负压形成抽吸力。从反应仓抽出的尾气含微量水蒸气和 HF,并在水喷射器中被吸收,N_2 和 H_2 与循环水形成气液两相流体,在管道的引导下撞击循环槽液面生成气泡,气泡破裂后实现气液分离。

循环槽结构如图 2 所示,通过进水口、排污口调节循环槽液位高度,液位高度通过液位计测量,气液两相流体密度与含气率 ε 和循环水密度相关,由于 P_N 对喷射器的影响可忽略不计,实验则通过改变气体流量达到改变含气率,生产工况如表 2 所示。试验时通过循环槽视镜观测气泡的生成情况,系统的抽力情况通过炉压、尾气调节阀曲线进行反映。

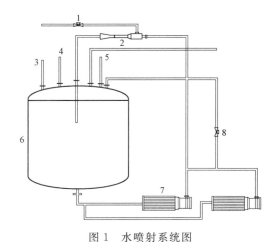

图 1　水喷射系统图
1—尾气调节阀;2—喷射器;3—自来水入口;
4—冷冻水入口;5—冷冻水出口;6—循环槽;
7—循环泵;8—回流阀

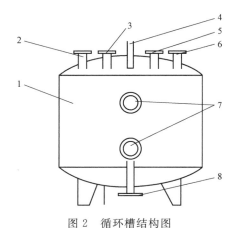

图 2　循环槽结构图
1—循环槽;2—自来水入口;3—冷冻水入口;4—循环水出口;
5—冷冻水出口;6—回流口;7—上、下视镜;
8—排污口

表2 生产工况流量表

工况	UF$_6$/ (kg/h)	炉头 H$_2$O(g)/ (kg/h)	炉尾 H$_2$O(g)/ (kg/h)	H$_2$/ (Nm³/h)	N$_2$/ (Nm³/h)	ρ/ (kg/m³)	含气率 ε/ %
1	40	10	11	0.95	2.5	593	40.2
2	47.3	12.5	12.5	0.95	2.5	611	38.5
3	40	10	11	0.85	2.5	636	36.0

3 结果与讨论

3.1 不同液位下系统抽力

在不同液位条件下对工况1进行实验,通过视镜可以观察到不同 We 数条件下的气泡生成情况,如图3所示,We 数越大,液位越低,气泡生成量越大。同时记录不同 We 数的尾气调节阀阀位最大值ζ,得到关系曲线,如图4所示,尾气调节阀阀位ζ随 We 数增大先减小后增大,呈抛物线形式。在高液位、低 We 数时,循环水所夹带的不溶性气体和撞击产生的气泡上升至液面,破裂后增大喷射器出口压力 P_C,系统引射系数变小,ζ增大,且液位越高、We 数越小,ζ越大,这是由于液位上升,液面以上缓冲空间逐渐减小,对 P_C 的影响也逐渐显著。可以看出当 We=2 642(H=990 mm)时,ζ达到最大值100%,图5(a)给出了此时的炉压、尾气调节阀阀位实时变化曲线,ζ达到100%,炉压开始出现异常波动,变得不可控。在低液位、高 We 数时,循环水所夹带的气泡和撞击生成的气泡到达循环槽底部,进入循环泵,导致循环泵发生气蚀现象,从而减小系统抽力,使炉压、ζ增大,且液位越低、We 数越大,更加容易形成气泡且具有更大的下降速度,气泡更容易进入循环泵,从而引起ζ更大。当 We=6 110(H=580 mm)时,ζ达到最大值100%,图5(d)给出了此时的炉压、尾气调节阀阀位实时变化曲线,由于发生气蚀现象,ζ达到最大值100%,炉压开始上升,变得不可控。尾气调节阀在调节炉压的过程中,为保证调节阀足够的调节余量,其阀位值ζ应控制在60%以下,如图4所示,可以得到工况1的操作区间:3 575≤We≤4 676,对应最佳液位为830 mm(最低点)。图5(b)、(c)分别给出了正常操作区间内 We=4 084(H=820 mm)、We=4 591(H=760 mm)时炉压、尾气调节阀阀位实时变化曲线,可以看出炉压在阀位的调解下基本保持不变,尾气调节阀阀位随液位变化而改变。

图3 工况1不同 We 数下气泡生成情况

3.2 不同气液两相密度下系统抽力

气液两相流体密度由循环水密度和含气率共同决定。尾气中的 HF、UF$_2$O$_2$ 量极小,检测结果表明:循环水中 U 含量低于 0.1%(mgU/gH$_2$O),HF 质量比最高约为 4%,所以循环水密度变化较小。

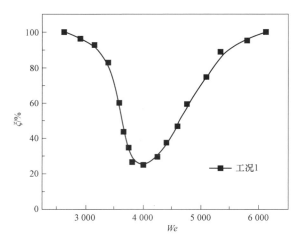

图 4　工况 1 尾气调节阀最大阀值随 We 数的变化曲线

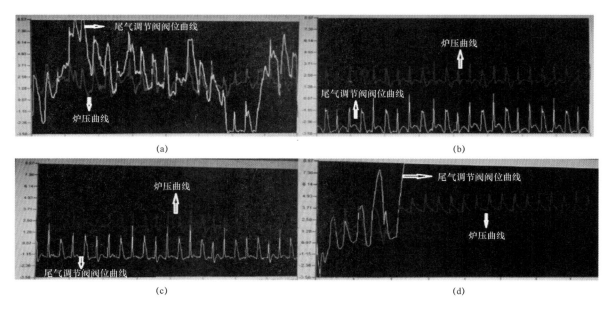

图 5　工况 1 炉压、尾气调节阀阀位实时变化曲线

同时根据测试表明,循环泵的流量、压头和效率均与输送介质的密度无关,即循环水密度的变化并不引起循环系统引射系数的改变,图 6 给出了尾气调节阀最大阀位在 24 小时内的变化曲线,可以看出调节阀阀位值微微上升,这是由于循环水浓度增大,使得撞击液面的气液两相流体具有更大的 We数,从而产生更多的气泡影响系统引射系数。

因此含气率是影响系统抽力的决定性因素。对工况 2、3 在不同液位下进行实验,得到最大阀位值 ζ 随 We 数的变化曲线,如图 7 所示。可以看出工况 1、2、3 ζ 随 We 数的变化曲线具有相同的变化规律,同样设定 ζ≤60％为系统正常工作的前提条件,得到工况 2、3 的操作区间:3 333≤We≤5 250,3 195≤We≤5 647,最佳液位分别是 875 mm 和 910 mm。表明:含气率越低,操作区间越大。原因在于循环水所夹带的气体直接增大了气泡量,含气率越低,气泡越少,造成操作区间变大。同时,含气率越低,密度越大,We 数也越大,撞击后所产生的气泡也就越多,但含气率所造成的密度差异较小,气泡总量随含气率降低而减少,对曲线变化趋势不造成影响,只是略微缩小扩大的操作区间。图 8 给出了 H＝760 mm 时的工况 1、2 的气泡生成情况。

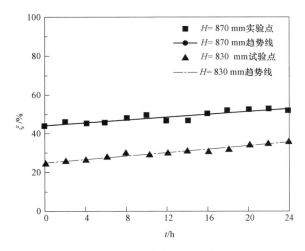

图 6 工况 1,24 h 内尾气调节阀阀位变化趋势图

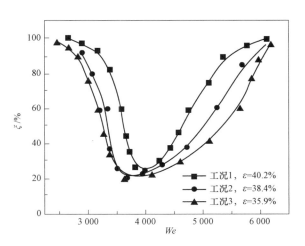

图 7 不同含气率 ε,尾气调节阀最大
阀值随 We 数的变化曲线

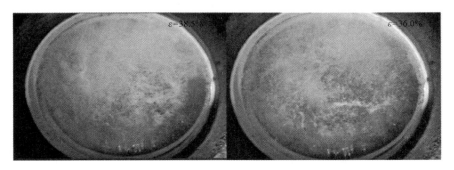

图 8 工况 2、3,$H=760$ mm 时气泡生成情况

4 结论

通过变量全微分法对水喷射器系统的引射系数进行分析,并研究了不同液位、循环水密度和含气率条件下的系统抽力情况,得到如下结论:

(1)导致引射系数改变主要来自于介质压力 P_P 和喷射器出口压力 P_C,引射压力 P_N 的影响可以忽略不计。

(2)循环水所夹带的气体和撞击循环槽液体所产生的气泡是造成介质压力 P_P 减小和喷射器出口压力 P_C 波动的主要原因。而气泡的生成能力用无因次量 We 数进行表征,We 数越大,撞击所产生的气泡越多。

(3)液位越高,气泡产生量越少,但气泡破裂造成压力波动对喷射器出口压力 P_C 影响越大;液位越低,气泡产生量越多,且速度 u 越大,气泡进入循环泵更加容易造成气蚀。即:较高液位、较低液位均会造成水喷射系统抽力减小,同时为保证尾气调节阀阀值保持在 60% 以下,We 数需保持在合理的调节区间,工况 1:$3\,575 \leqslant We \leqslant 4\,676$;工况 2:$3\,333 \leqslant We \leqslant 5\,250$;工况 3:$3\,195 \leqslant We \leqslant 5\,647$,对应的最佳液位分别是 830 mm、875 mm、910 mm。

(4)含气率 ε 是循环槽气泡生成量的重要影响因素,ε 越高,气泡越多,保持炉压稳定的液位调节区间越窄。

参考文献:

[1] 段德智. 铀酸铵的沉淀机理和工艺选择[M]. 北京:原子能出版社,2004:33-41.

［2］ 潘家业. 干法转化工艺制备 UO_2 粉末的热力学计算［J］. 物理化学学报，2015，31（suppl）：19-24.

［3］ 孙奉仲，吕伟，李淑英. 水喷射器的引射系数分析［J］. 水动力学研究与进展，1997，12（4）：414-418.

［4］ 申峰，李易，潘雯，等. 大 We 数下液滴撞击液膜的实验研究［C］. 北京力学会第 21 届学术年会暨北京振动工程学会第 22 届学术年会论文集，2015：51-53.

［5］ 郭亚丽，魏兰，沈胜强，等. 利用 CLSVOF 方法模拟液滴撞击平面液膜［C］. 高等学校工程热物理第十九届全国学术会议论文集，2013：17-22.

［6］ 朱家骅，叶世超. 化工原理（上）［M］. 北京：科学出版社，2005：119-128.

The study about pumping force of injection system on different We number

CHEN Yi

（CJNF，Yibin，Sichuan，644000）

Abstract：According to the analysis of ejecting coefficient of the water injection system with total differentiation of variables，a dimensionless quantity，We number is put forward to characterize the influence factors. In order to know how the liquid level and the gas rate work to the system pumping force standing for the velocity item and the density item in We number respectively，experimental study was carried out. The experimental results suggested that either high or low liquid level will cause adverse effects for the system pumping force. Meanwhile，gas rate was the key factor to affect the system pumping force. The higher the gas rate was，the greater the impact and the smaller the adjustable range of the liquid level would be. In order to make sure that the valve-value was kept below 60%，when gas rate ε was 40.2%，38.5% or 36.0%，the range of We number should be controlled from 3 575 to 4 676，3 333 to 5 250 or 3 195 to 5 647 respectively，and the best liquid level was 830 mm，875 mm and 910 mm respective.

Key words：Water injection system；Ejecting coefficient；We number；Gas rate ε

四价铈去污废液处理技术的发展现状

陈　艳，李文思，张立军

(中国原子能科学研究院，北京 102413)

摘要：四价铈去污因其快速、高效、二次废物产生量少的优点，在国内外得到了广泛关注，并在一些国家已实现了工程应用。但四价铈去污废液中残留的强氧化性 Ce(IV) 对后续放射性废液贮存设备和处理设施的安全构成威胁，存在造成放射性污染扩散的风险，因此四价铈去污技术的推广应用受到了制约。为了能够安全无忧地使用四价铈去污技术，需要对四价铈去污废液进行必要的处理，消除去污废液处理难题对四价铈去污技术的推广应用造成的困扰。目前国内外对含 Ce(IV) 废液开展了相关的技术研究，采用的方法主要有溶剂萃取法、吸附法、膜分离法和氧化还原法等。本文对比分析了不同四价铈去污废液处理技术的优缺点，为四价铈去污技术的工程应用提供参考。

关键词：四价铈；去污废液；还原

四价铈去污技术具有快速、高效、二次废物量小的优点，在核设施退役过程中得到了广泛关注，部分国家实现了工程化应用，并成功利用电化学再生或臭氧氧化再生法实现了主去污剂 Ce(IV) 的循环利用，但四价铈的再生率仅为 65%～80%[4]。由于受去污过程中 Ce(IV) 再生率的制约，去污剂不能无限循环使用，随着去污过程的进行，去污剂中 Ce(IV) 的含量会逐渐下降，为了不显著影响去污效率，需要更换新的去污剂，最终产生的去污废液中会存在大量 Ce(III) 和部分未反应的 Ce(IV)。

由于去污废液中存在的 Ce(IV) 具有强氧化性，存在腐蚀设备造成污染扩散的安全风险，所以需要对 Ce(IV) 去污废液进行必要的处理。通过对国内外研究进展的调研，四价铈去污废液的处理技术主要包括溶剂萃取分离法、吸附法、膜分离法、氧化还原法。

1　溶剂萃取分离法

溶剂萃取是分离 Ce(IV) 较为常见且有效的办法。很多研究已使用各种萃取剂如磷酸三丁酯 (TBP)、Cyanex923、伯胺 N1923、DEHEHP、离子液体等成功地从稀土元素中萃取分离了 Ce(IV)。

1.1　TBP 萃取法

TBP 作为最常用的萃取剂，具有较强的抗氧化能力，适合从酸性水溶液中萃取 Ce(IV)。2011年，埃及核材料管理局(NMA)[5] 利用 TBP 在聚合物树脂结构中的吸附作用，将 TBP 固定在惰性非离子型树脂载体上得到了 TBP 浸渍树脂，在硝酸介质中，Ce(IV) 可与 TBP 发生反应得到四价硝酸盐络合物，机理如下所示：

$$(Ce^{4+} + 4NO_3^-)_{aq} + 2(TBP)_{org} = [Ce(NO_3)_4 \cdot 2TBP]_{org} \tag{1}$$

该研究测试了接触时间、硝酸浓度、盐析剂等因素对 TBP 吸附 Ce(IV) 实验结果的影响，并得出了最佳工作条件：室温下接触时间 5 min，硝酸浓度 5.0 mol/L，此时 TBP 浸渍树脂的承载能力达到理论计算承载能力的 98.75%；加入硝酸盐作为盐析剂可提高 Ce(IV) 的萃取率，当硝酸盐浓度从 1 mol/L 提高到 3 mol/L 时，Ce(IV) 的萃取率可从 72.4% 提高到 80.6%。

1.2　离子液体萃取法

中国科学院长春应用化学研究所在 2014 年证明了双功能离子液体萃取剂［A336］［P507］、［A336］［P204］、［A336］［C272］可用于在 H_2SO_4/H_3PO_4 系统中从 Ce(III) 和 Th(IV) 中分离 Ce(IV)，其选择性较高[6]。经离子液体萃取后，有机相中负载了 Ce(IV)，用 H_2SO_4 来汽提分离 Ce(IV)，结果

作者简介：陈艳(1979—)，女，安徽阜阳人，高级工程师，硕士，现主要从事核设施退役去污及三废处理技术研究

发现当[H₂SO₄]=3 mol/L时,Ce(Ⅳ)的汽提效率不超过60%;加入3%H₂O₂作为汽提剂时,效率最高为80%,分离效果并不满意。除此之外,离子液体容易吸收空气中的水分,其性能会大大降低,而且离子液体的价格较高,回收效率不高,对实际的工业应用有一定的限制。

溶剂萃取法可以实现从含有Ce(Ⅳ)的溶液中分离出Ce(Ⅳ),但该过程需要加入萃取剂和改性剂,可能形成第三相;萃取率并不理想,仅在60%~80%。

2 吸附法

2.1 沸石吸附法

中国工程物理研究院在2011年采用间歇法研究了沸石对溶液中Ce(Ⅳ)的吸附性能[7]。研究表明,沸石对溶液中Ce(Ⅳ)吸附能力较低,吸附平衡时间较长,约为168 h;在固液比为1:50、Ce(Ⅳ)浓度为1 400 mg/L、室温、pH=1.5的条件下,沸石对溶液中Ce(Ⅳ)的平衡吸附量约为22.5 mg/g,平衡吸附率约为32%;当初始条件一定时,平衡吸附量随着沸石加入量的增大而逐渐减少。因此,沸石对溶液中Ce(Ⅳ)的吸附能力、材料利用率均较低,可将沸石改性作为研究方向,以期提高沸石对Ce(Ⅳ)的吸附性能,从而达到对去污废液更好的处理效果。

2.2 树脂吸附法

负载型阴离子交换树脂分离Ce(Ⅳ)的报道有限,该方法利用的原理是在酸性介质的条件下,Ce(Ⅳ)形成阴离子型酸式盐,从而吸附在阴离子交换树脂上。2011年,中国科学院长春应用化学研究所的祝丽荔等人[8]采用了N-甲基咪唑功能化阴离子交换树脂(RNO₃)吸附硝酸介质中的Ce(Ⅳ)(浓度为0.1 mol/L),RNO₃和Ce(Ⅳ)主要以阴离子硝酸盐络合物形式结合。吸附实验采用间歇法进行,使用0.05 g RNO₃和5 mL硝酸铈溶液接触,并在25 ℃下摇动180 min。研究发现RNO₃可选择性地吸附Ce(Ⅳ);Ce(Ⅳ)的吸附过程在180 min内达到吸附平衡,吸附容量为0.54 mmol/L。虽然RNO₃具有很高的抗氧化性,在吸附过程中能稳定工作,但RNO₃吸附容量并不高,吸附时间较长,不适用处理大规模的去污废液。

3 膜分离法

膜分离法是提取金属的有效方法之一。中科院地理科学与资源研究所[9]采用分散支撑液膜(Dispersion Supported Liquid Membrane, DSLM)提取Ce(Ⅳ)的过程进行了研究,当Ce(Ⅳ)的初始浓度为7.0×10^{-5} mol/L时,在75 min后Ce(Ⅳ)的提取率可达到96%,实验装置示意图如图1所示。实验装置由料液池、分散池和支撑体组成。料液相为7.0×10^{-5} mol/L的Ce(Ⅳ)溶液和缓冲溶液;分散相为膜溶液和HCl溶液,其中膜溶液由煤油和2-乙基己基磷酸-单-2-乙基己基酯组成。

Ce(Ⅳ)在料液相到分散相中的迁移原理如图2所示。在料液-膜相交界面,Ce(Ⅳ)与载体(HR)发生配合反应:

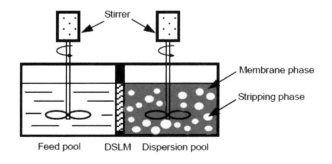

图1 分散支撑液膜装置示意图

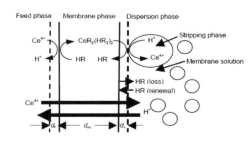

图2 Ce(Ⅳ)在分散支撑液膜中迁移示意图

$$Ce^{4+} + 3(HR)_2 \Leftrightarrow CeR_2 \cdot 2HR_2 + 4H_f^+ \tag{2}$$

式中,f 代表料液相。

当络合物 $CeR_2 \cdot 2HR_2$ 从膜内扩散到膜-更新相界面时会发生解析反应,实现 Ce(IV)的回收:

$$CeR_2 \cdot 2HR_2 + 4H_s^+ \Leftrightarrow Ce^{4+} + 3(HR)_2 \tag{3}$$

式中,s 代表分散相。

2012 年,该课题组探索了反萃更新中空纤维液膜（Stripping Renewal Hollow Fiber Liquid Membrane, SRHFLM）中 Ce(IV)的迁移行为,其实验装置图如图 3 所示[10]。Ce(IV)在料液相到分散相的迁移过程中发生的反应式同式（2）～（3）,在以有机磷酸（P204）为载体,煤油和 P204 的混合溶液作为膜溶液,H_2SO_4 作为解析剂时,当 Ce^{4+} 的初始浓度为 1.00×10^{-4} mol/L 时,Ce(IV)在 45 min 时提取率达到 92.2%。

膜分离技术操作简单,不需引入昂贵的表面活性剂,但膜溶液在某些情况下溶于水相而引起的膜稳定性下降和高传输通量的矛盾难以解决,这也制约了膜分离技术在废液处理问题上的广泛应用。

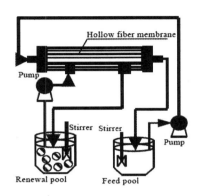

图 3　反萃更新中空纤维液膜装置示意图

4　氧化还原法

氧化还原法是采用还原剂将废液中氧化性较强的 Ce(IV)转变为易于输送、贮存的 Ce(III),该法可有效且高效地实现去污废液的处理[12]。

4.1　过氧化氢 H_2O_2 还原法

根据氧化还原反应的基本原理,氧化还原电对的电位越高,其氧化态的氧化能力越强。一种氧化剂可以氧化电位比它低的还原剂。据标准电极电势表,以下几个半反应的标准电极电势分别为:

$$Ce^{4+} + e^- = Ce^{3+} \tag{4}$$

标准电极电势 $\varphi = 1.61$ V；

$$O_2(g) + 2H^+ + 2e^- = H_2O_2 \tag{5}$$

标准电极电势 $\varphi = 0.68$ V。

由半反应可推测,H_2O_2 与 Ce(IV)的反应有两种:

$$2Ce^{4+} + H_2O_2 = 2Ce^{3+} + O_2(g) \uparrow + 2H^+ \tag{6}$$

$$2Ce^{4+} + 3H_2O_2 = 2Ce^{3+} + 2O_2(g) \uparrow + 2H^+ + 2H_2O \tag{7}$$

中国辐射防护研究院通过 Ce(IV)/HNO_3 模拟去污废液预处理初步研究,确定了 H_2O_2 与 Ce(IV)二者反应的方程式应为式（6）,即 Ce(IV)与 H_2O_2 反应的理论剂量关系为 2:1。模拟去污废液中含有因氧化和腐蚀作用而进入废液中的金属离子（如 Fe^{3+}、Cr^{6+}、Cr^{3+}、Ni^{2+} 等）、未消耗的 Ce(IV)、Ce(IV)被还原产生的 Ce(III)及由去污剂中引入的 NH_4^+ 和 NO_3^- 离子。实验中利用氧化还原滴定法验证 Ce(IV)与 H_2O_2 的剂量关系,发现 Ce(IV)与 H_2O_2 反应的摩尔比（1.9:1）略低于理论反应比例（2:1）。这是因为在酸性介质条件下,NO_3^- 具有氧化性,会氧化一部分 H_2O_2,因此,在实际废液处理过程中考虑加入过量的 H_2O_2。

Ce(IV)/HNO_3 模拟去污废液预处理初步研究结果表明,当去污液丧失去污能力,即 Ce(IV)的浓度很低时,还原残留 Ce(IV)所需的工业 H_2O_2 的量较少,因此在保证 H_2O_2 与所有去污废液充分混合的前提下,可一次性加入还原剂,该操作也不会因反应激烈而产生大量气泡。

4.2 有机还原剂还原法

4.2.1 巯基还原法

巯基易被氧化,当巯基和 Ce(IV)共存时,巯基被氧化成二硫键,Ce(IV)被还原成 Ce(III)。河北大学的申士刚教授团队研究了在酸性介质中,Ce(IV)与含巯基的药物硫普罗宁(MPG)的氧化还原反应动力学,MPG 在反应过程中被氧化成含有二硫键的二硫化物 MPG-disulfide,方程式如式(8)所示,表明该反应中两种反应物的反应计量关系是 1:1[15]:

$$2Ce(IV) + 2HSCH(CH_3)CONHCH_2CO_2H \longrightarrow 2Ce(III) + MPG\text{-}disulfide + 2H^+ \qquad (8)$$

通过光度滴定法测定了 MPG 与 Ce(IV)之间的反应计量关系为 1:(4.9±0.2),与方程式(8)中 1:1 的比值明显不同,这表明 MPG 被 Ce(IV)深度氧化,即 MPG 中的巯基被深度氧化成磺酸,最终得到 MPG-sulfonic acid 这一产物。因此,上述方程是一个条件化学计量反应,只有在 MPG 的量远大于 Ce(IV)的量时,式(8)才能成立。由于去污废液中 Ce(IV)的含量较少,浓度较低,利用含有巯基类的还原剂可以实现 Ce(IV)的还原,但在此过程中会引入有机相,需要考虑废液接收部门的废液接收要求。

4.2.2 抗坏血酸还原法[12]

抗坏血酸具有较强的还原性,长期暴露在空气中易被氧化,在微酸性水溶液中易被氧化为去氢抗坏血酸。在酸性溶液中 Ce(IV)的氧化能力较强,假设 Ce(IV)能够将抗坏血酸完全氧化,则二者可能发生的反应为:

$$20\,Ce^{4+} + C_6H_8O_6 + 6H_2O = 20\,Ce^{3+} + 6\,CO_2 + 20H^+ \qquad (9)$$

鉴于抗坏血酸易被还原的特性,试验过程中用碘标准溶液对抗坏血酸的有效含量进行标定。通过抗坏血酸与 Ce(IV)的氧化还原滴定试验,确定二者反应的摩尔比例关系为 1:6,但假设抗坏血酸在与 Ce(IV)的反应过程中被完全氧化为 CO_2 和 H_2O 时,抗坏血酸与 Ce(IV)的比例关系应为 1:20,这说明抗坏血酸在此过程中并没有被完全氧化,因此会在废液中引入有机物杂质,不能实现绿色、环保;除此之外,抗坏血酸还原 Ce(IV)的反应速率比 H_2O_2 反应速率慢。

4.2.3 醇、酮、胺还原法

四川师范大学的杨丽雪团队[16]以醇(A)、酮(B)、胺(C)、酯(D)和酸(E)作还原剂,研究其对 Ce(IV)的还原率。在酸性溶液中,还原剂 A、B、C 均可与 Ce(IV)反应生成 H_2O 和 CO_2;还原剂 D 因在酸性条件下会水解成醇和酸,还原率较低;还原剂 E 不发生反应。还原剂 A 反应原理是伯醇分子的 α-C 上连有 2~3 个 H 原子,它们受羟基的影响而变得比较活泼,容易与高价铈发生氧化还原反应;还原剂 B 和 C 类似甲醛的性质,都分别能被强氧化剂 Ce(IV)所氧化;还原剂 D 因在酸性条件下会水解成醇和酸,还原率较低;而还原剂 E 的 α-C 上带有给电子基,使羟基更稳定,不易发生氧化还原反应。在[H^+]=1 mol/L,温度 t=95 ℃,[Ce(IV)]=80 g/L,选用 C 做还原剂的条件下,经反应 1.5 h 后,Ce(IV)的还原率为 99.70%,原子利用率达 90.4%。

4.2.4 一元羧酸还原法

埃及的艾因·夏姆斯大学在 1985 年研究了一系列一元羧酸在硫酸水溶液中还原 Ce(IV)的动力学[17]。研究发现该氧化还原反应均为一级反应,反应速率与 Ce(IV)的浓度无关。由于酸的螯合能力不同,Ce(IV)的反应性为:乙酸＜甘氨酸＜乙醇酸。通过化学计量学研究得到,Ce(IV)与乙酸、乙醇酸、甘氨酸的摩尔比分别为 1、3、1。

5 结论

针对调研结果,我们得到以下结论:

(1)采用溶剂萃取分离法、吸附法、膜分离法对 Ce(IV)进行回收利用的难度大、代价高、回收率低;处理量小,处理花费时间长,不适用于大规模的实际生产过程。

(2)采用有机还原剂如醇、胺、酯、抗坏血酸、一元羧酸、含巯基化合物等对 Ce(IV)进行还原时,会在反应过程中引入有机相作为还原剂；当有机还原剂未被完全氧化时，在废液中会存在有机物杂质。

（3）采用无机还原剂 H_2O_2 时，所需的还原剂量少；反应温和，即使一次性加入还原剂也能实现安全操作；反应速率相对较快，可实现大规模处理去污废液。

参考文献：

[1] Ponnet M，Klein M，Massaut M，et al. Thorough chemical decontamination with the MEDOC process：batch treatment of dismantled pieces or loop treatment of large components such as the BR3 steam generator and pressurizer[C]. USA，2003.

[2] Chandrasekara P K，Raju T，Chung S J，et al. Removal of H_2S using a new Ce(IV)redox mediator by a mediated electrochemical oxidation process[J]. Journal of Chemical Technology & Biotechnology，2009，84(3)：447-453.

[3] 郭丽潇，牛强，邓少刚，等. 四价铈电化学再生用离子膜选取试验研究[J]. 当代化工，2019，48(10)：2301-2305.

[4] 邓少刚，郭丽潇，武明亮，等. 四价铈再生工艺研究进展[J]. 无机盐工业，2018，50(4)：15-18.

[5] Helaly O S，Ghany M S，Moustafa M I，et al. Extraction of cerium(IV)using tributyl phosphate impregnated resin from nitric acid medium[J]. Transactions of Nonferrous Metals Society of China. 2012(22)：206-214.

[6] Zhang L，Chen J，Jin W Q，et al. Extraction mechanism of cerium(IV)in H_2SO_4/H_3PO_4 system using bifunctional ionic liquid extractants[J]. Journal of rare earths，2013，31(12)：1195-1201.

[7] 苏伟，窦天军，潘社奇，等. 沸石对溶液中铈离子的吸附性能[J]. 材料科学与工程学报，2011，29(4)：592-595.

[8] Zhu L L，Chen J. Adsorption of Ce(IV)in nitric acid medium by imidazolium anion exchange resin[J]. Journal of rare earths，2011，29(10)：969-973.

[9] 裴亮，姚秉华，付兴隆，等. 分散支撑液膜中四价铈的传输分离[J]. 过程工程学报，2008，8(1)：851-858.

[10] 裴亮，王理明，郭维，等. 反萃更新中空纤维液膜对四价铈的回收提取研究[J]. 稀有金属材料与工程，2012，41(2)：632-635.

[11] 马鹏勋，张涛革，武明亮，等. Ce(IV)/硝酸去污技术工程应用安全性初步研究[J]. 辐射防护，2007，27(6)：229-335.

[12] 刘志辉. 几种 Ce(IV)去污技术及废液安全问题的探讨[J]. 核安全，2014，13(2)：40-44.

[13] 张涛革，武明亮. Ce(IV)/硝酸模拟去污废液预处理初步研究[J]. 辐射研究与辐射工艺学报，2013，31(4)：040301-7.

[14] 徐光宪. 稀土(第二版)上册[M]. 北京：北京大学出版社，1995：792-793.

[15] 池雪茹. 四价铈氧化硫普罗宁和硫脲反应的动力学分析[D]. 河北：河北大学，2018.

[16] 杨丽雪，廖洋，赵凡，等. Ce(IV)的绿色还原工艺研究[J]. 稀土，2004，25(1)：36-40.

[17] Nabila M G，Hanafi S，Anis S S. Reduction of Ce(IV)by carboxylic acid in sulphate medium part 1：monocarboxylic acids[J]. Thermochimica Acta，1985，92：751-754.

Development of the liquid waste produced by decontamination process using Ce(IV)

CHEN Yan，LI Wen-si，ZHANG Li-jun

(China Institute of Atomic Energy，Beijing，China)

Abstract：Decontamination process using Ce(IV)with advantages of fast，high efficiency and less secondary waste generation had been widely concerned at home and abroad and applied to the engineering in some countries. However，the Ce(IV)with strong oxidation remaining in the liquid waste produced by decontamination process using Ce(IV)posed a threat to the safety of storage equipment and processing facilities，and there was a risk of spreading radioactive contamination， therefore, the popularization and application of decontamination process using Ce（IV）was restricted. In order to apply the decontamination process using Ce(IV) safely, it was necessary to eliminate the trouble caused by decontamination waste liquid on the popularization and application of decontamination process using Ce(IV). At present, the researches of processing the liquid containing Ce(IV) had been studied at home and abroad, and the main methods included solvent extraction, adsorption, membrane separation and redox. This paper compared and analyzed the advantages and disadvantages of different methods of processing the liquid waste produced by decontamination process using Ce（IV）, which provided some references for the engineering application of the decontamination process using Ce(IV).

Key words: Ce(IV); decontamination waste liquid; reduction

中国核科学技术进展报告（第七卷）
核化工分卷　Progress Report on China Nuclear Science & Technology（Vol.7）　2021 年 10 月

高放废物处理技术现状及发展趋势研究

陈亚君,梁和乐,陈思喆,赵　远

（中核战略规划研究总院有限公司,北京 100048）

摘要:高放废液来自乏燃料后处理,具有放射性强,半衰期长,毒性大等特点,其安全处理一直是放射性废物治理中的重点和难点。本文介绍了国外高放废液玻璃固化技术、陶瓷固化技术和分离嬗变技术的发展和应用情况,对相关技术的特点进行了分析,并对高放废液处理技术未来发展趋势进行了研究。

关键词:高放废物;玻璃固化;陶瓷固化;分离嬗变

　　放射性废物中以废液的量最多,危害性最大,处理工艺复杂,在放射性废物处理中占有特别重要的地位。核燃料循环的各个环节都会产生放射性废液,核工业的放射性废物的绝大多数（约占放射性废物总量的 99.9%）则来自乏燃料后处理厂。溶剂萃取（普雷克斯）流程共去污过程产生的高放废液（萃残液）体积虽小但含有全部裂变产物的 99.9% 以上。

　　据计算,一座电功率为 1 000 MW 压水堆核电站,一年卸出 30～35 t 辐照过的燃料元件,后处理产生 15～30 m³ 强放废液。后处理过程裂变产物被浓集为小体积的高放废液,这种废液有很强的放射性,强烈释放衰变热,有很强的腐蚀性,一般要贮存在不锈钢大罐中冷却一段时间。大罐贮存只是一种临时措施,高放废液中含有的裂变产物铯-137（半衰期 30.2 年）,锶-90（半衰期 28 年）衰减到无害水平至少需要五六百年,钚-239（半衰期 2.4×10^4 年）则需要安全隔离上百万年。长期贮存这种高放废液是极不安全的。高放废液的处理流程如图 1 所示。本文重点介绍高放废液玻璃固化、陶瓷固化及分离嬗变技术的相关情况。

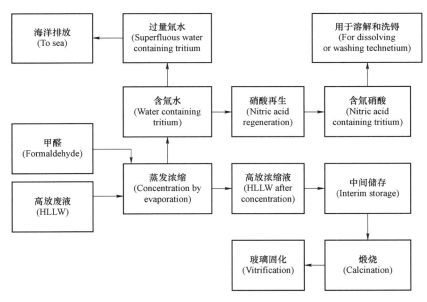

图 1　后处理厂高放废液处理流程图

作者简介:陈亚君（1988—）,男,河南信阳人,硕士,现主要从事核科技情报研究工作

1 玻璃固化

玻璃固化是为固化高放废液开发的一种放射性废物处理技术。高放废液放射性极高、毒性极大，且某些放射性核素的半寿命很长。为了安全、长期处置高放废液，目前通用的方法是，先对这些高放废液进行玻璃固化，然后送往地质处置库进行长期处置。

玻璃固化方法是将废液加热、蒸发浓缩、煅烧，使内含的盐分熔融，与玻璃基材一起形成玻璃体。由于这种废物固化体具有良好的化学、机械稳定性和抗辐射性能，被认为当前最具实用价值的方法。

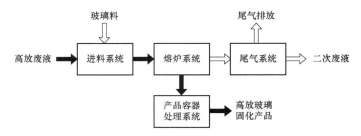

图 2 玻璃固化工艺原理图

高放废液玻璃固化装置经过多年的研究和改进，不断更新和发展，目前已开发了四代熔炉工艺：第 1 代熔制工艺是感应加热金属熔炉，一步法罐式工艺；第 2 代熔制工艺是回转炉煅烧＋感应加热金属熔炉两步法工艺；第 3 代熔制工艺是焦耳加热陶瓷熔炉工艺；第 4 代熔制工艺是冷坩埚感应熔炉工艺。

目前工业应用的是第 2 代和第 3 代，即主要为回转炉煅烧/感应金属熔炉和焦耳加热陶瓷熔炉两大类。法国和英国主要采用回转炉煅烧/感应金属熔炉。美国、俄罗斯、德国、日本等主要采用焦耳加热陶瓷熔炉。冷坩埚玻璃固化熔炉是一项很有发展前景的高放废物固化装置。

1.1 回转炉煅烧/感应加热金属熔炉

玻璃固化过程需要大量能量，用于蒸发废物中的水并熔融废物。回转炉煅烧/感应加热金属熔炉是使用两个独立的设备，两个设备分别加热，分别进行废物的蒸发煅烧和熔融玻璃，采用两步法，其特点是：

（1）可以在适合于相关操作的温度曲线下操作（在煅烧炉中约为 100～500 ℃，在金属熔炉中约为 1 100～1 150 ℃）。

（2）金属熔炉仅用于使处理的废物与玻璃基质反应，因此可以设计成具有小的熔体表面积。

（3）设备尺寸中等，并且可以通过远程操作进行维修。这有利于模块化设备的设计，部件可以在安装后进行修理或更换，而无需拆除整个设备。

（4）设备尺寸中等，有利于减小建筑物（热室）尺寸。

（5）设备本身不是很重（法国设备约 0.5 t），可以在短时间内（约一周时间）轻松更换。这使得可以在进行设计改进后立即实施。

（6）其不足之处是，两步法工艺过程多，显得复杂。

对于玻璃熔融过程，感应加热金属熔炉是通过感应加热来加热熔炉壁，然后热壁通过传导将热量传递给熔融体。其特点：

（1）电力系统可以免受热熔和污染。加热熔体的可行性是独立于熔体的电性能，并且可以重新-通过相同的方法热冷冻玻璃。

（2）另一方面，由于壁由整体提供热量系统的大小有限，无法无限扩大。此方法因而与两步法工艺结合，所需要的熔体表面面积较小。

（3）用于熔炉壁的材料很重要，因为它与熔融体直接接触，必须具有很强的机械稳定性和耐高温、耐腐蚀性。实际上，熔融温度限值约为 1 150 ℃。

1.2 焦耳加热陶瓷熔炉

还有一种设计,废液直接进料到熔炉中,只有一件设备,但增加了对熔炉的需求。其特点如下:

(1)由于进行蒸发和煅烧的热量通过熔融玻璃传递给废液,因此在相同的生产量下,必须具有更大的熔体表面积,因此需要更大的熔炉。在这种情况下,如果没有起泡器,1 150℃的熔体速率约为15 kg/(h・m²)。

(2)如果熔炉是陶瓷熔炉,与两步法相比,这将导致设备重量增加。DWPF熔炉为65 MT(公吨,t),汉福特WTP LAW熔炉为300 MT。

(3)因此,为了在经济上和工业上具有可行性,需要熔炉具有更长的寿命,配件使用寿命也要与熔炉寿命一样长。例如,目前正在建造的WTP HLW和LAW熔炉配备有双浇注系统。

(4)此外,蒸发、煅烧和玻璃熔融中同一个设备中会产生一个冷帽,控制起来很复杂,且容易发泡,需要小心调节的废液进料的特性、进料分布、冷-帽延长线(cold-cap extension)和温度分布。

(5)熔炉尺寸的另一个重要影响是废物在熔炉腔内的停留时间。废物停留时间必须足够长,以便使玻璃熔化充足且形成良好的同质性。但是,当停留时间增加时,风险也将增大,颗粒物质(例如尖晶石,贵金属)也会在熔炉内沉降。所以,当这存在颗粒沉积风险(尤其是贵金属),停留时间越短越好。

(6)运行大体积熔炉,当停留时间长时,必须预见到进料之间的过渡,以确保熔炉内的物质始终符合操作和质量要求。

1.3 冷坩埚

冷坩埚熔炉(CCIM,Cold Crucible Melter)是采用高频感应加热,炉体外壁为水冷套管和高频感应圈,不用耐火材料,不用电极加热。高频(300~13 000 kHz)感应加热使玻璃熔融,由于水冷套管中连续通过冷却水,近套管形成一层固态玻璃壳体,熔融的玻璃则被包容在自冷固态玻璃层内,顶上还有一个冷罩,限制易挥发物的释放。冷坩埚除了熔铸玻璃外,还可用来熔融废金属,处理乏燃料包壳,焚烧高氯高硫的废塑料和废树脂等。

首先坩埚的冷却生成一层薄的固态玻璃,盖在与玻璃接触的坩埚的表面,从而保护坩埚不受腐蚀性的融化物及腐蚀性气体的影响。主要的好处是提高了熔化炉寿命,减少了停工期,使得节约成本。这种技术可用来固化许多不同种类的化学废物,而且废物的组成对坩埚寿命没有影响。由于熔融玻璃不直接与金属接触,因此有可以在更高温度条件下运行的优势,并对熔化过程中的玻璃结晶有更高的许可度。其次,直接感应加热方法使温度提高(对某些仍在试验的新基体配方,可高达1 300℃),使得有可能获得新的保留废物的基体。这种基体是用焦耳加热熔化炉不可能生成的。温度升高提高了废物负载和生产效率。

2 陶瓷固化

1979年,澳大利亚科学家Ring wood教授受自然界中某些含长寿命放射性元素(U和Th)的天然矿物能够稳定存在上亿年的启发,依据矿物学上的类质同象替代原理,首先提出了用钛酸盐陶瓷(人造岩石,synroc)固化处理高放废物。陶瓷固化就是将高放废物与陶瓷基料按照一定的比例混合,经高温/高压下的固相反应,制得稳定性优良的固化体。陶瓷固化体相对玻璃固化体而言,具有更好的抗浸出性、辐照稳定性和热稳定性,被称为第二代高放废物固化体。

2.1 技术发展历程

1978年,Ring wood在实验室规模生产了针对乏燃料后处理废物的热压复合陶瓷。这种高放废物中存在各种各样的废物离子(例如锕系、稀土和其他裂变产物),意味着需要采用多相方法来处理这些废物。陶瓷配方是由合成钛酸盐矿物钙钛矿、锆英石、荷兰石和金红石组成,它们在水耐久性方面远远优于超煅烧或硼硅酸盐玻璃。此外,这些颗粒的粒度非常细,可以抑制含有锕系元素的钙钛矿和锆石长期辐射损伤产生的微裂纹。在这些相中,晶格膨胀主要是由几千年的α反冲离子引起的,与荷兰石相和金红石相相比,只引起微应变。荷兰石相和金红石相中只含有非常少量的锕系元素,晶粒尺寸更小,微裂纹的倾向也更小。

1981年,在考虑处理萨凡纳河场址高放废物时,人造岩石被认为是硼硅酸盐玻璃之后的第二选择,原因是缺乏技术成熟度和对废物多样组分的耐受性较低。当时提出的Synroc包括霞石、(有或没有小荷兰石)、尖晶石、钙钛矿和锆石。荷兰酸盐的加入改善了Cs的浸出性,但可能在离子尺寸上形成Cs铝硅酸盐。

后来ANSTO(澳大利亚原子能委员会)建立了一个概念工厂来进行synroc工艺的开发和示范这种技术。1981年,美国决定采用玻璃固化处理高放废物。因此,ANSTO将Synroc的研发重点调整为针对不同类型的锕系元素(特别是钚)废物形式,包括高放废物和中放废物,特别是对玻璃基质或玻璃固化工艺处理存在问题的废物。在20世纪90年代,ANSTO与劳伦斯利弗莫尔国家实验室和萨凡纳河国家实验室合作开发了一种Synroc,用于固化美国和俄罗斯过剩的不纯Pu。

Synroc陶瓷被认为优于锕系元素硼硅(LaBS)玻璃有许多原因,例如陶瓷相具有长期耐久性(在一系列化学持久试验条件下是玻璃的10~1 000倍),在处理和处置库中具有临界安全性等。但有两个最明显的因素(1)其对工人的中子剂量降低了7倍[LaBS玻璃中含有硼,会发生(α,n)反应];(2)具有更强的防扩散能力(LaBS玻璃对吸收的Pu的萃取能力更弱)。

虽然认为陶瓷优于硼硅玻璃,但并没有实施重大项目。主要受政治原因影响。在2000年代早期,认为MOX燃料工厂的发展在美国是一个更好的解决钚库存的方案。然而,美国MOX厂已于2019年暂停建造。英国正目前也面临着类似的技术、政治和社会经济挑战,因为它们目前还承诺在本世纪管理超过100吨过剩的二氧化二氮。

2000年代初,陶瓷固化工艺开始从钛酸盐陶瓷的设计和制备向更广泛的陶瓷类型和废物形式发展,包括钛酸盐陶瓷+玻璃陶瓷,甚至采用热等静压(HIPing)制成的玻璃废物(与玻璃固化相比更优)。因此,陶瓷固化朝着使用热等静压技术平台的方向发展,而不是向着某一多相钛酸盐陶瓷废物形式的方向发展。当然,其性能(如耐久性)取决于废物的种类而不是制备方法,因此热等静压(HIPed)玻璃具有玻璃固化材料的特性而不是钛酸盐陶瓷的特性。热等静压玻璃陶瓷结合了玻璃和陶瓷的优点。热等静压工艺是由美国巴特尔公司在20世纪50年代发明的,自60年代以来一直用于为潜艇准备核燃料,并已被INEL验证为一种可靠的方法来固结放射性陶瓷废物的形式。此外,该方法还广泛应用于工业上制备惰性陶瓷和金属陶瓷合金。

在陶瓷或玻璃陶瓷的焙烧过程中,放射性焙烧废物(废物+添加剂)是初始原料。煅烧消除了在随后的热固结过程中发生显著气体析出的可能性。热固结过程是由封装在热等静压罐中的材料造成的。煅烧产物首先装在一个金属罐里,然后被取走,在一定条件下加热到200~600℃几个小时以去除短暂暴露在潮湿空气中吸收的气体,经过密封,之后在加热循环过程中,通过数十MPa的氩气压缩使其达到完全密度。最后,通常在1 000~1 300℃的温度下进行固结。加热来自罐外,施加的压力通常高达100 MPa。图3显示了热等静压的步骤。和不锈钢热等静压罐固结前后的情况。

 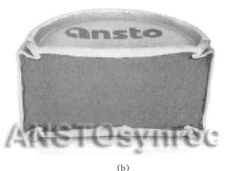

(a)   (b)

图3 HIP前和HIP后的废物罐

这个过程是批处理的，但是罐装重量超过 100 kg 是可行的。罐装的最终形状取决于多种参数，如罐装设计类型（如直壁或哑铃）、废物类型、罐装内的堆积密度和作为温度函数的压力。当围绕包装优化、运输和最终处置后堆垛等约束条件裁剪折叠/最终形状时，需要理解这些变量之间的相互依赖关系。

热等静压处理的一个显著优势是热等静压设备的占地面积相对较小，因为在热固步骤中没有废气。此外，HIP 设备的主要服务/工艺部件可以位于屏蔽热室的外部。除了要处理的放射性废物在密封罐里，不会直接接触热等静压工艺设备，因此热等静压不会有显著的放射性污染。热等静压的另一个优势是它的灵活性，它可以生产陶瓷、玻璃陶瓷和玻璃废物，从而处理各种各样的废物流。此外，对于某些废物，热等静压工艺可用于固体废物在金属中的封装。还有一些关于乏燃料芯块和锆合金衬垫的金属封装的研究。

陶瓷放射性废物形式的主要优势是能够在最低温度下达到理论密度，因此达到最小粒度，从而增加整体强度和减少潜在的微裂缝（当废物中包含大量发射 α 射线的锕系元素时，通过辐射损伤造成的）。而且，对于几种类型的陶瓷废物来说，热等静压罐/陶瓷的相互作用是无害的。

2000 年代中期，澳大利亚与英国国家核实验室（NNL）合作开发了一种废物形式和手套箱生产线，通过陶瓷加工和热等静压处理含 PuO_2 的废物。目标玻璃陶瓷废物具有玻璃与陶瓷相结合的优点，最适合于固定锕系元素。在玻璃陶瓷配方中，钚和其他锕系元素的关键晶主相是锆英石。钚的固定和处置是英国继续研究的一种方法，用于管理那些不适合再使用的 Pu 废物，例如 MOX 燃料。最近，英国政府也在考虑，如果超过 100 t 民用分离 Pu 材料的优先再利用方案无法实施，则将其固定。目前，ANSTO 正在进一步研究富锆石玻璃陶瓷对富余 Pu 的固化作用。ANSTO 之前已经证明玻璃陶瓷中含 Pu 锆石达到 20 wt％是可行的，目前还在研究玻璃陶瓷中更高含量 Pu（含有 0.5 配方单位的 Pu）的锆石，达到了 70 wt％。

在 2000 年代后期，ANSTO 开始对爱达荷国家实验室（INEL）储存的 4 400 m³ 废物的固化研究，这些废物对使用硼硅玻璃来说是有问题的，因为它们主要由氧化铝、氧化锆和氟化钙组成。此项验证工作是成功的，尽管还需要做更多的工作来处理废物复杂性，但似乎没有不可克服的困难。美国能源部决定将热等静压技术作为首选处理方案的记录是在 2009 年。然而，目前美国的优先事项集中在处理汉福德、萨凡纳河和爱达荷地区的高风险液体废物。

自 2010 年以后，ANSTO 的一个主要重点是建立一个用于固化中放废物的工厂。中放废物是通过 OPAL 研究堆生产放射性药物[99]Mo 同位素过程中产生的。目前，该工厂仍在建造过程中，预计 2020 年底建成。

对于乏燃料，目前仍在对上世纪 70 年代末提出的用于固定乏燃料的 Synroc-F 陶瓷配方进行精炼。这种陶瓷主要是焦氯化合物结构的 $CaUTi_2O_7$ 加上少量的 Synroc-C 相，其废物装载量为 40 wt％，而如果使用硼硅酸盐玻璃，其废物装载量可能为 10 wt％左右。添加玻璃以提高热导率和帮助固定 FPs 也在研究中，目前正在研究将这种废物进一步扩大到 10 公斤的规模。而对于乏燃料后处理高放废液的固化，目前澳大利亚研究较少。此外，澳大利亚还计划应用陶瓷固化解决 Pu 和 HEU 的扩散风险。

Synroc 对目前储存在 INEL 的煅烧 HLW 固化方面的好处也引发了相当大的兴趣，这是 Synroc 技术相对于玻璃固化具有相当大的处理和废物形态优势的一个很好例子。

2.2 俄罗斯对磷酸盐陶瓷的研究

俄罗斯主要研究了磷酸盐基陶瓷和磷酸盐陶瓷玻璃固化。目前，俄罗斯主要使用磷酸盐玻璃进行高放废液的玻璃固化。然而，磷酸盐玻璃发生脱玻璃化的趋势阻碍磷酸盐玻璃得到更广泛应用。此外，由于磷酸盐熔体的较高反应性，磷酸盐玻璃与现有熔体的相容性必须重新评估。

磷酸盐陶瓷因其具有多样的晶体化学性质以及优异的物理化学性能，在放射性废物固化领域也受到了广泛的关注。几种磷酸盐陶瓷晶格，例如磷酸铁、磷酸锆钠、独居石、镁磷酸盐、磷酸氢钙等，由于其在地质时间尺度上具有岩石类似性质的化学、高辐射、热稳定性、优良的稳定性和耐用性，都视为潜在的放射性废物固化基质。最近,化学键合磷酸盐陶瓷(CBPC)在处理放射性废物方面引起了研究者们的兴趣。采用金属阳离子与磷酸阴离子的酸碱反应制备 CBPC。CBPC 的形成涉及酸碱工艺,有利于酸性和碱性废物的处理。此外,这个过程涉及固体氧化物和液体磷酸盐的添加,因此可以设想使用 CBPC 的固体和液体废物管理解决方案。固体废物可与碱性氧化粉混合,废液可加入磷酸盐溶液。磷酸盐 pH 值范围宽、加工温度低、强度好、自黏能力强、孔隙率低、二次废物量产生最小等特点,使其适合于各种废物(主要是混合废物和危险废物)的固化和封装。值得一提的是,所列磷酸盐的优异性能在很大程度上归功于磷酸盐陶瓷相的结构。在磷酸盐的结构中,许多阴离子和阳离子的晶体结构位置可用于容纳长寿命的放射性核素。然而,需要较高的烧结温度将粉末转变为稳定的整体形式,导致一些放射性核素挥发。这一问题可以通过采用低温合成方法来解决。

Jha 等采用熔融淬火技术制备了磷酸钠陶瓷玻璃,并进行了受控热处理。硼的加入可以提高陶瓷玻璃基体的热稳定性和辐射稳定性。加入氧化铈,硼磷酸铁的化学耐久性和结构基本保持不变。含 vitusite[NasCe(PO$_4$)$_2$]的陶瓷玻璃是处理镧系废物(高温化学处理产生的)的良好基质。在独居石结构中引入一些玻璃相可以显著改善其物理和化学性质。He 等人在模拟 a-HLW 中,将偏磷酸镧玻璃粉与各组分的氧化物粉混合,制备了两种独居石陶瓷玻璃废物形式。结果表明,TRU^{3+}(超铀元素)均被纳入/固定在独居石陶瓷中,TRU^{4+} 元素则被纳入/固定在焦磷酸盐陶瓷和焦磷酸盐玻璃中。两种废物形式的溶出率都很低,证实了它们良好的化学稳定性。玻璃陶瓷废物的主要优点是可以利用熔融工艺进行生产。

2.3 美国对熔融加工和热等静压法制备多相陶瓷比较

美国萨凡纳河国家实验室对熔融加工和热等静压法制备多相陶瓷的结构、形貌和浸出特性进行了比较研究。多相陶瓷废物通过熔融处理和热等静压工艺生产。采用这两种方法制备了 Ba1.0Cs0.3Cr1.0Al0.3Fe1.0Ti5.7O16(CAF-131)。对 CAF-131 的锰钡矿化学计量进行了对比。对于在 1 250 ℃和 1 300 ℃处理的热等静压样品,存在锰钡矿和钙钛矿相的高强度峰和锆石/火石的低强度反射。考虑到之前的工作,表明钙钛矿是锆英石形成过程中的中间相。锆石的不完全结晶可能发生在热等静压过程中。从样品的形貌来看,熔融的结晶物具有较大的锰钡矿晶粒,而热等静压样品则表现出更细的固体致密化的形貌特征。Cr、Fe、Al 元素在熔融的 CAF-131 锰钡矿晶粒中可见,在靠近晶界处出现了被 Fe 和 Al 包围的 Cr"芯"。这种现象是由于各组分氧化物的熔点导致分步结晶过程造成的。在 CAF-131 中还发现了 Ca、Zr 和 Nd 之间的紧密联系,表明掺杂锆英石/火石相的形成。相比之下,Zr 在热等静压样品表面更局部的区域被检测到。HIP-1300 的表面也包含了富含 Cs 物质的"小岛",它们的存在可能与仅在 HIP-1300 观察到的较低结合能的 Cs 3d 偶极体的出现有关。

采用 28 天浸出试验研究了多相陶瓷的耐久性。从 CAF-131 中检测到的 Cs 和 Rb 的分步释放量低于热等静压样品。然而,与热等静压样品相比,CAF-131 中 Sr 的释放速率更高。与 CAF-131 相比,在 HIP-1250 和 HIP-1300 中 Mo 的保留率更高。这一发现可能归因于热等静压样品中 Fe-Mo 化合物的形成。在未来的研究中,将改变熔融处理的含有 CAF-131 锰钡矿成分的多相陶瓷中目标相的相对比例,以优化浸出行为。

按照陶瓷固化体中基体矿相结构的不同,可将陶瓷固化体分为磷酸盐、硅酸盐、锆酸盐、铝酸盐和钛酸盐陶瓷固化等五大类。陶瓷固化体具备以下优点:(1)较高的高放废物包容量,且固化体的体积小;(2)优异的物理、化学、抗辐射稳定性,当固化体处于高温和潮湿环境时,它不会受到严重的损害;(3)抗自然风化、抗浸蚀能力强,当固化体处于高温和潮湿环境时,它所受到的外界条件对其的影响相对较小,因其超长期的稳定性有利于包含长半衰期核素固化体的永久性地质处置。

人造岩固化体有许多的优点,但同时本身也存在一些缺点。例如:固化体对放射性核素有很强的选择性,陶瓷只能容纳有限的、特殊的放射性核素,只能进入晶格中特定的位置。为了使陶瓷固化体中包容更多的高放射性废物,不少研究者开始探讨利用陶瓷固化体中的多种矿相结合的方法来固化高放废物。

如果陶瓷固化体中只有单一的晶相,虽然具有良好的化学稳定性,但是单相的陶瓷对放射性核素有很强的选择性,只能包容单一的放射性核素。另外,单相的陶瓷固化体要比多相的陶瓷固化体制备更加困难。多相陶瓷则可固化较为复杂的废物。根据"类质同象"取代原理,陶瓷所固化的核素必须满足核素的半径、电价以及其他性质与其所取代的元素相近。因此,固化的选择性限制了高放废物陶瓷固化的应用。

从目前的研究进展来看,人造岩固化和玻璃陶瓷固化在制备工艺、组成-结构-性能关系等方面的研究已取得了长足进步,但要实现该两类材料对 HLW 的安全有效固化处理,尚需进行大量的应用基础研究。比如,玻璃陶瓷中钙钛锆石晶相的含量仍有待提高,玻璃相和晶相的定量分析,以及模拟锕系核素在玻璃陶瓷中的分配和赋存状态等方面仍然不清楚。此外,目前针对陶瓷固化体的研究主要集中在固化单一模拟核素(如 Nd、Ce 等)方面,对于多核素或模拟实际 HLW 的固化鲜有报道。上述几方面也将是玻璃陶瓷固化和人造岩固化下一阶段的研究重点。

3　分离嬗变

20 世纪 60 年代,科学家们提出了分离-嬗变概念,通过化学分离把高放废液中的超铀元素和长寿命裂变产物分离出来,制成燃料元件或靶件送入反应堆或加速器中,通过核反应使之嬗变成短寿命核素或稳定元素。

分离嬗变技术能够降低高放废物的毒性和长期危害作用,并减少需要深地层处置的废物的体积,节省处置费用,以及减少公众对高放废物的担忧,使公众易于接受,还可实现充分利用资源。

分离嬗变技术首先要求分离出超铀元素和长寿命裂变产物,并且要实现锕系-镧系元素很好的分离。关于分离技术,已研发了很多分离流程,包括水法和干法,有的已经完成原理性实验,有的还进行了放大实验和热验证。

分离嬗变技术的第一次强力推动是通过两个重要的国际项目:日本的 OMEGA 计划和法国的 CAPRA/CADRA 计划。日本 1988 年推出 OMEGA 计划,旨在将高放废物转化为有用资源和提高处置效率。20 世纪 90 年代,法国推出 CAPRA/CADRA 项目,是为相应 1991 年《放废法》,该法律要求开展 15 年的研究,以确定高放废物处理方案。OMEGA 计划既研究分离也研究嬗变,而法国 CAPRA/CADRA 项目专门研究嬗变。欧洲的另一个重大推进是发起了 EUROTRANS 综合项目。随后又推出了一系列小项目,例如 FP7 和 HORIZON 2020,研究的焦点是分离嬗变的具体问题,或工程项目的集成问题(例如,更广泛的快堆开发)。德国在决定弃核后开展了一项研究项目,研究分离嬗变的相关技术和在弃核条件下的社会影响。俄罗斯在 2018 年的国际交流会上表示,其分离嬗变研究将基于马雅克湿法后处理下游次锕系元素的分离和 BN-800 钠冷快堆的均相或非均相嬗变。同时,还将研究次锕系元素在熔盐堆中的嬗变。

3.1　法国研究

分离嬗变是法国高放废物和长寿命中放废物处置的一个重要选择,分离嬗变不会取代法国对深地质处置的需求,而是在深地质处置基础上的一个优化方案。

《2006 年规划法》要求 CEA 开展长寿命核素分离嬗变的相关研究和调查,2012 年对分离嬗变系统进行工业可行性评价。

2012 年 CEA 发布了对分离嬗变的研究报告,其中指出:

(1)次锕系元素嬗变不会消除对深地质处置库的需求,但可以为长期研究打开道路。嬗变可以减小最终废物的体积,减小处置库的空间达 10～100 倍;

(2)次锕系元素分离的可行性已在当时的实验室条件下进行了验证。推断分离程序达到商业规模不存在理论障碍;研发活动可以优化和巩固这些概念;

(3)CEA 做了实验室规模的试验,回收率可达 99%。CEA 还进行了试验,以确定实现商业规模的条件;同时进行了相关研究,以优化概念设计;

（4）CEA 研究了三种工艺 SANEX（后处理后回收 Am 和 Cm）GANEX（回收钚和所有的次锕系元素）和 EXAm（后处理后只回收 Am）。回收效果都很好，目前没有不可攻克的难题。但是要实现商业规模，还有很多问题需要调查和研究；

（5）Am 嬗变的可行性在快堆中得到了均匀模型下几个燃料球规模的验证。堆芯外围的非均匀嬗变辐射分析实验正在进行；

（6）2005 年 CEA 的一份研究报告中指出，次锕系元素的嬗变只有在快中子谱范围内（反应堆或专门装置）才有效。这一结论在凤凰堆上进行了辐射实验分析证明；

（7）嬗变也可以通过专门的装置实现，包括加速器驱动系统（ADS）和次临界系统。但是相比使用临界系统，使用 ADS 进行嬗变需要做更多的研究工作，而且嬗变的成本将高出约 20％；

（8）CEA 根据一些标准对快中子堆嬗变的商业规模实施进行了研究。获得了很多关于最终废物形态特征的研究成果，但是在材料循环相关的操作上存在一些缺点。嬗变对发电成本的影响约为 5％～10％（发电成本主要由反应堆成本决定，嬗变工艺对其影响很小）。需要继续进行研发工作（特别是包容次锕系元素容器的加工和操作），从各方面对商业规模嬗变的实施进行评估。

2015 年，CEA 又发布了一份研究报告，其中对 2012 年之后的分离嬗变研究成果进行了介绍：

（1）2012 年之后，CEA 主要对 EXAm 工艺进行了研究，回收的 Am 将制造成（U,Am）O₂ 烧结燃料球，计划于 2019 年放到美国实验堆 ATR 中进行辐照实验。对商业化的研究也继续推进，取得了一些数据。此外，对高温化学的分离工艺研究也在继续，主要研究 DOS（Direct Oxide Solubilisation）工艺，这种技术目前还存在很多技术难题。

（2）2012 年之后 CEA 主要进行了 Am 的非均匀嬗变研究。在国际项目 Gacid（锕系元素循环国际示范项目）下开展了部分均匀嬗变研究。虽然目前的嬗变方案主要是利用快堆，但 CEA 仍然在进行 ADS 系统的研究，目前还没有进行工业可行性验证，努力在 2030 年建成实验装置。

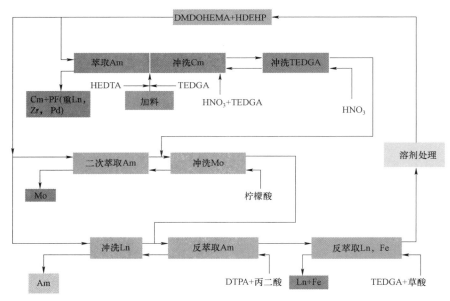

图 4   EXAm 流程图

3.2   日本研究

日本早期在 OMEGA 计划中开展了针对次锕系元素、Tc 和 I 等的分离嬗变研究。自 2014 年来在颠覆性技术项目（ImPACT）中，也开展分离嬗变研究，为 Se-79、Zr-93、Pd-107 和 Cs-135 等长寿命裂变产物（LLFP）提出一种新的转化途径，使其不通过同位素分离工艺进入处置库，以最终降低高放废物的放射性毒性。

日本 JAEA 重启了使用 ADS 进行次锕系元素嬗变的研究。开发了从高放废液中回收 LLFP 的技术。然而,从高放废液中回收的 LLFP 仍含有放射性核素,难以作为资源材料再利用。日本研究的另一个目标是为转换后的 LLFP 作为资源材料提出一些再利用路径。

在日本,LLFP 可以从高放废液和高放玻璃固化体中进行回收。利用加速器将回收的 LLPF 转化为短寿命或稳定核素的中放或低放废物,以减少高放废物量和对资源材料进行再利用。

该项目包括 5 个子项目(1)高放废物的分离和回收;(2)核反应新数据测量;(3)核反应理论模型和仿真程序;(4)核反应的控制方法和加速器研发;(5)概念工厂设计,通过减少高放废物,转化为中放废物和制造可利用的资源材料。

在项目(1)中,提出了新的从 HLW 中分离回收 Pd、Se、Cs 和 Zr 的化学分离和回收工艺。结果表明,经模拟后,Pd、Cs、Zr 各元素的回收率均达到 90% 以上。通过电解在阴极上回收钯和硒。采用天然沸石分离回收 Cs。采用 DDdHAA 等新开发的萃取剂进行溶剂萃取,回收 Zr。研究了两种工艺对玻璃固化体中的 Pd、Cs 和 Zr 进行回取,一种是在酸性条件下对 4 种元素的洗脱工艺,另一种是在熔盐中使用 Ono-Suzuki(OS)方法对玻璃结构还原分解工艺。用模拟高放废物进行了化学分离,回收率为 90%。

LLFP 由一些同位素组成。^{107}Pd 是 Pd 同位素中唯一的 LLFP。但是,由于 Pd 的同位素位移较窄,激光技术无法回收 ^{107}Pd。然而,Pd 的奇数同位素如 ^{105}Pd 和 ^{107}Pd 有可能与偶数同位素分离。日本研究了利用激光线偏振光进行 Pd 的偶/奇分离过程。

日本在 RIKEN 的 RI 束流厂用逆动力学方法测量了 ^{79}Se、^{93}Zr、^{105}Pd 和 ^{135}Cs 在不同一次束流能量下新的核反应数据。为了检测 ^{107}Pd 的核反应量,对实际 ^{107}Pd 进行了验证试验。通过植入靶件对 ^{107}Pd 的嬗变进行了验证。

在核数据测量的基础上,开发了新的反应模型或模拟程序如 PHITS 分析。新测得的 LLFP 数据数据库为 JENDL/ImPACT—2018。

在项目(4)中,日本开发了一种新型的大功率氘加速器。六个所后处理工厂的 ^{79}Se、^{107}Pd、^{135}Cs 和 ^{93}Zr 每年产生的 LLFP 分别为 5 250、417 和 767 kg。LLFP 要求的束流要比目前的束流高得多,例如同位素分离、偶数/奇数分离和未进行同位素分离的乏燃料的束流均为 1 mA。

为了减少高放废物的含量,不仅要减少 LLFP,而且要减少次锕系元素。日本还提出了一种金属燃料快堆,以进行次锕系元素嬗变。

4 结论

乏燃料后处理过程产生的高放废液中含有大量的裂变产物,具有很强放射性,处理难度高。本文研究了高放废液的玻璃固化、陶瓷固化和分离嬗变技术等处理技术。目前,玻璃固化技术已成熟应用。冷坩埚作为玻璃固化新一代工艺,是目前研发的热点,法国和俄罗斯走在了世界前列,而且法国已将一条原玻璃固化生产线改装为冷坩埚,进行了验证性应用。陶瓷固化是一种有前景的高放废液处理技术,相对玻璃固化体而言,陶瓷固化体具有更好的抗浸出性、辐照稳定性和热稳定性。伴随着陶瓷固化的研究,开发了热等静压技术,目前仍在对热等静压法和熔融法进行对比研究。法国、日本、俄罗斯和德国等国都开展了分离嬗变研究,以法国和日本为主,目前取得了一定的进展。法国长寿命核素分离主要针对高放废液,以快堆嬗变为主;日本长寿命核素分离不仅针对高放废液,还研究了高放玻璃固化体的核素分离,以加速器嬗变为主。

The status and development trend of high-level radioactive waste treatment technology

CHEN Ya-jun, LIANG He-le, CHEN Si-zhe, ZHAO Yuan

(China institute of Nuclear Industry Strategy, Beijing 100048)

Abstract: High level liquid waste comes from the reprocessing of spent fuel, with strong radioactivity, long half-life, and high toxicity. The treatment and disposal of high level liquid waste has always been the focus and difficulty in the management of radioactive waste. This paper introduces the development and application of high-level liquid waste glass curing technology, ceramic curing technology and partitioning and transmutation technology in foreign. The characteristics of each technologies was analyzed, and the future development trend of high-level liquid waste treatment technology was studied.

Key words: High level liquid waste; Vitrification; Synroc immobilization; Partitioning and transmutation

ICS-2100 离子色谱仪测定水中铵根离子的不确定度评定

王泽普，肖浩彬

(福建福清核电有限公司,福建 福清 350318)

摘要:离子色谱法是电厂分析水中阴、阳离子的一种重要方法,福清核电 5、6 号华龙机组使用 ICS-2100 仪器测量水中铵根离子浓度。化学分析的结果会受到多种因素的影响,包括实验环境、试剂配制、仪器稳定性等。为确保分析结果的可靠性,需要一个量化的数据作为评价,即不确定度。结合仪器重复测量误差、标准溶液、稀释溶容、温度、标准曲线等影响因素分析,计算得到最终的合成不确定度为 2.8%,对测量结果影响最大的为标准曲线引入的不确定度 2.7%。

关键词:离子色谱;ICS-2100;不确定度;铵离子

前言

对化学实验室离子色谱仪测定水中铵根离子测定进行测量不确定度评定,并对各测量不确定度分量进行分析,确定分析过程中造成较大偏差的步骤与优化方向,保证测量结果的准确性。

离子色谱仪的分离基于流动相(淋洗液)与固定相(色谱柱)上的离子交换基团之间发生的离子交换过程。在离子交换进行的过程中,流动相连续提供与固定相离子交换位置平衡离子相同电荷的离子,并以库伦力与固定相结合,进样之后,样品离子将固定相上的离子置换,因为不同离子与固定相电荷之间的库伦力不同,因此在固定相上的保留时间也不同,从而实现不同离子的分离。以保留时间对被测阳离子定性,以峰面积对被测阳离子定量。

1　实验仪器及试剂(见表 1)

表 1　主要仪器汇总表

名称	规格型号	备注
离子色谱仪	ICS2100	经计量检定出厂编号:SH201210-30-IC
容量瓶	1 000 mL	经计量检定
移液枪	0.5~5.0 mL	经计量检定
移液枪	0.1~1.0 mL	经计量检定

表 2　主要试剂汇总表

试剂名称	浓度	试剂不确定度	标准编号
铵根标准溶液	1 000 mg/kg	0.7%	HC74539012

2　数学模型及不确定度传播率

铵的浓度计算公式如下:

$$C = A/K \tag{1}$$

式中:

C——待测样品中铵的浓度,mg/kg;

K——标准曲线斜率;

A——峰面积。

3 不确定度来源分析[2]

铵测定分析过程可能引入不确定度的因素见骨图1。

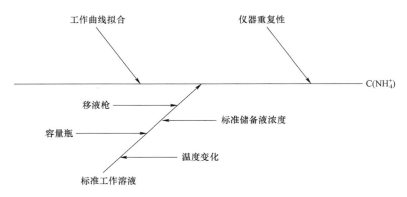

图 1 不确定度来源鱼骨图

4 标准测量不确定度评定[2]

4.1 测量重复性引入的标准不确定度

连续测量 7 次配制好的质控中的铵根离子,其浓度测量结果以及评定结果如表 3 所示,计算过程如下。

4.1.1 七次测量值

表 3 多次测量结果汇总表

1	2	3	4	5	6	7
1.993 5	2.006 5	2.008 5	2.007 5	2.008 8	2.007 3	2.007 4

4.1.2 算数平均值

$$X = \sum_{i=1}^{n} X_i / n \tag{2}$$

带入 $n=7$,计算可得 $X=2.005\,6$。

4.1.3 标准偏差

$$s = \sqrt{\frac{\sum_{i=1}^{n}(x_i - \overline{X})^2}{n-1}} \tag{3}$$

带入 $X=2.005\,6$,计算可得 $S=0.005\,4$。

4.1.4 A 类标准不确定度

$$u_A(x) = s(\overline{X}) = s(x)/\sqrt{n} \tag{4}$$

带入 $S=0.005\,4$,计算可得 $u_A = 0.002\,0\,\text{mg/kg}$。

4.1.5 A 类相对标准不确定度

$$u_A' = u_A / X \tag{5}$$

带入 $u_A = 0.002\,0$,$X = 2.005\,6$,计算的 $u_A' = 0.10\%$。

表 4　A 类不确定度汇总表

测定值/(mg/kg)	1.993 5、2.006 5、2.008 5、2.007 5、2.008 8、2.007 3、2.007 4
算术平均值 X	2.005 6
标准偏差 $s(x)$	0.005 4
A 类标准不确定度 $u_A = s(x)/\sqrt{7}$	0.002 0 mg/kg
A 类相对标准不确定度 $u'_A = u_A/X$	0.10%

4.2　标准溶液的不确定度

4.2.1　标准溶液浓度本身引入的不确定度

标准储备液浓度及不确定度可直接从国家标准物质研究中心出具的标准物质证书上获得浓度为 1 000 mg/kg（根据证书查找可知不确定度为 0.7%）。

B 类不确定度 $= a/k$，此时无明确要求，故 k 取值为 $\sqrt{3}$（均匀分布）。

则铵根离子标准溶液本身的相对标准不确定度为：

$u_{B1} = a/k$　带入 $a = 0.7\%$，$k = \sqrt{3}$，计算可得 $u_{B1} = 0.40\%$。

4.2.2　稀释定容过程中引入的不确定度

通过中间混合标准溶液的稀释配制不同系列浓度的标准溶液，不同浓度的标准溶液配置过程中均使用到 1 000 mL 容量瓶和移液枪。以配制 0.20 mg/kg 的铵根离子溶液为例。其配制过程如下：用移液枪移取 0.2 mL 的 1 000 mg/kg 标液至 1 000 mL 容量瓶配制 0.20 mg/kg 标准溶液。

u_1：移取 0.2 mL 铵根标准溶液母液，根据 JJG 646—2006《移液器检定规程》，以移液器各容量允许误差最大值计，实验室移液枪标定的容许误差为 0.60%，但实际使用中的移液枪均为 7 AL 实验室标定合格的，此时最大误差为 0.50%；

u_2：用 1 000.0 mL 容量瓶定容，容量瓶的不确定度为 0.4 mL。

按均匀分布处理，取 $k = \sqrt{3}$，在各级标准溶液移取和定容过程中所产生的的相对标准不确定度有：

$$u_2 = (0.4/k)/1\,000.0 = 0.023\%$$
$$u_1 = 0.5\%/k = 0.29\%$$

因容量瓶不确定度与移液枪不确定度之间完全不相关，所以 0.20 mg/kg 标准溶液配置过程中合成相对标准不确定度为：

$$u_c(y) = \sqrt{\sum_{i=1}^{N} [c_i u(x_i)]^2} = \sqrt{\sum_{i=1}^{N} u_i^2} \tag{6}$$

带入 $u_1 = 0.29\%$，$u_2 = 0.023\%$，计算得 $u_{B2} = 0.29\%$。

因不同浓度的标准溶液配置过程中均使用到 1 000 mL 容量瓶和移液枪，所以同理可得在另外四个标准曲线绘制所需的溶液配制过程中，引入的合成相对标准不确定度均为 0.29%。带入公式

$$u_c(y) = \sqrt{\sum_{i=1}^{N} [c_i u(x_i)]^2} = \sqrt{\sum_{i=1}^{N} u_i^2} \tag{7}$$

计算可得稀释定容过程中引入的合成相对标准不确定度 $u_{B2} = 0.65\%$。

4.2.3　环境温度变化引起的不确定度

温度影响带来的不确定度可以通过估算温度范围和水的体积膨胀系数来进行计算。由于福清核电化学实验室温度为统一设定，波动较小，设定温度在 $\pm 2\ ^\circ\text{C}$ 之间变动，纯水的体积膨胀系数为 $2.1 \times 10^{-4}/^\circ\text{C}$。假设温度变化是矩形分布，则配制标准溶液，定容时，温度变化对 1 000 mL 水的相对标准不确定度为 $u_3 = (1\,000 \times 2 \times 2.1 \times 10^{-4}/k)/1\,000.0 = 0.024\%$；同理：移液枪移液时，温度对 0.2 mL 水 $u_4 = 0.024\%$。

$$u_c(y) = \sqrt{\sum_{i=1}^{N} [c_i u(x_i)]^2} = \sqrt{\sum_{i=1}^{N} u_i^2} \tag{8}$$

带入 $u_3 = 0.024\%$，$u_4 = 0.024\%$，计算可得温度引起的合成相对标准不确定度为 $u_{B3} = 0.034\%$。

4.2.4 标准曲线波动引入的不确定度[1]

分别对 5 种标准溶液进行 2 次重复测定 $n = 10$，$\bar{c} = 1.540$。

采用线性最小二乘法对结果拟合得到的回归曲线方程为 $A_j = 0.495\,7C_j + 0.149\,2$

其中截距 $B_0 = 0.149\,2$，斜率 $B_1 = 0.495\,7$，A_j = 峰面积平均值，C_j = 浓度平均值

因回归曲线为一元一次方程，故此时曲线的标准残差 S 计算公式为：

$$S = \sqrt{\dfrac{\sum\limits_{j=1}^{n} [A_j - (B_0 + B_1 * c_j)]^2}{n-2}} \tag{9}$$

带入表 5 各点计算，可得 $S = 0.052$。

$$S_{xx} = \sum (c_j - \bar{c})^2 \tag{10}$$

其中 n 为绘制标准曲线所测量的次数，共 5 个点，每个点测量两次，所以 $n = 10$；

$\bar{c}$ 为标准曲线绘制时十次测量的平均值（理论值，见表 2），计算可得 $\bar{c} = 1.54$。

带入表 5 各点计算，可得 $S_{xx} = 9.432\,0$

由标准曲线引入的不确定度：

$$u(c_0) = \dfrac{S}{B_1} \sqrt{\dfrac{1}{p} + \dfrac{1}{n} + \dfrac{(c_0 - \bar{c})^2}{S_{xx}}} \tag{11}$$

计算得 $u(c_0) = 0.054\,09$ mg/kg

相对不确定度 $u_{B4} = u(cc) = u(c0)/2.005\,6 = 2.7\%$。

P——样品溶液测定的总次数，$P = 7$；

n——标准溶液的测定的总次数，$n = 10$；

C_0——质控铵根离子测量浓度平均值，$2.005\,6$ mg/kg；

$\bar{c}$——标准溶液中铵根离子浓度的测定平均值 1.54；

C_j——标准溶液铵根离子浓度的测定值；

A_j——标准溶液中峰面积的测定值。

表 5　标准溶液测量结果汇总表

浓度 c_j	峰面积/浓度	峰面积/浓度	平均值 A_j/C	仪器拟合方程
0.20　mg/kg	0.168 1/0.185 5	0.166 1/0.182 5	0.167 1/0.184 0	
0.50　mg/kg	0.383 4/0.510 5	0.385 8/0.514 3	0.384 6/0.512 4	判定系数 0.999 9
1.00　mg/kg	0.699 5/1.017 4	0.700 0/1.018 2	0.699 7/1.017 8	截距 0.040 8
2.00　mg/kg	1.231 3/1.974 8	1.238 0/1.988 0	1.234 6/1.981 4	斜率 0.694 7
4.00　mg/kg	2.079 2/4.012 3	2.074 5/3.997 7	2.076 8/4.004 6	

4.3　合成 B 类相对不确定度

阳离子色谱仪测定质控中铵根离子的 B 类相对不确定度的合成按下式计算：

$$u_B' = \sqrt{u_{B1}^2 + u_{B2}^2 + u_{B3}^2 + u_{B4}^2} = 2.8\% \tag{12}$$

5　合成不确定度[2]

合成不确定度由 A 类相对不确定度 u_A' 类相对不确定 u_B' 合成而得。合成相对标准不确定度按下

式计算：$u_c = \sqrt{u'^2_A + u'^2_B} = 2.8\%$

标准不确定度为 $u_c = 2.8\% \times 2 \, \text{mg/kg} = 0.056 \, 0 \, \text{mg/kg}$。

6 扩展不确定度评定

扩展不确定度是根据合成相对标准不确定度、测定平均值与包含因子相乘得到的。95%置信概率下，取扩展因子 $k=2$，则铵根的扩展不确定度：$u_{yr} = u_c \times k = 0.112 \, 0 \, \text{mg/kg}$。

7 报告测量结果和扩展不确定度

铵根最后结果表示为：$(2.000\ 0 \pm 0.112\ 0)\text{mg/kg}, k=2$。

8 总结

1. 由铵离子分析过程中的各环节不确定度计算可见，对于结果影响最大的为标准曲线偏差引入的不确定度。标准曲线绘制过程中随着铵离子浓度增加，因水解反应，更多的铵离子会结合成水合氨，导致测量结果相较于理论值偏低，标准曲线曲率为负，曲线相关性降低。因此，合理的设定标准曲线最大浓度量程对于降低标准曲线偏差引入的不确定度有一定积极影响。

2. 当标准曲线引入的不确定度能顺利降低时，可适当提高溶液配制时使用的移液枪的单点精确度，以降低稀释定容过程引入的不确定度。

表 6　不确定度汇总表

A类不确定度	B类不确定度		合成不确定度	扩展不确定度
0.10%	标准溶液本身引入的不确定度	0.40%	2.8%	0.112 0 mg/kg
	稀释定容过程引入的不确定度	0.65%		
	温度引入的不确定度	0.034%		
	标准曲线波动引入的不确定度	2.7%		
	合成 B 类相对不确定度	2.8%		

致谢：

感谢福建福清核电有限公司化学处、化学分析三科以及化学分析一科对于本人完成该论文期间提供的帮助。

参考文献：

[1] 水质可溶性阳离子（Li^+、Na^+、$NH4^+$、K^+、Ca^{2+}、Mg^{2+}）的测定离子色谱法：HJ 812—2016[S].

[2] 化学分析测量不确定度评定：JJF 1135—2005[S].

Evaluation of uncertainty for determination of ammonium ions in water by ion chromatograph(ICS-2100)

WANG Ze-pu ,XIAO Hao-bin

(Fujian Fuqing Nuclear Power CO. LTD,Fuqing of Fujian Prov. 350318,China)

Abstract: Ion chromatography is an important method for power plant analysis of anions and cations in water. ICS-2100 is used to measure the concentration of ammonium ions in water in No. 5 and No. 6 Hualong units of Fuqing Nuclear Power Plant. The results of chemical analysis are affected by many factors, including experimental environment, reagent preparation, instrument stability and so on. In order to ensure the reliability of the analysis results, a quantitative data is needed as an evaluation, that is, uncertainty. Combined with the analysis of the influence factors such as instrument repeat measurement error, standard solution, dilution constant volume, temperature and standard curve, the final synthesis uncertainty was calculated to be 2.8%, and the biggest influence on the measurement results was the uncertainty introduced by standard curve to be 2.7%.

Key words: Ion chromatography; ICS-2100; Uncertainty; Ammonium ions

华龙机组停机小修期间高压给水加热
系统溶氧高原因分析

王泽普，肖浩彬

(福建福清核电有限公司,福建 福清 350318)

摘要:水中溶解氧浓度时核电厂水化学控制中的一项重要指标。为减少二回路水对管线、系统以及汽轮机的腐蚀,水中溶解氧需要控制在一个较低的标准。福清核电华龙机组使用主给水除氧器系统对给水进行热力除氧,通常在给水转到高加系统时要求溶氧小于 3.0 ppb。在机组停机小修期间出现给水转高加系统后溶解氧过高或下降缓慢的情况,针对这一现象结合实际情况进行分析,得出结论为设备可靠性造成的除氧器内部工作条件不达标或管线密闭性不佳导致了这一情况的发生。通过对事例的分析和研究,对于机组停机小修后二回路水质溶氧控制提出合理建议。

关键词:除氧器;高压给水加热系统;溶解氧;二回路水质;华龙机组

福清核电使用除氧器对给水进行热力除氧,主要原理为道尔顿分压定律和亨利定律。根据《化学与放射化学控制手册》要求,高压给水加热系统给水溶解氧浓度应当小于 3.0 ppb,若在进行必要操作后溶氧浓度仍不满足规范,机组状态须在一定时间内进行后撤(见表 1)。

表 1　华龙机组化学与放射化学控制手册

参数	单位	期望值	限值	正常频率	行动限值	纠正和备注
溶氧（安全）	$\mu g/kg$	<1.0	<3.0	连续+7（与在线仪表比较）	≥3.0且≤10	在 24 h 内使该参数恢复到规定的限值范围以内;若不满足以上需要采取的措施和相关的完成时间,在 6 h 内进入模式 3;
					>10	在 8 h 内使该参数恢复到规定的限值范围以内;若不满足以上需要采取的措施和相关的完成时间,在 6 h 内进入模式 3;

1　原理

1.1　道尔顿分压定律[2]

混合气体全压力等于各组成气体分压力之和。对除氧器而言:$P_d = P_{Air} + P_{H_2O}$。

其中:P_d、P_{Air}、P_{H_2O}分别为除氧器中混和气体总压力、空气(包括氧气)分压力、蒸汽分压力。给水定压加热时,随着水的蒸发过程不断加强,水面上的水蒸气的分压力逐步加大,相应其他气体的分压将不断减小。当把水加热至饱和温度时,水蒸气的分压力实际上就等于水面上的全压力,其他气体的分压力就会趋近于零,从而创造了将水中溶解的氧气全部除去的条件。

1.2　亨利(Henry)定律[2]

该定律指出:在一容器中,处于一定温度下的平衡状态时,如果水面上某气体的实际分压力低于水中溶解气体所对应的平衡状态压力,则该气体就会在不平衡压差 ΔP 作用下自水中离析出来,直至达到平衡状态时为止。反之,将会发生该气体继续溶于水中的过程。如果能使水面上某气体的实际分压力为零,在不平衡压差作用下就可把该气体从水中完全除掉,这就是物理除氧方法的基本原理。因此,除氧的关键是尽快使除氧器内部实现蒸汽压力-温度平衡的状态,及达到工作温度下蒸汽压力饱和的状态,以确保蒸汽压力在分压中占比的最大化,最大程度上降低水面上氧的分压力。

1.3 除氧器除氧原理[1]

辅助蒸汽(WSD)用于在零负荷时进行加热和除氧。辅助蒸汽也用于在短期停运时将贮水箱内的水保持在饱和温度。除氧器启动时加热蒸汽来自于辅助蒸汽系统,进汽管道上设置了一个逆止阀TFD011VV、一个电动隔离阀 TFD010VV 和一个气动调节阀 TFD009VV。除氧器启动时利用气动调节阀 TFD009VV 和向大气排气阀 ADG031VV、032VV、033VV 把除氧器内压力维持在0.12 MPa.a(表压)运行。在启动阶段利用辅助蒸汽加热除氧器贮水区冷水,直至水温达到 104 ℃,含氧量≤50 ppb。在除氧器正常运行阶段,为了及时排出除氧过程中不凝结气体(包括氧气),在每根凝结水进水管两侧和间隔内,各设置了若干放气管,并分别汇集至三根放气管后,最终汇集到一根母管,并通过两个截止阀和节流孔板向凝汽器排气。启动阶段开启阀门 TFD031W、032W 和 033W 排向大气。

2 事件

2.1 事件简述

2.1.1 事件一

给水由辅助给水系统转至高压给水加热系统后,溶氧迅速升高并触发报警。根据高加系统溶氧浓度趋势图,以及同一时间段除氧器内部温度、压力图可观察到,溶氧高于 3.0 ppb 限值期间,除氧器内部压力在 0.020~0.025 MPa.g 之间波动,温度在 103.4~107.0 ℃ 之间波动。当压力基本稳定在0.026 MPa.g,温度基本稳定在 106.8 ℃时,溶氧迅速下降至满足规范(小于 3.0 ppb),在溶氧趋势图中能看到明显的下降拐点。

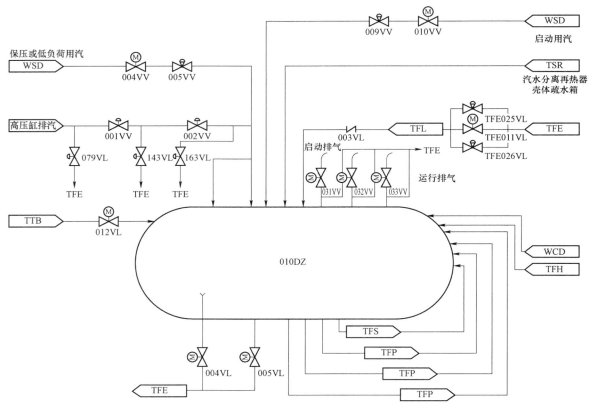

图 1　主给水除氧器系统原理简图

2.1.2 事件二

给水由辅助给水系统转至高压给水加热系统后，根据以往经验控制除氧器内部温度、压力达到平衡，高加系统溶氧出现迅速下降的拐点，但迟迟无法满足规范（溶氧大于 3.0 ppb）。经现场排查，发现是在线氧表上游阀门出现泄漏，紧固阀门后溶氧下降至满足规范。

2.2 事件分析

2.2.1 事件一（除氧器内部未达到除氧条件）

除氧器制水以及含氧水置换期间，按照规范除氧器内部压力要维持在 0.02 MPa.g，这期间会通过调节 009 VV 加热蒸汽调节阀进行压力控制（见图 1）。

整个除氧过程中除氧器内部的工作条件由温度和压力决定。通过调节工作压力可以实现对工作温度的控制，温度随着内部蒸汽压力的增加或减小而上升或降低（由图 2、图 3 可见温度和压力变化趋势基本一致，且温度变化在压力变化之后），最终达到一个温度-压力平衡的状态。

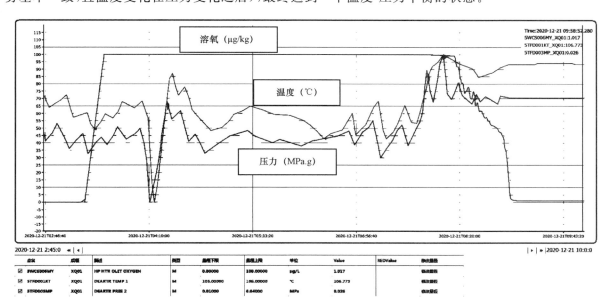

图 2　事件一溶氧、压力、温度组合趋势图

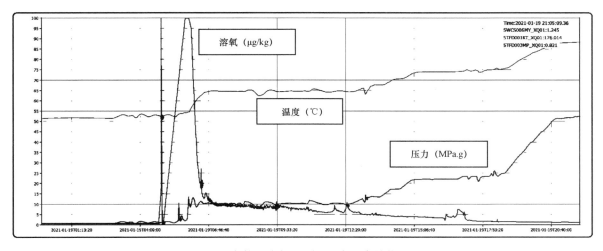

图 3　事件二溶氧、压力、温度组合趋势图

根据表 2 可见，在 105.5～107.0 ℃时水的饱和蒸汽压力为 0.025～0.030 MPa.g 左右。图 2 中温度达到 106.8 ℃，压力达到 0.026 MPa.g 时温度-压力保持稳定，结合表 2 可知此时除氧器内部在

这一温度下蒸汽压力达到了饱和状态,此时水的蒸发与液化过程达到了平衡,压力不再明显改变,温度因此趋于稳定,出现了图 2 中温度-压力保持恒定的现象。在此时,除氧器内部压力主要来自于蒸汽压力(压力调控时补充的蒸汽以及高温下液态水的蒸发),气体组分中蒸汽分压组分达到了最高。在此情况下,根据道尔顿分压定律,$P_d = P_{Air} + P_{H_2O}$ 中蒸汽压力 P_{H_2O} 达到了极大值且近似等于总压力 P_d,所以此时气体组分中空气(包含氧气)分压 P_{Air} 所占的分压极小。根据亨利定律,在不平衡压差 ΔP 的作用下液相中的氧气会被迅速除去,也就出现了图 2 中溶氧迅速下降至合格的拐点。

后经核实,当时 009VV 阀门故障,压力调节花费了较多时间。

表 2　不同温度下对应的饱和蒸气压(表压)图表[3]

压力/MPa. g	温度/℃
0.020	104.5
0.025	105.5
0.030	107.0
0.035	108.0

2.2.2　事件二(管线存在漏点)

根据除氧器除氧原理可知,在除氧器内部压力、温度满足正常除氧工况要求且保持稳定时,除氧效率极高,水中溶氧会被迅速除去且水质满足运行工况(溶氧<3 ppb)。

此时,在到达在线氧表之前的管线中高价系统水样溶解氧理论值很低,这对于管线气密性就有了更高的要求。若此时管线出现漏点,造成水样与空气接触,则根据亨利定律,空气中氧气所占的比例远大于水样中氧气所占的比例,在不平衡压差 ΔP 的作用下空气中的氧气会溶解到水中,造成溶氧偏高的结果。因此时并不完全满足亨利定律要求的平衡状态,所以氧气溶于水的速率并不会特别快,且随着除氧器内部的升温、升压操作,TFH 水样溶解氧含量大体上程图 3 中的下降趋势,但下降极为缓慢且不能保证满足规范。

3　结论与建议

3.1　结论

1. 为确保除氧效率,除氧器内部工作压力应当不小于 0.026 MPa. a,温度不低于 106.8 ℃。
2. 除氧器热力除氧的关键在于除氧器内部压力达到目标温度下的饱和压力且维持稳定。
3. 除氧器工作压力达到目标温度的饱和压力并保持温度、压力平衡稳定时,除氧效果显著且迅速。
4. 管线、阀门的气密性不佳也可能导致溶氧偏高。此时具有如下显著特征:

　1)除氧器内部工作压力、温度均满足运行工况要求;

　2)即便除氧器内部工作压力、温度已远远大于运行工况且维持稳定,依然难以实现溶氧合格;

　3)在除氧器工作状态正常的情况下,在线氧表切换至对高加系统水质测量时,可以看到溶氧迅速下降的拐点,但长时间维持在某一较低范围,并且会因为远高于除氧需求的恒定高温-高压以及不断提升的高温-高压恒定平台缓慢下降,如图 3 所示。

3.2　建议

为减少辅助给水系统转高加系统管线切换后在线氧表达到平衡所需的时间,确保机组状态不后撤:

1. 合理调整除氧器内部压力,尽快达到温度、压力平衡的状态,使得除氧器内部水蒸气达到饱和状态,以提高除氧效率。
2. 若是除氧器内部压力、温度满足除氧要求且保持恒定,在线氧表趋势图虽出现明显的迅速下降拐点,溶氧数值处于一个较低范围且缓慢下降,但示数仍然高于 3.0 ppb 时,说明在线表上下游可能存在漏点,管线气密性不佳。此时可以继续调整除氧器压力,适当升压升温,同时排查在线氧表上游管线是否存在漏点,重点排查阀门以及管线连接处是否渗水。

  3. 由管线漏水会导致溶氧不合格可知,今后在执行类似操作之前应当在条件允许的情况下提前核实相关管线气密性、除氧器压力控制相关阀门、在线氧表等对于除氧效率以及溶氧测量有影响的设备是否满足使用条件。

  感谢福建福清核电有限公司化学处、化学分析三科以及运行三处对于本人完成该论文期间提供的帮助。

[1] 火电厂除氧器运行性能试验规程:DL/T 1141—2009[S].
[2] 陈光. 热力除氧技术研究及其发展[J]. 能源研究与信息,2010,26:63-71.
[3] 上海医药设计院. 化工工艺设计手册[M]. 北京:化工工业出版社,1986.

Analysis of dissolved oxygen plateau cause in high pressure feed water heating system during shutdown and minor repair of HPR1000

WANG Ze-pu[1], XIAO Hao-bin[2]

(Fujian Fuqing Nuclear Power CO. LTD, Fuqing of Fujian Prov. 350318, China)

Abstract:The concentration of dissolved oxygen in water is an important index in the hydrochemical control of nuclear power plants. In order to reduce the corrosion of the pipeline, system and turbine by the secondary loop water, the dissolved oxygen in the water needs to be controlled at a lower standard. HPR1000 of Fuqing Nuclear Power Plant uses the main feed water deaerator system to conduct thermal deaeration of the water supply. Usually, the dissolved oxygen is required to be less than 3. 0 ppb when the feed water is transferred to the high-adding system. During the shutdown and minor repair of the unit, the dissolved oxygen was too high or decreased slowly after the feed water was transferred to the high adding system, according to the analysis of this phenomenon combined with the actual situation, it was concluded that the internal working conditions of the deaerator were not up to standard caused by the reliability of the equipment or the pipeline was not good, which led to the occurrence of this situation. Through the analysis and study of the case, some reasonable suggestions on the dissolved oxygen control of the water quality in the secondary circuit after the shutdown and minor repair of the unit are put forward.

Key words:Deaerator; High pressure feed water heating system; Dissolved oxygen(do); Secondary loop water quality; HPR1000

设备室钢覆面模块化综合施工技术研究与应用

陈水森,徐　敬,梁　超

(中国核工业第二二建设有限公司,湖北　武汉 430000)

摘要:设备室钢覆面焊接质量要求高,工期紧任务重;为了按时保质完成项目节点目标,采用模块化综合施工技术,将设备室钢覆面在预制车间做成较大模块,整体安装完成后浇注砼。传统施工工艺无法满足要求,通过对可焊螺纹套筒施工工艺进行研究使预埋件与背部锚固钢筋分离,解决了预埋件现场安装的难题;将高效率的等离子弧焊不锈钢薄板拼板焊接设备、自动钨极氩弧焊设备应用于不锈钢车间拼板施工工艺中,大幅提高薄板不锈钢拼板效率,且焊缝质量稳定,射线拍片合格率高;采用 BIM 技术对高精度弧形管进行三维空间定位,确保安装精度要求;利用 Madis Gen 有限元分析软件模拟设备室钢覆面模块化施工过程中受力情况,对薄弱环节采取措施进行加固。对设备室钢覆面模块化综合施工技术开展研究,提高车间预制深度,大幅缩减现场工作量,提高施工效率,提前完成了设备室钢覆面施工任务,取得了较好的应用成果。

关键词:设备室钢覆面;可焊螺纹套筒;等离子弧焊;模块化综合施工

目前国内不锈钢覆面主要采用"后贴法"施工工艺,"后贴法"施工是将不锈钢覆面板及碳钢背肋龙骨分开施工,先将碳钢背肋龙骨进行预埋,混凝土浇筑后再铺贴不锈钢覆面,不锈钢覆面施工工序(焊接)全部在现场完成,施工难度大、焊接工程量大、施工工期长。某子项设备室不锈钢覆面焊接质量要求高,工期紧任务重。采用传统后贴法施工工艺无法满足进度要求,通过研究"模块化"综合施工工艺,将不锈钢覆面提前在预制车间预制成"模块",是一项施工效率高、车间制作集成度高的施工工艺,本文重点介绍设备室钢覆面模块化施工工艺原理、等离子弧焊高效拼板技术、可焊螺纹套筒施工技术、高精度弧形管安装技术、Midas Gen 有限元分析等施工技术,正是这些新工艺成功应用,设备室钢覆面模块化施工。

1　模块化施工工艺原理

设备室钢覆面模块化是在预制车间将不锈钢覆面、碳钢背肋龙骨、预埋件、钢管、弧形套管等物项组焊在一起,形成一个较大的构件,一次吊装安装就位;是利用碳钢背肋龙骨的刚度,将碳钢背肋龙骨和不锈钢覆面提前在预制车间做成一个较大适宜运输、吊装的构件,整体运输至现场安装,后浇筑混凝土的一种综合性不锈钢覆面施工方法;是利用可焊螺纹套筒使预埋件板与锚固钢筋分离,实现预埋件在预制车间与钢覆面组焊在一起,实现广义上的模块化施工;是利用 BIM 技术将所有相关物项通过三维空间定位在不锈钢覆面板上,在预制车间拼装成一个较大"模块",现场一次性整体吊装就位,既可以减少吊装次数,也可以减少现场焊缝,节约现场施工工期(见图 1)。

依据不锈钢设备室墙体、顶板设计图纸及碳钢背肋龙骨设计节点,结合施工现场环境、起重设备配置、预制车间能力等因素,利用 BIM 施工技术对墙体、顶板覆面进行二次深化设计,将设备室覆面划分为若干个单板模块,首先在预制车间完成预制,再运输至现场进行安装,最后浇筑混凝土。将"后贴法"混凝土浇筑前碳钢背肋龙骨预埋及混凝土浇筑后不锈钢覆面安装两阶段施工优化为碳钢背肋与覆面模块化预制,混凝土浇筑前完成安装,优化为一个阶段施工,减少了施工环节,节约施工工期。

2　等离子弧焊高效拼板技术

设备室钢覆面"模块化"施工,大幅增加车间预制工作量,以往项目的不锈钢覆面制作焊接采用手工钨极氩弧焊,但是手工钨极氩弧焊受工艺方法特点及人的因素的影响,其生产效率较低,且在焊接过程中,人员因素的影响易导致焊缝耐腐蚀性能等焊接质量下降,这对安全等级高的设备室钢覆面长

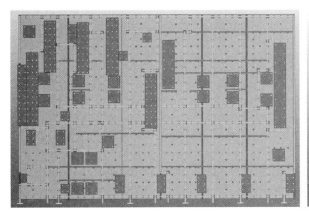
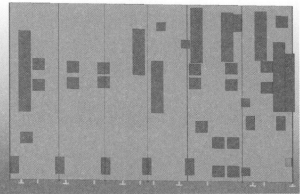

图 1　不锈钢覆面模块示意图

期服役极为不利。因此,从焊接方法上着手,引进一种能够提高焊接效率、增强焊接质量、降低劳动强度的焊接方法迫在眉睫。制作车间焊缝比较规则、长度较长,非常适合采用自动焊焊接工艺,经过市场调研、研究、试验等过程,最终确定采用等离子弧焊焊接工艺。等离子弧焊是利用等离子弧作为电源,采用惰性气体作为工作气和保护气,固定焊接位置,构件移动来实现焊缝对中,快速实现焊接工作。设计专门焊接操作台,配有焊接小车移动轨道、气压压紧装置、惰性气体保护装置、控制面板与视频监控系统、焊接操作工操作平台等,满足固定焊接方向和位置,从而实现焊接过程的自动化与智能化;设计送料、组对一体化平台,以解决焊缝组对、构件易滑动,便于焊缝对中(见图 2)。

　　等离子弧焊技术的应用有效促进设备室钢覆面模块化施工,其焊接效率是手工钨极氩弧焊的 10 倍以上,X 射线拍片合格率达 100%,焊缝成形美观、能量集中、应力变形小、焊接质量稳定、焊接效率高等诸多优势,非常适合不锈钢薄板拼板施工(见图 3)。

图 2　等离子弧焊焊接设备

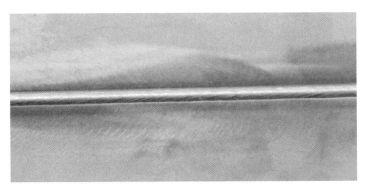

图 3　钢覆面等离子弧焊焊缝外观

3　可焊螺纹套筒施工技术

不锈钢预埋件和锚固钢筋之间采用焊接连接,不锈钢覆面墙板安装时需将不锈钢预埋件单独安装,无法实现钢覆面和预埋件同步安装,可焊机械套筒可以将不锈钢预埋钢板与锚固钢筋分离,可焊螺纹套筒及焊接试件详见图4。车间预制时仅需将可焊套筒与预埋板提前焊接好再安装在不锈钢覆面上,不锈钢覆面整体吊装就位后再安装锚固钢筋,可有效缩短不锈钢覆面施工周期,且更易保证施工质量。

图 4　可焊螺纹套筒试件

通过可焊型机械连接套筒 20 余次焊接试验,验证了 20Cr 型材质套筒的焊接性能符合设计要求,该种材质焊接性能良好,无需进行焊前预热及热处理,与 S309 焊丝匹配程度高,焊后无裂纹产生,熔合情况良好。力学拉伸试验验证了可焊型机械连接套筒的连接强度亦能满足设计要求,两组不同规格的套筒与钢筋连接后进行拉伸试验,断裂处均发生在母材部位,抗拉强度均大于 540 MPa,焊缝及套筒未见裂纹及变形。

可焊螺纹套筒的成功应用,实现预埋件板和锚固钢筋分离,在预制车间完成预埋件与覆面板的组装焊接,为设备室钢覆面模块化施工提供有力支持,减少现场工作量,缩短施工工期。

表 1　可焊螺纹套筒应用前后对比表

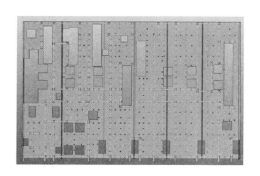	可焊螺纹套筒应用前,由于预埋件的锚固钢筋影响,设备室钢覆面墙板与预埋件分开安装,单层墙板钢覆面(高约 3 m)现场安装工序及施工周期为:墙体钢筋绑扎、脚手架搭设(10 天)＋预埋件安装(3 天)＋钢覆面吊装、组对(2 天)＋覆面板、预埋件焊接(5 天)＋无损检测、酸洗钝化(3 天)＋模板支设(2 天),合计 25 天。
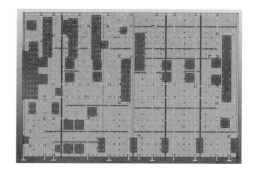	可焊螺纹套筒应用后,在预制车间完成预埋件与墙板覆面板组装焊接,减少现场预埋件安装工序,同时现场焊接工程量大幅减少。单层墙板钢覆面(高约 3m)现场安装工序及施工周期为:脚手架搭设(1 天)＋钢覆面吊装、组对(3 天)＋墙体钢筋绑扎、锚筋拧紧(12 天)[焊接、无损检测、酸洗钝化穿插进行]＋模板支设(2 天),合计 18 天,单层节约工期 7 天,一个设备室共计 5-6 层,可节约工期至少 1 个月。

4 高精度弧形管安装技术

设备室顶板钢覆面弧形管数量较多,且安装精度高(±3 mm),传统施工工艺为弧形管施工采用先完成顶板覆面安装,再安装弧形套管的流程,弧形管现场安装工序多,且属于密闭空间作业,焊接环境差,焊接作业位置不佳,安装效率极低。BIM 技术可以构建弧形管的三维立体模型,将其投影于钢覆面板上,形成近似"椭圆状"的切割线,再将弧形管两端最高点投影于覆面板上,最终利用定位基准点(DP 点)技术,成功将弧形管空间尺寸全部转化为平面尺寸,成功将高精度弧形管提前在预制车间完成,开创在预制车间安装弧形管的先例,并取得较好的社会反响,得到业主及其他兄弟参建单位的一致好评。

5 Midas Gen 有限元分析

设备室钢覆面预埋件、弧形管数量较多,造成覆面背部碳钢背肋龙骨不连续,整体刚度较弱,需要对其进行二次深化设计。利用 Midas Gen 有限元分析软件对设备室钢覆面吊装过程进行计算,并对刚度不满足要求的地方予以适当加固,使设备室钢覆面模块划分更为合理。

表 2 设备室钢覆面模块吊装受力分析

工况	梁单元应力/(N/mm²)	板单元应力/(N/mm²)	位移/mm
墙板立吊			
最大值	5.63	4.45	13.35
墙板平吊			

工况	梁单元应力/(N/mm²)	板单元应力/(N/mm²)	位移/mm
最大值	84.58	21.97	23.69
顶板			
最大值	145.69	8	33

6 结论

等离子弧焊高效拼板技术让不锈钢板拼板效率提升10倍,可焊螺纹套筒成功将预埋件与锚固钢筋分离,利用BIM技术实现高精度弧形套管车间精准定位安装,采用Midas Gen有限元分析软件使模块化分块更合理,各项技术的研究与应用使设备室钢覆面模块化施工更为合理高效。

(1)采用操作简单效率高的等离子弧焊拼板技术,降低了对高技能水平焊工的依赖,降低焊工技能培训费;焊缝成形美观、能量集中、应力变形小、焊接质量稳定、焊接效率高等诸多优势。

(2)通过可焊螺纹套筒的研究,将预埋板与锚固钢筋分离,仅将预埋板与不锈钢覆面焊接在一起,覆面板整体吊装至现场时,再进行锚固钢筋安装,可减少现场安装工作量,缩短不锈钢覆面施工周期,提高整体施工效率与质量。

(3)利用BIM技术完成高精度弧形套管的空间三维定位,实现弧形套管在预制车间与钢覆面完成组装,做成一个较大模块。

(4)Midas Gen有限元分析软件对设备室钢覆面吊装过程进行计算,并对刚度不满足要求的地方予以适当加固,使设备室钢覆面模块划分更为合理。

设备室钢覆面模块化的实施很好的将不锈钢覆面现场安装工作提前至预制车间完成,增加车间预制深度减少现场安装工作量,综合施工技术的研究与应用使钢覆面车间预制效率大幅提高。等离子弧焊焊接效率是手工钨极氩弧的10倍,射线拍片合格率更是创下了100%合格率的成绩;可焊套筒应用让预埋件安装更为便捷高效;BIM技术使高精度弧形管一次安装就位;Midas Gen有限元分析有效保障了设备室模块化分块合理性。设备室钢覆面模块化综合施工技术的研究成功及顺利应用,使某设备室较计划提前1个月全部交安,施工质量、安全和质量都得到有效提升。

参考文献:

[1] 黄振. 浅析不锈钢覆面的先贴法施工[J]. 中国核电,2011,4(2):

Research and application of modular comprehensive construction technology of steel cladding for equipment room

CHEN Shui-sen,XU Jing,LIANG Chao

(China Nuclear Industry 22ND Construction Co. LTD. Wuhan City,Hubei Province,China)

Abstract:The welding quality of steel cladding in the equipment room of a sub project is high,the construction period is tight and the task is heavy;In order to complete the project node objectives on time and with good quality,the modular comprehensive construction technology is adopted to make the steel cladding of the equipment room into large modules in the prefabrication workshop,and the concrete is poured after the overall installation. The traditional construction technology can not meet the requirements. Through the research on the construction technology of weldable threaded sleeve, the embedded parts are separated from the back anchor reinforcement,and the problem of on-site installation of embedded parts is solved;High efficiency plasma arc welding equipment and automatic tungsten argon arc welding equipment are applied to the panel construction process of stainless steel workshop,which greatly improves the efficiency of sheet stainless steel panel,has stable weld quality and high radiographic qualification rate;BIM Technology is used for three-dimensional spatial positioning of high-precision arc pipe to ensure the installation accuracy requirements;MADIS Gen finite element analysis software is used to simulate the stress situation of steel cladding modular construction in the equipment room,and measures are taken to strengthen the weak links. The modular comprehensive construction technology of steel cladding in the equipment room was studied,the prefabrication depth of the workshop was improved,the on-site workload was greatly reduced,the construction efficiency was improved,the construction task of steel cladding in the equipment room was completed in advance,and good application results were obtained.

Key words:Steel cladding of equipment room;Weldable threaded sleeve;Plasma arc welding;Modular comprehensive construction

某厂钚尾端调料终点优化的分析与评价

黄宾虹[1]，党文霞[2]

(1. 中核四〇四有限公司后处理运行公司，甘肃 兰州 732850；

2. 中核四〇四有限公司第三分公司，甘肃 兰州 732850)

摘要：使用氮氧化物氧化三价钚的调料方法，已成功应用于动力堆乏燃料后处理钚尾端系统。前期，某厂钚尾端调料单元采用过量氧化策略，即过量加入氮氧化物以确保三价钚全部氧化为四价钚的策略，该策略下的调料终点等同于过量的氮氧化物加入完毕的时刻。近期，通过收集调料过程中的温度数据，经过初步的理论计算与试验，找到了一种新的调料策略，优化了调料终点。新策略与旧策略相比，在体积增加量、反应可控性、生产效率、运行安全、废液量、酸度控制、反应时间等方面实现了新突破，为保障开工率与产量做出了贡献。

关键词：乏燃料；后处理；钚尾端；价态调节；氮氧化物；终点

就某厂钚尾端系统而言，使用氮氧化物氧化三价钚已经是一种成熟的工程应用方法，但选用的过量氧化策略（即过量加入氮氧化物以确保三价钚全部氧化为四价钚的策略）代表着料液体积增加量、反应可控性、生产效率、运行安全、废液量、反应时间、酸度控制等方面依然存在优化空间。在提倡经济性与可持续发展的今天，确定一种新的调料策略，助力于实现控制优化与成本降低，是某厂钚尾端调料运行的一大研究方向。

1 原理简介

某厂钚尾端通过沉淀料液的制备、草酸钚沉淀过滤与干燥焙烧等步骤，最终得到产品[1]。其中沉淀料液的制备，是通过向三价钚硝酸溶液通入氮氧化物而实现的。氮氧化物遇水生成亚硝酸，亚硝酸与三价钚硝酸溶液中的还原成分（包括羟胺、肼、三价钚）反应，因羟胺、肼的还原性强于三价钚，此时需加入足量的氮氧化物方能氧化全部的羟胺和肼继而达成氧化三价钚的目标。某厂前期的策略，是通过加入过量氮氧化物[2]，以保障反应完全（旧策略的调料终点是过量氮氧化物加入完毕的时刻）。钚、羟胺、肼与亚硝酸的反应方程式如下[3]：

$$Pu^{3+} + 2H^+ + NO_2^- \longrightarrow Pu^{4+} + NO\uparrow + H_2O \tag{1}$$

$$3NH_2OH + H^+ + NO_2^- \longrightarrow 2N_2\uparrow + 5H_2O \tag{2}$$

$$N_2H_4 + 2H^+ + 2NO_2^- \longrightarrow N_2O\uparrow + N_2\uparrow + 3H_2O \tag{3}$$

2 新策略

调料涉及到的反应均会放热使得料液温度升高，一方面，温度过高会使得部分四价钚被氧化至六价，对草酸钚沉淀产生不利影响[4]；另一方面，温度过高也会加剧羟胺的自催化，反应剧烈，生成大量气体，出现极高的泡沫层，不利于操作控制，严重时甚至需要生产线停工等待反应可控。

因上述原因，通过技改对调料设备增加了冷却措施。近期，总结调料规律，发现并优化形成了一种新的调料策略，即：在合适的冷却效率下，调料过程的温度曲线将出现一明显"拐点"，以此"拐点"作为停止氮氧化物加入的终点，能够保障三价钚全部氧化为四价钚，无需过量加入氮氧化物。

新策略能够有效应用的原因在于：调料过程中，除了钚、羟胺、肼与亚硝酸的反应会放出热量以外，氮氧化物遇水生成亚硝酸的反应也会放出热量（$\Delta E = -147.0 \text{ kJ/mol}$[4]），调整冷却效率，使其在

作者简介：黄宾虹(1993—)，男，浙江诸暨人，大学本科，工程师，现主要从事乏燃料后处理调试与运行工作

温度控制上限时略大于氮氧化物遇水生成亚硝酸的放热效率,则当钚、羟胺、肼全部被氧化后,此时仅余氮氧化物遇水生成亚硝酸的反应在贡献放热,温度将会下降,温度曲线上将对应出现明显的"拐点",能够指导实际操作。

3 分析与评价

3.1 体积增加量的减小

通过统计大量样本得到旧策略与新策略分别应用时的调料体积增加量的分布直方图,详见图1、图2。

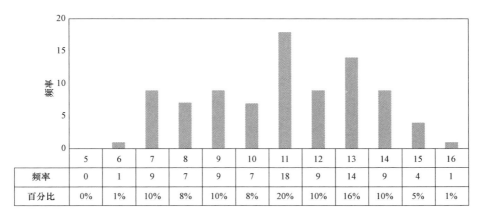

	5	6	7	8	9	10	11	12	13	14	15	16
频率	0	1	9	7	9	7	18	9	14	9	4	1
百分比	0%	1%	10%	8%	10%	8%	20%	10%	16%	10%	5%	1%

体积增加量/L

图1 旧策略调料体积增加量统计表

横坐标数值 x 代表$(x-1,x)$区间,纵坐标数值代表样本出现于对应区间的频率,下同。

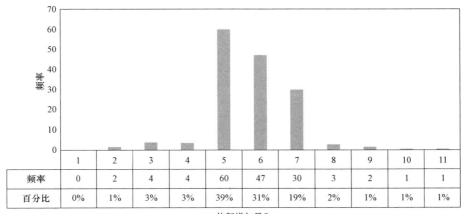

	1	2	3	4	5	6	7	8	9	10	11
频率	0	2	4	4	60	47	30	3	2	1	1
百分比	0%	1%	3%	3%	39%	31%	19%	2%	1%	1%	1%

体积增加量/L

图2 新策略调料体积增加量统计表

旧策略应用时,在统计调料批次中,体积增加量最小值5.9 L,最大值15.6 L,平均值10.3 L。38%批次在10 L至12 L的范围内。

新策略应用后,在统计的调料批次中,体积增加量最小值1.9 L,最大值10.8 L,平均值5.2 L。98%批次在不大于9 L的范围内,89%批次在4 L至7 L的范围内。

新策略相比旧策略,体积增加量降低了49.5%,且以平均值为中心的区间密集度更高(89%>38%),说明新策略比旧策略更利于操作管控与建立标准。

3.2 控制稳定

某厂调料设备全容积60 L,据统计,当料液体积超过45 L时反应剧烈发生概率显著上升。旧策略调料后体积一般在 40 L 至 50 L 的范围内,发生反应剧烈现象的批次占比 62%;新策略调料后体积一般在 37 L 至 46 L,发生反应剧烈现象的批次占比 1%。

新策略相比旧策略,发生反应剧烈现象的概率明显变小,降低了操作难度,有利于安全运行且保障了开工率。

3.3 保障出料效率及运行安全

体积增加量减小的优势在出料条件上有非常直观的体现。调料增加体积越少,则调料设备能够接收的原料就越多,在维持总钚质量一致的前提下(考虑临界风险设置总钚质量上限),其钚浓度接收要求就可以适当降低,能够降低前端浓缩回流次数,更好地保障运行安全;另外,其可接受的浓度范围扩大,也能够更好地保障出料连续性,提高了出料效率。

若总钚质量运行上限为 A,旧策略最多可接收料液体积=调料设备最大接收体积-旧策略体积增加量平均值=50 L-10.3 L=39.7 L,在保证每批次出料效率的前提下,前端供料的钚浓度至少应控制为 $A/39.7$;新策略最多可接收料液体积=调料设备最大接收体积-新策略体积增加量平均值=50 L-5.2 L=44.8 L,则前端供料的钚浓度至少应控制为 $A/44.8$,相比旧策略降低了 11%。

所需供料的钚浓度降低,能够减轻前端的浓缩负担,整体降低系统内钚的浓度,离临界限值的裕量更大,增加整体运行的连续性与安全性。

3.4 废液量的降低

体积增加量少则直接意味着对应产生的废液体积少。硝酸钚溶液经沉淀过滤后得到的滤液,仍将返回前端复用萃取,最终作为水相中放废液转至蒸发系统进行处理。废液量的减少,能够在一定程度上减轻中放蒸发系统的负担,也具有一定的经济性。

新策略相比旧策略,每批调料能够平均减少 5.1 L 的废液产生。

3.5 反应时间的缩短

据统计,旧策略平均调料时长约 51 min,新策略平均调料时长约 26 min,缩短反应时间约 49%。

反应时间缩短的优势,在以下四个方面有显著体现:

(1)保障产能。时间缩短 49%,则调料单元的自身产能提升至旧策略的大约 2 倍,能够提高短时间出料频次,增加了钚尾端应对异常的缓冲能力,保障了产能;

(2)保障运行安全。时间缩短,则操作员需要专注的时间缩短,能够减小误操作概率,增加运行安全;

(3)延长氮氧化物装置的寿命。某厂氮氧化物装置通过热解浓硝酸制备氮氧化物,整体环境处于高酸、高温氛围,缩短反应时间约 49%,理论上能够延长该装置的寿命约 1 倍,并相应减小检修频次;

(4)酸度控制更优。草酸钚沉淀所需的最佳酸度是 2.5 mol/L[2],但氮氧化物调料过程中伴随着硝酸的生成与引入,酸度会随着反应时间的推移不断上升,旧策略调料后 42% 批次酸度大于 3 mol/L,但新策略应用后,调料后酸度 95% 批次能够控制在 (2.6 ± 0.5) mol/L 之间,实现了更为集中与精确的酸度控制。

4 结论

新策略的应用,将钚尾端调料终点由过量氮氧化物加入完毕的时刻前移至温度曲线拐点处,体积增加量与反应时间均大约降低了 49%,直接或间接地在操作管控、反应控制、保障出料效率、保障运行安全、保障产能、降低废液量、延长氮氧化物装置寿命等方面起到了优化作用,为保障开工率与产量做出了贡献。

致谢：

工程应用后的优化实验是有难度的,影响因素多,时间跨度大,数据虽然多但是针对性不强,从中筛选出能支撑结论的有效数据非常费时。感谢妻子倒班之余牺牲休息时间来统计与处理数据,为新策略的确定提供了大批量的数据支持。

参考文献：

[1] 李锐柔. 核燃料后处理厂钚尾端工艺方案的探讨[J]. 原子能科学技术,2012,46(1):188-191.

[2] 姜圣阶,任凤仪,等. 核燃料后处理工学[M]. 北京:原子能出版社,1995.

[3] 任凤仪,周镇兴. 国外核燃料后处理[M]. 北京:原子能出版社,2006.

[4] 李高亮,陈志旭,等. 亚硝酸与肼或羟胺的反应热测量及工艺验证[J]. 核化学与放射化学,2019,41(6):522-529.

Analysis and evaluation of the adjustment endpoint optimization in the plutonium tail end of a plant

HUANG Bin-hong[1], DANG Wen-xia[2]

(1. Reprocessing Operation Company of the 404 Company Limited, CNNC, Lanzhou 732850, China;

2. The Third Branch of the 404 Company Limited, CNNC, Lanzhou 732850, China)

Abstract: In the plutonium tail end of spent nuclear fuel reprocessing has been successfully applied the adjustment method of using nitrogen oxides to oxidize plutonium. In the early stage, the over-oxidation strategy, using over-addition of nitrogen oxides to ensure that plutonium can be oxidized totally, was adopted at the adjustment unit in the plutonium tail end of A plant, of which the adjustment endpoint was equal to the time when the excessive addition of nitrogen oxides was completed. Recently, through the collection of temperature data during the adjustment process, a new adjustment strategy which can make the adjustment endpoint optimized has been determined after preliminary theoretical calculation and experiment. Compared with the traditional strategy, the new strategy has achieved a new breakthrough in volume increase, reaction controllability, production efficiency, operation safety, waste liquid production, reaction time, acidity control and other aspects, which has made a contribution to the guarantee of operating rate and output.

Key words: Spent nuclear fuel; Reprocessing; Plutonium tail end; Adjustment; Nitrogen oxides; Endpoint

分子蒸馏技术处理萃取废有机相的可行性分析

秦皓辰,周少强,吴秀花,赵风林,王　欢

(中核第七研究设计院有限公司,山西 太原 030012)

摘要:在核工业生产中溶剂萃取技术被用在铀纯化工艺和乏燃料后处理工艺中,而作为萃取剂的 TBP 和稀释剂磺化煤油在经过多次循环使用后会发生降解,成为废有机相。目前对废有机相尚无很好的办法处理,只能暂存。而分子蒸馏技术是一种特殊的液液分离技术,是利用不同物质分子运动平均自由程的差别而实现物质的分离。本文通过理论计算,对萃取剂 TBP 及其降解产物和稀释剂磺化煤油的分子平均自由程进行分析,结合相关资料,得出理论上可以通过分子蒸馏技术实现废有机相中各组分的分离,对其中的有用组分进行循环再利用。同时,对分子蒸馏技术处理废有机相的试验研究进行了初步的方案设计,提出了主工艺流程等内容。

关键词:分子蒸馏;废有机相;TBP

磷酸三丁酯(TBP)是核燃料领域中应用最为广泛的萃取剂,具有化学性质稳定、耐辐照、不易燃等优点。在前端铀纯化工艺中使用 TBP 作为萃取剂实现铀元素与其他杂质元素的分离。在乏燃料后处理方面,同样使用 TBP 作为萃取剂将铀、钚元素与其他辐照裂片元素进行分离。为了改善溶剂的性能,需要加入一定量的稀释剂。在核工业生产中主要使用磺化煤油、加氢煤油作为稀释剂。在实际生产中,有机相中萃取剂 TBP 体积分数约为 30%,稀释剂约为 70%。

生产中受高温、射线照射以及化学试剂的作用,TBP 和磺化煤油均会发生部分降解。TBP 的主要降解产物包括磷酸二丁酯(DBP)、磷酸一丁酯(MBP)、丁醇和磷酸等。稀释剂磺化煤油的降解产物主要包括醛、羧酸、有机硝基化合物等,主要是通过硝化和氧化反应产生的。由于有机相的降解,使得萃取剂的萃取能力逐渐下降,必须通过洗涤等净化方法进行处理,才能重复使用。TBP 和磺化煤油在经过多次重复使用后,最终其萃取能力无法满足要求,从而成为废有机相。

目前,铀纯化工艺和乏燃料后处理工艺中的萃取废有机相尚没有一个可大规模工业运行的成熟方法。如果能探索一种废有机相处理新工艺,对废有机相进行再生处理,则对减少放射性废液的储存和降低生产运行成本具有重要意义。

分子蒸馏技术是一种特殊的液液分离技术,是在高真空下进行的一种蒸馏过程。与一般的蒸馏技术不同,它是利用不同物质分子运动平均自由程的差别而实现物质的分离。分子蒸馏技术,溶液液面与冷凝器冷凝面的间距非常小,蒸汽分子离开液面后,在它们的分子自由程内未发生相互碰撞就直接到达冷凝面,不再返回溶液[1]。相比于常规蒸馏分子蒸馏具有蒸馏温度低、受热时间短、操作真空度高、分离程度高、不可逆等特点[2-3]。

目前,分子蒸馏技术已被广泛应用于精细化工、食品、医药、香料、食品添加剂、石油、油脂工业等领域[4]。但是在核工业领域中尚未见有应用。

分子蒸馏技术的分离原理示意如图 1 所示。

1　分子蒸馏技术处理废有机相的可行性分析

结合分子蒸馏的特点和萃取剂 TBP、稀释剂的性质,可以初步发现,TBP 的分子量较大,而其水解产物 DBP 和 MBP 以及磷酸、丁醇的分子量均相对较小,而分子平均自由程是分子量的函数,分子量越大平均自由程越小。而且 TBP 属于热敏性物质,在温度大于 150 ℃时就开始分解,温度越高其

作者简介:秦皓辰(1987—),男,山西长治人,工程师,硕士研究生,核化工专业

分解速度越快,TBP 的沸点为 289 ℃,在沸点温度下即有分解[5]。所以 TBP 和降解产物的分离最好在低温下进行。

基于这些性质,可以初步判断 TBP 和磺化煤油与降解产物的分离可以考虑使用分子蒸馏技术。然而,分子的平均自由程不仅仅是分子量的函数,还与很多因素有关,下面对 TBP、磺化煤油以及它们的降解产物 DBP、MBP、磷酸、丁醇等的分子平均自由程进行计算,来判断其使用分子蒸馏技术分离的可行性。

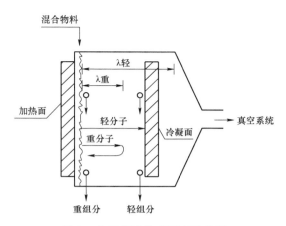

图 1 分子蒸馏分离原理示意图

1.1 分子平均自由程的计算

分子平均自由程的求解通常源于分子动理论。

Chapman 和 Cowling[6]基于气体分子的光滑刚性弹性球模型,利用气体分子在两次碰撞间动量的变化,建立了分子平均自由程 λ 与分子动力黏度 μ、密度 ρ 以及平均速度之间的关系:

$$\lambda = \frac{\mu}{u} \cdot \frac{1}{\rho \overline{C}} \tag{1}$$

式中:λ 为分子平均自由程,m;μ 为动力黏度,Pa·s;ρ 为气体密度,g/cm³;$\overline{C}$ 为分子平均速度;u 为数值因子。Chapman 和 Cowling[8]给出的 u 的数值为 $u = 1.016 \times (5\pi/32)$。

分子平均速度 $\overline{C}$ 满足以下关系式[7]:

$$\overline{C} = \sqrt{\frac{8kT}{\pi m}} \tag{2}$$

式中:k 为玻耳兹曼常量,数值为 $k = 1.380\ 649 \times 10^{-23}$ J/K。

而理想气体常数 R 等于玻耳兹曼常量乘以阿伏加德罗常数($N_A = 6.02 \times 10^{23}$),即 $R = k \cdot N_A$。故上式可以推导得到:

$$\overline{C} = \sqrt{\frac{8kT}{\pi m}} = \sqrt{\frac{8kT \cdot N_A}{\pi m \cdot N_A}} = \sqrt{\frac{8RT}{\pi M}} \tag{3}$$

式中:m 为单个分子的质量,g;M 为摩尔质量,g/mol;R 为摩尔气体常数 8.314 J/(mol·K);T 为绝对温度,K。

又根据理想气体状态方程:$pV = nRT$,可以推导出:

$$\rho = \frac{pM}{RT} \tag{4}$$

式中,p 为气体压力,Pa。

将式(3)和(4)带入(1)中,可得理想气体分子平均自由程计算公式:

$$\lambda = \frac{1}{1.016} \cdot \frac{16}{5} \cdot \frac{\mu}{p} \cdot \sqrt{\frac{RT}{M \cdot 2\pi}} \tag{5}$$

本文计算时认为在分子蒸馏过程中,气相中的萃取剂 TBP 和稀释剂磺化煤油以及它们的降解产物均是理想气体,故可以通过上式对各组分的分子平均自由程进行计算。

上文中提到,TBP 的主要降解产物包括磷酸二丁酯(DBP)、磷酸一丁酯(MBP)、丁醇和磷酸。而磺化煤油是一种碳原子数在 11~17 之间的烃类混合物,分子量在 200~250 之间,成分不一,其降解过程复杂,降解产物具体成分无法确定。故计算时磺化煤油分子量取平均值 225,而磺化煤油的降解产物暂不考虑。

可以看出,在求理想气体分子平均自由程的关联式(5)中,确定了组分及其所处的环境后,p、T、M 均可得出,R 为常数,只有动力黏度 μ 未知,所以要计算理想气体分子平均自由程 λ,则首先要知道

动力黏度 μ。

下面对低压纯气体的黏度进行计算。

根据修改 Hirschfelder 法[8]:

$$\mu = \frac{33.3 \times 10^{-4} (MT_c)^{1/2}}{V_c^{2/3}} \cdot [f(1.33T_r)] \tag{6}$$

式中,M 为分子量;T_c 为临界温度,K;T_r 为对比温度,是实际温度与临界温度的比值;V_c 为临界比容,cm^3/mol;μ 为低压下纯气体黏度,cP。

$f(1.33T_r)$ 为温度函数,计算式如下[8]:

$$f(1.33T_r) = 1.058T_r^{0.645} - \frac{0.261}{(1.9T_r)^{0.9\lg(1.9T_r)}} \tag{7}$$

临界温度和临界比容可通过 Lydersen 法进行计算[8]:

$$T_c = T_b \left[0.567 + \sum \Delta_T \left(\sum \Delta_T \right)^2 \right]^1 \tag{8}$$

$$V_c = 40 + \sum \Delta_V \tag{9}$$

式(8)、(9)中 T_c 为临界温度,K;T_b 为标况下的沸点,K;Δ_T 为温度的结构特征因数;V_c 为临界比容,cm^3/mol;Δ_V 为体积的结构特征因数。

各种官能团的结构特征因数可查数据表得到,而磷原子的结构特征因数无法查到,故用氮原子的结构特征因数进行代替计算,从而可以根据官能团结构和数量对实际的临界性质进行估算。

对于纯化合物,在一定压力下其沸点是一定的。而煤油是各种沸点相近的烃类混合物,其沸点不是固定不变的,只能用某一温度范围来表示,从初馏点到终馏点这一温度范围称为馏程。一般稀释剂用煤油是以直链烷烃为主,其馏程通常在 $180 \sim 250$ ℃[7],计算时取平均值 215 ℃。同理,煤油的官能团结构和数量也无法精确得到,根据相关资料介绍[7],作为 TBP 稀释剂的煤油,其组成成分主要为 C10~C14 的正烷烃,且以 C12 为主。故计算时临界温度、临界比容按照正十二烷考虑。

计算用到的临界数据结构因数见表 1。

表 1 Lydersen 法临界数据结构因数[8]

官能团结构	—CH₃	—CH₂—	—O—	≡O	—OH	≡N
Δ_T	0.020	0.020	0.021	0.020	0.082	0.014
Δ_V	55	55	20	11	18	42

由于 TBP 属于热敏性物质,在温度大于 150 ℃时就开始分解,温度越高其分解速度越快,故本文计算时分子蒸馏操作温度按 140 ℃考虑,分子蒸馏操作压力按照 0.1 Pa、0.01 Pa、0.001 Pa 分别进行考虑。对萃取剂及稀释剂中各组分物质的临界温度和临界比容分别进行计算,并与操作温度进行对比得出对比温度 T_r,相应结果列于表 2 中。

表 2 Lydersen 法计算所得组分的临界数据

组分名称	TBP	DBP	MBP	丁醇	磷酸	磺化煤油（正十二烷）
相对分子质量 $M/(g \cdot mol^{-1})$	266.32	210.21	136.09	74	98	225
临界温度 T_c/K	711	667.2	702.42	560	560.76	384.85
临界比容/ (cm^3/mol)	813	591	369	278	147	754
对比温度 T_r	0.581	0.619	0.588	0.738	0.737	1.073

根据以上数据公式及各组分的相对分子质量,利用上述公式(6)(7)可以推导计算出各组分的气体动力黏度,见表3。

表3 根据修改 Hirschfelder 法计算出的各组分气体动力黏度

组分名称	TBP	DBP	MBP	丁醇	磷酸	磺化煤油
动力黏度 $\mu/(10^{-6}\ Pa \cdot s)$	8.118	9.297	9.806	9.835	17.32	10.504

注:1 Pa·s=1 000 cP(厘泊)。

由上述计算所得参数以及假设的分子蒸馏条件,根据公式(5)可以算出各组分的理想气体分子平均自由程,计算结果列于表4。

表4 各组分的理想气体分子平均自由程

组分名称	TBP	DBP	MBP	丁醇	磷酸	磺化煤油
0.1 Pa分子平均自由程($\times 10^{-4}$ m)	3.66	4.72	6.19	8.42	12.89	5.16
0.01 Pa分子平均自由程($\times 10^{-4}$ m)	36.6	47.2	61.9	84.2	128.9	51.6
0.001 Pa分子平均自由程($\times 10^{-4}$ m)	366	472	619	842	1 289	516

可以看出,在假设的分子蒸馏条件下,各组分的分子平均自由程是有差异的,其中丁醇和磷酸的分子平均自由程最大,在进行分子蒸馏时可以首先到达冷凝面作为轻组分而分离出来,而其余组分作为重组分而被收集;在进行第一次分子蒸馏后的重组分中 TBP 的分子平均自由程最小,所以可对第一次蒸馏产生的重组分进行二次蒸馏,此时的 TBP 依然作为重组分而被收集,而分子平均自由程相差不大的 DBP、MBP、磺化煤油则作为轻组分而被分离出来;而要实现磺化煤油与 DBP、MBP 的分离则需要通过其他手段或者进一步的蒸馏操作。

由表4数据可以发现在0.1 Pa 和 0.01 Pa 下各组分的分子平均自由程均较小,要通过设置这么小的蒸发面和冷凝面间距来实现各组分的分离是很难实现的。而在 0.001 Pa 下,分子蒸馏设备蒸发面与冷凝面的间距为厘米级,该间距与目前常见的分子蒸馏设备一致。故在 0.001 Pa 下通过调整蒸发面与冷凝面的间距,可以实现各组分的分离,但是使分子蒸馏设备保持在 0.001 Pa 的高真空度难度较大。

而查阅相关资料发现,早在 1989 年 Kawala 和 Stephan[9] 就通过实验发现,在同样的设备和操作条件下,适当增大蒸发面和冷凝面间的距离,对分子蒸馏蒸发速率和分离效率影响不大。由此"分子蒸馏"又以"短程蒸馏"的概念被提出。同时,任艳军[10] 在试验中通过 46 mm 间距的分子蒸馏装置对平均自由程为 $2\times10^{-4}\sim3\times10^{-4}$ m 的不饱和脂肪酸进行分离,也得到了较好的分离效果。说明蒸发面和冷凝面的间距并不限于气体分子平均自由程,分子蒸馏装置的压力也可适当增加。

1.2 分子蒸馏技术处理废有机相的工艺流程

根据前文所述,通过理论计算得出,在假设的分子蒸馏条件:蒸馏温度 140 ℃、蒸馏压力 0.1 Pa、0.01 Pa、0.001 Pa 下,萃取剂 TBP 及其降解产物和稀释剂磺化煤油的分子平均自由程有较大的差异,说明理论上可以通过多次的分子蒸馏操作而实现废有机相中各组分的分离。同时,结合相关文献资料,得出实现各组分的分离不一定要在 0.001 Pa 的高真空度下进行,即使在 0.1 Pa 下,分子蒸馏装置仍将有较好的分离效果。

基于以上的分析,对下一步试验流程进行了设计。

根据废有机相的组分进行模拟物料的选择,并按照相应比例进行配料混匀,模拟物料主要包括:TBP、DBP、MBP、煤油、磷酸、丁醇。基于前文中各组分的平均自由程的理论计算,可以推断出各组分蒸馏的难易程度,根据每一步的分离目的和各组分不同温度、压力下的平均自由程,确定每一步蒸馏过程的操作温度和操作压力。

表 5　试验操作温度和压力要求

	一级分子蒸馏	二级分子蒸馏	三级分子蒸馏	四级分子蒸馏
操作温度/℃	100	120	140	180
操作压力/Pa	1	0.1	0.1	0.1

工艺流程示意见图 2。

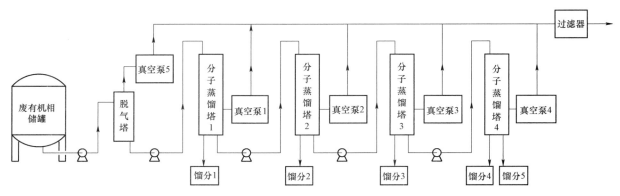

图 2　废有机相分子蒸馏工艺流程图

根据理论计算,可推断模拟物料经过多次蒸馏后,各馏分的成分:馏分 1 为磷酸、丁醇;馏分 2 为 TBP;馏分 3 为 DBP;馏分 4 为 MBP;馏分 5 为煤油。其中的 TBP 和煤油可作为萃取剂和稀释剂继续使用,其余组分再行处理。

2　结论

本文从分子蒸馏机理的角度对其处理萃取废有机相的可行性进行了理论分析,认为可以通过多次的分子蒸馏操作而实现萃取废有机相中各组分的分离,从而对其中的 TBP、煤油等有用组分进行循环再利用。同时,对分子蒸馏技术处理废有机相的试验研究进行了初步的方案设计,提出了主工艺流程和操作参数等内容。为下一步的试验研究提供理论依据。

参考文献:
[1]　王德喜,等 . 真空蒸馏[M]. 北京:化学工业出版社,2014.
[2]　赵世兴,等 . 分子蒸馏技术及其应用进展[J]. 轻工科技,2016,8:21-22.
[3]　徐婷,韩伟 . 分子蒸馏的原理及其应用进展[J]. 制药装备,2015,3:1-8
[4]　马君义,等 . 分子蒸馏及其在天然产物分离提纯方面的应用研究进展[J]. 安徽农业科学,2009,37(21):9849-9852.
[5]　强亦忠 . 精馏及其在核燃料后处理废液回收中的应用[M]. 北京:原子能出版社,1981.
[6]　Chapman S,Cowling T G. The mathematical theory of non-uniform gases:an account of the kinetic theory of viscosity,thermal conduction and diffusion in gases[M]. Cambridge:Cambridge University Press,1970.
[7]　张帅,宋鹏云 . 基于维里系数的实际气体分子平均自由程近似计算[J]. 润滑与密封,2015,40(7):46-50.
[8]　吴鹤峰等 . 化学工程手册(Ⅰ)化工基础数据[M]. 北京:化学工业出版社,1980.
[9]　Kawala Z,Stephan K,Evaporation Rate and Separation Factor of Molecular Distillation in a Falling Film Apparatus,Chem. Eng. Techno,1989(12):406-413.
[10]　任艳军 . 深海鱼油和海狗油的分子蒸馏提纯研究[D]. 天津:天津大学化工学院,2006.

Feasibility analysis of molecular distillation for the treatment of extracted waste organic

QIN Hao-chen

(7th Research and Design Institute Co. LTD. of CNNC, Taiyuan, Shanxi, China)

Abstract: Solvent extraction technology is used in uranium purification process and crown fuel post-treatment in nuclear industry. The extraction agent TBP and sulfonated kerosene will be degraded after repeated use. At present, there is no good ways to dispose the waste organic, it can only be stored. Molecular distillation is a special liquid-liquid separation technology, which realizes the different of the mean free path of molecular. In this paper, the molecular mean free path of TBP and its degradation product, the molecular mean free path of the kerosene is analyzed. It is concluded that the separation of components in waste organic phase can be achieved through molecular distillation, the useful components can be recycled. Meanwhile, the experimental study on the treatment of waste organic by molecular distillation was designed. The main process flow and so on are put forward.

Key words: Molecular distillation; Waste organic; TBP

基于 CPFD 方法的氟化反应器数值模拟

王　欢，吴秀花，张孟琦，智红强

（中核第七研究设计院有限公司，山西 太原 030012）

摘要：以我国自主研发的高效氟化反应器为研究对象，基于 CPFD 方法建立了氟化反应器的数值模型，模拟 UF_4 颗粒与 F_2 反应制备 UF_6 的过程。在该模型基础上，选择了适宜的曳力模型，推导出了氟化反应的阿伦尼乌斯方程式，获得了氟化反应器温度场和 F_2 的浓度分布，研究了反应温度、气固比对生产能力的影响。仿真结果表明：合理的喷嘴结构可将物料分布均匀，UF_4 颗粒运动轨迹与实验观测到的结果一致；在壁温 400 ℃左右时，反应中心温度达到 800 ℃以上，符合生产实际要求；选择适宜的气固比，有利于提高 F_2 的利用率。通过数值模拟揭示了 UF_4 氟化工艺的生产过程，为氟化反应器的放大设计和运行调试提供理论支持。

关键词：CPFD；氟化

引言

　　在铀纯化转化工程中，氟化工艺是指 UF_4 高温下与 F_2 气体反应制取 UF_6 的过程，20 世纪 70 年代，我国自行研制开发出了以立式炉为主体的 UF_6 生产系统，固体 UF_4 与气体 F_2 逆流接触制备出合格的 UF_6 产品。由于工艺过程是在密闭的立式炉反应器中，现场操作人员根据生产经验对立式反应炉结构进行了一定程度的优化，但是设计人员对氟化反应器的运行状态了解甚少，不利于设计水平的提升。因此有必要借助数学模拟的方法来探究氟化反应的运行状态。

　　随着计算的发展，计算流体力学（CFD）技术被广泛应用于流化床、固定床等反应器的数值模拟中。孙立岩[1]以双流体模型为基础，针对流化床甲烷化反应器制备天然气过程进行数值模拟研究，揭示了甲烷化反应过程的流动与反应特性。程源洪[2]以甲烷化固定床为研究对象进行 CFD 模拟，获得了床层的速度场、组分浓度和温度场分布。国外的氟化工艺路线采用了流化床反应器，法国[3]和伊朗[4]科研人员基于欧拉法对流化床生产 UF_6 进行了模拟，成功预测了 UF_6 的产量，反应器的压力分布和温度分布与实验值一致。近年来，为了更详细的捕捉到颗粒的运动轨迹，Snider 等[5]提出了多相质点网格法，用拉格朗日法来处理颗粒相，通常也被称为计算颗粒流体力学（Computational particle fluid dynamic，CPFD）方法。本研究利用商业化软件 Barracuda，基于 CPFD 方法建立氟化反应器的仿真模型，探索了物料在反应器中的运动轨迹，实现了物料颗粒流动和化学反应的耦合，为氟化反应器的设计和运行调试提供理论依据。

1　仿真模型的建立

1.1　控制方程

　　CPFD 技术用欧拉法处理颗粒相，用拉格朗日法处理颗粒相，其气相和颗粒相方程详见参考文献[6]。气-固两相间曳力模型使用 Wenyu-Ergun 曳力模型。Wenyu-Ergun 曳力模型将稀相的 Wenyu 模型和密相的 Ergun 模型结合，表达式如下：

$$D_{Wenyu} = 0.75 C_d \frac{\rho_g}{\rho_P} \frac{|u_g - u_P|}{d_P}$$

$$Re < 0.5 \qquad C_d = \frac{24}{Re} \alpha_g^{-2.65}$$

$$0.5 \leqslant Re \leqslant 1\,000 \qquad C_d = \frac{24}{Re}(1 + 0.15\,Re^{0.687})\alpha_g^{-2.65} \qquad (1)$$

$$Re > 1\,000 \qquad C_d = 0.44 \alpha_g^{-2.65}$$

$$D_{\text{Wenyu-Ergun}} = \begin{cases} D_{\text{Wenyu}} & \alpha_p \leqslant 0.75\alpha_{cp} \\ (D_{\text{Ergun}} - D_{\text{Wenyu}})\left(\dfrac{\alpha_p - 0.75\alpha_{cp}}{0.85\alpha_{cp} - 0.75\alpha_{cp}}\right) + D_{\text{Wenyu}} & 0.75\alpha_{cp} \leqslant \alpha_p \leqslant 0.85\alpha_{cp} \\ D_{\text{Ergun}} & \alpha_p > 0.85\alpha_{cp} \end{cases} \tag{2}$$

$$D_{\text{Ergun}} = \left(\frac{180\alpha_P}{\alpha_g Re} + 2\right)\frac{\rho_g}{\rho_P}\frac{|u_g - u_P|}{d_P} \tag{3}$$

D_{Wenyu}——由 Wenyu 曳力模型计算的气固相间曳力系数;

D_{Ergun}——由 Ergun 曳力模型计算的气固相间曳力系数;

$D_{\text{Wenyu-Ergun}}$——由 Wenyu-Ergun 曳力模型计算的气固间曳力系数;

C_d——单颗粒标准曳力系数;

d_P——颗粒直径,m;

ρ_P——颗粒密度,kg/m^3;

ρ_g——气相密度,kg/m^3;

u_P——颗粒速度,m/s;

u_g——气相速度,m/s;

Re——雷诺数;

α_P——颗粒体积分数;

α_{cP}——颗粒最大堆积极限;

α_g——气体体积分数。

1.2 化学反应机理

UF$_4$ 与氟气作用,是一种典型的非催化气-固反应,其反应方程如下:

$$UF_4(s) + F_2(g) = UF_6(g) \tag{4}$$

氟化反应热力学数据如表 1 所示[7],反应的 $\Delta H^0_{298K} = -256$ kJ/mol,氟化反应是一个放热量大、单向不可逆的反应。

表 1 氟化反应的热力学数据

物质	比热容/[J/(mol·K)]	适用温度范围/K	$-\Delta H^0_{298K}$/[kJ/mol]
UF$_4$(s)	$106.85 + 36.4 \times 10^{-3}T$	$298 \sim 1\,309$	$1\,854$
F$_2$(g)	$31.48 + 1.81 \times 10^{-3}T - 3.35 \times 10^{5}T^{-2}$	$273 \sim 2\,000$	0
UF$_6$(g)	$135.78 + 33.226 \times 10^{-3}T - 13.427 \times 10^{5}T^{-2}$	$273 \sim 1\,000$	$2\,110$

UO$_2$ 在 400 ℃ 氢氟化制得的 UF$_4$ 与氟气作用时,氟化速率常数 k 的自然对数与温度 T 呈现出了良好的线性关系,文献中已知了四个数据点,拟合可以得到氟化反应的阿伦尼乌斯方程式为:

$$K = 1\,121\,300e^{\frac{-79\,900}{RT}} \tag{5}$$

1.3 传质模型

在 $200 \sim 328$ ℃ 范围内,Labaton 和 Jhonson 等[7]利用大量过程的氟气与 UF$_4$ 样品反应,对经多次试验所得实验数据进行分析认为,在氟气过剩、气相流动良好、UF$_6$ 不积累的条件下,UF$_4$ 与氟气相互作用直接生成 UF$_6$,反应过程由以下几个步骤组成:

(1) 反应气体向固体表面的扩散;

(2) 固体表面对反应性气体的吸附;

(3) 所吸附的气体与固体发生化学反应;

(4) 生成的气态 UF$_6$ 自固体表面解吸析出;

(5) 解析出的 UF$_6$ 向四周扩散。

氟化反应的传质过程中,颗粒的变化可用缩核模型(Shrinking Core Model)来描述,法国和伊朗研究人员[3-4]采用缩核模型建立了氟化反应的传质过程,该模型成功的预测了UF_6的产量。

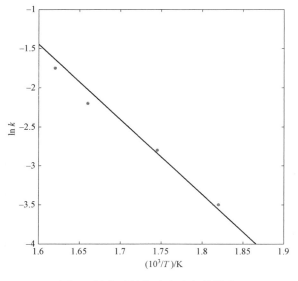

图 1　温度对氟化反应速度的影响

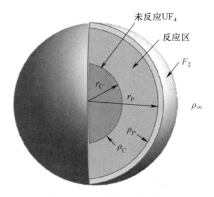

图 2　UF_4颗粒反应模型

1.4　几何模型与网格划分

固体颗粒UF_4经螺旋输送器送入氟化反应器上部的喷嘴中,喷嘴上部通入N_2气,N_2气夹带UF_4颗粒经喷嘴底部进入反应器主体。本研究建立的氟化反应器模型如图 3 所示。在 Barracuda 软件中,仿真模型采用笛卡尔网格技术进行网格划分,生成六面体结构网格如图 4 所示,网格总量 72 576 个。网格大小约为 50 mm×50 mm×50 mm,在基于 Barracuda 软件的工业级别装置模拟中,我们主要关心颗粒的流动状态和物料反应过程,同时需考虑计算时间问题,厘米级别的网格大小足以符合计算精度,网格的划分很好捕捉到了喷嘴以及反应器的主体结构,满足仿真需求。

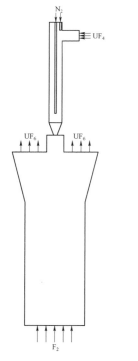

图 3　氟化反应器简图

图 4　氟化反应器网格划分

1.5 初始参数及边界条件

见表2。

表2 初始参数及边界条件

参数	数值
UF_4流量	0.15 kg/s
F_2流量	0.021 kg/s
初始温度	673 k
初始压力	101.325 kPa
颗粒直径	45~55 μm
短管 N_2气速	7 m/s
长管 N_2气速	35 m/s
颗粒垂直于壁面动量系数	0.3
颗粒相切于壁面动量系数	0.99
时间步长	0.1 s

2 仿真结果

2.1 颗粒下落轨迹

早期设计的氟化反应器采取侧部进料的方式,现场工作人员根据生产运行经验,将进料喷嘴改至反应器顶部。为了验证顶部进料方式的合理性,科研人员设计了冷态实验装置,冷态反应器材质为有机玻璃,可以较为清楚的观察喷嘴底部颗粒的运动轨迹。UF_4物料用 SiO_2颗粒模拟,实验结果如图5所示。喷嘴顶部的 N_2起到了推动颗粒下落,防止颗粒在喷嘴底部堵塞的作用,并使颗粒尽量均匀地喷洒至反应器内部。在实际操作中,由于颗粒的堆积存在空隙,螺旋输送器的进料速率并不稳定,以及喷嘴底部圆锥形式的结构,导致颗粒运动轨迹会在一定程度上偏离反应器中心的位置。仿真实验也观测到了类似的现象,颗粒运动轨迹与冷态实验结果一致。由此可见,基于CPFD方法建立的仿真模型是真实可靠的,为科研设计人员了解氟化反应器内部的运行状态以及后续的改进喷嘴结构和反应器的优化设计提供理论指导。

图5 冷态实验结果

2.2 主反应区温度、颗粒停留时间、颗粒半径变化

目前的工艺操作条件为 F_2过量约 10%,气固比维持在 1.1 左右。文献[7]介绍了温度对氟化反

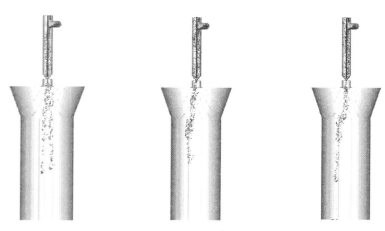

图 6　仿真实验结果

应的影响：当氟化温度低于 673 K 时，UF_4 的氟化速率很小，完全反应时间较长；当氟化温度达到 1 473 K，粒径小于 0.15 mm 的 UF_4 颗粒将在 0.51 s 内完全实现转化。在不考虑气流阻力的情况下，UF_4 颗粒将集中在立式炉氟化反应器下料口下方 1.3 m 区域内完成氟化反应。

基于冷态模拟，将化学反应耦合到模型中，化学反应速率常数采用体积平均的方法以公式（5）的形式表达，并在 Barracuda 软件中开启反应器内部热量传递功能。主反应区温度、颗粒停留时间、颗粒半径变化的仿真结果如图 7 至图 9 所示。发生化学反应的区域主要集中在反应器上部，距离下料口下方 0.2～1.2 m 范围内，反应中心温度可达 1 550 K 以上。颗粒总停留时间在 1.5～1.8 s 范围内，在喷嘴内部停留时间约 1.3 s，因此，颗粒完全反应时间控制在 0.2～0.5 范围内。颗粒由喷嘴喷出后，粒径逐渐减小，在下料口下方 1.3 m 内完成氟化反应。仿真结果符合文献[7]针对氟化反应的描述。

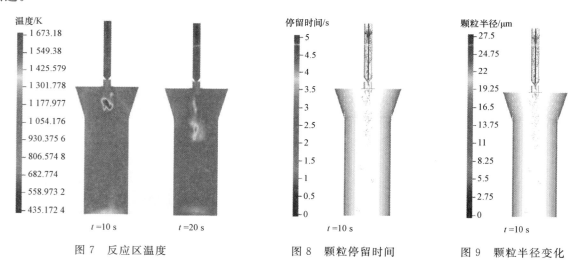

图 7　反应区温度　　　图 8　颗粒停留时间　　　图 9　颗粒半径变化

3　结论

基于 CPFD 方法建立了氟化反应器的数值仿真模型，通过仿真实验，得出了以下结论：

（1）仿真结果显示的 UF_4 颗粒运动状态，与实验观测结果一致，证明 UF_4 固体和 F_2 气体两相间的作用力选择 Wenyu-Ergun 曳力模型是合理的。

（2）基于文献数据拟合的氟化反应阿伦尼乌斯方程式，较为准确的描述了氟化反应的化学机理，气固比 1.1 是适宜的操作条件，主反应区位于下料口下方 1.3 m 内，反应区温度符合实际，颗粒停留时间合理。

本研究首次利用计算颗粒流体力学(CPFD)技术模拟探索了氟化反应器中颗粒的流动状态和反应器内部化学反应状态,基本还原了氟化反应器的运行过程。后续工作应加入更多的真实实验以及大量的现场数据对比,进一步优化氟化反应模型。

致谢:

在相关实验和仿真工作进行中,得到了"核能开发项目"和"中核集团青年英才项目"的支持。在此由衷感谢中核集团公司提供的研究平台。

参考文献:

[1] 孙立岩,罗坤,樊建人. 流化床反应器甲烷化过程的数值模拟研究[J]. 工程热物理学报,2019,40(08):1826-1830.

[2] 程源洪,张亚新,王吉德,等. 甲烷化固定床反应器床层反应器床层反应过程与场分布数值模拟[J]. 化工学报,2015,66(09):3391-3397.

[3] Konan N A, Neau H, Simonin O, et al. 3D unsteady multiphase simulation of uranium tetrafluoride particle fluorination in fluidized bed pilot[C]. 20th International Conference on Fluidized Bed Combustion, FBC, 2009.

[4] Khani M H, Pahlavanzadeh H, Ghannadi M. Two-phase modeling of a gas phase fluidized bed reactor for the fluorination of uranium tetrafluoride[J]. Annals of Nuclear Energy, 2008, 35(12): 2321-2326.

[5] Snider D M. An incompressible three-dimensional multiphase particle-in-cell model for dense particle flows[J]. Journal of Computational Physics. 2001; 170(2): 523-549.

[6] 钟汉斌. 气-固流态化过程模拟[M]. 北京:中国石化出版社,2017.

[7] 王俊峰,张天祥,姚守忠,等. 铀转化工艺学[M]. 北京:中国原子能出版社,2012.

Numerical simulation of fluorination reactor based on CPFD

WANG Huan, WU Xiu-hua, ZHANG Meng-qi, ZHI Hong-qiang

(CNNC No. 7 Research and Design Institute Co., Ltd., Taiyuan Shanxi, China)

Abstract: The fluorination reactor which is self-dependent in our country is taken as the research object, The mathematical model of fluorination reactor fluidized-bed based on CPFD can accurately simulate the reaction of UF_4 particles and fluorine to produce UF_6. Based on the model, the drag model was screened out, the Arrhenius equation for the fluorination reaction was deduced, the temperature distribution and F_2 concentration distribution were acquired, and the effect of reaction temperature and on production capacity were studied. The simulation results show that the reasonable nozzle structure can distribute the material evenly and the trajectory of the UF_4 particles is consistent with the experimental results. When the reactor wall temperature is 400 ℃, the temperature of the reaction center is more than 800 ℃, which meets the actual requirements of production. Selecting the appropriate gas-solid ratio is beneficial to improving the utilization rate of fluorine gas. The production process of UF_4 fluorination technology is revealed by numerical simulation, and the mathematical model can provide useful references for the enlarged design and operation.

Key words: CPFD; Fluorination

非能动流体输送设备在乏燃料后处理厂中的应用场景分析

霍明庆,韦　萌,曹龙浩

(中核龙安有限公司,北京 100036)

摘要:乏燃料后处理是核燃料闭式循环的关键环节,放射性流体输送在后处理工艺过程中占据重要位置。乏燃料水法后处理工艺的核心是液-液萃取操作,在工艺过程中经常需要将放射性液体从一个工序/设备转移到另一个工序/设备,以实现连续生产。乏燃料后处理厂中很多设备之间输送的流体具有强放射性,放射性液体的输送过程须满足以下几个原则:不能泄漏、适当的屏蔽、可远距离操控、便于远距离维修/更换,甚至可以"免维修"。常规流体输送泵多为主动式输送设备(如:齿轮泵、活塞泵、离心泵等),其核心为机械可动部件,容易损坏,需要经常维修和更换,并且制造和运行成本高。主动式输送设备在辐照和腐蚀环境中无法实现"免维修",因此,一般不用于放射性液体输送。以免维修为特征的无可动部件的流体输送设备被称为被动式流体输送设备,工作过程中没有机械可动部件与放射性液体接触,可靠性高,部件几乎不需要维修和更换,制造和运行成本低,可实现辐照和腐蚀环境中"免维修"。非能动流体输送设备通常是以牺牲能量效率来实现免维修功能的,因此,对于非放射性或低放射性液体的输送仍应首先选择传统的机械输送设备。目前国内外后处理厂或同类核设施中,广泛应用的非能动流体输送设备有:空气升液泵、蒸汽喷射泵、真空虹吸装置、真空柱塞流提升泵、置换输送装置等。本文对上述设备以及尚未广泛应用的新型设备涡流二极管泵和反向流动转向泵(RFD 泵)等的工作原理、特点及应用场景等进行了研究,以期为大型乏燃料后处理厂中放射性液体输送设备选型提供参考。

关键词:后处理厂;非能动流体输送设备;免维修

乏燃料水法后处理工艺的核心是液-液萃取操作,在工艺过程中经常需要将放射性液体从一个工序/设备转移到另一个工序/设备,以实现连续生产。放射性液体的输送过程须满足以下几个原则:不能泄漏、适当的屏蔽、可远距离操控、便于远距离维修/更换,甚至可以免维修。

常规流体输送泵多为主动式输送设备(如:齿轮泵、活塞泵、离心泵等),其核心为机械可动部件,容易损坏,需要经常维修和更换,并且制造和运行成本高。主动式输送设备在辐照和腐蚀环境中无法实现"免维修",因此,一般不用于放射性液体输送。

以免维修为特征的无可动部件的流体输送设备被称为非能动(被动式)流体输送设备,工作过程中没有机械可动部件与放射性液体接触,可靠性高,部件几乎不需要维修和更换,制造和运行成本低,可实现辐照和腐蚀环境中"免维修"。在后处理厂中,放射性液体输送应尽可能采用高可靠性免维修输送设备,如:空气升液泵(气提泵)、蒸汽喷射泵、真空虹吸装置、置换输送装置、涡流二极管泵和反向流动转向泵(RFD)等,不同的非能动流体输送设备具有各自的特点和适合于不同的流体和工况,本文将对主要的非能动流体输送设备的工作原理和优缺点及应用场景进行分析和归纳,作为选型参考。

1 传统非能动流体输送设备

目前国内外后处理厂或同类核设施中广泛应用的传统非能动流体输送设备有:空气升液泵、蒸汽喷射泵、真空虹吸装置、真空柱塞流提升泵、置换输送装置等。

1.1 空气升液泵(气提泵)

空气升液泵是一种利用压缩空气(或其他气体)升扬液体,借助液体的密度差来输送料液的装置。

作者简介:霍明庆(1990—),男,河北邯郸人,工程师,硕士研究生,设备技术管理专业

气提泵的结构很简单,主要由两根管组成,一根是用于产生气柱的吹气管,另一根是液体提升管。

空气升液泵工作原理如图 1 所示。

提升管和吹气管相连,都浸没在被输送的液体中并保持一定的浸没高度。一定压力的气体(通常使用空气)从吹气管进入提升管,管中液柱产生的压力迫使气体在液柱下部形成气栓。由于气体密度远低于液体密度,该气栓便会推动或拖曳液柱沿提升管上升而实现液体提升。空气升液泵可分为一级空气提升和二级空气提升,根据流量要求也可分为定量输送和非定量输送。

气提泵的优点是结构简单、成本低、使用流量范围广、调节性能良好、能满足计量要求,可输送含有一定固体小颗粒的液体。缺点是有较高的浸没高度要求(供料容器下面的高度要与提升高度大致相当),设备室空间布局设计受限;动力较小、压头低;废气量大,并有液体夹带,需进行单独的废气处理(输送过程中空气与被输送液体充分接触,产生大量的污染空气);效率较低,输送能力有限等。不适合易被氧化的料液输送,也不能用于提升容易起泡沫的液体以及不能接触空气的液体。

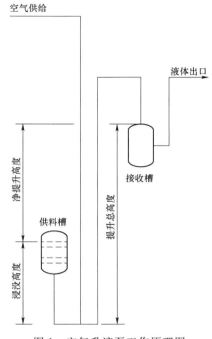

图 1　空气升液泵工作原理图

空气升液泵(气提泵)适用于小流量、低压头以及需要流量计量的场合。在后处理主工艺厂房中,单级空气升液泵可用于设备间倒料、取样等场合;两级空气升液泵可实现定量输送,可用于脉冲萃取柱的供料等场合。

1.2　蒸汽喷射泵

蒸汽喷射泵是一种传统的放射性液体输送设备,价格相对便宜,适应性强,运行稳定。蒸汽喷射泵结构如图 2 所示。

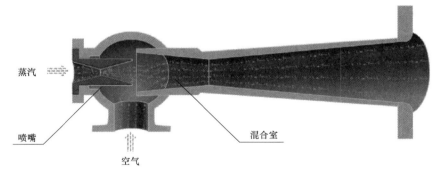

图 2　蒸汽喷射泵结构原理图

蒸汽喷射泵工作原理:蒸汽以亚音速从喷嘴处喷出,速度增加的同时,在喷嘴出口和混合室蒸汽膨胀形成较低的负压,带动周围介质一起运动并加速,蒸汽与被引射介质在混合室进一步混合并进行能量交换,最后将动能转换为压力(势能)从出口压出。经扩大管后,液体增压,从而实现对液体的输送。

蒸汽喷射泵的优点是结构简单、设备尺寸小、造价相对便宜、安全可靠无泄漏、运行稳定、适应性强。缺点有:输送液体被蒸汽冷凝液稀释;蒸汽加热使被输送液体温度升高,从而导致蒸汽喷射泵输送能力下降;出口压头有限等。

蒸汽喷射泵适用于大流量、低压头同时对加热和稀释容忍度较高的场合。在输送过程中,对被输送液体的温升和稀释度有严格要求的场合不适合采用蒸汽喷射泵。由于有蒸汽冷凝液,蒸汽喷射泵不适合输送有机相,以免产生气蚀和将水相引入有机相。一般也不用于含有固体颗粒液体的输送。后处理主工艺厂房设备之间倒料、端头酸洗废液排至贮槽、地坑倒空等可采用蒸汽喷射泵。

1.3　真空虹吸装置

真空虹吸相当于带阀门的高位自流装置,利用喷射器产生真空,从而将液体从供料槽吸入中转槽,利用液体自身重力送至接收槽。

真空虹吸装置工作原理如图3所示。

真空虹吸装置优点是免维修、结构简单、成本低、没有阀门。缺点包括:与放射性液体接触的阀门必须远距离操作,废气量较大,输送高度受当地大气压、喷射器、液体温度限制,不能实现定量输送,输送料液之前必须有液封,使用过程中需防止放射性液体进入真空管线。

真空虹吸装置是一种简单、方便的输送选择,多用于设备室内无阀、无需计量、有位差、需要控制开关的料液输送。后处理主工艺厂房1AF料液输送、混合澄清槽倒空以及取样系统等可采用真空虹吸装置。

1.4　真空柱塞流提升泵

真空柱塞流提升泵是一种与空气升液泵(气提泵)结构类似的输送设备,区别是在出口处额外加真空,解决了气提泵提升高度不足的问题,但是它需要很高的密封度,因此必须增加液封。

真空柱塞流提升泵工作原理如图4所示。

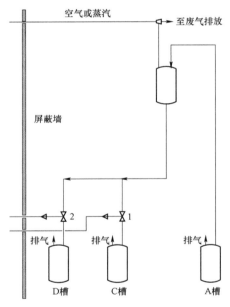

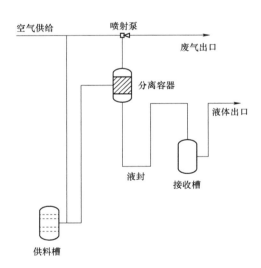

图3　真空虹吸装置工作原理图

A槽为供料槽,B槽为中转槽,C/D槽为接收槽

图4　真空柱塞流提升泵工作原理图

相比于空气升液泵,真空柱塞流提升泵的液体提升高度明显增加,调节性能良好、能满足计量要求,可输送含有一定固体小颗粒的液体。其缺点是需要很高的密封程度,必须增加液封;操作温度有严格的限制,否则放射性液体有沸腾的危险,适用范围较窄。

真空柱塞流提升泵与空气升液泵类似,适用于小流量、低压头、需要流量计量的场合,但操作温度受限,使用范围并不广泛。在后处理主工艺厂房中,真空柱塞流提升泵可用于设备间倒料、脉冲萃取柱的供料等场合。

1.5 置换输送装置

置换输送装置利用气体、互不相溶的液体去置换要输送的液体。

1）无阀吹气箱泵

无阀吹起箱泵在充液时，空气进口阀门关闭，排气阀门打开，料液槽内料液在重力作用下进入吹气箱；排液时，空气进口阀门打开，排气阀门关闭。由于排液管道直径大于进料管道直径，液体向接收槽流动的阻力小于向料液槽流动的阻力，所以吹气箱内更多的料液进入接收槽（见图5）。

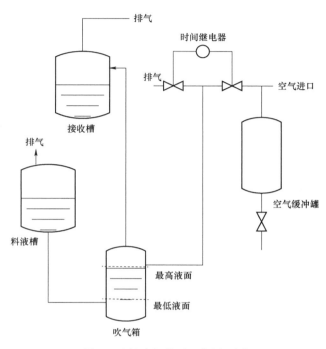

图5　无阀吹气箱泵工作原理图

无阀吹起箱泵的优点在于免维修，易于控制输送流量；缺点是需要槽内液位高于吹气箱；排液时，吹气箱内料液会部分回流至供料槽。

吹气箱泵适用于气体或液体与被输送液体互不相容的液体输送，容易实现输送流量的控制，但适用场合十分有限。

2）活塞吹气箱泵（或球阀吹气箱泵）

活塞吹起箱泵充液时，弹簧顶起活塞，打开底部液体进口，料液槽内料液通过该液体进口进入环室；排液时，压缩空气进入中心室，向下推动活塞关闭底部液体进口，强迫环室内液体通过提升管实现输送。

活塞吹气箱泵的优点有免维修，易于控制输送流量；相较于无阀吹气箱泵，其不需要槽内液位高于吹气箱；排液时，吹气箱内料液不会部分回流至供料槽。缺点是，不宜用于颗粒含量太大的料液；由于构件中弹簧的存在，使用寿命受限（见图6）。

置换输送装置在后处理主工艺厂房中，可用于高放废液贮罐倒空等场合；活塞吹气箱泵由于受弹簧部件寿命限制，可用于高放废液贮罐退役活动中，罐底残余物回取等。

2 新型非能动流体输送设备

新型非能动流体输送设备包括：涡流二极管泵和反向流动转向泵（RFD）。

2.1 涡流二极管泵

涡流二极管泵由填充筒和两个涡流二极管（填充二极管和驱动二极管）组成。"二极管"是一个扁

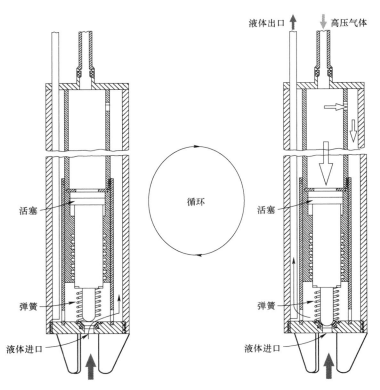

图 6 活塞吹气箱泵工作原理图

平圆柱形腔室(涡流室),该腔室在圆周的切线方向和轴线方向有两个开口。当液体由轴向开口经涡流室流向切向开口时阻力很小,称为正向流动;当液体由切向开口流入涡流室时,在涡流室形成涡流而导致阻力剧增,称为反向流动——类似一个单向阀。

涡流二极管泵的工作原理如下:首先在填充筒施加真空,被输送液体以正向模式通过再填充二极管进入填充筒,此时再填充二极管中是小阻力的正向流动(由供料槽到填充筒),而驱动二极管中则是高阻力的反向流动,它可以阻止输送管道中的液体再次进入填充筒;当填充筒充满液体后,利用高压气体向填充筒中施加压力,填充筒中的液体随即进入驱动二极管并以小阻力的正向流动方式进入输送管道进行输送,而填充二极管中则是高阻力的方向流动模式,这可以有效阻止填充筒中的液体返回供料槽。据此,涡流二极管泵可在有效抑制反向流动的情况下实现液体的提升输送。

涡流二极管泵具有无可动部件,输出压头高,可有效抑制反向流动,可输送含悬浮固体颗粒的液体等优点。缺点是结构复杂、加工难度高;安装精度要求高,成本高。单套设备无法连续输送,需多套配合使用;单套设备很难实现定量输送,需在涡流二极管泵后加定量给料装置才能实现料液定量输送。

涡流二极管泵是基于动力流体力学而发展出的新颖的、无可动部件的流体输送设备。相比于传统非能动流体输送设备(蒸汽喷射泵、空气升液泵、真空虹吸装置等),输出压头更高,效率更高;但由于结构较为复杂,生产成本较高,性能有待进一步提高,目前不具备广泛的适用性[6]。后处理主工艺厂房钚纯化循环脉冲萃取柱的进料等可选用"涡流二极管泵+定体积供料装置"相结合的输送方式。

涡流二极管泵结构及工作原理如图 7 所示。

2.2 反向流动转向泵(RFD 泵)

反向流动转向(Reverse Flow Diverter)泵,主要由动力单元、填充筒、反向流动转向装置及进出管路等组成。RFD 装置是决定泵性能的核心装置,其结构如图 8 所示。可见,驱动喷嘴和扩散器沿轴线方向相对放置组成,其中,驱动喷嘴与填充筒相连,扩散器与输送管道相连,两喷嘴之间的间隔形成引流间隙,引流间隙与被输送液体连通,RFD 泵是一种全气力式泵。

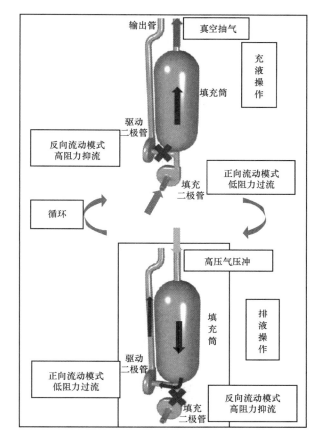

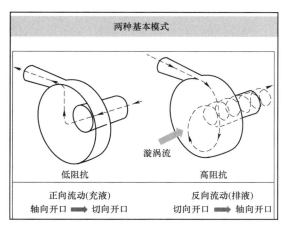

图 7　涡流二极管泵结构及工作原理图[6]

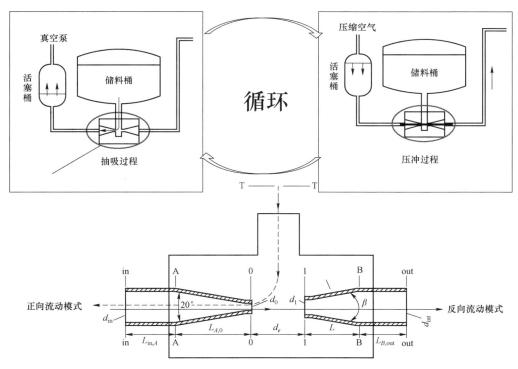

图 8　反向流动转向泵(RFD)结构及工作原理如图[3]

RFD 泵工作原理分为两个过程：

• 抽吸

动力单元产生真空并施加真空到填充筒中，使填充筒中压力降低，被输送液体从贮罐中被抽吸进入填充筒内，此时 RFD 内的液体按照正向流动模式工作。

• 压冲

当填充筒充满后，动力单元利用高压空气对填充筒内液体施加压力，填充桶内液体通过 RFD 中的驱动喷嘴喷出，在引流间隙内形成射流，由于射流周围产生低压区，周边液体被卷入射流一同进入扩散器中，通过排出管输送到目的贮罐，此时 RFD 中液体按照反向流动模式工作。在反向流动模式下，由于驱动喷嘴喷出的射流具有很大惯性，液体会直接喷入扩散器并进入提升管，而不会通过引流间隙返回供料贮罐。如此往复循环，实现对料液的输送。

反向流动转向泵的优点明显：无可动机械部件，结构简单，压冲模式下流动阻力较小，流量大，不会加热和稀释液体，排液压头高，工作和输送流体相同，不需要额外提供其他工作介质，能输送含悬浮固体颗粒的危险性液体和高温液体等。由于气体仅仅在活塞桶内与高放液体的液面相接触，大大降低了放射性废气量。缺点是单套设备无法连续输送，需多套配合使用；单套设备很难实现定量输送，流量测量需要与控制系统配合使用。

RFD 泵的有着相当突出的优点，从广泛的适用性、制造难度、易操作性上来说，RFD 泵均具有良好的性能，因此 RFD 泵逐渐成为免维修泵研究和应用的主流。后处理主工艺厂房高脉冲萃取柱的进料、从调料槽到供料槽高中放料液的输送、高中放废液贮槽到蒸发器以及高放废液倒料等均可采用 RFD 泵及其配套装置。将 RFD 泵微型化处理并安装于细长的不锈钢管（活塞筒）中，形成一种紧凑型 RFD 泵，不需破壁安装，可实现高放废液贮罐罐底残余物的提取倒罐。此外通过在紧凑型 RFD 泵提升管上部安装文丘里型被动式在线采样装置，在实现高放废液贮罐倒罐的同时可实现高放废液和泥浆的在线取样。

反向流动转向泵（RFD）结构及工作原理如图 8 所示。

3 结论和建议

3.1 非能动流体输送设备性能对比

表 1 列出了本文介绍的各种非能动流体输送设备的性能对比。

表 1 非能动流体输送设备性能对比表[3/6]

性能	结构复杂程度	输出压头	流量计量	流量	辅助工作介质	造价	能否输送固液混合物	密封度
空气升液泵	简单	12 m	是	小	空气	低	可	中等
蒸汽喷射泵	简单	低	否	大	蒸汽	低	否	中等
真空虹吸装置	简单	—	否	中	真空	低	否	高
真空柱塞流提升泵	简单	20 m	是	小	真空	中等	可	高
置换输送装置	简单	低	是	中	空气	低	否	高
涡流二极管泵	复杂	28 m	否	大	无	高	可	低
RFD 泵	中等	28 m	否	大	无	中等	可	低

3.2 非能动流体输送设备在乏燃料后处理厂的应用

非能动流体输送设备通常是以牺牲能量效率来实现免维修功能的，因此，对于非放射性或低放射性液体的输送仍应首先选择传统的机械输送设备。

所述非能动流体输送设备各具特点且使用条件不尽相同，需根据输送对象物理及化学性质、适用场合、压头和流量要求等选定不同的流体输送设备。总体来说,空气升液泵、蒸汽喷射泵、真空虹吸装置、真空柱塞流泵以及置换输送装置等传统非能动流体输送设备,结构相对简单,流体力学规律也易于掌握,目前这几种免维修泵在国内已有使用。对于涡流二极管泵和反向流动转向泵(RFD)等新型的核用放射性溶液输送装置,不含任何机械可动部件,依靠特殊的流道设计强制流体产生涡流以及附壁流动等,仅利用由此产生的惯性力、阻力差异等流体力学性质实现流体输送、流向控制等的被动式输送设备,目前国内还没有形成完善的设计和生产能力[3]。

由于 RFD 具有可预期的广泛适用性,且性能优良、易于操作,在输送高放射性液体时具有独特的优势,已成为免维修泵研究和应用的主流。国内从上世纪 90 年代便开始研究 RFD 输送装置,取得了一定的进展,未来应加大研发投入,以尽早实现工程应用。

本文对几种较为典型的非能动流体输送设备的特点及应用场景进行了分析归纳,并针对后处理厂独特的工艺特点给出应用举例(见表 2),以期为大型乏燃料后处理厂或类似设施的放射性液体输送设备选择提供参考。

表 2　非能动流体输送设备在乏燃料后处理厂中的应用举例

应用场合描述	后处理厂应用举例			
	应用工艺名称	输送介质	流量/ (m³/h)	扬程/ m
空气升液泵	在后处理主工艺厂房中,通常用于脉冲萃取柱的进料和出料,以及萃取设备之间的高中放料液输送。单级空气升液器适用于设备间倒料、取样等场合;两级(多级)空气升液器可用于萃取设备供料场合,可实现定量输送。适用于小流量、低压头、需要流量计量的场合。	1AF 脉冲萃取柱等萃取设备之间的料液输送	1AF 料液	3	8
蒸汽喷射泵	主要用于无温度、稀释和流量要求的水相料液设备间输送、地坑倒空等;不适合有机相输送(有机相易产生汽蚀);适用于大流量、低压头放射性液体输送场合。	酸接收槽送至酸配置槽	回收酸	5	5
真空虹吸装置	适用于高处料液向低处输送,料液输送之前供料槽必须有一定的液封,以保证真空度的建立。	混合澄清槽内料液倒空	水相-有机相混合料液	—	高位自流
真空柱塞流提升泵	应用场合同空气升液泵,液体提升高度明显提高,使用过程中需要增加液封;适用于小流量、需计量的放射性料液输送场合。	2AS 调酸槽送至 2AS 供料槽	2AS 料液	3	15
置换输送装置	适用于被输送料液与置换气体/液体互不相溶的放射性液体输送,需要进行流量控制的场合。	高放废液贮罐倒空	高放废液	3	10

应用场合描述	后处理厂应用举例			
	应用工艺名称	输送介质	流量/(m³/h)	扬程/m
涡流二极管泵 适用于大流量、高压头放射性液体输送,可输送含悬浮固体颗粒的高放射性危险性液体。	1AF 中间槽至共去污接收槽	1AF料液	20	15
	2BP 接收槽至钚尾端供料槽	2BP料液	15	20
RFD 泵 适用于大流量、高压头放射性液体输送,多套配合可实现连续输送,输送介质水相、有机相皆可;可输送含悬浮固体颗粒的高放射性危险性液体。	调料槽送至计量槽	1AF料液	25	15
	1AX 调料槽料液送至供料槽	有机相	20	15
	2AF 调料槽送至 2AF 供料槽	2AF料液	15	15
	高放废液接收槽至蒸发器	高放废液	3	20

注:1. 由于国内涡流二极管泵和 RFD 尚未实现大规模工程应用,相关举例为设计选用情况。

2. 真空柱塞流提升泵操作温度须严格控制,避免发生放射性液体沸腾的危险。

参考文献:

[1] 胡晓丹,邓锡斌,张宜建. 我国后处理技术的现状与发展[J]. 核科技进展,2010

[2] 李鑫,秦永泉,徐云起,郭晓方. 后处理中试厂放射性流体输送设备应用总结[J]. 核科技与工程,2013

[3] 徐聪. 无可动部件的流体输送设备的研究进展[J]. 化工学报,2014

[4] 侯媛媛,逯迎春. 大型核燃料后处理厂放射性流体输送方式的选择[J]. 核科技进展,2010

[5] 胡彦涛,杨欣静. 小流量空气提升应用于核燃料输送的可行性研究[M]. 全国核化工学术交流年会回忆录文集,2010

Application scenario analysis of passive fluid transport equipment in spent fuel reprocessing plants

HUO Ming-qing,WEI Meng,CAO Long-hao

(CNNC Long'an Co.,Ltd.,Beijing,China)

Abstract:The reprocessing of spent fuel is a key link of nuclear fuel closed cycle,and radioactive fluid transportation occupies an important role in the process of nuclear fuel reprocessing. The objects processed by nuclear fuel reprocessing plant are highly radioactive,so the passive fluid transport equipment with radiation shielding,remote maintenance or maintenance-free should be used as far as possible to transport radioactive fluid. At present,the passive fluid transportation equipment widely used in reprocessing plants or similar nuclear projects at home and abroad include:air-lift pump, steam jet pump,vacuum siphon device,vacuum operate slug lift pump,replacement conveying device,etc. Vortex diode pump and reverse flow diverter pump(RFD pump)are novel fluid conveying equipment without moving parts based on dynamic fluid dynamics,which have not been widely used in spent fuel reprocessing plant. In this paper,the working principle,characteristic and applications of the above passive fluid transport equipment are summarized,which will provide a reference for the selection of radioactive liquid transportation in large spent fuel reprocessing plants.

Key words:Reprocessing plant;The passive fluid transportation equipment;Maintenance-free;

电渗析浓缩硝酸铀酰溶液的初步研究

孟　响,袁中伟*,左　臣,晏太红,郑卫芳

(中国原子能科学研究院 放射化学研究所,北京 102413)

摘要:电渗析为无相变过程,具有低能耗,高效率等优点,广泛应用于海水淡化,废水处理等领域来实现水溶液中盐的浓缩与脱除目的。本文研究了电渗析浓缩硝酸铀酰料液的过程。研究发现,由于浓缩过程中伴随着水的迁移,随着原料液浓度的提高,浓缩液浓度提高幅度有所降低。通过对电渗析铀浓缩过程中水迁移量与铀迁移量之间的关系进行线性拟合,可以对电渗析实验过程进行预测。浓缩液的理论最高铀浓度为 318 g/L,控制水的迁移是提高浓缩效果的关键因素。

关键词:电渗析;硝酸铀酰;浓缩

随着我国经济的飞速发展,化石能源逐渐趋于枯竭,清洁能源核能的大规模发展成为必然。核燃料循环过程中,硝酸铀酰溶液的浓缩手段主要是蒸发浓缩。然而蒸发法浓缩低浓度硝酸铀酰溶液时,能耗相对较高。电渗析技术(Electrodialysis,ED)是膜分离技术的一种,它是将阴离子交换膜(Anion Exchange Membrane,AEM,简称阴膜)、阳离子交换膜(Cation Exchange Membrane,CEM,简称阳膜)交替排列于正负电极之间,并用特制隔板将其隔开,组成除盐(淡化)和浓缩两个系统,在直流电场作用下利用离子交换膜的选择透过性实现溶液浓缩、淡化、精制和提纯的技术。电渗析为无相变过程,具有低能耗,高效率等优点,广泛应用于海水淡化[1-3],废水处理[4-7]等领域来实现水溶液中盐的浓缩与脱除目的。此外,电渗析设备主要材质为如工程塑料等非金属,可以有效的避免设备腐蚀带来的问题。设备结构相对简单紧凑,装置设计与系统应用灵活,便于操作维修,更加适用于后处理领域。本文计划通过电渗析手段对硝酸铀酰料液进行高度浓缩,对浓缩效果进行考察。

1　实验方法

1.1　试验装置

电渗析浓缩铀试验装置为自制,包括两个系统,水系统和电系统。浓、淡室分别通过水泵循环铀原料,经过流量计后进入电渗析器进行浓缩处理,出来时分成浓水和淡水,这就是水系统。交流电经可控整流器整流后,送入电渗析器,构成电系统。启动时,应首先启动水系统;关闭时,应首先关闭电系统。膜堆是电渗析装置的核心部分,包括北京廷润膜科技有限公司的 11 张阴离子交换膜和 10 张阳离子交换膜,膜的有效面积为 5 cm×10 cm,组成 10 个浓室和 10 个淡室。膜堆示意图见图 1,为简化图形,图中只显示三张阴膜,两张阳膜。电渗析膜堆安装过程中,由于阴离子交换膜可以有效阻隔铀酰离子迁移到极室,防止铀酰离子发生还原反应,因此靠近电极两端放置阴离子交换膜。膜中间的隔板由聚乙烯垫片和聚乙烯网格组成。阳极为钛涂钌,阴极为不锈钢。

1.2　试剂及分析方法

硝酸,分析纯,北京化工厂;硝酸铀酰溶液,Purex 流程实验铀产品经浓缩调酸处理后得到;铀浓度的分析采用三氯化钛-重铬酸钾滴定法。

作者简介:孟响(1996—),男,吉林德惠人,在读硕士,从事乏燃料后处理科研工作

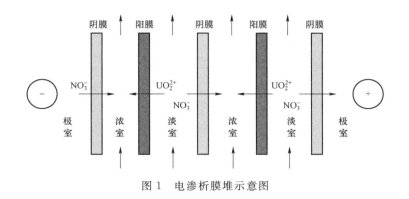

图 1 电渗析膜堆示意图

2 结果与讨论

2.1 电压对硝酸铀酰浓缩的影响

本文利用浓度为 90 g/L 的硝酸铀酰溶液,浓缩室与淡化室初始料液体积比为 1∶3,分别设置电压为 30 V、40 V 和 50 V,考察电压对电渗析过程的影响。实验过程中的浓、淡室铀浓度随时间变化如图 2 所示。由图可知,浓缩室的铀浓度随时间稳定升高,施加的电压越大,电流密度越高,离子移动速率越快,电渗析操作时间越短。在上述操作电压下,电渗析操作分别进行了 2.5、3.3 和 4.5 小时,浓缩室的铀浓度最终达到 163.33~168.39 g/L,淡化室的铀浓度由 90 g/L 降低至 20.21~28.00 g/L。为了将电流密度控制在极限电流密度之下,本实验采取恒压操作模式。通过合理调整电渗析的操作电压,可以有效提高硝酸铀酰溶液的浓缩效率。

2.2 料液浓度对铀浓缩的影响

原料浓度是电渗析浓缩的一个重要影响因素,因为其直接影响着产物浓度,许多研究者考虑到料液初始浓度的因素,通过多级电渗析来实现浓缩目的。本文通过初始浓度分别为 85 g/L 和 175 g/L 的硝酸铀酰溶液,浓缩室与淡化室初始料液体积比为 1∶3,50 V 恒压条件下进行电渗析铀浓缩实验,结果如图 3 所示。料液初始浓度为 85 g/L,电渗析 2.5 h 后,浓缩室和淡化室的浓度分别为 163.03 g/L 和 23.08 g/L。料液初始浓度为 175 g/L,电渗析 2.5 h 后,浓缩室和淡化室的浓度分别为 219.56 g/L 和 145.78 g/L。由于浓缩过程中伴随着水的迁移,随着原料液浓度的提高,浓缩液浓度相对于原料液的提高幅度降低。可以推测出,当料液初始浓度提高至一定浓度,将无法继续浓缩。

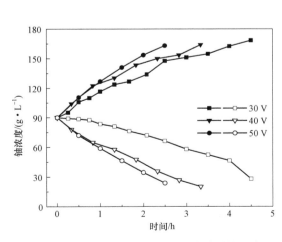

图 2 电压与电渗析时间对铀浓缩效果的影响

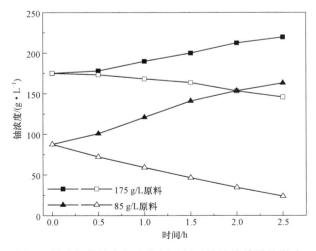

图 3 料液初始浓度与电渗析时间对铀浓缩效果的影响

2.3 电渗析过程中水迁移现象

水迁移伴随着电渗析的整个过程,水迁移不但会降低淡化室料液的水回收率,同时还会降低浓缩室料液的浓缩效果。通常水迁移主要受两个因素影响,一方面是伴随着离子迁移的电渗透,另一方面是由于相邻腔室之间的渗透压不同造成的水渗透,其中电渗透起主导作用。如果相邻的两个腔室之间存在压力差,还会有压力渗透造成的水迁移。对于相同的离子交换膜,水的迁移量与操作时间,操作的电流密度没有直接的关系。实际上由淡化室迁移至浓缩室的铀的总量起着很大的影响。为了考察电渗析铀浓缩过程中的水迁移现象,本文利用浓度为 90 g/L 的硝酸铀酰溶液,浓淡室初始体积比为 1∶3,浓缩室初始体积为 250 mL,30 V 恒压条件下进行实验,并在实验过程中记录浓缩室的体积变化。由此得出电渗析铀浓缩过程中水迁移量与铀迁移量之间的关系,并进行线性拟合,如图 4 所示。根据拟合曲线的斜率,可设浓缩后铀浓度为 C,铀的迁移量为 M,则两者之间的函数关系如式(1)所示:

$$C = \frac{M'}{V'} = \frac{M_0 + M}{V_0 + V} = \frac{C_0 V_0 + M}{V_0 + kM} \tag{1}$$

式中 k 为图 4 线性拟合得到的斜率,M' 和 V' 为浓缩液铀质量和溶液体积,V 为浓缩过程中水的迁移量,M_0、V_0 和 C_0 为浓缩室溶液的初始铀质量,体积以及浓度。由式(1)可知,浓缩液铀浓度随着初始浓度的升高而升高。当 $C_0 = C$ 时,浓缩液的浓度最高,C_{max} 为 $1/k$,本实验条件下 C_{max} 值为 318 g/L。

由于电渗透主要影响着水迁移,实验过程中控制浓淡室初始浓度相同,因此,当改变硝酸铀酰溶液原料浓度的时候,压力渗透的影响基本可以忽略,铀浓度和铀迁移量之间的关系也满足式(1)。当硝酸铀酰溶液初始浓度分别为 50 g/L、100 g/L、150 g/L 和 200 g/L 时,浓缩液浓度与铀迁移量的关系如图 5 所示。通过图 5 并结合电渗析过程中的电流效率相关数据,可以对电渗析实验过程进行预测以及在未来生产当中能够对设备的生产能力进行估计。

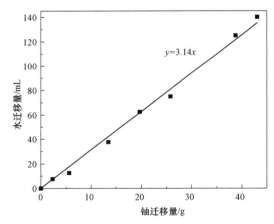

图 4 水迁移量与铀迁移量之间的关系

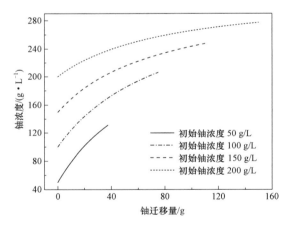

图 5 浓缩液铀浓度与铀迁移量之间的关系

3 结论

(1)通过合理调整电渗析的操作电压,可以有效提高硝酸铀酰溶液的浓缩效率,本实验条件下设置操作电压为 50 V,将 90 g/L 的硝酸铀酰溶液浓缩至 163.03 g/L 耗时 2.5 h。

(2)由于浓缩过程中伴随着水的迁移,随着原料液浓度的提高,浓缩液浓度提高幅度降低。

(3)通过对电渗析铀浓缩过程中水迁移量与铀迁移量之间的关系进行线性拟合,可以对电渗析实验过程进行预测。浓缩液的理论最高铀浓度为 318 g/L,控制水的迁移是提高浓缩效果的关键因素。

参考文献：

[1] Galama A H, Saakes M, Bruning H, et al. Seawater predesalination with electrodialysis[J]. Desalination, 2014, 342:61-69.

[2] Post J W, Hamelers H V M, Buisman C J N. Energy recovery from controlled mixing salt and fresh water with a reverse electrodialysis system[J]. Environmental science & technology, 2008, 42(15):5785-5790.

[3] Tanaka Y. Ion-exchange membrane electrodialysis for saline water desalination and its application to seawater concentration[J]. Industrial & engineering chemistry research, 2011, 50(12):7494-7503.

[4] Nataraj S K, Sridhar S, Shaikha I N, et al. Membrane-based microfiltration/electrodialysis hybrid process for the treatment of paper industry wastewater[J]. Separation and Purification Technology, 2007, 57(1):185-192.

[5] 张维润, 樊雄. 膜分离技术处理放射性废水[J]. 水处理技术, 2009, 35(10):1-5.

[6] 王丽香, 孙长顺, 陈宣, 等. 电渗析法去除未脱水污泥中重金属的试验研究[J]. 中国给水排水, 2020, 36(5):61-67.

[7] Zhang W, Miao M, Pan J, et al. Separation of divalent ions from seawater concentrate to enhance the purity of coarse salt by electrodialysis with monovalent-selective membranes[J]. Desalination, 2017, 411:28-37.

Study on the concentration of uranyl nitrate solution by electrodialysis

MENG Xiang, YUAN Zhong-wei, ZUO Chen,
YAN Tai-hong, ZHENG Wei-fang

(China Institute of Atomic Energy, Beijing, China)

Abstract: Electrodialysis is a non phase change process with low energy consumption and high efficiency. It is widely used in seawater desalination, wastewater treatment and other fields to achieve the purpose of concentration and removal of salt in aqueous solution. The concentration process of uranyl nitrate by electrodialysis was studied. It is found that the concentration of concentrated liquid decreases with the increase of the concentration of feed liquid due to the migration of water. The experimental process of electrodialysis can be predicted by linear fitting the relationship between water migration and uranium migration in the process of electrodialysis for uranium enrichment. The theoretical maximum uranium concentration of concentrated solution is 318 g/L. The control of water migration is the key factor to improve the concentration effect.

Key words: Electrodialysis; Uranyl nitrate; Concentration

关于提高铀转化工艺尾气处理能力的研究

王剑卫

（中核二七二铀业有限责任公司，湖南 衡阳 421004）

摘要： 在核燃料循环领域中，六氟化铀生产是其中较为关键的一个环节。该环节引入了强氧化性的气体——氟气，从而增大了生产过程中的化学毒性伤害风险，也给最后的尾气处理带来一定难度。六氟化铀气体依次经过一级冷凝器、二级冷凝器、三级冷凝器捕集后，剩余的含铀、含氟尾气对自然环境仍具有较大的危害，必须经过严格净化处理后方能排放。本文结合现场具体生产情况，从工艺流程及原理着手，然后对多方面影响因素进行具体分析阐述，再抓住主要因素提出解决办法进行改进，最后提出一种新的尾气处理工艺，为下一步研究指明方向。本文旨在提高含铀、含氟尾气的处理能力，减少生产过程中设备及管道堵塞、腐蚀现象发生频次，为生产连续稳定运行提供有力保障。

关键词： 六氟化铀；氟气；尾气；堵塞；腐蚀

　　六氟化铀生产过程中产生大量尾气，主要为过量的氟气、少量的氟化氢、少量未被冷凝的六氟化铀气体，为确保该尾气达标排放，需经过严格净化吸收处理。工业中常用的氟化工艺尾气处理方法有三种：固体化学阱法、UF_4吸收法、碱液洗涤法，我公司铀转化工艺尾气处理现采用碱液洗涤法，即先采用木炭吸附尾气中过剩氟气，再利用碳酸钠碱液淋洗尾气中的氟化氢及六氟化铀，由于大量使用了木炭，导致尾气处理系统中长期积累大量木炭粉尘、氢氟酸，引起设备、管道频繁堵塞及腐蚀，对生产运行造成极大影响。因此，研究并优化现有尾气处理工艺、提高尾气系统处理能力十分必要。

1　工艺流程概述及工艺原理

1.1　工艺流程

　　含有氟气（3%～8%）、六氟化铀（0.05%～0.1%）、少量氟化氢、及氮气等不凝性气体，经炭化炉时氟气、六氟化铀与木炭反应，生成的四氟化铀固体掉入炭化炉底部渣罐，生成的四氟化炭气体与剩余氟气、氟化氢、六氟化铀则进入淋洗塔，被 5% 碳酸钠溶液淋洗吸收，生成的氟化钠及三碳酸铀酰钠，当循环淋洗液 pH 低于 8 或铀离子浓度达到 150 mg/L 以后，送至铀回收工序进行金属回收，淋洗净化后的最终尾气进入局排风道，送至排风净化工序进一步处理，工艺流程见图 1。

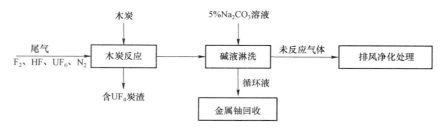

图 1　含铀、含氟尾气淋洗工艺流程图

1.2　工艺原理

　　过剩氟气与木炭在炭化炉中剧烈燃烧为四氟化炭，少量六氟化铀被多孔木炭吸附并还原反应为四氟化铀，发生的化学反应式如下：

$$UF_6 + C \longrightarrow UF_4 \downarrow + CF_4 \uparrow$$

作者简介： 王剑卫（1989—），男，湖南衡阳人，工程师，现主要从事铀转化生产科研工作

$$2F_2 + C \longrightarrow CF_4 \uparrow$$

炭化炉尾气经淋洗塔,与5%碳酸钠循环淋洗液逆流接触反应,生成氟化钠及三碳酸铀酰钠在循环槽内逐渐富集,淋洗液 pH 逐渐降低,发生的化学反应式如下:

$$F_2 + H_2O \longrightarrow HF + O_2$$
$$Na_2CO_3 + HF \longrightarrow NaHCO_3 + NaF$$
$$NaHCO_3 + HF \longrightarrow NaF + CO_2 + H_2O$$
$$UF_6 + H_2O \longrightarrow HF + UO_2F_2$$
$$Na_2CO_3 + UO_2F_2 \longrightarrow Na_4[UO_2(CO_3)_3] + NaF$$

2 影响尾气处理因素分析

由表 1 可以看出,某半年度尾气系统共出现设备、管道堵塞 29 次,其中造成被迫停车 9 次,出现设备、管道烧穿或腐蚀穿孔 48 次,其中造成被迫停车 26 次。由此判断影响尾气处理因素主要有:设备或管道堵塞不畅、设备或管道烧穿或腐蚀泄漏。

表 1　某半年度尾气系统检修统计

检修原因或设备	炭化炉	淋洗塔	尾气风机
设备堵塞频次	3	11	/
设备烧穿或腐蚀频次	23	2	4
管道堵塞频次	11	4	/
管道烧穿或腐蚀频次	8	9	2

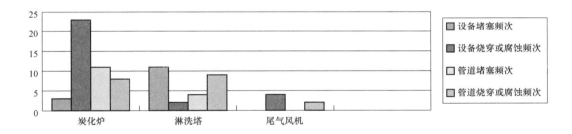

2.1 设备或管道堵塞不畅

炭化炉为尾气系统关键设备之一,其装填的木炭为南方常见乔木或灌木烧制而成,该炭材具备孔隙多、吸附效果好、反应充分、价格低廉等优点,但是含水量大、灰杂质多、松散易碎、形状不一,极易在生产过程中形成木炭粉尘及氢氟酸(HF 与水汽结合),木炭粉尘逐渐在尾气管道中沉降富集,造成尾气系统不畅,严重影响连续生产。氢氟酸则积聚在炭化炉底部法兰处,给检修作业带来极大的安全隐患。

经过一、二、三级冷凝器多重捕集后,仍剩余约 0.05%～0.1%六氟化铀伴随尾气进入炭化炉,与木炭中的水分反应生成氟化铀酰,从炭化炉出口进入淋洗塔,由于该部分水平管道较多,气流速度减慢,氟化铀酰与水蒸气在此段凝结聚集,亦逐渐造成管道堵塞。

淋洗塔运行一段时间后,底部循环槽积累大量炭渣与碳酸钠溶液中不溶性杂质,在通过磁力泵输送时易造成泵轴承卡死,堵塞管道。另由于人员未及时更换淋洗液,淋洗液 pH 为酸性时,引起磁力泵气堵现象,废液无法排放。

2.2 设备或管道烧穿或腐蚀泄漏

在含氟尾气过程中,最大的危害物质就是氢氟酸,其腐蚀性强,对设备及人员造成不同程度的伤害,又因其无色透明,人员不易察觉,是较大的安全隐患。尾气系统中形成氢氟酸的来源主要有两个:

一是过剩氟气中本身夹带有氟化氢(约 0.3%~0.8%);二是氟气或六氟化铀与水汽反应生成氢氟酸,根据每台炭化炉装填量为 300 kg,按照 0.5%含水量计算,在设备或管道内共凝结形成约 1.5 kg 氢氟酸。

发生烧穿或腐蚀的位置及危害主要有:1)炭化炉炉箅子,造成炉箅子穿孔,冷却上水窜入炭化炉、引发整个尾气系统不畅;2)炭化炉出口管,管壁渐薄至穿孔,引起尾气外漏与酸液滴漏;3)淋洗塔出口管,管壁渐薄至穿孔,引起尾气外漏;4)尾气风机处,造成设备腐蚀,酸液外漏。

3 改进措施及解决办法

3.1 炭化炉优化改进

炭化炉能否正常连续使用直接关系生产进行,引起炭化炉故障的主要原因有出口管堵塞、锥体温度高加快腐蚀、法兰紧固不严泄漏、炉箅子腐蚀穿孔,详细请参考下面炭化炉设备图 2。

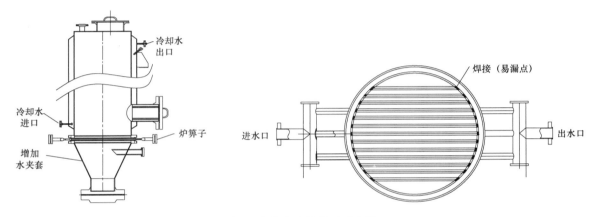

图 2 炭化炉及炉箅子示意图

根据上年度炉箅子检修更换共计 17 个,且 95%以上均是在炉箅子焊接点出现漏点导致炉箅子报废,其余 5%为长时间停炉缓慢腐蚀造成,于是对炭化炉使用及设计做出改变。

(1) 开停车过程中,系统吹氮流量不得超过 10 m³/h,防止氟气高流速通过炭化炉,引起木炭骤燃;

(2) 炭化炉出口增加吹氮接口,每装填完一次木炭必须进行吹炭,去除木炭碎屑;

(3) 炭化炉出口增加蒸汽冲洗接口,出现堵塞时切换至另一台,再进行蒸汽冲洗将堵塞杂质吹入后端淋洗塔;

(4) 炭化炉反应时,锥体温度达到 200 ℃以上,造成炉箅子处温度高加快腐蚀程度,故增加水夹套降温措施;

(5) 炉箅子设计工艺改进,采用一体成型铸造,消除焊接点;

(6) 每条生产线增加一台炭化炉,实现一用两备,确保尾气系统正常;

(7) 炭化炉出口增加一个除尘器,用于木炭粉尘、四氟化铀粉尘、氟化铀酰等固体杂质的沉降。

选型计算:由于现场位置受限,选用挡板式惯性除尘器为宜,其中沉降室直径不得大于 1.3 m,基于此简单计算该除尘器的尺寸。

已知尾气压力为 2 kPa,温度约 90 ℃,此时黏度 $\mu = 2 \times 10^{-5}$ Pa·s,需求达到 70%的总除尘效率,气体流量 $Q = 15$ m³/h,除尘器沉降室最大直径 $D = 1.3$ m,另外木炭粉尘平均颗粒大小为 $d = 0.02$ mm,密度 $\rho = 500$ kg/m³。

计算得出粉尘气体流速 $u = Q/S = 15/0.65 \times 0.65 \times 3.14 = 0.003$ m/s,

根据斯托克斯公式计算出粒径 0.02 mm 粉尘的沉降速度:$u_s = d^2 \rho g/18\mu = (2 \times 10^{-5})^2 \times 500 \times$

$9.8/18 \times 1.5 \times 10^{-5} = 0.007$ m/s,

所以沉降室高度 $H = D \times u/us = 1.3 \times 0.003/0.007 = 0.56$ m,

按工程量 50% 计算取沉降段高度大于 1.12 m 即可满足生产要求,具体见图 3。

3.2 淋洗塔优化改进

淋洗塔采用 5% 碳酸钠作为循环淋洗液,自顶部喷淋至填料 PVC 拉西环与底部进气逆流接触反应,废液进入底部循环槽,经泵送至顶部,见图 4。

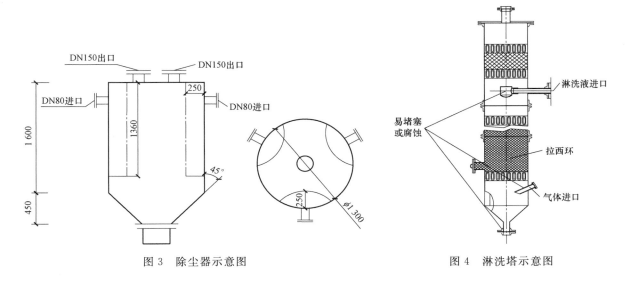

图 3　除尘器示意图　　　　　　　　　　图 4　淋洗塔示意图

根据 2017—2018 年检维修记录,导致淋洗塔频发故障的原因有进口管腐蚀穿孔、磁力泵堵塞、塔体通畅性不佳,故对其操作及设计做出调整:

(1) 当循环淋洗液 pH 低于 8 或金属含量大于 150 mg/L 必须排放,防止淋洗液呈酸性引发大量气泡造成磁力泵气堵或塔体堵塞;

(2) 原水平进口调整为斜 45°进口,防止氢氟酸酸长期在水平进口管积累腐蚀;

(3) 磁力泵前端增加一个小型箱式过滤器,防止磁力泵被炭渣与碳酸钠溶液中不溶性杂质堵塞。

3.3 尾气风机改进

原工艺设计中,经过处理后的尾气由斜流风机抽至局排风道再进入下一步处理,由于最终的尾气仍为酸性气体,部分氢氟酸与淋洗碱液水汽一起凝结在风机处,形成大量酸液,经常导致腐蚀穿孔现象,需优化改进。

(1) 尾气风机前端增加气液分离器,去除淋洗尾气中的水汽与氟化氢;

选型计算:由于现场位置受限,这能考虑简单的立式挡板气液分离器,根据计算公式得筒体直径 $D = (4Q/\pi v)$(见图 5)。

其中,Q 为气体流量,$Q = 15$ m³/h;

v 为气体流速。已知管径为 DN80,则 $v = Q/S = 0.8$ m/s;

所以 $D = 0.26$ m,实际工程量按 1.5 倍理论计算,选用筒体直径 $D = 0.4$ m,高度 $H = 3D = 1.2$ m 即可满足生产要求。

(2) 取消尾气风机,将最终尾气管直接引入排风

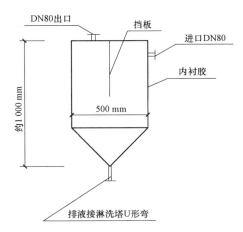

图 5　气液分离器示意图

净化岗位风机管道,确保系统足够负压。

4 下一步的改进方向

目前尾气系统运行状态良好,检修频次明显减少,木炭、纯碱消耗也大大降低,2017 半年度与 2018 半年度统计数据对比如表 2 所示。

表 2 日常检修及原辅材料消耗统计表

项目时间	炭化炉（检修频次）	淋洗塔（检修频次）	木炭消耗（折合 U 计）	纯碱消耗（折合 U 计）
2017 半年度	39	21	26.5 kg/tU	54.6 kg/tU
2018 半年度	24	11	20.9 kg/tU	44.2 kg/tU

由表 4 可得出,尾气系统经过优化改进后,炭化炉检修频次降低 38%,淋洗塔检修频次降低 47%,木炭消耗减少 21%,纯碱消耗减少 19%,整体尾气处理能力提高近 2 倍。但仍有木炭粉尘堵塞情况发生,为根本解决这类问题,可考虑采用 UF_4 替代木炭,即 UF_4 吸收法,利用 UF_4 与 F_2 或 UF_6 反应生成中间氟化物,再将中间氟化物与原料 UF_4 混合投入主反应器氟化炉继续使用,既能提高氟气利用率,又能增加金属铀的回收率。

当反应温度低于 230 ℃时,UF_4 与 F_2 相互反应生成中间氟化物 UF_5、U_2F_9、U_4F_{17},反应式如下:

$$UF_4 + 1/2\ F_2 \longrightarrow UF_5$$
$$2UF_4 + 1/2\ F_2 \longrightarrow U_2F_9$$
$$4UF_4 + 1/2\ F_2 \longrightarrow U_4F_{17}$$

当反应温度为 110～320 ℃时,UF_4 与 UF_6 相互反应生成中间氟化物 UF_5、U_2F_9、U_4F_{17},反应式如下:

$$UF_4 + UF_6 \longrightarrow 2UF_5$$
$$3UF_4 + UF_6 \longrightarrow 2U_2F_9$$
$$7UF_4 + UF_6 \longrightarrow 2U_4F_{17}$$

根据相关试验验证,此方法能实现铀转化工艺尾气中 F_2 吸附率达 97%、UF_6 捕集率达 93% 以上,尾气中 F_2 及 UF_6 含量可降低至 1% 以下。

5 结论

通过对现有工艺条件下,造成尾气处理能力低的原因进行具体分析,提出并实施炭化炉、淋洗塔优化设计,合理调整操作控制参数,明显提高了尾气系统的处理能力,也延长了生产连续稳定运行时间,确保安全、环保各项指数达标。

参考文献:
[1] 沈朝纯. 铀及其化合物的化学与工艺学,1985:292-304.
[2] 张习林. 含铀、氟尾气淋洗及淋洗液再生工艺研究[C]. 小型循环经济学术研讨会论文汇编,2007:188-192.
[3] 栗万仁,魏刚,姚守忠,等. 铀转化工艺学[M]. 中国原子能出版社,2012:305-313.
[4] 刘大伟. 氟化工艺尾气中 F_2、UF_6 回收工艺研究[J]. 科技视界,2018,28(10):28-29.

Study about enhance the tail gas of uranium conversion process treatment capacity

WANG Jian-wei

(China National Nuclear Corporation Uranium Industry Co.,Ltd.)

Abstract: In the field of nuclear fuel cycle, The uranium hexafluoride produced is one of the key thing. The process introduces the elemental gas with the strongest oxide, so increases the risk of chemical toxicity injury during production, and brings some difficulties to the final exhaust treatment. The gas of uranium hexafluoride is sequentially collected by first grade condenser, second grade condenser and third grade condenser in turn, the residual uranium and fluorine-containing tail gas is still harmful to the natural environment, It must be rigorously evolutionary before it can be emitted. This paper combines the specific production situation on site, start with the process flow and principle, then analyzes and expatiates the influence factors in many aspects, and grasp the main factors and propose solutions for improvement, finally a new tail gas treatment process is proposed, point out the direction for further research. The aim of this paper is to improve the treatment efficiency of uranium containing fluorine tail gas, reduce the frequency of equipment and pipeline cooling and corrosion during production, it provides guarantee for continuous and stable operation of production.

Key words: Uranium hexafluoride; Fluorine; Tail gas; Blocked; Corrosion

ADU 法和 IDR 法 UO₂ 粉末混合制备 UO₂ 芯块工艺技术研究

乔永飞，张　宾，潘　彬，曹明明

（中核北方核燃料元件有限公司，内蒙古 包头 014035）

摘要：本研究针对 IDR 法粉末制得 UO₂ 芯块质量较 ADU 法粉末制得 UO₂ 芯块有一定差距这一现象进行理论分析。通过在 IDR 法粉末中加入一定量的 ADU 法粉末达到了提高 IDR 法粉末制备芯块质量的目的。研究过程中对两种粉末的性能进行了分析表征，通过粉末混料试验解决了混合不均匀的难题，确定了两种粉末混合配比等工艺参数。最终以 IDR 法粉末制备芯块工艺为基础探索出了混合粉末制备芯块的工艺路线。结果表明 IDR 法与 ADU 法混合 UO₂ 粉末制备的 UO₂ 芯块强度更高、芯块外观质量更好，提高了生产效率、节约了成本，为以后批量化生产储备了技术。

关键词：IDR 法；ADU 法；混合；芯块制备

国内压水堆核燃料元件化工生产工艺已逐步由 ADU 法转变为 IDR 法。由于 IDR 法 UO₂ 粉末和 ADU 法 UO₂ 粉末具有不同的特点，导致 IDR 法 UO₂ 粉末制备的芯块强度和外观较 ADU 法粉末有一定差距。为此有必要对两种粉末的性能分别进行分析表征，探究两种粉末混合制备高质量 UO₂ 芯块的可能性。

1　ADU 法和 IDR 法 UO₂ 粉末的混料工艺研究

1.1　两种工艺 UO₂ 粉末物性分析与表征

此研究分别用到 ADU 法和 IDR 法制备的 UO₂ 粉末，两种粉末的松装密度、粒度分布、比表面以及基体密度等主要物性指标见表 1。对两种粉末的颗粒形貌进行扫描电镜分析，结果如图 1 和图 2 所示。

表 1　粉末检测结果汇总表

检测项目	ADU 法 UO₂ 粉末	IDR 法 UO₂ 粉末
松装密度/（g/cm³）	1.38	0.95
比表面/（m²/g）	3.64	2.18
粒度分布均值/μm	7.77	2.4
粒度分布中值/μm	4.85	1.8
烧结密度/%T.D	97.3	98.2

通过对上述检测结果、粉末颗粒微观形貌照片可知：湿法 UO₂ 粉末粒度较大，颗粒之间严重黏连成不规则团粒，表面比较发达，该粉末具有成型性好、生坯强度高的优点，其缺点是烧结密度相对较低。干法 UO₂ 粉末粒度较小，颗粒黏连成树枝状团粒，并进而形成较为疏松的聚集体，粉末内闭口气孔较多，弹性后效较大，在进行生坯压制时芯块出现内部裂纹的可能性大，对外表现是该粉末成型性较差，生坯强度较低，其优点是烧结活性好。

1.2　干湿法粉末的混料工艺研究

1.2.1　粉末混合比例

两种粉末分别具有不同的优缺点，为使混合后的粉末能够同时兼具干法粉末和湿法粉末的优点，

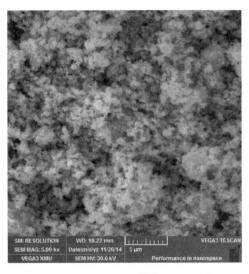

图 1　ADU 法 UO₂ 粉末 SEM 图像

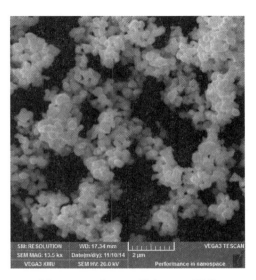

图 2　IDR 法 UO₂ 粉末 SEM 图像

降低其各自缺点在芯块制造过程中带来的不利影响,得到性能良好、稳定均匀的混合粉末,需确定两种粉末混合比例的上下边界。将干法粉末和湿法粉末按照不同比例进行混合,在相同的压制压力下,得到其各种混合比例下生坯压制的表现,再经过烧结和磨削后,得到其不同混合比例条件下芯块强度、芯块缺陷以及芯块密度等结果。

本实验中两种粉末的混合比例,干法粉末在 20%～80% 的范围内以 20% 的增量逐量进行添加,湿法粉末按照与之相对应的比例逐量递减,共进行 4 组试验。每组试验均执行相同的粉末混合工艺、生坯压制工艺和烧结工艺。试验过程中对生坯压制过程中完好性、生坯的强度、磨削芯块的外观缺陷进行统计与分析。

试验结果表明,随干法粉末占比的增加,混合粉末压制的生坯强度呈现降低的趋势。如图 3 所示,而当干法粉末添加量超过 60% 时,压制的生坯开始出现酒精浸泡产生气泡的趋势,当干法粉末添加量达到 80% 时,生坯存在严重的柱状气泡,如表 2 所示,其冒泡程度与单一干法粉末压制的生坯基本相当。同时当干法粉末添加量达到 60% 时,磨削芯块呈现出较严重的掉盖缺陷,此时芯块外观如图 4 所示。

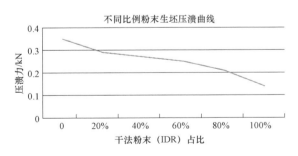

图 3　不同比例粉末生坯压溃曲线

图 4　芯块外观

综合生坯压溃试验、生坯酒精浸泡测试和磨削芯块外观缺陷统计结果,确定干湿法粉末混合试验中,干法粉末的最大添加量不宜超过 60%。

表 2　混合粉末生坯压制冒泡情况统计表

干法粉末比例/%	0	20	40	60	80	100
测试芯块总数	20	20	20	20	20	20
冒泡芯块数	0	0	0	4	18	20

干法粉末的最小添加量理论上来讲应该为零,但是在实际生产过程中,考虑 U_3O_8 粉末工艺添加量的控制要求不宜过低,且湿法粉末本身烧结活性较低的特性。本研究在干法粉末添加量 20% 至 80% 条件下,添加 15%wt 的 U_3O_8 粉末和 0.4%wt 的阿克腊粉末,研究芯块烧结活性的变化规律。试验结果表明:当干法粉末的添加量达到 40% 以上时,芯块的烧结活性能够达到 94.7% 以上,且芯块外观较好,如图 5 所示。因此本研究确定干法粉末添加比例的下限为 40%。

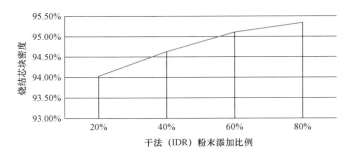

图 5　不同配比条件下芯块烧结密度曲线

1.2.2　混合粉末均匀性

利用 AFA3G 燃料芯块混料工艺对两种粉末进行混合均匀化,从图 6 所示的芯块微观形貌照片可知:芯块内部存在两种不均匀的组分,呈现明显的"岛状"组织。分析其成因发现造成该现象的主要原因为干法粉末和湿法粉末在物性和微观结构上的差异,在混合过程中湿法粉末很容易出现黏连形成不规则的团粒。团粒的出现会导致两种粉末的接触减少,从而使烧结活性不同两种的粉末在烧结的过程中出现孔隙和挤压的情况,影响芯块微观结构的均匀性。

为有效破碎粉末混合过程中的团聚问题,使用原有的混料参数,同时在混料设备中加入玛瑙球来加速粉末的研磨、破碎,对混合后粉末进行生坯压制和烧结。烧结后芯块微观形貌如图 7 所示,芯块内部的组分不均匀现象完全消除,获得了组分均匀内部结构。

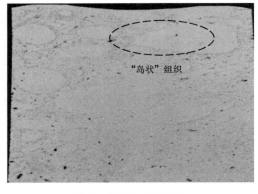

图 6　芯块微观形貌图

图 7　芯块微观形貌

2　混合粉末制备芯块工艺研究

以干法和湿法各 50% 的混合粉末为原料进行芯块制备工艺研究。混合粉末的主要物性如表 3 所示。参考 AFA3G 燃料芯块制备工艺参数,分别对芯块制备过程中的 U_3O_8 添加量、阿克腊添加量、轧辊压力、生坯密度、烧结温度、烧结时间等参数进行探究,试验流程如图 8 所示。

表 3　50%/50%干湿法混合粉末检验结果

检测项目	松装密度/ (g/cm³)	比表面 m²/g	粒度分布均值/ μm	粒度分布中值/ μm	烧结密度/ %T.D
检验结果	1.19	2.77	5.38	3.16	97.9

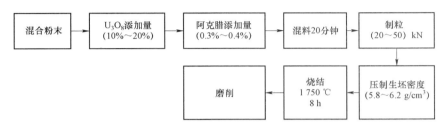

图 8　芯块制备试验工艺流程图

对试验芯块的几何密度、直径、粗糙度、金相、O/U、杂质含量、同位素等进行检验分析,表 4 所示结果均能满足 AFA3G 燃料芯块的技术指标。对芯块的强度进行检测,图 9 所示的结果显示芯块强度较干法芯块有较明显提升。对芯块的微观形貌和外观进行分析,结果显示芯块内部孔隙分布均匀,晶粒尺寸符合要求,芯块外观质量良好。芯块微观形貌及外观如图 10 至图 12 所示。

表 4　50%/50%干湿法混合粉末制备芯块的检验结果

检验项目	几何密度/%T.D	直径/mm	粗糙度/μm	晶粒度/μm	O/U	杂质含量
检验结果	94.76	8.192	1.122	7.85	1.997	合格

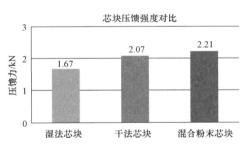

图 9　芯块强度检测结果

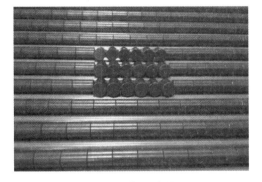

图 10　外观质量

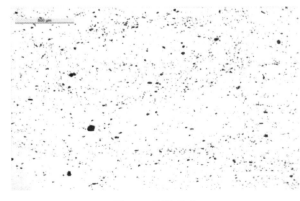

图 11　孔隙分布

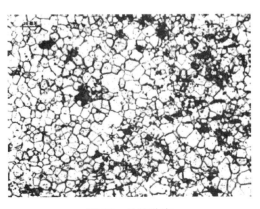

图 12　晶粒分布

最终确定的干湿法粉末混合制备 AFA3G 燃料芯块的工艺参数如表5所示。

表5　干湿法粉末混合制备芯块工艺参数表

序号	参数名称	参数值
1	U_3O_8添加量/%	10～20
2	阿克腊添加量/%	0.3～0.4
3	混料时间/min	20
4	混料转速/(r/min)	40～50
5	轧辊压力/kN	25～50
6	生坯密度/(g/cm³)	5.8～6.2
7	烧结温度/℃	1 750-1 780
8	烧结时间/h	8

3　结论

（1）研究获得了干法和湿法 UO_2 粉末的最佳混合比例,即干法 UO_2 粉末添加 40%～60%时制备的芯块质量较好。

（2）确定了干湿法 UO_2 粉末混合的工艺,制备出了性能均匀的干湿法混合粉末。

（3）建立了使用干湿法粉末制备 AFA3G 燃料芯块的工艺,制备出了符合 AFA3G 技术指标的芯块。

致谢:

在本次 ADU 法和 IDR 法 UO_2 粉末混合制备 UO_2 芯块工艺技术研究及论文编写过程中,得到公司科研部及压水堆元件厂领导的大力支持,提出了很多宝贵的意见及建议。感谢化工粉冶车间技术人员和芯块生产线的同事们,通过大家的协助配合,最终圆满完成了 ADU 法和 IDR 法 UO_2 粉末混合制备 UO_2 芯块工艺技术研究,再次感谢你们的支持和帮助。

参考文献:

[1] 蔡文仕,舒保华. 陶瓷二氧化铀制备[M]. 北京:原子能出版社,1987:124-249.

[2] 畅欣,伍志明. 压水堆燃料元件制造文集[M]. 北京:原子能出版社,2005:9-15.

[3] 黄培云. 粉末冶金原理[M]. 北京:冶金工业出版社,2006:122-208.

Research on the technology of pellets preparation with mixed ADU powder and IDR powder

QIAO Yong-fei,ZHANG Bin,PAN Bin,CAO Ming-ming

(CNNFC,Baotou of Inner Mongolia,China)

Abstract: The research is an analysis of the difference between the quality of pellets made from IDR powder and ADU powder. By adding a certain amount of ADU powder into IDR powder,the quality of pellets could be improved. The research analysed the difference between IDR powder and ADU powder, solved the problem of inhomogeneous mixing, and established the adding ratio of the two kinds of powders, then the process route of pellets, manufacturing with mixed powder was estabished on the basis of pellets preparation process of IDR powder. It indicates that the pellets made from mixed powder have a better strength and surface quality. The pellet preparation process with mixed powder could improve the production efficiency and save the cost, it will be a technology storage for the industrial production in the future.

Key words: IDR process; ADU process; mixture; pellets preparation

UO₂ 粉末湿法生产脱氟工艺的研究

盖石琨，李秀清，郝志国，胡亚蒙

(中核北方核燃料元件有限公司，内蒙古 包头 014035)

摘要：在 UO₂ 粉末湿法工艺制备过程中，由于单批次投料量少，ADU 沉淀煅烧脱氟工序需在固定床内进行，由于物料在设备中处于静置状态，会出现物料与水蒸汽接触不充分、物料受热不均匀等问题，从而导致产品脱氟较困难。为优化 ADU 沉淀转化为 UO₂ 粉末过程中的煅烧脱氟工序，本文结合生产实际，在充分优化设备的基础上，研究了脱氟温度、水蒸汽通量、脱氟时间等因素对 UO₂ 粉末氟含量的影响，结果表明脱氟温度和水蒸汽通量对 UO₂ 粉末中氟含量影响较大，最终通过工艺参数优化，使 UO₂ 粉末氟含量降低到小于 200 $\mu g/g$，达到技术要求。

关键词：ADU 沉淀；脱氟工艺；UO₂ 粉末

　　陶瓷级二氧化铀(UO₂)的制备常采用氟化体系湿法工艺，具体包含 UF₆ 气化水解、铵盐沉淀、干燥还原等加工过程，其中间产物及最终产品不可避免地夹带一定量的氟，但 UO₂ 粉末中残留氟过高，不利于芯块的烧结，导致芯块密度降低，晶粒变小，并形成不规则的内气孔。

　　在小批次 UO₂ 粉末制备过程中，由于每批次投料量少，ADU 沉淀煅烧脱氟在固定床马弗炉内进行，由于物料在设备中处于静置状态，会出现物料与水蒸汽接触不充分、物料受热不均匀等问题，从而导致产品脱氟较困难。而中间产品 ADU 中含有大量的 F 离子，部分以游离 F 离子形态附着在 ADU 表面上，部分以含氟络合物(UO₂F₂-3NH₄F)的形态与 ADU 共沉淀残留在 ADU 中。去离子水可以洗去大部分游离态的氟，存在于 ADU 晶格中络合物 UO₂F₂-3NH₄F 无法通过洗涤去除。ADU 晶格中的氟络合物的去除成为固定床马弗炉煅烧脱氟工艺的难点。目前，随着 UO₂ 粉末生产任务日益增多，但现阶段 UO₂ 粉末的氟含量波动较大，故为提高产品一次合格率，本文通过优化 ADU 沉淀煅烧脱氟工艺参数，使 UO₂ 粉末产品氟含量均值明显降低，氟含量实测值波动趋于平稳。

1　脱氟工艺

1.1　原理与方法

　　ADU 转化为 UO₂ 粉末的主要反应方程式如下：

$$9(NH_4)_2U_2O_7 = 6U_3O_8 + 14NH_3\uparrow + 2N_2\uparrow + 15H_2O$$

$$6UO_2F_2 + 6H_2O = 2U_3O_8 + 12HF\uparrow + O_2\uparrow$$

$$U_3O_8 + 2H_2 = 3UO_2 + 2H_2O$$

$$NH_4F = NH_3\uparrow + HF\uparrow$$

　　由反应式看出，ADU 转化为 UO₂ 粉末的脱氟过程主要涉及到 ADU 的分解、ADU 中主要杂质氟化物与高温水蒸气的反应等。

　　试验使用固定床马弗炉内进行，为保证马弗炉炉内温度的准确性、均匀性，以及便于脱氟过程中尾气气体的流通。采用长方形料舟和料架进行 ADU 煅烧。每批次生产中，将物料分装至两个料舟内，并分别放置于马弗炉上下层料架上煅烧。水蒸气由氮气载带进入炉内，气体流量按需要进行调节。

1.2　ADU 转化为 UO₂ 粉末过程中的脱氟

　　ADU 转化为 UO₂ 粉末过程中的脱氟工艺主要发生在马弗炉中。将装有 ADU 滤饼的料舟分上

作者简介：李秀清，女，山西省大同市人，助理工程师，硕士，现主要从事核化工转化生产与科研

下两层放入马弗炉内,关好炉门,保证炉门的密封垫完好;打开冷却水,调整至合适流量;向炉内通入氮气,并通电升温对物料进行干燥;待物料干燥完毕后继续升温进行脱氟,调大水蒸气通量,保温一段时间后停止通水蒸气,并将氮气切换为氢气进行还原,通氢还原后再将氢气切换为氮气,断电降温,自然冷却;当炉体温度降到室温时,向炉内补充少量空气进行稳定化处理,之后关闭氮气和冷却水,出料研磨过筛并取样分析,UO_2 成品装入料桶。

2 试验过程及结果讨论

ADU 转化为 UO_2 粉末过程中的脱氟工艺主要发生在马弗炉中,脱氟效果受 ADU 原料氟含量、温度、水蒸气流量及煅烧时间等因素的影响,由于马弗炉自身结构特点,各参数实施准确性会受到影响,故本研究通过开展详细的试验分析马弗炉的改造,考察各工艺参数对脱氟效果的影响,以确定出最佳的脱氟工艺参数。

2.1 设备改造

2.1.1 提高马弗炉温度的准确度

由于物料丰度高,每批次投料量少,故采用固定床马弗炉对 ADU 滤饼进行脱氟。但由于马弗炉自身结构特点,炉胆内各料舟位置的温度存在差异。故需验证炉胆结构和炉胆长度对 UO_2 粉末氟含量的影响,现将同批次 ADU 滤饼分装四个料舟,对料舟进行编号,编号后的料舟放置位置如图 1 所示,氟含量检测结果如表 1 和图 2 所示。

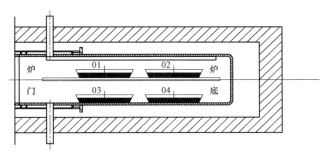

图 1 料舟放置位置示意图

表 1 不同位置物料氟含量统计表

批次号	料舟编号			
	01	02	03	04
109	367	289	461	433
110	241	184	311	289
111	305	216	435	366
112	255	190	368	322
平均值	292.00	219.75	393.75	347.50

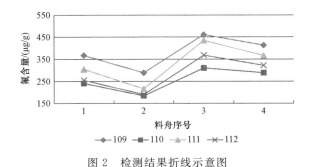

图 2 检测结果折线示意图

经对检测数据分析发现：

（1）同一层料架炉底和炉门口的料舟相比，炉底的 F 含量较低；

（2）上层和下层料舟相比，下层料舟内的物料 F 含量较高。

通过数据结果分析，可能由于炉温不够导致 ADU 滤饼脱氟不完全，故采用测温环对炉温进行验证，验证结果如表 2 所示。

表 2　炉温验证结果

料舟编号	01	02	03	04
测温环温度/℃	660	700	610	660
温控系统显示温度/℃	750	750	750	750

通过测温环进一步验证马弗炉炉内温度发现，炉内上层支架温度比下层支架温度高，同一层支架炉底温度比炉门口温度高。炉内温度变化趋势与炉内物料氟含量变化趋势呈现出一定的规律：炉温较低位置（炉门处）料舟内物料氟含量较高，炉温较高位置（炉底）料舟内物料氟含量较低。从而得出，温度对 ADU 滤饼脱氟工艺影响较大，需提高马弗炉炉温的均匀性及准确性。

由于炉胆前段有循环冷却水给炉门密封装置降温，且靠近炉门的地方没有加热装置，导致炉胆前端温度较低，为保证马弗炉炉内有足够长的高温区域，本次对马弗炉做如下改造：

（1）原炉胆长度为 490 mm，现将炉胆长度增长至 590 mm，如图 3 所示。

（2）原炉胆前段循环冷却水水套长约 120 mm，现将循环冷却水水套缩短至 50 mm，如图 3 所示。

（3）本次生产中，规定每批次物料煅烧脱氟时，只分装至两个料舟内，并要求将其放置于靠近炉底的位置。

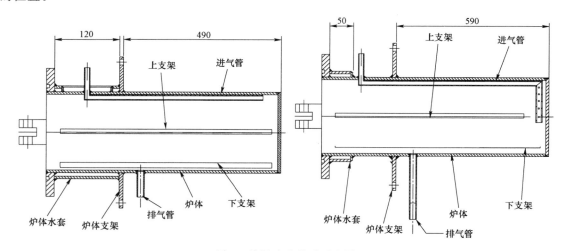

图 3　炉胆改造前后对比图

通过以上改进，采用测温环对马弗炉炉内温度进一步验证，测温环的放置位置如图 4 所示。

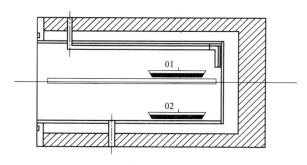

图 4　测温环放置位置示意图

表 3　炉温验证结果

料舟编号	01	02
测温环温度/℃	715	680
温控系统显示温度/℃	750	750

　　结果显示加长马弗炉长度、缩短循环冷却水水套长度,炉内温度有所提高,但是上下层温度相比,下层温度仍较低。通过进一步分析炉内结构,发现炉内支架、料舟都由金属板制成,通过对比上下层料架结构,发现下层料架与炉体焊接接触面较大,可能由于金属板厚度较大,导热热阻较大,影响热传导。故将上下层料架更换为厚度适中、带有一定数量孔洞的金属板,如图 5 所示。并采用测温环对炉内温度进一步验证,结果如表 4 所示。

图 5　料架改造对比图

表 4　炉温验证结果

料舟编号	01	02
测温环温度/℃	715	715
温控系统显示温度/℃	750	750

　　结果显示加长马弗炉长度、缩短循环冷却水水套长度、改变上下层料架的结构,马弗炉炉温均匀性、准确性明显提高,达到预期目标。

2.1.2　提高马弗炉炉胆内蒸汽扩散空间

　　结合表 1 和图 2 的检测数据分析知,马弗炉上层和下层料舟相比,下层料舟内的物料氟含量较高。分析可能由于炉胆内部结构不利于水蒸气扩散到炉胆下层,与下层料舟物料反应不充分。为使水蒸气与物料接触充分,现将炉胆内部结构作如下改进:
　　(1)加长水蒸气进气管道,进气管道上方预留一定的小孔,如图 6 所示;
　　(2)增大上层料架与炉底间距,如图 6 中 A 处;
　　(3)上层料架间距加宽,如图 7 中 B 处;
　　(4)料架开设一定数量的孔洞,如图 8 所示。
　　图 6～图 8 为炉胆内部结构更改的示意图。图 6 中管道标红的为管道加长的部分,管道增长部分带有一定数量的孔洞,以方便水蒸气向上层、下层物料扩散;图 3 中标 A 处表示增大炉内上层料架到炉底的距离,以方便水蒸气向下支架扩散。如图 7 所示增加炉胆内标 B 的上层料架之间的距离,目的也是增大炉胆空间,减少对气体的阻挡。图 8 为将支架板开设一定数量的孔洞,以便于 HF、NH₃、N₂、水蒸气等气体的排出,以免造成各类气体滞留,导致部分铵盐在炉胆内结晶,污染炉胆。

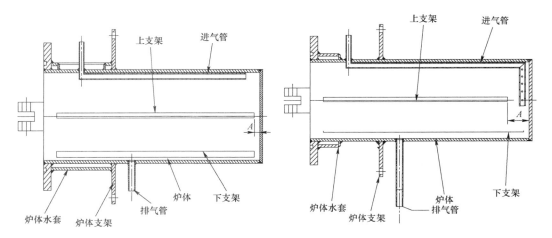

图 6   进气管道改造前后对比图

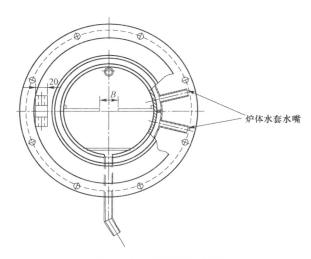

图 7   上支架改造示意图

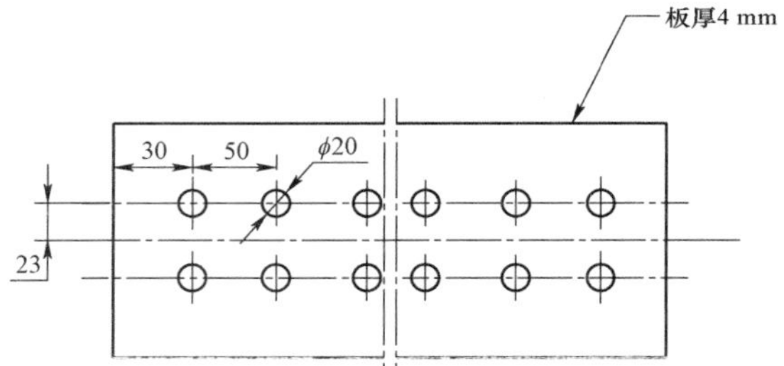

图 8   下支架改造示意图

2.1.3   提高水蒸气通量的稳定性

在脱氟还原阶段对比了三种通水方式,即蒸汽发生器通水蒸气、蠕动泵进水的方式。采用蠕动泵进水,流量控制精确且具有较好的连贯性,但是由于直接通入水滴气化需吸热,对炉内脱氟温度影响较大,脱氟结果波动较大;采用蒸汽发生器通水蒸气时进气量通过进气阀门开度调整,气量大小难以把控,人为因素影响较大。为提高水蒸气通量的稳定性,做了如下改进:

(1)为实现水蒸气通量的精确控制,现在蒸汽发生器出气管上安装了针型阀及金属管浮子流量计,如图9所示,通过针型阀的调节,流量计可准确读取水蒸气通量,已达到参数的定量控制;

图 9   水蒸汽通气管道改造

(2)为减少水蒸气在管道冷凝,减少浸料风险,现将原管道保温层更换为伴热带,伴热带温度控制在180 ℃,以实现对水蒸气二次加热,保证水蒸气在管道中不冷凝;

（3）每批次生产前，需先开启电伴热带，排净管道内残留的冷却水，以保证进行脱氟工艺时，不出现浸料现象。

2.2 工艺参数的优化

UO_2 粉末 F 含量高低主要取决于脱氟效果，脱氟效果主要受脱氟时间、脱氟温度以及水蒸气通量影响，参数值增加脱氟效果相对增加，但脱氟时间、脱氟温度的增加会降低生产效率及设备使用寿命，本次试验对水蒸气通量、脱氟时间、脱氟温度进行研究，以确定最佳工艺条件。

2.2.1 ADU 洗涤次数的确定

ADU 中含有大量的 F 离子，部分以游离 F 离子形态附着在 ADU 表面上，部分以含氟络合物（UO_2F_2-$3NH_4F$）的形态与 ADU 共沉淀残留在 ADU 中。而去离子水可以洗去游离态的氟，存在于 ADU 晶格中的 UO_2F_2-$3NH_4F$ 无法通过洗涤去除。对比 ADU 沉淀洗涤次数研究过程中，固定脱氟温度、脱氟时间、水蒸汽通量等参数不变，只改变 ADU 沉淀洗涤次数，所得 UO_2 粉末 F 含量统计结果见表 5。

表 5　不同水蒸汽通量下 UO_2 粉末 F 含量统计表

序号	脱氟温度/℃	脱氟时间/h	蒸汽流量/（kg/h）	ADU 沉淀洗涤次数	F 含量/（$\mu g/gU$）	均值/（$\mu g/gU$）
1				0	435	400.5
2					366	
3	680	3	1	3	233	249
4					265	
5				5	77	81
6					85	

试验结果显示：随着 ADU 沉淀洗涤次数的增加，UO_2 粉末的 F 含量呈现下降趋势见图 10。当洗涤次数小于 3 次时，UO_2 粉末的氟含量 ＞200 $\mu g/gU$，不满足技术要求；当洗涤次数为 5 次时，产品 F 含量 ＜200 $\mu g/gU$，满足技术要求。表明用 ADU 沉淀中氟含量越高，煅烧过程中脱氟越困难，去离子水可以洗掉大部分游离态氟。故本次生产规定 ADU 沉淀洗涤次数为 5 次。

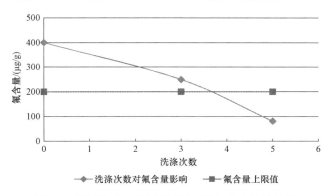

图 10　不同水蒸气通量下 UO_2 粉末 F 含量统计图

2.2.2 水蒸气通量的确定

高温下，UO_2F_2 与 H_2O 发生水解反应而将氟去除，理论上，UO_2 粉末的氟含量随通入水量的增加而降低，进行水蒸气通量研究过程中，固定脱氟温度、脱氟时间参数不变，只改变水蒸气通量，所得 UO_2 粉末 F 含量统计结果见表 6。

表6 不同水蒸气通量下 UO₂ 粉末 F 含量统计表

序号	脱氟温度/℃	脱氟时间/h	蒸汽流量/(kg/h)	F 含量/(μg/gU)	均值/(μg/gU)
1			1.0	221	221
2			1.5	180	153.5
3				127	
4			1.8	132	131.5
5				131	
6	680	3	2.0	95	61
7				27	
8			2.5	131	85
9				39	
10			2.8	95	63.5
11				32	
12			3.0	43	43

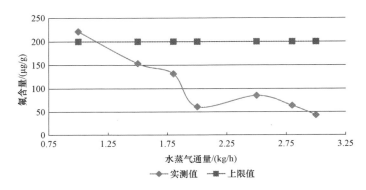

图 11 不同水蒸汽通量下 UO₂ 粉末 F 含量统计图

由统计结果及趋势图可以看出,蒸汽流量在 1.5～3 kg/h 内产品 F 含量均达到合格水平。随着蒸汽流量的增加,产品 F 含量呈现降低趋势,当蒸汽流量为 1 kg/h 时产品 F 含量＞200 μg/gU,当蒸汽流量为 1.5 kg/h 时产品 F 含量接近上限值,但仍可以满足技术要求(＜200 μg/gU),确定蒸汽流量下限为 1.5 kg/h。

当蒸汽流量增加至 2 kg/h 以上时产品 F 含量降低不明显,蒸汽流量对于脱氟效果的影响减弱,当蒸汽流量增加至 3 kg/h 时产品 F 含量处于较低水平＜80 μg/gU,同时结合蒸汽计量仪表量程限值,确定水蒸气流量上限值为 3 kg/h。

最终确定蒸汽流量为 1.5～3 kg/h。

2.2.3 脱氟温度的确定

理论上,UO₂ 粉末的氟含量随温度的增加而降低,但温度过高会影响 UO₂ 粉末的比表面,需进行脱氟温度研究,在研究过程中,固定水蒸气、脱氟时间参数不变,只改变脱氟温度,所得 UO₂ 粉末 F 含量统计结果见表7。

表 7　不同温度氟含量统计表

序号	蒸汽流量/ (kg/h)	脱氟时间/ h	脱氟温度/ ℃	F 含量/ (μg/gU)	均值/ (μg/gU)
1			600	311	336
2				361	
3			650	267	244.5
4	2.5	3		222	
5			680	185	144
6				103	
7			720	133	82
8				31	

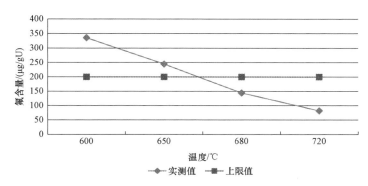

图 12　不同温度下 UO₂ 粉末 F 含量统计图

由统计结果及趋势图可以看出,随着温度的增加,UO₂ 粉末 F 含量呈现下降趋势,当温度为小于650 ℃时,UO₂ 粉末 F 含量大于上限值,不满足技术要求,当温度增加至 680 ℃以上时,产品 F 含量<200 μg/gU,满足技术要求,且温度再增加氟含量降低不明显,故确定脱氟温度为 680 ℃。

2.2.4　脱氟时间的确定

ADU 中残留的少量氟很可能与铀氧化物结合成一种固溶体,很难除去。为使氟与铀氧化合物固溶体与水蒸气反应充分,并使脱氟反应气相生成物从颗粒内部扩散向外排出,直至氟含量达到技术要求指标内。进行脱氟时间研究过程中,固定脱氟温度、水蒸汽通量参数不变,只改变脱氟时间,所得UO₂ 粉末 F 含量统计结果见表 8。

表 8　不同脱氟时间下产品氟含量统计表

序号	蒸汽流量/ (kg/h)	脱氟稳定度/ h	脱氟时间/ h	F 含量/ (μg/gU)	均值/ (μg/gU)
1			1	323	302
2				281	
3			2.5	120	106.5
4	2.5	680		93	
5			4	88	94
6				100	

由统计结果及趋势图可以看出,随着脱氟时间的增加,UO₂ 粉末 F 含量呈现下降趋势,当脱氟时

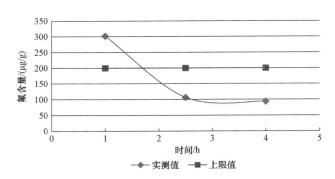

图 13 不同脱氟时间下 UO₂ 粉末 F 含量统计图

间大于 2.5 h 时,产品 F 含量<200 μg/gU,满足技术要求,且温度再增加氟含量降低不明显,确定脱氟时间为 2.5～3 h。

2.3 成果应用

2.3.1 成果应用

将研究结果立即应用到某 UO₂ 粉末制备中,统计了 2021 年 5 月前 100 批 UO₂ 粉末的 F 含量,结果如图 14 所示。

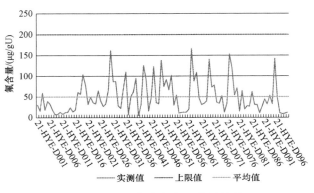

图 14 UO₂ 粉末氟含量检测结果

某 UO₂ 粉末中 F 含量均小于 200 μg/gU,满足技术条件,与历史 UO₂ 粉末中 F 含量相比,氟含量一次合格率由 15% 提高至 100%,氟含量平均值由 918 μg/gU 降低至 50 μg/gU。

2.3.2 效益分析

经济效益:成果应用后产品氟含量明显降低,一次合格率由 15% 提高到 100%,截止到 2021 年 5 月,可少出现不合格品 85 批,可节约返工成本约 63.75 万元;

减少物料返工处理,物料损失减少,截止到 2021 年 5 月,可节约物料 1.275 kg,约 17.85 万元。

活动产生经济效益:11.88+54=81.60(万元)

社会效益:通过查找问题、分析原因、制定对策等活动的开展,减少了物料返工处理,可少产生含铀废水约 60×85=5 100 L,对环境保护大有益处;同时减少了返工过程的设备腐蚀,延长了设备使用寿命,减少了固体放射性废物产生量。

3 结论

(1)加长炉胆长度、缩短循环冷却水水套长度、改变上下层料架的结构,炉温有所提高,上、下层料架温度保持一致,马弗炉炉温均匀性、准确性明显提高,达到预期目标。

(2)通过加长蒸汽进气管、改造上下料层结构,提高了水蒸气在炉内扩散程度,保证了尾气及时排放,减少盐类结晶。

（3）通过单因素试验考察了 ADU 沉淀洗涤次数、水蒸汽通量、脱氟温度、脱氟时间对 UO$_2$ 粉末湿法生产脱氟工艺的影响,并确定了最佳工艺条件。

（4）研究成果应用于某 UO$_2$ 粉末制备中,效果良好,可使产品中氟含量平均值降低至 50 μg/gU,氟含量一次合格率提高至 100％。

参考文献:

[1]　武爱国,等. UF$_6$ 转化生产 UO$_2$ 粉末工艺研究[J]. 原子能科学技术,2004(4):359-361.

[2]　胡正杰. ADU 转化为 UO$_2$ 粉末过程中的除氟问题[J]. 核电工程与技术,1997,10(4):29-39.

[3]　李冠兴. 研究试验堆燃料元件制造技术[M]. 北京:化学工业出版社,2007:74-75.

[4]　唐向阳,等. ADU 转化为 U$_3$O$_8$ 粉末的脱氟研究及机制分析[J]. 湿法冶金,2015,34(3):233-237.

Study on Defluorination Process of UO$_2$ powders by wet Process

GAI Shi-kun,LI Xiu-qing,HAO Zhi-guo,HU Ya-meng

(China North Nuclear Fuel Co.,Ltd,Baotou,Inner Mongolia,China)

Abstract: In the preparation process of UO$_2$ powders by wet process,because of the small amount of feed in a single batch,the defluorination process of ADU precipitation calcinations is carried out in a fixed bed. Due to the materials is static in the equipment,there will be inadequate contact between the materials and steam,uneven heating of materials and so on,resulting in the product defluorination is difficult. In order to optimize the calcinations defluorination process of ADU precipitation coversion to UO$_2$ powders,this paper combined with production practice,on the basis of fully optimizing the equipment and the effect of defluorination temperature,steam passage and temperature time on fluride content in UO$_2$ powders. The results showed that the defluorination humidity and the steam flow greatly affected the fluorine content in UO$_2$ powders. The fluorine content of UO$_2$ powders is reduced to less than 200 μg/g,meet technical requirements,by improving equipment and optimizing process parameters.

Key words:ADU Precipitation;Defluorination process;UO$_2$ powders

草酸钍提纯制备高纯二氧化钍技术研究

张　凡，朱　淦，刘　伟，盖石琨

(中核北方核燃料元件有限公司，内蒙古 包头 014035)

摘要：二氧化钍是一种重要的钍基燃料材料，具有良好的化学性能和辐照稳定性，随着核电的发展，二氧化钍燃料将具有良好的应用前景。该研究以稀土提取时所产生的废渣草酸钍为原料，在传统提纯工艺的基础上，研究了草酸钍提纯制备二氧化钍过程中不同萃取工艺以及不同沉淀剂对二氧化钍纯度的影响。通过对比实验确定了 Ce^{4+} 离子转化、萃取除铀、钍萃取的萃取提纯工艺以及过氧化钍沉淀工艺，解决了传统工艺制得的二氧化钍中 U、Ce、C、S 含量偏高的问题，最终草酸钍提纯制备的二氧化钍纯度达到 99.93%。

关键词：草酸钍；二氧化钍；萃取；沉淀

　　钍是一种天然放射性元素，可作为核燃料使用，其在地壳中的储量是铀的 3 倍。^{232}Th 是重要的可转换核素，虽然其本身不是易裂变材料，但^{232}Th 在吸收一个中子，经两次 ß 衰变可生成易裂变核素^{233}U。^{233}U 类似^{235}U 和^{239}Pu，可构成裂变链式反应以产生核能[1-2]。

　　钍基燃料相比铀基燃料具有较好的中子经济性，钍基燃料元件对各种堆型均有很好的适应性，在较少的改动下即可在现有的重水堆、轻水堆、高温气冷堆等堆型中使用，此外随着以钍为转换材料的高温气冷堆和熔盐堆的发展，钍基燃料越来越受到重视。

　　许多国家在利用钍为反应堆燃料方面也进行过相关的研究。印度建立的格格拉帕尔 1 号机组是世界上第一个应用钍的动力反应堆[3]。德国 Julich AVR 实验堆在 1967—1988 年间以 15 MW 热功率运行了 750 周，其中约 95% 的时间是采用钍基燃料，共使用了约 1 360 kg 钍(与高浓铀混合)，最大燃耗达到 150 000 MWd/t[4]。中科院的先导科技专项之一就是钍基熔盐堆(TMSR)核能系统项目，其目标是研发第四代裂变反应堆核能系统[5]。

　　二氧化钍是重要的钍基燃料材料，具有较好的化学和辐照稳定性，热导率较高、膨胀系数较低、产生的裂变气体少，在反应堆内可允许燃料芯块温度更高、燃耗更深。二氧化钍与二氧化铀和钚的氧化物具有类似的物理性质，可以用它们混合制造成核燃料，并且可以达到很高的燃耗[6]。

　　目前的清洁生产工艺，采用的是浓硫酸低温静态焙烧-伯胺萃钍-P204 或皂化 507 萃取转型生产工艺，采用此种工艺生产能够将稀土矿中的钍提取利用，得到较高纯度的二氧化钍(95% 以上)[6]。中核北方核燃料元件有限公司在 2007 年开展了重水堆钍基燃料所需二氧化钍粉末制备工艺研究，以稀土提取时产生的废渣草酸钍为原料，得出了草酸钍氧化煅烧、混酸溶解、萃取纯化、草酸沉淀、干燥煅烧的工艺提取二氧化钍流程及相关参数，并通过后续研究解决了混酸溶解过程的设备腐蚀问题，将草酸钍溶解工艺流程优化为草酸钍氢氧化钠转化后采用硝酸溶解。但最终制备出的 ThO_2 粉末仍存在粉末 U、C、Ce、S 等元素含量偏高的问题。

　　本文以稀土提取时所产生的废渣草酸钍为原料，在原有提纯工艺的基础上，针对粉末 U、C、Ce、S 等元素含量较高问题，研究了草酸钍提纯制备 ThO_2 过程中萃取工艺以及不同沉淀剂对 ThO_2 纯度的影响，通过对比实验确定了较佳萃取工艺以及沉淀工艺，解决了 U、C、Ce、S 等元素偏高的问题，将制备流程优化为草酸钍经氢氧化钠转化、硝酸溶解、溶解液预处理、萃取纯化、过氧化钍沉淀、干燥煅烧。

1　工艺原理

　　草酸钍原料中含有各类稀土及其他金属元素等杂质，为了得到高纯度的 ThO_2，需要对其进行萃取纯化，从草酸钍中提纯制备 ThO_2 的流程如图 1 所示：

图 1　ThO$_2$制备流程

1.1　草酸钍溶解

在进行萃取前，首先将原料制备成 Th(NO$_3$)$_4$ 溶液，常用的草酸钍溶解法为草酸钍原料经煅烧后采用 HNO$_3$ 及 HF 溶解，但此种方式操作复杂同时对设备腐蚀严重。采用 NaOH 转化后再用 HNO$_3$ 溶解的方式可有效解决混酸溶解对设备的腐蚀问题，还可以降低试剂消耗，其方程式如下：

$$4NaOH + Th(C_2O_4)_2 \longrightarrow Th(OH)_4 + 2Na_2C_2O_4$$

生成的 Th(OH)$_4$ 经过滤后，直接用 HNO$_3$ 溶解制成 Th(NO$_3$)$_4$ 溶液：

$$Th(OH)_4 + 4HNO_3 \longrightarrow Th(NO_3)_4 + 4H_2O$$

1.2　萃取纯化

TBP 具有挥发性小、水中溶解度小、闪点较高、稳定性好、能够与磺化煤油、四氯化碳、苯、醚、醇类等有机溶剂任意比例互溶等优点，常作为 U、Th 和稀土等萃取的萃取剂使用，磺化煤油由于价廉无毒常常选做稀释剂使用。通过合适配比的 TBP-煤油进行萃取，可实现将钍从稀土中分离出来，目前提纯 Th 过程中常采用 40％TBP-煤油进行萃取[8]，萃取方程式如下：

$$Th^{4+} + 4NO_3^- + 4TBP \longrightarrow Th(NO_3)_4 \cdot 4TBP$$

1.3　钍离子沉淀

反萃液中钍以 Th^{4+} 形式存在，要将其最终转化成 ThO$_2$，需要向溶液中加入沉淀剂使 Th^{4+} 转化成难溶性沉淀析出，并且此沉淀物在高温下可分解，便于后续对其进行高温煅烧生成 ThO$_2$，传统工艺采用草酸沉淀法，向反萃液中加入草酸，将钍以草酸钍的形式沉淀下来，通过固液分离得到草酸钍滤饼。

1.4　干燥煅烧

得到的沉淀物需要对其在特定条件下进行干燥煅烧，使其在高温下分解生成 ThO$_2$，并且无其他杂质元素产生。传统工艺通过煅烧草酸钍沉淀使其分解产生二氧化碳和 ThO$_2$。

2　实验过程及方法

通过传统工艺即草酸钍氢氧化钠转化、硝酸溶解、萃取提纯、草酸钍沉淀、干燥煅烧，制备所得 ThO$_2$ 中的化学杂质分析结果如表 1 所示。

表 1　ThO$_2$化学杂质分析表

序号	检测项目/(μg/g)											
	Al	Mg	B	Cu	Mn	Mo	Ca	Cd	Cr	Fe	Si	Li
1	13	6.8	<0.1	<5	1.2	<1	97	<0.1	<10	<20	12	<1
2	18	5.9	<0.1	<5	<1	<1	86	<0.1	<10	25	33	<1

序号	检测项目/(μg/g)											
	Sm	Eu	Gd	Dy	La	Ce	Co	Ni	U	C	S	Th
1	<0.05	0.13	1.4	<0.05	<0.5	309	<1	<10	380	884	332	87.6
2	<0.05	0.2	1.5	<0.05	<0.5	294	<1	<10	443	782	434	87.6

由检测结果可以看出通过传统工艺制备出的 ThO$_2$ 粉末中 Ce、U、C、S 几个杂质元素含量较高，ThO$_2$ 纯度为 99.7％左右。Ce、U 含量偏高是因为萃取纯化对 Ce、U 去污效果不佳，Ce、U 进入到有

机相中所致;C含量偏高是因为采用了草酸钍沉淀法,在煅烧分解过程中C不能完全转化成CO_2挥发所致;S含量偏高是由于原料中S含量较高,而此工艺流程去除S的效果不佳所致。因此需对萃取纯化、沉淀工艺进行研究及优化,减少粉末中的杂质含量。

2.1　实验原料

本次实验所使用的原料与以往研究中使用的原料相同,均为稀土提取时所产生的废渣草酸钍,原料煅烧后分析结果如表2所示。

表 2　原料煅烧后化学杂质分析表

序号	杂质含量/(μg/g)								
	C	S	K	Na	Al	B	Ca	Cd	Co
1	479	555	428	137	439	3.6	428	60	387
2	485	486	300	127	348	2	358	39	400

序号	杂质含量/(μg/g)								
	Cr	Cu	Fe	Mg	Mn	Ni	U	Eu	Cl
1	15	413	100	260	143	914	12 720	<0.05	80
2	7	355	120	197	99	785	9 800	<0.05	77

序号	杂质含量/(μg/g)			杂质含量/%					
	F	Mo	Gd	Sm	Dy	La	Ce	Th	H_2O
1	110	9	<0.1	<0.1	<0.1	4.4	27	44	2.5
2	74	5.7	<0.1	<0.1	<0.1	3.2	25	48	1.07

由表2可以看出,煅烧后原料中各杂质元素含量较高,Th含量仅为45%左右。

2.2　原料溶解

草酸钍原料采用NaOH转化后HNO_3溶解的方式进行溶解。草酸钍原料加入去离子水搅拌造浆,加热到80～90 ℃后加入预先配置好浓度为4 mol/L的NaOH(过量20%)溶液,反应1 h后停止搅拌,放料过滤得到氢氧化物沉淀,随后将沉淀采用HNO_3溶解,得到$Th(NO_3)_4$溶液作为萃原液使用,控制$Th(NO_3)_4$溶液中钍浓度为100 g/L左右、酸度为4 mol/L。

2.3　萃取工艺研究

在高纯ThO_2制备过程中,萃取纯化过程是获得高纯ThO_2的最重要的环节,$Th(NO_3)_4$溶液直接进行萃取,溶液中的Ce^{4+}、UO_2^{2+}均会进入到有机相中,导致ThO_2中Ce、U含量偏高,这是由于原料中大部分Ce转化为Ce^{4+},Ce^{4+}与Th^{4+}的化学性质非常接近,不易分离;采用40%TBP-煤油作为萃取剂进行萃取,对于溶液中UO_2^{2+}同样有一定的萃取作用,部分UO_2^{2+}会进入到萃取剂中导致钍铀分离效果不佳,因此在进行Th^{4+}萃取前应对溶解液进行预处理,避免萃取过程中Ce^{4+}、UO_2^{2+}进入到有机相中。

2.3.1　Ce^{4+}的去除

Ce^{4+}易被还原成为Ce^{3+},Ce^{3+}与Th^{4+}的化学性质差异较大,可通过萃取方式去除。本次实验采用H_2O_2作为还原剂,在Th^{4+}萃取前向溶液中加入H_2O_2,使Ce^{4+}还原为Ce^{3+},在后续Th^{4+}萃取过程中实现Ce与Th分离。为考察H_2O_2的加入量对去除Ce^{4+}效果的影响以及确定最佳的H_2O_2用量,分别向同条件的$Th(NO_3)_4$溶液中加入不同量30%H_2O_2试剂,通过对比反萃液中Ce的含量,最终确定H_2O_2加入量对萃取效果的影响,以及H_2O_2加入的最佳比例。

2.3.2　UO_2^{2+}的去除

UO_2^{2+}在TBP中的分配系数高于Th^{4+},采用高浓度的TBP-煤油作为萃取剂直接萃取$Th(NO_3)_4$

溶液,溶液中的 UO_2^{2+} 也会进入到有机相中,需在 Th^{4+} 萃取前去除溶液中的 UO_2^{2+},并且尽量减少 Th^{4+} 被萃取进入有机相,本次实验采用低浓度的 TBP-煤油作为萃取剂,首先对 $Th(NO_3)_4$ 溶液中的 UO_2^{2+} 进行萃取,以达到去除溶液中的 UO_2^{2+} 的目的,通过对比萃余液中 U 含量确定最佳的萃取剂配比。

2.3.3　Th^{4+} 的萃取

$Th(NO_3)_4$ 原液经 Ce^{4+} 去除、UO_2^{2+} 去除的预处理后采用 40%TBP-煤油进行萃取纯化,以除去其他杂质,萃取温度为 40 ℃,相比为 1∶1;萃取后的饱和有机相用 4M 稀硝酸进行洗涤,洗涤后,饱和有机相用 50 ℃的去离子水(酸度 0.1M)作反萃剂,反萃时的相比为 1∶1,反萃后的反萃液作为 Th^{4+} 沉淀的原料液。

2.4　沉淀工艺研究

经调研 $Th(C_2O_4)_2$、$Th(OH)_4$ 以及 ThO_4 三种沉淀高温下可煅烧分解生成 ThO_2 并且不会引入其他杂质,本次实验分别采用三种沉淀剂对反萃液中 Th^{4+} 进行沉淀处理,分别得到 $Th(C_2O_4)_2$、$Th(OH)_4$ 以及 ThO_4 沉淀,各沉淀随后经高温煅烧得到 ThO_2,通过对比 3 种沉淀剂所制 ThO_2 的分析结果,确定最佳沉淀剂。

3　结果与讨论

3.1　萃取工艺研究

3.1.1　Ce^{4+} 的去除

依次向 0.2 L 酸度为 4 mol/L、钍浓度为 100 g/L 的 $Th(NO_3)_4$ 溶液中加入不同量的 30%H_2O_2 试剂,随后采用 40%TBP-煤油作为萃取剂进行萃取,所得反萃液中 Ce 含量如表 3 所示。

表 3　H_2O_2 加入量与反萃液 Ce 含量关系

序号	H_2O_2 加入量/mL	$Th(NO_3)_4$ 加入量/mL	体积比	反萃液 Ce 含量/(μg/mL)
1	0	200	0%	233
2	2	200	1%	201
3	4	200	2%	103
4	6	200	3%	74
5	8	200	4%	15
6	10	200	5%	12
7	12	200	6%	发生乳化现象
8	14	200	7%	发生乳化现象

由表 3 中数据可见,反萃液中 Ce 含量随 H_2O_2 加入量的增加而降低,当添加至 10 mL 时,溶液中的 Ce 含量降至最低,继续增加 H_2O_2 在萃取过程中有机相则会发生乳化现象。因此 H_2O_2 的最佳用量应为 $Th(NO_3)_4$ 溶液体积的 5%,图 2 为 Ce^{4+} 还原前后的对比图。

用体积比为 5%的 H_2O_2 还原 Ce^{4+} 后的 $Th(NO_3)_4$ 溶液通过萃取、草酸沉淀、干燥煅烧后得到的 ThO_2 粉末与不经 H_2O_2 还原 Ce^{4+} 的 $Th(NO_3)_4$ 溶液制得的 ThO_2 中 Ce 含量对比结果如表 4 所示。

表 4　H_2O_2 还原 Ce^{4+} 前后 ThO_2 中 Ce 含量对比

序号	未经还原 ThO_2 中 Ce 含量/(μg/g)	经还原 ThO_2 中 Ce 含量/(μg/g)
1	328	<5
2	300	<5
3	292	<5

图 2　H_2O_2 还原 Ce^{4+} 前后对比图

可以看出，$Th(NO_3)_4$ 溶液经过 5% 体积比 H_2O_2 还原 Ce^{4+} 后制得的 ThO_2 粉末中 Ce 含量大幅降低，Ce 含量从 300 ppm 降到 5 ppm 以下，说明使用 H_2O_2 还原 Ce^{4+} 后再进行萃取能够达到良好的去除 Ce 的效果。

3.1.2　溶解液铀的去除

采用配比为 5%、8%、11%、14% 的 TBP-煤油作为有机相分别对 $Th(NO_3)_4$ 溶解液进行除铀萃取，水相与有机相相比为 1∶1，温度为 40 ℃，萃取方式为 4 级逆流萃取，示意图如图 3 所示。

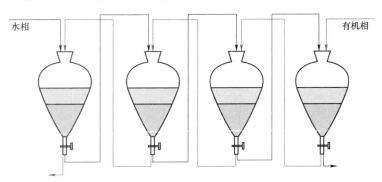

图 3　逆流萃取示意图

不同配比萃取剂萃取后萃余液中 U 浓度统计结果如表 5 所示。

表 5　TBP 浓度与萃余液中 U 浓度关系

序号	原液 U 浓度	TBP 浓度	萃余液中 U 浓度/(mg/L)
1		5%	6.62
2		8%	8.30
3	904.8 mg/L	11%	11.72
4		14%	14.72

由表 5 中数据可见，经低浓度 TBP-煤油预先提取 U 之后，$Th(NO_3)_4$ 溶液中的 U 含量从 904.8 mg/L 降至 15 mg/L 以下。随着 TBP 浓度增大，萃余液中的 U 含量增加，除铀效果逐渐减弱，这是由于溶液中 Th 含量较高，随着 TBP 浓度增加有部分 Th 也被萃取到有机相中，而 TBP 浓度是一定的，所以对 U 的萃取效果反而降低。

经过 5%TBP-煤油萃取除铀后制得的反萃液经草酸沉淀、干燥煅烧后得到的 ThO_2 粉末检测 U 含量，并与不经过萃取除铀制得的 ThO_2 粉末 U 含量对比结果如表 6 所示。

表 6　萃取除 U 前后 ThO₂ 中 U 含量对比

序号	除 U 前 ThO₂ 中 U 含量/(μg/g)	除 U 后 ThO₂ 中 U 含量/(μg/g)
1	352	13
2	411	8.0
3	360	7.5

可以看出,Th(NO₃)₄ 溶液经过 5%TBP-煤油萃取除铀后制得的 ThO₂ 粉末中 U 含量大幅降低,U 含量从 1 000 ppm 左右降到 10 ppm 左右,说明使用 5%TBP-煤油作为萃取剂萃取除铀后再进行 Th 萃取,能够使 U 与 Th 达到良好的分离效果。

3.2　Th⁴⁺ 沉淀工艺研究

分别量取 2 L 萃取纯化后的 Th(NO₃)₄ 反萃液(Th 浓度 90 g/L)加入三组烧杯中,均加热至 65～70 ℃,向三组烧杯分别加入浓度为 200 g/L 草酸、200 g/L NaOH 溶液以及 30%H₂O₂,试剂用量均为理论用量的 1.5 倍,试剂加入完毕陈化 30 min 后进行过滤,并用 50 ℃去离子水洗涤 3 次,所得滤饼分别在 300 ℃条件下煅烧 2 h,750 ℃条件下煅烧 1 h,最终得到 ThO₂ 粉末。

三种沉淀剂制备的 ThO₂ 粉末中经 Th(C₂O₄)₂、ThO₄ 制备得到的 ThO₂ 为纯白色,经 Th(OH)₄ 制备所得的 ThO₂ 粉末为黄色,如图 4 所示。

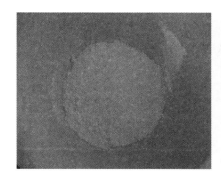 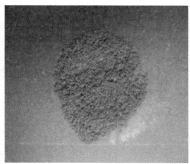 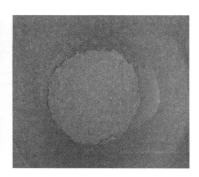

图 4　分别由 Th(C₂O₄)₂、Th(OH)₄、ThO₄ 制备的 ThO₂

三种沉淀剂制备所得 ThO₂ 粉末取样分析,选取其中含量较高的杂质元素分析结果进行对比。

图 5(a)中 3 种沉淀剂制得 ThO₂ 中 Th(OH)₄ 沉淀、ThO₄ 沉淀中 S 含量较低,Th(C₂O₄)₂ 沉淀 S 含量较高,说明 Th(OH)₄ 沉淀、ThO₄ 沉淀对于原料中的 S 具有一定的去除作用;图 5(b)中 Th(C₂O₄)₂ 沉淀制得 ThO₂ 中 C 含量远高于 Th(OH)₄ 沉淀、ThO₄ 沉淀,说明 Th(OH)₄ 沉淀、ThO₄ 沉淀可避免 C 杂质的引入;图 5(c)中 3 种沉淀剂制得 ThO₂ 中金属杂质含量 Th(OH)₄ 沉淀最高,Th(C₂O₄)₂ 沉淀次之,ThO₄ 沉淀最少,说明前两种沉淀剂在钍沉淀过程中部分金属离子会一同沉淀。可

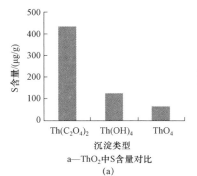 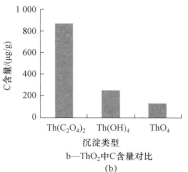 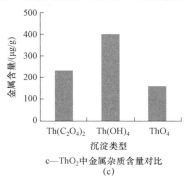

图 5　不同沉淀剂制得 ThO₂ 中主要杂质含量对比图

(a)ThO₂ 中 S 含量对比;(b)ThO₂ 中 C 含量对比;(c)ThO₂ 中金属杂质含量对比

以看出三种沉淀剂 ThO_4 沉淀所得 ThO_2 杂质含量最低,效果最佳。

3.3 ThO_2 粉末制备

经萃取纯化工艺研究以及 Th^{4+} 沉淀工艺研究,并结合传统工艺,将草酸钍纯化制备 ThO_2 粉末工艺流程优化为氢氧化钠转化、硝酸溶解、Ce^{4+} 还原、萃取除铀、钍萃取、过氧化钍沉淀、干燥煅烧。

3.3.1 化学杂质分析

将制备所得的 ThO_2 粉末取样分析,检测结果见表 7。

表 7 ThO_2 化学杂质分析表

序号	检测项目/$(\mu g/g)$											
	Al	Mg	B	Cu	Mn	Mo	Ca	Cd	Cr	Fe	Si	Li
1	<10	<5	<0.1	<5	<1	<1	67	<0.1	<10	69	12	<1

序号	检测项目/$(\mu g/g)$											
	Sm	Eu	Gd	Dy	La	Ce	Co	Ni	U	C	S	Th
1	<0.05	0.13	1.4	<0.05	<0.5	<5	<1	<10	13	249	65	87.6

可以看出,制备出的 ThO_2 粉末杂质含量小于 700 ppm,其中 C、S、U、Ce 杂质元素含量较原工艺流程均有大幅下降,制备所得二氧化钍粉末纯度达到 99.93%。

3.3.2 X 射线衍射分析

将制备出的 ThO_2 粉末取样进行 X 射线衍射分析,得到了 ThO_2 粉末的衍射图,如图 6 所示。

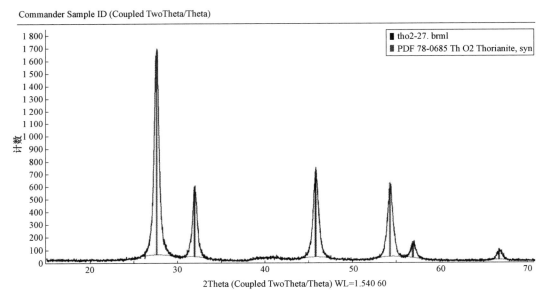

图 6 ThO_2 粉末 X 射线衍射图

从 ThO_2 粉末的 X 射线衍射图谱可以看出,制备所得 ThO_2 粉末的衍射峰与 ThO_2 的特征衍射峰完全吻合,且各衍射峰的强度均一致,表明制得的 ThO_2 纯度较高。

3.3.3 EDS 能谱分析

将制备出的 ThO_2 粉末取样进行 EDS 能谱分析,得到 ThO_2 粉末能谱图如图 7 所示。

从 ThO_2 粉末的 EDS 能谱图可以看出,Th 峰较强烈,除含有微量的 Al 外,未见其他杂质峰,进一步表明 ThO_2 粉末纯度较高。

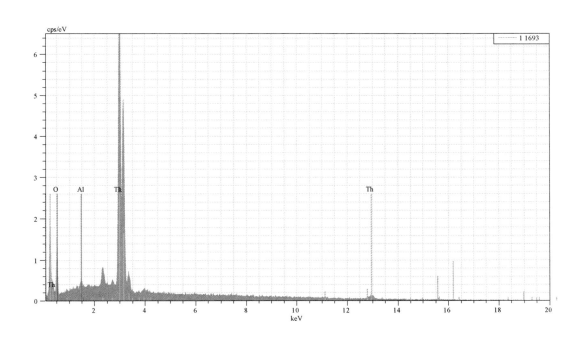

El	AN	Series	unn. C [wt.%]	norm. C [wt.%]	Atom. C [at.%]	Error (1 Sigma) [wt.%]
Th	90	M-series	97.02	89.56	37.61	3.11
O	8	K-series	10.78	9.95	60.59	2.01
Al	13	K-series	0.54	0.50	1.80	0.07

图 7　ThO_2 粉末 EDS 能谱分析图

4　结论

（1）H_2O_2 对于 Ce^{4+} 具有很好的还原作用，向 $Th(NO_3)_4$ 溶液中加入 H_2O_2 还原 Ce^{4+} 可避免其在萃取过程中进入到有机相中。

（2）采用 5%TBP-煤油作为萃取剂对硝酸钍溶液中的 U 先进行去除，再利用 40%TBP-煤油进行 Th 的萃取，可达到良好的 U 与 Th 分离效果。

（3）反萃液采用过氧化钍沉淀相比较其他沉淀具有更好的沉淀效果，可有效减小 C 杂质和金属杂质的引入，所得 ThO_2 杂质含量最低。

（4）采取碱转化、硝酸溶解、溶解液预处理、钍萃取提纯、过氧化钍沉淀、干燥煅烧的工艺流程可解决传统工艺所得 ThO_2 粉末 Ce、U、C、S 偏高问题，使 ThO_2 粉末纯度达到 99.93%。

参考文献：

［1］徐光宪，师昌绪．关于保护白云鄂博矿钍和稀土资源避免黄河和包头受放射性污染的紧急呼吁[J]．中国科学院院刊，2005，20(6)：448-450．

［2］郑金武．加快推动我国钍资源保护利用[N]．科学时报，2006-12-15．

［3］张嘉，刘锦洪，任萌等．钍基燃料的国内外研究现状及核能利用展望[C]．中国核学会核化工分会成立三十周年庆祝大会暨全国核化工学术交流年会会议论文集，北京：中国核学会核化工分会，2010：507-512．

［4］冷伏海，刘小平，李泽霞，等．钍基核燃料循环国际发展态势分析[J]．科学观察，2011，6(6)：1-18．

［5］江绵恒，徐洪杰，戴志敏．未来先进核裂变能——TMSR 核能系统[J]．中国科学院院刊，2012，27(3)：365-474．

［6］易维竞，魏仁杰．钍燃料循环的现状和发展[J]．核科学与工程，2003，23(4)：353-356．

[7] 黄小卫,李红卫,薛向欣,等. 我国稀土湿法冶金发展状况及研究进展[J]. 中国稀土学报,2006,24(2):129-133.
[8] 吴华武. 核燃料化学工艺学[M]. 北京:原子能出版社,1989:163-164.

Study on the technology of thorium oxalate purification for high purity thorium dioxide

ZHANG Fan,ZHU Gan,LIU Wei,GAI Shi-kun

(China North Nuclear Fuel Co.,ltd.,Baotou,Inner Mongolia,China)

Abstract:Thorium dioxide is an important thorium based fuel material with good chemical properties and irradiation stability. In this study,The offscum thorium oxalate produced during rare earth extraction is used as raw material,On the basis of traditional purification processes,The effects of different extraction methods and different precipitant on thorium dioxide purity in thorium oxalate recovery process were studied. The extraction and purification processes of Ce^{4+} ion conversion, extraction and removal of uranium and thorium as well as thorium peroxide precipitation processes were determined by comparative experiments,Solved the problem of high content of U,Ce,S and C in cerium oxide prepared by traditional process,The purity of the cerium oxide prepared by purifying oxalic acid hydrate is 99. 93%.

Key words:Thorium oxalate;Thorium dioxide;Extraction;precipitation

辐射防护
Radiation Protection

目　录

西安脉冲堆 1♯径向孔道等效平面源模拟方法研究

姜夺玉[1,2]，江新标[2]，许　鹏[1]，张信一[1,2]，郭和伟[2]，王立鹏[2]，胡田亮[2]

(1. 火箭军工程大学,西安 710025;2. 西北核技术研究所,强脉冲辐射环境模拟与效应国家重点实验室 西安 710024)

摘要:西安脉冲堆 1♯径向孔道中子束流孔道直径小,距离长,轴向中子通量密度梯度大,直接采用 MCNP 程序模拟面临收敛速度慢、计算时间长,甚至不收敛等难题。目前主要采用分段衔接等效平面源模拟的方法解决这一问题。本文分析了不同平面源设计方案对模型计算结果的影响,在此基础上,使用 MCNP 程序进行西安脉冲堆束流孔道等效平面源模拟计算,结果与实验数据进行比较。研究表明,采用分段衔接等效平面源方案可以很好地解决长孔道中子束流模拟问题,西安脉冲堆 1♯径向孔道的模拟计算结果与实验数据符合较好。研究结果对一般反应堆深穿透及辐射屏蔽计算问题有一定的参考价值。

关键词:西安脉冲堆;等效平面源;孔道计算

西安脉冲堆(Xi'an Pulsed Reactor,XAPR)是一种池式反应堆,可以输出中子和 γ 的混合辐射源。XAPR 具有多种辐照实验孔道,可以开展多种堆内堆外样品辐照实验及瞬发 γ 射线中子活化分析等[1-2]。XAPR 有两条径向孔道,其中,1♯径向孔道和堆芯中轴线垂直,其结构示意图如图 1 所示。1♯ 径向孔道长约 3.25 m,内径约 16.6 cm,中子从堆芯输运到孔道出口处,中子通量密度下降梯度大(约 5 个量级),直接采用 MCNP 模拟方法面临收敛速度慢、计算时间长,甚至不收敛等问题[3-4]。对于此类深穿透问题一般采用确定论方法或蒙卡分段衔接的平面源方法[5-6]。

本文首先探讨了不同平面源设计方案对模型计算结果的影响,获得一般结论,在此基础上对 XAPR 1♯径向孔道出口处中子通量密度进行了模拟计算,结果与实验数据进行比较,验证方法的正确性。

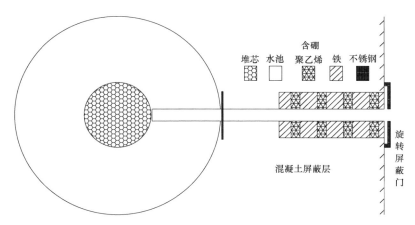

图 1　XAPR 1♯径向孔道结构示意图

1　不同平面源设计方案对比分析

MCNP 程序中常用的平面源方法主要包括 SSW/SSR 方法和手工写源方法。文献[5]详细讨论了 SSW/SSR 构造平面源的方法,本文选择反射写源/真空读源方法,实践证明,这种方法有效。手工写源方法是一种传统构造平面源方法,经过不断发展,目前已成功应用于反应堆屏蔽计算等方面。一

作者简介:姜夺玉(1989—),男,安徽阜阳人,助理研究员,博士研究生,从事反应堆物理研究工作

般做法参见文献[5-7],本文不再赘述。本节主要讨论手工写源的几种情况及其对模型结果的影响分析。

1.1 参数模型

为研究方便,本文构造了验证平面源模拟模型,如图 2 所示。图 2 中,孔道长 100 cm,内径 10 cm,外径 30 cm,填充材料为石墨,屏蔽材料为普通混凝土,左侧为能量为 2 MeV 的单向均匀中子束流,孔道左右端为 20 cm 长度的空气圆柱,其他区域为真空。中截面 A 为选取的平面源位置,面 B 为面计数位置,距面 A 5 cm,区域 C 为体计数空间,距面 A 10 cm。模型材料参数见表 1。

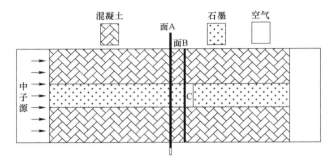

图 2　验证平面源模型示意图

表 1　模型材料参数

名称	密度/(g·cm^{-3})
普通混凝土(NIST,1966)	2.3
石墨	1.686
空气	0.001 205

1.2 不同构建平面源方法

首先,分析了内置函数法(指使用幂指数 $p(x)=c|x|^a$,这里 a 取 1)和 SSW/SSR 法的差异性,并与一步法(即 MCNP 直接模拟计算结果)进行比较。图 3 给出了中子和 γ 粒子的轴向衰减曲线,符合一般孔道粒子衰减特性,说明模型的合理性。

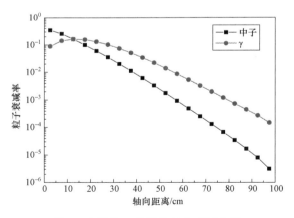

图 3　中子和 γ 粒子的轴向衰减曲线

表 2 给出了不同构建平面源方法下孔道粒子注量率对比。据表 2 可知,SSW/SSR 法结果基本与一步法一致,误差在 1% 以内;内置函数法结果与一步法误差在 3.2% 以内(中子),γ 结果误差达到 11.35%,结果仍能接受。

表 2　不同构建平面源方法下孔道粒子注量率对比

构建方法	中子注量率/（cm^{-2}·s^{-1}）	误差/%	γ注量率/（cm^{-2}·s^{-1}）	误差/%
一步法	5.03×10^{-5}	/	1.46×10^{-5}	/
内置函数法	4.87×10^{-5}	−3.17	1.62×10^{-5}	11.35
SSW/SSR	5.02×10^{-5}	−0.10	1.45×10^{-5}	−0.58

图 4、图 5、图 6 给出了不同平面源构造方法下的中子计算结果。由图分析可知,内置函数法和 SSW/SSR 法计算结果吻合较好,主要差别体现在能区两端以及孔道内圈计数上。图 4 主要是因为能区两端中子通量密度较高,计数敏感,而内置函数法采取等效平均的方法,造成和 SSW/SSR 法结果差别加大;图 5、图 6 误差原因主要体现在孔道内圈中子通量密度较大,而内置函数法的等效平均方法造成相应区域粒子分布展平,因此和实际有一定的差距。

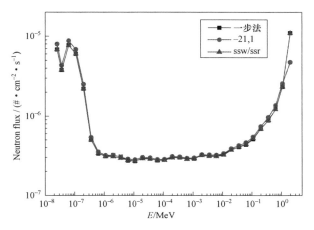

图 4　不同平面源构造方法情况下的中子能谱

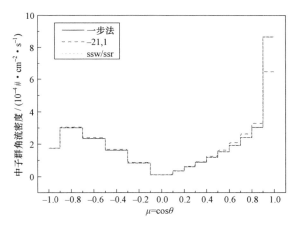

图 5　不同平面源构造方法情况下的中子群角流密度分布

本节模型较为简单,可以看出 SSW/SSR 法结果要明显优于其他平面源方法结果,但实际应用中发现,采用 SSW/SSR 法需要更高的内存与计算耗时,计算规模较大[6],综合考虑性价比,在误差允许的范围内采用内置函数法既能达到所期望的结果。

1.3　不同手工写源方法

关于手工写源方法,本节主要讨论内置函数法、矩形分布法、细致矩形分布法、内置函数法加细致矩形分布法。具体而言将面 A 按半径从小到大划分为圆面、环面 1、环面 2,不同方法的操作细节见表 3。

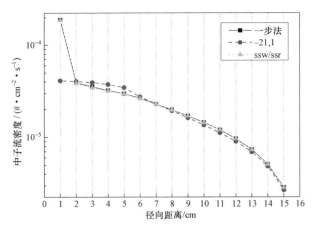

图 6　不同平面源构造方法情况下的中子流密度径向分布

表 3　不同手工写源方法

构建方法	操作方法
内置函数法	圆面、环面 1、环面 2 全部使用(f-21 1)方法
矩形分布法	圆面、环面 1、环面 2 全部使用矩形(0,1)分布
细致矩形分布法	三个面再次剖分 50 余次后全部使用矩形(0,1)分布
内置函数法加细致矩形分布法	圆面使用(f-21 1)方法,环面 1、环面 2 使用细致矩形法

图 7 所示为面 A 径向距离抽样采用不同方法的粒子源面分布图。由图 7(a)知,面 A 径向距离抽样采用内置函数法得到均匀的面源分布,是预期的等效平面源结果;由图 7(b)知,矩形分布法得到的源面结果为中心稠密,面边缘稀疏,和预期等效平面源结果不一致,这主要是因为,对于圆平面而言,采用(0,1)分布实际得到的是沿半径方向的 $1/r$ 分布,显然不是均匀分布。而细致矩形法相当于将径向划分足够小,使得源粒子在每个细小环面上均按 $1/r$ 分布,但由于细分环面足够小,使得整体呈现均匀分布的效果,这一点在图 7(c)上得到验证。

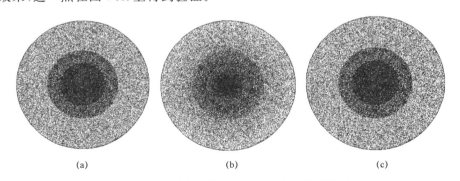

(a)　　　　　　　　(b)　　　　　　　　(c)

图 7　面 A 径向距离抽样采用不同方法的粒子源面分布
(a) 内置函数法；(b) 矩形分布法；(c) 细致矩形分布法

表 4 给出不同手工写源方法下孔道粒子注量率对比,以内置函数法结果作为参考。结果表明,细致矩形分布法和内置函数加细致矩形分布基本上与内置函数法结果一致,而矩形分布法带来约 6％ 的相对误差。实际上,这里统计的是接近面 A 的粒子计数结果,随着计数面远离等效平面源,几种方法的计数结果差别会进一步减小。但为了实际使用的便捷与准确性,一般构建等效平面源建议采用内置函数法。

表 4   不同手工写源方法下孔道粒子注量率对比

手工写源方法	中子注量率/(cm⁻² · s⁻¹)	误差/%	γ 注量率/(cm⁻² · s⁻¹)	误差/%
内置函数法	$4.870\ 38\times10^{-5}$	/	$1.620\ 87\times10^{-5}$	/
矩形分布法	$5.133\ 77\times10^{-5}$	5.408 0	$1.712\ 87\times10^{-5}$	5.676 4
细致矩形分布法	$4.870\ 47\times10^{-5}$	0.001 8	$1.620\ 91\times10^{-5}$	0.002 5
内置函数加细致矩形分布	$4.870\ 40\times10^{-5}$	0.000 4	$1.620\ 89\times10^{-5}$	0.001 3

2   西安脉冲堆 1♯ 径向孔道等效平面源模拟计算

综合以上分析,针对西安脉冲堆 1♯ 径向孔道平面源,采用内置函数法,等效平面源构造面选择堆水池外围边界。计算结果与一步法进行比较,一步法求解过程中,采用一次蒙特卡罗中子-γ 耦合输运计算,并采用权重窗、指数变换、能量截断等抽样技巧以降低统计误差,获得可接受的理论数据[8-10],结果见表 5(统计中子能量 $E<0.5$ eV)。

由表 5 可知,采用等效平面源方法得到的计算结果在误差允许范围内是可以接受的,一步法由于难以规避自身相对较大的统计误差,实际结果不一定优于等效平面源法。因此,在面临深穿透屏蔽计算等问题时,采用等效平面源方法是一种有效的处理方法。

表 5   西安脉冲堆 1♯ 径向孔道计算结果

方法	位置	中子通量密度/(cm⁻² · s⁻¹)	实验值/(cm⁻² · s⁻¹)	误差/%
内置函数法	孔道前端	2.23×10^{12}	2.15×10^{12}	3.62
	孔道出口	5.99×10^{8}	5.23×10^{8}	14.53
一步法	孔道出口	6.70×10^{8}	5.23×10^{8}	28.11

3   结论

本文分析了不同平面源设计方案对模型计算结果的影响,在此基础上,使用 MCNP 程序进行西安脉冲堆 1♯ 径向孔道的等效平面源模拟计算,结果与实验数据进行比较,充分验证了等效平面源方法在长孔道计算问题上的应用,研究获得以下结论:

(1)平面源构造方法中,SSW/SSR 法的计算结果精度要优于手工写源等其他方法,但实际应用中发现,SSW/SSR 法需要更高的内存与计算耗时,计算规模较大,适用于性能较好的服务器应用,对于一般性能计算机,在误差允许的范围内采用内置函数法既能达到所期望的结果,又能获得比较合适的计算精度要求。

(2)对于不同的手工写源方法,内置函数法和细致矩形分布法精度相当,一般不采用直接矩形分布法,但考虑操作的简便性和适用性,一般采用内置函数法,只有在特殊应用场合才建议使用细致矩形分布法。

(3)西安脉冲堆 1♯ 径向孔道的等效平面源模拟计算结果与实验数据符合较好,说明采用分段衔接的等效平面源方案可以很好地解决长孔道中子束流模拟问题。实际应用中发现,一步法直接计算时需要充分考虑利用权重窗、指数变换、能量截断等抽样技巧,计算耗时显著增加,而且最终结果的统计误差相对较大。综合评价,对于这种长孔道问题来说等效平面源方法要优于直接模拟的一步法。

参考文献:

[1]   江新标,陈达,谢仲生,等. 反应堆孔道屏蔽计算的蒙特卡罗方法[J].计算物理,2001,18(3):285-288.

［2］ 陈伟,江新标,陈立新,等. 铀氢锆脉冲反应堆物理与安全分析[M].北京:科学出版社,2018:1-10.

［3］ 许淑艳. 蒙特卡罗方法在实验室核物理中的应用[M].北京:原子能出版社,2006.

［4］ Briesmeister J F. MCNP-A General Monte Carlo N Particle Transport Code, Version 4C. Los Alamos National Laboratory[R].Report LA-13709-M,April 2000.

［5］ 钟兆鹏,施工,胡永明. 用 MCNP 程序计算水平辐照孔道屏蔽[J].清华大学学报(自然科学版),2001,41(12):16-18.

［6］ 杨德锋,程和平. MCNP 程序分段-衔接计算方法研究[J].核动力工程,2010,31(S2):48-52.

［7］ 朱养妮,江新标,赵柱民,等. 医院中子照射器 I 型堆热中子束流孔道等效平面源的模拟计算[J].中国工程科学,2012,14(8):56-59.

［8］ Davis A, Turner A. Comparison of global variance reduce techniques for Monte Carlo radiation transport simulations of ITER[J].Fusion Engineering and Design,2011,86(9):2698-2700.

［9］ Fan X, Zhang G, Wang K. Development of new variance reduction methods based on weight window technique in RMC code[J].Progress in Nuclear Energy,2016,90:197-203.

［10］ Smith H P, Wagner J C. A case study in manual and automated Monte Carlo variance reduction with a deep penetration reactor shielding problem[J].Nuclear Science and Engineering,2005,149(1):23-37.

Study on the simulation method of equivalent surface source of radial duct 1 in Xi'an pulse reactor

JIANG Duo-yu[1,2], JIANG Xin-biao[2], XU Peng[1], ZHANG Xin-yi[1,2], GUO He-wei[2], WANG Li-peng[2], HU Tian-liang[2]

(1. Rocket Force University of Engineering, Xi'an, 710025, China;

2. State Key Laboratory of Intense Pulsed Radiation Simulation and Effect,

Northwest Institute of Nuclear Technology, Xi'an, 710024, China)

Abstract: The radial duct 1 of Xi'an pulse reactor is mainly used in neutron irradiation experiment and prompt-gamma neutron activation analysis. With small diameter, long distance and large density gradient of axial neutron flux, MCNP code is hardly used to simulate the axial neutron flux directly as its slow convergence, long calculation time and even non-convergence. At present, the method of bootstrapping equivalent surface source simulation is mainly used to solve this problem. In this paper, the influence of different surface source design schemes on the calculation results of the model is analyzed. On this basis, the result of the equivalent surface source of Xi'an pulse reactor beam duct was simulated by MCNP code, and which was compared with the experimental data. The results show that using bootstrapping equivalent surface source scheme can solve the problem of long-duct neutron simulation, and the simulation results of radial duct 1 of Xi'an pulse reactor are in good agreement with the experimental data. The research results have certain reference value for the deep penetration problem and the calculation of radiation shielding problem in general reactors.

Key words: XAPR; Equivalent surface source; Duct calculation

核电厂个人剂量监测管理系统整体设计研究

徐明华,龚　蕾,戴生迁,周铁男,杜　瑞

(福建福清核电有限公司,福建 福清 350300)

摘要:本文介绍了国内核电厂辐射工作人员授权与个人剂量监测涉及的相关系统,以及辐射控制区进入授权和个人剂量监测的情况。核电厂个人剂量管理信息系统、生产管理管理系统、控制区出入控制系统独立运行情况下,无法很好地达到辐射工作人员进出授权和剂量监测精细化,有效地采取辐射防护最优化措施,提升辐射防护业绩。本文针对核电厂辐射工作人员进出授权和剂量监测因为系统间接口问题,对辐射防护管理提升造成瓶颈进行阐述,并进行探究,明确个人剂量监测设备、系统以及生产管理系统进行统筹设计和国产化的必要性。

关键词:信息系统;个人剂量;辐射防护;剂量监测;设计

　　核电厂在辐射防护实践中一直采用辐射实践正当化、辐射防护最优化(ALARA)、个人剂量限值三原则[1]。在核电厂,辐射防护部门为贯彻 ALARA 原则,对现场的辐射工作进行有效管理,保障辐射工作人员的辐射安全,有效地控制集体剂量和个人剂量。在辐射防护人员进行 RWP 审批和放射性工作监测时,需根据历史同类工作剂量数据和经验信息进行剂量预估,并制定有效地辐射防护指令。这就需要辐射防护工程师在对放射性工作进行 RWP 审查环节,需清楚了解该项工作或同类工作历时剂量水平和人员剂量情况,才能比较准确的进行剂量预估,并制定最优化地辐射防护措施,降低人员个人剂量和集体剂量。

　　目前,国内核电厂均通过个人剂量管理信息系统、核电厂生产管理系统、辐射控制区出入控制系统对辐射工作人员进行出入和剂量监测。这三个系统在设计阶段均是单独设计,单独采购,未统筹规划,系统设计思路不一致,系统投运后,各系统独立运行,只能对工作人员进行辐射防护(RP)授权,无法进行 RWP 授权,无法对放射性工作进行出入和剂量监测,从而无法对单项工作或某一类工作的剂量数据进行精细化统计、分析,有针对性地进行辐射防护改进。为了从根本上解决这些问题,本文从系统设计思路及国产化方面进行探讨。

1　RP 人员授权与剂量监测系统介绍

1.1　个人剂量管理信息系统

　　个人剂量管理信息系统有两个主要的功能:RP 证管理和个人剂量数据管理。RP 证是进入核电厂辐射控制区工作的唯一有效证件。工作人员进入辐射控制区工作时,必须在 RP 办证系统中提交人员信息、体检、培训等材料,资格审查通过后,才能办理 RP 证,具备进出辐射控制区的初步资格。RP 办证系统中汇集了人员基本信息、RP 证信息、体检信息、培训信息等信息,需录入到 EPD 系统中,通过 EPD 系统进行出入辐射控制区权限控制。

　　个人剂量监测和管理过程中产生的外照射剂量数据和内照射剂量数据都汇集在个人剂量管理信息中进行集中管理,辐射防护人员利用这些数据进行监测,确保核电厂的集体剂量和个人剂量处于可控状态。辐射防护人员利用这些数据进行统计、分析,为辐射防护决策提供有效地数据支撑。

1.2　核电厂生产管理系统

　　核电厂生产管理系统主要集成核电厂工单管理、RWP 管理、变更管理、设备管理等生产领域相关的业务流程管理系统。工作人员在生产管理系统进行工作申请,涉及放射性的工作触发 RWP 审批。

作者简介:徐明华(1987—),男,湖北人,高级工程师,本科,从事个人剂量研究工作

辐射防护人员进行 RWP 审批时,需熟悉作业场所环境和放射性情况,并了解该项工作或同类工作的历史情况和剂量信息,制定辐射防护控制措施,并预估集体剂量和个人剂量,工单和 RWP 审批完成后,辐射工作人员根据工单和 RWP 进入辐射控制区工作。

1.3 辐射控制区出入控制系统

辐射控制区出入控制系统作为人员出入辐射控制区的唯一通道,是核电厂最为重要的职业照射防护监控系统之一,具有辐射监测和控制两大功能[2]。辐射控制区出入控制系统包括控制区进出控制和剂量监测系统(EPD 系统)、热释光剂量监测系统(TLD 系统)、全身计数器(WBC)、C1 门、C2 门等子系统和监测设备。

EPD 系统作为辐射控制区人员进出的唯一通道,是核电厂最为重要的放射性职业照射防护监测系统之一,具有出入监测和剂量监测两大功能。通过将 RP 办证系统的人员授权信息录入到 EPD 系统,工作人员在辐射控制区入口领取电子剂量计(即 EPD),输入 RP 证号,EPD 系统自动判断资质情况,允许有进入资质的工作人员进入控制区。工作人员佩戴 EPD,监测进入时间、辐照剂量、峰值剂量率、工作内容等信息。

2 核电厂辐射防护最优化管理

核电厂辐射的外照射防护手段包括距离防护、屏蔽防护、缩短工作时间、降低源项等多种手段;内照射防护主要包括通过穿戴手套、纸衣、气面罩、气衣等附加防护用品,防止放射性物质进入人体内。核电厂辐射防护人员根据有限的工作经验,通过监测各单位、部门剂量数据评估辐射防护工作绩效,不断改进、提升辐射防护工作,这在很长一段时间内,对辐射防护 ALARA 的发展起到了很大的作用。

显然,这种辐射防护工作方式势必会面临瓶颈。面对核电厂每年几千项放射性作业,辐射防护人员凭借经验和这些粗糙的统计数据,很难应对庞杂的辐射防护场景,采取精准的辐射防护措施。由于这些辐射防护剂量数据只能统计到部门、专业级,无法深入到单项放射性工作级别。在进行大量 RWP 审批时,这些数据无法帮助他们识别出那些决定集体剂量和个人剂量大小的关键 RWP,采取有效的辐射防护措施,进行有效地剂量控制。

随着科技的发展,辐射防护软件、硬件技术的不断进步,核电厂辐射防护管理已经从粗放式控制往精细化、专项化方向发展。目前,国外核电厂通过将个人剂量管理信息系统、核电厂生产管理系统和 EPD 系统进行数据接口,打通数据传输通道,精准地对单项放射性工作进行剂量监测,可以很清楚哪些 RWP 工作对集体剂量和个人剂量的大小起决定性作用。就可以有目的性的重点关注这些 RWP 工作,有利于辐射防护人员集中有限的精力,攻坚这些关键 RWP 工作项目。

个人剂量管理信息系统、核电厂生产管理系统和 EPD 系统进行数据接口打通后,不仅实现剂量和工时统计的精确性,而且也实现了辐射工作人员的 RWP 授权,只有同时具有 RP 授权和 RWP 授权的辐射工作人员才能进入辐射控制区,有效避免无关人员进入控制区。

3 面临的问题

3.1 各系统功能单一

核电厂生产管理系统和 EPD 系统只有数据记录功能,没有数据统计功能,还需开发第三方软件进行数据统计、分析。辐射防护人员在核电厂生产管理系统进行 RWP 审批,填写辐射防护控制措施和指令,预估集体剂量时,只能凭借有限的现场放射性水平数据和个人经验作为依据,无法借助历史工作的数据经验,也无法很好地对本项工作的辐射防护控制效果进行评价。EPD 系统也只进行 RP 证人员授权,进出记录登记,还需借助外部统计工具,才能进行单位、部门剂量数据统计。

3.2 无法实现 RWP 授权

国内核电发展初期,EPD 系统与个人剂量信息管理系统和核电厂生产管理系统没有接口,无法接收 RP 人员信息和 RWP 信息,个人剂量管理人员只能在 EPD 系统中手动录入人员 RP 授权信息,进行 RP 授权,RWP 授权功能无法很好地实现。随着国内核电厂群堆形势下机组的增多,个人剂量数据多维度、精细化统计要求的迫切性,个人剂量信息管理系统、核电厂生产管理系统与 EPD 系统相互接口,实现数据自动传输已成为迫切需要解决的难题。

3.3 系统之间相互独立,无法进行数据交换,数据分散

EPD 系统根据个人剂量信息管理系统的人员 RP 申请信息,在本系统内进行授权信息登记,控制人员进出辐射控制区。核电厂生产管理系统需要使用 EPD 系统或个人剂量信息管理系统的人员信息,以便进行该 RWP 工作分配给相应的工作人员,并对该工作进行剂量监测,掌控作业辐照剂量情况。实际上,在设计和采购时,个人剂量信息管理系统、EPD 系统和核电厂生产管理系统都是独立设计、独立采购。这三个系统之间处于实体隔离的状态,工作人员需要手动在这个三个系统之间进行切换,录入相应的人员信息。在这种状态下,不仅耗费很大人力、物力,取得的效果也有限,还不可避免的引入了人因失误导致的信息输入错误问题,同时,这个三个系统无法进行数据交换,也无法精确地统计单项工作的人员工时、剂量情况,无法为辐射防护人员提供精准的数据材料,辐射防护仅凭经验很难充分地识别出对集体剂量有重大贡献的 RWP 作业。

3.4 产品厂家,设计思路不同,接口困难

随着辐射防护管理工作的要求越来越高,管理越来越科学,辐射防护部门希望利用最新技术(例如软件、自动化工具)最大化地实现业务流程自动化,尽量较少人工干预,并获得更精细的数据,为辐射防护管理和决策提供强有力的支撑。例如,各类 RP 证办证数据统计,单位/人员/部门/专业/工作项的人员工时、剂量、最大剂量率、最大个人剂量等数据,年/月/日相关机组/厂房的趋势等。为满足这些管理要求,使辐射防护工作更便利、更高效,辐射防护部门针对这些系统相互独立的现状,进行系统接口开发,实现各系统之间数据查看和交互。部分核电厂已开发专门的辐射防护管理平台,将这几个系统的数据在平台中,进行大数据集成管理。

由于各个系统的供货厂家不一样,硬件设备的工作方式,软件业务逻辑不一样,进行接口开发时,面临各种各样的困难。在 EPD 系统和核电厂生产管理系统接口开发时,需要对这两个系统的业务逻辑、交换数据进行梳理,对两个系统的软件进行重新修改。而 EPD 系统和核电厂生产管理系统都是国外产品,在接口开发过程中协调难度很大,开发的费用也很高昂。秦山一厂和福清核电厂同时存在 MGP 和富士电机的 EPD 系统,EPD 系统之间还要相互梳理业务逻辑,进行修改软件,实现统一控制和管理,难度更大,费用更高。方家山权衡之下,整体更换富士电机的 EPD 系统,全部统一使用 MGP 的 EPD 系统,并将 EPD 系统与 RWP 系统进行接口开发。

表 1　各系统的供货厂家

核电厂	EPD 系统	核电厂生产管理系统
秦山一厂	MGP(美国)	Ventyx(美国)
秦山二厂	MGP(美国)	Ventyx(美国)
秦山一厂	富士电机(日本)	Ventyx(美国)
秦山三厂	MGP(美国)	Ventyx(美国)
田湾核电厂	俄罗斯	/
福清核电厂(1-4 号机组)	富士电机(日本)	Ventyx(美国)
福清核电厂(5-6 号机组)	MGP(美国)/	Ventyx(美国)
海南核电厂	富士电机(日本)	Ventyx(美国)
三门核电厂	MGP(美国)	用友软件
大亚湾/岭澳核电厂	MGP(美国)	SAP(德国)
宁德核电厂	Thermo(美国)	SAP(德国)

3.5 群堆电厂,配置多套 EPD 系统

秦山核电厂、大亚湾核电厂、福清核电厂等国内核电厂均是群堆电厂,一个电厂有多台核电机组,配置多套 EPD 系统。这样,工作人员进入各个机组进行放射性工作需分别申请 RP 权限,个人剂量管理人员在各个 EPD 系统分别进行授权,浪费人力物资资源,同时,个人进出记录和受照剂量分布在不同的 EPD 数据库中,无法从全厂角度对辐射工作人员的受照剂量进行统一监控。鉴于此,大亚湾核电和秦山二厂分别对 EPD 系统进行改造,共用一套 EPD 系统进行全厂人员进出控制和剂量控制[3]。

4 解决方案探讨

4.1 设计之初,全局考虑

在电厂建设时,个人剂量信息管理系统、核电厂生产管理系统、EPD 系统,单独设计、开发,没有考虑系统间业务流程和数据交换的衔接,为后续的二次开发和改造增加很大的难度和高昂的费用。福清核电规划的个人剂量管理网络构架见图 1,个人剂量管理信息系统与核电厂生产管理系统、EPD 其他系统存在数据业务关系,在设计之初,理清这三个系统之间的关系,明确各个系统的功能要求和业务逻辑,从辐射防护管理全局考虑,进行整体设计就显得尤为必要。

目前,从国家层面,我国个人剂量监测数据没有建立严格意义上的登记制度,监测内容、数据格式也未统一,无法在国家层面上得到充分共享。为规范个人剂量监测和管理能力建设,应加强顶层设计,对个人剂量监测的标准制定、信息上报途径、信息格式与内容进行统筹规划,生态环保部正在从国家层面进行顶层设计,筹建国家辐射职业照射信息系统,实现信息共享。

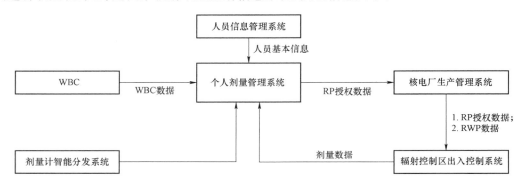

图 1　福清核电个人剂量网络构架规划

4.2 加速设备软硬件国产化

目前,国内核电行业,除了个人剂量管理信息系统和辐射防护智能配发系统由国内企业开发外,企业资源管理系统、核电厂生产管理系统、EPD 系统和全身计数器都只能依赖于国外产品。由于行业用户范围窄,用户集中在核电行业,产品开发设计技术人员均在国外,国内没有设置专门的软件技术人员。这样,造成后续维护成本高,后期各系统间进行接口开发时,改造费用也很高。只有这些产品国产化后,无论设计上与厂家协调,还是后续的二次接口开发,都会非常方便,成本也会低很多。

国内,中国兵器工业第五八研究所进过多年研究,也已形成全身 γ 污染监测仪,NBM-11 全身 β 污染监测仪、NLM-11 衣物放射性污染检测分拣仪、NTM-11 小物品污染检测仪、NPM-11 人员 γ 污染监测仪、NVM-11 辆 γ 污染监测仪、核电站辐射监测软件、剂量管理系统软件和系统集群管理软件等[4]。中辐核仪器有限公司已能够生产 SPD100 型 EPD,中国辐射研究院也已研制成功全身计数器(WBC)产品,硬件研发能力已经具备条件。用友软件已为三门核电开了一套完整的企业资源和生产管理系统,也有具备相应软件开发能力的企业。比较欠缺的,需要能够整合个人剂量监测管理软、硬件能力的企业。

5 结束语

生态环保部正在进行顶层设计,筹建全国统一的个人剂量管理系统,推进核与辐射安全监管系统化、科学化、标准化、精细化、信息化,提升综合监管能力。国内的信息技术水平和硬件研发水平,也已具备开发个人剂量全套管理系统的能力。国内核电厂从行业发展来看,循序渐进,从新建核电厂开始,逐步推进个人剂量监测管理系统、设备国产化、产业化。掌握核心技术,打破国外的垄断,促进中国核能行业的发展。

参考文献:

[1] 潘自强,程建平,等.电离辐射防护和辐射源安全[M].北京:原子能出版社,2007.4.

[2] 第利民,李睿荣,等.大亚湾核电站个人受照信息管理系统[J].辐射防护,2005,25(4):251-255.

[3] 王立芳,何俊男.群堆运行模式下核电厂的控制区出入监测及其系统联网改造[J].辐射防护,2015,35(4):232-238.

[4] 杨素,韩美香,等.我国核电站控制区出入监测与剂量管理系统[J].兵工自动化,2012,31(9):78-81.

Research on overall design of personal dose monitoring management system in nuclear power plant

XU Ming-hua,GONG Lei,DAI Sheng-qian,ZHOU Tie-nan,DU Rui

(Fujian Fuqing Nuclear Power Co.,Ltd. Sanshan Town,Fuqing City,Fujian Province,China)

Abstract:article describes the relevant systems involved in radiation personnel authorization and personal dose monitoring for domestic nuclear power plants,as well as the status of radiation control zone access authorization and personal dose monitoring. The individual dose management information system,production management management system,and control system access control system of a nuclear power plant can't reach the refinement of the entrance and exit authorization and dose monitoring of radiation workers,and effectively adopt the radiation protection optimization measures.,improve radiation protection performance. In this paper,the authorization and dose monitoring of radiation workers in nuclear power plants are explained by the interface problems between systems,and the bottlenecks caused by the improvement of radiation protection management are elaborated and explored to clarify the necessity of localization of personal dose monitoring equipment,systems and production management systems.

Key words:Information system;Personal dose;Radiation protection;Dose monitoring;Design

核工程高密度防辐射混凝土泵送施工技术研究与应用

钱伏华，魏建国，梁权刚

(中国核工业华兴建设有限公司，江苏 南京 211900)

摘要：核工程通常采用高密度防辐射混凝土对反应堆中的 γ、λ 射线和中子流产生的辐射进行屏蔽。在高密度混凝土施工中，因高密度混凝土所用材料间的密度巨大差异，混凝土拌合物坍落度过大时更容易分层离析，导致混凝土结构内部出现空腔或局部密度满足不了设计要求影响结构屏蔽效果，产生安全风险。本文通过对高密度防辐射混凝土的应用现状分析、原材料选择、配合比优化设计及施工性能改进与提高等方面进行了系统研究，开发出工作性能优良、可泵性好的大流动性高密度混凝土，解决了核工程高密度防辐射混凝土施工难题。

关键词：核工程；高密度防辐射混凝土；结构屏蔽；泵送施工

前言

核反应堆中因裂变、衰变而产生的裂变碎片和衰变产物以及释放出带能量的 α、β、γ、中子射线和 X 射线能对环境造成污染，对操作人员造成伤害，致使仪器材料发热活化而导致测量仪器性能降级等，因此宜制作易成型的高密度防辐射混凝土广泛应用在核反应堆防护结构、核燃料存贮等工程中。

高密度防辐射混凝土的主要应用特征是基于其较高密度来屏蔽有害射线，因此保证密度至关重要，这就要求其具备良好的致密性和均质性。但因高密度防辐射混凝土所用材料间的密度巨大差异，使得新拌混凝土拌合物极易分层离析，尤其是混凝土坍落度过大时离析现象更甚，这可能导致混凝土出现空腔或局部密度满足不了设计要求影响结构屏蔽效果，产生安全风险。这也是一直以来高密度防辐射混凝土较少采用泵送施工的主要原因之一。

目前我国核电站等核工程反应堆厂房内部结构、核燃料厂房、废物附属厂房、放射性废物处理厂房、核辅助厂房等部分厂房墙体和局部楼板采用表观密度不低于 3 600 kg/m³、抗压强度不小于 30 MPa 的高密度防辐射混凝土。基于质量控制要求，加上施工技术手段所限，一直采用拌合物坍落度为 40～80 mm 的混凝土，现场主要采用塔吊加吊斗的施工方式，对混凝土施工操作技能要求高，施工效率低下，混凝土易密实差，高密度防辐射混凝土在实体结构浇筑时更易产生空腔或均质性差等质量缺陷。

随着核电安全越加重要，核反应堆结构设计中用于屏蔽有害射线的混凝土工程量越来越大，质量要求越来越高，过去小方量、低效率的施工已不能适应现代工程管理的需要。通过技术创新实现高密度防辐射混凝土可泵送性及其高性能化，提高大密度防辐射混凝土施工性能对解决核工程大体量及高密度的混凝土施工难题、解决高密度混凝土施工质量通病、提高施工效率，降低工程成本，保证工程质量和工期具有重要意义。

1 关键技术与解决思路

1.1 高密度防辐射混凝土原材料选择

（1）骨料选择是关键

表观密度、铁元素等元素含量、化合水含量是高密度防辐射混凝土的重要技术指标，混凝土骨料的选择对高密度防辐射混凝土的性能有决定性的影响。配制高密度防辐射混凝土时，常采用各种铁

作者简介：钱伏华(1971—)，男，宁夏中宁人，研究员级高级工程师，学士，现主要从事核工程建造工作

矿石及人造骨料,如磁铁矿、赤铁矿、褐铁矿、重晶石、蛇纹石、钢段、铁丸、铅丸、铸铁粒等特殊骨料。高密度防辐射混凝土骨料按以下原则选材:

1)高密度防辐射混凝土骨料是保证混凝土表观密度的主要材料,在配制抗辐射屏蔽用混凝土时,骨料表观密度不宜低于混凝土表观密度的1.25倍。

2)粗、细骨料级配要求

对高密度防辐射混凝土来说,骨料是决定混凝土屏蔽性能的主要因素。配制高密度防辐射混凝土需要选择空隙率低、比表面积相对较小的骨料。骨料的质量越好,即骨料的粒型和级配越好,骨料紧密堆积时的空隙越小,单方混凝土中的胶凝材料用量越少,混凝土体积稳定性越好,同时使混凝土表观密度最大化。

用于泵送施工的高密度防辐射混凝土宜采用为5～20 mm的连续级配(或由5～10 mm连续级配和10～20 mm单粒级级配按一定比例混合)碎石,Ⅱ区中砂细骨料(细度模数宜为2.5～2.8)。配制表观密度为4 000 kg/m³以上的高密度防辐射混凝土时,可掺加4 mm以下铸铁粒、铅丸等大表观密度颗粒材料。

3)高密度防辐射混凝土骨料选用参考依据

混凝土表观密度在3 600～3 800 kg/m³间,采用表观密度4 400～4 850 kg/m³的骨料较合适,当混凝土表观密度大于3 900 kg/m³时,需要掺加钢段、铅丸、铸铁粒等表观密度更大的骨料来配制。一般以赤铁矿、磁铁矿、褐铁矿等宜采购的矿石加工为主。

表1　高防辐射混凝土骨料选用参考表

砼表观密度标准值/(kg/m³)	3 500	3 600	3 700	3 800	3 900	4 000	4 100	4 200
砼表观密度设计值/(kg/m³)	3 675	3 780	3 885	3 990	4 095	4 200	4 305	4 410
骨料表观密度/(kg/m³)	4 400	4 600	4 700	4 800	5 000	5 200	5 300	5 500
骨料选用	重晶石	赤铁矿(或褐铁矿)	赤铁矿(或磁铁矿)	赤铁矿(或磁铁矿)	磁铁矿+铸铁粒	赤铁矿(或磁铁矿)+铸铁粒	赤铁矿(或磁铁矿)+铅丸	赤铁矿(或磁铁矿)+铅丸+钢锻

4)选用高密度防辐射混凝土用骨料时应该综合其成本

高密度防辐射混凝土骨料价格高,应因地制宜选择材料。骨料加工难度大,混凝土工程量较大时需要结合企业生产能力选择合适的级配要求,否则可能造成质量不稳定,影响混凝土施工;骨料可采用多种单粒级按比例混合成连续级配的方式以降低骨料加工难度。

(2)选择合适优质的多组份外加剂是配制高性能高密度防辐射混凝土的主要措施

高密度防辐射混凝土宜选择含有增稠、保坍缓释的复合型聚羧酸外加剂,以保证混凝土具有良好的和易性。通过选择合适的复合型聚羧酸外加剂来改善高密度防辐射混凝土工作性能也是最可行最经济的措施。

1.2　高密度防辐射混凝土施工工艺优化

混凝土施工性能是综合反映混凝土拌合物流动性、可塑性、均匀性、抗分层、抗离析泌水及易密性等性能的指标。混凝土施工性能的好坏直接影响混凝土施工效率及混凝土结构质量。高密度防辐射混凝土因组份间密度差异大,新拌混凝土拌合物易分层离析,混凝土内部均匀性差,质量难以保证。为了防止拌合物分层离析,保证浇筑的混凝土密实均匀,一直以来都是通过采用干硬性或低坍落度混凝土施工,导致大密度防辐射混凝土现场施工效率低下,劳动强度大、施工成本高、施工周期长等问题。

高密度防辐射混凝土施工性能优化是指改善上述不足,采取提升其流动性、抗分层离析和易密性的能力。通过施工性能优化配置工作性能好、可泵送施工的混凝土,替代传统的采用塔吊加吊斗的施工方式,避免混凝土漏振产生的内部空鼓和不均匀性,改善混凝土耐久性,达到保证质量,提高施工效益,缩短施工工期的目的。

1.2.1 优化混凝土施工性能思路

从目前的研究现状来看,高密度防辐射混凝土施工性能优化主要是从配合比优化设计方面入手,是改善混凝土施工性能是简便宜行的方法。

另外,还可以从优选设备来实现泵送工艺,如采用高压泵实现表观密度 3 500 kg/m³、坍落度 80~120 mm 的方案。采用高压泵来实现泵送工艺较为可行,但对泵送设备要求高,设备费用投入大,且长期中低坍落度泵送施工会缩短设备使用寿命。

基于以上因素,结合高密度防辐射混凝土更宜分层离析的原因,除在优化配合比设计外同时采用复合型聚羧酸外加剂来适当增加混凝土的黏聚性和可泵性,一方面增强抗分层离析,另外增大混凝土流动性与易密性,控制混凝土经时损失,减少混凝土与泵管的摩擦,提高泵送性。在施工工艺方面,通过模拟现场情况,研究出合理的搅拌顺序泵管布置及布料、振捣工艺,观察不同施工条件下的模拟浇筑块体的内外部质量情况,确定最终最优的施工工艺。

1.2.2 高密度防辐射混凝土配合比设计

(1)选择合适的坍落度

目前核电工程重晶石混凝土采用吊车加料斗的施工方式,坍落度控制在 60~100 mm;表观密度不大于 3 500 kg/m³ 的混凝土采用泵送施工工艺时,选择 80~120 mm 的坍落度。从实际施工来看,普通混凝土采用 80~120 mm 的坍落度也常出现堵泵现象,除非泵送距离短(30 m 以下)或采用进口的性能好的泵机。泵送混凝土相关规范也规定,泵送距离超过 30 m 时,混凝土坍落度不宜低于 140 mm。高密度防辐射混凝土泵送难度更大,从拌合物工作性能和施工要求方面综合考虑,设计表观密度不小于 3 500 kg/m³ 的混凝土拌合物坍落度设计值控制在 140~180 mm,1 h 坍落度损失值不宜超过 20%。

(2)选择合适的水泥用量和水灰比

水泥和水是高密度防辐射混凝土中的轻质材料。当设计表观密度不小于 3 600 kg/m³ 时,水泥和水的用量影响着重骨料的掺量,最终影响着混凝土的表观密度。因此设计高密度防辐射混凝土时在满足混凝土拌合物工作性和强度指标的前提下尽量减少水泥和水的用量。

在设计时充分考虑胶凝材料用量、砂率、外加剂组合,使混凝土具有一定的稠度和黏聚性,使和易性达到最佳,防止分层,满足可泵性,同时重骨料用量最大化。

一般配合比优化设计主要采用增加胶凝材料或增加超细集料来实现。表观密度在 3 400 kg/m³ 以下的混凝土可采用增加胶凝材料或增加超细集料来实现。但混凝土设计表观密度超过 3 400 kg/m³ 时,骨料体积比不宜小于 0.71,考虑水的体积后,胶凝材料量不超过 380 kg/m³,否则很难满足表观密度指标要求。

(3)利用高性能外加剂改善混凝土工作性

基于高密度防辐射混凝土对工作性和表观密度的要求,选择合理的复合型聚羧酸外加剂显得更为重要。具有保塑、缓凝、引气等功能的外加剂能保证混凝土拌合物具有良好的工作性和泵送性,是配制高性能泵送混凝土的主要手段。

(4)外加剂与水泥、骨料间的相容性试验

水泥与外加剂相容性试验,主要考查相同外加剂或者水泥时,由于水泥或外加剂的质量而引起水泥浆流动性、经时损失的变化程度以及获得相同流动性外加剂用量的变化程度。在确定水泥与外加剂相容性试验后,需进一步确定外加剂与水泥和细骨料相容性,即确定因外加剂和水泥浆体与细骨料引起砂浆流动性、经时损失的变化程度以及获得相同流动性外加剂用量的变化程度。

外加剂在推荐掺量,或者在适当增大掺量情况下,虽然混凝土拌合物初始流动性良好,初始坍落度能达到设计要求,但出现坍落度经时损失过快,甚至拌合物泌水严重,出现板结现象,说明水泥与外加剂相容性差,需要调整水泥矿物组份或外加剂组份来解决问题,但从经济性和效果来说应优先考虑调整外加剂组份和适应水泥,避免出现以上现象。

（5）高密度防辐射混凝土施工配合比确定

通对 3 600～4 200 kg/m³ 等系列高密度防辐射混凝土进行配合比设计试配,在试验研究的基础上,通过理论分析和试配验证,建立高密度防辐射混凝土配合比设计方法和计算公式。

高密度防辐射混凝土配合比设计是屏蔽 γ 及 X 射线关键技术,混凝土的表观密度越大越,其屏蔽防护效果越好,故配合比设计时应先考虑混凝土的表观密度和密实程度,再考虑强度和施工工艺。

1.2.3 高密度防辐射混凝土泵送施工工艺

（1）混凝搅拌运输

高密度防辐射混凝土现场搅拌设备可采用普通混凝土搅拌运输设备,混凝土加料顺序和搅拌时间由试验确定。混凝土搅拌量应根据表观密度与普通混凝土表观密度的比值进行相应比例减少;搅拌运输车装载混凝土质量不超过运输车额定装载量,并尽可能减少运输距离。

研究表明不同表观密度的混凝土应采用不同的施工技术和施工工艺参数包括装料率、加料顺序、搅拌时间、振捣时间和浇筑方式等。高密度防辐射混凝土优先选用拖泵,也可根据现场情况选用布料机和拖泵组合使用。选择泵送设备时,首先应考虑泵的额定工作压力。一般选择最大理论输出压力 16 MPa 以上,发动机额定功率 132 kW 以上的柴油泵为宜。输送管道宜配置 125 mm 泵管。

（2）混凝土分层布料厚度

高密度防辐射混凝土连续浇筑,中间停顿时间不得超过混凝土初凝时间。泵送垂直高度不宜超过 50 m,泵送距离不宜超过 150 m（可按管道折算长度）,管道布置时尽量减少弯头数量（不宜超过 5 个）,避免使用橡胶软管。泵送软管出口距浇筑面的高度不大于 1.5 m,防止混凝土产生离析。

大体积高密度防辐射混凝土采用斜向分层推移法布料。混凝土从底层开始浇筑,进行一定距离后回来浇筑第二层,如此依次向前浇筑以上各分层。布料厚度一般不超过 300 mm,布料间距为 2 m,一次推移宽度不超过 1.5 m,混凝土浇筑面坡度约为 1∶5,混凝土振捣与布料方向均自下而上进行。

（3）混凝土振捣工艺

插入式振动棒在每一振动位置的振动时间不可过短或过长,过短则混凝土振捣不密实,过长混凝土产生离析,一般情况振动时间为 20～30 s,振捣棒插点排列均匀,振捣间距控制为 350 mm 为宜。对每一振捣部位,振捣原则为混凝土无显著沉落、表面呈现平坦,混凝土已不冒气泡、混凝土开始泛浆为止。浇筑过程中,应注意检查模板和支撑的稳定性及牢固程度,发现有变形,应立即停止浇筑,并及时进行模板修补和加固。

在振捣上一层时,应将振捣棒插入下层混凝土中 4 cm 左右,以便上、下两层更好的结合,同时在振捣上层混凝土时,要在下层混凝土初凝前进行。振捣时,不得出现漏振,同时也不得过振,以免混凝土离析。

（4）混凝土养护工艺

春、夏、秋季环境平均温度高于 15 ℃时,高密度防辐射混凝土浇注完毕后,且表面最终处理完成后,混凝土终凝之后对其表面铺一层麻袋片,及时浇水湿润,然后铺上一层塑料薄膜,保湿养护。

冬季环境平均温度低于 15 ℃时,高密度防辐射混凝土浇注完毕后,且表面最终处理完成后,应在 10～12 h 之内,终凝之后对混凝土表面铺一层麻袋片,及时浇水湿润,然后铺上一层塑料薄膜,最后铺一层保温棉,保温棉互相搭接不小于 200 mm。保温保湿养护,以控制混凝土内外温差及阻止混凝土水份的损失,促使混凝土强度的正常发展及防止裂缝的产生。

2 现场模拟试验验证施工工艺可行性与可靠性

2.1 模拟试验目的与意义

通过配合比优化设计能保证混凝土出机拌合物工作性能和力学性能,但在实际工程中,由于高密度防辐射混凝土的特殊性,在搅拌、运输、泵送及浇筑过程中质量更难控制。且因混凝土浇筑后不能在实体结构上进行破坏性试验进行质量检测,因此在高密度防辐射混凝土施工配合比确定后,通过现场模拟试验来验证施工工艺步骤和参数,并根据试验结果优化固化大容重防辐射混凝土施工工艺,是检验核工程混凝土可靠性的主要手段。

通常模拟试验选取钢筋密集,又有预埋件和预留洞、施工难度最大的结构作为试验段,按1:1的比例支模,绑钢筋,安装预埋件和预留洞。参考现场条件布置泵送与泵送设备,按预定工工艺浇筑高密度防辐射混凝土。模拟试验需达到以下目的:

1)验证高密度防辐射混凝土的配合比、流动性、强度及混凝土的密实性和均匀性;

2)验证高密度防辐射混凝土的可泵性;

3)让技术人员、质检人员、混凝土操作等相关人员熟悉和掌握高密度防辐射混凝土的施工;

4)分析总结形成合理的工艺参数,如下料方法、浇筑分层厚度、合理的振捣时间等。

2.2 模拟试验过程

通过配合比优化设计保证了混凝土出机拌合物工作性能和力学性能。但在实际工程中,由于高密度防辐射混凝土的特殊性,在混凝土搅拌、运输、泵送及浇筑过程中质量更难控制。在高密度防辐射混凝土施工配合比确定后,通过现场模拟试验来调整施工工艺步骤和参数,并根据试验结果优化固化混凝土施工工艺,保证施工质量。

施工工艺试验:按既定的配合比在搅拌站搅拌混凝土并通过各种运输、泵送、振捣、养护条件,观察不同施工条件下的模拟浇筑块体的内外部质量情况,确定最终最优的施工工艺。结合以上配合比设计方案,最终选择用于模拟试验的配合比见表2。

表2 模拟试验用配合比

水	水泥 P.O42.5 R	赤铁矿砂 中砂	赤铁矿碎石 5～10 mm	赤铁矿碎石 10～20 mm	外加剂 JM-PCA(I)
180.00	380.00	1 330.00	760.00	1 150.00	6.50

泵送施工工艺可行性试验:按配合比在搅拌站搅拌混凝土,卸入混凝土运输车,在车内停留45 min,做坍落度损失试验,取样成型试件。在设计制作好的试验段区泵送浇注混凝土,按程序振捣、养护。混凝土块体在3 d后拆模检查外观质量,再从特征部位剖开,观察其混凝土的密实情况和骨料分布的均匀性情况。某核工程结构墙体用高密度防辐射混凝土模拟试验段布置见图1。

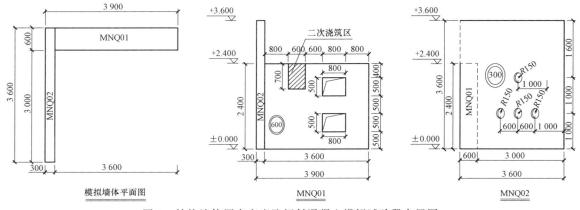

图1 结构墙体用高密度防辐射混凝土模拟试验段布置图

模拟试验结构质量检查:混凝土应里实外光,骨料分布均匀,无分层现象,气泡小而少,分布均匀,预留洞的周边与模板和预埋件中与钢板相贴的地方填充密实,钢筋密集的地方无孔洞。符合质量要求则验证工艺可行,否则查找原因重新设计混凝土进行试验。模拟墙试验结果见表3。

表3　模拟墙试验结果

序号	项目	试验结果
1	重混凝土强度/MPa	>35 Pa
2	最适宜的搅拌时间/s	90～120
3	搅拌量/m³	2
4	最适宜的振捣时间/s	35
5	混凝土表观密度/(kg/m³)	3 800
6	混凝土初凝时间/h	7
7	混凝土终凝时间/h	10
8	坍落度/mm	160±30
9	混凝土出机温度/℃	15
10	混凝土入模温度/℃	19 ℃
11	下料高度/m	<1.5
12	下料点间距/m	2
13	浇筑分层/mm	300
14	振捣间距/mm	300～350
15	泵送距离/m	243
16	泵送压力/MPa	30
17	浇筑速度/(m³/h)	20

通过模拟试验结构墙体拆模后钻芯质量检查表明(模拟墙模板拆除后墙面与钻芯样效果见图2),在工程中表观密度小于3 800 kg/m³混凝土通过优化配合比与施工工艺完全可实现泵送浇筑法施工,采用泵送浇筑工艺可提高施工速度6～10倍。但对于大于3 800 kg/m³高密度防辐射混凝土宜采用常规方式施工。

图2　模拟墙模板拆除后墙面与钻芯样效果

3　高密度防辐射混凝土泵送施工情况与效果

某工程生物防辐射用高密度防辐射混凝土设计容重不低于3 600 kg/m³,硬化后表观密度不低于3 700 kg/m³,28天抗压强度不小于35 MPa,混凝土施工总量近4 000 m³。现场采用一台46 m半径汽车泵和2台坐地泵+布料机进行泵送施工。施工过程顺利,混凝土各项指标完全满足设计要求。高密度防辐射混凝土现场泵送施工试验结果见表4。

表 4　高密度防辐射混凝土现场泵送施工试验结果

序号	项目	试验结果
1	混凝土强度/MPa	均值 55 Pa
2	混凝土表观密度/(kg/m³)	均值 3 840
3	硬化混凝土表观密度/(kg/m³)	均值 3 830
4	混凝土初凝时间/h	7
5	混凝土终凝时间/h	10
6	坍落度/mm	150～190
7	混凝土出机温度/℃	15
8	混凝土入模温度/℃	19 ℃
9	施工工艺	泵送施工距离(m)243
10	浇筑速度/(m³/h)	20
11	抗渗	P10 合格
12	混凝土均匀密实性	内部均匀密实性

通过采用坐地泵＋布料机泵送高密度防辐射混凝土施工与传统人工搬运或塔吊＋料斗吊运高密度防辐射混凝土施工比较，泵送施工时每立方混凝土节约人工费近 100 元，每立方混凝土施工时间节约 20 min。泵送施工缩短了结构施工在施工关键路径上的时间，简化了施工过程，降低了施工中的质量风险，提高了综合工作效率。同时减少了人工投入和塔机的占用时间，对整个工程来说节约了建设成本，经济效益良好。

图 3　高密度防辐射混凝土现场泵送施工情况

4　结论

本文通过对核工程大密度防辐射混凝土施工中存在的问题进行分析，提出了解决高密度防辐射混凝土工作性的思路和方法，并进行了模拟验证及实际施工应用，得出以下结论：

（1）高密度防辐射混凝土用骨料控制指标以表观密度为主，其他指标也应符合要求。表观密度低于 3 600 kg/m³ 的高密度防辐射混凝土宜采用赤铁矿或重晶石骨料；表观密度不低于 3 600 kg/m³ 的高性能高密度防辐射混凝土宜采用表观密度不低于 4 650 kg/m³ 的赤铁矿或磁铁矿骨料。

（2）高密度防辐射混凝土配合比设计的优先重要指标是表观密度，可通过混凝土高性能化途径，提高混凝土密实性，提高防辐射混凝土耐久性，保证其防辐射性能的长期稳定性。

（3）高密度防辐射混凝土的均匀密实性影响着混凝土功能。高密度防辐射混凝土应进行模拟试验，以验证配合比和施工工艺的可行性。采用泵送施工工艺时，还应进行泵送试验。拌合物表观密度 3 500 kg/m³ 以下的混凝土可以实现 150 m 距离的泵送施工。拌合物表观密度 3 500～3 800 kg/m³ 的重混凝土可以考虑 100 m 距离的泵送施工。表观密度超过 3 800 kg/m³ 的重混凝土以吊机加料斗的方式施工。

（4）泵送施工时必须保证混凝土工作性能良好，泵送施工时坍落度宜控制在（160±20）mm。坍落度过小对泵送设备要求高，也影响施工效率；坍落度过大时高密度防辐射混凝土易分层离析，易造成堵泵。

（5）混凝土生产投料顺序、搅拌时间对混凝土拌合物和混凝土的力学性能有一定的影响。对投料顺序和搅拌时间进行恰当的设置，能使均匀的浆体分散包裹在骨料的表面和填充骨料的间隙。恰当的搅拌时间也使外加剂充分发挥作用，避免搅拌时间过长削弱外加剂的保坍能力。

致谢：

本论文所述内容来自于中国核工业华兴建设有限公司承担的国防科工局核能开发利用项目《核反应堆以及先进核反应堆关键技术》研究成果。感谢科研小组的全体成员在课题研究程中提供的便利和帮助。

参考文献：

[1] 李国刚. 防辐射高性能混凝土材料研究[D].武汉理工大学.
[2] 方卉. 重混凝土的配合比设计方法的探讨[J].混凝土,2009(1):111-113.
[3] 伍崇明,丁德馨,肖雪夫. 高密度混凝土辐射屏蔽试验研究与应用[G],原子能科学技术,2008,42(10):957-960.
[4] 王萍,王福川. 防辐射混凝土的试验研究[J].建筑材料学报,2000,3(2):182-186.
[5] 吴会阁,谌会芹,王晓中. 赵彦重混凝土的研究与工程应用[J].混凝土,2011 年第 11 期.
[6] 陈友治,李儒光,李新平,等. 高性能重质混凝土的制备[J].《混凝土》,2011 年第 4 期.
[7] 丁庆,张立华,胡曙光,等. 防辐射混凝土及核固化,材料研究现状与发展[J].武汉理工大学学报,2002,24(2):16-19.

Research and application of high density radiation-proof concrete pumping construction technology in nuclear engineering

QIAN Fu-hua, WEI Jian-guo, LIANG Quan-gang

(China Nuclear Industry Huaxing Construction Company Ltd., Nan Jing, Jiang Su Province, China)

Abstract: γ rays, λ rays and radiation from neutron streams are usually shielded by High Density Radiation-proof Concrete in Nuclear Engineering. During the construction of high-density concrete, due to the huge difference between the materials, the concrete mixture will be more likely to be stratified and segregated when the collapse is too large, which will lead to the occurrence of cavity or local density in the concrete structure that cannot meet the design requirements and affect the shielding effect of the structure, resulting in safety risks. Through the systematic research on the application status analysis, raw material selection, mix proportion optimization design and improvement of the construction performance, developed the High Density Radiation-proof Concrete with excellent performance, good pump-ability and large flow, solves the construction problems of High Density Radiation-proof Concrete in Nuclear Engineering.

Key words: Nuclear Engineering; High Density Radiation-proof Concrete; Structural Shield; Pumping Construction

核工业企业职业健康与辐射安全管理和应用研究

吴艳鑫,赵　勇

(核工业计算机应用研究所,北京市 100048)

摘要:随着国家职业健康管理要求的不断提高,核工业企业职业健康与辐射安全管理的任务从对各成员单位的职业病病例统计及辐射剂量监测数据收集、核对、登记扩展到核工业工作人员职业健康体检信息收集统计、工作场所职业危害水平分析、职业健康管理和辐射防护风险分析等,监管压力日益加大,传统的职业健康与辐射安全管理手段已难以满足新形势下的管理工作发展需求。同时,从信息化管理角度考虑,核工业企业职业病防治与辐射安全管理工作形成了海量数据(包括并不局限于职业病报告数据、职业健康检查数据、所在企业和岗位职业病危害因素检测数据、职业病防护设施数据和个人剂量、个人剂量与健康数据等)。如何有效地组织、开发和利用职业危害防治与辐射安全管理大数据,对集团公司职业病监测预警、风险评估、辐射安全、应急处置、诊断治疗、科学研究和政策制订等职业病防治工作提出了巨大挑战。

关键词:职业健康;危害检测;安全管理大数据

1　概述

1.1　背景

　　核工业作为特殊的行业,涉及完整的核燃料循环链及广泛的核与辐射技术应用领域,根据核工业企业职业健康和个人剂量技术支撑单位相关统计资料,其系统内存在的职业病危害因素。核工业企业急需搭建覆盖全企业一体化的职业健康与辐射安全管理系统,利用现代通信、数据库、大数据以及人工智能等先进信息化技术,将职业健康与辐射安全管理中的各要素汇总至数据库,并与职业健康息息相关的各种行为相结合进行统计分析等,提供职业危害风险评估与预测预警等辅助决策应用,逐步提高核工业企业职业病危害防治与应急管理决策的效率及水平,使职业健康与辐射安全管理工作从传统粗放的指标控制模式向精细的技术决策型模式转变。

1.2　现状与差距

　　我国核工业企业职业健康与辐射照射管理起步较早,但近几年受经费及基础硬件等条件的限制,存在一定的短板,主要问题如下:

　　1)范围广、数据量大、管理难度高

　　职业健康与辐射安全内容包括成员单位职业健康监护、工作场所职业危害因素检测、职业照射剂量、放射源安全管理等,各类管理有不同特点与要求,且数据信息大(每年产生职业健康体检数据上亿条、监测点数据几百万条、个人剂量数据十余万条)、数据结构多样(包括结构、半结构和非结构化数据)、管理难度较大;同时,将有限的业务人员投入需耗费大量精力和时间的重复繁琐工作中,也存在管理效率低下等问题。

　　2)早期信息化系统技术落后,数据存在丢失风险

　　因技术等问题,早期的职业病危害因素监测统计的数据库系统与职业性照射个人剂量管理系统已无法满足需求,且导致部分存储数据存在丢失的风险;

　　3)功能不全,已无法满足当前的管理需求

　　现有职业健康与辐射剂量管理信息数据不便于检索、统计分析,难以为企业提供准确的职业人群健康状况资料和为核工业企业制定职业病危害防治策略和辐射防护策略提供技术支撑。因此,亟需借助信息化手段提高全系统职业健康和职业照射管理工作的水平和质量。

1.3 论文研究的目标和主要内容

1.3.1 研究目标

通过核工业职业健康与辐射安全管理研究,实现职业健康和职业照射监管过程的全面信息化管理,规范数据的标准化、流程化,弥补传统工作模式的不足,提高工作效率和质量,进而分析职业病危害的发展态势,预测未来职业病的发生情况,为职业病危害的分类监管和重点监控,以及为职业病危害预警与应急响应提供辅助决策和技术支持,使职业健康管理工作进一步向精细的技术决策型模式转变,为集团公司科学决策与管理提供依据。

综上所述,通过研究核工业企业职业健康与辐射安全管理系统,将切实提升核工业职业健康和职业照射的管理效率和水平,并对核工业人工智能及大数据应用水平做出有益的探索和提高。

1.3.2 主要研究内容

通过本内容研究,构建覆盖核工业企业职业健康和职业照射个人剂量数据管理平台;在采集1 000多个数据项的基础上,能够生成100余种数据统计报表及多达百余种分析指标的分析工具;实现危害因素种类与水平、接触人数变化、重点职业健康体检指标变化、职业病发病变化、职业照射个人剂量等十余种趋势及预警模型的辅助决策;并最终以领导驾驶舱的形式对核工业职业健康监护和职业照射个人剂量管理进行全景展示。为实现核工业企业职业健康与辐射安全管理的全方位管控与智能决策,进一步提升核工业职业健康和职业照射管理效率和管理水平提供抓手。

2 系统需求分析

2.1 采用技术分析

系统将开发满足核工业企业应用系统环境的软件平台一套,数据库采用 ORACLE,中间件采用TOMCAT。

数据方面,优先制定业务数据标准,并将系统底层数据直接融入数据平台;

业务方面,基于研发平台用户组件、人员组件、报表组件、流程组件等通用组件实现相关业务。

2.2 需求分析

核工业作为特殊的行业,其系统内存在的职业病危害因素包括放射性职业危害、化学毒物、粉尘、噪声和高温等,存在职业病危害因素,受职业健康危害影响的人数超过十万余人。随着产业规模的扩大,以及后处理、退役业务的发展,产生或者存在的职业病危害因素的场所、职业病危害因素的种类、强度、接触人数等大幅增加,加强作业场所职业卫生管理的重要性越来越突出,亟需借助信息化手段提高核工业企业职业健康和职业照射管理工作的水平和质量。

为面向核工业职业健康与职业照射管理业务的专业系统,核心用户是企业相关业务部门、各成员单位业务部门、企业职业健康和职业照射管理技术支持单位。从业务视角进行分析,该需求主要针对企业本部、专业化公司及成员单位,各单位主要有以下业务需求:

(1)主管单位主要业务需求

该需求主要针对企业相关业务部门。企业相关业务部门可查看各类统计报表、趋势分析结果及各单位的历史事情职业健康报告,并能够以领导驾驶舱的形式查看核工业职业健康和职业照射个人剂量管理的全景展示。

同时,企业相关部门可对采集的数据项、计量单位及上下限进行定义;定义职业健康监护和职业照射个人剂量管理数据的上报批次,并对上报过程进行管控;将各成员单位信息进行汇总、清洗,生成上百种统计报表,以此为基础进行数二十种趋势分析及预测,包括并不局限于职业危害接触情况趋势性分析、职业危害种类和强度/浓度趋势性分析、职业健康状况与危害接触情况分析、职业照射趋势性分析、异常事件分析、职业危害风险预测等,为企业相关业务部门业务智能化决策提供技术支撑。自动生成针对全企业各级单位的多历史时期职业健康年度报告并具备预审及发布等功能。企业相关业务部门能够与专业化公司及成员单位就职业健康管理和职业照射个人剂量管理等业务进行线上沟通。

（2）成员单位主要业务需求

各单位在完成自身基础信息、职工信息、放射源信息等基础信息管理的情况下，在授权范围内完成年度多批次职业健康和职业照射个人剂量管理数据的编辑、提交、导入、导出功能，实现初步的数据筛查，形成内部职业卫生档案的归档，同时实现针对本单位统计报表以及趋势分析，接收、查看、导出针对本单位的各时期职业健康报告等功能。

3 系统总体设计

3.1 建设思路和原则

系统将开发满足核工业企业应用系统环境的软件平台一套，数据库采用 ORACLE，中间件采用 TOMCAT。

数据方面，优先制定业务数据标准，并将系统底层数据直接融入数据平台；

业务方面，基于研发平台用户组件、人员组件、报表组件、流程组件等通用组件实现相关业务。

在系统设计与实施的过程中，遵循以下原则：

（1）易用性、规范性原则

在系统设计和建设过程中需按照核工业企业管理信息系统的建设要求，软件界面需要所见即所得、设计友好和操作简单。

（2）先进性、成熟性原则

在设计理念、技术体系选用等方面要求先进性和成熟性的统一，以满足系统在很长的生命周期内有持续的可维护性和可扩展性。系统设计应具有可实施性。

（3）开放性、可扩展性原则

在设计过程中充分利用开放式的、标准化的基础技术；预留与其他系统的接口配置平台，通过接口配置调用降低系统间的耦合度。系统设计要满足现行管理体制和业务规程的实现需要，也能适应今后政府管理体制和业务规程发生变化时的需要，以及由于组织机构调整和业务规则调整的适应性设计等。

（4）可管理与可维护原则

要保证系统的安全、可靠与可用性，降低系统管理员的负担，在建设阶段就应考虑系统的可管理、可维护性，要求提供图形化的配置管理工具，使管理与运行维护操作应尽量简便易行，避免对维护人员过高的要求，使最终用户可以承担非关键非核心的管理和运行维护工作。

3.2 架构描述

系统应用架构如图1所示。

用户层：采用选取的界面框架向用户展示数据，依据用户权限提供人机交互对应的操作界面。

应用层：针对核工业职业健康与辐射安全信息管理的业务逻辑设计对应的模型，通过合理的组合对数据层的操作来实现生成对应的算法，抽象出相关的系统服务以便用户层调用；当业务逻辑发生变更仅修改该层算法即可。

数据层：通过收集分析职业健康与辐射安全的业务数据，主要为应用层提供数据接口服务，并实现业务同底层数据库的映射，可适配连接 SQLserver、ORACLE 与国产数据库等数据库软件。

3.3 系统功能

3.3.1 职业健康与辐射安全基础管理功能

各单位基本信息、人员及权限管理、数据字典管理、指标及指标计量单位管理、通知管理、日志管理等基础功能。

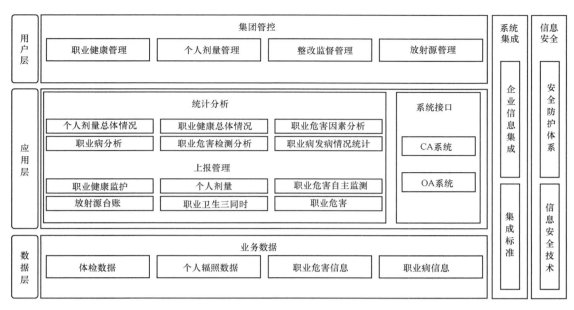

图 1　应用框架

3.3.2　职业健康与辐射安全数据项规则定义功能

定义数据项的上下阈值及相互逻辑关系,用于各单位在数据上报时,系统自动进行数据清理工作,以确保上报数据的可用性。

3.3.3　职业健康与辐射安全专项业务数据维护功能

对两大类、10分类1 000余项数据进行上报报表设计,并提供增、删、改、查、导入、导出等数据项管理功能。用户采用在线填写和数据报表上传的方式进行数据报送。

3.3.4　职业健康与辐射安全专项业务数据清洗功能

单位在提交上报数据时,系统可根据数据项的上下阈值及相互逻辑关系进行数据可用性预清理。

3.3.5　职业健康与辐射安全上报批次及上报过程管理功能

对每年上报数据的批次进行定义,定义参与单位及报送内容。对上报过程进行管理,确定开始和结束时间及中间过程,对参与单位的完成情况进行统计和通知,允许进行回退管理。

3.3.6　职业健康与辐射安全数据统计及报表功能

根据原始上报数据,针对企业本部、专业公司/直属单位、成员单位进行数据统计,并生产专业统计报表百余张。

3.3.7　职业健康与辐射安全数据指标分析功能

该功能是系统的核心模块之一,实现对企业本部、专业公司/直属单位、各成员单位各年度接触职业危害人员情况、职业健康检查情况、工作场所职业危害因素检/监测情况、职业人员职业照射情况等上百种统计指标进行统计计算,并利用条形图、直方图、饼状图、折线图等图表直观描述职业危害因素的分布情况、接触人员的构成、职业病发病率等。

3.3.8　职业健康与辐射安全趋势及预警功能

"防范化解重大风险是国有企业实现高质量发展的前提和基础。"为深入落实国有企业全面风险管控的要求,将基于职业健康及辐射安全管理的全业务数据针对各个风险控制点,以四十余种趋势分析模型为技术基础,建立有效的风险管理系统,通过风险预警、风险识别、风险评估、风险报告等措施,对经营风险进行全面防范和控制。

3.3.9　职业健康与辐射安全评估报告模板定义及报告生成功能

实现对企业要求的月度/季度/年度上报材料的统计,包括给出已上报单位及数量、未上报材料单位及数量、已上报内容名称等,并通过系统对未上报单位进行提醒/提示,同时可生成简单的统计报告。统计报告内容包括系统生成的统计表、统计图和文字性描述,供各级单位领导进行决策。

3.3.10　职业健康与辐射安全领导驾驶舱功能

企业领导驾驶舱平台是立足于职业健康及个人剂量数据之上,作为面向公司战略决策层和经营管理层用户的专业数据展示平台,旨在为其提供高阶决策所需要的各方面信息与支持;覆盖核工业职业健康及职业照射的全方位数据,为管理者提供多视角、多渠道的信息展示窗口,为企业建立整体性较强的视图,使决策者很方便的了解集团当前业务和管理工作整体情况,通过准确的监控核心指标数据,及时排查生产过程中的风险及问题。

3.3.11　职业健康与辐射安全监督管理功能

监督管理模块主要是对成员单位在职业健康和辐射安全管理方面存在问题的监督管理,包括对工作场所职业病危害因素超标情况、职业健康检查不合格/复查情况、个人剂量超标情况等的追踪。其基本工作流程如下:

针对成员单位上报的数据信息,职业健康与辐射安全管理系统自动进行计算,计算结果中出现超标点、不合格项等情况时,则系统自动列出,并将其定义为需整改项,同时提示给成员单位管理人员和企业管理人员。当企业上报整改后的数据信息,且系统计算结果满足要求时,原整改项不再提示,如仍不满足要求,则系统继续提示。对于每个整改项设计闭合整改流程,以利于企业的监督管理。

3.4　非功能性描述

（1）用户界面要求

界面友好、样式美观、简洁、易用;系统整体使用易操作、人性化。

（2）系统可维护性要求

所涉及到的各项应用及管理必须是可管理和维护的。

（3）系统可靠性和易用性要求

需从业务处理方式、控制软件等方面考虑,保证易用性和可靠性。

（4）安全需求

系统安全方面应考虑采用身份认证技术、访问控制技术、数据加密技术等保证系统的稳定和整体安全。

4　结论

核工业企业职业健康与辐射安全管理,将职业健康与辐射安全管理中的各要素汇总至数据库,并与职业健康息息相关的各种行为相结合进行统计分析等,提供职业危害风险评估与预测预警等辅助决策应用,可逐步提高核工业企业职业病危害防治与应急管理决策的效率及水平,使职业健康与辐射安全管理工作从传统粗放的指标控制模式向精细的技术决策型模式转变。

参考文献:

[1] 谢凌峰.中国核工业集团 222 厂职业健康安全管理体系研究[D].湖南大学.

[2] 傅颖华.我国放射工作人员职业健康管理现状及其问题.中国职业医学,2008,35(01):44-46.

[3] 伦汉清,傅铁城,高增林.核工业职业卫生管理调查研究.中国辐射卫生,1994(1).

[4] 刘吟.推行国企职业健康安全体系创建科学的安全管理模式方法研究[J].经营管理者,(2013)30:157-157.

[5] 核工业北京化工冶金研究院.核化冶院通过环境与职业健康安全管理体系再认证、质量管理体系年度监督现场审核[R].

[6] 仇玉华.企业实施职业健康安全管理的必要性和适用性[J].中国保健营养,2020,30(31):384.

[7] 王蕾.核技术应用辐射安全与防护[M].杭州:浙江大学出版社,2012.

[8] 李永江.进一步加强核与辐射安全监管工作[J].中国核工业,2009(03):54.

Study on occupational health and radiation safety management and application in nuclear industry enterprises

WU Yan-xin, ZHAO Yong

(Computer Application Institute of Nuclear Industry Beijing, China)

Abstract: With the continuous improvement of national occupational health management requirements, the tasks of occupational health and radiation safety management in nuclear industrial enterprises extend from the collection, checking and registration of occupational disease case statistics and radiation dose monitoring data of each member unit to the collection and statistics of occupational health physical examination information of nuclear industrial workers, analysis of occupational hazards in the workplace, occupational health management and radiation protectionRisk analysis, supervision pressure is increasing. Traditional occupational health and radiation safety management methods have been unable to meet the development needs of management work under the new situation. At the same time, from the perspective of information management, a large amount of data (including not limited to occupational disease report data, occupational health examination data, occupational-disease-inductive factor detection data of enterprises and posts, occupational-disease-prevention facilities data and personal dose, personal dose and health data, etc.) has been formed in the occupational-disease prevention and radiation safety management work of nuclear industrial enterprises. How to organize, develop and utilize the large data of occupational hazard prevention and radiation safety management effectively poses great challenges to the occupational disease prevention and control work of the group company, such as occupational disease monitoring and warning, risk assessment, radiation safety, emergency treatment, diagnosis and treatment, scientific research and policy making.

Key words: Occupational health

冲击条件下磷酸盐玻璃陶瓷固化体的结构变化研究

王　辅[1,*]，廖其龙[1]，张岱宇[2]，王元林[1]，竹含真[1]

（1. 西南科技大学 材料科学与工程学院，四川 绵阳 621010；2. 西南科技大学 环境与资源学院，四川 绵阳 621010）

摘要：铁磷酸盐玻璃陶瓷固化因具有成分可调性大、熔融温度低、废物包容量高、化学稳定性好等优点而成为固化处理"难溶"高放废物的优异基材。本文以铈（Ce）元素作为锕系核素的模拟元素，采用易于远程操控的"高温加热-冷却"方法，制备出了以独居石为微晶相的铁硼磷玻璃陶瓷固化体，并研究了其在高温高压冲击条件下的物相、结构和 DSC 特征温度的变化。研究结果显示，在设定的高温高压冲击条件下，尽管会导致该玻璃陶瓷固化体有粉化现象，但固化体的特征温度无明显变化，主要网络并未遭到破坏。此外，结构中 Q^2 磷酸盐基团含量的增加和试样的致密化使固化体熔融温度升高，熔融需要消耗的能量增大。研究结果为不可抗拒的（如地震）自然灾害发生时该简洁方法制备出的玻璃陶瓷固化体的稳定性变化提供了前期基础研究。

关键词：高放废物；磷酸盐玻璃陶瓷固化；冲击；结构变化

　　"能源和环境"问题是全世界人民面临的长期问题之一。核能是一种高效、经济且清洁的能源，其和平利用已经有七十余年的历史，已成为我国及世界人民解决能源供需矛盾的重要途径之一，也是我国优化能源结构、保障能源安全和实现节能减排的重要措施之一。然而，核燃料循环必然要产生放射性核废物，尤其是高放废物，具有半衰期长、生物毒性大、处理难等特点，是另一种潜在环境污染问题[1,2]。当前，高放废物的安全处理与处置，已成为制约核能可持续发展的关键因素之一。目前国际接受的高放废物的处置方案是先对高放废物进行固化处理（如：玻璃固化），再深地质处置以最大限度的与生物圈隔绝[1,3,4]。其中固化处理是关键环节之一，该过程将核素"禁锢"于稳定固化基材，形成密实稳定的固化体以阻止核素迁移[5,6]。由于高放废物组分复杂，且废物之间的组分差异大，一种或一类固化基材往往不能满足所有类型高放废物的处理和处置要求，需针对特定组分的高放废物开发与之适应的固化基材及固化工艺[1]。

　　磷酸盐固化基材具有熔点低、成分可调性大、稳定性好等特点，更重要的是该类基材对高放废物中的"难溶"组分包容量较大，是固化处理某些特殊种类高放废物，如熔盐堆高放废物或富含钼、重金属及稀土（如：钕、铈）等元素的高放废物，的优异基材[1,3,7-10]。因而，针对磷酸盐玻璃/玻璃陶瓷基材的研究成为高放废物固化处理近年来的主要研究方向之一。研究发现，通过形成磷酸盐玻璃陶瓷固化体，与对应的磷酸盐玻璃固化体比较，其废物包容量可以提高 50％ 以上[11,12]。由于高放废物具有强放射性，因此，固化工艺的简洁性显得尤为重要。具有简洁工艺的玻璃固化技术是目前全世界唯一工程化应用的固化处理方法[1]。王辅、廖其龙等[11-15]的研究发现，采用与玻璃固化技术相同的简洁工艺（简称"高温加热-冷却"工艺）也能制备出某些综合性能优异的磷酸盐玻璃陶瓷固化体，与相同工艺下获得的磷酸盐玻璃固化体比较，在化学稳定性相当的情况下，其固化体废物包容量提高了至少 50％[12]。这使得玻璃陶瓷固化有可能成为下一个能工程化的高放废物固化处理技术。

　　根据高放废物固化处理与处置的要求，固化体的最终处置场所为地下至少 500 m 深的地下处置库[1,4]。且由于高放废物中的长寿命核素的放射性可持续上万年，因而，往往需要固化体在地下处置库中上万年安全无虞。在这么持久的处置过程中，难以保证没有不可抗拒的（如地震）自然灾害发生。如发生时，固化体将受到强大的冲击作用。因而，固化体不能仅仅只有优异的化学稳定性，还需要好

作者简介：王辅（1984—），男，贵州遵义人，副研究员，博士，现主要从事核废物固化处理材料的基础研究工作。E-mail：wangfu@swust.edu.cn

的结构稳定性。目前针对固化体的化学稳定性研究非常多[6,12,16-19],很少有关注到玻璃/玻璃陶瓷固化体在冲击条件下的结构稳定性。基于此,本文首先采用"高温加热-冷却"工艺制备出化学稳定性优异的独居石-磷酸盐玻璃陶瓷固化体,然后研究了高温高压冲击条件下该固化体的结构变化,以为不可抗拒的(如地震)自然灾害发生时该简洁方法制备出的玻璃陶瓷固化体的稳定性变化提供了理论参考依据。

1 实验

1.1 试样制备

按外层电子、电价、配位数和离子半径相似或相近的原则[1],选用铈(Ce)为放射性核素的模拟元素。根据前期研究结果[1,8,12],以 $36Fe_2O_3-10B_2O_3-54P_2O_5$(mol%)为基础玻璃,按 $90(36Fe_2O_3-10B_2O_3-54P_2O_5)-10CeO_2$ 的化学计量比,采用 CeO_2、Fe_2O_3、H_3BO_3 和 $(NH_4)H_2PO_4$ 原料为各元素的引入物,采用"高温加热-冷却"的简洁方法制备磷酸盐玻璃陶瓷固化体。具体制备过程为:将各原料按上述化学计量比充分混合均匀后放入刚玉坩埚中,于高温炉中从室温升至 1 200 ℃并保温 2 h 左右,随后将获得的低黏度熔体混合物浇注在预先加热的石墨模具中,随后将浇注物转移至 450 ℃的退火炉中保温 1 h 消除潜在的内应力,获得直径为 4 cm 左右的磷酸盐玻璃陶瓷固化体。

1.2 冲击试验

将直径为 4 cm 左右的试样装载于自制的铝模具中,在飞片冲击速度约为 415 m·s⁻¹ 的冲击速度下,使加载到试样上的冲击压力约为 4.5 GPa,温度约为 500 K,记录下冲击信号。在此高温高压下冲击后,回收试样,以用于各种测试,探讨高温高压前后试样的结构、物相和显微结构的变化。试验使用的冲击设备和冲击前后试样的照片如图 1 所示。

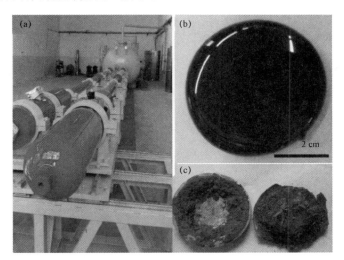

图 1 (a)冲击试验使用的设备,(b)冲击前和(c)冲击后的试样的照片

1.3 实验表征

用 X 射线衍射(XRD)检测固化体样品可能存在的晶相,使用仪器型号为日本理学公司生产的 DMAX1400 型号的 X 射线衍射仪,测试时用粒径小于 45 μm 的粉末试样,测试 $2\theta=3°\sim80°$,扫描速度为 8°·min⁻¹,Cu-Kα 射线,工作电压和电流分别为 40 kV 和 40 mA。冲击前后试样的微观形貌分析在日立公司生产的 TM-4000 扫描电子显微镜上进行。用差示扫描量热(DSC)分析测定冲击前后固化体试样的玻璃转变温度 T_g、析晶温度 T_p 和熔融温度(T_m)等特征温度。使用的仪器是德国耐驰公司的 STA449F5 型号同步热分析仪,测试温度范围为室温以 20 ℃·min⁻¹ 的升温速率升温至 1 000 ℃,测试时用小于 45 μm 的粉末试样。利用傅里叶变换红外光谱(FTIR)和拉曼光谱(Raman

Spectra)对冲击前后磷酸盐玻璃陶瓷固化体的结构进行表征。其测试条件为:在室温下,用美国PE公司生产的Spectrum One型号红外光谱仪并采用KBr粉末压片法,测试并记录冲击前后固化体粉末样品在波数为400~2 000 cm⁻¹范围内特征光谱图;在室温下,用英国Renishaw公司生产的InVia型号拉曼光谱仪,采用氩离子激光器,光源波长为514.5 nm,获得冲击前后固化体粉末样品在波数为200~2 000 cm⁻¹范围内的拉曼光谱图。

2 实验

2.1 XRD分析

图2是试样在冲击前后的XRD对比图谱。冲击前的试样的X射线衍射峰与独居石$CePO_4$晶相的标准卡片衍射峰(JCPDS 032-0199)匹配较好,由此可知,将$90(36Fe_2O_3-10B_2O_3-54P_2O_5)-10CeO_2$的配合料在1 200 ℃下加热保温2 h,浇注后可以获得微晶相为独居石$CePO_4$晶相的磷酸盐玻璃陶瓷固化体,说明类似玻璃固化工艺的"高温加热-冷却"简洁工艺技术可以制备出独居石-磷酸盐玻璃陶瓷固化体,这与作者前期文献报道的结果一致[8,13],说明该工艺有良好的重复性。冲击后,试样的微晶相仍然是独居石$CePO_4$晶相,详细对比发现[如图2(b)所示],冲击前后该玻璃陶瓷固化体的微晶相无变化,仅由于冲击产生的高温使主要特征峰的峰强度有轻微的降低,这主要是由于高温高压作用后,试样的温度骤冷和粉化现象[如图1(c)所示]引起。

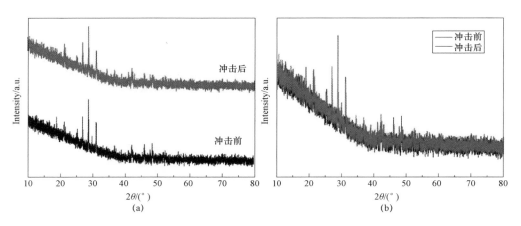

图2 (a)冲击前后试样的XRD图谱和(b)XRD图如对比

2.2 红外光谱分析

冲击处理前后试样的红外光谱如图3(a)所示。根据文献报道[7,8,10,12,15,19],红外光谱中在~1 634 cm⁻¹处的吸收峰与制样和测试过程中引入的水分子有关,归因于水分子中O—H键振动。在1 403 cm⁻¹和1 461 cm⁻¹处的吸收峰可归因于偏磷酸盐(Q^2)基团中$(PO^2)^+$的不对称伸缩振动和/或与[BO_3]基团相关的振动吸收峰。在1 150 cm⁻¹左右的吸收峰由焦磷酸盐(Q^1)引起,在1 091处的吸收峰属于正磷酸盐(Q^0)基团的对称伸缩振动和与独居石$CePO_4$晶相有关的振动吸收,在1 048处的吸收峰归因于Q^0基团的不对称伸缩振动。在957 cm⁻¹左右的吸收峰归因于[BO_4]基团中B—O—B键的伸缩振动,在884 cm⁻¹左右的吸收峰又与P—O—B键和焦磷酸盐(Q^1)基团中P—O—P键有关的振动吸收引起。在751 cm⁻¹左右的吸收峰被认为是由[BO_4]四面体中B—O—B键的弯曲振动引起的。在617 cm⁻¹处的吸收峰归因于Fe(Ce)—O—P键的伸缩振动和与独居石$CePO_4$晶相有关的振动吸收。在540 cm⁻¹处的吸收峰属于Q^1基团中O—P—O键的弯曲振动模式。此外,在540 cm⁻¹至617 cm⁻¹之间的一些尖锐的小峰也是由与独居石$CePO_4$晶相有关的振动吸收引起。

结合该磷酸盐玻璃陶瓷的红外光谱分析,冲击前后试样的主要网络结构基团无变化。仔细观察发现,冲击后试样结构中与独居石$CePO_4$晶相和Q^0磷酸盐基团有关的吸收峰的强度有所降低,与偏磷酸盐/[BO₃]基团相关的振动吸收峰强度也相应的较少,而与 Q¹ 磷酸盐基团和 Q² 磷酸盐基团有关的吸收峰强度有所增加。根据峰的强度与其在试样中的含量成正比[8,12],冲击前后试样的红外光谱变化与 XRD 的物相分析结果基本一致。

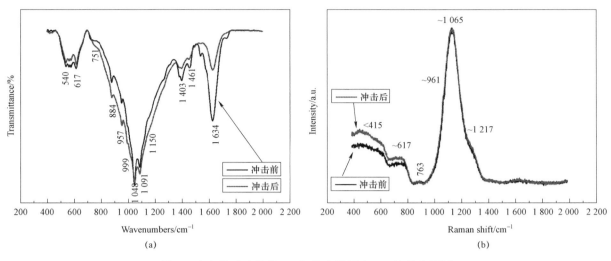

图 3 冲击前后试样的(a)红外光谱图和(b)拉曼光谱图

2.3 拉曼光谱分析

图 3(b)为冲击前后试样的拉曼光谱对比图。根据文献报道[7,10,12,20,21],拉曼光谱中小于 415 cm⁻¹ 范围的拉曼峰与 O—P—O 键和各种磷酸盐基团的弯曲振动吸收有关,在 ~617 cm⁻¹ 处的拉曼峰由 Q² 磷酸盐基团中 O—P—O 键的对称伸缩振动模式,在 763 cm⁻¹ 左右处的拉曼峰由 Q¹ 磷酸盐基团中 O—P—O 键的对称伸缩振动引起。此外,在 800~1 400 cm⁻¹ 范围内的主要的拉曼拉曼峰主要与 Q⁰、Q¹ 和 Q² 磷酸盐基团有关,具体地,在 ~961 cm⁻¹ 附近的拉曼峰与 Q⁰ 磷酸盐基团有关,~1 065 cm⁻¹ 附近的拉曼峰与 Q¹ 磷酸盐基团有关,~1 217 cm⁻¹ 附近的拉曼峰与 Q² 磷酸盐基团有关。从图 3(b)可知,冲击前后试样的主要网络结构基团无变化,仍主要为 Q⁰ 和 Q¹ 磷酸盐基团和少量的 Q² 磷酸盐基团,但冲击后试样网络结构基团中 Q² 磷酸盐基团的含量在拉曼光谱中体现更明显,总体上,结构的变化与红外光谱分析一致。此外,低波数的拉曼峰的峰强增加,从前面分析可知,低波数的拉曼峰主要是由 Q² 磷酸盐基团和其他离子与磷酸盐基团形成的键的弯曲振动引起。这也证实了冲击会引起试样网络结构基团中 Q² 磷酸盐基团含量的增加,同时,这也说明试样中的各种网络外体离子与主要磷酸盐网络结构基团的距离更近,从而引起更强的弯曲振动吸收。

2.4 DSC 分析

冲击前后试样的 DSC 曲线如图 4 所示。由 DSC 曲线可知,冲击前试样的有一个代表 T_g 的吸热峰,两个代表 T_p 的放热峰和代表熔融的吸热峰,其 T_g、T_{p1}、T_{p2} 和 T_m 分别为 504、604、818 和 965 ℃。冲击后试样的各特征温度无明显变化,说明由冲击导致的试样结构中的独居石 $CePO_4$ 晶相和 Q⁰ 磷酸盐基团的含量有所减少,Q¹ 和 Q² 磷酸盐基团的增加并未引起试样特征温度的明显变化,其主要网络结构并未遭到破坏。从玻璃转变吸热峰和析晶放热峰的强度对比看,冲击后试样的玻璃转变吸热峰和析晶放热峰的强度都有所降低,这与试样的粉化有关。但冲击后,代表试样熔融的吸热峰的峰强明显增强,这进一步说明高温高压热处理对试样的主要网络结构影响不大,但结构中 Q² 磷酸盐基团含量的增加和试样中的各种网络外体离子与主要磷酸盐网络结构基团的距离更近,引起试样熔融温度有所升高,熔融需要消耗更大的能量,这与拉曼光谱的结构分析结果一致。

3 结论

本文采用简洁的"高温加热-冷却"方法制备出了以独居石为微晶相的铁硼磷玻璃陶瓷固化体,并

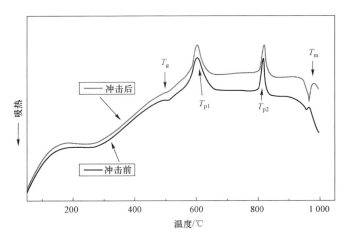

图 4 冲击前后试样的(a)红外光谱图和(b)拉曼光谱图

研究了其在冲击条件下的物相、结构和 DSC 特征参数的变化,获得以下主要结论:

(1)在冲击压力约为 4.5 GPa,温度约为 500 K 的情况下,尽管微晶相为独居石的磷酸盐玻璃陶瓷固化体结构中的独居石 $CePO_4$ 晶相和 Q^0 磷酸盐基团的含量有所减少,Q^1 和 Q^2 基团的含量有所增加,但固化体的主要网络结构仍然稳定,特征温度无明显变化,主要网络并未遭到破坏。

(2)冲击后玻璃陶瓷固化体结构中 Q^2 基团的增加和各种网络外体离子与主要磷酸盐网络结构基团的距离更近,使试样熔融需要消耗更大的能量。

致谢:

感谢国家自然科学基金(51702268)和国防科技工业局基金资助项目(2017-1407)对本工作提供的资金支持。

参考文献:

[1] Ojovan MI,et al. An introduction to nuclear waste immobilization[M]2nd ed. Newnes,London,2019.

[2] 徐凯. 核废料玻璃固化国际研究进展[J].中国材料进展,2016,35(7):481-488.

[3] Day DE,et al. Chemically durable iron phosphate glass waste forms[J].Journal of Non-Crystalline Solids,1998, 241(1):1-12.

[4] 王驹. 高水平放射性废物地质处置:关键科学问题和相关进展[J].科技导报,2016,34(15):51-55.

[5] Sengupta P. A review on immobilization of phosphate containing high level nuclear wastes within glass matrix-Present status and future challenges[J].Journal of Hazardous Materials,2012,235-236:17-28.

[6] 李腾,等. 地下水穿透情形下玻璃固化体的蚀变研究[J].原子能科学技术,2019,53(04):594-602.

[7] Wang F,et al. Immobilization of gadolinium in iron borophosphate glasses and iron borophosphate based glass-ceramics:implications for the immobilization of plutonium(III)[J].Journal of Nuclear Materials,2016,477:50-58.

[8] Wang F,et al. Glass formation and FTIR spectra of CeO_2-doped $36Fe_2O_3$-$10B_2O_3$-$54P_2O_5$ glasses[J].Journal of Non-Crystalline Solids,2015,409:76-82.

[9] Wang YL,et al. Effect of neodymium on the glass formation, dissolution rate and crystallization kinetic of borophosphate glasses containing iron[J].Journal of Non-Crystalline Solids,2019,526:119726.

[10] Wang YL,et al. Effect of molybdenum on structural features and thermal properties of iron phosphate glasses and boron-doped iron phosphate glasses[J].Journal of Alloys and Compounds,2020,826:154225.

[11] Wang F,et al. Synthesis and characterization of iron phosphate based glass-ceramics containing sodium zirconium phosphate phase for nuclear waste immobilization[J].Journal of Nuclear Materials,2020,531:151988.

[12] Wang F,et al. Immobilization of a simulated HLW in phosphate based glasses/glass-ceramics by melt-quenching process[J].Journal of Non-Crystalline Solids,2020,545:120246.

[13] Li L,et al. Synthesis of phosphate based glass-ceramic waste forms by a melt-quenching process:The formation process[J].Journal of Nuclear Materials,2020,528:151854.

[14] Liu JF,et al. Synthesis and characterization of phosphate-based glass-ceramics for nuclear waste immobilization: Structure,thermal behavior,and chemical stability[J].Journal of Nuclear Materials,2018,513:251-259.

[15] Wang F, et al. Properties and vibrational spectra of iron borophosphate glasses/glass-ceramics containing lanthanum[J].Materials Chemistry and Physics,2015,166:215-222.

[16] 盛嘉伟,等 . 90-19/U 模拟高放玻璃固化体的浸出特性评价[J].核化学与放射化学,1995,17(1):1-6.

[17] Reis ST. Chemical durability and structure of zinc-iron phosphate glasses[J].Journal of Non-Crystalline Solids, 2001,292(1-3):150-157.

[18] 马特奇,等 . 放射性废物玻璃固化体溶解行为及机理研究进展[J].核化学与放射化学,2019,41(05):411-417.

[19] Wang F,et al. Crystallization kinetics and glass transition kinetics of iron borophosphate glass and CeO_2-doped iron borophosphate compounds[J].Journal of Alloys and Compounds,2016,686:641-647.

Study on the Structural Change of Phosphate Glass-ceramic Waste Forms under Impact Condition

WANG Fu[1],LIAO Qi-long[1],ZHANG Dai-yu[2],
WANG Yuan-lin[1],ZHU Han-zhen[1]

(1. School of Material Science and Engineering,Southwest University of Science and Technology,Mianyang 621010,China;

2. School of Environment and Resource,Southwest University of Science and Technology,Mianyang 621010,China)

Abstract:Iron phosphate glass-ceramics has become a potential matrix for immobilizing "insoluble" high-level waste due to their advantages such as large composition adjustment,low melting temperature,high waste package capacity,and good chemical stability. Here,cerium(Ce)is used as the surrogate for actinide nuclides,and the iron-boron-phosphorus glass-ceramic waste forms with monazite as the main crystalline phase are prepared by "high temperature heating-cooling" method that is easy to remote control,and the changes in the phase,structure and DSC parameters of the waste forms under high temperature and high pressure conditions are discussed. The results show that,although the waste form is powdered,its characteristic temperatures do not change significantly,and the main networks are not destroyed. In addition,the increase in Q^2 phosphate groups and the densification cause its melting temperature increases. The conclusions provide a preliminary research on the stability of the glass-ceramic waste forms prepared by this simple method when irresistible(such as the earthquake)natural disasters occur.

Key words:High-level radioactive waste;Immobilization by phosphate glass-ceramics;Impacting; Structural change

具有元素要求的防辐射混凝土配合比设计研究

徐高友,张辉赤,曾莉媛,高　奇,黄友芬,马娟娟,张会玲,张博文

(四川中核艾瑞特工程检测有限公司,四川 绵阳 621000)

摘要:防辐射混凝土由于使用工况不同,对防辐射混凝土性能要求也就存在较大差异。核电工程对防辐射混凝土一般仅提出了混凝土强度等级和密度要求,而西北某核化工工程的防辐射混凝土既有混凝土强度等级和密度要求,又有元素含量指标。本文通过在大量试验的基础上对具有元素要求的防辐射混凝土配合比设计方法进行了研究,制备得到了 56 d 抗压强度>C40,密度>3 500 kg/m³,坍落度(170～190)mm,H 元素含量>30 kg/m³,Fe 元素含量≥1.80×10³ kg/m³的防辐射混凝土,建立了具有特殊元素含量要求的防辐射混凝土配合比设计方法。研究结果表明:防辐射混凝土若含有较高氢元素含量要求时,应通过使用高结晶水含量骨料或使用结晶水添加剂增加防辐射混凝土结合水含量从而达到增加氢元素含量的目的。若要求 Fe、Pb、Ba 等元素含量要求时,应通过使用含有对应元素的骨料来引入防辐射混凝土。同时通过采用元素分析仪和 XRF 测试了防辐射混凝土中元素含量,验证了采用本配合比设计方法的可靠性。

关键词:防辐射混凝土;元素含量;氢元素;铁元素;配合比设计方法

　　防辐射混凝土又称为重混凝土、屏蔽混凝土,由于其自重较大,同时内含部分重核元素,可以对射线进行有效屏蔽,由于其工程造价低于铅板等金属材料,且便于施工,因而被广泛的用于核反堆粒子加速器及其他放射源的屏蔽介质。核辐射一般包括 α 射线、β 射线、γ 射线、X 射线和中子等,其中 γ 射线和中子的穿透能力最强,因而也是辐射防护领域的主要防护对象[1-3]。防辐射混土中可以起到慢化高能射线、吸收中子、减少次级 γ 射线等作用的元素,主要包括氢、氧、铁等元素,因此防辐射混凝土配合比中要着重考虑这些元素含量要求[4-7]。核化工工程相比于核电工程因防辐射混凝土使用功能不同,在防辐射混凝土设计上有很大区别,核电工程对防辐射混凝土一般仅提出了混凝土强度等级和密度要求,而核化工工程的防辐射混凝土既有混凝土强度等级和密度要求,又有元素含量指标,某核化工工程中防辐射混凝土技术要求:在服役寿期内,防辐射混凝土总质量密度不小于 3 500 kg/m³、H 元素的等效质量密度不小于 30 kg/m³、Fe 等重核元素等效质量密度总和≥1.80×10³ kg/m³,H 元素的等效质量密度不小于 30 kg/m³,则防辐射混凝土中结晶水需≥252 kg/m³,而以往可参考的资料有,70 年代初某室内的小型堆体工程用防辐射混凝土结晶水含量为 180 kg/m³,大量结晶水是通过石膏矾土膨胀水泥使用引入的(石膏矾土膨胀水泥因其具有凝结快,水化热高的特点,故给施工中带来极大的困难),2000 年绵阳某核工程防辐射混凝土结晶水含量仅为 90 kg/m³。

　　本文通过研究制备得到了 56 d 抗压强度>C40,密度>3 500 kg/m³,坍落度(170～190)mm,H 元素含量>30 kg/m³,Fe 元素含量≥1.80×10³ kg/m³ 的防辐射混凝土,建立了具有特殊元素含量要求的防辐射混凝土配合比设计方法。

1　实验

1.1　原材料

　　为保证防辐射混凝土中拥有足够的 H、Fe 元素,需要防辐射混凝土中具有足够含量的结晶水和 Fe_2O_3,因此进行原材料选择时需同时考虑密度、结晶水、Fe_2O_3 含量等指标。

作者简介:徐高友(1989—),男,四川隆昌人,工程师,工学学士,现主要从事防辐射混凝土耐久性研究及建筑工程及材料检测技术研究工作

（1）水泥：本次研究采用的是 P.O 52.5 普通硅酸盐水泥，结晶水＞13％，主要物理性能指标如表 1 所示。

表 1 水泥主要物理性能指标

比表面积/ (cm²/g)	标准稠度 用水量/%	抗折强度/MPa		抗压强度/MPa		凝结时间		水化热/(kJ/kg)	
		3 d	28 d	3 d	28 d	初凝	终凝	3 d	7 d
348	28.4	5.6	8.8	31.2	53.9	175	225	235	253

（2）水：采用饮用水。

（3）外加剂：为尽量减少用水量，更多的添加含结晶水和较多 Fe_2O_3 的骨料，采用缓凝型 HP-Re 聚羧酸高性能减水剂，减水率 30％以上。

（4）细骨料：采用的细骨料有褐铁矿砂、钢丸，褐铁矿砂表观密度 3 660 kg/m³、结晶水含量约 14％、Fe_2O_3 含量 75％，其余性能符合 JGJ 52 标准要求。钢丸粒径（0～5）mm、表观密度 7 500 kg/m³。

（5）粗骨料：本次研究采用的粗骨料有 5～25 mm 褐铁矿石、钢锻，褐铁矿石表观密度 3 670 kg/m³、结晶水含量约 14％、Fe_2O_3 含量 75％，其余性能符合 JGJ 52 标准要求。钢锻粒径满足 5～25 连续级配，表观密度 7 850 kg/m³。

主要材料结晶水含量检测结果如表 2 所示。

表 2　主要材料结晶水、Fe_2O_3 含量检测结果

材料名称	水泥	褐铁矿砂	褐铁矿石
结晶水含量/%	13.5	14	14
Fe_2O_3 含量/%	3.1	75	70

1.2　配合比设计方法

1.2.1　配合比设计思路

针对目前国内现行标准中并无具有特殊元素含量要求的防辐射混凝土配合比设计方法，因此本项目主要通过理论计算＋实验验证的方式进行配合比设计，配合比设计中首先计算元素含量满足要求时所需特殊材料用量。

（1）氢元素含量

防辐射混凝土中氢元素主要有两个来源：1)水泥水化固定的非蒸发水，2)含结晶水较高的骨料。杨医博等通过研究认为，水泥等胶凝材料水化后，能够固定约占胶凝材料用量 20％的水[8]。因此要保证防辐射混凝土中氢元素含量首先应保证配合比中含氢骨料的用量。而含有结晶水较高的骨料主要有褐铁矿（结晶水含量约 10％～18％，部分国产矿结晶水含量偏低）、蛇纹石（结晶水含量约 13％）等[9]，但蛇纹石密度偏低不适宜于本项目使用。

（2）铁元素含量

水泥中的铁元素含量很低，绝大多数水泥含铁量均在 1.4％～2.8％[10]。而防辐射混凝土通常情况下为了达到高密度需要大量使用含重核素骨料如铁矿石、重晶石、铅丸等[9]，因此防辐射混凝土中铁元素主要来源于骨料，为保证防辐射混凝土中铁元素含量就应控制含铁骨料用量及骨料中铁含量。

（3）密度

根据朗伯比尔定律，对于固定厚度的防辐射混凝土，混凝土的密度越大，射线穿过混凝土后辐照强度越小[11]，因此对于防辐射混凝土设计上均会给出最低密度要求。配合比计算过程中每方材料用量按照 1.02 倍设计质量进行计算[12]。

（4）强度

根据设计要求强度等级 C40、坍落度（160±30）mm、外加剂减水率，按照 JGJ 55—2011 和 NB/T 20378—2016 进行水胶比和用水量计算[12,13]。

1.2.2 材料选择方法

（1）水泥

为保证防辐射混凝土中氢元素含量，在进行水泥选择时在强度富裕系数足够的基础上，优选结晶水含量高的水泥，同时在满足拌合物和易性的基础上，为了能够适当减少水泥用量，留下更多空间给高结晶水含量骨料，选择 P. O 52.5 低碱水泥。

（2）骨料

用水量为 160 kg/m³ 时，防辐射混凝土密度与骨料密度关系如式（1）[14]：

$$y = 0.744x + 330 \tag{1}$$

对于本项目设计密度为 3 570 kg/m³，计算得到混合骨料密度应≥4 355 kg/m³，则本项目除应使用高结晶水含量褐铁矿还应添加部分金属骨料如钢丸、钢锻。

1.2.3 配合比计算

（1）配制强度 $f_{cu,0}$

$$f_{cu,0} \geqslant f_{cu,k} + 1.645\sigma \tag{2}$$

（2）水胶比 W/B

$$W/B = \frac{0.55 f_{ce}}{f_{cu,0} + 0.275 f_{ce}} \tag{3}$$

从式（3）计算得到水胶比为 0.46，由于本项目要求水胶比应≤0.45，则水胶比取 0.45。

（3）用水量

由于防辐射混凝土用不同骨料存在吸水率差异较大的情况，褐铁矿骨料需水量远大于赤铁矿和普通骨料，因此用水量宜在普通骨料用水量的基础上增加 5～10 kg/m³[14]。

（4）砂率

防辐射混凝土内使用的大多数骨料均为人工破碎而成的骨料，骨料棱角较多，需要较普通混凝土增加 3%～5% 才能保证防辐射混凝土拌合物具有较好的和易性[11]，结合经验及式（4）计算得到砂率。

$$\beta_s = \frac{\rho_{细骨料堆积密度} \times D_{粗骨料}}{\rho_{细骨料堆积密度} \times D_{粗骨料} + \rho_{粗骨料堆积密度}} \times K \tag{4}$$

对于采用褐铁矿石为骨料时，K 可取 1.1～1.3，此次配合比设计中取 1.15[14]。

根据质量法[12]：

$$m_c + m_g + m_s + m_{掺} = \rho \tag{5}$$

计算得到粗骨料＋细骨料总质量＝3 010 kg/m³，结合砂率计算结果计算得到粗骨料质量为 1 475 kg/m³，细骨料质量为 1 535 kg/m³。

根据体积法[12]：

$$\frac{m_s}{\rho_{s混}} + \frac{m_g}{\rho_{g混}} + \frac{m_c}{\rho_c} + \frac{m_f}{\rho_f} + 0.01\alpha = 1 \tag{6}$$

$$\rho_{混} = \frac{\rho_1 \cdot \rho_2}{A\rho_2 + B\rho_1} \tag{7}$$

（5）氢元素含量

防辐射混凝土中氢元素含量要大于 30 kg/m³，则防辐射混凝土中结合水含量要大于 270 kg/m³。结合通过式（2）、式（3）计算得到的用水量、胶凝材料用量，计算得到褐铁矿砂＋褐铁矿石总质量。

其中水泥水化后能够提供的结合水含量理论计算值为 52 kg/m³，则褐铁矿砂＋褐铁矿石需要提供的结晶水含量为 218 kg/m³，考虑到原材料质量波动以及不同温度下水泥的水化程度高低，则褐铁矿砂＋褐铁矿石需要提供的结晶水含量按 220 kg/m³ 进行考虑，则褐铁矿砂＋褐铁矿石总质量应≥

$1\,572\ kg/m^3$。

（6）铁元素含量

铁元素含量$\geqslant 1.80\times 10^3\ kg/m^3$，防辐射混凝土中铁主要来源于骨料，结合原材料$Fe_2O_3$检测结果和褐铁矿砂＋褐铁矿石最小用量，计算得到铁骨料如钢丸＋钢锻用量。

1.2.4　计算结果

防辐射混凝土配合比理论计算结果如表3所示。

表3　防辐射混凝土原材料用量一览表

规格	水泥	水	褐铁矿砂	钢丸1	钢丸2	钢丸3	褐铁矿石	钢锻	缓凝型
用量/(kg/m^3)	385	175	968	186	186	186	828	657	6.93

1.2.5　氢元素、铁元素含量理论验证

（1）氢元素

防辐射混凝土配合比中胶凝材料用量为$385\ kg/m^3$，褐铁矿砂$968\ kg/m^3$，褐铁矿石$828\ kg/m^3$，则防辐射混凝土中氢元素含量计算结果如下：

$$m_{H理论}=(m_B \cdot w_1 + m_s \cdot w_2 + m_g \cdot w_3)/9 \tag{8}$$

式中，$m_{H理论}$——氢元素理论计算含量，(kg/m^3)；

m_B——胶凝材料用量(kg/m^3)；

w_1——胶凝材料水化结晶水含量（%）；

w_2——褐铁矿砂结晶水含量（%）；

w_3——褐铁矿石结晶水含量（%）；

m_s——褐铁矿砂用量(kg/m^3)；

m_g——褐铁矿石用量(kg/m^3)。

计算得到$m_{H理论}=(385\times 13.5\%+968\times 14\%+828\times 14\%)/9\ kg/m^3=33.7\ kg/m^3>30\ kg/m^3$

（2）铁元素

防辐射混凝土配合比褐铁矿砂$968\ kg/m^3$，褐铁矿石$828\ kg/m^3$，钢丸$558\ kg/m^3$，钢锻$657\ kg/m^3$，则防辐射混凝土中铁元素含量计算结果如下：

$$m_{Fe理论}=(m_s \cdot S_{Fe_2O_3}+m_g \cdot G_{Fe_2O_3})\times \kappa_1 + m_{钢丸}+m_{钢锻} \tag{9}$$

式中，$m_{Fe理论}$——铁元素理论计算含量，(kg/m^3)；

$S_{Fe_2O_3}$——褐铁矿砂中Fe_2O_3含量，（%）；

$G_{Fe_2O_3}$——褐铁矿石中Fe_2O_3含量，（%）；

$m_{钢丸}$——钢丸用量，(kg/m^3)；

$m_{钢锻}$——钢锻用量，(kg/m^3)；

κ_1——Fe换算系数，取0.7。

计算得到$m_{Fe理论}=2128.9\ kg/m^3>1800\ kg/m^3$

2　具有特殊元素含量防辐射混凝土性能验证

元素检测用试件成型养护56 d后，使用无水乙醇终止水化，在50 ℃烘干24 h，将烘干的防辐射混凝土试件放入干燥器中冷却至室温，冷却至室温后，将试件破碎后进行研磨，研磨至全部通过筛孔尺寸为0.075 mm的方孔筛，将研磨后的样品放置于50 ℃±2 ℃烘箱中烘干至恒重，以便去除吸附水。烘干至恒重后的样品放入匀质器中处理，使试样混合均匀，然后置于真空干燥器中备用。采用Elementa EL CUBE/CHNS元素分析仪测试H元素含量，采用帕纳科Axios型X射线荧光光谱仪（XRF）测试Fe元素含量。结果如表4所示。

表 4　防辐射混凝土中元素含量检测结果

类型	计算值/(kg/m³)	实测值/(kg/m³)
氢元素	33.7	39.8
铁元素	2128.9	2120.7

从表 4 可以看出防辐射混凝土中氢、铁元素含量是可以采用上述方法进行检测的,通过同时进行校准样品的测定可以保证检测结果的准确性。铁元素含量理论计算值和实测值一致性很高,进一步证明了结果的可靠性。防辐射混凝土中氢元素含量理论计算值和实测值存在偏差主要是由于以下 2 个原因造成的:

(1)含结晶水骨料引入氢元素理论计算结果是通过实测样品的结晶水含量反算得到的,由于原材料特别是褐铁矿中结晶水含量的不均匀性,并且结晶水含量受温度影响较大,原材料结晶水含量检测偏差,导致了最终实测结果与理论计算值存在偏差。

(2)铁元素含量理论计算结果是通过原材料中 Fe_2O_3 等反算得到,相同矿床生产的褐铁矿中 Fe_2O_3 等含量相对比较稳定,因此铁元素实测含量和理论计算值较接近。存在一定偏差的原因是由于钢丸、钢锻中含铁量未达到 100%,因此在后续项目上应在实测铁元素含量的基础上,进行理论计算。

该计算方法目前已被成熟的应用于西北某核化工工程中,取得了较好的应用效果。

3　结论

本文通过大量的配合比设计实验,研究结果表明:

(1)防辐射混凝土若含有较高氢元素含量要求时,应通过使用高结晶水含量骨料或使用结晶水添加剂增加防辐射混凝土结合水含量从而达到增加氢元素含量的目的。

(2)防辐射混凝土中若要求 Fe、Pb、Ba 等元素含量要求时,应通过使用含有对应元素的骨料来引入防辐射混凝土。

(3)采用本文所述的配合比计算方法可以对有特殊元素含量要求的防辐射混凝土进行配合比设计,经过对试件元素含量进行检测,验证了本配合比设计方法的可靠性,尤其是对于铁元素,计算结果与理论结果一致性非常高。

(4)后续可在对原材料氢元素含量检测的基础上,进行配合比设计方法研究,进一步明确防辐射混凝土中氢元素含量量化引入方式。

致谢:

行文至此,在此向在论文撰写过程中帮助和指导我的四川中核艾瑞特工程检测有限公司、武汉三源特种建材有限责任公司的各位专家、学者表示诚挚的感谢,感谢你们在期间提供的帮助。也感谢论文中所涉及到的各位学者,本文引用了数位学者的研究文献,如果没有各位学者的研究成果的帮助,我将很难完成本篇论文的写作。最后感谢我的同事和朋友,在论文的撰写和排版过程中提供了热心的帮助。

参考文献:

[1] 邹秋林,等. 防辐射混凝土高性能化研究进展[J].混凝土,2012,267(1).
[2] 王萍. 防辐射混凝土的性能试验研究[D],西安:西安建筑科技大学,2001.
[3] 李星洪. 辐射防护基础[M].北京:原子能出版社,1982.
[4] 潘智生,赵晖,寇世聪. 防辐射混凝土研究现状、存在问题及发展趋势[J].武汉理工大学学报,2011,33(01):45-51.
[5] 王萍,等. 防辐射混凝土的试验研究[J].建筑材料学报,2000,3(2).
[6] Kharita M H,Yousef S,AlNassar M. The effect of the initial water to cement of concrete shields[J].Progress in

Nuceear Energy,2005,46(1):1-11.

[7]　谢弗(Schaeffer N. M).核反应堆屏蔽工程学[M].华平,译．北京:原子能出版社,1983.

[8]　杨医博,麦国文,郭文瑛,等．散裂中子源工程防中子辐射重混凝土配合比研究[J].工业建筑,2019,49(05):103-108+97.

[9]　伍崇明,丁德馨,张辉赤,等．屏蔽混凝土用原材料性能试验研究[J].混凝土,2007(12):60-64.

[10]　任树林,刘成雄．水泥中 Al_2O_3 和 Fe_2O_3 含量的快速测定[J].延安教育学院学报,2003(04):72-73.

[11]　李国刚．防辐射高性能混凝土材料研究[D].武汉理工大学,2010.

[12]　核电厂屏蔽混凝土配合比设计规程:NB/T 20378—2016[S].2016.

[13]　普通混凝土配合比设计规程:JGJ 55—2011[S].2011.

[14]　伍崇明,丁德馨,张辉赤．屏蔽混凝土配合比设计方法研究[J].核动力工程,2007(05):124-127.

The study on mix proportion design of radiation shielding concrete with element requirements

XU Gao-you,ZHANG Hui-chi,ZENG Li-yuan,GAO Qi,
HUANG You-fen,MA Juan-juan,ZHANG Hui-ling,ZHANG Bo-wen

(1. SiCHUAN CNEC-ARIT ENGINEERING TESTING CO.,LTD. SiChuan Mianyang,China)

Abstract:Due to the different working conditions, there are great differences in the performance requirements of Radiation Shielding concrete. Nuclear power projects generally only put forward concrete strength grade and density requirements for Radiation Shielding concrete,while Radiation Shielding concrete of a nuclear chemical engineering project in northwest China has both concrete strength grade and density requirements and element content index. In this paper,based on a large number of experiments,the mix design method of anti-radiation concrete with element requirements is studied,The Radiation Shielding concrete with 56d compressive strength＞C40,density＞3 500 kg/m^3,slump(170～190)mm, H element content＞30 kg/m^3 and Fe element content≥$1.80×10^3$ kg/m^3 was prepared. The mix design method of Radiation Shielding concrete with special element content requirements was established. The results show that if the Radiation Shielding concrete contains high hydrogen content requirements,it should increase the hydrogen content of Radiation Shielding concrete by using high crystalline water content aggregate or using crystalline water additive to increase the content of bound water. If the content of Fe,Pb,Ba and other elements is required,Radiation Shielding concrete should be introduced by using aggregate containing corresponding elements. At the same time,the element content in the Radiation Shielding concrete was tested by the element analyzer and XRF,and the reliability of this mix design method was verified.

Key words:Radiation Shielding concrete;Element content;H element content;Iron element content;Mix proportion design method

电子加速器辐射剂量安全联锁系统

陈光荣，巩新胜，位同厦

（山东蓝孚高能物理技术股份有限公司,山东 济南 250101）

摘要：本文结合青岛蓝孚黄岛分公司的 2 号电子加速器辐照装置试验为例,对电子加速器辐射剂量安全联锁系统进行探讨。实现多区域实时辐射剂量探测;可设定双辐射阈值,根据探测点的不同区域和达到阈值不同,可实现剂量与屏蔽门联锁;剂量与加速器联锁。用来保障公众活动区域;用来保障工作人员进出辐射工作场所控制区域及工作区域时的人身安全;避免出现辐照事故。

关键词：电子加速器;辐射剂量;双辐射阈值;剂量与屏蔽门联锁;剂量与加速器联锁

辐照加工业是核技术在民用中一项新技术,广泛应用于辐照食品、辐照化工、化妆品、日用品、医疗用品消毒灭菌等方面。加速器辐照装置由于其安全可控、有效、环保等优点,渐渐成为辐照加工业的主流设备[1]。电子辐照加速器具有突出的安全特性,即在运行使用中一旦出现紧急情况可以通过切断电源来终止辐射,确保工作人员及环境的安全。但是,工业辐照电子加速器运行期间,辐照室和主机室会产生被加速的电子、X 射线、中子射线等感生放射性,这些射线可能通过通风管道、地沟、电缆孔和辐射防护门等形成泄漏,对环境人员构成危害。

随着我国经济社会的不断发展,公众对自身安全和周围环境的关注度日益增强,对核安全的诉求更加迫切。为贯彻《中华人民共和国放射性污染防治法》和《放射性同位素与射线装置安全和防护条例》,进一步规范射线装置的辐射安全监管,在 2018 年 11 月 30 日国家生态环境部发布了《电子加速器辐照装置辐射安全和防护》（HJ 979—2018）国家环境保护标准。在《核安全与放射性污染防治“十三五”规划及 2025 年远景目标》中,提出了“核与辐射安全监管体系和监管能力实现现代化。核安全、环境安全和公众健康继续得到有效保障”的远景目标[2]。为提高核监管能力,更好的保障环境安全和公众健康,设计了电子加速器辐射剂量安全联锁系统。

1　现状

1.1　电子加速器辐照装置的辐射

现在辐照加速器通常能量为 10 MeV。这种加速器产生的辐射可分为瞬时辐射和剩余辐射两大类。瞬时辐射包括初级辐射（指被加速的带电粒子）及其与靶材料或加速器的结构材料相互作用产生的 X 射线等次级辐射。瞬时辐射在加速器运行时产生,关机后即消失,它们是加速器辐射屏蔽、防护和监测的主要对象。剩余辐射是指加速器的初级粒子束和次级辐射在加速器结构材料及环境介质（包括空气、屏蔽物等）中诱发生成的感生放射性,它们在加速器停止运行后继续存在[3]。

1.2　电子加速器辐照装置建筑

现在电子加速器辐照装置基建工程,一般设计、施工过程中比较规范,但也存在前后钢筋混凝土密度及均匀性差异较大;在搅拌、浇筑、振捣和养护过程中工艺上的差异;尤其在施工过程中出现异常高温或降温等情况;都会导致混凝土裂缝的产生。周围环境施工、地震和其他不可预见情况造成地基不均匀沉降,也会导致混凝土裂缝的产生。裂缝容易造成辐射泄漏,严重时造成辐射事故。

2　技术方案

技术方案是实现多区域实时辐射剂量探测,主要包括控制区域（如主机室和辐照室及各自出入口以内的区域)和监督区域(如设备操作室、未被划入控制区域的电子加速器辐照装置辅助设施区域和其他需要经常对职业照射条件进行监督和评价的区域)。安装控制区域(屏蔽门里面)剂量探头,可设定的双辐射阈值,第一辐射阈值为辐射工作人员个人剂量约束值,第二辐射阈值为剂量探头安装位置理论计算所允许辐射剂量上限值。安装监督区域剂量探头,设定一个辐射阈值,其辐射阈值为公众成员个人剂量约束值。根据探测点的不同区域和达到阈值不同,可实现剂量与屏蔽门联锁,剂量与加速器联锁。用来保障公众活动区域的环境安全和公众健康,用来保障工作人员进出辐射工作场所控制区域及工作区域时的人身安全。

2.1 系统框图

系统框图如图 1 所示。

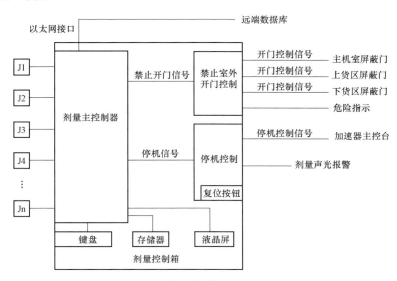

图 1 电子加速器辐射剂量安全联锁系统框图

J1~Jn 为剂量检测探头,用于检测安装位置附近辐射大小。J1~J3 均安装在控制区,J1 安装在主机室屏蔽门内,J2 安装在上货区屏蔽门内,J3 安装在下货区屏蔽门内,采用高剂量探头;J4~Jn 均安装在监督区,安装在主机室和辐照室屏蔽墙体外,采用低剂量探头。

剂量主控制器主要实现功能如下:接收按键信息进行阈值的设置并保存储;接收辐射剂量探头 J1 至 Jn 的辐射剂量实时数据并存储;根据辐射剂量实时数据与设置阈值进行分析处理,输出两路控制信号"禁止开门信号"和"停机信号";控制液晶显示信息;预留以太网接口可实现远程剂量监测和与辐射安全监管等功能。

禁止室外开门控制见图 2:接收剂量主控制器发出的"禁止开门信号",根据"禁止开门信号"的状态输出三路为干接点信号"开门控制信号",分别送入三个屏蔽门控制器,"禁止开门信号"有效时室外无法打开屏蔽门,实现剂量与屏蔽门联锁,同时输出"危险指示"信号,"禁止开门信号"有效时使安全危险指示牌显示危险。

停机控制见图 3:接收剂量主控制器发出的"停机信号"有效并进行自锁,根据"停机信号"的状态输出为干接点信号"停机控制信号",送入电子加速器主控台,"停机信号"有效时使加速器立即停机,实现剂量与加速器联锁;同时输出"剂量声光报警"信号,"停机信号"有效时使声光报警器报警。只有"停机信号"无效时,按"复位按钮"才可以实现加速器再次开机,同时停止声光报警器报警。

当任何一个控制区域内的辐射剂量探头测量的实时辐射剂量值大于第一辐射阈值时,判断为加速器处于运行状态,剂量主控制器发出"禁止开门信号"有效;当任何一个屏蔽门里面的辐射剂量探头(J1~J3)测量的辐射剂量值大于第二辐射阈值,或者任何一个屏蔽门外面的辐射剂量探头

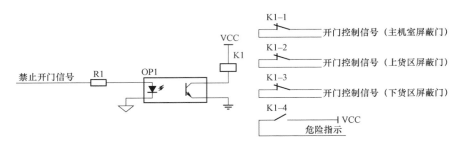

图 2　禁止室外开门控制示意图

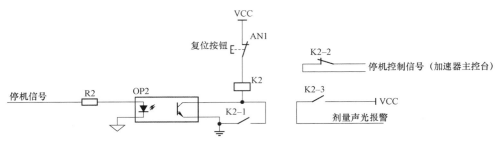

图 3　停机控制示意图

(J4～Jn)测量的辐射剂量值大于第一辐射阈值,剂量主控制器发出"禁止开门信号"有效和"停机信号"有效。

2.2　剂量探头分布图

遵照辐射实践正当化原则、最优化,考虑居留因子,适当布置剂量探头,尤其上货区、下货区和主控台,电子加速器在运行中这些位置需要工作人员在此工作。在青岛蓝孚黄岛分公司的 2 号电子加速器辐照装置试验时,剂量探头布置如图 4 所示。

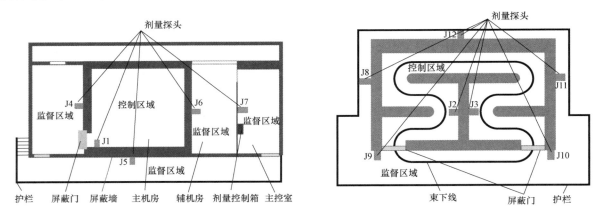

图 4　剂量探头分布示意图

2.3　试验

在青岛蓝孚黄岛分公司的 2 号电子加速器辐照装置试验时,采用降低阈值和调节加速器工作重复率进行功能性试验。试验方法:对 J1 剂量探头的双阈值设置为第一辐射阈值 2.5 μSv/h,第二辐射阈值为 1.0 mSv/h;在不出束时,液晶屏显示 J1 剂量探头检测结果小于 2.5 μSv/h,"禁止开门信号"和"停机信号"均无效;加速器出束,重复率 10 次(控制系统设置的最低重复率),液晶屏显示 J1 剂量探头检测结果 100 μSv/h,"禁止开门信号"有效而"停机信号"无效;逐步增加重复率,液晶屏显示 J1 剂量探头检测结果出现大于 0.2 mSv/h 时,"禁止开门信号"和"停机信号"均有效,加速器立即停止出束;测试结果与预想实现功能一致,J1～J3 剂量探头的测量值很好的反应了加速器的运行状态。试验数据表1。

表1 剂量探头测量值(单位:μSv/h)

重复率10次											
J1	J2	J3	J4	J5	J6	J7	J8	J9	J10	J11	J12
119	107	112	0.14	0.13	0.12	0.09	0.10	0.11	0.10	0.09	0.09
重复率110次											
J1	J2	J3	J4	J5	J6	J7	J8	J9	J10	J11	J12
1 270	1 180	1 240	0.20	0.18	0.18	0.10	0.11	0.18	0.19	0.12	0.10

3 系统实现

电子加速器辐射剂量安全系统,是通过对控制区域和监督区域的辐射剂量实时监测,能够很好的反应加速器的运行状态,实现剂量与屏蔽门、剂量与加速器的联锁,进一步降低了辐照事故发生的概率,不但保障了工作人员进出辐射工作场所、控制区域及监督区域时的人身安全,而且能够保障环境安全和公众健康。

电子加速器环境辐射剂量安全系统还可以通过以太网接口接入到辐射环境监测网络及大数据平台,进一步提高辐射环境安全监管的精准性、安全性,进一步加快核辐射安全监管的信息化、现代化进程,促进我国核能及核技术利用的健康快速发展。

参考文献:

[1] 杨芝歌,张保增,王玮.某工业电子直线加速器的辐射危害及防护[J].铀矿地质,2015,31(5):541-546.

[2] 环境保护部核与辐射安全中心.核安全与放射性污染防治"十二五"规划及2020年远景目标(终期评估报告)[R].2016.

[3] 商静.10 MV以下电子辐照加速器屏蔽设计中某些相关问题的研究[D].中国科学技术大学,2011.

Radiation dose safety interlock system of electron accelerator

CHEN Guang-rong,GONG Xin-sheng,WEI Tong-xia

(Shandong Lanfu High Energy Co.,Ltd. Jinan Shandong,China)

Abstract: In this paper,the radiation dose safety interlock system of electron accelerator is discussed by taking the experiment of No. 2 electron accelerator irradiation device of Qingdao Lanfu Huangdao Branch as an example. It can realize multi area real-time radiation dose detection;it can set double radiation threshold,according to different areas of detection point and different threshold,it can realize dose and screen door interlocking;dose and accelerator interlocking. It is used to protect the public activity area;it is used to protect the personal safety of workers when they enter and leave the radiation workplace control area and work area;it is used to avoid radiation accidents.

Key words: Electron accelerator;Radiation dose;Double radiation threshold;Dose and screen door interlock;Dose and accelerator interlock

核动力院周边地区环境 γ 辐射水平调查与评价

董传江，刘莎莎，吴　耀，王　　力，汤梦琪，王鲁丰，黄　　聪，王雅洁，黎皖豪

（中国核动力研究设计院 四川省退役治理工程实验室，四川 成都 610213；

中国核动力研究设计院 第一研究所，四川 成都 610005）

摘要： 获取周边地区的环境 γ 辐射剂量率数据，可以为评价核动力院核设施运行期间对周边环境的影响提供依据。利用 AT1117M 型剂量率测量仪，在高通量工程试验堆周围 30 km 范围内的 68 个监测点开展现场巡测，并估算居民暴露剂量。监测结果表明，周边环境 γ 辐射空气吸收剂量率的范围为 97～141 nSv/h，全年平均值为（113±11）nSv/h。距离反应堆 0～5、5～10、10～20、20～30 km 区域内的 γ 辐射剂量率均值间无明显差异，室外环境 γ 辐射剂量率所致居民的人均年有效剂量为 0.882 mSv。表明核动力院周边地区的环境 γ 辐射剂量率及其所致居民暴露剂量均属于我国正常本底水平之内。

关键词： γ 辐射剂量率；年有效剂量；外照射；暴露剂量

中国核动力研究设计院放射性研发基地位于四川省夹江县，厂址距夹江县城 10 km，距离乐山市区 36 km，距离省会成都市 114 km。该厂址建设有高通量工程试验堆（HFETR）、岷江试验堆（MJTR）等多座核设施，同时建配套设有同位素研制设施、核燃料元件研制设施、放射性废物处理中心、极低放废物填埋场等[1]。为了掌握核动力院核设施运行期间的周边环境辐射背景，积累该地区的环境现场监测数据，掌握区域辐射环境质量状况和变化趋势，判断环境中放射性污染及其来源，为评价核设施长期运行对周围环境的影响提供依据，定期使用便携式剂量率仪系统对核动力院周边区域开展了 γ 辐射剂量率监测工作。

1　设备与方法

1.1　仪器设备

测量使用仪器为 AT1117M 便携式辐射监测仪，探头类型为 NaI（Tl）闪烁体探测器，能量响应范围 50 keV～3 MeV，固有响应误差≤±20%，满足陆地 γ 辐射瞬时空气吸收剂量率测量需求。为保障测量结果的有效性，该设备经国防科技工业 5114 二级计量站进行周期性的检定，检定周期为 12 个月。

1.2　测量要求

以反应堆为中心，按照不同距离和范围分成若干扇形区域进行布设，包括关键居民组所在地区，距离反应堆最近的厂区边界上，盛行风向的边界上，人群经常停留的地方，以及不易受人为活动干扰的区域等[2]。γ 辐射水平测量的对照点设置在距离厂址西北 57 km 处的雅安市雨城区碧峰峡景区。

各测量点位均远离高大树木或建筑；地势尽量选择在平坦、开阔，无积水、有裸露土壤或有植被覆盖；开展道路测量时，点位设置在道路中心线或者人群停留较多的人行道等位置；公共场所测量点设置在公园、居住小区花园、广场、旅游风景区等人群相对密集的区域；避免降雨等因素等影响，雨雪天、雨后 6 h 内一般不开展测量[3]。

1.3　测量方法

环境 γ 辐射水平监测采取现场测量方法，测量时仪器距地面垂直高度为 1 m。测量方法按照 HJ

作者简介：董传江（1987—），男，山东菏泽人，助理研究员，硕士研究生，研究方向为辐射探测与环境评价

1157—2021《环境 γ 辐射剂量率测量技术规范》执行。测量开始前,应在点位外围 10 m×10 m 范围内巡测,巡测读数值应无异常变化。使用仪器开展测量时,一般是采用将仪器固定在三脚架上,部分情况下手持式。仪器读数稳定后,以一定的间隔(10 s)读取 6 个数据,记录在测量原始记录中。

根据仪器检定情况,计算环境的 γ 辐射水平,仪器读数与测量点辐射水平之间关系如下:

$$H_0 = \frac{\sum_{i=1}^{n} H_i}{n} \cdot k_c - k_0 \cdot H_0 \tag{1}$$

式中:H_0——γ 辐射水平,nSv/h;

H_i——第 i 次的仪器读数,nSv/h;

n——测量总次数;

k_c——仪器校准因子;

H_0——仪器的宇宙射线响应值,nSv/h;

k_0——仪器校准因子。

2 结果分析

监测结果

本次测量在核动力院放射性研发基地周围布设 68 个监测点,1 632 个测量数据,见图 1。γ 剂量率变化范围 97~141 nSv/h,所有 68 个监测点全年平均值为(113±11)nSv/h,所有结果均处于同一个量级,且与对照点碧峰峡监测结果(113±15)nSv/h 处于同一水平。各监测点间环境 γ 辐射剂量率存在差异,最大值出现在分水岭,年平均值为 128 nSv/h;最小值出现在麻柳,年平均值为 102 nSv/h。由图 2 γ 辐射剂量率的频率分布直方图可知,90.3% 的监测值在 100~135 nSv/h。

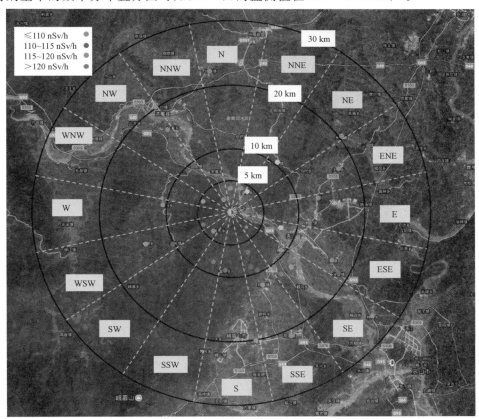

图 1 核动力院周围 30 km 范围内的 γ 辐射剂量水平

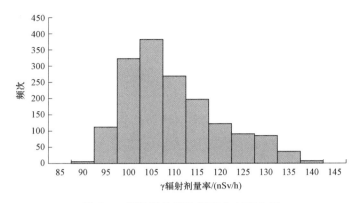

图 2　γ辐射剂量率的频率分布直方图

3　结果分析

3.1　不同距离上的剂量率分布

反应堆运行等科研生产活动释放的放射性核素在向环境迁移扩散的过程中,在不同距离上的沉积情况会存在差异,表现为距离核设施不同距离上的剂量率变化。图3为距离反应堆不同距离区域的γ辐射剂量率箱式图,其中的上下横线分别代表γ辐射水平的最大值和最小值,盒子的上下边缘分别代表上四分位数和下四分位数,盒子内部的中间横线为中位值,黑色圆点为平均值[4]。由图3可知,距离厂址0～5 km、5～10 km、10～20 km、20～30 km区域内的γ辐射剂量率的变化范围分别为98～141 nSv/h、102～139 nSv/h、97～140 nSv/h、97～137 nSv/h,其均值分别为111 nSv/h、117 nSv/h、113 nSv/h、113 nSv/h。均值大小依次排序为(5～10 km)>(10～20 km)=(20～30)>(0～5 km)。Spearman秩相关系数检验发现,γ辐射剂量率变化趋势没有统计学意义,说明在评价时间段内在距离反应堆不同距离上的辐射水平无明显差异。

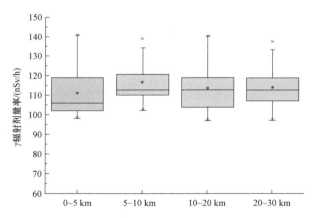

图 3　距离反应堆不同距离区域的γ辐射剂量率箱式图

3.2　不同方位上的剂量率分布

该厂址的常年主导风向为SW,可能导致部分方位的人工放射性核素的集聚。图4为反应堆16个方位区域的剂量率分布图。对各方位角剂量率的置信区间进行显著性检验,在95%的置信水平下,各个置信区间有明显的重合区,表明各方位角的平均剂量率水平基本一致,无明显差异。30 km范围内各方位角剂量率最大值出现在S方向,平均值为(120±11)nSv/h;剂量率最小值出现在NW方向,平均值为(107±9)nSv/h。同一方位角的不同监测点之间的γ辐射剂量率具有显著差异性,其原因可能与各个监测点的地质构成不同有关[5]。监测结果表明,在评价时间段内在反应堆不同方位上的辐射水平无明显差异。

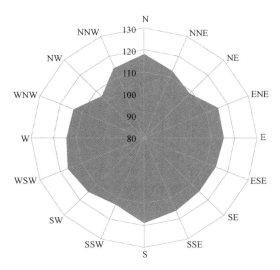

图 4   反应堆不同方位区域的 γ 辐射剂量率雷达图

3.3   室外环境 γ 辐射所致居民暴露剂量

室外环境 γ 贯穿辐射所致居民有效剂量的估算公式[6]为：

$$H_e = H_0 \times (k_1 \times t_1 + k_2 \times t_2) \tag{2}$$

式中，H_e 为有效剂量，Sv；H_0 为环境 γ 剂量率平均值，Sv/h；t_1 和 t_2 为室内和室外的居民停留时间，分别取 0.72 和 0.28；k_1 和 k_2 为建筑物的屏蔽因子，原野、道路取 1.0，楼房取 0.8，平房取 0.9。研究发现，厂址周围公众人均贯穿辐射年有效照射剂量在 0.758～1.102 mSv，平均值为 0.882 mSv。

如表 1 所示，距离厂址 0～5 km、5～10 km、10～20 km、20 km～30 km 区域内的贯穿辐射年有效剂量率分别为 0.864 mSv、0.911 mSv、0.883 mSv、0.882 mSv。0～30 km 区域内的贯穿辐射年有效剂量 0.882 mSv，明显高于全国平均值 0.59 mSv 和世界典型值 0.50 mSv[7-8]，环境天然辐射外照射水平仍属于正常放射性的天然本底水平。

表 1   厂址不同距离的人均贯穿辐射年有效剂量

区域/km	剂量范围/(mSv/a)	平均值/(mSv/a)
0～5	0.766～1.102	0.864
5～10	0.797～1.06	0.911
10～20	0.758～1.094	0.883
20～30	0.758～1.071	0.882
0～30	0.758～1.102	0.882

4   讨论

影响电站周边环境 γ 剂量率变化的有多个因素，如放射性流出物释放的核素种类和排放量、放射性核素在环境中的扩散输运、环境 γ 剂量率监测站与气载流出物释放点的相对位置、监测仪表的响应、气象因素、以及天然本底的波动等。为长期监测核设施运行对周围环境的影响，核动力院选取反应堆西北 57 km 处的碧峰峡为对照点，当地处于河流的上游、气载污染物排放的上风向，受反应堆运行的环境影响可以忽略，其监测结果能够保持在本底水平。图 5 是放射性研发基地周围环境监测点位的历年 γ 辐射水平的变化趋势图。由图 5 可知，各个环境监测点位的 γ 辐射水平与对照点碧峰峡的变化趋势基本一致,均处于同一水平,这表明核动力院各核设施的正常运行期间导致环境 γ 剂量率上升的幅度远小于天然本底的波动,流出物的排放并未对环境造成可察觉的影响。

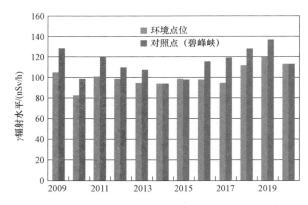

图 5　历年环境监测点与碧峰峡的 γ 辐射水平变化趋势图

5　小结

通过此次调查,掌握了核动力院放射性研发基地周边地区的环境贯穿辐射水平、分布及其所致的居民暴露剂量。核动力院在核设施周边开展环境辐射场调查之外,还开展了水、土壤、大气以及生物介质中的总 α、总 β、^{137}Cs、^{90}Sr、^{3}H、^{14}C 等放射性核素调查[9-10]。各项监测结果表明,各核设施的正常运行期间并未对环境造成影响。上述监测结果共同组成核动力院核设施周围环境放射性本底数据,为评价厂址长期运行对周边环境的影响提供了参考,也为进一步探讨环境辐射对人群健康效应的影响提供科学的依据。

参考文献:

[1] 董传江,苟家元,金涛,等.高通量工程试验堆周边地区辐射环境影响分析[J].四川环境,2017(S1):114-117.

[2] 中国环境保护总局.辐射环境监测技术规范:HJ/T 61—2021[S].北京:中国环境科学出版社,2021.

[3] 国家环境保护局,国家技术监督局.环境地表 γ 辐射剂量率测定规范:GB/T 14583—93[S].北京:中国标准出版社,1994.

[4] 杨宝路,周强,张京,李则书,等.海阳核电站周边地区环境 γ 辐射剂量率水平调查与评价[J].中国辐射卫生,2019(1):85-87.

[5] 杨晶,胡茂桂,钟少颖,等.全国 γ 辐射剂量率空间分布差异影响机理研究[J].地球信息科学学报,2017,19(5):625-634.

[6] UNSCEAR. Sources and effects of ionizing radiation. United Nations Scientific Committee on the Effects of Atomic Radiation United Nations[R].New York,1982.

[7] 张晓儿,陈素强,黄松斌,等.汕头市中心城区天然辐射外照射水平及居民暴露剂量的调查[J].职业与健康,2014,30(8):1104-1107.

[8] 张林,张静波,谭汉云,等.广州市天然辐射所致公众照射剂量的评价[J].中国辐射卫生,2011,20(1):79-80.

[9] 董传江,刘莎莎,孙伟中,等.样品高度和密度对体源放射性活度测量的影响研究[C].中国核科学技术进展报告(第五卷)——中国核学会 2017 年学术年会论文集第 5 册(核材料分卷、辐射防护分卷).2017.

[10] 董传江,刘莎莎,吴耀,等.HPGe γ 能谱放射性活度测量的刻度修正研究[C].中国核科学技术进展报告(第六卷)——中国核学会 2019 年学术年会论文集第 6 册(核化工分卷、辐射防护分卷).2019.

Investigation and Evaluation of Environmental Gamma Radiation Level in the Surrounding Areas of Nuclear Power Institute of China

DONG Chuan-jiang, LIU Sha-sha, WU Yao, WANG Li,
TANG Meng-qi, WANG Lu-feng, HUANG Cong,
WANG Ya-jie, LI Wan-hao

(Sichuan engineering laboratory for nuclear facilities decommissioning and radwaste management,
Nuclear Power Institute of China, Chengdu, 610213, China; 1st sub-institute,
Nuclear Power Institute of China, Chengdu 610005, China)

Abstract: The environmental gamma dose level is to provide a basis for evaluation the environmental impact of the reactor on the surrounding area. The AT1117M-type dose rate dose monitor was used to carry out on-site measurements at 68 monitoring points within 30 km of HFETR and the exposure dose of residents caused by environmental gamma radiation was estimated. The monitoring results show that the range of the ambient gamma dose rate is 97 nSv/h~141 nSv/h and the annual average is (113 ± 11) nSv/h. There is no significant difference in the average gamma radiation dose rate within 0~5 km, 5~10 km, 10~20 km and 20~30 km from HFETR. The annual effective dose per capita caused by gamma radiation in the outdoor environment is 0.882 mSv. This shows that the environment in the surrounding area of HFETR, the gamma radiation dose rate and the resulting exposure dose of residents are all within the normal background of China.

Key words: Gamma radiation dose rate; Annual effective dose; External irradiation; Exposure dose

γ 射线辐照对聚丙烯腈纤维的损伤效应研究

张九林[1]，张　昊[2]*

（1. 中核苏州阀门有限公司，江苏 苏州 215031；2. 浙江理工大学，浙江 杭州 310018）

摘要：利用 ^{60}Co 源产生的 γ 射线辐照空气中的聚丙烯腈纤维以模拟并揭示空间辐照条件下，聚丙烯腈纤维的辐射损伤。机械拉伸、扫描电镜（SEM）、同步辐射小角散射（SAXS）的结果表明：在随着辐照剂量的增加，PAN 纤维机械强度下降，纤维孔洞增多，孔洞大小发生转变。该研究对改善特种环境下含 PAN 纤维防护材料，制定材料使用标准等方面具有一定的现实意义。

关键词：PAN 纤维；γ 射线；辐照损伤；同步辐射小角散射

聚丙烯腈（PAN）纤维是以丙烯腈（AN）为主要链结构单元的聚合物经过纺丝加工而制成的纤维，是合成纤维中的重要品种之一，也是生产高性能碳纤维的最重要的前驱体之一[1]。PAN 纤维具有良好的柔软性和保暖性，兼具高蓬松性和回弹性，俗称人造羊毛，在纺织服装领域中有广泛的应用。另外，它还具有优异的耐光性、抗微生物降解性，以及较好的染色性等在产业领域也日益得到推广[2]，制备的防护织物具有阻燃、抗化学腐蚀等特性[3]。然而，以 PAN 纤维为基底或添加剂的材料，在某些极端环境下（如航空航天，核电站作业）会出现材料性能的下降等情况；其中，辐照引起纤维内部孔洞结构的变化将直接决定含 PAN 材料的机械性能[4]。因此，研究 PAN 纤维在辐射条件下损伤尤其是孔洞的转变对拓宽含 PAN 材料的适用范围，监测含 PAN 纤维防护材料的防护效果具有重要的意义。

小角度 X 射线散射（SAXS）由于其 X 射线的高穿透性，可得到相关结构的统计结果信息是表征微观结构的理想手段[5-7]。SAXS 可无损检测纤维中封闭和开放微孔结构，因此，许多研究者利用 SAXS 研究纤维中的孔洞[8]，Loidl 等[9]研究了 CF 中的微孔。用微束衍射研究了单 CF 拉伸和弯曲过程中的微孔。Zhu 等[10]研究了碳纤维拉伸变形过程中的微孔洞演化。本文通过机械拉伸、扫描电镜（SEM）、同步辐射小角散射（SAXS）技术，表征了不同辐照吸收剂量对 PAN 纤维性能的影响及纤维内部的孔洞结构的变化。

1　材料与方法

1.1　主要材料与设备

PAN 纤维购自吉林化纤集团（MW：120 000 g/mol），LLY-06E 单纤强力仪（莱州市电子仪器有限公司），Phenom Pro 扫描电子显微镜（复纳科学仪器有限公司），同步辐射小角散射（SR-SAXS）表征于上海同步辐射光源 19U2 线站，探测器为 Pilatus-1M（Dectris，USA）。

1.2　PAN 纤维的辐照

PAN 纤维在 ^{60}Co 源下经铝箔包裹后的 PAN 纤维分别在 50 kGy、100 kGy、200 kGy 的室温空气中以 γ 射线辐照。

1.3　测试与表征

（1）SEM 表征

取少量干燥样品通过导电胶黏于样品台上，扫描电压为 5 kV，由于 PAN 纤维不导电，样品观测前需喷金处理。

作者简介：张九林（1990—），男，河南信阳，本科，现于中核苏州阀门有限公司从事安全管理工作

（2）机械性能

在室温下以恒定速度（20.0 mm/min）进行强度测试仪。单束长度为 20.0 mm。每个样本的平均数据为 50 个丝。

（3）孔径测量计算

由于 SEM 测量纤维内部孔洞参数较为困难，因此采用同步辐射小角散射的方法进行表征。样品如三明治样被夹在两块 Kapton 膜之间，以获更好的取向。所选波长为 0.932 nm。样品与探测器之间的距离为 5 780 mm，曝光时间为 1 s。测试完样品后，测试空气的散射，并予以扣除。测试试样的吸收系数，对试样的散射强度进行修正，然后对狭缝进行修正。利用 Fit2d 软件对数据进行处理。

2 结果与分析

图 1 为在空气中经不同吸收剂量辐照后的 PAN 纤维的形貌。不同剂量下 PAN 纤维表面无较大变化，仅仅在少量地方存在着微小的孔洞，其直径明显小于 1 μm。进一步放大倍数将导致 PAN 纤维的损伤，使观测的孔洞参数产生较大的误差。此外，大量位于纤维内部的孔洞较难检测。因此，SAXS 将被用来表征纤维内的孔洞参数。

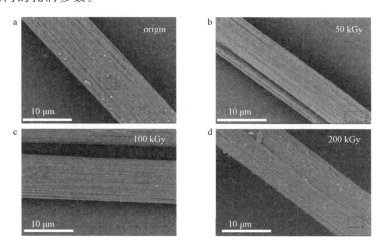

图 1　不同辐照吸收剂量下的 PAN 纤维的 SEM 图片（a：0 kGy，b：50 kGy，c：100 kGy，d：200 kGy）。

SAXS 是表征纤维内部结构的理想手段。各辐照吸收剂量下的 PAN 纤维散射花样及 Guinier 图如图 2 所示。样品的散射信号扣除空气背底后，通过 Guinier 近似来进行拟合计算。将纤维内部孔洞近似为球状，散射强度和散射矢量满足一下关系[11]：

$$\ln[I(q)] = \ln[I(0)] - (R_g)^2/3 \tag{1}$$

在较低散射矢量（q）附近，$\ln[I(q)]$ 和 q^2 成线性关系。则对其进行线性拟合得到的曲线的斜率满足以下关系：

$$k = -(R_g)^2/3 \tag{2}$$

式中，k 为拟合直线斜率；R_g 为回转半径。在球形体系中，$R_g \approx R$。因此，各辐照吸收剂量下的孔洞平均半径值为 8.76 nm（0 kGy），9.05 nm（50 kGy），9.15 nm（100 kGy），9.28 nm（200 kGy）。可以看出，纤维内部孔洞的大小随着辐照剂量的增加而扩大，而纤维内部孔洞缺陷的扩大将直接影响纤维的性能[12]。

为了进一步的揭示辐照损伤引起的孔洞变化对 PAN 纤维的强度影响，对各辐照吸收剂量下的 PAN 纤维进行机械性能的实验。PAN 纤维由于分子间丁腈基团的高极性，使得分子间产生了很强的相互作用，从而产生了高强度的聚丙烯腈纤维。图 3 为不同吸收剂量下 PAN 纤维的拉伸强度和断裂伸长率。一方面，抗拉强度在随着吸收剂量的增加而呈下降趋势，这可能于辐照增加了纤维内部的缺陷，扩大了孔洞尺寸，导致其强度的下降。另一方面，断裂伸长率也随剂量的增加而增加。这可能和分子链的交联有关，辐照诱导的自由基形成了分子链网络，提高了其断裂伸长率。已有研究报道，

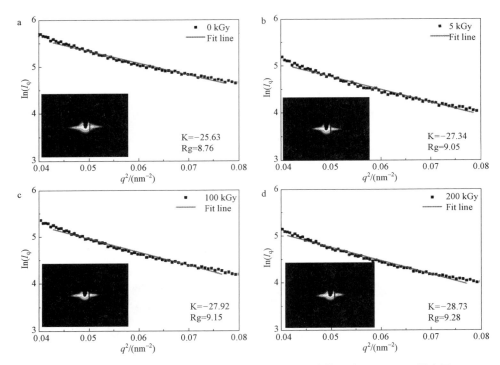

图 2   不同辐照吸收剂量下的 PAN 纤维的 SAXS 散射花纹及 Guinier 拟合图

紫外光照射可提高 PAN 纤维的断裂伸长率[13-14]。当剂量超过 100 kGy 时,断裂伸长率略有下降。这是由于在该剂量下,自由基浓度达到饱和,纤维进一步增加交联程度;辐照对纤维的损伤效应成为主导,孔洞缺陷的进一步扩大导致其断裂伸长率的下降。

3   结论

PAN 纤维在[60]Co 源产生的 γ 射线辐照下会引起纤维内部孔洞缺陷的扩大。由于孔洞缺陷多在纤维内部,SEM 很难直观表征孔径大小。通过 SAXS 表征,拟合计算出孔径缺陷的

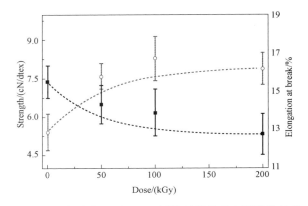

图 3   在空气中辐照后 PAN 纤维断裂强度和断裂伸长率

平均大小由 8.76 nm(0 kGy)扩大到 9.28 nm(100 kGy)。此外孔洞缺陷的变化导致了 PAN 纤维机械强度的下降,断裂强度由 7.39 cN/dtex(0 kGy)下降到了 5.30 cN/dtex(100 kGy)。该研究对改善特种环境下含 PAN 纤维防护材料,制定材料使用标准等方面具有一定的现实意义。

致谢:

感谢中国科学院上海大科学中心的支持。

参考文献:

[1]   Liu W H,Wang M H,Xing Z,et al. Radiation-Induced Crosslinking of Polyacrylonitrile Fibers and the Subsequent Regulative Effect on the Preoxidation Process[J/OL]. Radiation Physics and Chemistry,2012:1-6. http://dx. doi. org/10. 1016/j. radphyschem. 2012. 02. 029. DOI:10. 1016/j. radphyschem. 2012. 02. 029.

[2]   刘伟华 . 中国科学院研究生院 博士学位论文[D]..

[3]   贾旭宏,陶皖,智茂永 . 聚丙烯腈纤维阻燃技术研究进展[J].上海纺织科技,2021,49(3):1-6. DOI:10.16549/

j. cnki. issn. 1001—2044. 2021. 03. 001.

[4] Zhang H, Liu W, Ding Y, et al. The Micro-Void Structure Transformation and Properties Assessment of Polyacrylonitrile Fibers Irradiated by Electron-Beam as Carbon Fiber Precursor[J]. Polymer Testing, 2021, 99 (February):107218. DOI:10. 1016/j. polymertesting. 2021. 107218.

[5] Tian Y, Zhu C Z, Gong J H, et al. Transition from Shish-Kebab to Fibrillar Crystals during Ultra-High Hot Stretching of Ultra-High Molecular Weight Polyethylene Fibers:In Situ Small and Wide Angle X-Ray Scattering Studies[J]. European Polymer Journal, 2015, 73:127-136. DOI:10. 1016/j. eurpolymj. 2015. 10. 006.

[6] Xiong B J, Chen R, Zeng F X, et al. Thermal Shrinkage and Microscopic Shutdown Mechanism of Polypropylene Separator for Lithium-Ion Battery:In-Situ Ultra-Small Angle X-Ray Scattering Study[J/OL]. Journal of Membrane Science, 2018, 545 (October 2017):213-220. http://dx. doi. org/10. 1016/j. memsci. 2017. 10. 001. DOI:10. 1016/j. memsci. 2017. 10. 001.

[7] Thünemann A F, Ruland W. Microvoids in Polyacrylonitrile Fibers:A Small-Angle X-Ray Scattering Study[J]. Macromolecules, 2000, 33(5):1848-1852. DOI:10. 1021/ma991427x.

[8] Shiratori N, Lee K J, Miyawaki J, et al. Pore Structure Analysis of Activated Carbon Fiber by Microdomain-Based Model[J]. Langmuir, 2009, 25(13):7631-7637. DOI:10. 1021/la9000347.

[9] Loidl D, Peterlik H, Paris O, et al. Structure and Mechanical Properties of Carbon Fibres:A Review of Recent Microbeam Diffraction Studies with Synchrotron Radiation[J]. Journal of Synchrotron Radiation, 2005, 12(6):758-764. DOI:10. 1107/S0909049505013440.

[10] Zhu C Z, Liu X F, Yu X L, et al. A Small-Angle X-Ray Scattering Study and Molecular Dynamics Simulation of Microvoid Evolution during the Tensile Deformation of Carbon Fibers [J/OL]. Carbon, 2012, 50 (1): 235-243. http://dx. doi. org/10. 1016/j. carbon. 2011. 08. 040. DOI:10. 1016/j. carbon. 2011. 08. 040.

[11] Zhang H, Tian F, Lin H, et al. Decay Behavior and Stability of Free Radicals of Silk Fibroin with Alkali/Urea Pretreatment Induced by Electron Beam Irradiation[J/OL]. Polymer Degradation and Stability, 2020, 181: 1-6. https://doi. org/10. 1016/j. polymdegradstab. 2020. 109344. DOI:10. 1016/j. polymdegradstab. 2020. 109344.

[12] Pauw B R, Vigild M E, Mortensen K, et al. Strain-Induced Internal Fibrillation in Looped Aramid Filaments[J]. Polymer, 2010, 51(20):4589-4598. DOI:10. 1016/j. polymer. 2010. 07. 045.

[13] Mukundan T, Bhanu V A, Wiles K B, et al. A Photocrosslinkable Melt Processible Acrylonitrile Terpolymer as Carbon Fiber Precursor[J]. Polymer, 2006, 47(11):4163-4171. DOI:10. 1016/j. polymer. 2006. 02. 066.

[14] Paiva M C, Kotasthane P, Edie D D, et al. UV Stabilization Route for Melt-Processible PAN-Based Carbon Fibers [J]. Carbon, 2003, 41(7):1399-1409. DOI:10. 1016/S0008-6223(03)00041-1.

Effect of γ-Ray irradiation on defect formation of polyacrylonitrile fibers

ZHANG [1] Jiu-lin, ZHANG [2*] Hao

(1. China Nuclear Suzhou Valve Co. , Ltd, Suzhou, Jiangsu Province 215031;

2. Zhejiang Sci-Tech University Hangzhou Zhejiang Province 310018)

Abstract: Damage effects of polyacrylonitrile fibers underγ-Ray irradiation by ^{60}Co source were studied and simulation in real radiation space. The results of mechanical tensile, scanning electron microscope (SEM) and small angle synchrotron scattering (SAXS) show that the mechanical strength of PAN fiber decreases with the absorbed dose increasing; the number of Micro-voids on the fibers surface was increases, and the size of micro-voids was transformation. This research has implications for the improvement of PAN-containing protective materials in special environments and improvement setting standards for the use of materials.

Key words:Polyacrylonitrile fibers, γ-Ray, Radiation damage, Small angle synchrotron scattering

降低射线探伤机辐射剂量率遮挡防护装置制作研究

韩景涛

(四川中核艾瑞特工程检测有限公司,四川 绵阳 621000)

摘要:本文简要介绍了核电站射线探伤工作中,通过采用设计研制的专用辐射剂量防护装置,可准确遮挡和屏蔽掉 X 射线探伤机产生的多余辐射照射场范围、降低辐射剂量率、有效缩小了核电站射线探伤工作区域的辐射安全防护警界管控距离及范围,并可大幅降低射线探伤人员在作业环境内的辐射受照剂量,使得核电站射线检测工作中的辐射防护安全风险降到最低可控的良好成效,达到低投入、高效益的科研技术成果转化目的。

关键词:核电站;射线检测;辐射剂量;遮挡防护

核电站建造过程中施工单位开展的辐射安全防护管理工作的有效性至关重要,其辐射安全防护管理组织的体系否健全,辐射安全管理水平是否满足符合核电站建设的要求,所开展的辐射安全防护工作是否规范、有效,也是评价和考评各个参与核电站的建设单位,从事射线探伤工作辐射安全防护管理成效的关键要素。本文简要介绍了该项射线探伤辐射防护辅助器具的研制与应用,特别是针对于核电站穹顶吊装前,拼装及模块化施工场地等特殊环境部位的射线探伤工作,有效控制了 X 射线探伤机产生的照射场、降低了照射剂量率、缩小了辐射安全防护警界隔离控制区域的距离和范围,使现场开展射线探伤工作的辐射安全防护工作便于设置与维护巡检,确保周边临近的施工场所不受影响的同时,也使得射线探伤工作的辐射防护处于安全可靠状态,并达到在该类辐射防护安全技术工艺管理上,处于同行业领先地位的成效。

1 概述

核电站钢衬里焊接施工过程中,很多的对接焊缝都需要使用 X 射线探伤机进行其内部焊接质量的检测工作。而其在工作中所产生的辐射危害程度,是根据所使用射线机管电压的大小来决定的,如何依据辐射强度,开展恰当选用合理的辐射防护距离、屏蔽与时间等因素环节实施辐射风险管控,是射线探伤工作安全管理的重点。因此,辐射防护工作实施的正确、有效及防护距离的合理可靠性,是现场施工安全管理工作中非常重要的一个环节。

由于参与核电站建设的单位较多、且施工的环境及场所较为分散和复杂,存在交叉作业或相互间的施工环境和时间段不能完全统一的不利因素,加上未做降低射线探伤机辐射剂量防护装置前的探伤工作,存在必须建立较大的辐射剂量边界控制区域的设置,才能满足核电厂辐射安全防护工作程序与法规要求的边界剂量控制水平,以及需封闭较多的交通要道才能满足要求的情况,制约了现场相关区域建设的施工进度,同时也给射线探伤工作中的辐射安全防护管理工作带来辐照安全隐患。

射线探伤辐射防护剂量边界控制区域设置如图 1 所示。

因此,有必要从如何确保辐射剂量环境防护的有效控制、不影响周边施工单位的正常工程进度安排、减小射线探伤作业人员的辐射受照剂量、尤其是针对处于交通要道等作业环境较为复杂的施工场所的辐射安全管理工作控制等方面考虑,研究和设计符合并适用于射线探伤辐射剂量控制与防护装置的专用器具,以此来缩小辐射防护的警戒范围和距离、控制和减小射线探伤机工作时产生的辐射剂量率,从而达到辐射安全防护管理工作的有效提升。

作者简介:韩景涛(1971—),男,江苏南京人,高级工程师,本科,现从事核工程无损检测研究及民用核安全设备无损检测人员资格鉴定工作

辐射隔离边界设置

图1　射线探伤辐射防护剂量边界控制区域设置图

2　辐射安全知识简介

鉴于核资源逐步受到广泛的应用,与之相随的核安全问题也越来越受到更多的关注。说起辐射,人们就会有些害怕,因为它看不见,摸不着,却能给人体在无形中造成伤害。尤其是早期日本广岛爆炸的原子弹和前苏联的切尔诺贝利事件,以及近期的日本福岛核电站核泄漏等事件,在人们心中留下的阴影更是抹杀不去。其实辐射并不是一种稀罕可怕之物,因为我们的周围到处存在着辐射,并已被广泛的应用于各行业。如:交通运输行业的安检、医疗行业的透视和放疗,以及肿瘤治疗用的γ(伽马)刀等等。在日常生活中比如我们晒太阳、看电视、乘飞机、等也都会受到一定的辐照。只是生活中的辐照都是微量的,不会对人体造成伤害,所以人们也感觉不到它的存在。但大量的辐射对人体是有害的,因此我们应该科学的认识它,才能采取一些相应的保护措施来防止和减少辐射对我们人体的伤害。

3　工业射线在核电站建设中的实际应用

3.1　工业射线探伤的种类

工业射线探伤是无损检测方法中的一种,主要用于锅炉、压力容器、管道、核工业、航空、船舶等工业生产行业。按所用射线的不同,可分为 X 射线和 γ 射线探伤两类。

γ 射线是由放射性元素放射出的,施工现场常用的有 ^{192}Ir 和 ^{60}Co。源的体积很小由金属包裹着置于铅盒内,探伤时通过封闭的导管用绞链摇送至预定的位置,源摇出后射线呈全方位放射,条件允许时也可使用定向曝光装置,控制放射源的放射方向以达到缩小防护范围及距离的目的。

Ir-192型　　　Co-60型　　　Se-75型
(a)　　　　　　　　　　　　　　(b)

图2　常用射线装置
(a)射线探伤机;(b)铅储源罐

X 射线是由电能转换而来的转换率最高只能达到 5%,与无线电波、红外线、可见光、紫外线等同属一个范畴,都是电磁波,其区别主要是在于波长不同,以及产生方法不同。X射线通常是点源,成30°夹角向前定向射出。定向放射断电后即无射线,工作时镜头对准工件,其他位置会有少量的散射和漫反射。

图 3　X射线探伤机

图 4　射线探伤作业

3.2　核电站施工单位工业射线探伤设备的应用

核电站在建造过程中的主要施工单位按承建核电站的部位不同,可分为土建和安装两大模块施工单位。土建施工单位主要承建核电站的主体结构核岛及其辅助厂房,鉴于工作的场所和环境相对固定的有利条件,施工单位均使用X射线探伤机开展该施工部位的射线探伤检测工作。安装施工单位主要承建核电站核岛及厂房内的容器、喷林管道、电器管线等电站内部设施的安装工作,由于管道分布较广,且大部分处于高空不利于X射线探伤机的架设,施工单位以使用γ源为主。结合承接核岛钢衬里的焊接探伤检测工作内容,以及所取"辐射安全许可证"中规定的可从事辐射工作种类要求,现场均以配备X射线探伤机为主。

4　降低射线探伤机辐射剂量率遮挡防护装置的制作

4.1　射线探伤机工作方式简介

实际射线探伤工作中,考虑到射线探伤机通常为点源,从探伤机头靶心的窗口呈30°的夹角向前定向产生出X射线,探伤工作时机头对准被透照工件,射线产生的放射能量可穿透过工件,并在射线底片上形成构件的焊缝影像,其他位置的射线会产生散射和折射的物理现象,探伤机设备断电后即无射线产生。

射线探伤工作原理如图 5 所示。

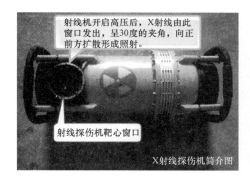

图 5　射线探伤工作原理

由图 5 描述的 X 射线探伤机透照工作原理,我们考虑在确保透照工件的成像质量所需的射线能量为前提,对射线探伤机的靶心窗口部位,增设一道铅板覆盖屏蔽遮挡板的工艺改进设施,以实现降低射线探伤机在工作时产生的散射辐照剂量,达到缩小射线探伤工作警界隔离区域设置距离和范围的良好控制,即减小了对周边施工环境的影响范围,也降低了射线探伤工作过程中潜在的辐照安全风险隐患。

4.2　研制探伤机辐射遮挡装置实施依据

"降低射线探伤机辐射剂量率遮挡防护装置的制作研究"实施依据是以,射线探伤机开启高压后,X 射线产生的形式和照射方向作为主要的考虑因素,结合射线底片透照长度与宽度的成像效果,选用 5 mm 厚的铅板切割成与射线探伤机靶心窗口相吻合的形状和大小,通过固定装置使其与射线探伤机靶心窗口能够形成紧密的贴合。在铅板的中心位置切割出一条长 63 mm、宽 27 mm 的开口槽,目的是只允许透照射线底片成像所需的那部分射线,通过铅板切割槽形成的控制范围,其余的射线被切割槽以外的铅板遮挡屏蔽。由于铅板切割槽控制了射线辐射的范围和方向,由此可起到降低射线照射场及辐照剂量率的作用。

射线探伤机实体安装辐射遮挡装置如图 6 所示。

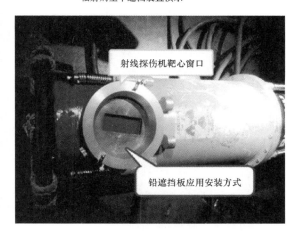

图 6　射线探伤机实体安装辐射遮挡装置

辐射遮挡防护装置制作样件如图 7 所示。

图 7　辐射遮挡防护装置制作样件

5　实际应用过程中辐射剂量率的测试方式与应用效果

针对现场施工环境设计研制简易的降低射线探伤机辐射剂量率遮挡防护装置,结合现场施工环境最复杂的穹顶模块拼装作业场地的环境特点,进行应用数据效果测试。测试的要求设定在空旷的、无遮挡状态下的直线测试距离,射线探伤机的透照方式、方向、管电压、辐射环境剂量仪、测试数据读取人员等环境参数条件均固定,以测试数据满足核电站辐射安全防护工作程序中,规定辐射防护边界小于 2.5 μSV 的有效控制边界范围为止,先后测定使用和未使用"降低射线探伤机辐射剂量率遮挡防护装置"状态下的实际边界距离,以此进行使用效果的验证与判定。

经班组开展实际应用的测试比对,选择穹顶焊缝使用 X 射线探伤机的工作电压为 150 kV,辐射边界剂量率设置在满足小于 2.5 μSV 要求的有效控制范围。对未使用铅板遮挡屏蔽装置时,位于同一射线探伤检测部位所采用相同的透照焦距、管电压等曝光参数进行射线透照时,在达到满足核电站射线探伤工作程序与法规的规定,辐射防护边界剂量率为 ≤2.5 μSv 要求时的有效监测距离为 50 m,使用辅助铅板装置进行遮挡屏蔽后辐射剂量边界的实测距离为 30 m。确定使用该遮挡装置后的实际辐射剂量控制效果较为显著,可有效缩短直线距离 20 m 左右的辐射防护边界距离。

应用铅遮挡辐射防护控制装置应用测试如图 8 所示。

测试效果

安装降低射线探伤机辐射剂量铅遮挡板装置后,可有效缩短直线
防护边界距离20米。

图 8　铅遮挡辐射防护控制装置应用测试

核电站穹顶拼装施工现场实际应用效果如图 9 所示。

未使用前的防护边界设置

辐射防护边界

4RX穹顶射线探伤

穹顶X射线探伤设备架设图

"降低射线探伤机辐射剂量率遮挡防护装置"在核岛穹顶拼装模块 X 射线探伤工作中的实际应用,可有效缩短直线距离 20 米的辐射安全防护边界区域。

图 9　铅遮挡辐射防护控制装置核电站穹顶拼装施工现场实际应用图

针对特殊作业环境辐射安全防护距离要求,可采取制作锥形铅板屏蔽护罩,对 X 射线探伤机头窗口进行全包裹的屏蔽防护方式,达到有效大幅降低射线辐射安全防护距离及范围的良好成效。如图 10 所示。

使用锥形铅板制作的X射线探伤机,照射场辐射全包裹防护铅罩,测试效果更佳,可有效应用于更高要求的特殊作业环境场所。

图 10　锥形铅板屏蔽护罩

6　结论

针对当前核电站施工现场开展 X 射线探伤作业时,为确保满足国家法规要求的辐射安全防护条件,实施《降低射线探伤机辐射剂量率遮挡防护装置》制作研究技术成果,在确保射线探伤作业处于安全可控状态的同时,大幅缩减了以往常规射线探伤作业时所需设置的防护边界距离,对施工现场各作业区域的施工安排及进度提供了较好的保障,达到低投入、高效益科研技术成果转化目的。

参考文献:
[1]　核电厂核岛机械设备无损检验规范:EJ/T 1039—1996[S].
[2]　压水堆核岛机械设备设计核建造规则:RCC-M 2002[S].
[3]　《核电站射线探伤安全规定》

Study on production of shielding protective device for reducing radiation dose rate of radiographic detector

HAN Jing-tao

(Sichuan CNEC-ARIT Engineering Testing CO.,LTD,Mianyang Sichuan,China)

Abstract: This paper briefly introduces the design and development of a special radiation dose protection device in the radiation detection of nuclear power plants, which can accurately block and screen the excess radiation field range generated by the X-ray flaw detector, reduce the radiation dose rate, effectively reduce the control distance and range of the radiation safety protection police in the radiation detection area of nuclear power plants, and greatly reduce the radiation exposure dose of the X-ray flaw detector in the working environment, so as to minimize the radiation protection safety risk in the radiation detection of nuclear power plants and achieve the purpose of transforming scientific and technological achievements with low investment and highefficiency.

Key words: Nuclear power plant; Radio examination; Radiation dose; Occlusion protection

核设施气载流出物中有机氚与无机氚的监测研究

周梦洁,吴　耀,孙伟中,金　涛,宋纪高,郑洪龙,裴　敏,江向东,李俊杰

（中国核动力研究设计院第一研究所,四川省核设施退役与放射性废物治理工程实验室,四川 成都 610005）

摘要:核设施运行期间,^{235}U 的裂变及一回路冷却剂被活化后将产生大量放射性的氚,与此同时 ^{2}H、^{6}Li、^{10}B 等核素被中子轰击后也能产生氚。反应堆中的气载流出物氚将通过扫气、泄漏等途径以有机氚（OBT）和无机氚（HTO）的形式排放。氚在生物圈中具有很强的移动性与循环性,可以通过呼吸吸入、皮肤吸收、食入污染的食物或水等方式进入人体,造成一定周期的均布性内照射伤害,严重影响人类的健康。氚作为核设施放射性气载流出物中的重要核素,其不同的化学形态会对核设施周围环境及居民造成不同程度的影响。本文基于核反应堆运行期间放射性气载流出物中氚的成分差异设计了有机氚与无机氚的取样监测实验。首先利用 MARC 7000 型氚取样器实现气载流出物氚的取样收集,采用燃烧冷凝法和直接冷凝法分别对有机氚与无机氚进行取样区分,接着通过蒸馏冷凝法得到待测氚样,最后采用液体闪烁法对有机氚与无机氚进行测量分析。实验结果显示,有机氚占总氚的比例约为 6.6%,无机氚占总氚的比例约为 93.4%,表明气载流出物中氚的排放以无机氚为主导。通过对不同化学形态的氚进行有效监测,可以为完善氚的剂量学模型及准确估算氚所致辐射剂量影响提供数据来源,并为实现辐射防护最优化原则及保障公众的健康安全奠定基础。

关键词:核设施;气载流出物;有机氚;无机氚;监测

核反应堆运行时,氚的产生途径主要有两个:一是燃料元件 ^{235}U 三元裂变产生的氚一部分会通过包壳扩散到主回路中;二是主回路冷却剂中微量元素 ^{2}H、^{6}Li 和 ^{10}B 等核素发生中子活化反应产生氚,主要反应包括 ^{2}H(n,γ)T、^{6}Li(n,α)T、^{10}B(n,2α)T[1-5]。核设施运行及乏燃料后处理过程中产生的含氚放射性气载流出物不能通过常规的三废系统进行处理,主要以氚化水蒸气[本文归为无机氚（HTO）]和除 HTO 外其他化学形态的氚[如 T$_2$ 和 HT,本文归为有机氚（OBT）]排放到环境中。

氚作为一种弱 β 辐射体的放射性核素,不会对人体造成外照射危害。然而,由于其较长的半衰期及较高的同位素交换率和氧化率,对人体组织和器官会造成内照射危害,因此有必要对其在环境中的排放进行监测管理和控制[6-8]。《核动力厂环境辐射防护规定》（GB 6249—2011）规定了核电厂气载流出物和液态流出物中氚的排放限值[9],《电离辐射防护与辐射源安全基本标准》（GB 18871—2002）也给出了不同化学形态氚对人体的剂量转换因子[10]。随着在役、在建核电机组数量的增加,公众对核安全意识的增强以及环境安全监测需求的提高,开展放射性气载流出物中不同化学形态氚的监测研究已成为迫在眉睫的重点课题。

1　实验装置

1.1　氚取样系统

核设施运行产生的气载流出物通过排风管道进入通风中心,在烟囱排风塔一定高度处设有气载流出物取样口,烟囱取样装置则通过负压抽取气载流出物,经过滤器去除固体颗粒和放射性气溶胶后,采用串联的 MARC 7000 氚取样器实现对氚的取样收集。

MARC 7000 氚取样器（如图 1 所示）主要由加热炉、取样瓶、取样回路（如图 2 所示）、冷却回路（如图 3 所示）等组成。其基本工作原理为:对于 HTO,采用直接冷凝法通过使空气气流持续在吸收介质中鼓泡而被收集到前 1、2 号瓶中,捕获效率＞99%;对于 OBT,采用燃烧冷凝法通过高温催化氧

作者简介:周梦洁(1994—),女,江西萍乡人,硕士,现主要从事辐射防护与流出物监测等工作

基金项目:四川省科技计划项目(2021YJ0328)资助

化炉将其转化为HTO,在3、4号瓶中同样以鼓泡方式被收集,捕获效率>96%。其中,4个取样瓶的氚鼓泡吸收介质均采用110~160 mL的去离子水,每个取样瓶中装入的收集液不得超过瓶身的Max线,称量取样瓶与水的总重后备用。

取样流量设置为30 L/h,取样7天,每取样完后更换一次滤纸,空气颗粒物污染严重时应加密更换。启动抽气泵后,取样瓶内的鼓泡状态依次为4→3→2→1号瓶。若出现取样瓶没有冒泡或冒泡不均匀的情况,表明装置存在漏气,应顺时针转动把手,将加热炉升起后重新摆放各瓶的位置,放下加热炉后直到冒泡正常。启动加热炉,2~3 min后达到设置温度450 ℃。启动冷却系统,20~30 min后冷却液达到预设温度,之后冷却液温度将维持在3~7 ℃之间。此时将总取样体积和时间清零,开始取样。取样流程完成后依次关闭加热炉/冷却系统/抽气泵,升起加热炉,移走取样瓶,将取样瓶密封好后送往化学实验室以备制样分析。

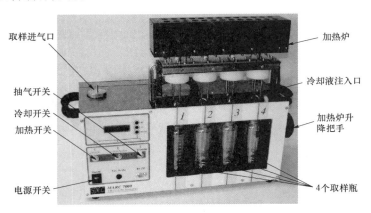

图1　MARC 7000氚取样器

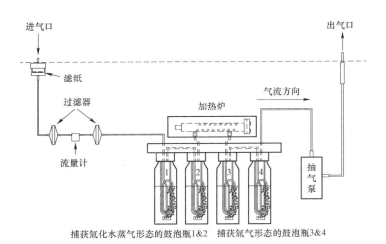

图2　MARC 7000氚取样器取样回路

1.2　氚制样系统

将采样完的1号和2号取样瓶、3号和4号取样瓶分别称重后倒入两个干净的空烧杯中,加入0.5 g过氧化钠,置于磁力搅拌器上搅拌混合,充分搅拌混合后将溶液转移至蒸馏烧瓶中;再向蒸馏烧瓶中加入0.3 g高锰酸钾,同时加入沸石防止蒸馏过程中溶液爆沸;接着轻微摇晃蒸馏烧瓶,使其与高锰酸钾充分混合。将蒸馏烧瓶放到恒温加热套上并与冷凝管连接,打开冷却水及加热套开关,末端与接液器配套使用,蒸馏过程如图4(a)所示。

蒸馏过程中,弃去初始产生的40 mL冷凝水。待反应完全后,用移液器移取8 mL冷凝水样品于液闪计数瓶中,加入12 mL Gold Star Quanta氚专用闪烁液配置成20 mL待测样液,摇晃均匀后可放

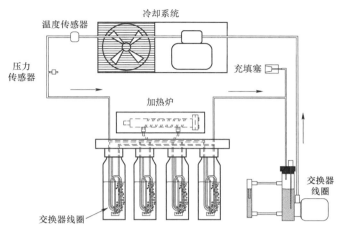

图 3　MARC 7000 氚取样器冷却回路

入冰箱保存,如图 4(b)所示。在测量前,先用酒精湿棉球擦拭计数瓶外壁,再放入 LSC-LB7 型低本底液闪测量仪中测量 24 h,该过程需在低光照条件下进行。

(a)

(b)

图 4　氚制样过程(a)蒸馏制备氚冷凝水(b)制备 20 mL 待测样液

2　实验结果与分析

实验过程中,本底计数率为 2.154 cpm,本底测量时间为 1 440 min;有机氚样品的计数率为 29.140 cpm,有机氚样品的测量时间为 1 440 min;无机氚样品的计数率为 422.429 cpm,无机氚样品的测量时间为 1 440 min;低本底液闪测量仪的探测效率为 22.93%;采样总体积为 5.316 m^3。

2.1　仪器探测限

仪器探测限(LLD,Lower Limit of Detection)是指分析仪器能够检测的被分析物的最低量或最低浓度,也称探测下限。在样品量和测量设备性能不变的情况下,仪器(低本底液闪测量仪)的探测限由测得的净计数确定,见式(1):

$$LLD = \frac{2.71}{T_s} + 3.29\sqrt{\frac{N_b}{T_s} + \frac{N_b}{T_b}} \tag{1}$$

式中,LLD 表示仪器的探测下限,cpm;N_b 表示本底计数率,cpm;T_b 表示本底测量时间,min;T_s 表示样品测量时间,min。

若测得样品的净计数小于探测下限 LLD,即可判定未检出,此时应以探测下限作为样品净计数计算样品的活度浓度。

通过计算得出仪器的探测下限为 0.182 cpm,样品的净计数率均大于探测下限,表明使用该低本底液闪测量仪测得的氚样品的计数结果是有效可信的,满足实验的基本要求。

2.2 方法探测限

方法探测限(MDC,Minimum Detectable Concentration)也称最小可探测浓度,不仅与仪器本身的性能参数有关,还取决于样品测定的整个环节,如取样量,提取分离以及测定条件的优化等,实际工作中应注明具体实验条件。气载流出物中氚的最小可探测浓度由式(2)计算得到:

$$MDC = \frac{1}{60} \times \frac{100}{E} \times \frac{(m_2 - m_1)}{m \times V} \times \frac{K}{2} \times \left(\frac{K}{T_s} + \sqrt{\left(\frac{K}{T_s}\right)^2 + 4 N_b \left(\frac{1}{T_s} + \frac{1}{T_b}\right)} \right) \tag{2}$$

式中,MDC 表示气载流出物中氚的最小可探测浓度,Bq/m³;m_1 表示采样前空取样瓶的重量,g;m_2 表示采样后取样瓶(含氚样品)的重量,g;E 表示低本底液闪测量仪的探测效率,%;m 表示测量水样量,g;V 表示通过氚采样器的空气累计体积,m³;K 表示扩展因子,即标准偏差的幅度。

通过计算得出本方法的最小可探测浓度为 0.06 Bq/m³。

2.3 氚的活度浓度

将制备好的待测样品放入低本底液闪测量仪下测量 24 h,得出样品的计数率。通过式(3)计算得出气载流出物中氚的活度浓度。

$$C = \frac{(N_s - N_b)(m_2 - m_1)}{60 \times E \times m \times V} \tag{3}$$

式中,C 表示氚的活度浓度,Bq/m³;$(N_s - N_b)$ 表示样品的净计数率,cpm;$(m_2 - m_1)$ 表示样品采样前后净重,g。

通过计算得出有机氚样品的活度浓度为 10.84 Bq/m³,无机氚样品的活度浓度为 154.12 Bq/m³。因此,有机氚占总氚的比例约为 6.6%,无机氚占总氚的比例约为 93.4%。

3 结论

本文从核设施运行时,气载流出物中氚的产生途径和基本原理出发,初步分析了氚的不同化学形态及其排放方式。通过对气载流出物中有机氚与无机氚的监测研究,得出如下结论:

(1)开展气载流出物中除 HTO 外其他化学形态的氚的监测研究是可行的,有利于为完善核设施氚的排放统计和控制提供数据支撑,并为进一步完善氚的剂量学评估模型提供参考依据。

(2)使用低本底液闪测量仪对气载流出物氚进行测量,方法的探测下限为 0.06 Bq/m³(氚样品量约为 240 mL,测量时间为 24 h)。而本次实验测得的气载流出物中有机氚和无机氚的活度浓度分别为 10.84 Bq/m³ 和 154.12 Bq/m³,因此采用本方法可以满足该核设施产生的气载流出物氚的监测研究。

(3)实验结果显示,气载流出物中有机氚占总氚的比例约为 6.6%,无机氚占总氚的比例约为 93.4%,表明气载流出物中氚主要以无机氚的形式排放。

致谢:

本次实验受到了流出物与工艺监测组和环境组同事们的大力支持和热心帮助,谨向他们表示最诚挚的敬意和深深的感谢!

参考文献:

[1] 黎辉,梅其良,付亚茹.核电厂氚的产生和排放分析[J].原子能科学技术,2015,49(04):739-743.

[2] 黄彦君,陈超峰,上官志洪.核电厂流出物排放氚的化学类别及监测方法[J].核安全,2015,14(04):83-89.

[3] 吴若蕾,孙智良.核电厂流出物排放氚的化学类别与监测方法研究[J].科技创新导报,2018,15(13):69-70.

[4] 乔亚华,王亮,叶远虑,等.核电站氚的排放量及浓度限值比较分析[J].核科学与工程,2017,37(03):434-441.

[5] 杨端节,陈晓秋.我国核电厂运行中的氚排放[J].辐射防护,2011,31(04):193-197.

[6] 马宝成.某核电厂流出物中氚所致辐射水平研究[D].南华大学,2015.

[7] 苏锋. 无机氚与有机氚浓度及其所致辐射剂量研究[D].苏州大学,2010.

[8] IAEA. Management of waste containing tritium and carbon-14, Technical Reports Series No. 421[R]. Vienna: IAEA,2004.

[9] 核动力厂环境辐射防护规定:GB 6249—2011[S].环境保护部,2011.

[10] 电离辐射防护与辐射源安全基本标准:GB 18871—2002[S].2002.

Study on monitoring of organic tritium and inorganic tritium in gas effluents from nuclear facilities

ZHOU Meng-jie, WU Yao, SUN Wei-zhong, JIN Tao,

SONG Ji-gao, ZHENG Hong-long,

PEI Min, JIANG Xiang-dong, LI Jun-jie

(Sichuan Provincial Engineering Laboratory of Nuclear Facility Decommissioning and Radwaste Management,

Nuclear Power Institute of China, Chengdu, China)

Abstract: During the operation of nuclear facilities, a large amount of radioactive tritium will be produced when the fission of ^{235}U and the activation of the primary circuit coolant. At the same time, ^{2}H, ^{6}Li, ^{10}B and other nuclides can also produce tritium after being bombarded by neutrons. The gas effluents tritium from the reactor will be discharged in the form of organic tritium (OBT) and inorganic tritium(HTO) through scavenging, leakage and other ways. Tritium has strong mobility and circulation in the biosphere. It can enter the human body through breathing inhalation, skin absorption and ingestion of contaminated food or water, etc., causing a certain period of homogeneous internal radiation damage and seriously affecting human health. Tritium is an important nuclide in radioactive gas effluents. And its different chemical forms will affect the environment and residents to different degrees. In this paper, the sampling and monitoring experiment of organic tritium and inorganic tritium is designed based on the composition difference of tritium in radioactive gas effluents during the operation of nuclear reactor. The MARC 7000 tritium sampler is used to collect tritium from the gas effluents. And the organic tritium and inorganic tritium are separated by combustion condensation method and direct condensation method, respectively. Then the tritium samples to be tested are obtained by distillation and condensation. Finally, the organic tritium and inorganic tritium are measured and analyzed by the liquid scintillation. The experimental results show that the proportion of organic tritium to the total tritium is about 6.6%, and the proportion of inorganic tritium to the total tritium is about 93.4%, indicating that the discharge of tritium in the gas effluents is dominated by inorganic tritium. The effective monitoring of tritium in different chemical forms can provide the data sources for improving the dosimetry model of tritium and accurately estimating the effects of tritium-induced radiation dose, as well as laying the foundation for protecting the health and safety of the public.

Key words: Nuclear facilities; Gas effluents; Organic tritium; Inorganic tritium; Monitoring

核电混凝土用铁矿石碱活性研究

梁权刚

（中国核工业华兴建设有限公司，江苏 南京 210019）

摘要：本文通过对某核电项目混凝土用磁铁矿岩石的化学组成、岩相观察以及采用快速碱-硅酸反应方法、砂浆棒快速法等方法进行检测，结果显示岩石主要由磁铁矿组成，含有少量赤铁矿，局部区域含有少量石英晶体、长石晶体和云母，碱活性组分未见显。碱活性结果表明磁铁矿不具有碱-硅酸反应活性，依据该标准规定判定磁铁矿不具有潜在碱活性，样品不具有潜在危害。

关键词：混凝土骨料；磁铁矿岩石；碱活性

某核电百万千瓦级压水堆机组，在 UJA 反应堆厂房内部结构和 UKA 核辅助厂房等多处设计使用了磁铁矿混凝土，用于射线屏蔽。UJA 反应堆厂房内部结构的磁铁矿混凝土等级设计为 B30W6F75，混凝土的表观密度不小于 3 500 kg/m³；UKA 核辅助厂房的磁铁矿混凝土等级设计为 B25W6F75，混凝土的表观密度不小于 3 700 kg/m³。

为了满足磁铁矿混凝土设计的强度和屏蔽射线要求，《用于混凝土和砂浆制备的材料技术规格书》LYG-Y-PD23-25-21250001-TS-0001-E 对磁铁矿混凝土关键组分——磁铁矿骨料做出了规定：骨料的表观密度大于 4.5 g/cm³、氯化物以 Cl^- 表示，且小于 0.01％、硫化物或硫酸盐以 SO_4^{2-} 表示，含量小于等于 0.5％、云母含量不大于 1％，粗骨料经原矿石破碎后加工成碎石，需满足 5～20 mm 连续粒级级配，细骨料加工方法与粗骨料一致，需满足 Ⅱ 区中砂颗粒级配。其中，混凝土设计要求在转换代换手册时明确指出重混凝土用骨料为非碱活性骨料。

磁铁矿混凝土以其容易获得的表观密度、力学强度、易成型和具有良好的射线屏蔽功能成为重混凝土的首选。碱骨料反应带来的危害是混凝土体积膨胀，结构破坏，这在核电是不允许的，在核电工程中必须进行控制。核安全越来越受到重视，尤其在福岛事件后，因此，对核电工程中混凝土骨料的碱活性检测是极其必要的，本文对核电混凝土用磁铁矿岩石碱活性进行检测分析，为工程的建设提供科学依据。

1 碱骨料活性反应机理

碱骨料活性反应有三种，碱硅酸反应、碱碳酸盐反应与碱硅酸盐反应，而最常见的是碱硅酸反应。碱硅酸反应是指混凝土中所含的碱与混凝土骨料中微晶或无定形硅酸发生反应，生成碱硅酸类物质。碱硅酸类物质是一种白色的凝胶固体，这种白色的凝胶固体吸水后会膨胀，反应物膨胀后的体积会大于膨胀前的体积，其增大的体积甚至达到膨胀前的 3 倍以上。由于这种主要由骨料带入与混凝土中的碱发生反应，所以膨胀部位在骨料与水泥石界面处，由骨料的表层至里发生。骨料在混凝土中大小不一致，且不是均匀分布，由此导致混凝土从外至里产生不均匀膨胀引起开裂，破坏结构的混凝土强度。

碱骨料主要的反应形式就是碱硅酸反应，含有活性氧化硅矿物的岩石能与碱发生反应，且活性氧化硅矿物分布在多种岩石中，最常见的有变质岩、火成岩和沉积岩。活性氧化硅的矿物主要有蛋白石和玻璃质二氧化硅，这两种矿物是非晶质体矿物，具有很高的反应活性，对混凝土的体积稳定性不利，危害很大。而隐晶质或微晶质的矿物主要有玉髓、鳞石英和方石英等，这些矿物的特点是结晶不完

作者简介：梁权刚（1975—），男，四川绵阳人，高级工程师，本科，从事工程检测工作

整,具有活性与混凝土中的碱产生反应,会破坏混凝土的体积稳定性。

2 原材料和试验方法

2.1 原材料

水泥为南京江南小野田水泥厂 P·Ⅱ 52.5 硅酸盐水泥,碱含量(Na₂Oeq)0.50%,水泥化学组成见表1。试验用水为自来水。

表 1 水泥化学组成   %

材料名称	SiO_2	Al_2O_3	Fe_2O_3	CaO	MgO	K_2O	Na_2O	SO_3	L. O. I.
水泥	20.50	4.48	3.17	65.33	0.94	0.63	0.09	2.28	2.47

把磁铁矿岩石破碎、粉磨,取 0.08 mm 的样品粉末按照 JC/T 874—2009《水泥用硅质原料化学分析方法》[1]分析其化学组成,其结果如表2所示。

表 2 岩石样品化学组成   %

材料名称	SiO_2	Al_2O_3	Fe_2O_3	CaO	MgO	K_2O	Na_2O	SO_3	L. O. I.
磁铁矿岩石	5.64	1.88	86.96	2.06	1.86	0.28	0.37	0.05	0

2.2 试验方法

(1) 选取磁铁矿岩石制成薄片,在显微镜下鉴定岩石矿物组成、结构等,用于岩相观察,根据 GB/T 14685—2011《建设用卵石、碎石》[2]附录 A 岩相法检测和 JGJ 52—2006《普通混凝土用砂、石质量及检验方法标准》7.15 岩相法检测,初步判断磁铁矿岩石的碱活性成分。

(2) 将磁铁矿岩石破碎后用筛筛取 0.150~0.630 mm 的部分作试验用料。试验共分三组,每组水泥与磁铁矿岩石骨料的重量比分别为 10∶1、5∶1、2∶1。每一组试模称取水泥 50 g,用分析纯 KOH 调节水泥碱含量 1.5%(Na₂Oeq),三个配比用样式骨料分别为 5 g、10 g、25 g,共 18 条试件。按照 CECS 48—1993《砂、石碱活性快速试验方法》[3]成型试验,选取三组膨胀率最大的一组值作为其膨胀值。

(3) 按 GB/T 14685—2011《建设用卵石、碎石》之 7.15.2 快速碱硅酸反应方法。水泥 400 g,使用 NaOH(化学纯试剂)调整水泥碱含量至 1.2%;磁铁矿岩石骨料清洗干净,破碎,筛分按表 3 骨料级配,取 900 g。水灰比 $W/C=0.47$。试件尺寸为 25 mm×25 mm×285 mm。JGJ 52—2006《普通混凝土用砂、石质量及检验方法标准》[4]之 7.16 快速法,每组试件水泥 440 g,磁铁矿岩石骨料按按表 3 骨料级配 990 g,水灰比 0.47 成型测长。

表 3 骨料级配

公称粒度/mm	5.00~2.50	2.50~1.25	1.25~0.63	0.63~0.315	0.315~0.160
分级质量/%	10	25	25	25	15

3 结果与讨论

3.1 岩相法检测结果

通过岩相观察,磁铁矿岩石主要由磁铁矿组成,含有少量赤铁矿,局部区域含有少量石英晶体、长石晶体和云母。典型结构见图1～图4。磁铁矿中的碱活性组分未显见。由于某些隐晶质石英在光学显微镜下难于分辨,为确保核电工程混凝土质量需进行必要的测长检测以确定磁铁矿的碱硅酸反应活性。

图 1 碎石中单偏光下的磁铁矿

图 2 碎石中正交偏光下的磁铁矿

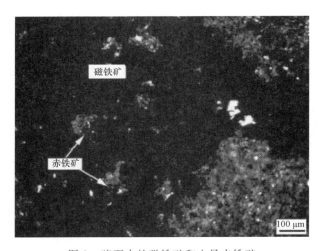

图 3 碎石中的磁铁矿和少量赤铁矿

3.2 砂、石碱活性快速试验方法

试验按 CECS 48—1993《砂、石碱活性快速试验方法》进行。试验时用化学纯 KOH 将水泥的碱含量调整为 1.50%（等当量 Na_2O 含量）。由磁铁矿样品配制的砂浆试件在三个水泥与集料比下的膨胀值见表 4，最大膨胀值为 0.030%，小于 JGJ 52—2006《普通混凝土用砂、石质量及检验方法标准》标准规定的 0.10%的限定值，因此磁铁矿样品被判定为不具有碱硅酸反应活性。

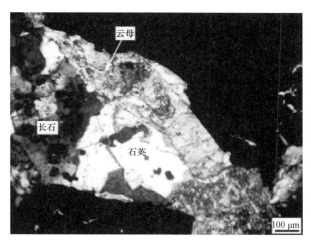

图4 局部的长石晶体、石英晶体及云母

表4 磁铁矿样品的碱硅酸反应活性试验结果

砂浆试件膨胀值/%			最大膨胀值/%
10∶1	5∶1	2∶1	
0.010	0.010	0.030	0.030

3.3 砂浆棒快速法检测结果

按 GB/T 14685—2011《建设用卵石、碎石》之 7.15.2 快速碱硅酸反应方法和 JGJ 52—2006《普通混凝土用砂、石质量及检验方法标准》之 7.16 快速法对磁铁矿岩石的砂浆棒快速法测试结果见表 5 和表 6。

试验按 GB/T 14685—2011《建设用卵石、碎石》之 7.15.2 快速碱硅酸反应方法进行,结果见表 5。GB/T 14685—2011 规定,若 14 d 时试件的膨胀率小于 0.10%,则判定集料为非碱硅酸反应活性骨料;若 14 d 时试件的膨胀率大于 0.20%,则将骨料评定为碱硅酸反应活性骨料;若 14 d 时试件的膨胀率在 0.10%~0.20% 之间,需要改用砂浆长度法进行检测。表 5 的结果表明,砂浆试件 14 d 膨胀率为 0.008%,小于 0.10% 的判定值,磁铁矿岩石不具有潜在碱硅酸反应活性。

表5 快速碱硅酸反应方法检验结果

时间/d	3	7	14
膨胀率/%	−0.002	−0.003	0.008

试验按 JGJ 52—2006《普通混凝土用砂、石质量及检验方法标准》之 7.16 快速法进行,结果见表 6。JGJ 52—2006 规定,若 14 d 时试件的膨胀率小于 0.10%,则判定集料为无潜在危害;若 14 d 时试件的膨胀率大于 0.20%,则将骨料评定为有潜在危害;若 14 d 时试件的膨胀率在 0.10%~0.20% 之间,需要改用砂浆长度法进行检测。表 6 的结果表明,砂浆试件 14 d 膨胀率为 0.009%,小于 0.10% 的判定值,磁铁矿岩石为不具有潜在危害。

表6 快速砂浆棒法检验结果

时间/d	3	7	14
膨胀率/%	−0.002	−0.003	0.009

4 结论

磁铁矿岩石主要由磁铁矿组成,含有少量赤铁矿,局部区域含有少量石英晶体、长石晶体和云母,碱活性组分未显见。采用 CECS 48—1993《砂、石碱活性快速试验方法》检验,结果表明磁铁矿岩石不具有碱硅酸反应活性。采用 GB/T 14685—2011《建设用卵石、碎石》之 7.15.2 快速碱硅酸反应方法检验,14 d 膨胀率小于 0.10%,依据该标准规定判定磁铁矿岩石不具有潜在碱活性。JGJ 52—2006《普通混凝土用砂、石质量及检验方法标准》之 7.16 快速法,结果表明磁铁矿岩石不具有潜在危害。

参考文献:

[1] 水泥用硅质原料化学分析方法:JC/T 874—2009[S].
[2] 建设用卵石、碎石:GB/T 14685—2011[S].
[3] 砂、石碱活性快速试验方法:CECS 48—1993[S].
[4] 普通混凝土用砂、石质量及检验方法标准:JGJ 52—2006[S].

Research on alkali reactivity of iron ore used in nuclear power concrete

LIANG Quan-gang

(China Nuclear Industry Huaxing Construction Co.,Ltd.,Nanjing,Jiangsu Province,China)

Abstract:This article the chemical composition and lithofacies observation of the magnetite rock used for concrete in a nuclear power project and adopt fast alkali-silicic acid reaction method and mortar stick fast method and other methods for testing. The results show that the rock is mainly composed of magnetite,contains a small amount of hematite,the local area contains a small amount of quartz crystals,feldspar crystals and mica,and the alkali active components are not obvious. The alkali activity results show that magnetite does not have alkali-silicic acid reaction activity. According to the standard,it is determined that magnetite does not have potential alkali activity and the sample does not have potential hazards.

Key words:Concrete aggregate;Magnetite rock;Alkali activity

辐照后铅铋合金样品的屏蔽设计

毕姗杉，吴　耀，孙伟中，左　伟，刘艳芳，和佳鑫

（中国核动力研究设计院第一研究所，四川 成都 610213）

摘要： HFETR 研究堆承担大量堆内辐照任务，基于实际需求要对铅铋合金材料进行辐照，以便后续进行试验检验其性能。辐照后的铅铋合金样品由于核素活化导致其辐射水平较高，因此需将样品转入专用屏蔽系统中进行操作，为保证工作人员与公众的辐射安全需对专用屏蔽试验系统进行屏蔽设计，使得工作人员工作位置的剂量率达到限值以下。本文使用国际通用蒙特卡罗程序 MCNP 对专用屏蔽试验系统进行建模计算，在综合因素下使辐射水平降至尽量低的水平。

关键词： HFETR；屏蔽设计；MCNP

铅铋合金作为冷却剂的反应堆具有良好的固有安全性和抵御严重事故的能力，以及更高的能量密度和运行寿期。面对未来建造铅铋反应堆的需求，对铅铋合金材料受辐照后的特性研究是十分必要的。由于入堆辐照考验的特殊性，受辐照后的样品被活化后放射性很高，对辐照后铅铋合金样品的试验操作需要充分考虑放射性对工作人员的危害，因此需要设计试验所用的专用屏蔽系统，包括屏蔽材料选择、屏蔽厚度计算等。此次辐照后铅铋合金样品进行操作的专用屏蔽系统选择非标加工的手套箱系统，手套箱由窥视窗、手套箱箱体及其他附属系统如排风系统、操作系统等组成，手套箱的屏蔽能力直接影响了工作人员的辐射安全。

1　辐照合金样品源项

通常情况下，手套箱中放射性核素种类较为繁杂，往往包含各种 α 核素、β 核素、γ 核素等。在进行手套箱屏蔽设计过程中，对人员外照射影响最大的核素是发射 γ 射线的相关核素。

辐照的铅铋合金样品分为两类，分别放置于 HFETR 不同孔道中辐照，由于反应堆堆功率在各个点位的水平不同，导致不同孔道的中子注量率不同，导致辐照样品活度有差异，需分别计算屏蔽，分析计算结果，探究内部规律。

2　手套箱相关输入

专用屏蔽系统手套箱箱体材料为 Q235b 不锈钢，密度为 7.85 g/cm³，箱体厚度为 5 mm，屏蔽能力不足时采用加厚钢板的形式增强屏蔽。手套箱前侧需加装窥视窗，窥视窗材料为钢化玻璃，厚度为 7 mm，屏蔽能力不足时采用外加铅玻璃的形式增强屏蔽。

3　屏蔽设计

3.1　设计要求

基于 GB 18871—2002《电离辐射防护与辐射源安全基本标准》中对工作人员的剂量限值要求，中国核动力研究设计院根据院内制定的每年低于 15 mSv/人的管理目标值，以及实际工作时长，得到辐射防护分区原则见表 1。根据对辐照样品实际操作以及房间的布置情况，需分别计算使得屏蔽效果满足辐射防护要求。

作者简介：毕姗杉（1995—），女，研究实习员，硕士生，现主要从事辐射防护相关科研工作

表 1   辐射防护分区

分区		辐射水平	导出空气浓度 （DAC）	居留特征
	监督区	$<2.5\ \mu Sv/h$	可忽略	$\leqslant 2\ 000\ h/a$
控制区	控制 1 区	$2.5\sim7.5\ \mu Sv/h$	$\leqslant 0.1$	$\leqslant 2\ 000\ h/a$
	控制 2 区	$7.5\sim75\ \mu Sv/h$	$\leqslant 1$	$\leqslant 200\ h/a$
	控制 3 区	$>75\ \mu Sv/h$	>1	限制进入

3.2   设计软件

本文中辐射屏蔽设计软件使用 MCNP 软件。MCNP 是美国洛斯阿拉莫斯国家实验室研制、用于计算复杂三维几何结构中的粒子输运的大型多功能 Monte-Carlo 程序，它可用于计算中子、光子、中子-光子耦合及光子-电子耦合的输运问题，也可计算临界系统、次临界及超临界的本征值问题。

3.3   设计模型

靶料样品分为纯 BI 和 LBE 合金，两种样品质量均可视为 5 g，密度近似为 10 g/cm³，形状为圆柱体，辐照后成份使用辐照前样品成份代替。靶料由靶管封装，建模时位于靶管下方，7 个靶管并排排列。手套箱内部尺寸为 41 cm×41 cm×46 cm，外加屏蔽层进行屏蔽。计算点为手套箱内部及外表面剂量值最高的点。

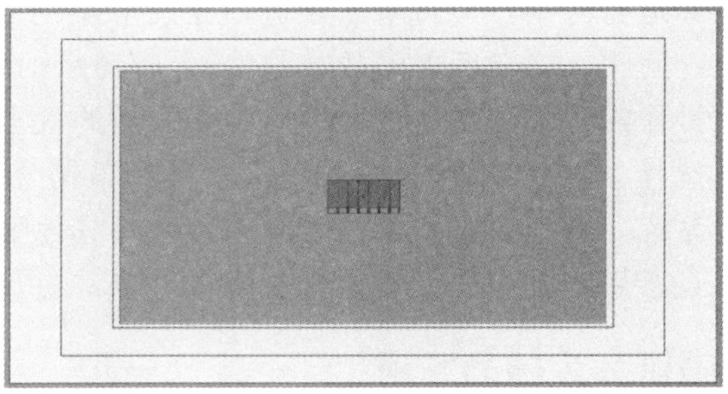

图 1   手套箱模型

3.4   设计结果

经过 MCNP 建模计算，得到不同样品不同屏蔽材料和屏蔽厚度下的手套箱表面剂量率，满足控制需求。

表 2   样品 1 计算结果

样品	辐照位置	箱体	屏蔽厚度/cm	加厚材料	计算位置	最大剂量率/ （$\mu Sv/h$）	备注
样品 1	孔道 1-辐照 1 h	裸源	/	/		1.93×10^{6}	控制 I 区
		手套箱	10	碳钢	前后表面	4.80	
		窥视箱	10	铅玻璃	前后表面	4.20	
	孔道 1-辐照 2 h	裸源	/	/	前后表面	3.93×10^{6}	控制 I 区
		手套箱	12	碳钢	前后表面	4.12	
		窥视箱	12	铅玻璃	前后表面	7.00	
	孔道 1-辐照 24 h	裸源	/	/	前后表面	4.40×10^{7}	控制 I 区
		手套箱	18	碳钢	前后表面	0.46	
		窥视箱	18	铅玻璃	前后表面	7.20	
	孔道 2-辐照 1 h	裸源	/	/	前后表面	4.44×10^{7}	控制 I 区
		手套箱	22	碳钢	前后表面	2.56	
		窥视箱	20	铅玻璃	前后表面	2.60	

表 3　样品 2 计算结果

样品	辐照位置	箱体	屏蔽厚度/cm	加厚材料		最大剂量率/(μSv/h)	备注
样品 2	孔道 1-辐照 1 h	裸源	/	/	前后表面	6.28×10^5	控制 I 区
		手套箱	8	碳钢	前后表面	5.40	
		窥视箱	8	铅玻璃	前后表面	7.40	
	孔道 1-辐照 2 h	裸源	/	/	前后表面	1.24×10^6	控制 I 区
		手套箱	10	碳钢	前后表面	4.72	
		窥视箱	10	铅玻璃	前后表面	4.38	
	孔道 1-辐照 24 h	裸源	/	/	前后表面	1.46×10^7	控制 I 区
		手套箱	15	碳钢	前后表面	3.10	
		窥视箱	15	铅玻璃	前后表面	7.02	
	孔道 2-辐照 1 h	裸源	/	/	前后表面	1.46×10^7	控制 I 区
		手套箱	22	碳钢	前后表面	6.40	
		窥视箱	25	铅玻璃	前后表面	7.40	

4　结论

本文使用国际通用蒙特卡罗计算程序 MCNP 对铅铋合金样品以及手套箱专用屏蔽系统进行了建模,手套箱位于控制 I 区房间,即其屏蔽能力满足低于 7.5 μSv/h 的限值要求。本文分别计算了不同辐射水平下手套箱箱体及窥视窗的厚度,计算结果达到了相应区域的辐射防护要求,良好的屏蔽效果使得进行辐照后铅铋合金试验的操作人员所受照射降到合理可行尽量低的水平。对于辐照后铅铋合金样品的试验操作可以为后续的铅铋合金反应堆设计建造提供大量一线试验数据,对于专用屏蔽系统手套箱的屏蔽设计为试验提供了辐射安全保障,为后续铅铋合金反应堆的深入研究打下坚实基础。

参考文献:

[1]　MCNP Manual X-5 Monte Corlo Team,"MCNP-A General N-P article Transport Code,Version 5"[D]
[2]　霍雷,刘剑利,马永和. 辐射剂量与防护[M].北京:电子工业出版社,2015.
[3]　压水堆核电厂辐射屏蔽设计准则:NB/T 20194—2012[S]

Radiation protection design of lead-bismuth alloy samples after irradiation

BI Shan-shan,WU Yao,SUN Wei-zhong,ZUO Wei,
LIU Yan-fang,HE Jia-xin

(Nuclear Power Institute of China,Chengdu,China)

Abstract:The HFETR research reactor undertakes a large number of in-reactor irradiation tasks. Based on actual needs,lead-bismuth alloy materials must be irradiated for subsequent tests to verify their performance. The irradiated lead-bismuth alloy sample has a high radiation level due to the activation of the nuclide, so the sample needs to be transferred to a special shielding system for operation. In order to ensure the radiation safety of the staff and the public, the special shielding test system needs to be shielded design, So that the dose rate of the working position of the staff is below the limit. In this paper, the international general Monte Carlo program MCNP is used to model and calculate the special shielding test system, and the radiation level is reduced to the lowest possible level under the comprehensive factors.

天然放射性钍系核素辐射特性及防护

谢占军,詹乐音,张贺飞,曹凤波,张云涛,路晓卫

(中核第四研究设计工程有限公司,河北 石家庄 050021)

摘要: 非铀矿伴生放射性行业中含较高水平天然放射性核素物料的典型核素为钍系核素。钍系核素衰变造成附近区域具有较高的辐射水平,典型场所的 γ 辐射剂量率可达几百 μGy/h。本文根据钍系核素的各代子体衰变辐射特性,分析较高水平天然放射性钍系的辐射危害,并提出辐射防护措施。

关键词: 天然放射性核素;钍系;辐射特性;辐射防护

我国伴生矿产资源丰富、行业分布广泛,且常伴有铀、钍等放射性元素,这类矿产资源在采选、冶炼等开发利用过程不可避免的产生大量富集了天然放射性核素的废水、废渣等。这些伴生放射性废物的不恰当利用和处置,给区域环境造成了一定的放射性污染。部分物料中的核素活度浓度较高,辐射风险较大,典型场所的 γ 辐射剂量率可达上百 μGy/h。为了工作场所的安全防护,本文针对较高水平天然放射性废物的操作进行辐射特性和辐射危害分析,并提出辐射防护措施。

1　辐射源项特征

伴生放射性废物辐射危害因素主要包括工作场所的放射性气溶胶、^{222}Rn 及子体、^{220}Rn 及子体、γ 外照射、α、β 放射性表面污染等。

(1)伴生放射性废物可能产生 ^{222}Rn 及子体、^{220}Rn 及子体、放射性气溶胶。主要通过呼吸进入人体,造成吸入内照射的辐射危害。

(2)铀、钍衰变产生的 γ 射线,工作人员存在外照射危害。

(3)含放射性物质附着在人体、工作服、设备、墙壁和地面上形成表面污染的可能。由于表面污染容易脱落,所以既有吸入和食入内照射的危害,也有外照射的危害。

2　较高水平伴生放射性废物辐射场分析

高水平伴生放射性废物造成 γ 辐射剂量率较高的主要原因是废物中的 ^{232}Th 衰变产生的子体造成的,本项目重点对 ^{232}Th 的 γ 外照射辐射场进行了分析研究。参考某项目的废物源项,^{232}Th 的平均活度浓度为 $3.53×10^6$ Bq/kg。初始为单独的 ^{232}Th 核素,按照一定时间的自然衰变计算其产生的 γ 辐射剂量率情况。^{232}Th 的衰变链见图 1。

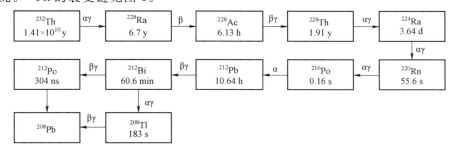

图 1　^{232}Th 衰变链

作者简介: 谢占军(1983—),男,高级工程师,主要从事辐射防护与环境保护工作

^{232}Th 的自然衰变产生的 γ 射线能量较低,导致的辐射剂量率较低,其子体衰变产生的辐射剂量率相对较高。衰变过程中子体活度变化情况见图 2。从图中可知,随着时间退役,各子体的活度逐渐变化,直至达到平衡状态,因此对于高水平伴生放射性废物,^{232}Th 的 γ 辐射剂量率也是动态变化的过程。各核素造成的 γ 辐射剂量率变化情况见图 3。

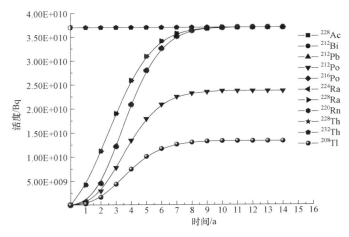

图 2　^{232}Th 自然衰变子体活度变化情况

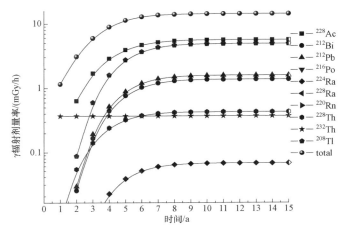

图 3　钍系子体核素所致 γ 辐射剂量率

采用点核积分方法对体源产生的 γ 射线剂量率进行计算。点核积分法,是通过积分点核减弱函数来得到各种几何形状 γ 源在空间某一点的辐射通量密度的方法。采用点核积分软件 MicroShield 进行累积因子和 γ 辐射剂量率的计算。

计算过程中建立 200 L 钢桶盛装废物和废物大体积堆积的三维模型,对^{232}Th 核素做了均匀分布的假设,活度浓度按照源项调查的结果设定,并考虑^{232}Th 核素三十年衰变的各代子体。计算几何模型见图 4。

距废物表面不同距离处的剂量率水平计算结果见表 1。

表 1　废物表面不同距离处的 γ 辐射剂量率　　　　　　　　　　　　　　　　（μGy/h）

计算点位	200 L 废物桶模型	废物堆体模型
表面	219.3	313.9
距表面 1 m	8.28	155.50
距表面 2 m	2.41	79.20

计算点位	200 L 废物桶模型	废物堆体模型
距表面 3 m	1.12	46.37
距表面 5 m	0.64	20.60
距表面 10 m	0.10	5.77

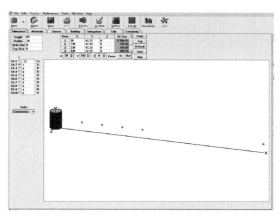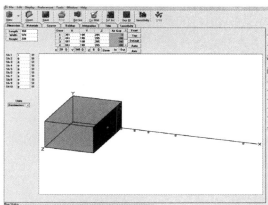

图 4　200 L 废物桶和废物堆积模型

采用同样的模型分别计算了废物桶和废物堆体采取相应的屏蔽材料后,γ 辐射剂量率情况,计算结果见表 2 和表 3。

表 2　200 L 废物桶盛装废物后的剂量率计算　　　　　　　　　　　　　　　　（μGy/h）

计算点位	未屏蔽	5 mm Pb 屏蔽	10 mm Pb 屏蔽
桶表面	219.3	148.4	105.6
距表面 1 m	8.28	6.53	5.23
距表面 2 m	2.41	1.91	1.53
距表面 3 m	1.12	0.89	0.71
距表面 5 m	0.64	0.51	0.41
距表面 10 m	0.10	0.08	0.07

表 3　废物堆积的剂量率计算　　　　　　　　　　　　　　　　（μGy/h）

计算点位	未屏蔽	5 mm Pb 屏蔽	10 mm Pb 屏蔽	30 cm 混凝土
堆体表面	313.9	195.6	134.7	1.226
距表面 1 m	155.50	111.70	83.80	1.15
距表面 2 m	79.20	59.58	46.52	0.86
距表面 3 m	46.37	35.53	28.21	0.62
距表面 5 m	20.60	16.00	12.87	0.33
距表面 10 m	5.77	4.52	3.66	0.11

由计算结果可见,γ 辐射剂量率随距离衰减效果明显,选取适当厚度的屏蔽材料可有效降低 γ 辐射剂量率。

3 职业照射剂量估算

职业人员所受照射主要包括氡及氡子体吸入内照射、钍射气及子体吸收入内照射、气溶胶吸入内照射和 γ 辐射外照射等。分别给出上述四类照射类型剂量估算方法。

（1）氡及氡子体产生职业内照射剂量估算

根据监测或类比计算结果，通过以下计算公式得出吸入氡及氡子体所致工作人员有效剂量。

$$E_{222\text{Rn}} = 1.4 \times F \times K \times C \times t \times 10^{-1} \tag{1}$$

式中：$E_{222\text{Rn}}$——年个人有效剂量，mSv/a；

1.4——氡及氡子体照射有效剂量转换系数，mSv/(mJ·h·m^{-3})；

F——氡及氡子体平衡因子，取 0.4；

K——氡活度与 α 潜能转换系数，5.525 μJ/kBq；

C——氡的活度浓度，kBq/m^3；

t——年工作时间，h/a。

（2）钍射气及子体产生职业内照射剂量估算

根据监测或类比计算结果，通过以下计算公式得出吸入钍射气及其子体所致工作人员有效剂量。

$$E_{220\text{Rn}} = 1.54 \times F \times K \times C \times t \times 10^{-1} \tag{2}$$

式中：$E_{220\text{Rn}}$——年个人有效剂量，mSv/a；

1.54——钍射气及子体照射有效剂量转换系数，mSv/(mJ·h·m^{-3})；

F——室内非结合态钍射气子体份额，取 0.02；

K——钍射气与 α 潜能转换系数，76 μJ/kBq；

C——钍射气的活度浓度，kBq/m^3；

t——年工作时间，h/a。

（3）工作人员 γ 外照射剂量计算

根据工作场所 γ 剂量率计算结果或类比监测数据，通过以下计算公式得出 γ 外照射所致工作人员有效剂量。

$$E_{\gamma} = 0.7 \times D \times t \times 10^3 \tag{3}$$

式中：E_{γ}——γ 外照射所致有效剂量，mSv/a；

D——γ 辐射剂量率，Gy/h；

0.7——吸收剂量与有效剂量的转换系数，mSv/Gy。

t——年工作时间，h/a。

（4）吸入气溶胶所致剂量

根据场所中气溶胶监测或类比计算结果，通过计算得出工作场所工作人员吸入气溶胶所致工作人员有效剂量。

$$E_a = \sum e_i \cdot R \cdot C_i \tag{4}$$

式中：E_a——工作人员吸入放射性核素所致有效剂量，Sv/a；

C_i——第 i 种放射性核素的浓度，Bq·m^{-3}；

R——工作人员个人的年空气摄入量，$1.2 \times t$（m^3/a），1.2 为呼吸率，t 为年工作时间，h/a。

e_i——为对应 i 种放射性核素的吸入剂量转换因子，Sv/Bq。

对于 ^{226}Ra、^{238}U、^{234}U、^{230}Th 等核素：

$$C_i = 12.3 \times C_U \times k_U \tag{5}$$

式中：C_U——气溶胶的铀浓度；

12.3——天然铀中 ^{238}U 的比活度，Bq/mg；

k_U——铀镭平衡系数，取 1。

对于 ^{228}Ra、^{232}Th、^{228}Th 核素:

$$C_i = 4.04 \times C_{Th} \times k_{Th} \qquad (6)$$

式中:C_{Th}——气溶胶中的钍浓度;

4.04——天然钍中 ^{232}Th 的比活度,Bq/mg;

k_{Th}——钍镭平衡系数,取 1。

4　辐射防护措施

对外照射防护的基本原则是缩短受照时间、增大与辐射源的距离和在人与辐射源之间增加防护屏蔽。对内照射防护的基本方法是包容、隔离、净化、稀释,尽量减少放射性物质进入人体内的机会,例如制定合理的卫生管理制度、通风、密闭存放和隔离操作、个人防护等。

(1)把放射性工作场所分为监督区和控制区,以便于辐射防护管理和职业照射控制。

(2)将放射性工作场所与非放射性工作场所严格分开,以便于生产管理和防止交叉污染。

(3)在产生含放射性废气区域均设置局部或全面排风系统,降低工作场所内的含放射性废气浓度。

(4)对于 γ 辐射的防护,根据工作条件,可采用屏蔽防护、远距离操作或控制工作时间,以防止受到过量照射。

(5)α、β 放射性表面污染的防护:保持工作场所的清洁卫生,经常清洗设备、地面,注意皮肤、手、工作服的去污。

(6)制定科学合理的工作程序,严格按章作业、休息,降低工作人员不必要的职业照射。尽可能采用机械化、自动化作业,涉及放射性工作场所的工作合理组织操作时间,减轻劳动强度。

(7)工作人员上班穿戴工作服和劳动保护用品,在作业场所内不得进食、吸烟和存放食品;加强个人防护,进行个人剂量监测,并记录在案。

(8)在出入通道的明显处,设置电离辐射警告标志牌,避免污染人员进入造成不必要的照射。

(9)场所内严禁进食、饮水、吸烟,并保持工作场所的清洁卫生,经常清洗设备、地面等,以减少粉尘的吸入量。

5　结论

处理较高水平天然放射性废物,需要在实践中采取适当的防护措施,确保人员受照剂量达到标准要求。钍系核素中,母体核素 ^{232}Th 的辐射危害较低,其各代子体核素所致的内外照射剂量率均较高,天然放射性核素所产生的 γ 射线能量较低,采取控制操作距离和一定的屏蔽,可明显降低辐射剂量率。

参考文献:

[1] 王博,等.天然放射性物质辐射防护研究进展[G].中国核科学技术进展报告(第三卷)第三分册,2013:263-266.

[2] 方杰.辐射防护导论[M].北京:原子能出版社,1991.

[3] 王锋,等. ^{220}Rn 子体暴露致剂量转换系数研究[C].第三次全国天然辐射照射与控制研讨会论文汇编,2010:672-675.

[4] J. prostendorfer. Physical paremeters and dose factors of the radon and thoron decay products[J].Radiation protection dosimetry,2001,94(4):363-373.

[5] ICRP. Radiological Protection from Naturally Occurring Radioactive Material(NORM)in Industrial Processes[R].ICRP Publication 142,2019.

[6] 桑园.独居石冶炼过程中的放射性污染与防护[J].有色冶金节能,2017,2(1):52-55.

[7] 王玉文.矿物开采和加工中天然放射性物质的辐射防护[J].中国辐射卫生,2015,24(4):344-346.

Radiation characteristics and protection of natural radioactive thorium nuclides

XIE Zhan-jun, ZHAN Yue-yin, ZHANG He-fei, CAO Feng-bo,
ZHANG Yun-tao, LU Xiao-wei

(The Fourth Research and Design Engineering Corporation of CNNC, Shijiazhuang of Hebei Prov., China)

Abstract: The typical nuclides containing higher levels of natural radionuclide materials in the non-uranium associated radioactive industry are thorium-based nuclides. The decay process of thorium nuclides causes high radiation levels in nearby areas, and the gamma radiation dose rate in typical places can reach several hundred μGy/h. Based on the decay radiation characteristics of the progeny of thorium nuclides, this paper analyzes the radiation hazards of higher levels of natural radioactive thorium, and proposes radiation protection measures.

Key words: Natural radionuclide; Thorium; Radiation characteristics; Radiation protection

工业电子直线加速器辐射防护评价

张保增,马　晓

(核工业北京地质研究院,北京　100029)

摘要: 某医疗公司建设 10 MV 电子直线加速器用作医疗设备的辐照灭菌,依据辐射防护评价要求并结合辐照室设计情况,对加速器辐射源项进行了分析,对辐照室屏蔽的防护效果进行了计算。有针对性的提出辐射安全防护措施安全防护管理措施,同时针对可能发生的辐射事故提出防范措施和对策。结合辐照室屏蔽设计理论计算结果,电子直线加速器辐照室屏蔽设计和辐射安全防护设施符合《电子加速器辐照装置辐射安全和防护》(HJ 979—2018)的要求。

关键词: 电子加速器;辐照室;辐射防护;防护措施

辐照灭菌是利用电子束、X 射线和 γ 射线等控制微生物生长或杀死微生物[1]。一次性输液器等医疗器械的工业灭菌要求相对较高,而辐照灭菌对包装材料无特殊要求,且不存在化学残留,不会引起辐射产品明显升温,循环灭菌,可以满足任何数量加工,辐照后可以立即使用等优点成为医疗器械企业灭菌的首选[2]。本文以某医疗公司 10 MV/20 kW 的工业用电子直线加速器辐照室为例,介绍其屏蔽计算、电子直线加速器正常工作条件下辐照室周围辐射水平、辐射防护措施以及可能发生的辐射事故提出防范措施和对策。

1　工程概况

1.1　项目位置

辐照室位于厂区中部位置,加速器辐照室周边 50 m 范围内不存在环境敏感目标。

1.2　辐照室屏蔽设计参数

主要建筑项目包括有一层辐照室、二层主机室、迷道、机房、控制室、管理室构成。一层辐照室、二层主机室等主体工程四周墙体、顶均采用密度为 2.35 g/cm³ 的混凝土作为屏蔽材料。辐照室尺寸为 25 m×17 m×3.3 m,二层主机室尺寸为 8.5 m×12.5 m×5.3 m。辐照室货物进出口处采用 5 mm Pb 的活动铅橡皮防护帘;主机室防护门采用 100 mm Pb 的铅防护门。辐照室及主机室布局以及四周墙体厚度设计主要参数如图 1、图 2 所示。

2　辐射屏蔽计算

为了评价加速器辐照室屏蔽设计是否能够满足辐射防护要求,对辐照室和主机室四周墙体厚度进行理论计算并对结果进行分析。

2.1　辐照工作流程及工作量

2.1.1　货物辐照流程及运输方式

待辐照货物使用叉车运送至货运平台上货区,再由人工或机器人搬运至流水线上,待货物放置到流水上,开启加速器,货物经过加速器发射的电子帘即完成一次辐照。

2.1.2　辐射工作人员流程

货物辐照前工人在辐照室外的传送轨道的上货区完成装载待辐照货物,按照流程对辐照室周围

作者简介:张保增(1985—),男,山东潍坊人,工程师,硕士,主要从事环境影响评价和放射性环境地质调查研究。E-mail:sd0614223@sina.com

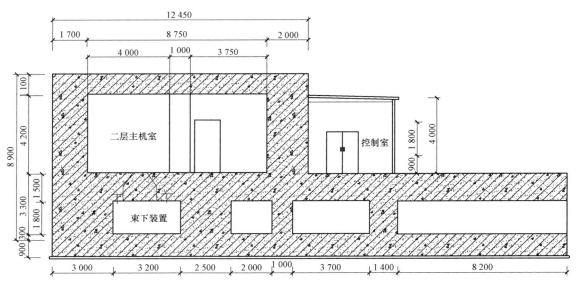

图 1 加速器辐照室剖面图（mm）

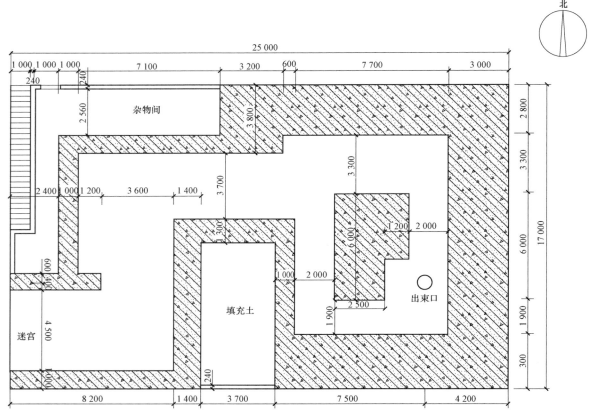

图 2 辐照室平面图（mm）

进行巡视,辐照结束后在下货区卸下已完成辐照的货物等工作。

从工作流程上可以看出,未完全屏蔽的 X 射线可能对加速器室外工作人员和公众产生一定外照射;其中工作人员主要在辐照室外轨道的上下货区。

2.1.3 辐射工作量

电子直线加速器年出束时间最多为 2 000 h。辐射工作人员分 2 个班组轮换进行辐照工作。

2.2 主要辐射源项

电子直线加速器运行产生的高能电子束受到靶物质(混凝土地面、辐照产品和电子扫描盒下方的辐照产品传输系统)的阻挡,产生轫致辐射(高能 X 射线)。由于本项目电子直线加速器输出的能量最大为 10 MV 电子束所产生的 X 射线,可不必考虑感生放射性问题。直线加速器设计的出束束流向下,由于束流 0°方向为地面所以无需考虑防护,需要防护的是入射到 90°方向的四周墙体和 180°方向的屋顶的轫致辐射。

2.3 辐射屏蔽计算模式

采用文献[3]中的相关计算公式、图表及参数,推导出下列相关的计算公式。

2.3.1 透射至屏蔽体各参考点计算模式

X 射线透射至墙外参考点处吸收剂量率

$$H_{\mathrm{m}} = (1 \times 10^6) \frac{D_0}{d^2} B_X \tag{1}$$

式中,H_{m}——屏蔽体外关注点的剂量率,$\mu\mathrm{Gy/h}$;

D_0——辐射源距离标准参考点 1 m 远处的吸收剂量率,$\mathrm{Gy \cdot m^2/h}$;

d——X 源与参考点的距离,m;

B_X——屏蔽墙对 X 射线的透射系数,用下式计算:

$$B_X = 10^{-[(S+T_e-T_1)/T_e]} \tag{2}$$

式中,S——屏蔽墙的厚度,cm;

T_1——第一个什值层厚度,cm;

T_e——随后的 1/10 屏蔽值层厚度。

查文献[3]图 5-1 可知,一层辐照室 90°照射入射电子能量等效为 6 MeV,其距靶 1 m 处的吸收剂量率 D_0 为 1 620 $\mathrm{Gy \cdot m^2/h}$;其对应的混凝土 $T_{1/10,1} = 35.5$ cm、$T_{1/10,e} = 35.5$ cm。二层加速器主机室沿主束侧向漏射的等效能量为 3 MeV,其距靶 1 m 处的吸收剂量率 D_0 为 84 $\mathrm{Gy \cdot m^2/h}$;其对应的混凝土 $T_{1/10,1} = 26.1$ cm、$T_{1/10,e} = 24.7$ cm。

表 1　各参考点处的透射剂量率估算值

位置	距离 d/m	设计混凝土厚度/cm	屏蔽后剂量率/($\mu\mathrm{Gy/h}$)
一层北墙	11.3	280	0.16
一层东墙	4.3	300	0.31
一层南墙	6.1	300	0.15
一层西侧作业区	21.0	480	1.1E-7
二层北墙	3.9	200	5.0E-2
二层东墙	4.3	170	0.68
二层南墙	5.0	200	3.1E-2
二层西墙	9.5	200	8.5E-3
二层主机室防护门外	6.5	200	1.8E-2

2.3.2 散射至屏蔽体各参考点计算模式

X 射线射到物体表面,都会发生反散射。反散射至迷路口处的的剂量率采用式(3)计算:

$$H_0 = \frac{D_0 \times \alpha_1 A_1 \times (\alpha_2 A_2)^{j-1}}{(d_i d_{r1} d_{r2} \cdots d_{rj})^2} \tag{3}$$

式中,D_0——辐射源距离标准参考点 1 m 远处的吸收剂量率,$\mathrm{Gy \cdot m^2/h}$;α_1——入射到第一反射层材料的 X 射线反射系数(取 0.002);α_2——从随后屏蔽材料层反射的取对应 0.5 MeV X 射线的反散射系数(取 0.02);A_1——从 X 射线入射到第一反射面上,撞击的面积,m^2;A_2——迷宫通道的截面积(设高、宽在 1~2 之间);d_i——X 射线源到第一反射层的距离,m;d_{rj}——沿着每一迷宫通道长度的中心线的距离,$d_{rj}/A_2^{1/2}$ 应处于 1~6 之间;j——表示第 j 次反射过程。

考虑到加速器辐照室在一层有多种散射方式,本文计算时按最常见的两种散射方式进行计算。到达一层西侧作业区的散射次数为 3 次;第一种散射方式 A_1 取值 8.4,A_2 取值 4.5,d_1~d_3 分别取值 11.2,15.8,2.3;第二种散射方式 A_1 取值 7.8,A_2 取值 4.5,d_1~d_3 分别取值 17.3,6.5,8.5。

一层西侧作业区铅帘外和二层主机室屏蔽门外剂量率计算公式为:

$$H_M = H_O/k \tag{4}$$

式中,H_M——防护门外侧吸收剂量率($\mu Gy/h$);H_O——防护门内侧吸收剂量率($\mu Gy/h$)。

防护门厚度近似等于:

$$t = T_1 + (n-1)T_e \tag{5}$$

式中:t 为防护门厚度;$n = \lg k$ 为屏蔽材料的十分之一值层厚度数目。

对于一层西侧作业区铅帘处相关参数取值 $t = 0.5$ cm,$T_{1/10,1} = 0.5$ cm,$T_{1/10,e} = 1.2$ cm;二层加速器主机室防护门处相关参数取值 $t = 10$ cm,$T_{1/10,1} = 0.5$ cm,$T_{1/10,e} = 1.2$ cm。

2.3.3 年有效剂量计算

剂量计算公式:按照联合国原子辐射影响科学委员会(UNSCEAR)2000 年报告附录 A[4],X-γ 射线产生的外照射人均年有效剂量当量按公式(6)计算:

$$H_{E,\gamma} = q \times D_\gamma \times t \times 0.7 \times 10^{-3} \tag{6}$$

式中,$H_{E,\gamma}$ 为 X-γ 射线外照射人均年有效剂量当量,mSv;D_γ 为 X-γ 射线空气吸收剂量率,$\mu Gy/h$;t 为人员实际照射时间,h;0.7 为剂量换算系数,Sv/Gy;q 为居留因子。

由表 1 和表 2 汇总各关注点的剂量率,并计算各关注点的人员年有效剂量见表 3。

表 2 各参考点处的散射剂量率估算值

位置	$D_o/(Gy \cdot m^2/h)$	$H_o/(\mu Gy/h)$	$H_M/(\mu Gy/h)$
一层西侧作业区(2 次散射)	1 620	1.26×10^{-1}	1.26×10^{-2}
	1 620	6.05×10^{-3}	6.05×10^{-4}
二层主机室防护门外	84	9.89×10^2	9.89×10^{-7}

表 3 各关注点的辐射剂量率估算结果统计表

位置	透射剂量率/($\mu Gy/h$)	散射剂量率/($\mu Gy/h$)	总剂量率/($\mu Gy/h$)	居留因子	年有效剂量/mSv	保护目标
一层北墙	0.16	/	0.16	1/16	2.0×10^{-2}	公众
一层东墙	0.31	/	0.31	1/16	3.9×10^{-2}	公众
一层南墙	0.15	/	0.15	1/16	1.9×10^{-2}	公众
一层西侧作业区	1.1×10^{-7}	1.3×10^{-2}	1.3×10^{-2}	1	1.7×10^{-2}	工作人员
二层北墙	5.0×10^{-2}	/	5.0×10^{-2}	1	1.0×10^{-1}	工作人员
二层东墙	0.68	/	0.68	1/32	4.3×10^{-2}	/
二层南墙	3.1×10^{-2}	/	3.1×10^{-2}	1/32	1.9×10^{-3}	/
二层西墙	8.5×10^{-3}	/	8.5×10^{-3}	1	1.7×10^{-2}	工作人员
二层主机室防护门外	1.8×10^{-2}	9.89×10^{-7}	1.8×10^{-2}	1	3.6×10^{-2}	工作人员

由表 1、表 2 和表 3 可知,辐照室和二层主机室四周墙体的理论计算结果表明屏蔽体 30 cm 处的剂量率小于剂量率限值 2.5 μSv/h。辐射工作人员和公众人员的受照年有效剂量远远小于《电离辐射防护与辐射源安全基本标准》[5]和《电子加速器辐照装置辐射安全和防护》[6]规定个人剂量约束:公众成员个人年有效剂量为 0.1 mSv 和辐射工作人员个人年有效剂量 5 mSv 的限值。

一般情况理论计算过程中选择的计算参数相对保守,而实际工作中直线加速器出束时的束流强度、工作功率、辐照产品或其他附属物品对射线的吸收等因素导致各关注点位的剂量率低于理论计算值。本直线加速器辐射室辐射屏蔽厚度偏保守,建议进行适当优化,以满足辐射防护最优化。

3 辐射安全措施

直线加速器辐照室除了采用实体屏蔽措施外,还有以下几项辐射安全系统。

3.1 外部安全联锁装置

加速器辐照室设置了相应的安全联锁装置和急停按钮、警铃、警灯等,具体包括:

(1)钥匙控制:加速器的主控钥匙开关和主机室门和辐照室门联锁。

(2)门机联锁:辐照室和主机室的门设计与束流控制和加速器高压联锁。辐照室门或主机室门打开时,加速器不能开机。

(3)束下装置联锁:束下装置因故障偏离正常运行状态或停止运行时,加速器应自动停机。

(4)信号警示装置:在一层控制区出入口处设计有警灯、三色灯、警铃,内部设计有警灯、警铃;二层防护门出入口设计有警灯、三色灯、警铃;及内部设计有警灯、警铃,用于开机前对主机室和辐照室内人员的警示。主机室和辐照室出入口设置工作状态指示装置,并与电子加速器辐照装置联锁。

(5)巡检按钮:主机室和辐照室内设计有"巡检按钮",并与控制台联锁。

(6)防人误入装置:设计有红外装置,加速器运行时,若有人/动物经过红外开关,即会立即终止加速器。

(7)急停装置:设计有多处急停装置,分别为在控制台上设计有急停按钮,在二层主机室各墙体处以及一层辐照室内设计有多处急停按钮,一层辐照室及其迷道内设计有拉线开关并覆盖全部区域并在货物传送轨道上设计有急停开关。

(8)剂量联锁:设计有 3 道剂量联锁,当主机室门外、辐照室出入口处、控制室东墙处的的辐射水平高于仪器设定的阈值时,主机室和辐照室门无法打开。

(9)通风联锁:主机室、辐照室通风系统与控制系统联锁,加速器停机后,只有达到预先设定的时间后才能开门,以保证室内臭氧等有害气体浓度低于允许值。

(10)烟雾报警:辐照室设计安装烟雾报警装置,遇有火险时,加速器立即停机并停止通风。

3.2 设备内部联锁装置

(1)调控器联锁:只有在电子枪灯丝、速调灯丝预热完毕,且没有故障发生时,调制器才允许加高压,射线机才可以出束。

(2)水系统联锁:一旦水冷系统的水温、水位、水压或氟里昂压力出现故障时,均切断高压,同时水系统停止工作,射线机不出束,相应的故障灯亮。

(3)气压联锁:当波导内气压低于设定的下限或高于设定的上限时,切断高压,射线机不出束,相应的故障灯亮。

(4)真空联锁:若射线机内真空度低于设定值,则射线机停机,相应的故障灯亮。

3.3 其他辐射安全措施

(1)分区管理

1)控制区:一层加速器辐照室和二层主机室及各自出入口以内的区域。该区域不得有无关人员滞留,区域入口设有安全联锁装置、工作信号指示灯和醒目的"当心电离辐射"字样的警示标志,工作时任何人员不得进入。

2）监督区：控制室、一层上下货区域、未被划入控制区的电子加速器辐照装置辅助设施区和其他需要经常对职业照射条件进行监督和评价的区域。通常不需要采取专门防护手段和安全措施，但要不断检查其职业照射条件[7]。

（2）警示装置

1）在控制区、监督区等醒目位置张贴电离辐射警告标志和中文警示说明。

2）声光报警：安装警灯警铃等声光报警装置。

3）机房入口上方设计有工作状态指示灯（三色灯）。

4）在加速器厅及辐照厅内设计有应急照明灯和安全出口警示灯，箭头指向出口处，加速器运行时关闭照明灯，安全门打开后开启照明灯。

（3）监视和通讯装置

在一层辐照室和二层主机室内设计有多处监控装置，显示器安装于控制室，在控制室可以全方位观察控制区内有无人员停留或其他异常情况。

4 潜在辐射事故及防范措施和对策

电子直线加速器是在辐照室内进行工作，工作过程中只要保证足够的屏蔽墙防护，且严格执行各项操作规范并落实各项辐射防治措施，在正常辐照过程中对外环境辐射影响是在允许范围之内。

4.1 可能的辐射事故

电子直线加速器是一种将电能转换成高能电子束的设备，是否出束受开关机控制，关机时不会产生射线。在异常和事故状态下，如安全装置失灵、损坏等，人员可能误入正在进行出束的辐照室内，或者人员误留而出束，此时将会受到 X 射线照射的危害。

（1）门机联锁失效或钥匙连锁装置故障，工作人员误入控制区，受到额外的照射。

（2）射线装置正常工况下，门机联锁失效，二层铅防护门未完全关闭的情况下射线装置就能出束，致使 X 射线泄漏到辐照室外面，给周围活动的人员造成额外的照射。

（3）维修期间的事故，维修工程师在检修期间误开机出束，造成辐射伤害。

（4）工作人员在二层加速器厅做准备工作，控制台处操作人员误开机出束，发生事故性出束，对工作人员造成辐射伤害。

4.2 防范措施和对策

（1）为防止人员误留受到照射，工作人员在每次进入辐照室时携带个人剂量报警仪；出束前应有声音报警，提示工作人员及时从辐照室撤出。

（2）定期维护门机联锁装置，防止人员误入而受照。一旦怀疑人员可能受到较大剂量照射，应及时送医院进行医学处理。

（3）利用已有的紧急安全设备，能迅速中断加速器出束。人员撤离高辐射区，并管制入口；保护工作不正常的装置，不随意启动或改变事故当时的状态。

（4）针对本文加速器辐照室建设情况从设计角度防范：1）上下货区域进行隔离：设置实体围栏；2）传送带入口处上方红外探测等相关措施。

5 结语

（1）本文所用的工业电子直线加速器主要用于食品、医疗器械等的杀菌消毒。其辐照室的屏蔽设计满足相关标准要求，通过理论计算加速器工作时对工作人员的附加年有效剂量当量为 0.1 mSv 和对公众成员的附加年有效剂量当量为 0.039 mSv。

（2）加速器辐照室采用混凝土作为建筑材料，墙体、迷道、屋顶等专门进行屏蔽防护设计，屏蔽能力满足相应辐射防护的要求。辐照室设有多项安全保护联锁及紧急停机断束开关。辐照室外设置醒目的电离辐射警示标志和中文警示说明,并安装声光报警装置和工作状态指示灯。辐照室配有通风排气设施。各项规章制度较为完备,辐射工作场所的分区合理、墙体及防护门等屏蔽措施有效,满足辐射防护的要求,运行是可行的。

(3) 公司为工作人员配备个人剂量计和辐射报警仪,工作人员在日常的操作中严格遵守制定的各项规程要求,预防辐射事故的发生。

因此,本文中 10 MV 电子直线加速器辐照室的屏蔽设计满足《电离辐射防护与辐射源安全基本标准》的防护要求;其安全系统亦满足《电子加速器辐照装置辐射安全和防护》中对辐射装置安全系统的安全性、多元性和冗余性要求[8]。

参考文献:

[1] 邓喆. 浅谈对中药材同位素辐照杀菌过程中辐照量的使用[J].科技与企业,2012(15):331.

[2] 陈国崇,刘雯,刘清芳. 一次性使用滴定管式输液器辐照灭菌后血液相容性评价[J].辐射研究与辐射工艺学报,2011,29(6):371-376.

[3] 史戎坚. 电子加速器工业应用导论[M].北京:中国质检出版社,2012.

[4] 联合国原子辐射影响科学委员会(UNSCEAR).电离辐射源与效应[M]//UNSCEAR 2000 年报告及科学附件.太原:山西科技出版社,2000.

[5] 核工业标准化研究所. 电离辐射防护与辐射源安全基本标准:GB 18871—2002[S].北京:中国标准出版社,2002.

[6] 中华人民共和国国家环境保护标准. 电子加速器辐照装置辐射安全和防护:HJ 979—2018[S].北京:生态环境部,2019.

[7] 杨芝歌,张保增,王玮. 某工业电子直线加速器的辐射危害及防护[J].铀矿地质,2015,31(5):541-546.

[8] 钟春明,岳中慧,张鑫. 工业电缆电子辐照加速器辐射防护评价[J].辐射防护,2018,38(1):33-37.

Evaluation of radiation protection of industrial electron linear accelerator

ZHANG Bao-zeng,MA Xiao

(Beijing Research Institute of Uranium Geology,Beijing,China)

Abstract:A 10 MV electron linear accelerator was built by a medical company for irradiation sterilization of medical equipment. According to the evaluation requirements of radiation protection and the design of radiation chamber,the radiation source term of the accelerator was analyzed,and the protective effect of radiation chamber shielding was calculated. Targeted radiation safety protection measures safety protection management measures,at the same time for the possible occurrence of radiation accidents put forward preventive measures and countermeasures. Combined with the theoretical calculation results of irradiation chamber shielding design,the shielding design and radiation safety protection facilities of electron linear accelerator meet the requirements of Radiation Safety and Protection on Electron Accelerator Irradiation Facilities(HJ 979—2018).

Key words:Electron accelerator;Irradiation room;Radiation protection;Protective measures

核应急条件下公众受照剂量控制量的思考

迟蓬波，来永芳，沈春霞，南宏杰

（陆军防化学院，北京 昌平 102205）

摘要：科学建立核应急条件下相对完整的公众的受照剂量控制量，是核应急响应中确保人员生命安全，合理有效降低放射性污染的必要保证。在研究国内外公众受照剂量相关控制量的基础上，简要分析了其存在的差异，并就健全我国核应急条件下公众受照剂量的控制量提出了建议。

关键词：核应急；公众；受照剂量；控制量

人类时刻都受到天然核辐射的照射（世界范围内，天然本底造成的人均年有效剂量当量约 2.4 mSv）[1]，为了降低公众的受照剂量，减少或避免不属于受控实践或因突发事件导致失控辐射源带来核辐射照射可能性的任何人类活动，防止发生严重的确定性健康效应，并合理规避随机性效应，各国均建立了一套相对完整的核应急条件下的公众受照剂量控制量，下面对我国和国际原子能机构（IAEA）的受照剂量相关控制量进行介绍。

1　我国公众受照剂量的控制量

我国公众受照剂量的控制量主要对应于我国现行《电离辐射防护与辐射源安全基本标准》（GB 18871—2002）干预水平的推荐值。

GB 18871—2002 根据干预原则和行动类别将干预情况分为两类、四个量。一类是为了防止出现确定性健康效应，针对急性照射而给出的剂量行动水平；另一类是为了减小随机性效应的发生，针对特定防护措施而给出的持续照射剂量率行动水平、通用优化干预水平和通用行动水平[2]。四个量分别为应急照射的剂量行动水平、持续照射的剂量率行动水平、应急照射情况下的通用优化干预水平和行动水平。

1.1　急性照射的剂量行动水平

核事故发生时，为了防止确定性健康效应的发生，GB 18871—2002 用急性照射的剂量行动水平表示应急人员受照剂量的控制量。表 1 列出了 GB 18871—2002 建议的急性照射的剂量行动水平。

表 1　急性照射的剂量行动水平

器官和组织	2 天内器官或组织的预期吸收剂量/Gy
① 全身（骨髓）	1
肺	6
皮肤	3
甲状腺	5
眼晶体	2
性腺	3
② 胎儿	0.1

注：① 受照剂量＞0.5 Gy 后第 1 天，辐射敏感性个体可能出现呕吐；

② 考虑紧急防护行动水平的正当性和最优化时，应考虑胎儿在 2 天时间内受到大于约 0.1 Gy 的剂量时产生确定性健康效应的可能性。

作者简介：迟蓬波（1993—），女，山东烟台人，助理工程师，核技术与核安全本科，现为能源动力专业在读研究生，主要从事与核与辐射安全相关工作

1.2 持续照射的剂量率行动水平

核事故发生时,为了防止因持续性照射导致远期效应风险增大,减小随机性效应的发生,GB 18871—2002 用持续照射的剂量率行动水平表示公众受照剂量的控制量。表 2 列出了 GB 18871—2002 建议的持续照射的剂量率行动水平。

表 2　持续照射的剂量率行动水平

器官和组织	2 天内器官或组织的预期吸收剂量/(Gy/a)
性腺	0.2
眼晶体	0.1
骨髓	0.4

1.3 通用优化干预水平

通用优化干预水平采用可防止剂量来表示,当可防止剂量大于相应的干预水平时,需采取特定的防护行动。表 3 列出 GB 18871—2002 建议的通用优化干预水平。

表 3　通用优化干预水平

①防护行动	适用的持续照射时间	干预水平值(可防止剂量)
隐蔽	<2 天	10 mSv
临时撤离	<7 天	50 mSv
②碘防护	<7 天	100 mGy
临时避迁	<1 年	第一个月 30 mSv,随后每月 10 mSv
永久再定居	永久	终身剂量>1 Sv

注:① 隐蔽、撤离、碘防护的通用优化干预水平属于紧急防护行动的通用优化干预水平,临时避迁和永久再定居属于较长期防护行动的通用优化干预水平;

② 碘防护指甲状腺的可防止的待积吸收剂量。

一般情况下,作为防护决策的出发点,可采用 GB 18871—2002 推荐的通用优化干预水平。当考虑场址特有或情况特有的因素之后,具体核电厂厂址专用的干预水平可以比通用优化干预水平的值高一些或在某些情况下低一些。所考虑因素可能涉及特殊人群(如医院病人、常年居家的老年人或犯人)、有害天气状况或复合危害(如地震或有害化学物质)、以及与运输有关或高人口密度和场址或事故释放的特有属性等所引起的特殊问题。

正如表 3 所列,隐蔽的通用优化干预水平是指当对特定的公众采取隐蔽措施后,预期 2 天内的可防止剂量为 10 mSv。决策部门可建议在较短期间内的较低干预水平下实施隐蔽或为了便于执行下一步防护对策(如撤离),也可以将隐蔽的干预水平适当降低;类似地,临时撤离的通用优化干预水平是指在不长于一周时间内可防止的剂量为 50 mSv。当能迅速、方便地完成撤离时(例如撤离较少的人群),决策部门可建议在较短期间内的较低干预水平下开始撤离,但是撤离有困难时(例如撤离大量人群或交通工具不足),采用更高的干预水平则可能是适当的。

2 国际原子能机构公众受照剂量的控制量

1996 年,国际原子能机构(IAEA)基于国际放射防护委员会(ICRP)第 60 号出版物(1990 年建议书)[3]和国际核安全咨询组(INSAG)的基本安全原则[7],在《国际电离辐射防护和辐射源安全基本标准》(IAEA 安全丛书 115 号)[8](下文简称 BSS 115)中确定了应急情况下为保护公众,需要实施干预并采取相应防护行动的通用优化干预水平和行动水平。2007 年,ICRP 第 103 号出版物(2007 年建议书)[9]从以前采用以过程为基础的实践和干预的防护方法,发展为基于辐射照射情况的分类方法,即计划照射、应急照射和现存照射三种照射情况。为此,2014 年 IAEA 对 BSS 115 进行了修订,并在《辐射防护与辐射源安全:国际基本安全标准》(GSR-3)中对应急照射情况下公众照射的控制提出了具体要求。

GSR-3 中要求,在应急照射情况下,根据预期受到的急性外照射(10 小时内)和由摄入导致的急性内照射(30 天)的剂量通用准则,确定需立即采取的预防性防护行动与其他响应行动,当急性外照射和急性内照射实际的受照剂量达到该剂量通用准则水平时,则需进行及时的医学检查、会诊、医学处理和长期的医学随访,以避免或减轻公众的严重确定性伤害(以区别可逆转的或对健康有较小影响的确定性组织反应)。表 4 列出 GSR-3 建议的任何情况下为避免或减轻严重确定性效应的防护行动和其他响应行动的一般准则。

表 4　任何情况下为避免或减轻严重确定性效应的防护行动和其他响应行动的一般准则

通用准则		防护行动
急性外照射(<10 h)		如果剂量是预期的:
① $AD_{红骨髓}$	1 Gy	—立即采取预防性紧急防护行动(即使在困难的条件下)以使剂量保持在一般准则以下
$AD_{胎儿}$	0.1 Gy	
② $AD_{组织}$	25 Gy(0.5 cm 处)	—进行公共宣传和发出警告
③ $AD_{皮肤}$	10 Gy(100 cm²)	—开展紧急去污工作
④ 由摄入导致的急性内照射(Δ=30 d)		如果剂量已接受:
$AD(\Delta)_{红骨髓}$	0.2 Gy(原子序数 $Z \geqslant 90$⑤的放射性核素)	—立即进行体检、会诊和指示性医疗
$AD(\Delta)_{甲状腺}$	2 Gy	—进行污染控制
⑦ $AD(\Delta)_{肺}$	30 Gy	—立即进行促排⑥(如适用)
$AD(\Delta)_{结肠}$	20 Gy	—进行长期医疗随访登记
⑧ $AD(\Delta')_{胎儿}$	0.1 Gy	—提供全面的心理咨询

注:① $AD_{红骨髓}$代表强贯穿辐射均匀场中的照射对体内组织或器官(例如,红骨髓、肺、小肠、性腺、甲状腺)以及对眼晶体的平均相对生物效能权重吸收剂量。

② 因密切接触放射源(如手持或在口袋中携带源)导致组织中体表下 0.5 cm 深处 100 cm² 所受的剂量。

③ 该剂量系指 100 cm² 真皮(体表下 40 mg/cm²(或 0.4 mm)深处的皮肤结构)所受的剂量。

④ $AD(\Delta)$系指一个时间段内通过摄入(I_{05})受到的将导致 5% 的受照个人产生严重确定性效能的相对生物效能权重吸收剂量。该剂量按参考文献[7]附录 I 所述进行计算。

⑤ 采用不同的一般准则来考虑按这两组放射性核素具体摄入阈值照射的相对生物效应权重吸收剂量的显著差异。

⑥ 促排是通过使用化学或生物试剂促使从人体中排出结合的放射性核素的生物学过程行为。促排的一般准则是基于未进行促排时的预测剂量。

⑦ 为本一般准则之目的,"肺"系指呼吸道的肺泡间质区。

⑧ 就这一特定情况而言,Δ'系指胚胎或胎儿的子宫内发育期间。

此外,对应于我国 GB 18871—2002 建议的通用优化干预水平,表 5 列出了 GSR-3 中用作应急情况下为减少随机效应风险采取的具体防护行动和其他响应行动的通用准则。

表 5　应急情况下用以减少随机效应风险的防护行动和其他响应行动的通用准则

预期剂量超过下列通用准则:采取紧急防护行动和其他响应行动	
$H_{甲状腺}$	50 mSv($<$7 d)
E	100 mSv($<$7 d)
$H_{胎儿}$	100 mSv($<$7 d)
预期剂量超过下列通用准则:采取早期防护行动和其他响应行动	
E	100 mSv(头 1 年内)
$H_{胎儿}$	100 mSv(胎儿在子宫内发育的整个期间内)
已接受剂量超过下列通用准则:采取长期的医学行动以察觉和有效地处理辐射诱发的健康效应	
E	100 mSv(1 个月内)
$H_{胎儿}$	100 mSv(胎儿在子宫内发育的整个期间内)

3　我国和 IAEA 公众受照剂量的控制量的比较

我国现行的《电离辐射防护与辐射源安全基本标准》(GB 18871—2002)是以 IAEA BSS 115 为基础修订的,而 IAEA 在 2014 年对 BSS 115 进行了修订,形成了《辐射防护与辐射源安全:国际基本安全标准》(GSR-3),因此,GB 18871—2002 和 GSR-3 在外照射剂量的控制量的指导值存在一定差别,下面对两者进行比较。

3.1　针对避免或减轻严重确定性效应

3.1.1　持续照射的剂量率行动水平的差异

考虑到紧急事件发生后的持续照射,属于现存照射情况。对于现存照射,应该努力把参考水平以上的照射降低到参考水平之下,因此,IAEA GSR-3 取消了对持续照射剂量率的行动水平要求。

3.1.2　剂量准则的差异

GB 18871—2002 采用的是 2 天内的器官或组织预期吸收剂量,而 IAEA GSR-3 对急性照射的准则按照外照射和内照射分别加以考虑,并对两类照射选取的受照时间以及采用的剂量准则进行了调整,如:急性外照射和急性内照射的时间段分别取 10 小时和 30 天;在急性外照射情况下,对体内组织和器官(例如红骨髓、肺、小肠、性腺、甲状腺)的剂量准则统一为 1 Gy(10 小时内),表示为由一个均匀强贯穿辐射场的照射所致各组织和器官的平均相对生物效能(RBE)加权吸收剂量,以便对高传能线密度(High-LET)和低传能线密度(Low-LET)辐射提供同样的防护。另外,GSR-3 对眼晶体采用与体内组织和器官相同的剂量准则,而在 GB 18871—2002 中骨髓与眼晶体是不同的,这改善了实际应用中的可操作性。

GSR-3 同时强调,其通用准则不仅在核与辐射设施(如核电厂)发生大量放射性物质释放的事故之后是有用的,而且在发生密封放射源丢失、被盗、失控事故导致公众成员受到照射之后,也是有用的,表现在准则对组织、皮肤剂量等给出了更明确和更具有可操作性的描述。而 GB 18871—2002 虽然给出了行动水平,并指出超过该水平要进行干预,但并为给出具体的防护行动,IAEA GSR-3 则更为明确并具有可操作性。

3.2　针对减少随机效应风险

3.2.1　用预期剂量取代了之前的可防止的剂量

我国使用可防止剂量与干预水平做比较来确定防护行动,在实际操作和计算中不确定性较高,而且无法考虑多重防护行动的同时实施,而 IAEA 则是以预期剂量(也就是最大可能的剩余剂量)与通用准则进行比较,更便于计算,有利于紧急情况下和早期行动中的决策。预期剂量指若不采取防护行动或补救行动,预期会受到的剂量。IAEA 强调,如果预期剂量或已接受剂量超过该通用准则的参考水平数值,则无论是单个的或组合的防护行动和其他响应行动都必须予以实施。

3.2.2 取消了食品通用行动水平

GB 18871—2002 与干预水平进行比较的剂量应是来自采取防护对策可以避免的所有照射途径,但通常不包括食品和饮水途径的总剂量[1]。针对食品和饮水的摄入控制是通过食品通用行动水平(即食品、牛奶和饮水中的放射性核素浓度)采取防护行动。而 IAEA 预期剂量或已接受剂量包括了所有照射途径的剂量贡献,可根据预期剂量的水平,采取食物、牛奶及饮水限制等防护行动来加以控制。因此,IAEA 更关注的是剂量的准则。为便于应急状态下的实施,IAEA 在其后续出版物中依据这些剂量准则,推荐了操作干预水平值(OIL)及使用方法[2-3],其中包括了食品、牛奶和饮水中放射性核素浓度值。

3.2.3 取消了永久性再定居的行动推荐准则

在政府和居住污染区的人群做出永久再定居决定时,除了放射性污染水平外,还涉及到社会、经济、政治等复杂因素,因此 IAEA 不对永久性重新定居的行动推荐准则。

此外,与我国不同,IAEA 的 GSR-3 中包括了专门针对孕妇(她们属于特殊公众)的通用准则;对甲状腺阻断给出了剂量计算的时间要求,且数值取为 50 mSv,低于 GB 18871—2002 的 100 mSv 要求;另外,在采取长期的医学行动以察觉和有效地处理辐射诱发的健康效应方面,给出了基于已接受剂量的通用准则。

4 建议

通过上述分析比较可以看出,IAEA GSR-3 关于核与辐射应急照射情况下公众照射的防护,与我国现行的 GB18871—2002 有较大差异。新的参考水平概念的引入,以及新的通用准则的实施会对我国应急准备与响应中公众照射防护相关的工作带来较大影响,涉及到操作干预水平、应急计划区划分、公众应急防护行动的实施等各方面。建议我国开展参考水平及剂量准则的研究,尽早启动相关的标准如 GB 18871—2002 的修订工作,在 IAEA GSR-3 通用剂量准则"上限"的基础上,确定出适合我国的参考水平及准则,优化我国的防护策略,并据此完善与操作干预水平、应急行动水平等相关的配套标准。

参考文献:

[1] 张守本. 天然本底辐射的潜在危险[J].世界核地质科学,2004,21(3)178-182.

[2] 电离辐射防护与辐射源安全基本标准:GB 18871—2002[S].

[3] 李德平,等译. 国际放射防护委员会. 国际放射防护委员会 1990 年建议书[M].李树德等校. 国际放射防护委员会第 60 号出版物,北京:原子能出版社,1993:69-70.

[4] INSAG. Potential exposure in nuclear safety[R].INSAG-9. Vienna:IAEA,1995:10-17.

[5] IAEA. International basic safety standards for protection against ionizing radiation and for the safety of radiation sources[R].IAEA Safety Series No. 115. Vienna:IAEA,1996:71-75.

[6] 国际放射防护委员会. 国际放射防护委员会 2007 年建议书[M].潘自强,等译. 国际放射防护委员会第 103 号出版物. 北京:原子能出版社,2008:109-111.

[7] 国际原子能机构. 放射性物质的危险量(D值),应急准备和响应第 EPR-D-VALUES 2006 号[R].国际原子能机构,维也纳,2006.

Thoughts on the dose control of public exposure in radiation emergencies

CHI Peng-bo[1], LAI Yong-fang[1],
SHEN Chun-xia[1], NAN Hong-jie[1]

(Institete of NBC Defense PLA Army, Beijing, China)

Abstract: Scientific establishment of relatively complete public exposure dose control under nuclear emergency conditions is the necessary guarantee to ensure the safety of personnel and reduce radioactive pollution reasonably and effectively. On the basis of studying the related control amount of public exposure dose at home and abroad, this paper briefly analyzes the differences between them, and puts forward some suggestions on improving the control amount of public exposure dose under the condition of nuclear emergency in China.

Key words: Nuclear emergency; public; Irradiation dose; controlled quantity

基于肖特基型 4H-SiC 探测器的脉冲中子探测技术模拟研究

常　昊，王　翔

（哈尔滨工程大学核科学与技术学院，黑龙江 哈尔滨 150001）

摘要：脉冲中子技术在当今核物理实验已变得越来越重要，而与之相适应的探测技术是脉冲辐射场的核心技术之一。测量脉冲中子束要求探测器工作在电流模式，而非计数模式。脉冲中子源往往强度大，照射时间短，中子能量高，传统半导体中子探测器性能会在探测时逐渐恶化。针对传统半导体材料的不足，宽禁带半导体材料 4H-SiC 有着耐辐射、耐高温和时间响应快等明显的优势。本文通过模拟研究在脉冲辐射场下 4H-SiC 探测器的探测过程，使用 PC-1D 模拟 4H-SiC 探测器器件的电学性质，使用 GEANT4 建立探测器的辐射响应模型，研究不同粒子在探测器的沉积能量；使用 Modelica 建立探测器响应电路输出模型，分析脉冲响应信号。本文分析肖特基型 4H-SiC 探测器在不同工作环境下的性质及其在脉冲中子辐射场的输出结果，验证了所建立模型与理论计算的一致性。

关键词：4H-SiC；脉冲中子辐射场；半导体探测器；Geant4；Modelica

　　在 SiC 的多种结构中，4H-SiC 具有优越的电学性能和热学性能，工艺制造和外延层生长技术成熟，因此被欧洲核子研究组织认为是辐照探测领域最具发展前景的核探测器材料之一。目前用于脉冲辐射探测的 4H-SiC 探测器的器件结构主要分为两种：一是 PIN 型结构二极管，二是肖特基二极管（Schotty Barrier Diode，SBD）[1]。SBD 型二极管结构具有入射窗薄，制造简单等优势[2]。由于 Ni 作为金属接触电极，具有势垒高度高，漏电流小，电极厚度薄等优点[3-4]。因此，本文使用 Ni 金属接触 SBD 型 4H-SiC 探测器作为仿真模拟的对象，使用三种不同的模拟软件分别模拟其的电学性质，辐射响应及电路输出。同时，针对模拟软件的局限性，使用理论计算作为补充说明和验证。

1　4H-SiC 探测器的模型和模拟研究

1.1　探测器理论模型

　　所设计的 4H-SiC 探测器基本结构（图 1（a））中，器件阴极为 Ni 金属接触，电极金属厚度 0.1 μm，理想势垒高度 2 eV[3]；器件阳极为 Ni 金属欧姆接触，电极厚度 1 μm。4H-SiC 基底为 n$^+$ 型半导体，掺杂浓度 1×10^{18} cm^{-3}，厚度 370 μm。基底使用化学气相淀积（CVD）生长出掺杂浓度 1×10^{14} cm^{-3} 的 n$^-$ 型 SiC 半导体，生长厚度 120 μm，探测器横截面 3 mm$\times$3 mm[2],[5-8]。Ni 金属电极构成为探测器入射窗，当带电粒子经过电极，会造成能量损失和能量歧离。因此，为减小入射窗的影响，应尽可能地减小入射窗厚度。金属-半导体界面和轻掺杂-重掺杂界面会形成空间耗尽区，但由于外延层掺杂浓度最低，两个界面所形成的耗尽区大多处于外延层内。因此，外延层厚度是探测器最大灵敏区宽度。

　　PC-1D 是一款开源免费的半导体工艺模拟以及器件模拟工具，主要基于求解一维半导体物理偏微分方程实现半导体器件仿真。根据 PC-1D 模拟软件，得到 4H-SiC 探测器的热平衡下（300 K）的能带结构（图 1（b））。由图可知，肖特基接触处势垒高度 2 eV，内建电势模拟出的结果为 1.7 eV，轻重掺杂界面势垒为 0.25 eV。当施加反偏电压等于 200 V 时（图 1（c）），反向电势绝大多数落在金属-半导体界面，而后者界面电势差几乎没变。因此，可忽略轻-重掺杂界面耗尽区，只考虑金属-半导体界面。

作者简介：常昊（1999—），男，本科生。现已进入清华大学工程物理系继续学习

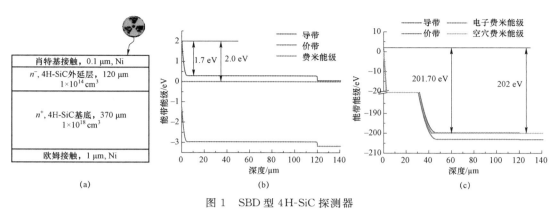

图 1 SBD 型 4H-SiC 探测器
基本结构示意图(a)、热平衡状态二极管能带结构(b)以及加反偏电压 200 V 时的能带结构(c)

在模拟 4H-SiC 输出特性过程中,考虑了在半导体内部电子和空穴的漂移扩散模型、禁带变窄模型和复合模型。对于复合模型而言,由于 4H-SiC 的禁带足够大,直接复合过程很难发生。因此,4H-SiC 中的载流子复合主要以间接复合(Shockley-Read-Hall,SRH)和俄歇复合占主导[9-12]。

1.2 探测器电学性能模拟

使用 PC-1D 软件可仿真所设计的探测器,随着反偏电压升高,得到探测器的结区宽度、电场分布及反向电流的变化的模拟结果。但由于软件本身局限性,当所施加反偏电压较大时,软件数值不收敛。因此,本文将理论公式计算结果与模拟结果互为补充,验证模拟过程的可靠性。同时,推导出理论公式也便于深入理解器件物理性能,对后续探测器的优化工作打下基础。

从结果可以看到,对于不同掺杂浓度和反偏电压下 4H-SiC 的结区宽度(图 2(a)),模拟结果(三角标记)与理论计算结果(实线)相一致,但高压区只能通过理论计算得到。掺杂浓度对相同反偏电压下的结区宽度的影响是十分显著,因此外延层的掺杂浓度应该越低越好。后续的探测器的掺杂浓度均为 1×10^{14} cm^{-3}/s,此时当探测器外延层全部处于耗尽区时,所需最小的反偏电压 1 342 V。电场强度在肖特基接触界面具有最大值,然后随着距离增大而线性下降。同时,反偏压越高,耗尽区越大,界面处的电场也越强。当探测器内部全部为耗尽区,界面场强达到最大值 223.92 kV/cm,小于 4H-SiC 临界击穿场强 3 000 kV/cm,探测器工作于合适的反偏电压下[13]。

对于反向电流,热电子发射和电子隧穿占主要作用,热激发电流可忽略不计[3](图 2(b))。随反偏电压升高,隧穿电流逐渐超过热电子发射电流,成为反向漏电流的主要分量。值得注意的是,反向电流密度量级过小。与实验数据不符[2-4]。可能原因是由于实验中存在半导体表面漏电流。所幸的是表面漏电流是可以采取手段使其不影响探测器的输出电流信号[17]。因此,理论计算结果只能证明当温度为 300 K 时,可以不考虑探测器反向电流影响。反向电流的数量级随着温度变化极大(图 2(c)),但三种反向电流占比几乎不变。这也说明,当温度较高时,需要考虑反向漏电流的存在。

1.3 探测器电荷收集效率研究

当场强较低时,探测器内载流子的漂移速度和场强有着简单的线性关系;但是随场强增加,载流子速度逐渐趋于饱和。此时,两者关系不再为简单的线性关系,可以由 Canali 模型描述[14]。

随着电场强度的升高,载流子的漂移速度逐渐趋于饱和漂移速度(图 3(a))。当电场强度为 1×10^4 V/cm 量级时,漂移速度逐渐偏离线性,过渡到 Canali 模型。同时,空穴开始偏离时的场强也比电子开始偏离时要高。基于这一结果,使用分段 Hermit 插值构建插值多项式,将探测器内部电场分布带入插值多项式求出探测器内部载流子的漂移情况(图 3(b)),即在探测器内部载流子漂移速度并非线性,也未达到饱和漂移速度。考虑到探测器内部大部分体积漂移速度都在 1×10^7 cm/s 量级。因此取平均值,使用假设漂移速度($v'_e = 1.69 \times 10^7$ cm/s,$v'_h = 8.889 \times 10^6$ cm/s)代表整个探测器内载流子漂移速度。通过进一步模拟可以看到(图 3(c)),无论是最大还是最小载流子寿命,电荷的收集效率都接近 1。因此,在信号产生的分析中可以不考虑载流子损失而带来的影响。

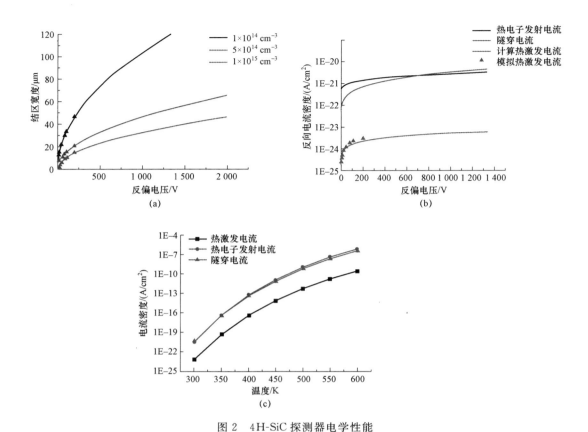

图 2 4H-SiC 探测器电学性能

左:不同掺杂浓度和反偏电压下结区宽度;中:不同偏压下反向电流密度;右:不同温度下反向电流

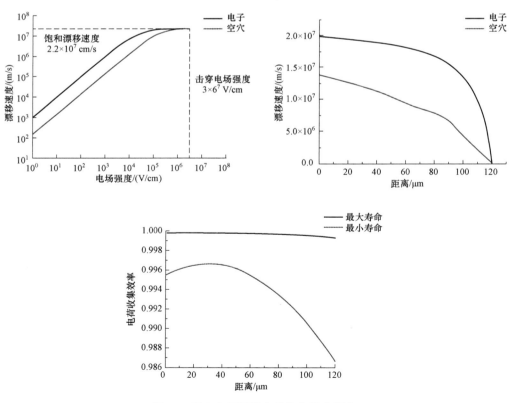

图 3 4H-SiC 探测器电荷收集效率研究

左:载流子漂移速度随场强变化;中:载流子漂移速度;右:某处产生电荷的电荷收集效率

2 4H-SiC 探测器辐射响应研究

2.1 概述

由于中子不带电,只能通过与物质相互作用产生的次级带电粒子在探测器产生电子-空穴对。脉冲中子场中子能量一般很高(~MeV),而反应截面和半导体探测器体积都较小,探测器探测效率通常很低。因此,探测器常采用添加聚乙烯薄膜(PE)的反冲质子法来提高对中子响应。

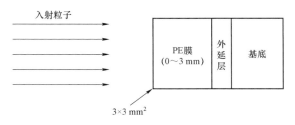

图 4　4H-SiC 探测器反冲质子探测装置

强脉冲中子场伴随产生的 X/γ 射线在探测器内沉积能量会产生"非中子信号"。因此,采用反冲质子法也能提高探测器 n/γ 的分辨能力。本文选取 DPF 装置产生的单一能量 14 MeV 的中子辐射场[15]。

Geant4 是由欧洲原子核研究组织(CERN)基于面向对象的 C＋＋语言开发的一款开源蒙特卡罗计算程序,可以模拟粒子在介质中的输运过程。本文使用 Geant4 统计粒子在探测器模型(图 4)中的输运信息[16],研究 4H-SiC 探测器的辐射响应。面源辐射源垂直入射可调厚度的 PE 膜表面。由于外延层为探测器最大灵敏区域,将其设置为灵敏探测器,在入射方向划分成 10 网格大小。

2.2 辐射响应研究

考虑到光子和中子的反应截面较小,单个粒子可能直接贯穿装置,定义这种粒子沉积能量为模拟运行出大量粒子在探测器沉积能量除以粒子个数。光子能量在探测器内沉积能量如图 5(a)所示。能量在 keV 左右的光子由于 PE 膜而无法进入到探测器内,沉积能量为零。随着能量升到 8 keV 左右时,光子可以进入探测器内,并且沉积能量达到最大值。此时,光电作用占主导,沉积能量随着入射光子能量上升而下降。当能量在 200 keV 时,康普顿作用占主导,沉积能量先升后降。高能光子会完全贯穿探测器,其在探测器内部沉积能量在空间上是非常均匀的。

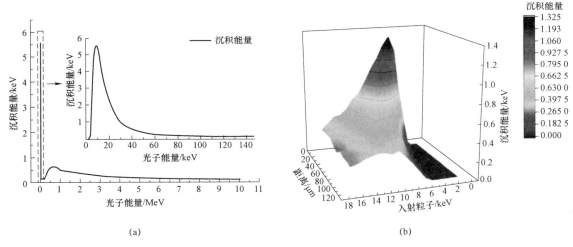

(a)　　　　　　　　　　　　(b)

图 5　光子在 4H-SiC 探测器内的沉积能量(a)与不同距离的能量分布(b)(PE 膜厚 0.5 mm)

中子碰撞反冲出的质子进入探测器内部会通过电磁作用激发电子,产生电子-空穴对。质子在物质能量损失率可由 Bethe-Block 公式描述,能量损失率沿着质子径迹的变化由 Brag 曲线描述。质子在 4H-SiC 中的能量沉积(MeV)(图 6)远大于光子沉积能量(keV)。因此,要提高探测器 n/γ 分辨能力,应确保 PE 膜出射出更多反冲质子,并确保其入射并沉积能量。同时,垂直入射质子能量小于 4.5 MeV 时,质子能量几乎全部沉积;当大于 4.5 MeV 时,质子会穿透探测器,在探测器内沉积能量会下降,并且能量越高,沉积能量越小。这与 Bethe-Block 公式和 Brag 曲线所描绘的一致。

在 Geant4 中模拟单一能量 14 MeV 中子入射不同厚度 PE 膜后产生出射质子的情况(图 7 左)。

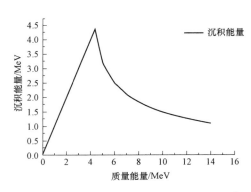

图 6　质子在探测器内的能量沉积(无 PE 膜)

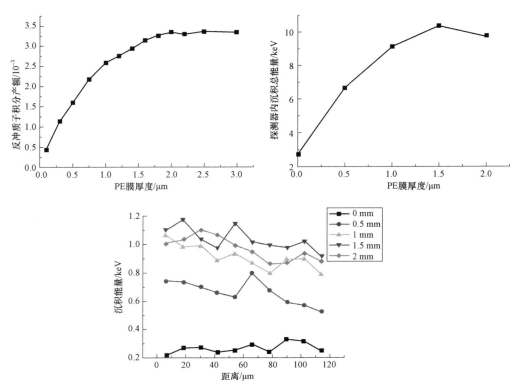

图 7　4H-SiC 探测器不同 PE 厚度下中子响应
左:质子积分产额;中:中子沉积能量;右:中子不同空间处的沉积能量

定义反冲质子积分产额为一个中子可能发生碰撞产生质子,且质子进入到灵敏探测器区域的概率。当 PE 膜厚度小于 2 mm 时,产额随之增加,并在厚度 2 mm 时最大,此时 PE 膜中质子的产生与损失达到了平衡。中子与 PE 膜反应的平均自由程为 9.088 5 cm,相比较 PE 膜厚度(0~3 mm)很大,脉冲中子束经过 PE 膜不会有太大损失,故认为反冲质子平均产生于 PE 膜各处。

　　为了进一步研究中子碰撞后出射 PE 膜的质子信息,统计入射到灵敏探测器的反冲质子的初始能量(图 8 左)和方向(图 8 右)。理论推导出单能中子与氢核碰撞后的反冲质子能谱在实验系下呈矩形分布[17],可见当 PE 膜较薄(0.1 mm)时,出射质子能谱近似于矩形分布,角分布也接近理论推导的 $\sin(2\varphi)$。随着 PE 膜厚度上升,质子能谱在接近 14 MeV 处产生明显峰值,且该峰值对应能量随 PE 膜厚度增加而下降,角分布峰值对应角度也逐渐下降。至 2 mm 时能谱接近对称,峰值对应得能量为 7 MeV,之后能谱几乎不变。其对应反冲角为 45°,但此时角分布峰值对应的角度约为 20°。该现象与反冲质子在 PE 膜内损失能量有关,导致经过厚 PE 膜的反冲质子能量与角度间关系复杂。

　　对中子而言,进入探测器内沉积能量的不仅有反冲质子,还有其他次级粒子[18]。因此,本文模拟

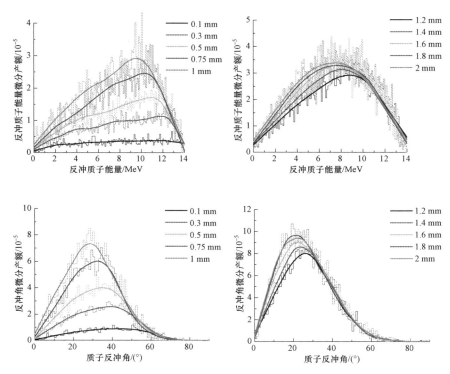

图 8　反冲质子的能谱(上)、角分布(下)随聚乙烯膜厚度变化的模拟结果

了有关于不同 PE 膜厚度时中子在探测器内的沉积能量(图 7 右)。当无 PE 膜时,也有一定能量沉积;当 PE 膜为 1.5 mm 时,沉积能量达最大值 10 keV,大约是无 PE 膜时的 4 倍。中子这种贯穿辐射类型在探测器内部能量沉积分布非常均匀[1]。使用 Geant4 模拟出的结果显示,中子在探测器内空间各处沉积能量分布与是否存在 PE 膜、PE 膜厚度没有关系,与文献中一致[15]。

2.3　辐射响应性能参数

不同粒子的灵敏度之比还可以体现探测器在辐射混合场的粒子分辨能力。对于能量为 E 的辐射粒子,取灵敏度定义[19],则在所选工作条件下,4H-SiC 的电荷收集效率最差为 0.988。因此,求得 4H-SiC 探测器针对光子、质子和中子得灵敏度参数(表 1)。可以看到,n/γ 依赖于入射光子能量。当 PE 膜厚 1.5 mm 时,n/γ 最小 1.87,最大 82.89。大多数脉冲场光子有连续能谱。因此,分析特定光子能谱,可求出探测器在此场下的 n/γ 比。

表 1　不同粒子在 4H-SiC 灵敏度参数

光子		质子		中子	
能量/MeV	灵敏度/C·cm²	能量/MeV	灵敏度/C·cm²	PE 厚度/mm	灵敏度/C·cm²
8	1.01×10^{-17}	1	1.81×10^{-15}	无	4.86×10^{-18}
20	3.93×10^{-18}	3	5.46×10^{-15}	0.5	1.21×10^{-17}
500	1.06×10^{-18}	4.4	8.02×10^{-15}	1.0	1.66×10^{-17}
1 000	8.90×10^{-19}	7	3.85×10^{-15}	1.5	1.89×10^{-17}
10 000	2.28×10^{-19}	14	2.03×10^{-15}	2.0	1.77×10^{-17}

3　4H-SiC 探测器电路设计和分析

3.1　外电路设计

Modelica 是一种免费开源的、以方程为基础的系统建模语言,具有方程非因果性、模型可复用性等特点,在多领域物理过程系统的建模中有广泛应用。Modelica 以面向对象的结构化方式建立由组件组成的、系统的动态行为模型,采用统一建模语言描述,从而达到复杂系统的联合仿真。

针对脉冲中子脉冲辐射场的脉冲电流型探测系统至少包括探测器和电子学系统部分。探测器部分实现入射粒子能量沉积和电流信号产生,电子学系统部分将输出电学信号。由于 RC 电路系统响应时间比纯 R 电路长,加重脉冲信号畸变,本文选择纯 R 电路进行建模分析,将负载电阻串联在探测器之后,探测器内载流子漂移产生的感应电流信号直接流经负载电阻,在负载电阻上引起电势变化(图9左)。考虑到电场与电势不均匀,由线性电场的抛物线电势分布建立并联矫正电路(图9右)。

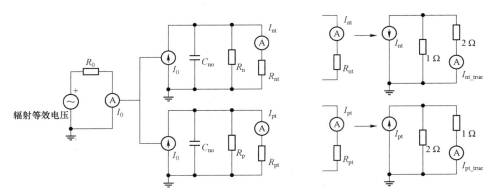

图 9　SBD 型 4H-SiC 探测器等效电路(左)及其并联矫正电路图(右)

3.2　探测器输出电路

当探测器处于反向阻断状态时,探测器内结区区域的电阻很高。因此,可将纯 R 电路等效为理想电流源和结区电容并联的输出回路,同时短路高压源(图10)。$I_{nt\text{-}ture}$ 和 $I_{pt\text{-}ture}$:电子和空穴漂移电流;I_d:反向电流;C_d:探测器结区电容;R_s,C_s:结区以外半导体材料电容和电阻;R_a:负载电阻;C_t:杂散电容;R_i,C_i:测量仪器的输入电阻和电容。

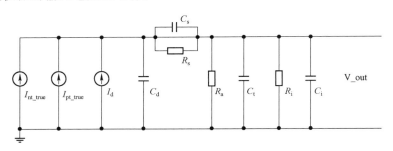

图 10　4H-SiC 探测器输出电路图

3.3　探测器辐射响应电流

假设一个理想高斯分布脉冲中子束进入探测器,则理论计算得电子漂移电流峰值约为 2.5E-2 A,对应时间 3.3 ns;空穴漂移电流峰值约为 5×10^{-2} A,对应时间 3.6 ns。峰值不同由探测器内部非恒定电场造成非线性电势引起(图11左),峰值延后则因为电子漂移更快。基于图9左等效电路可得辐射响应电流(图11中),其中空穴与电子电流与理论描述不同,因为等效电路模型并未考虑不均匀的电场和电势。经校正后,基于图9右电路得到等效电路电子与空穴电流(图11左),与理论计算的关系和主要特征基本一致。

由于 R_i,C_i 根据所选测量仪器而定,C_t 根据所搭电路而定,因此在模拟中不考虑其对输出信号影响;室温下 4H-SiC 材料反向电流可以忽略,且 C_s 一般很小,也不再考虑;C_d 可求得为 6.44×10^{-12} F;R_s 可求得为 2.27×10^{-3} Ω;负载电阻设为 1 Ω。使用 Modelica 得到模拟结果如图11右所示,即负载电流为电子、空穴电流两者之和,峰值对应时间 3.54 ns,处于电子和空穴电流峰值对应时间之间。

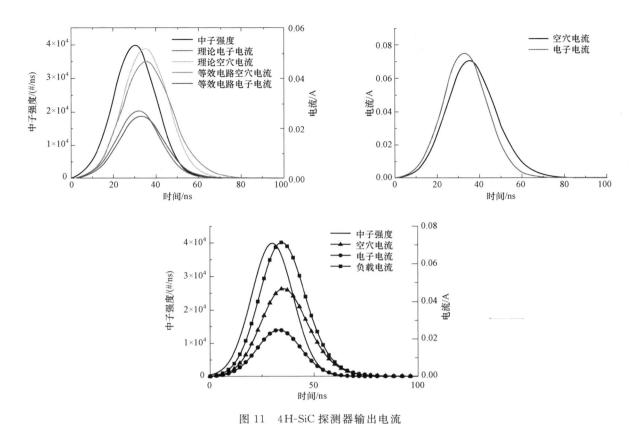

图 11　4H-SiC 探测器输出电流

左:校正前后等效电路输出响应电流对比;中:等效电路辐射响应电流;右:探测器输出电路辐射响应

4　结论

本文通过理论分析和数值模拟建立了 4H-SiC 探测器的仿真模型,设计了 4H-SiC 半导体探测器的结构,分析了 4H-SiC 材料作为探测器时的性质,得到了其在不同环境下的运行参数;针对探测器的器件、辐射响应和电路输出等方面都分别都做简要的数学建模分析,推导相应模型和其计算公式,为之后在计算机上实现仿真打下基础;整合三个层级的模型,理清了模型之间的内在联系,并在计算机中完成整套仿真模型的建立;成功模拟了脉冲中子辐射入射探测器的产生的电流的情况,考虑理论计算电流的复杂,采用等效电路模型,并将两者进行对比和验证,得到在电路模拟方面,可以使用等效电路来代替理论计算公式。

同时,限于时间与篇幅限制,可以从以下几点进一步研究和改进。由于大量使用理论计算和仿真模拟,缺少有力的实验数据支撑。另外,由于半导体制造工艺和实验方法不同,同一批的产品测量出的参数也可能不一致。因此,有必要根据测量出的实验数据来校正理论计算和仿真模型的数据和结果。除此之外,需要进一步对运行结果进行误差和敏感性分析。由于粒子从产生到载流子的产生,再到探测器输出信号这一系列的过程都是随机过程,具有统计涨落性。而在研究过程中只考虑统计大量的粒子的均值参数。最后,需要进一步研究高温时探测器的工作性质,因为探测器在辐射较强的脉冲场中工作时温度会升高。因此,应分析温度对探测器各个方面的影响。

参考文献:

[1]　欧阳晓平,刘林月.电流型碳化硅探测器[J].原子能科学技术,2019,53(10):1999—2011.

[2]　吴健.基于 4H-SiC 的中子探测技术研究[D].中国工程物理研究院,2014.

[3]　舒尔,鲁缅采夫,莱文施泰因.碳化硅半导体材料与器件[M].电子工业出版社,2012.

[4]　木本恒暢,詹姆士 A.库珀.碳化硅基本原理—生长、表征、器件的应用[M].机械工业出版,2018.

[5] 姜倩. $Z_{1/2}$缺陷对 SiC 探测器性能的影响研究[D].西安电子科技大学,2020.

[6] 王伟. 宽带隙半导体 4H-SiC 核辐射探测器的设计与仿真[D].大连理工大学.

[7] 覃裕良. 4H-SiC SBD 型中子探测器研究[D].西安电子科技大学,2015.

[8] 张磊. 碳化硅中子探测器的研制及其性能研究[D].国防科学技术大学.

[9] Sirenko Y. M., Vasilopoulos P.. Coupled electron-electron and electron-hole transport: Influence of dimensionality and statistics[J].Superlattices & Microstructures,1992,12(3):403-407.

[10] Schroder D. K.. Semiconductor Material and Device Characterization[M].Wiley,2005.

[11] Galeckas A., Linnros J., et al. Evaluation of Auger Recombination Rate in 4H-SiC [J]. Materials ence Forum,1998.

[12] Bemski,G. Recombination Properties of Gold in Silicon[J].Physical Review,1958,111(6):1515-1518.

[13] Konstantinov O., et al. Ionization rates and critical fields in 4H silicon carbide[J].Appl. Phys. Let.,1997,71(1):90-92.

[14] Hamaguchi. Basic Semiconductor physics[M],Springer,2010.

[15] 王洁. 反冲质子法 D-T 快中子能谱测量方法研究[D].兰州大学.

[16] Hoff G., et al. Monte Carlo's Core and Tests for Application Developers: Geant4 and XRMC Comparison and Validation[M].2019.

[17] 陈伯显,张智. 核辐射物理及探测学[M].哈尔滨:哈尔滨工程大学出版社,2011.

[18] 卢希庭主编,原子核物理[M].北京:原子能出版社,1981.

[19] 王兰. 电流型 CVD 金刚石探测器研制[D].清华大学,2008.

Simulation study on the detection of pulsed neutron based on Schottky 4H-SiC detector

CHANG Hao, WANG Xiang

(1. College of Nuclear Science and Technology, Harbin Engineering University, Harbin of Heilongjiang, China)

Abstract: In today's nuclear physics experiments, pulsed neutron technology has become more and more important, and the corresponding detection technology is one of the key technologies of pulsed radiation field. The measurement of pulsed neutron beam requires the detector to work in current mode rather than counting mode. The pulsed neutron source is often of high intensity, short irradiation time and high neutron energy. The performance of traditional semiconductor neutron detector will gradually deteriorate during detection. In view of the shortcomings of traditional semiconductor materials, the third-generation wide band gap semiconductor material—4H-SiC has obvious advantages of radiation resistance, high temperature resistance and fast time response. The purpose of this research is to simulate the detection process of 4H-SiC detector in pulsed radiation field. In this paper, PC-1D is used to build the device model of 4H-SiC detector to simulate the electrical properties of 4H-SiC semiconductor device; the radiation response model of the detector is established by GEANT4, and study the deposition energy of different particles in the detector. The model of the detector response output circuit is established by Modelica, and complete the analysis of the pulsed response signal. According to the established models, this paper analyzes the properties of 4H-SiC detector in different working conditions, and obtain the output results in pulsed neutron radiation field. In the process of modeling, the models and theoretical calculation equations are compared and supplemented to prove the feasibility of the models.

Key words: 4H-SiC; Pulsed neutron radiation field; Semiconductor detector; Geant4; Modelica

中子屏蔽内的次级光子辐射

吴勤良

(中核比尼(北京)核技术有限公司,北京 100840)

摘要:中子在穿行屏蔽体时,会发生以下核反应道:(n,n)弹性散射,(n,n')非弹性散射,(n,γ)辐射俘获,(n,x)放射出带电粒子的反应等。核反应过程中,复合核退激释放次级光子。其中,(n,n')非弹性散射,(n,γ)辐射俘获是产生次级光子的主要两种核反应。中子和光子在屏蔽体内传播时具有不同的速度(或能量)并在不同的方向迁移。辐射的空间能量和角分布由玻尔兹曼稳态动力学方程-辐射输运方程的解确定。辐射输运方程求解目前多采用蒙特卡罗方法,本质上是一种概率统计方法。有多个以此方法开发的计算软件。本文采用美国 Los Alamos 国家实验室开发的 MCNP5 程序进行验证。计算得到了在某些材料中次级光子剂量当量率($\dot{H}_\gamma$)与中子剂量当量率($\dot{H}_n$)的比值沿介质深度的分布规律。轻介质中,$\dot{H}_\gamma/\dot{H}_n$ 值随着层厚增加而递增,在某个厚度 d_0 达到 1,然后随着厚度继续增加,便大于 1。此时,光子成为屏蔽防护首要问题。轻材料的特点是减弱中子能力强,对光子辐射减弱不大。重材料对中子的减弱能力不强,但能使光子辐射大量减弱。如果入射中子是快中子,需首先采用重材料慢化,在一定厚度内取得良好慢化效果,并非越厚越好。本文还以某刻度室屏蔽 Am-Be 中子源的实例,介绍了如何选用不同材料,以适当厚度组合,使屏蔽体外中子剂量当量率和光子剂量当量率同时满足剂量约束值要求。

关键词:中子屏蔽;次级光子;镅铍中子源;剂量

中子的辐射防护除了中子本身外,还应重视在屏蔽体内产生的次级光子。中子在穿行屏蔽体时,会发生以下核反应道:(n,n)弹性散射,(n,n')非弹性散射,(n,γ)辐射俘获,(n,X)放射出带电粒子的反应等。核反应过程中,复合核退激释放次级光子。其中,(n,n')非弹性散射,(n,γ)辐射俘获是产生次级光子的主要两种核反应。

1　蒙特卡罗方法模拟粒子输运

中子和光子在屏蔽体内传播时具有不同的速度(或能量)并在不同的方向迁移。辐射的空间能量和角分布由玻尔兹曼稳态动力学方程-辐射输运方程的解确定。辐射输运方程求解目前多采用蒙特卡罗方法,本质上是一种概率统计方法。有多个以此方法开发的计算软件。

本文采用美国 Los Alamos 国家实验室开发的 MCNP5 程序进行验证。MCNP 是用于连续能量、普通几何空间、耦合中子-光子-电子的蒙特卡罗源码程序。最初版本于上世纪 70 年代编制完成,经过几年时间修订,其第三版即 MCNP3 于上世纪 80 年代面向国际发行。如今 MCNP 已成为国际上用于辐射防护计算的重要程序之一。

MCNP 能对任意三维空间构成的材料——其几何由一维或者二维,甚至特殊的四维(如椭圆面)曲面组成——进行计算。使用群数据库的同时,依然使用点交叉截面数据库。在选择群数据库时,固定源的伴随矩阵计算也能同时进行。对于中子,在详细的交叉截面估算中考虑到了其所有的反应。热中子则利用自由气体模式 S(α,β)模式进行描述。临界源和固定源以及面源均适用。对光子,程序考虑了相干和非相干散射——无论其是否伴随有电子效应,并处理光电吸收后的荧光发射以及电子对效应后的轫致辐射。结构计数器和常规源都可使用。计数也进行了详细的收敛性统计分析。在各种各样的降低方差的方法中,都使用到了迅速的收敛技巧。中子的能量范围在 $10^{-11} \sim 20$ MeV 内可

作者简介:吴勤良(1972—),男,辽宁营口人,高级工程师,学士,主要从事钴源辐照装置、加速器、剂量仪表刻度室等工程主工艺及辐射防护设计

用。电子和光子则在 1 keV～1 GeV 内可用。

2 中子与次级光子剂量当量率比值

不同能量中子穿行不同介质时,次级光子剂量当量率($\dot{H}_\gamma$)与中子当量剂量率的比值($\dot{H}_n$)将随穿行厚度而变化。

2.1 介质描述

选择了三种常用屏蔽中子材料进行计算,分别为石蜡、水、聚乙烯。在 MCNP 中,这三种材料描述如下:

M5 1001-0.111 894 8016-0.888 106 $ Liquid Water;rho＝1.00 g/mL
M21 1001-0.148 605 6012-0.851 395 $ Paraffin Wax;rho＝0.930 g/mL
M24 1001-0.143 716 6012-0.856 284 $ Polyethylene;rho＝0.930 g/mL

2.2 第 1 能群中子

选择能量为 6.5～10.5 MeV 连续分布的中子进行计算,视为点源。源项卡描述如下:

SDEF PAR＝1 ERG＝d1 WGT＝1 POS＝0 0 0
SI1 H 6.5 10.5
SP1 D 0 1

中子和光子的注量率与剂量当量率转换系数均选用 ANSI/ANS-6.1.1—1977 提供的数值。

将计算结果作图,见图 1。

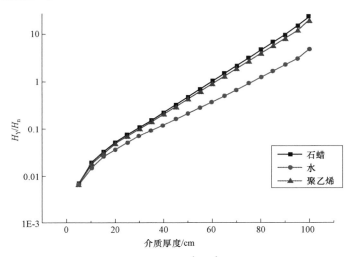

图 1　三种介质中剂量当量率比值($\dot{H}_\gamma/\dot{H}_n$),E_n＝6.5～10.5 MeV

由图 1 可以看出,$\dot{H}_\gamma$ 开始比 $\dot{H}_n$ 小,逐渐接近,并超过 $\dot{H}_n$。设 d_0 为 $\dot{H}_\gamma＝\dot{H}_n$ 时,介质的厚度,石蜡与聚乙烯的 d_0 约为 60 cm,水的 d_0 约为 80 cm。

2.3 第 2 能群中子

选择能量为 0.10～0.74 MeV 连续分布的中子进行计算,同样视为点源。将计算结果作图后,见图 2。

由图 2 可以看出,石蜡与聚乙烯的 d_0 约为 15 cm,水的 d_0 约为 20 cm。

图 1 和图 2 表明,当屏蔽体超过一定厚度(d_0)之后,屏蔽次级光子的剂量就成为主要问题。

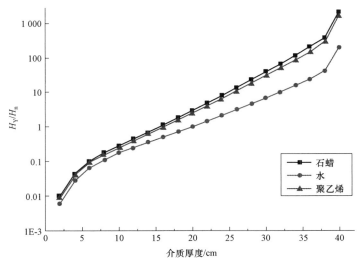

图 2 三种介质中剂量当量率比值($\dot{H}_\gamma / \dot{H}_n$)，$E_n = 0.10 \sim 0.74$ MeV

3 中子源自屏蔽体设计实例

刻度室常采用[241]Am-Be 中子源校验仪表。根据国家标准《中子参考辐射 第 1 部分：辐射特性和产生办法》(GB/T 14055.1—2008)表 A.4 提供的数据，绘制[241]Am-Be 中子源能谱图，参见图 3。

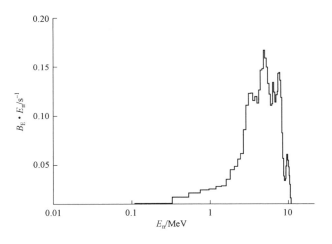

图 3 [241]Am-Be 中子源能谱

中子源为体源，以中国原子能科学研究院提供的[241]Am-Be 中子源为例[1]，尺寸 ϕ30 mm × 30 mm。源芯由 AmO_2 粉末和金属 Be 粉充分均匀混合（Be 与 AmO_2 质量比为 12∶1）后，在模具中压制成具有一定机械强度后的活性片（密度为 1.5 g/cm³）。源活度为 22 Ci。在 MCNP 中，体源描述如下：

```
SDEF POS＝－550 0 69.5 AXS＝0 0 1 EXT＝d2 RAD＝d3 ……
SI2 －1.5 1.5
SP2 －21 0
SI3 0 1.5
SP3 －21 1
```

中子源贮存在圆柱形自屏蔽体中。内腔半径为 10 cm，高度为 100 m。射束开孔角度为 30°，高度为 10 mm。当源在工作位时，为优化刻度室次级屏蔽墙和防护门，要求中子源自屏蔽体侧面和背面剂

量当量率降低至 $50~\mu Sv/h$ 以下。按照剂量当量率最大工况考虑，射束开孔内的准直片忽略。

根据能谱分析，有部分中子属于快中子，先采用重材料进行慢化。工程中多采用铅为慢化中子的材料，厚度（d_1）经过计算优化。然后采用聚乙烯屏蔽，厚度设为 d_2。最外层再采用一定厚度（d_3）的铅屏蔽次级光子。

对这三层屏蔽体组合计算，结果见表 1。

表 1　各种组合屏蔽体外剂量当量率（$\dot{H}_\gamma + \dot{H}_n$）

屏蔽体组合	铅层厚度 d_1/cm	聚乙烯层厚度 d_2/cm	铅层厚度 d_3/cm	侧面剂量当量率/（$\mu Sv/h$）	背面剂量当量率/（$\mu Sv/h$）
组合 1	6	38	5	7.09×10^{-5}	6.53×10^{-5}
组合 2	8	38	3	6.69×10^{-5}	6.34×10^{-5}
组合 3	4	43	5	5.52×10^{-5}	5.25×10^{-5}
组合 4	6	43	3	5.16×10^{-5}	4.72×10^{-5}
组合 5	6	43	5	4.43×10^{-5}	4.36×10^{-5}
组合 6	8	43	3	4.06×10^{-5}	4.04×10^{-5}

由表 1 可知，组合 5 和 6 均达到了要求。两者使用的屏蔽材料数量接近，由剂量当量率结果比较，组合 6 使剂量当量率降低得更低，是理想的结果。

按照组合 6 的屏蔽情形，自屏蔽体中子剂量分布图（平面图）见图 4，次级光子剂量分布图（平面图）见图 5。

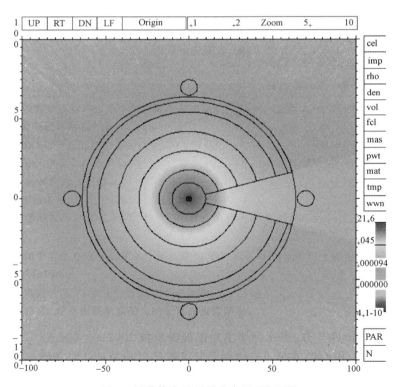

图 4　屏蔽体中子剂量分布图（平面图）

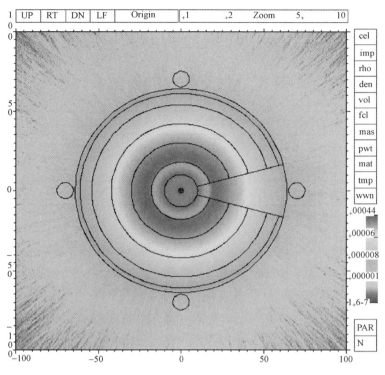

图 5　次级光子剂量分布图（平面图）

4　结论

中子屏蔽，重视产生的次级光子造成的剂量率，在最外侧使用一定厚度重材料屏蔽次级光子，使屏蔽体外中子与光子剂量率均达到设定的要求。

参考文献：

[1]　刘镇洲. 国产 Am-Be 中子源 4.438 MeV γ射线与中子强度比值测量[J].原子能科学技术，2008,42(4):301.

Secondary photons doserate in neutron shielding

WU Qin-liang

（BINE High-Tech Co.，Ltd.，Beijing，China）

Abstract：Photons will be produced while neutrons penetrate shielding materials mainly by the reactions of（n，n'）or（n，γ）etc. These photons flux or doserate can be calculated by MCNP5，a software developed by Los Alamos National Laboratory of USA. For some light material，$\dot{H}_\gamma / \dot{H}_n$ can be larger than 1. One example of Am-Be neutron source shielding is listed here to introduce how to select different materials to make the photon doserate and neutron doserate both meet the requirement of the constraint value.

Key words：Neutron shielding；Secondary photon；Am-Be Source；Dose

关于累积式滤膜法大气气溶胶放射性核素实时监测中的 γ 放射性核素活度浓度、不确定度及探测下限的计算方法的数理探究

苏　琼

(中国疾病预防控制中心辐射防护与核安全医学所,北京 100088)

摘要:作者通过相应的数学物理方法严格具体地推导了用于气溶胶滤膜采样情况下的气溶胶中伽马放射性核素活度浓度的实时监测条件下的计算表达式。这些表达式覆盖了需要考虑及不需要考虑核素寿命影响的不同模式下的计算表达式。本文中,作者用了相当力度,细致地探讨了累积式滤膜法气溶胶实时监测情况下的放射性核素的活度浓度计算方法,不确定度的评估,最小探测下限估算,以及怎么利用已经获得的数据,进行紧邻多点平均活度浓度的计算评估等问题,并且和一次性滤膜应用的情况进行了对比讨论,及提出了改善探测不确定度的"理论化的"切实可行的建议。

关键词:大气实时监测;气溶胶滤膜;伽马放射性核素;活度浓度计算公式;不确定度;探测下限;本底

在作者的"一次性滤膜法大气气溶胶放射性核素实时监测中的伽马放射性核素活度浓度的计算方法探讨"工作中[1],着重以数学物理方法阐述了单次滤膜使用情况下的活度浓度的计算方法问题,其宗旨是阐明活度浓度计算方法与测量过程相关,"采样后离线测量"和"采样与测量同步进行的实时测量"过程截然不同,因此,也必须采用不同的合理的数据处理方法。这是基本原理性的阐述。

然而,实际上的实时测量系统,常有的是,一张滤膜被使用多次,即所谓累积式的滤膜大气气溶胶的活度浓度实时测量。可以对第一次样品采集测量的实时方式,采用文献[1]中给出的计算方法得到关心的核素活度浓度监测结果,而对于后续的实时监测数据该怎么处理呢？鉴于作者退休多年和持续发挥科研能力余热的背景,既有已经不具备相应的实验观测研究的资源条件的缺憾及又有本人多年科研工作的经历经验的有利条件,以及当下国内稀缺这方面的中文资料论述,因此,作者试图继续以数学物理方法进行相关探讨,以期给相关领域的科技工作者以有益的借鉴或参考。

1　累积式滤膜实时监测的活度浓度算方法

1.1　关于累积式监测的本底

在文献[1]的叙述及计算公式的推导中,所有关于峰面积的表达,都是讲的"净峰面积",即,$Net\_Area(E_{\gamma,i,j})$,它们均是由滤膜上的放射性核素被探测到而产生的计数。因此,它们是扣除了环境本底放射性的"峰计数",这是读者应该特别注意到的。否则,那些相应的表达式应该另行改写。

当一张滤膜不是仅用于一次实时监测,而是用于本文所述的多次实时监测时,同样会有环境本底的影响。由于就本质而言,它们和用于一次测量时的峰面积本底来源没有根本的区别,因此,为了方便叙述和书写的便利,在后面的叙述及公式推导中,暂且同样处理它们。并且,把这部分本底定义为**"外源性本底"**,即,它们不是来自滤膜上积累的放射性核素产生的本底计数。而把来自滤膜上的放射性积累产生的本底,定义为**"内源性本底"**。还应该指出的是,累积式监测的本底是指谱峰计数的本底,而不是谱峰的基底,或高能 γ 辐射的康普顿散射坪构成的基底。

作者简介:苏琼(1940—),男,研究员,主要从事辐射监测与相关仪器的应用研究工作

在后面的相关描述和公式推导中，引入"下角标"，"k"，以便区分不同测量时段的相关的"量"，k

$(k=0,1,2,3,\cdots,n)$，$(n=\dfrac{同一张滤膜累积总测量时间}{单次测量的测量时间}=\dfrac{n\times\Delta T_{sm}}{\Delta T_{sm}})$，如：

采样与测量时刻（时间点）：$T_{sm,k-1}$，$T_{sm,k}$，$T_{sm,k+1}$；

初始活度浓度：$a_{v0,i,k-1}$，$a_{v0,i,k}$，$a_{v0,i,k+1}$；

净峰面积，它是不包含本底计数贡献的全能峰计数：$(Net\_Area(E_{\gamma,i,j}))_{k-1}$，$(Net\_Area(E_{\gamma,i,j}))_k$，$(Net\_Area(E_{\gamma,i,j}))_{k+1}$；

峰总面积，它是包含本底计数贡献的全能峰计数：$((Net\_Area(E_{\gamma,i,j})_{k-1})_M$，$((Net\_Area(E_{\gamma,i,j}))_k)_M$，$((Net\_Area(E_{\gamma,i,j}))_{k+1})_M$；

其中，$((Net\_Area(E_{\gamma,i,j}))_k)_M$ 定义如式（1.1-1）所示：

$$((Net\_Area(E_{\gamma,i,j}))_k)_M=(Net\_Area(E_{\gamma,i,j}))_k+(Nb(E_\gamma))_{in,k}+(Nb(E_\gamma))_{out,k} \quad (1.1\text{-}1)$$

本底来源分为两大部分：**外源性本底**，它是来自测量环境的本底贡献，记作$(Nb(E_\gamma))_{out,k}$；**内源性本底**，它是来自滤膜上累积的放射性本底贡献，记作$(Nb(E_\gamma))_{in,k}$。

1.1.1 关于外源性本底的计算

测量环境的本底贡献$(Nb(E_\gamma))_{out,k}$依核素不同有的相对比较稳定，如^{40}K；有的相对变化较大，如^{220}Rn及^{222}Rn及其子体等，而在应急监测中进行的测量，其未被滤膜采集的监测系统周围环境中的感兴趣核素在监测中构成的本底，是特别需要认真对待的！它们通常是随现场气象环境、待观测核素的时间-空间分布、及核素特征峰能量与活度浓度的变化而变化的。为了定性描述外源性本底的影响，这里做了简化假定，即，$(Nb(E_\gamma))_{out,k}$仅按照观测核素的活度浓度而改变，影响因子设为F_b，在这个假定前提下，外源性本底计数由下式求得：

$$(Nb(E_\gamma))_{out,k}=F_b\times(a_{v,i}(t_{sm}))_{eq.,k}\times(T_{sm,k}-T_{sm,k-1}) \quad (1.1.1\text{-}1)$$

这里规定，当$k=1$时，$T_{sm,k-1}=0$（下同）。

$(a_{v,i}(t_{sm}))_{eq.,k}$是核素$i$的当量活度浓度的符号，它的定义将在"1.2 当量活度浓度及累积总活度获得方法"中进行阐述。

1.1.2 关于内源性本底的计算

滤膜上累积的放射性对当前测量时段的内源性本底贡献，$(Nb(E_\gamma))_{in,k}$是当前测量时段之前的各个时段在滤膜上积累的全部核素在能量为E_γ的峰区内产生的计数贡献。当然，首先要考虑的是核素i的贡献。作为一般原理性的探讨，这里仅考虑单一核素i的情况。需要注意是，所积累的核素i在当前的监测时段内还会伴随有活度衰变。因此，在仅考虑单一核素i的情况下，一般它应该如下计算：

设，第k个测量时段所得到的核素i的第j个特征峰的总峰面积（全能峰面积）为$((Net\_Area(E_{\gamma,i,j}))_k)_M$，那么，它的计数实际上是由三部分叠加构成：测量环境的本底贡献，$(Nb(E_\gamma))_{out,k}$；滤膜上累积的放射性对当前的本时段的内源性本底贡献，$(Nb(E_\gamma))_{in,k}$；本次测量期间动态累积的该核素的计数贡献，$(Net\_Area(E_{\gamma,i,j}))_k$。其如式（1.1-1）所示。

需要认识到的是，对于任何1个监测时段来说，如，$(t_{m,k}-t_{m,k-1})$时段，其内源性本底都是此前既往所有时段在滤膜上累积的核素i的总活度在当前监测期间产生的第j个特征峰中的本底计数，其如式（1.1.2-1）所示：

$$(Nb(E_{\gamma,i,j}))_{in,k}=\left\{\begin{matrix}\delta(E_{\gamma,i,j})\times\varepsilon(E_\gamma)\\\times\int_{t_{sm}=0}^{\Delta T_{sm,k}=T_{sm,k}-T_{sm,k-1}}(\sum A(T_{sm,(k-1)}))_i\times\exp(-\lambda_i\times t_{sm})\cdot dt_{sm}\end{matrix}\right\}$$

$$=\left\{\begin{matrix}\delta(E_{\gamma,i,j})\times\varepsilon(E_\gamma)\times(\sum A(T_{sm,(k-1)}))_i\\\times\dfrac{1-\exp(-\lambda_i\times(T_{sm,k}-T_{sm,k-1}))}{\lambda_i}\end{matrix}\right\}$$

$$(1.1.2\text{-}1)$$

式(1.1.2-1)中，$\delta(E_{\gamma,i,j})$ 和 $\varepsilon(E_\gamma)$ 与单次测量时的物理意义相同，分别是发射率和探测效率；$\exp$ $(-\lambda_i \times t_{sm})$ 是在 $T_{sm,k-1}$ 至 $T_{sm,k}$ 监测期间的核素 i 的衰变因子；

$$\left(\sum A(T_{sm,(k-1)})\right)_i = \begin{vmatrix} \left(\sum A(T_{sm,(k-2)})\right)_i \\ \times \exp(-\lambda_i \times (T_{sm,k} - T_{sm,(k-1)})) \\ + (A_{v,i}(T_{sm,(k-1)}))_M \end{vmatrix} \quad (1.1.2\text{-}2);$$

而在式(1.1.2-2)中，$(A_{v,i}(T_{sm,k-1}))_M$ 是自 $T_{sm,k-2}$ 到截至 $T_{sm,k-1}$ 时刻期间为止在滤膜上"**新累积**"的核素 i 的总活度，其物理意义与单次采样情况的文献[1]中的表达式(2-3)的意义相同。

$\left(\sum A(T_{sm,(k-1)})\right)_i$ 是自滤膜启用时刻（通常设置为"0"时刻）到截至 $T_{sm,k-1}$ 时刻为止在滤膜上累积的核素 i 的总活度，它是包含了滤膜样品上的核素放射性衰变因素在内的核素活度叠加的结果。其通用递推表达式如下面的式(1.1.2-3)，

$$\left(\sum A(T_{sm,k})\right)_i = \begin{vmatrix} \left(\sum A(T_{sm,(k-1)})\right)_i \\ \times \exp(-\lambda_i \times (T_{sm,k} - T_{sm,(k-1)})) + (A_{v,i}(T_{sm,k}))_M \end{vmatrix} \quad (1.1.2\text{-}3)$$

应该特别注意的是，式(1.1.2-1)中的积分上、下限的表达式，其相当于将 $\left(\sum A(T_{sm,(k-1)})\right)_i$ 视作 1 个具有衰变常数 λ_i 的放射源，并且从 $T_{sm,(k-1)}$ 时刻（0 时刻）开始到 $T_{sm,k}$ 时刻结束的进行的测量计数，而计数的多少取决于测量时间（$\Delta T_{sm,k} = T_{sm,k} - T_{sm,k-1}$）的长短。

1.2 当量活度浓度及累积总活度获得方法

在式(1.1.2-3)中，关键是 $(A_{v,i}(T_{sm,k}))_M$ 怎么获得。为此，引入"**当量活度浓度**"概念，或叫做"**等效活度浓度**"概念。在文献[1]中，给出了滤膜单次使用情况下的仅考虑"从采样时刻到测量时刻"期间衰变的核素 i 的总活度表达式，$(A_{v,i}(T_s))_{\lambda_i}$，其如工作[1]中的式(2-3)及(2-4)所示。工作[1]中的式(2-3)是仅对理想情况下的稳定的活度浓度计算总活度导出的。但是，实际上，大气气溶胶中的监测对象不一定是稳定的，而是可变的。然而，当引入"**当量活度浓度**"概念，或叫做"**等效活度浓度**"概念后，就拓展了工作[1]中的式(2-3)的应用范围。这里，用符号 $(a_{v,i}(t_{sm}))_{eq.,k}$ 表示"**当量活度浓度**"。

对于多次累积式的滤膜使用状态，改写工作[1]中的(2-3)式为(1.2-1)式：

$$\begin{aligned} (A_{v,i}(T_{sm,k}))_M &= \int_{t_{sm}=0}^{\Delta T_{sm,k} = T_{sm,k} - T_{sm,k-1}} (a_{v,i}(t_{sm}))_{eq.,k} \times v_s \times \eta \cdot dt_{sm} \\ &= \frac{(a_{v,i}(t_{sm,k}))_{eq.,k} \times v_s \times \eta}{\lambda_i} \times (1 - e^{-\lambda_i \cdot \Delta T_{sm}}) \\ &= (Cont.)_M \times (1 - e^{-\lambda_i \cdot \Delta T_{sm}}) \end{aligned} \quad (1.2\text{-}1)$$

对于多次累积式的滤膜使用状态，工作[1]中的式(2-4)改写为这里的式(1.2-2)：

$$(Cont.)_M = \frac{(a_{v0,i})_{eq.,k} \times v_s \times \eta}{\lambda_i} = (a_{v0,i})_{eq.,k} \times v_s \times \eta \times \frac{T_{1/2,i}}{\ln 2} \quad (1.2\text{-}2)$$

同理，对于时刻 $T_{sm,k-1}$ 可以得到如式(1.2-3)所示的核素 i 的累积总活度：

$$(A_{v,i}(T_{sm,k-1}))_M = \int_{t_{sm}=0}^{\Delta T_{sm,k-1} = T_{sm,k-1} - T_{sm,k-2}} (a_{v,i}(t_{sm}))_{eq.,k-1} \times v_s \times \eta \cdot dt_{sm} \quad (1.2\text{-}3)$$

$$= (Cont.)_M \times (1 - e^{-\lambda_i \cdot \Delta T_{sm,k-1}})$$

$$(Cont.)_M = \frac{(a_{v0,i}(t_{sm}))_{eq.,k-1} \times v_s \times \eta}{\lambda_i} = (a_{v0,i})_{eq.,k-1} \times v_s \times \eta \times \frac{T_{1/2,i}}{\ln 2} \quad (1.2\text{-}4)$$

显然，"当量活度浓度"概念就是相当有那么 1 个（虚拟的）活度浓度，它最终产生的**累积总活度**和那个可能随时间变化的活度浓度最终产生的**累积总活度**是相同的或说是相等的，此为其一；更根本的是，根据"当量活度浓度"进行计算所得到的该监测期间（如 $T_{sm,(k-1)} \rightarrow T_{sm,k}$ 的监测

期间)的扣除"内源性本底"及"外源性本底"后的"净峰面积"等于$(Net\_Area(E_{\gamma,i,j}))_k$。也就是说,满足式(1.2-5):

$$(Net\_Area(E_{\gamma,i,j}))_k = \delta(E_{\gamma,i,j}) \times \varepsilon(E_\gamma) \times v_s \times \eta$$

$$\times \int_{t_{sm}=0}^{\Delta T_{sm,k}=T_{sm,k}-T_{sm,k-1}} \frac{(a_{v0,i})_{eq.,k}}{\lambda_i} \times (1-\exp(-\lambda_i \times t_{sm}) \cdot dt_{sm}$$

$$= \frac{\delta(E_{\gamma,i,j}) \times \varepsilon(E_\gamma) \times (a_{v0,i})_{eq.,k} \times v_s \times \eta}{\lambda_i}$$

$$\times \left(\Delta T_{sm,k} + \frac{\exp(-\lambda_i \times \Delta T_{sm,k})-1}{\lambda_i}\right)$$

$$(1.2\text{-}5)$$

应该注意的是,式(1.2-5)中的积分上、下限的物理意义是相当把$T_{sm,(k-1)} \rightarrow T_{sm,k}$时间段内的测量看作(或等同)是在一张以$T_{sm,(k-1)}$时刻开始的全新的实时监测,此前的在滤膜上积累的放射性核素i被看作背景值(内源性本底)罢了,而在"$T_{sm,(k-1)} \rightarrow T_{sm,k}$"监测期间的外源性本底,则已经由$((Net\_Area(E_{\gamma,i,j}))_k)_M$的表达式,(1.1-1)式中进行了考虑。

参照工作[1]中的表达式(2.2-1)和(2.2-2),因而得到式(1.2-7):

$$(a_{v,i}(t_{sm,k}))_{eq.,k} = \frac{\left[\begin{matrix}((Net\_Area(E_{\gamma,i,j}))_k)_M - (Nb(E_{r,i,j}))_{in,k} \\ -(Nb(E_r))_{out,k}\end{matrix}\right] \times \lambda_i^2}{\left[\begin{matrix}\delta(E_{\gamma,i,j}) \times v_s \\ \times \varepsilon(E_\gamma) \times \eta\end{matrix}\right] \times \left[\begin{matrix}(T_{sm,k}-T_{sm,(k-1)}) \times \lambda_i \\ +(\exp(-\lambda_i \times (T_{sm,k}-T_{sm,(k-1)}))-1)\end{matrix}\right]}$$

$$= \frac{\left[\begin{matrix}((Net\_Area(E_{\gamma,i,j}))_k)_M - (Nb(E_{r,i,j}))_{in,k} \\ -F_b \times (a_{v,i}(t_{sm}))_{eq.,k} \times (T_{sm,k}-T_{sm,k-1})\end{matrix}\right] \times \lambda_i^2}{\left[\begin{matrix}\delta(E_{\gamma,i,j}) \times v_s \\ \times \varepsilon(E_\gamma) \times \eta\end{matrix}\right] \times \left[\begin{matrix}(T_{sm,k}-T_{sm,(k-1)}) \times \lambda_i \\ +(\exp(-\lambda_i \times (T_{sm,k}-T_{sm,(k-1)}))-1)\end{matrix}\right]}$$

$$(1.2\text{-}6)$$

对式(1.2-6)进一步整理,得到式(1.2-7)

$$(a_{v,i}(t_{sm}))_{eq.,k} = \frac{(((Net\_Area(E_{\gamma,i,j}))_k)_M - (Nb(E_{\gamma,i,j}))_{in,k}) \times \lambda_i^2}{\left[\begin{matrix}\left[\begin{matrix}\delta(E_{\gamma,i,j}) \times v_s \\ \times \varepsilon(E_\gamma) \times \eta\end{matrix}\right] \times \left[\begin{matrix}(T_{sm,k}-T_{sm,(k-1)}) \times \lambda_i \\ +(\exp(-\lambda_i \times (T_{sm,k}-T_{sm,(k-1)}))-1)\end{matrix}\right] \\ +F_b \times (T_{sm,k}-T_{sm,k-1}) \times \lambda_i^2\end{matrix}\right]}$$

$$(1.2\text{-}7)$$

实际上,在大多数情况下,在滤膜仅单次使用的情况下,根据工作[1]中的式(2-3)得到的滤膜上的总活度也是"当量活度浓度"或平均活度浓度下的总浓度。这里,为了区分本处的滤膜累积式监测的当前测量期间的积累的总活度与滤膜仅使用一次的情况下的滤膜上积累的总活度的表达式的不同,特意采用了下角标"M",$(A_{v,i}(T_{sm,k}))_M$。

下面,分别写出不同$T_{sm,k}$时刻时在滤膜上积累的核素i的总活度等关心的物理量:

在$T_{sm,0}=0$,有:$(Nb(E_\gamma))_{out,0}=0$,因为计数未开始;$(Nb(E_{\gamma,i,j}))_{in,0}=0$;

$((Net\_Area(E_{\gamma,i,j}))_0)_M=0$;$(A_{v,i}(0))_M=0$。

这里,$((Net\_Area(E_{\gamma,i,j}))_k)_M(k=0,1,2,3,\cdots)$表示累积式滤膜采样情况下,在测量时刻$T_{sm,k}$时测得总计数。

在$t_{sm,k}=T_{sm,1}$,有:

$(Nb(E_\gamma))_{out,1}=F_b \times (a_{v,i}(t_{sm}))_{eq.,k} \times (T_{sm,1}-T_{sm,0})=F_b \times (a_{v,i}(t_{sm}))_{eq.,k} \times T_{sm,1}$

$(Nb(E_{\gamma,i,j}))_{in,1}=0$,因为$(A_{v,i}(0))_M=0$;

根据式(1.2-7)得到下式:

$$(a_{v,i}(t_{sm,1}))_{eq.,1} = \cfrac{(((Net\_Area(E_{\gamma,i,j}))_1)_M - (Nb(E_{\gamma,i,j})_{in,k}) \times \lambda_i^2}{\left[\begin{pmatrix}\delta(E_{\gamma,i,j}) \times v_s \\ \times \varepsilon(E_\gamma) \times \eta\end{pmatrix} \times \begin{pmatrix}T_{sm,1} \times \lambda_i \\ + (\exp(-\lambda_i \times T_{sm,1}) - 1)\end{pmatrix}\right] + F_b \times T_{sm,1} \times \lambda_i^2} \quad (1.2\text{-}T_{sm,1}\text{-a})$$

根据式(1.2-1)及(1.2-2)得到下式:

$$(A_{v,i}(T_{sm,1}))_M = \int_{t_{sm}=0}^{T_{sm,1}} (a_{v,i}(t_{sm,1}))_{eq.,k} \times v_s \times \eta \cdot dt_{sm}$$

$$= \left[\cfrac{((Net\_Area(E_{\gamma,i,j}))_1 - F_b \times (a_{v,i}(t_{sm}))_{eq.,k} \times T_{sm,1}^2) \times \lambda_i}{\left[\begin{pmatrix}\delta(E_{\gamma,i,j}) \times v_s \\ \times \varepsilon(E_\gamma) \times \eta\end{pmatrix} \times \begin{pmatrix}T_{sm,1} \times \lambda_i \\ + (\exp(-\lambda_i \times T_{sm,1}) - 1)\end{pmatrix}\right] + F_b \times T_{sm,1} \times \lambda_i^2}\right]$$

$$(1.2\text{-}T_{sm,1}\text{-A})$$

这里,将式(1.2-$T_{sm,1}$-a)及式(1.2-$T_{sm,1}$-A)分别称作 0 到 $T_{sm,1}$ 时刻的活度浓度表达式和 0 到 $T_{sm,1}$ 时刻的总活度表达式。

在 $t_{sm,k} = T_{sm,2}$,有:

$$(Nb(E_\gamma))_{out,2} = F_b \times (a_{v,i}(t_{sm}))_{eq.,2} \times (T_{sm,2} - T_{sm,1})$$
$$= F_b \times (a_{v,i}(t_{sm}))_{eq.,2} \times \Delta T_{sm,2};$$

$$(Nb(E_{\gamma,i,j}))_{in,2} = \delta(E_{\gamma,i,j}) \times \varepsilon(E_\gamma) \times \int_{t_{sm}=0}^{\Delta T_{sm,2}} (A_{v,i}(T_{sm,1}))_M \times exp(-\lambda_i \times t_{sm}) \cdot dt_{sm}$$

$$= \left(\delta(E_{\gamma,i,j}) \times \varepsilon(E_\gamma) \times (\sum A(T_{sm,1}))_i \times \cfrac{1 - exp(-\lambda_i \times \Delta T_{sm,2})}{\lambda_i}\right)$$

$$(1.2\text{-}T_{sm,2} - (Nb(E_{\gamma,i,j}))_{in,2})$$

这里,将式(1.2-$T_{sm,2}$ - $(Nb(E_{\gamma,i,j}))_{in,2}$)称作 $T_{sm,2}$ 时刻的"内源性本底"表达式,内源性本底是滤膜上在"0 到 $T_{sm,1}$ 时刻"期间积累的放射性核素 i 形成的计数。

$$(a_{v,i}(t_{sm}))_{eq.,2} = \cfrac{(((Net\_Area(E_{\gamma,i,j}))_2)_M - (Nb(E_{\gamma,i,j}))_{in,2} \times \lambda_i^2}{\left[\begin{pmatrix}\delta(E_{\gamma,i,j}) \times v_s \\ \times \varepsilon(E_\gamma) \times \eta\end{pmatrix} \times \begin{pmatrix}(T_{sm,k} - T_{sm,(2-1)}) \times \lambda_i \\ + (\exp(-\lambda_i \times (T_{sm,2} - T_{sm,(2-1)})) - 1)\end{pmatrix}\right] + F_b \times (T_{sm,2} - T_{sm,(2-1)}) \times \lambda_i^2}$$

$$(1.2\text{-}T_{sm,2}\text{-a})$$

$$(A_{v,i}(T_{sm,2}))_M = \int_{t_{sm}=0}^{\Delta T_{sm,2}} (a_{v,i}(t_{sm,2}))_{eq.,2} \times v_s \times \eta \cdot dt_{sm}$$

$$= \cfrac{(a_{v,i}(t_{sm,2}))_{eq.,2} \times v_s \times \eta}{\lambda_i} \times (1 - e^{-\lambda_i \cdot \Delta T_{sm,2}}) \qquad (1.2\text{-}T_{sm,2}\text{-A})$$

$$\Delta T_{sm,2} = T_{sm,2} - T_{sm,1}$$

这里,将式(1.2-$T_{sm,2}$-a)及式(1.2-$T_{sm,2}$-A)分别称作 $T_{sm,1}$ 到 $T_{sm,2}$ 时刻的活度浓度表达式和 $T_{sm,1}$ 到 $T_{sm,2}$ 时刻期间积累的总活度表达式。

显然,对于 $T_{sm,2}$ 时刻来说,实际上在滤膜上累积的核素 i 的总活度是"0 到 $T_{sm,1}$"期间与"$T_{sm,1}$ 到 $T_{sm,2}$"期间累积的活度的叠加,只是还应该考虑前者在"$T_{sm,1}$ 到 $T_{sm,2}$"期间的放射性强度衰减罢了。这里,把这个在 $T_{sm,2}$ 时刻的当量总活度记作 $\left(\sum A(T_{sm,2})\right)_i$,其表达式如式(1.2- $T_{sm,2}$ - $\left(\sum A(T_{sm,2})\right)_i$)所示:

$$\left(\sum A(T_{sm,2})\right)_i = (A_{v,i}(T_{sm,1}))_M \times \exp(-\lambda_i \times \Delta T_{sm,2}) + (A_{v,i}(T_{sm,2}))_M$$

$$(1.2\text{-}T_{sm,2} - \left(\sum A(T_{sm,2})\right)_i)$$

根据上面引入的活度叠加的概念,那么,对于 $t_{sm,k} = T_{sm,1}$ 来说,则有式(1.2-$T_{sm,1}$ — $(\sum A(T_{sm,1}))_i$):

$$\left(\sum A(T_{sm,1})\right)_i = (A_{v,i}(T_{sm,0}))_M \times \exp(-\lambda_i \times \Delta T_{sm,2}) + (A_{v,i}(T_{sm,2}))_M$$

$$= (A_{v,i}(T_{sm,1}))_M \quad (1.2\text{-}T_{sm,1} - (\sum A(T_{sm,1}))_i)$$

同样地,补充上活度叠加概念下的 $T_{sm,0} = 0$ 时的当量总活度,作为初始条件,其值应该为 0,即,$(\sum A(T_{sm,0}))_i = 0$。

在 $t_{sm,k} = T_{sm,3}$,有:

$$(Nb(E_\gamma))_{out,3} = F_b \times (a_{v,i}(t_{sm}))_{eq.,k} \times (T_{sm,3} - T_{sm,2});$$

$$(Nb(E_{\gamma,i,j}))_{in,3} = \delta(E_{\gamma,i,j}) \times \varepsilon(E_\gamma)$$

$$\times \int_{t_{sm}=0}^{\Delta T_{sm,3}=T_{sm,3}-T_{sm,2}} \left(\sum A(T_{sm,(3-1)})\right)_i \times \exp(-\lambda_i \times t_{sm}) \cdot \mathrm{d}t_{sm}$$

$$= \delta(E_{\gamma,i,j}) \times \varepsilon(E_\gamma) \times \left(\sum A(T_{sm,2})\right)_i \times \frac{1-\exp(-\lambda_i \times \Delta T_{sm,3})}{\lambda_i}$$

$$\Delta T_{sm,3} = T_{sm,3} - T_{sm,2}(1.2\text{-}T_{sm,3} - (Nb(E_{\gamma,i,j}))_{in,3})$$

$$(a_{v,i}(t_{sm}))_{eq.,3} = \frac{(((Net\_Area(E_{\gamma,i,j})_3))_M - (Nb(E_{\gamma,i,j}))_{in,3} \times \lambda_i^2}{\left[\begin{bmatrix}\delta(E_{\gamma,i,j}) \times v_s \\ \times \varepsilon(E_\gamma) \times \eta\end{bmatrix} \times \begin{bmatrix}(T_{sm,3} - T_{sm,(3-1)}) \times \lambda_i \\ +(\exp(-\lambda_i \times (T_{sm,3}-T_{sm,2}))-1)\end{bmatrix}\right] + F_b \times (T_{sm,3}-T_{sm,2}) \times \lambda_i^2}$$

$$(1.2\text{-}T_{sm,3}\text{-a})$$

$$(A_{v,i}(T_{sm,3}))_M = \int_{t_{sm}=0}^{\Delta T_{sm,3}} (a_{v,i}(t_{sm}))_{eq.,3} \times v_s \times \eta \cdot \mathrm{d}t_{sm}$$

$$(1.2\text{-}T_{sm,3}\text{-A})$$

$$= \frac{(a_{v,i}(t_{sm,3}))_{eq.,3} \times v_s \times \eta}{\lambda_i} \times (1-\mathrm{e}^{-\lambda_i \cdot \Delta T_{sm,3}})$$

$$\left(\sum A(T_{sm,3})\right)_i = \left(\sum A(T_{sm,2})\right)_i \times \exp(-\lambda_i \times \Delta T_{sm,3}) + (A_{v,i}(T_{sm,3}))_M$$

$$(1.2\text{-}T_{sm,3} - (\sum A(T_{sm,3}))_i)$$

归纳以上相关各式,当规定 $\Delta T_{sm,k} = T_{sm,k} - T_{sm,k-1}$ 时,可以得到,对于 $k \geqslant 1$ 的任意 $T_{sm,k}$,以下各式成立!

外源性本底计数:

$$(Nb(E_\gamma))_{out,k} = F_b \times (a_{v,i}(t_{sm}))_{eq.,k} \times \Delta T_{sm,k}(1.2\text{-}T_{sm,k} - (Nb(E_{\gamma,i,j}))_{out,k})$$

内源性本底计数:

$$(Nb(E_{\gamma,i,j}))_{in,k} = \begin{bmatrix}\delta(E_{\gamma,i,j}) \times \varepsilon(E_\gamma) \\ \times (\sum A(T_{sm,(k-1)}))_i\end{bmatrix} \times \frac{1-\exp(-\lambda_i \times \Delta T_{sm,k})}{\lambda_i}$$

$$(1.2\text{-}T_{sm,k} - (Nb(E_{\gamma,i,j}))_{in,k})$$

当量活度浓度:

$$(a_{v,i}(t_{sm}))_{eq.,k} = \frac{(((Net\_Area(E_{\gamma,i,j}))_k)_M - (Nb(E_{\gamma,i,j}))_{in,k} \times \lambda_i^2}{\left[\begin{bmatrix}\delta(E_{\gamma,i,j}) \times v_s \\ \times \varepsilon(E_\gamma) \times \eta\end{bmatrix} \times \begin{bmatrix}\Delta T_{sm,k} \times \lambda_i \\ +(\exp(-\lambda_i \times \Delta T_{sm,k})-1)\end{bmatrix}\right] + F_b \times \Delta T_{sm,k} \times \lambda_i^2} \quad (1.2\text{-}T_{sm,k}\text{-a})$$

$$(a_{v,i}(t_{sm}))_{eq.,k} = \frac{(((Net\_Area(E_{\gamma,i,j}))_k)_M - (Nb(E_{\gamma,i,j}))_{in,k} \times \lambda_i^2}{\left[\begin{bmatrix}\delta(E_{\gamma,i,j}) \times v_s \\ \times \varepsilon(E_\gamma) \times \eta\end{bmatrix} \times \begin{bmatrix}\Delta T_{sm,k} \times \lambda_i \\ +(\exp(-\lambda_i \times \Delta T_{sm,k})-1)\end{bmatrix}\right] + F_b \times (T_{sm,k}-T_{sm,k-1}) \times \lambda_i^2}$$

该次测量期间的累积总活度：

$$(A_{v,i}(T_{sm,k}))_M = \int_{t_{sm}=0}^{\Delta T_{sm} = T_{sm,k} - T_{sm,k-1}} (a_{v,i}(t_{sm}))_{eq.,k} \times v_s \times \eta \cdot \mathrm{d}t_{sm}$$

$$= \frac{(a_{v,i}(t_{sm,k}))_{eq.,k} \times v_s \times \eta}{\lambda_i} \times (1 - e^{-\lambda_i \cdot \Delta T_{sm,k}}) \qquad (1.2\text{-}T_{sm,k}\text{-A})$$

$$= (Cont.)_M \times (1 - e^{-\lambda_i \cdot \Delta T_{sm,k}})$$

叠加的当量总活度：

$$\left(\sum A(T_{sm,k})\right)_i = \left(\sum A(T_{sm,(k-1)})\right)_i \times \exp(-\lambda_i \times \Delta T_{sm,k}) + (A_{v,i}(T_{sm,k}))_M$$

$$(1.2\text{-}T_{sm,k} - \left(\sum A(T_{sm,k})\right)_i)$$

综上所述，则已经给出了适用于累积式滤膜采样的大气气溶胶放射性实时监测的 $k \geqslant 2$ 时的活度浓度计算方法的相关表达式。而当 $k=1$ 时，其实，它只是此前描述的内源性本底等于 0 的特例而已。

1.3 累积式实时监测算法表达式的数据检验

在取探测效率 $\varepsilon(E_\gamma)=0.05$，发射率 $\delta(E_{\gamma,i,j})=100\%$，采样速率 $v_s=10$ m³/h，本底影响因子 $F_b=0.2$ 及滤膜的滤过效率为 $\eta=100\%$ 的假定下，根据 1.2 节中关于不同的 k 或不同的 $T_{sm,k}$ 下的相关量的计算方法表达式，利用 Excel 软件，在文档"（外源性本底不为 0）采用大气气溶胶抽滤采样法的放射性核素实时监测的空气中伽马放射性核素比活度的计算方法推导的方法验算-2019-9-10"及"（外源性本底为 0）采用大气气溶胶抽滤采样法的放射性核素实时监测的空气中伽马放射性核素比活度的计算方法推导的方法验算-2019-9-19"）中进行了计算检验，现将结果摘录于下：

表 1 是给定不同的"当量活度浓度"情况下，计算出的核素峰总面积。图 1(a)、(b) 分别是表 1 的不同"当量活度浓度"下的半衰期为 $T_{1/2}=8.04$ d 的放射性核素"峰总活度"等量的计算结果的直观图；

表 1 不同"当量活度浓度"下的 ^{131}I $(T_{1/2}=8.04$ d$)$ 核素的总活度等量的计算结果
（外源性本底不为 0）

测量时间节点	监测期间总活度	监测期间当量活度浓度	累积总活度	峰总面积	"内源性"本底
$T_{sm,k}$	$(A_{v,i}(T_{sm,k}))_M$	$(a_{v,i}(T_{sm,k}))_{eq.,k}$	$\left(\sum A(T_{sm,k})\right)_i$	$\left(\genfrac{}{}{0pt}{}{Net\_}{Area(E_{\gamma,i,j})_k}\right)_M$	$(Nb(E_{\gamma,i,j}))_{in,k}$
s	Bq	Bq/m³	Bq	counts	counts
0	0	0	0	0	0
300	1.666	2	1.666 417 23	132.498	0
600	8.332	10	9.998 004 64	687.486	24.992
900	1.666	2	11.661 429 4	282.446	149.947
1 200	12.498	15	24.156 068 4	1 168.635	174.895
1 500	1.666	2	25.815 255 6	494.785	362.286
1 800	16.664	20	42.471 701 4	1 712.158	387.170
2 100	1.666	2	44.125 406 7	769.478	636.980
2 400	12.498	15	56.610	1 655.522	661.782
2 700	2.499	3	59.093	1 047.775	849.027

测量时间节点	监测期间总活度	监测期间当量活度浓度	累积总活度	峰总面积	"内源性"本底
3 000	41.660	50	100.735	4 198.731	886.262
3 300	4.166	5	104.871	1 842.057	1 510.810
3 600	3.332	4	108.173	1 837.836	1 572.839
3 900	41.660	50	149.801	4 934.822	1 622.353
4 200	1.666	2	151.422	2 379.179	2 246.680
4 500	16.664	20	168.041	3 595.988	2 271.001
4 800	16.664	20	184.655	3 845.234	2 520.246
5 100	16.664	20	201.264	4 094.404	2 769.417
5 400	16.664	20	217.868	4 343.501	3 018.513
5 700	16.664	20	234.467	4 592.522	3 267.535
6 000	16.664	20	251.061	4 841.470	3 516.482
6 300	16.664	20	267.650	5 090.342	3 765.355
6 600	16.664	20	284.234	5 339.140	4 014.153
6 900	16.664	20	300.813	5 587.864	4 262.877
7 200	16.664	20	317.387	5 836.513	4 511.526

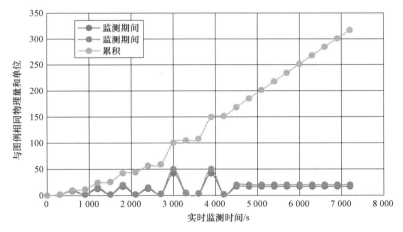

图 1(a) 表 2 的不同"当量活度浓度"下的半衰期为 $T_{1/2} = 8.04$ d 的
放射性核素峰总面积等量的计算结果的直观图示

表 2 是给定不同的"当量活度浓度"情况下,计算出的核素峰总面积等几个物理量。图 2(a)、(b) 分别是表 2 的不同"当量活度浓度"下的半衰期为 $T_{1/2} = 19.9$ min 的放射性核素"峰总活度"等物理量的计算结果的直观图;

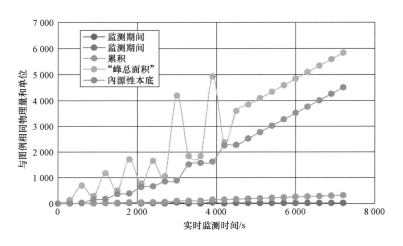

图 1(b) 表 2 的不同"当量活度浓度"下的半衰期为 $T_{1/2}=8.04$ d 的
放射性核素峰总面积等量的计算结果的直观图示

表 2　不同"当量活度浓度"下的 ^{214} Bi($T_{1/2}=19.9$ m)核素峰总面积等物理量的计算结果

测量时间节点	监测期间总活度	监测期间当量活度浓度	累积总活度	峰总面积	"内源性"本底
s	Bq	Bq/m	Bq	counts	counts
0	0	0	0	0	0
300	1.529 606 173	2	1.529 606 17	131.804 869	0
600	7.648 030 865	10	8.933 151 66	680.081 599	21.057 255 4
900	1.529 606 173	2	9.034 922 99	254.782 704	122.977 835 3
1 200	11.472 046 3	15	19.062 867 8	1 112.915 38	124.378 865 8
1 500	1.529 606 173	2	17.545 550 8	394.232 991	262.428 122 1
1 800	15.296 061 73	20	30.037 210 5	1 559.588 73	241.540 045 1
2 100	1.529 606 173	2	26.765 803 8	545.310 792	413.505 923 2
2 400	11.472 046 3	15	33.959 724 3	1 357.006 76	368.470 249 1
2 700	2.294 409 259	3	30.826 163 7	665.212 338	467.505 035
3 000	38.240 154 32	50	64.139 202 5	3 719.488 73	424.367 013 1
3 300	3.824 015 432	5	57.711 495 9	1 212.481 65	882.969 480 7
3 600	3.059 212 346	4	51.546 362	1 058.092 48	794.482 743 3
3 900	38.240 154 32	50	81.547 577 3	4 004.732 42	709.610 700 9
4 200	1.529 606 173	2	70.042 985	1 254.425 97	1 122.621 099
4 500	15.296 061 73	20	74.143 690 6	2 282.292 33	964.243 639 9
4 800	15.296 061 73	20	77.588 957 8	2 338.744 51	1 020.695 821
5 100	15.296 061 73	20	80.483 549	2 386.173 63	1 068.124 94
5 400	15.296 061 73	20	82.915 481 8	2 426.021 89	1 107.973 201

测量时间节点	监测期间总活度	监测期间当量活度浓度	累积总活度	峰总面积	"内源性"本底
5 700	15.296 061 73	20	84.958 705 3	2 459.500 98	1 141.452 295
6 000	15.296 061 73	20	86.675 349 2	2 487.628 93	1 169.580 241
6 300	15.296 061 73	20	88.117 612 4	2 511.261 03	1 193.212 342
6 600	15.296 061 73	20	89.329 350 8	2 531.115 88	1 213.067 195
6 900	15.296 061 73	20	90.347 410 3	2 547.797 22	1 229.748 537
7 200	15.296 061 73	20	91.202 747 8	2 561.812 3	1 243.763 608

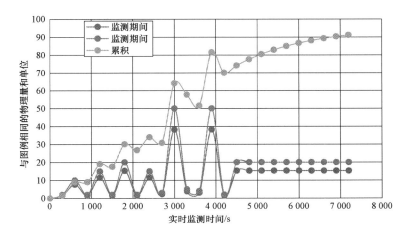

图 2(a) 表 5.3-2 的不同"当量活度浓度"下的半衰期为 $T_{1/2}=19.9\,\mathrm{min}$ 的放射性核素峰总面积等物理量的计算结果的直观图示

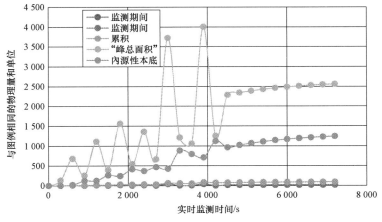

图 2(b) 表 5.3-2 的不同"当量活度浓度"下的半衰期为 $T_{1/2}=19.9\,\mathrm{min}$ 的放射性核素峰总面积等物理量的计算结果的直观图示

表 3 是给定不同的"当量活度浓度"情况下,计算出的核素峰总面积。图 3(a)、(b)分别是表 3 的不同"当量活度浓度"下的半衰期为 $T_{1/2}=5.0\,\mathrm{min}$ 的放射性核素"峰总活度"等量的计算结果的直观图。

表 3　不同"当量活度浓度"下的 xxx($T_{1/2}=5$ min)核素峰总面积等量的计算结果

测量 时间 节点	监测期间 总活度	监测期间 当量活度浓度	累积 总活度	峰 总面积	"内源性" 本底
s	Bq	Bq/m	Bq	counts	counts
0	0	0	0	0	0
300	1.202	2	1.202	130.050	0
600	6.011	10	6.612	663.259	13.008
900	1.202	2	4.508	201.597	71.547
1 200	9.016	15	11.271	1 024.159	48.782
1 500	1.202	2	6.837	252.005	121.955
1 800	12.022	20	15.441	1 374.488	73.986
2 100	1.202	2	8.922	297.128	167.078
2 400	9.016	15	13.478	1 071.924	96.547
2 700	1.803	3	8.542	340.913	145.838
3 000	30.056	50	34.327	3 343.688	92.431
3 300	3.005	5	20.169	696.555	371.429
3 600	2.404	4	12.489	478.336	218.236
3 900	30.056	50	36.300	3 386.391	135.135
4 200	1.202	2	19.352	522.831	392.781
4 500	12.022	20	21.698	1 509.901	209.399
4 800	12.022	20	22.871	1 535.287	234.785 2
5 100	12.022	20	23.458	1 547.980	247.478
5 400	12.022	20	23.751	1 554.327	253.824
5 700	12.022	20	23.898	1 557.500	256.997
6 000	12.022	20	23.971	1 559.087	258.584
6 300	12.022	20	24.008	1 559.880	259.377
6 600	12.022	20	24.026	1 560.277	259.774
6 900	12.022	20	24.035	1 560.475	259.972
7 200	12.022	20	24.040	1 560.574	260.071

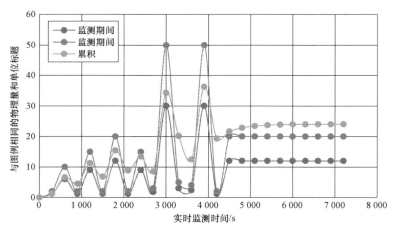

图 3(a)　表 3 的不同"当量活度浓度"下的半衰期为 $T_{1/2}=5$ min 的
放射性核素峰总面积等量的计算结果的直观图示

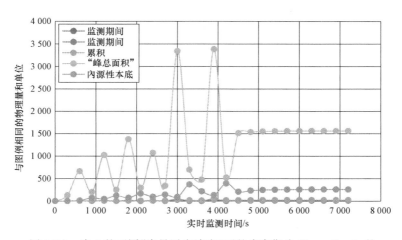

图 3(b) 表 3 的不同"当量活度浓度"下的半衰期为 $T_{1/2} = 5$ min 的放射性核素峰总面积等量的计算结果的直观图示

表 1 至 3 分别是,与监测时间间隔 $\Delta T_{sm,k}$ 相比,对于 3 种半衰期长短不同的放射性核素的计算结果。它们都是从始至终存在(本处取 2 小时)放射性气溶胶的监测结果。其差别是,对于长寿命核素,此处为 8.04 d,其"峰总面积"和"内源性本底"是单调上升的,而对于寿命不够长的那些放射性核素来说,如 19.9 min 和 5 min,其在几个半衰期之后,则趋于"饱和值"。

表 4 是在外源性本底不为 0 环境下给定不同的"当量活度浓度"情况下,计算出的累积总活度、峰总面积、"内源性"本底等量,图 4(a)、(b)分别是表 4 的不同"当量活度浓度"下的半衰期为 $T_{1/2} = 5.0$ min 的放射性核素"峰总活度"等量的计算结果的直观图。

表 4 是对表 3 的"源项"做了改变的结果,目的在于检验累积式滤膜应用情况下本文导出的算法是否具有对于"突发源项"的检测能力。显然,当监测过程中有了新的放射性核素出现或"源项"异常时,表 4 显示的结果说明它能够及时给出"监测到了"的结果,此为其一;另一方面,由于是累积式的滤膜采样方式,滤膜对于采集到的样品的"累积"记忆功能使得它在后续的监测谱中,会以某种程度受到影响,而不一定在"源项"不存在的时候其相应的谱峰面积也消失为 0,其中包括峰总面积及"内源性本底"。尽管相应的扣除"外源性本底"及"内源性本底"后的纯净峰面积(相应于监测期间总活度)已经为 0。这里特别指出,通过"净峰面积"进行的活度浓度计算所得的结果是与给定的当量活度浓度完全相同的,这表明所导出的算法是正确的。

表 4　不同"当量活度浓度"下的 XX($T_{1/2} = 5$ min.)核素峰总面积等量的计算结果
(外源性本底不为 0)

测量时间节点	监测期间总活度	监测期间当量活度浓度	累积总活度	峰总面积	"内源性"本底
s	Bq	Bq/m	Bq	counts	counts
0	0	0	0	0	0
300	0	0	0	0	0
600	0	0	0	0	0
900	0	0	0	0	0
1 200	9.016	15	9.016	975.376	0
1 500	1.202	2	5.710	227.614	97.564
1 800	12.022	20	14.877	1 362.293	61.790

测量时间节点	监测期间总活度	监测期间当量活度浓度	累积总活度	峰总面积	"内源性"本底
2 100	1.202	2	8.641	291.031	160.980
2 400	9.016	15	13.337	1 068.875	93.498
2 700	1.803	3	8.472	339.389	144.313
3 000	30.056	50	34.292	3 342.926	91.669
3 300	3.005	5	20.151	696.174	371.048
3 600	2.404	4	12.480	478.146	218.045
3 900	30.056	50	36.296	3 386.296	135.039
4 200	1.202	2	19.350	522.784	392.733
4 500	12.022	20	21.697	1 509.878	209.375
4 800	0	0	10.848	234.773	234.773
5 100	0	0	5.424	117.386	117.386
5 400	0	0	2.712	58.693	58.693
5 700	0	0	1.356	29.346	29.346
6 000	0	0	0.678	14.673	14.673
6 300	12.022	20	12.361	1 307.839	7.336
6 600	12.022	20	18.203	1 434.256	133.753
6 900	12.022	20	21.124	1 497.465	196.962
7 200	12.022	20	22.584	1 529.069	228.566

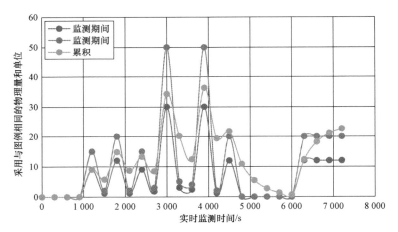

图 4(a)　表 4 的不同"当量活度浓度"下的半衰期为 $T_{1/2}=5$ min 的放射性核素峰总面积等量的计算结果的直观图示

　　综上所述,可以得出,本处的累积式滤膜采样的实时监测的活度浓度的计算方法(公式)与在工作[1]的第 2 节中导出的公式原理和思路是相一致的,它们都反映了实时测量的特点——被监测的样品量是随时间改变的,这是与离线测量截然不同的!因此,其活度浓度的计算方法也应该不同。而工作[1]中第 2 节所述的计算方法,仅只是累积式滤膜采样中的活度浓度计算方法中 $k=1$ 时的情况罢了(在工作[1]第 2 节中,那里把"外源性本底"取作了"0")。

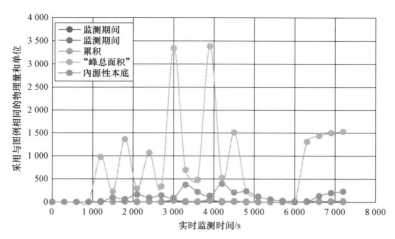

图 4(b) 表 4 的不同"当量活度浓度"下的半衰期为 $T_{1/2}=5\ \mathrm{min}$ 的放射性核素峰总面积等量的计算结果的直观图示

2 不确定度估计与探讨

本节进行估计与探讨累积式滤膜大气气溶胶实时监测结果的不确定度问题。

2.1 累积式滤膜首次采样及滤膜单次采样应用的情况（$k=1$ 的情况）

空气气溶胶滤膜如果是以单次采样方式来用于实时监测,其相当于上面导出的活度浓度计算表达式中的 $k=1$ 的情况。对于 $k=1$ 的情况,其相当于滤膜首次采样,除了环境本底产生计数外,内源性本底为 0,再就是滤膜上采集的样品产生的计数了。因此有活度浓度表达式式(2.1-1),来自计数统计涨落的不确定度表达式式(2.1-2)和相对不确定度表达式时(2.1-3):

$$(a_{v,i}(T_{sm,1}))_{eq.,1}=\dfrac{((Net\_Area(E_{\gamma,i,j}))_1)_M-F_b\times(a_{v,i}(t_{sm}))_{eq.,k}\times\Delta T_{sm,1})\times\lambda_i^2}{\begin{bmatrix}\delta(E_{\gamma,i,j})\times v_s\\\times\varepsilon(E_\gamma)\times\eta\end{bmatrix}\times\begin{bmatrix}\Delta T_{sm,1}\times\lambda_i\\+(\exp(-\lambda_i\times\Delta T_{sm,1})-1)\end{bmatrix}}\quad(2.1\text{-}1)$$

$$\Delta(a_{v,i}(T_{sm,1}))_{eq.,1}=\dfrac{\lambda_i^2\times\sqrt{((Net\_Area(E_{\gamma,i,j}))_1)_M+F_b\times(a_{v,i}(t_{sm}))_{eq.,k}\times\Delta T_{sm,1}}}{\begin{bmatrix}\delta(E_{\gamma,i,j})\times v_s\\\times\varepsilon(E_\gamma)\times\eta\end{bmatrix}\times\begin{bmatrix}\Delta T_{sm,1}\times\lambda_i\\+(\exp(-\lambda_i\times\Delta T_{sm,1})-1)\end{bmatrix}}\quad(2.1\text{-}2)$$

$$\dfrac{\Delta(a_{v,i}(T_{sm,1}))_{eq.,1}}{(a_{v,i}(T_{sm,1}))_{eq.,1}}=\dfrac{\sqrt{((Net\_Area(E_{\gamma,i,j}))_1)_M+F_b\times(a_{v,i}(t_{sm}))_{eq.,k}\times\Delta T_{sm,1}}}{((Net\_Area(E_{\gamma,i,j}))_1)_M-F_b\times(a_{v,i}(t_{sm}))_{eq.,k}\times\Delta T_{sm,1}}\quad(2.1\text{-}3)$$

2.2 累积式滤膜多次实时采样监测应用的情况（$k>1$ 的情况）

对于 $k>1$ 的情况,其相当于滤膜进入累积式采样的实时监测,除了环境本底产生的"外源性本底"计数外,"内源性本底"一般不为 0(除非此前该监测核素一直以来就尚未被采集过),再就是滤膜上在当前测量周期中采集的样品产生的实时计数了。因此有,活度浓度表达式(2.2-1),不确定度表达式(2.2-2)和相对不确定度表达式(2.2-3):

$$(a_{v,i}(T_{sm,k}))_{eq.,k}=\dfrac{\begin{bmatrix}((Net\_Area(E_{\gamma,i,j}))_k)_M-(Nb(E_{\gamma,i,j}))_{in,k}\\-F_b\times(a_{v,i}(t_{sm}))_{eq.,k}\times(T_{sm,k}-T_{sm,(k-1)})\end{bmatrix}\times\lambda_i^2}{\begin{bmatrix}\delta(E_{\gamma,i,j})\times v_s\\\times\varepsilon(E_\gamma)\times\eta\end{bmatrix}\times\begin{bmatrix}(T_{sm,k}-T_{sm,(k-1)})\times\lambda_i\\+(\exp(-\lambda_i\times(T_{sm,k}-T_{sm,(k-1)}))-1)\end{bmatrix}}\quad(2.2\text{-}1)$$

$$\Delta(a_{v,i}(T_{sm,k}))_{eq.,k}=\dfrac{\lambda_i^2\sqrt{\begin{array}{l}((Net\_Area(E_{\gamma,i,j}))_k)_H-(Nb(E_{\gamma,i,j}))_{in,k}\\-F_b\times(a_{v,i}(t_{sm}))_{eq.,k}\times(T_{sm,k}-T_{sm,(k-1)})\end{array}}}{\begin{bmatrix}\delta(E_{\gamma,i,j})\times v_s\\\times\varepsilon(E_\gamma)\times\eta\end{bmatrix}\times\begin{bmatrix}(T_{sm,k}-T_{sm,(k-1)})\times\lambda_i\\+(\exp(-\lambda_i\times(T_{sm,k}-T_{sm,(k-1)}))-1)\end{bmatrix}}\quad(2.2\text{-}2)$$

$$\frac{\Delta\left(a_{v,i}(T_{sm,k})\right)_{eq.,k}}{\left(a_{v,i}(T_{sm,k})\right)_{eq.,k}}=\frac{\lambda_i^2\times\sqrt{\begin{array}{c}\left(\left(Net\_Area\left(E_{\gamma,i,j}\right)\right)_k\right)_M+\left(Nb\left(E_{\gamma,i,j}\right)\right)_{in,k}\\+F_b\times\left(a_{v,i}(t_{sm})\right)_{eq.,k}\times\left(T_{sm,k}-T_{sm,(k-1)}\right)\end{array}}}{\left(\begin{array}{c}\left(\left(Net\_Area\left(E_{\gamma,i,j}\right)\right)_k\right)_M-\left(Nb\left(E_{\gamma,i,j}\right)\right)_{in,k}\\-F_b\times\left(a_{v,i}(t_{sm})\right)_{eq.,k}\times\left(T_{sm,k}-T_{sm,(k-1)}\right)\end{array}\right)} \quad (2.2\text{-}3)$$

结合 1.3 节中表 1 到 1.3-3 相关各表所给出的计算结果,得到了表 5 及表 6 的相对误差分布表,并绘制了与之相应的误差散点图,图 5 及图 6。

可以看出,对于那些长半衰期的放射性核素来说,其随着滤膜累积周期次数的增加,其总放射性计数(面积)和内源性本底总是增加,其势必导致相对不确定度也单调的增加;而对于那些短半衰期的放射性核素来说,在"源项"稳定的前提下,其趋于某个缓慢增长的稳定值;它们都有一个共同点分布特点,即,当某个强的"源项"后伴随一个弱的"源项"时,该弱的"源项"的不确定度都相当的大,而且与核素的半衰期的长短相关联,半衰期长的核素比半衰期短的核素的不确定度要大!这是由于半衰期长的核素产生的内源性本底要比半衰期短的核素产生的内源性本底来得大的缘故。

表 5　外源性本底不为 0 情况下的相对不确定度与源项强弱时序分布的关联关系表

测量时间节点	监测期间总活度	相对不确定度/%					
		长半衰期核素 (8.04 d)		较短半衰期核素 (19.9 min)		更短半衰期核素 (5 min)	
$T_{sm,k}$	$(a_{v,i}(T_{sm,k}))_{eq.,k}$	局部法 A[*1]	局部法 B[*2]	局部法 A[*1]	局部法 B[*2]	局部法 A[*1]	局部法 B[*2]
s	Bq/m³						
0	0	—	—	—	—	—	—
300	2	127.13	28.28	134.42	29.10	157.33	31.54
600	10	57.41	12.64	60.61	13.01	70.72	14.10
900	2	160.50	28.28	163.99	29.10	178.43	31.54
1 200	15	48.51	10.32	50.67	10.62	58.19	11.51
1 500	2	198.37	28.28	192.09	29.10	191.90	31.54
1 800	20	43.17	8.94	44.50	9.20	50.48	9.97
2 100	2	238.61	28.28	218.49	29.10	203.21	31.54
2 400	15	53.92	10.32	53.65	10.62	58.91	11.51
2 700	3	186.89	23.09	164.18	23.76	151.39	25.75
3 000	50	27.15	5.65	27.77	5.82	31.69	6.30
3 300	5	148.11	17.88	131.77	18.40	125.64	19.94
3 600	4	182.35	20.00	152.60	20.58	133.33	22.30
3 900	50	28.50	5.65	28.35	5.82	31.80	6.30
4 200	2	399.97	28.28	314.05	29.10	252.27	31.54
4 500	20	55.40	8.94	49.98	9.20	51.79	9.97
4 800	20	56.82	8.94	50.39	9.20	52.03	9.97
5 100	20	58.21	8.94	50.72	9.20	52.15	9.97
5 400	20	59.56	8.94	51.00	9.20	52.21	9.97
5 700	20	60.89	8.94	51.24	9.20	52.24	9.97
6 000	20	62.18	8.94	51.44	9.20	52.26	9.97
6 300	20	63.45	8.94	51.60	9.20	52.27	9.97
6 600	20	64.69	8.94	51.74	9.20	52.2	9.97
6 900	20	65.91	8.94	51.85	9.20	52.27	9.97
7 200	20	67.11	8.94	51.95	9.20	52.27	9.97

注:1) 局部法 A 的含义详见后面正文说明;

　　2) 局部法 B 的含义详见后面正文说明;

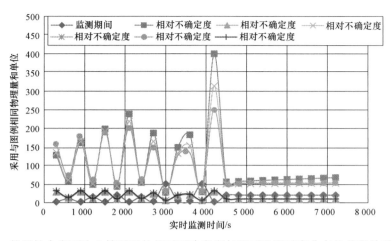

图 5 外源性本底不为 0 情况下的相对不确定度与源项强弱时序分布的关联关系图示

表 6 外源性本底为 0 情况下的相对不确定度与源项强弱时序分布的关联关系表

测量时间节点	监测期间总活度	相对不确定度/%					
		长半衰期核素 (8.04 d)		较短半衰期核素 (19.9 min)		更短半衰期核素 (5 min)	
$T_{sm,k}$	$(a_{v,i}(T_{sm,k}))_{eq.,k}$	局部法 A	局部法 B	局部法 A	局部法 B	局部法 A	局部法 B
s	Bq/m³						
0	0	—	—	—	—	—	—
300	2	28.28	28.28	29.10	29.10	31.54	31.54
600	10	14.96	12.64	15.16	13.01	15.82	14.10
900	2	101.97	28.28	98.34	29.10	89.87	31.54
1 200	15	17.48	10.32	16.48	10.62	14.78	11.51
1 500	2	154.89	28.28	140.28	29.10	114.31	31.54
1 800	20	18.10	8.94	16.06	9.20	13.14	9.97
2 100	2	203.89	28.28	174.69	29.10	132.42	31.54
2 400	15	29.32	10.32	24.14	10.62	17.39	11.51
2 700	3	157.12	23.09	124.39	23.76	84.14	25.75
3 000	50	11.08	5.65	9.08	5.82	7.37	6.30
3 300	5	125.67	17.88	102.35	18.40	79.25	19.94
3 600	4	159.90	20.00	121.14	20.58	76.80	22.30
3 900	50	14.07	5.65	10.74	5.82	7.82	6.30
4 200	2	380.28	28.28	285.31	29.10	199.70	31.54
4 500	20	39.16	8.94	27.86	9.20	17.51	9.97
4 800	20	41.14	8.94	28.58	9.20	18.21	9.97
5 100	20	43.04	8.94	29.17	9.20	18.56	9.97
5 400	20	44.85	8.94	29.66	9.20	18.72	9.97
5 700	20	46.60	8.94	30.06	9.20	18.81	9.97
6 000	20	48.28	8.94	30.39	9.20	18.85	9.97
6 300	20	49.90	8.94	30.67	9.20	18.87	9.97
6 600	20	51.47	8.94	30.90	9.20	18.88	9.97
6 900	20	52.99	8.94	31.09	9.20	18.89	9.97
7 200	20	54.47	8.94	31.26	9.20	18.89	9.97

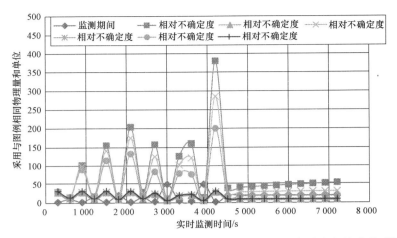

图 6　外源性本底为 0 情况下的相对不确定度与源项强弱时序分布的关联关系图示

在这里需要对表 5 及表 6 进行说明的是：

表中的相对不确定度是分别这样计算的。其中，**局部法 A 的表达式**如式（2.2-4）所示。它与式（2.2-3）相比，分子项缺少了 $(Nb(E_{\gamma,i,j}))_{in,k}$ 部分。作者是这样考虑的，$(Nb(E_{\gamma,i,j}))_{in,k}$ 不是测量的量，是数理计算量，而是作为常数量进行处理，即，$\Delta(Nb(E_{\gamma,i,j}))_{in,k}=0^{[2]}$。由此可以看出，按（2.2-3）式计算出的相对不确定度要大于按（2.2-4）式计算出的结果。例如，表 7 给出的两种不确定度计算式的部分截取结果。

$$\left(\frac{\Delta(a_{v,i}(T_{sm,k}))_{eq.,k}}{(a_{v,i}(T_{sm,k}))_{eq.,k}}\right)_A=\frac{(((Net\_Area(E_{\gamma,i,j}))_k)_M+F_b\times(a_{v,i}(t_{sm}))_{eq.,k}\times(T_{sm,k}-T_{sm,(k-1)}))}{\left[\begin{array}{c}((Net\_Area(E_{\gamma,i,j}))_k)_M-(Nb(E_{\gamma,i,j}))_{in,k}\\-F_b\times(a_{v,i}(t_{sm}))_{eq.,k}\times(T_{sm,k}-T_{sm,(k-1)})\end{array}\right]}$$

$$(2.2\text{-}4)$$

局部法 B 的不确定度表达式如式（2.2-5）所示。它在本质上是按照将该次测量视作滤膜首次采样实时测量的不确定度进行处理的。读者可以发现，在外源性本底为 0 情况下，对于那些相同的活度浓度来说，其不确定度不仅与首次滤膜被使用相同，而且彼此间也相同。这样就提供了有意义的参考价值：当它与相同时刻的局部法 A 数值相等时，则表明它是滤膜首次采样实时测量的结果，或者是在外源性本底为 0 的情况下首次检测到该核素情况下的结果；若不是滤膜首次采样实时测量，不论是外源性本底是否为 0，则多数给出小于局部法 A 给出的不确定度的结果，并且，其小于的程度和此前的监测背景无关。

$$\left(\frac{\Delta(a_{v,i}(T_{sm,k}))_{eq.,k}}{(a_{v,i}(T_{sm,k}))_{eq.,k}}\right)_B=\frac{(((Net\_Area(E_{\gamma,i,j}))_k)_M+F_b\times(a_{v,i}(t_{sm}))_{eq.,k}\times(T_{sm,k}-T_{sm,(k-1)}))}{(Net\_Area(E_{\gamma,i,j}))_k}$$

$$(2.2\text{-}5)$$

比较表 5 及表 6 的相对不确定度相关数据，特别是半衰期长的那组数据，可以看出，它们的按照局部法 B 估算的相对不确定度，对于那些活度浓度相同的监测来说，其数值是相同的，而不论它们是否存在外源性本底。这种结果仿佛表明相对不确定度不受该次测量之前的测量背景影响，而只受当前测量情况的影响。而对于累积式实时监测来说，这显然是不符合实际的，因此是不合理的。综合比较相对不确定度 A 表达式和相对不确定度 B 表达式，显然，相对不确定度 A 表达式是更合理的表达式。

表 7 给出的是局部法 A 式（2.2-4）与全部法式（2.2-3）对部分计算点的两种不确定度计算式的部分截取结果对比示例。它表明，除了那些属于滤膜首次使用尚未发生核素累积，且外源性本底为 0 的情况之外，全部法式（5.4.2-3）给出的结果都大于局部法 A 式（5.4.2-4）给出的结果。因此，它比局部法 A 是趋于给出保守的或夸大的不确定度。

表 7　两种不确定度计算方法的部分截取结果对比示例

外源性本底状况	测量时间节点/s	活度浓度/(Bq/m³)	相对不确定度(%)					
			半衰期 8.04 d		半衰期 19.9 min		半衰期 5 min	
			全部法式(5.4.2-3)	局部法式(5.4.2-4)	全部法式(5.4.2-3)	局部法式(5.4.2-4)	全部法式(5.4.2-3)	局部法式(5.4.2-4)
无本底	1 200	15	22.46	17.48	20.74	16.48	17.44	14.78
	1 500	2	217.21	154.89	196.24	140.28	158.56	114.31
	1 800	20	23.99	18.10	20.76	16.06	15.68	13.14
有本底	1 200	15	50.52	48.51	52.21	50.67	58.92	58.19
	1 500	2	250.09	198.37	236.07	192.09	221.14	191.90
	1 800	20	45.95	43.17	46.40	44.50	51.20	50.48

在上述的不确定度计算中,都没有计入 γ 射线在解谱分析中给出的不确定度,这里,记核素 i 的能量为 E_γ 的第 j 个发射 γ 线的解谱分析给出的相对不确定度为 $\sigma_R(E_{\gamma,i,j})$。那么,根据误差合成规律,则,相对总不确定度分别如(2.2-6)式,(2.2-7 式)及(2.2-8)式所示:

$$\sigma_{all} = \sqrt{(\sigma_R(E_{\gamma,i,j}))_k^2 + \left(\frac{\Delta(a_{v,i}(T_{sm,k}))_{eq.,k}}{(a_{v,i}(T_{sm,k}))_{eq.,k}}\right)^2} \tag{2.2-6}$$

$$\sigma_{all,A} = \sqrt{(\sigma_R(E_{\gamma,i,j}))_k^2 + \left(\frac{\Delta(a_{v,i}(T_{sm,k}))_{eq.,k}}{(a_{v,i}(T_{sm,k}))_{eq.,k}}\right)_A^2} \tag{2.2-7}$$

$$\sigma_{all,B} = \sqrt{(\sigma_R(E_{\gamma,i,j}))_k^2 + \left(\frac{\Delta(a_{v,i}(T_{sm,k}))_{eq.,k}}{(a_{v,i}(T_{sm,k}))_{eq.,k}}\right)_B^2} \tag{2.2-8}$$

3　实时采样测量监测应用中的多时段活度浓度平均值及不确定度

在累积式滤膜实时采样测量监测应用中,有时,有人关心"多个彼连时段的活度浓度平均值",这里给出它们的平均活度的计算方法及其相应的不确定度。特别指出的是,基于前面的阐述,在下面的叙述中,我们都采用相对不确定度 A 的表达式。

定义"多彼连时段的活度浓度平均值"用符号"$\overline{(a_{v,i}(T_{sm,n}))_{eq.,k}}$"表示,其数学表达式为式(3-1)所示:

$$\overline{(a_{v,i}(T_{sm,n}))_{eq.,k}} = \frac{\begin{bmatrix} (a_{v,i}(T_{sm,n}))_{eq.,n} + (a_{v,i}(T_{sm,n-1}))_{eq.,n-1} \\ + (a_{v,i}(T_{sm,n-2}))_{eq.,n-2} + \cdots + (a_{v,i}(T_{sm,k+2}))_{eq.,k+2} \\ + (a_{v,i}(T_{sm,k+1}))_{eq.,k+1} + (a_{v,i}(T_{sm,k}))_{eq.,k} \end{bmatrix}}{n-k+1} \tag{3-1}$$

其中,k 是多个"彼连时段的活度浓度平均值"的时段的起始时段的终止时间节点;n 是多个"彼连时段的活度浓度平均值"的时段的终点时间节点;$(n-k+1)$ 是彼此连接时段的时段个数,$n>k$。

如,自 $T_{sm,k}=T_{sm,2}$,$(a_{v,i}(T_{sm,2}))_{eq.,2}$ 开始时,$k=2$,到 $T_{sm,k}=T_{sm,6}$,$(a_{v,i}(T_{sm,6}))_{eq.,6}$ 终止时,$n=6$。$(n-k+1)=5$,相应的平均值记作 $\overline{(a_{v,i}(T_{sm,6}))_{eq.,2}}$。

鉴于平均值实质上是多个监测的计算结果,因此,每次测量的不确定度都传递过来,

$$\Delta\overline{(a_{v,i}(T_{sm,n}))_{eq.,k}} = \frac{\begin{bmatrix} \Delta(a_{v,i}(T_{sm,n}))_{eq.,n} + \Delta(a_{v,i}(T_{sm,n-1}))_{eq.,n-1} \\ + \Delta(a_{v,i}(T_{sm,n-2}))_{eq.,n-2} + \cdots + \Delta(a_{v,i}(T_{sm,k+2}))_{eq.,k+2} \\ + \Delta(a_{v,i}(T_{sm,k+1}))_{eq.,k+1} + \Delta(a_{v,i}(T_{sm,k}))_{eq.,k} \end{bmatrix}}{n-k+1} \tag{3-2}$$

因为,对于任意 n,有下式成立,

$$\Delta\left(a_{v,i}(T_{sm,n})\right)_{eq.,n}=\frac{\lambda_i^2\times\left(\left(\left(Net\_Area(E_{\gamma,i,j})\right)_k\right)_M+F_b\times(a_{v,i}(t_{sm}))_{eq.,n}\times\left(T_{sm,n}-T_{sm,(n-1)}\right)\right)}{\left[\begin{array}{c}\delta(E_{\gamma,i,j})\times v_s\\\times\varepsilon(E_\gamma)\times\eta\end{array}\right]\times\left[\begin{array}{c}(T_{sm,n}-T_{sm,(n-1)})\times\lambda_i\\+(\exp(-\lambda_i\times(T_{sm,n}-T_{sm,n-1}))-1)\end{array}\right]}$$

将上各式代入式(3-2),所以得到下面的(3-3)式:

$$\Delta\overline{\left(a_{v,i}(T_{sm,n})\right)_{eq.,k}}=\frac{\left[\begin{array}{l}\Delta\left(a_{v,i}(T_{sm,n})\right)_{eq.,n}+\Delta\left(a_{v,i}(T_{sm,n-1})\right)_{eq.,n-1}\\+\Delta\left(a_{v,i}(T_{sm,n-2})\right)_{eq.,n-2}+\cdots+\Delta\left(a_{v,i}(T_{sm,k+2})\right)_{eq.,k+2}\\+\Delta\left(a_{v,i}(T_{sm,k+1})\right)_{eq.,k+1}+\Delta\left(a_{v,i}(T_{sm,k})\right)_{eq.,k}\end{array}\right]}{n-k+1}$$

$$=\frac{\lambda_i^2}{(n-k+1)\times\left[\begin{array}{c}\delta(E_{\gamma,i,j})\times v_s\\\times\varepsilon(E_\gamma)\times\eta\end{array}\right]\times\left[\begin{array}{c}(T_{sm,n}-T_{sm,(n-1)})\times\lambda_i\\+(\exp(-\lambda_i\times(T_{sm,n}-T_{sm,(n-1)}))-1)\end{array}\right]}$$

$$\times\left[\begin{array}{l}\sqrt{\left(\left(Net\_Area(E_{\gamma,i,j})\right)_n\right)_M+F_b\times(a_{v,i}(t_{sm}))_{eq.,n}\times(T_{sm,n}-T_{sm,(n-1)})}\\+\sqrt{\left(\left(Net\_Area(E_{\gamma,i,j})\right)_{n-1}\right)_M+F_b\times(a_{v,i}(t_{sm}))_{eq.,n-1}\times(T_{sm,n-1}-T_{sm,n-2})}\\+\cdots+\\+\sqrt{\left(\left(Net\_Area(E_{\gamma,i,j})\right)_{k+2}\right)_M+F_b\times(a_{v,i}(t_{sm}))_{eq.,k+2}\times(T_{sm,k+2}-T_{sm,k+1})}\\+\sqrt{\left(\left(Net\_Area(E_{\gamma,i,j})\right)_{k+1}\right)_M+F_b\times(a_{v,i}(t_{sm}))_{eq.,k+1}\times(T_{sm,k+1}-T_{sm,k})}\\+\sqrt{\left(\left(Net\_Area(E_{\gamma,i,j})\right)_{k+1}\right)_M+F_b\times(a_{v,i}(t_{sm}))_{eq.,k}\times(T_{sm,k}-T_{sm,k-1})}\end{array}\right]$$

(3-3)

因此,得到以任意 n 为终止时间节点的此前紧邻的多个时段的活度浓度平均值的相应的相对不确定度如下面的式(3-4)所示:

$$\frac{\Delta\overline{\left(a_{v,i}(T_{sm,n})\right)_{eq.,k}}}{\overline{\left(a_{v,i}(T_{sm,n})\right)_{eq.,k}}}=\frac{\left[\begin{array}{l}\sqrt{\left(\left(Net\_Area(E_{\gamma,i,j})\right)_n\right)_M+F_b\times(a_{v,i}(t_{sm}))_{eq.,n}\times(T_{sm,n}-T_{sm,(n-1)})}\\+\sqrt{\left(\left(Net\_Area(E_{\gamma,i,j})\right)_{n-1}\right)_M+F_b\times(a_{v,i}(t_{sm}))_{eq.,n-1}\times(T_{sm,n-1}-T_{sm,n-2})}\\+\cdots+\\+\sqrt{\left(\left(Net\_Area(E_{\gamma,i,j})\right)_{k+2}\right)_M+F_b\times(a_{v,i}(t_{sm}))_{eq.,k+2}\times(T_{sm,k+2}-T_{sm,k-1})}\\+\sqrt{\left(\left(Net\_Area(E_{\gamma,i,j})\right)_{k+1}\right)_M+F_b\times(a_{v,i}(t_{sm}))_{eq.,k+1}\times(T_{sm,k+1}-T_{sm,k})}\\+\sqrt{\left(\left(Net\_Area(E_{\gamma,i,j})\right)_k\right)_M+F_b\times(a_{v,i}(t_{sm}))_{eq.,k}\times(T_{sm,k}-T_{sm,k-1})}\end{array}\right]}{\left[\begin{array}{l}\left(\begin{array}{l}\left(\left(Net\_Area(E_{\gamma,i,j})\right)_n\right)_M-\left(Nb(E_{\gamma,i,j})\right)_{in,n}\\-F_b\times(a_{v,i}(t_{sm}))_{eq.,n}\times(T_{sm,n}-T_{sm,(n-1)})\end{array}\right)\\+\left(\begin{array}{l}\left(\left(Net\_Area(E_{\gamma,i,j})\right)_{n-1}\right)_M-\left(Nb(E_{\gamma,i,j})\right)_{in,n-1}\\-F_b\times(a_{v,i}(t_{sm}))_{eq.,n-1}\times(T_{sm,n-1}-T_{sm,n-2})\end{array}\right)\\+\cdots+\\+\left(\begin{array}{l}\left(\left(Net\_Area(E_{\gamma,i,j})\right)_k\right)_M-\left(Nb(E_{\gamma,i,j})\right)_{in,k}\\-F_b\times(a_{v,i}(t_{sm}))_{eq.,k+1}\times(T_{sm,k+1}-T_{sm,k})\end{array}\right)\end{array}\right]}$$

(3-4)

表 8 给出的是外源性本底为 0 情况下(半衰期为 8.04 d 的核素)的紧邻 5 时段的活度浓度平均值及相对不确定度与源的强弱时序分布的关联关系表,图 7 绘出的是该外源性本底为 0 情况下的紧邻 5 时段的活度浓度平均值及相对不确定度与源的强弱时序分布的关联关系直观图示。它们表明,采用多点平均值的方式确实改善了活度浓度的不确定度。但是,它也显示出对源的强度突变的时间敏感性损失,甚至有时是"是非颠倒"的,如表中加有下划线的数据点。考虑到实时监测的出发点是更着重于对突发源的监测的敏感性,因此,作者不建议采用多点平均值的方式报告监测结果。这有因小失大之弊端。表 9 给出的是外源性本底为 0 情况下(半衰期为 19.9 min 的核素)的紧邻 5 时段的活度浓度

平均值及相对不确定度与源的强弱时序分布的关联关系表,图 8 绘出的是该外源性本底为 0 情况下的紧邻 5 时段的活度浓度平均值及相对不确定度与源的强弱时序分布的关联关系直观图示。表 10 给出的是外源性本底为 0 情况下(半衰期为 5 min 的核素)的紧邻 5 时段的活度浓度平均值及相对不确定度与源的强弱时序分布的关联关系表,图 9 绘出的是该外源性本底为 0 情况下的紧邻 5 时段的活度浓度平均值及相对不确定度与源的强弱时序分布的关联关系直观图示。

表 8 外源性本底为 0 情况下的紧邻 5 时段的活度浓度平均值

及相对不确定度与源项强弱时序分布的关联关系表(核素半衰期为 8.04 d)

测量时间节点	监测期间活度浓度		5 段平均活度浓度与相对不确定度	
$T_{sm,k}$	监测期间活度浓度	用净峰面积计算的气溶胶活度浓度	5 段平均活度浓度	相对不确定度
s	Bq/m³	Bq/m³	Bq/m³	%
0	0	0	#DIV/0!	#VALUE!
300	2	2	0.4	#VALUE!
600	10	10	2.4	17.18
900	2	2	2.8	29.29
1 200	15	**15**	**5.8**	**23.18**
1 500	2	**2**	**6.2**	**31.68**
1 800	20	20	9.8	26.28
2 100	2	2	8.2	37.70
2 400	15	15	10.8	32.99
2 700	3	3	8.4	47.40
3 000	50	50	18	24.83
3 300	5	5	15	33.35
3 600	4	4	15.4	35.49
3 900	50	**50**	**22.4**	**26.76**
4 200	2	**2**	**22.2**	**29.60**
4 500	20	20	16.2	43.40
4 800	20	20	19.2	38.64
5 100	20	20	22.4	35.10
5 400	20	20	16.4	50.30
5 700	20	20	20	42.96
6 000	20	20	20	44.78
6 300	20	20	20	46.53
6 600	20	20	20	48.22
6 900	20	20	20	49.85
7 200	20	20	20	51.42

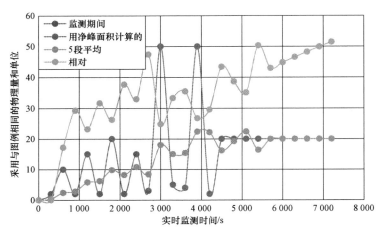

图 7　在外源性本底为 0 情况下的紧邻 5 时段的活度浓度平均值及相对不确定度
与源的强度时序分布的关联关系直观图示（核素半衰期为 8.04 d）

表 9　外源性本底为 0 情况下的紧邻 5 时段的活度浓度平均值
及相对不确定度与源项强弱时序分布的关联关系表（核素半衰期为 19.9 min）

测量时间节点		监测期间总活度	5 段平均活度浓度与相对不确定度	
$T_{sm,k}$	$(a_{v,i}(T_{sm,k}))_{eq,k}$	用净峰面积计算的气溶胶活度浓度	5 段平均活度浓度	相对不确定度
s	Bq/m³	Bq/m³	Bq/m³	%
0	0	#DIV/0!	#DIV/0!	#VALUE!
300	2	2	0.4	#VALUE!
600	10	10	2.4	17.48
900	2	2	2.8	29.03
1 200	15	15	5.8	22.54
1 500	2	2	6.2	30.13
1 800	20	20	9.8	24.43
2 100	2	2	8.2	34.02
2 400	15	15	10.8	28.90
2 700	3	3	8.4	40.15
3 000	50	50	18	20.67
3 300	5	5	15	27.34
3 600	4	4	15.4	28.39
3 900	50	50	22.4	21.08
4 200	2	2	22.2	23.04
4 500	20	20	16.2	32.85
4 800	20	20	19.2	28.34
5 100	20	20	22.4	25.18

测量时间 节点	监测期间总活度		5 段平均活度浓度与相对不确定度	
5 400	20	20	16.4	35.07
5 700	20	20	20	29.07
6 000	20	20	20	29.57
6 300	20	20	20	29.99
6 600	20	20	20	30.34
6 900	20	20	20	30.62
7 200	20	20	20	30.86

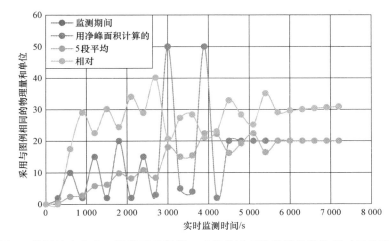

图 8 外源性本底为 0 情况下的紧邻 5 时段的活度浓度平均值及相对不确定度
与源项强弱时序分布的关联关系直观图示（核素半衰期为 19.9 min）

表 10 外源性本底为 0 情况下的紧邻 5 时段的活度浓度平均值
及相对不确定度与源项强弱时序分布的关联关系表（核素半衰期为 5.0 min）

测量时间 节点	监测期间总活度		5 段平均活度浓度与相对不确定度	
$T_{sm,k}$	$(a_{v,i}(T_{sm,k}))_{eq.,k}$	用净峰面积计算的 气溶胶活度浓度	5 段平均 活度浓度	相对 不确定度
s	Bq/m³	Bq/m³	Bq/m³	％
0	0	—	—	＃VALUE!
300	2	2	0.4	＃VALUE!
600	10	10	2.4	18.44
900	2	2	2.8	28.65
1 200	15	15	5.8	21.47
1 500	2	2	6.2	27.46
1 800	20	20	9.8	21.45
2 100	2	2	8.2	28.24

测量时间 节点	监测期间总活度		5 段平均活度浓度与相对不确定度	
2 400	15	15	10.8	22.94
2 700	3	3	8.4	30.23
3 000	50	50	18	15.66
3 300	5	5	15	20.57
3 600	4	4	15.4	20.59
3 900	50	50	22.4	15.32
4 200	2	2	22.2	16.78
4 500	20	20	16.2	22.77
4 800	20	20	19.2	18.88
5 100	20	20	22.4	16.75
5 400	20	20	16.4	22.68
5 700	20	20	20	18.36
6 000	20	20	20	18.63
6 300	20	20	20	18.76
6 600	20	20	20	18.83
6 900	20	20	20	18.86
7 200	20	20	20	18.88

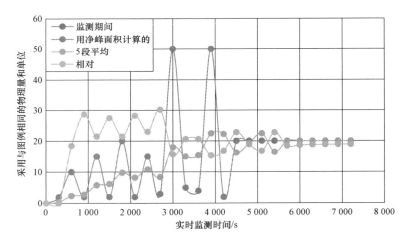

图 9 外源性本底为 0 情况下的紧邻 5 时段的活度浓度平均值及相对不确定度
与辐射源活度浓度时序分布的关联关系直观图示(核素半衰期为 5.0 min)

4 用改变测量时间周期计算的多时段活度浓度平均值及不确定度

在给出当前时段之前的紧邻的若干个时段的活度浓度的计算方法方面,还有一个方法是所谓"用改变测量时间周期计算的多时段活度浓度平均值"的方法。这个方法不同于第 3 节中采用的当前时段之前的紧邻的若干个时段的活度浓度平均值的计算方法,它是基于这样的假设:若当初是采样监测时间不是 ΔT_{sm},而是若干个 ΔT_{sm},比如是 L 个 ΔT_{sm},那么它的当量活度浓度是多少呢? 不确定度又怎么评估呢？本节将给出基于已经存在的某个 ΔT_{sm} 的测量周期系列的监测结果的前提下，给出它的当前时段之前的紧邻的 L 个时段的活度浓度的计算方法及不确定度。

设，当前时间节点 $T_{sm,n}$ 监测得到的大气气溶胶核素活度浓度为 $(a_{v,i}(T_{sm,n}))_{eq.,n}$，相应的有：

时间节点 $T_{sm,n-1}$ 监测得到的大气气溶胶核素活度浓度为 $(a_{v,i}(T_{sm,n-1}))_{eq.,n-1}$；

时间节点 $T_{sm,n-2}$ 监测得到的大气气溶胶核素活度浓度为 $(a_{v,i}(T_{sm,n}))_{eq.,n-2}$；

$\vdots$

时间节点 $T_{sm,n-L+2}$ 监测得到的大气气溶胶核素浓度为 $(a_{v,i}(T_{sm,k+2}))_{eq.,n-L+2}$；

时间节点 $T_{sm,n-L+1}$ 监测得到的大气气溶胶核素浓度为 $(a_{v,i}(T_{sm,k+2}))_{eq.,n-L+1}$；

时间节点 $T_{sm,n-L}$ 监测得到的大气气溶胶核素浓度为 $(a_{v,i}(T_{sm,k+2}))_{eq.,n-L}$；

那么，改变测量时间周期的，从时间节点 $T_{sm,n-L}$ 开始，到时间节点 $T_{sm,n}$ 结束的多时段当量活度浓度，$\overline{(a_{v,i}(T_{sm,n-L}))_{eq.,n}}$，实际上是进行工作[1]的2.2节中描述的"与采样过程期间同步进行测量的情况——实时监测的情况"及在工作[1]的2.3节中描述的"与采样过程期间同步进行，并且又超时测量的情况"的混合计算，只是后者是多个这样的过程的叠加，而且每个过程的超时时间不同罢了。其基本算法如工作[1]的式（2.2-2）及式（2.3-3）所示。

从另外1个角度出发，$\overline{(a_{v,i}(T_{sm,n-L}))_{eq.,n}}$ 的计算，也可以看作是式（2.2-2）的应用，只是它的实时监测的时间不是1个 ΔT_{sm}，而是 L 个时段，总获取时间，$T_{sm,all}$，为式（4-1）所示。

$$T_{sm,all} = L \times \Delta T_{sm} \tag{4-1}$$

应该指出的是，无论采用哪个方式进行计算，它们得到的 $\overline{(a_{v,i}(T_{sm,n-L}))_{eq.,n}}$ 应该相同，这是检验算法正确与否的基本物理实质。

应用工作[1]的式（2.3-3），要认清它们各个时段超时测量情况，具体到 $\overline{(a_{v,i}(T_{sm,n-L}))_{eq.,n}}$ 的计算，其超时情况如下所述。

首先规定如下：

从起始时间节点 $T_{sm,n-1}$ 到终止时间节点时段 $T_{sm,n}$ 监测得到的大气气溶胶核素活度浓度称为 $(a_{v,i}(T_{sm,n}))_{eq.,n}$；

从起始时间节点 $T_{sm,n-2}$ 到终止时间节点时段 $T_{sm,n-1}$ 监测得到的大气气溶胶核素活度浓度称为 $(a_{v,i}(T_{sm,n}))_{eq.,n-1}$；

从起始时间节点 $T_{sm,n-3}$ 到终止时间节点时段 $T_{sm,n-2}$ 监测得到的大气气溶胶核素活度浓度称为 $(a_{v,i}(T_{sm,n}))_{eq.,n-2}$；

$\vdots$

从起始时间节点 $T_{sm,n-L-1}$ 到终止时间节点时段 $T_{sm,n-L}$ 监测得到的大气气溶胶核素活度浓度称为 $(a_{v,i}(T_{sm,n}))_{eq.,n-L}$；

上述规定的共同点是都以监测终止时间节点为特征标记各活度浓度，并且 n 次测量的周期都是以单个 ΔT_{sm} 为前提的。

那么有，

活度浓度为 $(a_{v,i}(T_{sm,n}))_{eq.,n}$ 的气溶胶，从起始时间节点 $T_{sm,n-1}$ 到终止时间节点 $T_{sm,n}$ 的监测，没有超时，其，$T_{me}-T_{mb}=(n-n)\times\Delta T_{sm}=0$，适用工作[1]的式（2.2-2），其净峰面积为 $(Net\_Area(E_{\gamma,i,j}))_n$ 由工作[1]的式（2.2-2）导出；

活度浓度为 $(a_{v,i}(T_{sm,n}))_{eq.,n-1}$ 的气溶胶，从起始时间节点 $T_{sm,n-2}$ 到时间节点 $T_{sm,n}$ 的监测，超时为 $T_{me}-T_{mb}=(n-(n-1))\times\Delta T_{sm}=\Delta T_{sm}$，其净峰面积 $(Net\_Area(E_{\gamma,i,j}))_{n-1}$ 由工作[1]的式（2.3-2）导出；

活度浓度为 $(a_{v,i}(T_{sm,n}))_{eq.,n-2}$ 的气溶胶，从起始时间节点 $T_{sm,n-3}$ 到终止时间节点 $T_{sm,n}$ 的监测，超时为 $T_{me}-T_{mb}=(n-(n-2)\times\Delta T_{sm}=2\times\Delta T_{sm}$，其净峰面积为 $(Net\_Area(E_{\gamma,i,j}))_{n-2}$ 由工作[1]的式（2.3-2）导出；

$\vdots$

活度浓度为 $(a_{v,i}(T_{sm,n}))_{eq.,n-L}$ 的气溶胶，从起始时间节点 $T_{sm,n-L-1}$ 到终止时间节点 $T_{sm,n}$ 的监测，超时为 $T_{me}-T_{mb}=(n-(n-L))\times\Delta T_{sm}=L\times\Delta T_{sm}$，其净峰面积为 $(Net\_Area(E_{\gamma,i,j}))_{n-L}$ 由式工作[1]的(2.3-2)导出；

因此，采用改变监测时间周期的多时段当量活度浓度总的净峰面积，$(Net\_Area(E_{\gamma,i,j}))_{n,\Sigma}$，计算式如(4-2)所示：

$$(Net\_Area(E_{\gamma,i,j}))_{n,\Sigma}=\sum_{m=0}^{L-1}(Net\_Area(E_{\gamma,i,j}))_{n-m} \tag{4-2}$$

采用式(4-1)给出的实时监测时间，将由式(4-2)得到的 $(Net\_Area(E_{\gamma,i,j}))_{n,\Sigma}$ 代入工作[1]的式(2.2-2)，就可以得到时间节点 n 时刻的"改变测量时间周期计算的紧邻的 L 个多时段活度浓度平均值"。这种改变测量时间周期计算的多时段活度浓度平均值的不确定度，应该仿照实时监测中的局部法 A 的处理方法，只是此时的监测时间周期不再是 ΔT_{sm}，而是变换为 $T_{sm,all}=L\times\Delta T_{sm}$ 了。因此，本底项的计算也随之改变，外源性本底的测量周期变换为 $T_{sm,all}=L\times\Delta T_{sm}$ 了；内源性本底的表达式则变换为此前的在 $T_{sm,n-L}=(n-L)\times\Delta T_{sm}$ 时间节点的总活度，$(\sum A(T_{sm,n-L}))_i$，在 $T_{sm,all}=L\times\Delta T_{sm}$ 时间内产生的计数，而不再是一个 ΔT_{sm} 内产生的内源性本底计数。当然，还应该考虑本底计数过程中的辐射源自身的衰减，所以，它的表达式变换为(4-3)式，

$$(Nb(E_{\gamma,i,j}))_{in,(n,L)}=\begin{pmatrix}\delta(E_{\gamma,i,j})\times\varepsilon(E_\gamma)\\\times(\sum A(T_{sm,(n-L)}))\end{pmatrix}\times\frac{1-\exp(-\lambda_i\times L\times\Delta T_{sm,k})}{\lambda_i} \tag{4-3}$$

在式(4-3)中的 $(\sum A(T_{sm,(n-L)}))$ 因子，应该采用 1 个 ΔT_{sm} 情况下在时间节点 $(n-L)\Delta T_{sm}$ 处的累积放射性的总活度。可以想见的是，当前加和 5 段的内源性本底将影响到这种改变测量周期辐射测量的灵敏度的评估。

表 11 给出了外源性本底为 0 情况下的两种计算紧邻 5 时段的活度浓度及相对不确定度结果比较，它们是用半衰期 8.04 d 的 ^{131}I 进行对比的，图 10 是表 11 的直观图示。可以看出，两种算法的物理意义不同，而"**用改变测量时间周期计算**"的方法得到的不确定度要小许多。它们在活度浓度稳定的 20 Bq/m^3 区域，表现的更为清晰。

表 11 两种计算紧邻 5 时段的活度浓度及相对不确定度结果比较(外源性本底为 0)

测量时间节点/s	设定活度浓度	5 段平均活度浓度			
		用改变测量时间周期计算		用各段净峰面积计算	
		用改变测量时间周期计算	相对不确定度	用各段净峰面积计算	相对不确定度局部法 A
	Bq/m^3	Bq/m^3	%	Bq/m^3	%
0	0	—	—	—	—
300	2	—	—	—	—
600	10	—	—	—	—
900	2	—	—	—	—
1 200	15	3.40	4.33	5.8	23.18
1 500	2	5.80	3.32	6.2	31.68
1 800	20	8.20	2.92	9.8	26.28
2 100	2	7.80	3.64	8.2	37.70
2 400	15	10.79	3.00	10.8	32.99

测量时间节点/s	设定活度浓度	5 段平均活度浓度			
		用改变测量时间周期计算		用各段净峰面积计算	
		用改变测量时间周期计算	相对不确定度	用各段净峰面积计算	相对不确定度局部法 A
	Bq/m³	Bq/m³	%	Bq/m³	%
2 700	3	8.64	4.16	8.4	47.40
3 000	50	13.11	3.08	18	24.83
3 300	5	11.72	3.86	15	33.35
3 600	4	17.00	2.90	15.4	35.49
3 900	50	18.56	2.91	22.4	26.76
4 200	2	26.27	2.25	22.2	29.60
4 500	20	13.96	4.52	16.2	43.40
4 800	20	19.04	3.50	19.2	38.64
5 100	20	25.75	2.73	22.4	35.10
5 400	20	13.52	5.46	16.4	50.30
5 700	20	20	3.85	20	42.96
6 000	20	20	4.01	20	44.78
6 300	20	20	4.16	20	46.53
6 600	20	20	4.32	20	48.22
6 900	20	20	4.46	20	49.85
7 200	20	20	4.60	20	51.42

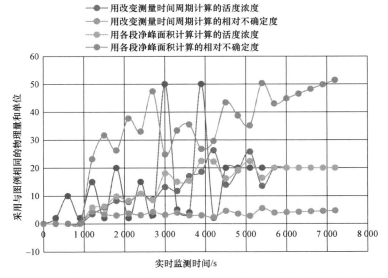

图 10 两种计算紧邻 5 时段的活度浓度及相对不确定度的结果比较直观图示

（外源性本底为 0，半衰期为 8.04 d）

表 12 给出了外源性本底不为 0 情况下的两种计算紧邻 5 时段的活度浓度及相对不确定度结果比较,它们是用半衰期 8.04 d 的 ^{131}I 进行对比的,图 11 是表 12 的直观图示。可以看出,两种算法的物理意义不同,而**"用改变测量时间周期计算"**的方法得到的不确定度要小许多。它们也在活度浓度稳定的 20 Bq/m³ 区域,表现的更为清晰。与表 11 相比较,有外源性本底的情况,相对误差有一定程度的增大。

表 12　两种计算紧邻 5 时段的活度浓度及相对不确定度结果比较(外源性本底不为 0)

测量时间节点	设定活度浓度	5 段平均活度浓度			
		用改变测量时间周期计算		用各段净峰面积计算	
		用改变测量时间周期计算	不确定度	活度浓度	用改变测量时间周期计算
Bq/m³	Bq/m³	Bq/m³	%	Bq/m³	Bq/m³
0	0	—	—	—	—
300	2	—	—	—	—
600	10	—	—	—	—
900	2	—	—	—	—
1 200	15	3.40	11.92	5.8	64.73
1 500	2	5.80	7.50	6.2	73.35
1 800	20	8.20	6.66	9.8	58.84
2 100	2	7.80	6.81	8.2	67.95
2 400	15	10.79	5.63	10.8	60.63
2 700	3	8.64	6.71	8.4	73.978 898 63
3 000	50	13.11	5.93	18	45.20
3 300	5	11.72	6.46	15	52.60
3 600	4	17.00	4.64	15.4	54.50
3 900	50	18.56	4.94	22.4	42.97
4 200	2	26.27	3.60	22.2	45.52
4 500	20	13.96	6.39	16.2	59.30
4 800	20	19.04	5.02	19.2	54.16
5 100	20	25.75	3.97	22.4	50.30
5 400	20	13.52	7.20	16.4	65.85
5 700	20	20	5.20	20	58.18
6 000	20	20	5.33	20	59.53
6 300	20	20	5.44	20	60.86
6 600	20	20	5.56	20	62.16
6 900	20	20	5.67	20	63.43
7 200	20	20	5.78	20	64.67

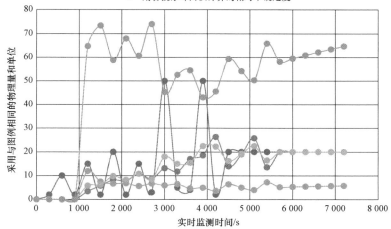

图 11　两种计算紧邻 5 时段的活度浓度及相对不确定度结果比较直观图示

（外源性本底不为 0，半衰期为 8.04 d）

5　累积式实时监测的探测下限的探讨

本节着重探讨这种方法的探测下限，它是人们关心的主要性能指标之一。

在 WS/T 184—2017《空气中放射性核素的 γ 能谱分析方法》中[3]，规定了气溶胶滤膜采样情况下的探测下限的计算方法，它实际上是引用"GB/T 11713—2015"中规定的计数方法[4]，并且给出了如式（5-1）的探测下限表达式。

$$LLD = (K_\alpha + K_\beta)\sqrt{N_{b,s} + N_b} = \frac{2.83K}{\delta(E_{\gamma,i,j}) \cdot \varepsilon_{p,\gamma}(E_\gamma)}\sqrt{\frac{n_b}{T_b}} \tag{5-1}$$

$\because N_{b,s} \approx N_b$

式中，N_b 是本底计数的观测值；$N_{b,s}$ 是本底加样品的总计数的观测值；n_b 是对欲估算的核素所选特征峰的全吸收峰能区内的本底计数率；T_b 是本底测量时间；$\varepsilon_{p,\gamma}(E_\gamma)$ 是 γ 射线全吸收峰探测效率；$\delta(E_{\gamma,i,j})$ 是核素 i 的所选第 j 条 γ 射线的发射率；

$K = K_\alpha = K_\beta$，其中，K_α 是与当样品中实际上不存在超过检出限的放射性时，而做出存在超过检出限的放射性的错误判断概率 α 相应的值；K_β 是与当样品中实际存在超过探测下限的放射性时，而做出不存在超过探测下限的放射性的错误判断概率 β 相应的值。

式（5-1）中的 n_b 是需要特别注意理解其确切含义的物理量。就非实时测量情况来说，人们的惯性思维是，n_b 计数率是移除样品后的计数率，它除了适用于通常的采样后进行离线测量外，只适用于累积式滤膜气溶胶监测的初始测量的情况！而对于第一次后的后续的累积式监测来说，它的本底除了外源性本底外，还有伴随样品的**内源性本底**存在，并且这个内源性本底是随着累积次数的增多而变化的，这是与通常的采样后离线测量截然不同的，此其一。表 13 是在外源性本底不为 0 的背景下，整理的不同放射性核素产生的内源性本底随时间的变化。图 12 是外源性本底及内源性本底随累积时间的变化图示，它们都表明了内源性本底是实时监测工作中不能忽视的影响探测下限的重要因素之一。还需要明确指出的是，对于式（5-1）来说，它存在不容忽视的欠缺，它只考虑了所谓"本底"的影响，而忽视了谱测量积累计数过程中普遍存在的康普顿散射干扰等的影响，特别是康普顿散射干扰是随着累积式滤膜上放射性累积的增多也随着增加，越发不能进行简单的忽略，而应该在"本底"的含义方面进行拓展才是合理的处理方法。可以想见的是，康普顿散射和全吸收峰间存在某种正向数量关联关系,由表 13 及图 12 可以看出康普顿散射随时间的变化关系会有类似内源性本底的相近的变化趋势,从而在探测下限的讨论中,不得不认真对待它的影响,此其二。为此,这里改写(5-1)式为(5-2)式:

$$LLD_k = \frac{2.83K}{\delta(E_{\gamma,i,j}) \cdot \varepsilon_{p,\gamma}(E_\gamma)} \sqrt{\frac{(n_{b,out})_k + (n_{b,in})_k + (n_{cp,in})_k}{\Delta T_{sm}}} \tag{5-2}$$

式(5-2)中,相关参量说明如下:

$(n_{b,out})_k$ 是在第 k 实时测量时段的在当前关心的全能峰区间内的外源性本底计数率,根据外源性本底计数和关心核素间的关系,即表达式(1.1.1-1)式,得到,$(n_{b,out})_k = F_b \times (a_{v,i}(t_{sm}))_{eq.,k}$;

$(n_{b,in})_k$ 是在第 k 实时测量时段的在当前关心的全能峰区间内的内源性本底计数率,$(Nb(E_{\gamma,i,j}))_{in,k}$ 是第 k 实时测量时段的在当前关心的全能峰区间内的内源性本底计数,$(n_{b,in})_k = \frac{(Nb(E_{\gamma,i,j}))_{in,k}}{\Delta T_{sm,k}}$;

$(n_{cp,in})_k$ 是在第 k 实时测量时段的在当前关心的全能峰区间内的康普顿散射干扰(多数为坪区)计数率。

$(n_{cp,in})_k$ 的建立是一个复杂的刻度问题,如果能够借助蒙特·卡罗方法(Monte Carlo method)计算出适量的不同能量的 γ 射线的康普顿响应函数,继而采用内插的方式就可以得到在当前关心的全能峰区间内的康普顿散射干扰(多数为坪区)计数率。作者曾经做过类似的数据处理工作,效果还是可以接受的,遗憾的是 Monte Carlo method 是请他人帮助完成的,这里只是想告诉读者,方法是可行的。另外,如果可能,可以借助多个单能 γ 辐射的标准源,在进行谱仪系统的效率刻度过程中,通过获得的全谱来得到"峰康比"等资料数据,再来计算评估康普顿散射干扰本底的贡献份额等参数。这些都需要结合具体实验室条件而定,不宜一概而论。

图 12 表明,一般来说,累积式的滤膜气溶胶放射性的实时监测的探测下限是随着累积次数的增多而变差的,长半衰期的核素越发严重。

表 13　外源性本底及内源性本底随累积时间的变化

测量时间节点/s	源活度浓度/(Bq/m³)	外源性本底计数	内源性本底计数(半衰期 8.04 d)	内源性本底计数(半衰期 19.9 min)	内源性本底计数(半衰期 5 min)
0	0	0	0	0	0
300	2	120	0	0	0
600	10	600	24.99	21.05	13.00
900	2	120	149.94	122.97	71.54
1 200	15	900	174.89	124.37	48.78
1 500	2	120	362.28	262.42	121.95
1 800	20	1 200	387.17	241.54	73.98
2 100	2	120	636.98	413.50	167.07
2 400	15	900	661.78	368.47	96.54
2 700	3	180	849.02	467.50	145.83
3 000	50	3 000	886.26	424.36	92.43
3 300	5	300	1 510.81	882.96	371.42
3 600	4	240	1 572.83	794.48	218.23
3 900	50	3 000	1 622.35	709.61	135.13

测量时间节点/ s	源活度 浓度/(Bq/m³)	外源性本底计数	内源性本底计数 （半衰期 8.04 d）	内源性本底计数 （半衰期 19.9 min）	内源性本底计数 （半衰期 5 min）
4 200	2	120	2 246.68	1 122.62	392.78
4 500	20	1 200	2 271.00	964.249	209.39
4 800	20	1 200	2 520.24	1 020.69	234.78
5 100	20	1 200	2 769.41	1 068.12	247.47
5 400	20	1 200	3 018.51	1 107.97	253.82
5 700	20	1 200	3 267.53	1 141.45	256.99
6 000	20	1 200	3 516.48	1 169.58	258.58
6 300	20	1 200	3 765.35	1 193.21	259.37
6 600	20	1 200	4 014.15	1 213.06	259.77
6 900	20	1 200	4 262.87	1 229.74	259.97
7 200	20	1 200	4 511.52	1 243.76	260.07

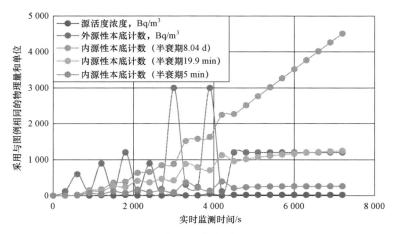

图 12 外源性本底及内源性本底随累积时间的变化图示

表 14 是半衰期为 8.04 d 的两个不同的实时监测周期情况下的内源性本底随累积时间的变化比较,它们都是归一化到 300 情况下的结果。图 13 是表 14 的不同实时监测周期的内源性本底随累积时间的变化比较直观图示。它们表明,当监测周期适当延长时,不仅有利于不确定度的改善,同时也改善了探测下限。这是在实时监测系统的应用中应该引起注意的。

表 14 不同实时监测周期的归一化的内源性本底随累积时间的变化比较

时间节点/s	设定 活度浓度(Bq/m³)	归一化到 300 s 时的内源性本底计数 （半衰期 8.04 d）	
		1 500 s 获取时间周期	300 s s 获取时间周期
0	0	0	0
300	2	0	0
600	10	0	24.99
900	2	0	149.94

时间节点/s	设定 活度浓度（Bq/m³）	归一化到 300 s 时的内源性本底计数 （半衰期 8.04 d）	
		1 500 s 获取时间周期	300 s s 获取时间周期
1 200	15	0	174.89
1 500	2	0	362.28
1 800	20	24.97	387.17
2 100	2	149.85	636.98
2 400	15	174.79	661.78
2 700	3	362.07	849.027 9
3 000	50	386.93	886.26
3 300	5	636.59	1 510.81
3 600	4	661.38	1 572.83
3 900	50	848.51	1 622.35
4 200	2	885.73	2 246.68
4 500	20	1 509.90	2 271.00
4 800	20	1 571.898	2 520.24
5 100	20	1 621.383	2 769.41
5 400	20	2 245.336	3 018.51
5 700	20	2 269.642	3 267.53
6 000	20	2 518.738	3 516.48
6 300	20	2 767.76	3 765.35
6 600	20	3 016.70	4 014.15
6 900	20	3 265.58	4 262.87
7 200	20	3 514.37	4 511.52

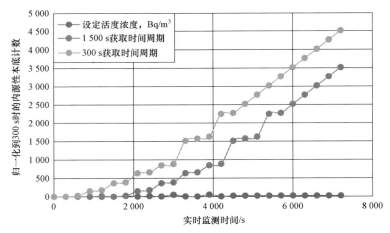

图 13　不同实时监测时段归一化后的内源性背景随累积时间的直观变化图（半衰期 8.04 d）

在忽略了康普顿散射造成的本底贡献的前提下,观察了累积式实时监测情况下的 LLD 与气溶胶监测对象中核素的活度浓度及它们的半衰期间的关联关系。表 15(a)给出的是相同的活度浓度变化情况下的动态 LLD 随核素半衰期的变化及活度浓度比较(外源性本底不为 0),图 14(a)给出的是上述的相同的活度浓度变化情况下的动态 LLD 随核素半衰期的变化及与活度浓度比较的直观图;表 15(b)给出的是相同的活度浓度变化情况下的动态 LLD 随核素半衰期的变化及与活度浓度比较(外源性本底为 0),图 14(b)给出的是相同的活度浓度变化情况下的动态 LLD 随核素半衰期的变化及与活度浓度比较。从相应各表、图都可以看到,有不少监测结果是低于相应的 LLD 的!特别是,在表格数据中,表明的更加清晰明确。可以想象的是,如果再考虑"康普顿散射"会带来进一步的 LLD 的变差,那么可能会有更多的监测结果是低于相应的 LLD 的。在出现低于相应的 LLD 的结果时,按照惯例,监测报告应该报告该时刻的探测下限(LLD)。有助于历史回顾的建议是,以括号形式附注当时的监测计算结果,这样的报告记录对于数据积累的长远分析研究或许是有意义的。从该二表及相应的图都可以明显看出,累积式滤膜气溶胶实时监测方式,对于短寿命放射性核素的监测更为有利。如两个表中的**粗体下划线的数据**所表明的,在相同的活度浓度变化下,半衰期为 5 min 的核素比半衰期为 8.04 d 的放射性核素的探测下限值低,它在连续 10 个为 20 Bq/m³ 活度浓度的情况下,没有出现后者在表中所示的时段期间低于探测下限的情况。

表 15(a)　相同的活度浓度变化情况下的
动态 LLD 随核素半衰期的变化及与活度浓度比较(外源性本底不为 0)

测量时间节点/ s	设定活度浓度/ (Bq/m³)	实时测量时间为 300 s 时的 LLD (8.04 d)/ (Bq/m³)	实时测量时间为 300 s 时的 LLD (19.9 min)/ (Bq/m³)	实时测量时间为 300 s 时的 LLD (5 min)/ (Bq/m³)
0	0	#DIV/0!	#DIV/0!	#DIV/0!
300	2	3.39	3.39	3.39
600	10	7.75	7.73	7.68
900	2	5.09	4.83	4.29
1 200	15	10.17	9.93	9.55
1 500	2	6.81	6.06	4.82
1 800	20	12.36	11.78	11.07
2 100	2	8.53	7.16	5.25
2 400	15	12.26	11.05	9.79
2 700	3	9.95	7.89	5.60
3 000	50	19.34	18.16	17.25
3 300	5	13.20	10.67	8.04
3 600	4	13.212	9.98	6.64
3 900	50	21.10	18.90	17.37
4 200	2	15.09	10.94	7.02
4 500	20	18.28	14.43	11.65

测量时间节点/ s	设定 活度浓度/ （Bq/m³）	实时测量时间为 300 s时的LLD （8.04 d）/ （Bq/m³）	实时测量时间为 300 s时的LLD （19.9 min）/ （Bq/m³）	实时测量时间为 300 s时的LLD （5 min）/ （Bq/m³）
4 800	20	18.92	14.62	11.75
5 100	20	19.55	14.78	11.80
5 400	**20**	**20.15**	14.90	**11.83**
5 700	**20**	**20.74**	15.01	**11.84**
6 000	**20**	**21.31**	15.10	**11.85**
6 300	**20**	**21.86**	15.18	**11.85**
6 600	**20**	**22.41**	15.24	**11.85**
6 900	**20**	**22.93**	15.29	**11.85**
7 200	**20**	**23.45**	15.34	**11.85**

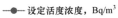

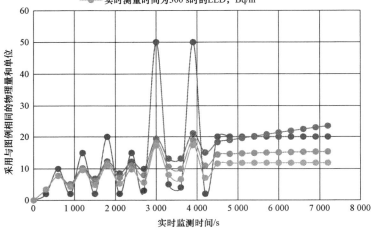

图 14（a） 相同的活度浓度变化情况下的动态 LLD
随核素半衰期的变化及与活度浓度比较（外源性本底不为 0）

表 15（b） 相同的活度浓度变化情况下的动态 LLD 随核素半衰期的变化及与活度浓度比较
（外源性本底为 0）

测量时间节点/s	设定 活度浓度/ （Bq/m³）	实时测量时间为 300 s时的LLD （8.04 d）/ （Bq/m³）	实时测量时间为 300 s时的LLD （19.9 min）/ （Bq/m³）	实时测量时间为 300 s时的LLD （5 min）/ （Bq/m³）
0	0	#DIV/0!	#DIV/0!	#DIV/0!
300	2	0	0	0
600	10	1.55	1.42	1.11

测量时间节点/s	设定活度浓度/(Bq/m³)	实时测量时间为300 s时的LLD(8.04 d)/(Bq/m³)	实时测量时间为300 s时的LLD(19.9 min)/(Bq/m³)	实时测量时间为300 s时的LLD(5 min)/(Bq/m³)
900	2	3.80	3.44	2.62
1 200	15	4.10	3.46	2.16
1 500	2	5.90	5.02	3.42
1 800	20	6.10	4.82	2.66
2 100	2	7.83	6.31	4.01
2 400	15	7.98	5.95	3.04
2 700	3	9.04	6.71	3.74
3 000	50	9.23	6.39	2.98
3 300	5	12.06	9.22	5.98
3 600	4	12.30	8.74	4.58
3 900	50	12.50	8.26	3.60
4 200	2	14.71	10.39	6.15
4 500	20	14.79	9.63	4.49
4 800	20	15.58	9.91	4.75
5 100	20	16.33	10.143	4.88
5 400	20	17.05	10.33	4.94
5 700	20	17.74	10.48	4.97
6 000	20	18.40	10.61	4.99
6 300	20	19.04	10.72	4.99
6 600	20	19.66	10.80	5.00
6 900	**20**	**20.26**	10.88	**5.00**
7 200	**20**	**20.84**	10.94	**5.00**

本工作仔细观察了"监测系统"的探测下限随观测对象的动态变化下的动态变化关系。一般而言,相对不确定度大于100%的前提下,监测结果肯定低于"监测系统"的LLD。因此,应该强调的是,既然是实时监测系统,那么,在监测过程中,应该实时检查对比系统的动态实时的LLD及监测的活度浓度计算结果,而不能仅依据活度浓度计算结果报告监测结果! 当出现LLD值大于活度浓度计算值(监测值)时,就应该报告该时刻的探测下限。否则,应该报告"监测值"±"(相对)1σ不确定度"。作为相关计算观察的例证,表16(a)、表16(b)及表16(c)分别给出了相同的活度浓度变化情况下的不同半衰期的核素的动态LLD随核素活度浓度的变化及与计算活度浓度范围值比较(外源性本底不为0),图15(a)、图15(b)及图15(c)是它们的图示描绘。

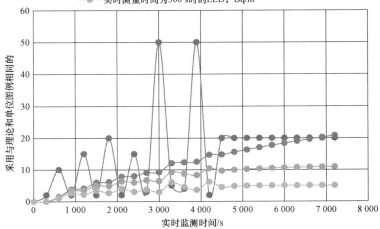

图 14（b） 相同的活度浓度变化情况下的动态 LLD 随核素半衰期的变化及与活度浓度比较

（外源性本底为 0）

表 16(a)　相同的活度浓度变化情况下的半衰期为 8.04 d 的核素的动态 LLD 随核素活度浓度的变化及

与计算活度浓度范围值比较(外源性本底不为 0)

时间节点/s	设定活度浓度/(Bq/m³)	半衰期为8.04 d时的探测下限LLD/(Bq/m³)	相对不确定度 A/%	最小活度浓度值/(Bq/m³)	最大活度浓度值/(Bq/m³)
0	0	#DIV/0!	#DIV/0!	#DIV/0!	#DIV/0!
300	**2**	3.399 786 944	**127.134 36**	−0.542 69	4.542 687
600	10	7.758 870 222	57.416 223 2	4.258 378	15.741 62
900	**2**	5.099 185 773	**160.504 544**	−1.210 09	5.210 091
1 200	15	10.175 228 09	48.519 250 9	7.722 112	22.277 89
1 500	**2**	6.815 751 781	**198.378 749**	−1.967 57	5.967 575
1 800	20	12.364 396 47	43.175 842 3	11.364 83	28.635 17
2 100	**2**	8.538 927 614	**238.616 875**	−2.772 34	6.772 337
2 400	15	12.265 105 59	53.927 703 7	6.910 844	23.089 16
2 700	**3**	9.955 765 155	**186.896 698**	−2.606 9	8.606 901
3 000	50	19.347 602 02	27.153 217 3	36.423 39	63.576 61
3 300	**5**	13.206 798 25	**148.118 338**	−2.405 92	12.405 92
3 600	**4**	13.214 195 62	**182.351 375**	−3.294 05	11.294 05
3 900	50	21.100 495 79	28.507 682 8	35.746 16	64.253 84
4 200	**2**	15.098 400 28	**399.974 277**	−5.999 49	9.999 486
4 500	20	18.284 725 67	55.407 989 2	8.918 402	31.081 6

时间节点/s	设定活度浓度/ (Bq/m³)	半衰期为 8.04 d 时的探测下限 LLD/(Bq/m³)	相对不确定度 A/%	最小活度浓度值/ (Bq/m³)	最大活度浓度值/ (Bq/m³)
4 800	20	18.929 839 66	56.829 518 7	8.634 096	31.365 9
5 100	20	19.553 497 91	58.215 937 4	8.356 813	31.643 19
5 400	20	20.157 692 04	59.569 697	8.086 061	31.913 94
5 700	20	20.744 122 89	60.892 975 9	7.821 405	32.178 6
6 000	20	21.314 256 77	62.187 72	7.562 456	32.437 54
6 300	20	21.869 368 35	63.455 676	7.308 865	32.691 14
6 600	20	22.410 574 01	64.698 419 2	7.060 316	32.939 68
6 900	20	22.938 858 09	65.917 375 5	6.816 525	33.183 48
7 200	20	23.455 093 74	67.113 841 3	6.577 232	33.422 77

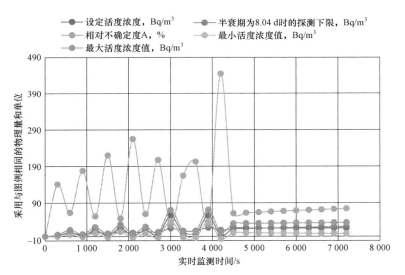

图 15(a)　半衰期为 8.04 d 的相同的活度浓度变化情况下的动态 LLD 随核素半衰期的变化及与计算活度浓度范围值比较(外源性本底不为 0)

表 16(b)　相同的活度浓度变化情况下的半衰期为 19.9 min 时的核素的动态 LLD 随核素活度浓度的变化及与计算活度浓度范围值比较(外源性本底不为 0)

时间节点/s	设定活度浓度/ (Bq/m³)	半衰期为 19.9 min 时的探测下限 LLD/(Bq/m³)	相对不确定度 A/%	最小活度浓度值/ (Bq/m³)	最大活度浓度值/ (Bq/m³)
0	0	#DIV/0!	#DIV/0!	#DIV/0!	#DIV/0!
300	**2**	3.39	**134.42**	−0.68	4.68
600	10	7.73	60.61	3.93	16.06

时间节点/s	设定活度浓度/(Bq/m³)	半衰期为19.9 min 时的探测下限LLD/(Bq/m³)	相对不确定度 A/%	最小活度浓度值/(Bq/m³)	最大活度浓度值/(Bq/m³)
900	**2**	4.83	**163.991**	−1.27	5.27
1 200	15	9.93	50.67	7.3	22.60
1 500	**2**	6.06	**192.09**	−1.84	5.84
1 800	20	11.78	44.50	11.09	28.90
2 100	**2**	7.16	**218.49**	−2.37	6.36
2 400	15	11.05	53.65	6.95	23.04
2 700	**3**	7.89	**164.18**	−1.92	7.92
3 000	50	18.16	27.77	36.11	63.88
3 300	**5**	10.67	**131.77**	−1.58	11.58
3 600	**4**	9.98	152.60	−2.104 1	10.10
3 900	50	18.90	28.35	35.82	64.17
4 200	**2**	10.94	**314.05**	−4.28	8.28
4 500	20	14.43	49.98	10.00	29.99
4 800	20	14.62	50.39	9.92	30.07
5 100	20	14.78	50.72	9.85	30.14
5 400	20	14.90	51.00	9.79	30.20
5 700	20	15.01	51.24	9.75	30.24
6 000	20	15.10	51.44	9.71	30.28
6 300	20	15.18	51.60	9.67	30.32
6 600	20	15.24	51.74	9.65	30.34
6 900	20	15.29	51.85	9.62	30.37
7 200	20	15.34	51.95	9.60	30.39

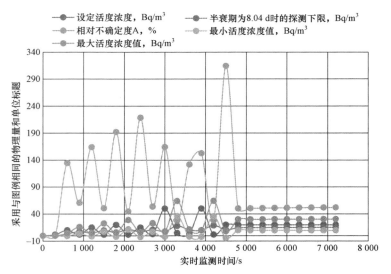

图 15(b)　半衰期为 19.9 min 的相同的活度浓度变化情况下的动态 LLD
随核素半衰期的变化及与计算活度浓度范围值比较（外源性本底不为 0）

表 16(c)　相同的活度浓度变化情况下的半衰期为 5 min. 时的核素的动态 LLD
随核素活度浓度的变化及与计算活度浓度范围值比较(外源性本底不为 0)

时间节点/s	设定活度 浓度/ (Bq/m³)	半衰期为 5 min 时的 探测下限 LLD/(Bq/m³)	相对不确 定度 A/%	最小活度 浓度值/ (Bq/m³)	最大活度 浓度值/ (Bq/m³)
0	0	#DIV/0!	#DIV/0!	#DIV/0!	#DIV/0!
300	**2**	3.39	**157.33**	−1.14	5.14
600	10	7.68	70.72	2.92	17.07
900	**2**	4.29	**178.43**	−1.56	5.56
1 200	15	9.55	58.19	6.27	23.72
1 500	**2**	4.82	**191.90**	−1.83	5.83
1 800	20	11.07	50.487	9.90	30.09
2 100	**2**	5.25	**203.21**	−2.06	6.06
2 400	15	9.79	58.91	6.16	23.83
2 700	**3**	5.60	**151.39**	−1.54	7.54
3 000	50	17.25	31.69	34.15	65.84
3 300	**5**	8.04	**125.64**	−1.28	11.28
3 600	**4**	6.64	**133.33**	−1.33	9.33
3 900	50	17.37	31.80	34.09	65.90
4 200	**2**	7.02	**252.27**	−3.04	7.04
4 500	20	11.65	51.79	9.64	30.35
4 800	20	11.75	52.03	9.59	30.40
5 100	20	11.80	52.15	9.56	30.43
5 400	20	11.83	52.21	9.55	30.44
5 700	20	11.84	52.24	9.55	30.44
6 000	20	11.85	52.26	9.54	30.45
6 300	20	11.85	52.27	9.54	30.45
6 600	20	11.85	52.27	9.54	30.45
6 900	20	11.85	52.27	9.54	30.45
7 200	20	11.85	52.27	9.54	30.45

6　结论

本文中,不仅细致的阐述了累积式的滤膜气溶胶实时监测中的 γ 放射性核素活度浓度的计算方法,不确定度的计算方法,探测下限的评估方法,而且还给出了怎么利用已经得到的各实时监测数据计算多点平均值方法,不确定度,探测下限等。在这些阐述中,给出了适当的数据表及直观图示分析探讨。实际上,与工作[1]中的空气滤膜一次性使用下的实时监测相比,它们的差异主要体现在以下几个方面:

　　• 单次使用时,不存在内源性本底。而累积式的多次使用时,不仅存在内源性本底,而且它随累积次数增加,一般是增加的,而内源性本底是导致监测系统不确定度及探测下限变差的重要因素;

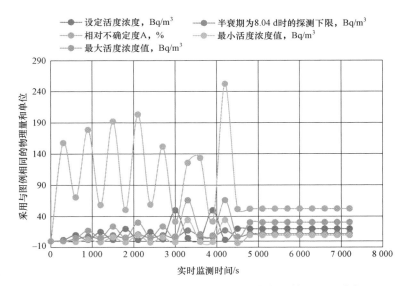

图例：
设定活度浓度，Bq/m³ ● 半衰期为8.04 d时的探测下限，Bq/m³
相对不确定度A，% ● 最小活度浓度值，Bq/m³
最大活度浓度值，Bq/m³

图 15(c)　半衰期为 5 min. 的相同的活度浓度变化情况下的动态 LLD
随核素半衰期的变化及与计算活度浓度范围值比较（外源性本底不为 0）

• 单次使用时,活度浓度的不确定度明确,可信度高。而累积式的多次使用时,活度浓度不确定度的总趋势大多是偏于变差,并且累积次数越多,一般是,不确定度是越发变差(只是那些明显高的活度浓度除外);

• 单次使用时,监测系统的探测下限不仅评估方便,而且不受内源性本底的影响(因为不存在内源性本底),康普顿散射的影响也相对容易评估。而累积式的多次使用时,监测系统的探测下限,同时受内源性本底及康普顿散射对"本底项"的影响,一般累积次数越多,影响越严重;

• 单次使用时,不存在所谓"紧邻多点"平均值的算法。而累积式的多次使用时,具备了采用该算法的可能性,从而改善了累积式滤膜实时监测的某种缺憾;

• 在当前状况下,单次使用方式,如果采样的时间短,以 5 min 为例,势必伴有不好承受的频繁更换滤膜的重担。累积式的多次使用的情况,以 24 h 为例,则在一定程度上摆脱了那个频繁更换滤膜的重担。但是,从本文的相关计算性观察,不建议一张滤膜进行时间长达 24 h 的累积观察使用,而建议适当缩短为 2 到 4 h,如此可以适当减少累积的内源性本底对不确定度和探测灵敏度的影响;

• 考虑到实时监测更多的是应急监测的应用,如果可能,建议滤膜使用次数宜少不宜多。

两者的共同点是实时性,有益于及时发现监测对象的异常辐射,它们的核素活度浓度的计算方法本质上是相同的(但是不确定度及探测下限除外)。可以说,单次使用情况的叙述是基本原理性的,而多次累积式的应用,是单次式的应用的拓展,但是也还存在需要改进的方方面面,以扬长避短而更好的在环境辐射监测的实时监测领域发挥更大的效益。

本文除了细致阐述了滤膜采样的实时监测的核素活度浓度的计算方法,并进行了详实的数据检验,证明了计算方法的可靠性外,也述及了作者所见国内的相关文献的稀缺不足及缺憾。

最后,这里再次强调指出,本文所有阐述都不是建立在实验观测研究的基础上,而是以作者以往工作的物理实验的实践经验和数学物理推导为基础给出的论述,这是因为作者已经退休多年,不具有实验研究的相应资源的缘故。但是,这些因素并不排斥本文对监测工作者等相关研究的借鉴或参考意义。

7　改善监测数据质量的切实可行的建议

在 1.1 节的涉及外源性本底的叙述中,为了观察外源性本底的影响,除了本文这里采用的外源性本底强度与监测核素存在某种正相关的函数关系外,作者还曾经简单的以一个恒定并稳定的本底代入了相关的计算表达式,定性的说明了外源性本底的存在,无论是对测量不确定度还是探测下限,都会带来不能忽视的影响! 但是,与通常的离线式滤膜气溶胶检测不同,在实时方式监测背景下,外源性本底是个足够大的大时间-空间存在,并且,其谱计数是深受实时气象条件等多因素影响的放射性核素的谱计数。它是随着被监测的"现场"的实际环境的变化而动态变化的,能否定量的准确的完成好外源性本底的测定,对于实时监测的数据质量影响不仅相当重要,也是确保监测结果质量保障的特别关键的因素之一。图 16 是作者在某匿名专家提供的累积式监测仪(ACC-FF)示意图上添加了屏蔽室的示意图[9]。在应急监测现场,人们在谱仪上看到的核素谱的特征峰峰面积,实际上,是除了滤膜上存在的核素形成的谱计数份额外,还有屏蔽室外环境中必然存在的气溶胶中的该核素的计数贡献,并且还有来自采样系统"抽滤管道"中的放射性气溶胶的计数贡献,后二者的贡献份额显然是应该从总峰面积中扣除后,才能得到实时监测的净峰面积与内源性本底的计数的"加和"。否则,势必导致误算了净峰面积,接着,就导致气溶胶活度浓度的误估。这种错误计算的结果,必然随着累积次数的增加而越趋严重,从而导致监测的不确定度持续变得越发失真! 因此,尽可能准确估算外源性本底,是改善监测结果质量的重要因素。由于外源性本底用通常的方式不易简单测定,这里建议采用所谓"类似孪生"探测系统方案。即,同时采用两个监测系统,一个有滤膜吸附气溶胶,它得到的谱是包含外源性本底,内源性本底及实时监测时段的峰总计数(Area-sum)$((Net\_Area(E_{\gamma,i,j}))_k)_M$;另一个探测系统,具有空气抽滤采样系统,但是没有滤膜,适当调节模拟相关采样系统的参数,可以基本做到,该系统所测量得到的谱峰计数,仅是外源性本底计数的贡献(Area-out-background)$(Nb(E_{\gamma}))_{out,k}$。这样,才能准确的运用式(1.1-1),即,

$$((Net\_Area(E_{\gamma,i,j}))_k)_M = (Net\_Area(E_{\gamma,i,j}))_k + (Nb(E_{\gamma}))_{in,k} + (Nb(E_{\gamma}))_{out,k}。$$

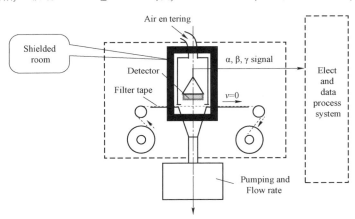

图 16　带有屏蔽室的累积式监测仪(ACC-FF)示意图

　　图 17 是作者建议采用的看似"理想化的"的然而切实可行的没有过滤膜的带有屏蔽室的动态外源性本底谱实时监测系统示意图("类似孪生"探测系统),它是一个专门用于监测动态外源性本底的实时测量系统,更是在累积式滤膜实时监测系统应用中监测动态变化的外源性本底的切实可行的严格的科学方法。从两个示意图中都可以判断,外源性本底在峰面积总计数中占的份额很可能是不能小虚的。由于图 16 与图 17 的两套实时监测系统的有机组合使用,完全可以预期,其在扣除外源性本底方面的效果犹如一台作者曾经研制过的低本底反符合屏蔽谱仪似的很好的完成外源性本底的准确扣除[10]。这里的建议,对于一次性滤膜的实时监测[1]也是扣除外源性本底的有效方法。限于篇幅,至于它的具体调试要求,这里就不再做进一步阐述了,有兴趣者可以联系作者共同探讨交流。

感谢

　　作者对中国国家图书馆科技咨询室的俞青馆员的查新帮助深致感谢;特别对中环核安(北京)科技有限公司,堪培拉中国总代理的王振华高级工程师提供文献[7],[8]的资料及为本人解惑的帮助,

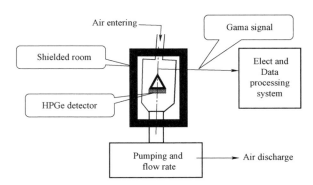

图 17 没有过滤膜的带有屏蔽室的动态外源性本底谱实时监测系统示意图("类似孪生"探测系统)

表示衷心感谢;向中国原子能科学研究院的前院长,在实验与数据处理中的不确定度领域的专家赵志祥研究员致以衷心感谢。

参考文献:

[1] 苏琼. 一次性滤膜法大气气溶胶放射性核素实时监测中的伽马放射性核素活度浓度的计算方法探讨. 北京核学会第十六届(2020年)核技术应用学术交流会论文集[C].广东,广州,2020:430-443.

[2] 周德邻,赵志祥,周恩臣. 实验和评价数据的数学处理 CNDC-85013[R].中国核数据中心,1986.

[3] 中人民共和国卫生部. 空气中放射性核素的 γ 能谱分析方法:WS/T 184—2017[S].北京:中国标准出版社,2017.

[4] 中人民共和国卫生部. 高纯锗 γ 能谱分析通用方法:GB 11713—2015[S].北京:中国标准出版社,2016.

[5] 张庆,张京,李文红,等. 空气实时监测系统在大气放射性监测中的应用[J].中国工业医学杂志,2014,27(4):272-274+封3.

[6] 魏世龙. 空气中放射性核素的伽马能谱测量系统研制[D].成都理工大学,2017.

[7] Genie™ 2000 Spectroscopy Software Customization Tools 9233653F V3.1:334-336[R].2000.

[8] Gamma Vision © V(A66-BW)[R].268-269,281-282,155

[9] 苏琼,钟志兆,罗素明. 一台用于低水平放射性分析的低本底反康普顿高纯锗 γ 线谱仪[J].中华放射医学与防护杂志,1987,7(3):189-194.

Mathematical physical inquiry on calculation method of gamma radionuclide activity concentration,uncertainty and detection lower limit in real-time monitoring of atmospheric aerosol radionuclide by accumulative filter membrane

SU Qiong

(Institute of radiation protection and nuclear safety,China Center for Disease Control and prevention,Beijing 100088,China)

Abstract:**[Background]**:In the Chinese literature,There are very few articles describing how to calculate the concentration of gamma activity in atmospheric aerosols monitored in real time by the filter membrane method.**[Purpose]**:In the paper "Discussion on the calculation method of gamma radionuclide activity concentration in the real-time monitoring of atmospheric aerosol radionuclide by one-time filtration membrane method", the author only described the calculation method of gamma radionuclide activity concentration by single-filtration membrane method! This paper describes the calculation method of real-time monitoring activity concentration under the condition that the filter membrane is used many times, as well as the calculation method of other physical quantities concerned. [**Methods**]: In this paper, a relatively rigorous physical and mathematical method is used to derive the calculation methods of the concentration of radionuclide activity, the evaluation of uncertainty and the estimation of the minimum detection limit in the real time monitoring of the accumulative filter membrane method. And how to use the obtained data to give the calculation method of the multi-point average activity concentration, especially the calculation method of the activity concentration value if the measurement period is changed. [**Results**]: The comprehensive analysis of numerical calculation shows that the results obtained are not only very consistent with the preset activity concentration, but also reveal that the calculation results should be closely matched with the detection lower limit of the system in order to reasonably determine the validity of the actual activity concentration results, rather than relying solely on the activity concentration results given by pure mathematical calculation. [**Conclusions**]: The cumulative membrane filtration method is far less conducive to real-time monitoring than the one-time membrane filtration method. If possible, the cumulative service length of the cumulative membrane should be reduced as much as possible in order to improve the monitoring sensitivity or the monitoring lower limit. And a theoretical and practical proposal are put forward to improve the detection uncertainty.

Key words: Real-time atmospheric monitoring; Aerosol filter membrane; Gamma radionuclides; Activity concentration calculation formula; Uncertainty; Detection lower limit; Background.

研究堆用包壳预处理工艺对运行水质的影响分析

戚雄飞，李松发，刘 鹏，蔡文超，白宏博，孙 彪

（中国核动力研究设计院，四川 成都 610213）

摘要：高通量工程实验堆（HFETR）在低浓铀（LEU）燃料元件装载运行期间，一次水活度浓度较高。为了降低 HFETR 一次水活度浓度，提高燃料元件的抗腐蚀性能，采取了改进燃料元件铝合金包壳表面预处理工艺的措施。本文选取阳极氧化预处理元件全装载和采用阳极氧化、水煮预处理工艺元件混装载以及水煮预处理元件全装载三个连续运行阶段，对 HFETR 的一次水活度浓度、裂变及活化核素活度浓度进行了总结分析。结果表明，HFETR 的 LEU 燃料元件铝合金包壳采用水煮预处理替代阳极氧化预处理工艺的过程中，一次水活度浓度、典型核素活度浓度保持稳定降低趋势，HFETR 一回路运行水质状况得到明显改善。通过对 HFETR 改进燃料元件包壳预处理工艺的运行反馈分析，证明了在优化运行水质方面，研究堆用铝合金包壳采用水煮预处理工艺比阳极氧化预处理更有优势，为我国研究堆 LEU 燃料元件的研究和生产提供了运行经验反馈。

关键词：研究堆；包壳；预处理；运行水质

  高通量工程实验堆（HFETR）原设计采用 90％的高富集度（HEU）U-Al 合金为燃料芯体、305Al 为燃料包壳的多层薄壁型元件。为响应研究和试验性反应堆低浓化（RETER）项目，减少和消除全球范围内民用高浓铀的使用[1]，上世纪 90 年代开始 HFETR 燃料元件的低浓化研究[2-3]，并最终决定采用国际上成熟的 U_3Si_2-Al 弥散型芯体[4-5]，作为 HEU 的替代燃料，芯体富集度为 19.75％。与 HEU 燃料元件相比，低浓化后只是芯体的变更，其结构材料、形状和几何尺寸未作任何改变。

  由于 LEU 燃料元件的芯体和 305Al 包壳匹配性能较差[6]，元件成品率低，并且鉴于大部分研究堆采用 T6061Al 作为燃料元件的包壳和结构材料，HFETR 燃料元件包壳材料从第 94-II 炉段开始采用 T6061Al 替代 305Al。为提高包壳的抗腐蚀性能，通常需要在燃料元件入堆前对铝包壳进行表面预处理，主要有阳极氧化和水煮预处理两种方式[7]。阳极氧化是利用电解的方法在铝合金表面形成氧化膜；水煮预处理是将铝合金直接放入一定温度的水中，从而在表面生成稳定的氢氧化物薄膜[8]。

  本文选取阳极氧化元件全装载和采用阳极氧化、水煮预处理元件混装载以及水煮预处理元件全装载三个运行阶段，分析了 LEU 燃料元件运行期间一次水活度浓度、典型裂变及活化核素活度浓度的变化情况，阐述了两种研究堆用包壳预处理工艺对反应堆运行水质的影响，分析结论可为研究堆选取合适的包壳预处理工艺提供指导。

1 装载概述

  HFETR 在第 108-I 炉段之前，燃料元件一直采用阳极氧化工艺进行元件表面预处理，后续为了改善一回路运行水质，开始采用水煮预处理工艺。本文选取三个阳极氧化元件全装载炉段作为运行第一阶段示例（106-II、107-I、107-II）；选取阳极氧化向水煮预处理元件过渡的混装运行阶段为运行第二阶段示例（108-I、108-II、109-I、109-II）；选取两个全水煮工艺元件装载炉段作为第三阶段示例（110-I、110-II）。因此，HFETR 燃料元件包壳采用阳极氧化工艺向水煮工艺过渡的三个阶段的入堆运行的装载概述如表 1 所示。

作者简介：戚雄飞（1993—），男，四川阆中人，助理工程师，现主要从事研究堆运行等方面的工作

表 1　HFETR 水煮工艺元件入堆运行装载概述

炉段	运行功率	阳极氧化元件	水煮工艺元件入堆盒数	水煮工艺元件出堆盒数	水煮工艺元件装载数量/总装载盒数
106-Ⅱ	100%P_H	80	/	/	/
107-Ⅰ	100%P_H	80	/	/	/
107-Ⅱ	100%P_H	80	/	/	/
108-Ⅰ	100%P_H	60	20	/	20/80
108-Ⅱ	100%P_H	40	20	/	40/80
109-Ⅰ	100%P_H	16	24	/	64/80
109-Ⅱ	100%P_H	3	25	12	77/80
110-Ⅰ	100%P_H	/	23	20	80/80
110-Ⅱ	100%P_H	/	16	16	80/80

注：P_H表示反应堆额定运行功率，下同。

2　运行水质影响分析

2.1　一次水活度浓度

为明确两种包壳预处理工艺对一次水水质的影响，本文对选取的阳极氧化元件全装载和采用阳极氧化、水煮预处理元件混装载以及水煮预处理元件全装载三个运行阶段的各炉段满功率运行一次水活度浓度进行了总结，其具体变化见表 2。

表 2　一次水活度浓度变化

炉段及装载		运行功率	一次水活度浓度/(kBq/L)
106-Ⅱ		100%P_H	8 671～11 325
107-Ⅰ	阳极氧化元件全装载	100%P_H	6 801～10 149
107-Ⅱ		100%P_H	4 201～7 892
108-Ⅰ	20 盒水煮工艺元件	100%P_H	4 434～6 061
108-Ⅱ	40 盒水煮工艺元件	100%P_H	3 714～4 812
109-Ⅰ	64 盒水煮工艺元件	100%P_H	2 700～3 795
109-Ⅱ	77 盒水煮工艺元件	100%P_H	2 427～3 523
110-Ⅰ	水煮工艺元件全装载	100%P_H	2 534～3 969
110-Ⅱ		100%P_H	2 867～3 555

HFETR 燃料元件包壳采用阳极氧化工艺向水煮工艺过渡的一次水活度浓度变化曲线如图 1 所示。

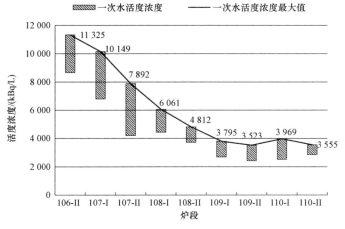

图 1　一次水活度浓度变化

从图1可知,阳极氧化全装载运行阶段,一次水活度浓度在 4 201～11 325 kBq/L 之间,最大值由 11 325 kBq/L 降至 7 892 kBq/L,各炉段一次水活度浓度变化范围较宽;混装载阶段,一次水活度浓度最大值由 6 061 kBq/L 降至 3 523 kBq/L,最大值呈现持续下降的趋势,各炉段一次水活度浓度变化范围也逐渐减小;水煮工艺全装载运行阶段,一次水活度浓度保持稳定波动,其变化范围与混装载运行阶段后期基本一致。

2.2 典型核素活度浓度

HFETR 一次水取样检测的典型核素包括:(1)元件铝合金包壳腐蚀活化产生的 ^{24}Na,是一次水活度浓度的主要贡献;(2)由元件芯体裂变、活化产生的释放核素,主要包括 ^{131}I、^{132}I、^{133}I、^{134}I、^{135}I、^{138}Cs、^{88}Kr、^{135}Xe、^{99M}Tc、^{239}Np 等核素,为一次水活度浓度的次要贡献,本文以元件包壳腐蚀活化核素 ^{24}Na,元件芯体中 ^{235}U 裂变产生的释放核素 ^{131}I、^{138}Cs、^{88}Kr、^{135}Xe,以及元件芯体中 ^{238}U 活化产生的释放核素 ^{239}Np 为主要分析对象,对前文所述三个运行阶段典型核素活度浓度进行分析。

2.1.1 活化核素活度浓度

HFETR 一次水中的 ^{24}Na 主要由 $Al(n,\alpha)$ 反应产生,是一次水取样检测中活度浓度的主要贡献核素,主要通过活化腐蚀途径进入一回路冷却剂中。本文选取的三个运行阶段各炉段一次水中元件包壳的典型活化核素活度浓度变化范围见表3。

表3 一次水典型活化核素活度浓度变化范围

炉段及装载		运行功率	一次水 ^{24}Na 活度浓度/(kBq/L)
106-Ⅱ		100%P_H	4 870～7 490
107-Ⅰ	阳极氧化元件全装载	100%P_H	3 700～6 530
107-Ⅱ		100%P_H	2 350～6 530
108-Ⅰ	20 盒水煮工艺元件	100%P_H	3 690～5 460
108-Ⅱ	40 盒水煮工艺元件	100%P_H	2 820～4 220
109-Ⅰ	64 盒水煮工艺元件	100%P_H	1 770～2 750
109-Ⅱ	77 盒水煮工艺元件	100%P_H	1 470～2 650
110-Ⅰ	水煮工艺元件全装载	100%P_H	1 600～2 570
110-Ⅱ		100%P_H	1 780～2 490

反应堆一次水中元件包壳的典型活化核素 ^{24}Na 活度浓度变化如图 2 所示。

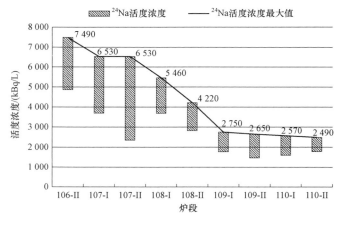

图 2 一次水典型活化核素活度浓度变化

阳极氧化全装运行阶段，^{24}Na 活度浓度最大值在 6 530～7 490 kBq/L 之间，活度浓度最大值下降趋势较为平缓；混装运行阶段，^{24}Na 活度浓度平衡值持续下降，且下降速率较阳极氧化全装阶段明显变大，活度浓度降低了 50% 以上，最大值降至 2 650 kBq/L；水煮工艺全装运行阶段，^{24}Na 活度浓度仍有小幅下降，变化范围基本保持稳定。由于 ^{24}Na 主要通过活化腐蚀的方式释放到一回路冷却剂中，与铝合金包壳的抗腐蚀性能直接相关，因此水煮工艺的元件包壳抗腐蚀性能明显强于阳极氧化工艺的元件包壳。

2.2.2 裂变核素活度浓度

本文以元件芯体中 ^{235}U 裂变产生的释放核素 ^{131}I、^{138}Cs、^{88}Kr、^{135}Xe，以及元件芯体中 ^{238}U 活化产生的释放核素 ^{239}Np 为主要分析对象，三个运行阶段各炉段一次水中元件典型裂变核素变化范围见表 4。

表 4 一次水典型裂变核素活度浓度变化范围

炉段及装载		运行功率	典型裂变核素活度浓度/(kBq/L)				
			^{131}I	^{239}Np	^{138}Cs	^{88}Kr	^{135}Xe
106-II	阳极氧化元件全装载	100%P_H	2.07～5.72	44.4～149	214～344	35.4～60.4	43.6～102
107-I		100%P_H	0.257～3.45	17.2～129	177～457	21.7～52.2	31.8～90.4
107-II		100%P_H	0.443～4.65	15.3～156	98.5～477	25.1～44.2	17.4～75.5
108-I	20 盒水煮工艺元件	100%P_H	1.47～4.10	14.4～141	169～521	16.2～56	36.9～107
108-II	40 盒水煮工艺元件	100%P_H	0.824～3.48	25.3～95.9	103～253	20.4～42.3	17.4～71.4
109-I	64 盒水煮工艺元件	100%P_H	1.06～3.17	43.5～93.6	62.8～171	15～31.1	18.6～60.7
109-II	77 盒水煮工艺元件	100%P_H	0.281～3.23	21.2～65.6	113～179	17.5～30.1	14.8～58.2
110-I	水煮工艺元件全装载	100%P_H	1.08～2.95	14～63.4	98.5～149	15.3～26.5	10.9～45.3
110-II		100%P_H	0.725～4.17	20.3～66.4	102～195	14.8～28.3	19.9～45.6

反应堆一次水中典型裂变核素活度浓度变化如图 3 所示。

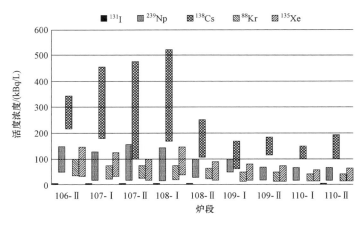

图 3 一次水典型裂变核素活度浓度变化

由图 3 可知，^{138}Cs 在一次水中的活度浓度占比均高于 ^{131}I、^{88}Kr、^{135}Xe、^{239}Np；^{131}I 活度浓度在典型核素活度浓度中占比最低。阳极氧化全装运行阶段和混装运行阶段初期一次水中 ^{138}Cs 的活度浓度值大且变化范围宽，通过水煮工艺元件的入堆，使得其值及变化范围明显减小。^{88}Kr、^{135}Xe、^{239}Np 三种核素的变化趋势和 ^{138}Cs 的变化趋势类似。

3 结论

本文通过选取 HFETR 阳极氧化元件全装载和采用阳极氧化、水煮预处理元件混装载以及水煮预处理元件全装载三个运行阶段,对 LEU 燃料元件运行一次水活度浓度、裂变及活化核素活度浓度变化进行了总结分析,可以得到如下结论:

(1) LEU 燃料元件铝合金包壳预处理工艺从阳极氧化法更换为水煮预处理后,元件入堆运行期间,一次水活度浓度、典型裂变及活化核素活度浓度得到明显改善,达到 HFETR 运行历史最低水平,不仅有利于 HFETR 的安全稳定运行,同时表明相较阳极氧化预处理工艺,研究堆用铝合金包壳采用水煮预处理工艺对于提高其抗腐蚀性能以及对裂变产物的包容性能是可行的。

(2) LEU 燃料元件铝合金包壳采用水煮预处理具有工艺简单、质量可靠等优点,且运行情况稳定,说明 HFETR 元件包壳预处理工艺的改进较为成功,为我国燃料元件的研究与生产积累了运行经验和提供了技术借鉴。

参考文献:

[1] 范育茂,李增强. 研究试验堆低浓化及在我国的实践[J].核安全,2011(01):74-78.

[2] 苗志,潘淑芳,孙荣先. U_3Si_2-Al 弥散型燃料板在高纯沸水中的耐腐蚀性能[J].核动力工程,1990.

[3] 彭凤,傅蓉. 高功率研究堆低浓化物理特性研究[J].核科学与工程,1998(03):18-26.

[4] IAEA. Standardization of specification and inspection procedures for plate-type research reactor fuels: IAEA-TECDOC-467[R].Vienna:IAEA,1988.

[5] 孙荣先,解怀英. 研究堆燃料的发展现状与前景[J].原子能科学技术,2011(7):847-851.

[6] 刘鹏,邓云李,陈启兵,等. HFETR 低浓燃料元件运行研究[J].核动力工程,2020,41(S2):142-145.

[7] 辛勇,谢清清,李垣明,等. 改善研究堆用铝合金包壳抗腐蚀性能的研究[J].核科学与工程,2015,35(04):718-722.

[8] Shaber E, Hofman G, Anl. Corrosion minimization for research reactor fuel[R]. Scitech Connect Corrosion Minimization for Research Reactor Fuel,2005.

Analysis of influence of pretreatment process of research reactor cladding on operation water quality

QI Xiong-fei,LI Song-fa,LIU Peng,CAI Wen-chao,
BAI Hong-bo,SUN Biao

(Nuclear Power Institute of China,Chengdu of Sichuan Prov. 610213,China)

Abstract:By During the operation of the Low-Enriched Uranium(LEU)fuel element of the High Flux Engineering Test Reactor(HFETR), the primary water activity concentration is relatively high. In order to reduce the HFETR primary water activity concentration and improve the corrosion resistance of the components,measures have been taken to improve the surface pretreatment process of the aluminum ally cladding of fuel element. This paper selects the three continuous operation stages of full loading of anodizing components, mixed loading of anodizing, hydroxide process components, and full loading of hydroxide pretreatment components. The primary water activity concentration,fission and activated nuclide activity concentration of HFETR are summarized and analyzed. The results showed that the primary water activity concentration and the typical nuclide activity concentration maintained a steady decreasing trend when the aluminum alloy cladding of HFETR LEU fuel element adopts hydroxide pretreatment instead of the anodizing pretreatment process, and the water quality of the HFETR primary circuit has been improved significantly. Through the operational feedback analysis of the HFETR improved fuel element cladding pretreatment process, it is proved that in terms of optimizing the operating water quality, the hydroxide pretreatment process for the aluminum alloy cladding for research reactors has more advantages than the anodizing pretreatment process, which provides operational experience feedback for the research and production of LEU fuel elements for research reactor in China.

Key words: Research reactor; Cladding; Pretreatment; Operation water quality

VND3207 对中子辐射致大鼠造血和
免疫系统损伤的防护研究

龚毅豪[1,2]，刘　淇[1,2*]，赵红玲[3]，孔福全[1,2]，王巧娟[1,2]，
黎雨尘[3]，章　雯[3]，周平坤[3]，关　华[3*]，隋　丽[1,2]

（1. 中国原子能科学研究院核物理研究所，北京 102413；

2. 国防科技工业抗辐照应用技术创新中心，北京 102413；

3. 军事科学院军事医学研究院辐射医学研究所，放射生物学北京市重点实验室，北京 100850）

摘要：目的 研究 VND3207 对 14 MeV 单能中子导致的 Wistar 大鼠造血和免疫系统损伤的防护作用。方法 采用称量方法检测了大鼠体重和脏器指数的变化，全血细胞计数方法检测了血细胞的数量变化及形态分布情况、流式细胞仪检测了血细胞表面的 T 淋巴细胞亚群，病理切片方法检测了大鼠脏器组织的病理改变。结果 与照射组相比，药物干预照射组大鼠的体重和脏器指数增加；血细胞生化指标明显恢复，有核细胞占全细胞比例数提高，粒红比降低；胸腺和脾脏病理损伤有所减轻，肝脏出现 kupffer 细胞（吞噬细胞）及分叶核细胞的少量浸润；CD8＋T 细胞所占比例明显增加，CD4＋T 细胞与 CD8＋T 细胞比值恢复至 2 比 1 的正常水平。结论 VND3207 具有减少中子辐射致造血功能损伤及促进其恢复的功效，可减轻中子辐射导致的抑制性 T 淋巴细胞损伤，降低大鼠机体对中子辐射的敏感性，提高大鼠机体的免疫功能。因此，VND3207 对中子诱发大鼠辐射损伤有良好的保护作用，有开发成为抗高 LET 辐射损伤新药的价值。

关键词：中子；高 LET；VND3207；免疫损伤；辐射防护

在空间环境下，特别是在飞行器舱内，中子辐射是威胁宇航员健康的一个重要危险因素。有数据表明，在银河宇宙射线（GCR）离子以及由其碎片产生的次级粒子对剂量所作的贡献中，随着飞船屏蔽厚度的增加，其总当量剂量中中子比例增大，以铝防护层由 0 g/cm² 增加到 30 g/cm² 为例，中子所占比例由 0 增加到 24％[1]。为合理的估计空间辐射危害，除重离子和质子外，中子也是需考虑的关键粒子。而且中子还被广泛应用于工业、农业、医疗等国民经济各领域，如若发生核泄漏，产生的辐射将会给人员带来极大的威胁。因此，基于加速器，利用辐照技术手段模拟中子辐射环境，开展中子辐射防护药物研究，对于空间与核辐射防护与救治对策的建立具有重要的意义。

与 γ 射线相比，中子具有高传能线密度（linear energy transfer，LET），在介质中能量沉积密集，电离径迹结构复杂，易在 DNA 双螺旋的局部范围内（约为 10 bp）诱发形成两个或多个损伤，即集簇性损伤[2]。双链断裂（double strand break，DSB）即是集簇性损伤的一种，被认为是最严重和最危险的损伤[3]。相比于单一类型的损伤，集簇性损伤具有难以修复和错误修复机率大的特点，可诱发基因突变、染色体不稳定性等，引起细胞的死亡、突变和转化[4]。这可能使人员的造血、神经、免疫和生殖系统等出现损伤，其导致的受损伤的机体易感染且程度重，产生的损伤效应比 γ 辐射大 5～20 倍[5]。因此，研制开发和寻找低毒有效的辐射防护药物是中子辐射危害预防和救治中的重点研究内容。目前辐射防护药物针对 X 和 γ 射线的较多，主要包括氨巯基类化合物、细胞因子、激素类、天然植物提取物、中草药和金属硫蛋白等[6-7]。但它们对高 LET 辐射的防护效果差或者不清楚。已有的中子结果显示氨磷汀类、细胞因子类药物虽然防护作用较好，但毒副作用大[8]。前列腺素衍生物防护机理尚不明确[9]。开发新型药物，或者从已知的抗 X 和 γ 射线的药物中寻找一种无毒或低毒、高效的高 LET

作者简介：龚毅豪（1989—），男，博士生，助研，现主要从事辐射生物、辐射物理等科研工作

基金项目：国家财政部稳定支持研究经费（WDJC-2019-11），中核集团青年英才基金科研项目（FY19000501）

辐射防护药物显得尤为重要。

香兰素(3-甲氧基-4-羟基-苯甲醛)又名香草醛、香荚兰醛,因为其抗氧化和抗诱变活性常作为食品添加剂被广泛使用。香兰素对机体和培养细胞几乎没有细胞毒性、也没有遗传或基因毒性[10,11]。有报道指出香兰素能抑制 X 射线和紫外线诱导的染色体畸变,减轻 DNA 损伤[12]。但香兰素抗辐射作用浓度高,活性低。VND3207 是筛选出的一种抗辐射效果更佳的香兰素衍生物,前期研究表明,它能更有效降低 γ、质子、中子和重离子辐射诱导的质粒 DNA 损伤[13-18];能降低细胞基因组 DNA 损伤及细胞微核形成率,并能促进细胞增殖,增强细胞的抗凋亡能力;能增加 γ 辐射后小鼠外周血白细胞数,减少辐射后脾细胞凋亡率及微核形成率[19]。可见,VND3207 具备了极好的前期研究基础,有望成为对中子等不同辐射均有效的防护药物[20]。

本研究以此为出发点,利用高压倍加器产生的单能中子对大鼠进行了照射,通过观察单纯照射和给予 VND3207 药物再照射两种情况下大鼠的机体损伤的变化情况,对 VND3207 的防护效果进行了评价研究,为高 LET 辐射的防护研究提供了基础数据。

1 材料与方法

1.1 实验动物及分组

雄性 Wistar 大鼠,SPF 级,辐照前体重为 150 g±11 g,购自北京维通利华实验动物技术有限公司,动物质量合格证号 SCXK(京)2016-0006。屏蔽环境,独立隔离饲养笼具饲养,环境控制为:温度 20~26 ℃,湿度 40%~70%,氨浓度≤14 mg/m³,噪音≤60 dm(A),自然光照(每天 12 h),自由进食饮水。动物饲养设施合格证号:SYXK-(军)2007-004。随机分为对照组、照射组、照射给药组。

1.2 照射条件

快中子照射在 600 kV 高压倍加器上使用直流束进行。束流强度为 1 mA 以上。所用的反应为 T(d,n)α,可产生能量为 14 MeV 的单能中子,在水中的平均 LET 值为 12 keV/μm。实验中,以记录伴随 α 粒子的方法来监测中子注量,再计算 DNA 样品的吸收剂量。具体方法为,当受辐照样品满足电子平衡条件时,吸收剂量即等同于比释动能。利用下式即可计算得到 DNA 样品所受剂量:

$$D = k\phi \tag{1}$$

式中 k 为中子在样品中的比释动能,此处等价于在水中的比释动能,为 6.9×10^{-11} Gy·cm²;ϕ 为中子注量,cm⁻²。应用此中子全身照射。照射时,大鼠装入专用的照射盒中,距离靶头 14.1 cm,单次照射,剂量为 5 Gy。

1.3 辐射防护药物

香兰素衍生物 VND3207(3,5 二甲氧基-4-羟基-苯甲醛)原料药购自浙江衢州市瑞尔丰化工有限公司,进一步纯化,纯度>99.5%;用羧甲基纤维素钠进行溶解,在照射前 30 分钟对大鼠进行灌胃给药。药物的终浓度均为 100 μmol/L。

1.4 动物样品的提取与保存

在照射后 7、14 和 28 d 三个时间点,从对照组、照射组(IR)和照射给药组(VND3207)中每次随机选择 5 只大鼠处死。实验前大鼠用 10% 戊巴比妥钠(0.1 mL/100 g,腹腔注射)麻醉。腹腔注射约 15 min 后,解剖大鼠,心脏穿刺法取血。每只大鼠取血量为 4~8 mL,立即注入抗凝管。血液样品取出 50 μL 立即用于血常规检测分析,取出 20 mL 血用于流式分析。采血完毕后的大鼠用生理盐水进行心脏灌流,至肺部呈白色。取下胸腺、脾脏、肝称重。

1.5 大鼠体重及脏器指数的检测

通过称重的方法获得大鼠体重,脏器,如肝脏、胸腺和脾脏重量。利用实验动物某脏器的重量与体重之比得到脏器指数;将照射给药组与照射组和对照组做比较。

1.6　外周血象检测

将 1.4 中取出的血液按照 1∶1 000 注入血细胞分析仪稀释液中,用全自动血细胞分析仪检测外周血白细胞、红细胞、淋巴细胞数。

1.7　血细胞亚群分析

取 100 μL 外周血到流式管底部,加入适量荧光标记抗体,混匀避光孵育 20 min;加入 2 mL 红细胞裂解液,振荡混匀后避光孵育 10 min;300 g 离心 5 min,弃上清;加入 2 mL Cell Staning Buffer 300 g 离心 5 min,弃上清;加入 0.5 mL Cell Staning Buffer 重悬细胞,上机分析。

1.8　病理切片

每组随机选取一只大鼠,取下组织置于 10% 福尔马林中固定,以备做 HE 染色石蜡切片和病理检测。方法为分别修块,经梯度酒精脱水,石蜡包埋,切片,HE 及 Masson 染色,光镜下检查。

1.9　统计学处理

利用 Excel 软件进行统计学处理,组间比较采用方差分析及 t 检验进行显著性差异统计分析。

2　结果

2.1　VND3207 对 5 Gy 中子照射大鼠体重的影响

大鼠经 5 Gy 中子全身照射 28 d 内未见死亡,但观察到 28 d IR 组和 VND3207 组有个别明显瘦弱个体。如图 1 所示,照射后 7 d 和 14 d IR 组平均体重略有减轻,而 VND3207 组较 IR 增加,差异显著($p<0.05$),但 IR 组和 VND3207 组的体重显著低于对照组大鼠体重;照射后 28 d,各组大鼠体重均有增加,其中对照组的增加显著,IR 组和 VND3207 组两组无显著差异。总体看,观察期 VND3207 组大鼠体重略高于同期 IR 组。

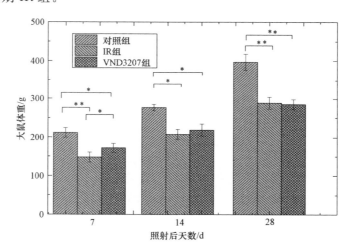

图 1　对照组、IR 组和 VND3207 组大鼠体重变化

* :$p<0.05$,* * :$p<0.01$

2.2　VND3207 对中子照射大鼠脏器指数的影响

中子照射后,大鼠的脏器发生了明显的变化,IR 组脏器的重量有明显的降低,淋巴和胸腺组织出现了严重出血,甚至有些大鼠出现了无胸腺的现象。如图 2 所示,为照射后 14 d,对照组、IR 组和 VND3207 组大鼠胸腺、脾脏、淋巴和肝脏的典型变化情况。图 3 所示为脏器指数的结果,对于胸腺,VND3207 药物组与 IR 组胸腺相比,在 7 d 有明显的增加($p<0.01$),但两组明显小于对照组;在 14 d 和 28 d 两组无明显差异,但也明显小于对照组。对于脾脏,VND3207 药物组与 IR 组相比,在 7 d 和 28 d 时有明显的增加($p<0.01$);在 14 d 时无显著差异,且在 7 d 时两组明显小于对照组,在 14 d 和

28 d 时明显大于对照组。对于肝脏,在 7 和 14 d 时对照组、IR 组和 VND3207 组无明显差异;在 28 d 时 VND3207 组与 IR 组相比显著增加($p < 0.01$)。

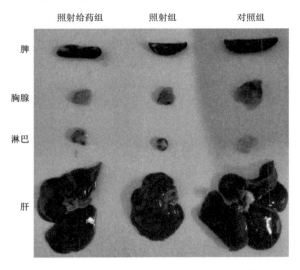

图 2　对照组、IR 组和 VND3207 组大鼠脏器照片

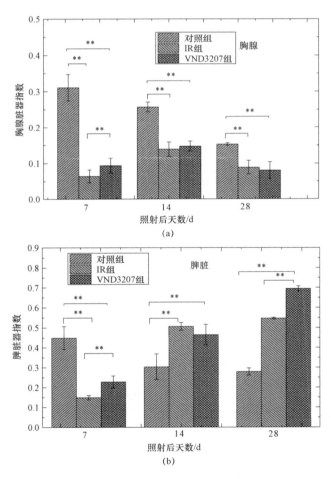

图 3　对照组、IR 组和 VND3207 组大鼠脏器指数变化(一)

(a) 为胸腺,(b) 为脾脏

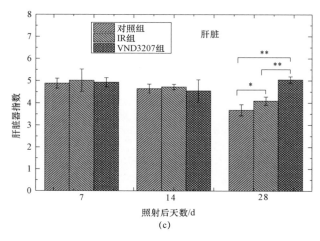

图3　对照组、IR组和VND3207组大鼠脏器指数变化（二）

（c）为肝脏，＊：$p<0.05$，＊＊：$p<0.01$

2.3　VND3207对中子照射大鼠免疫系统的影响

中子照射后7、14和28 d，分析了大鼠的外周血血象，包括白细胞总数、淋巴细胞总数、淋巴细胞比率、红细胞和血小板等指标的变化。

表1为测得的大鼠白细胞总数，结果显示，IR组在7、14和28 d三个时间点白细胞总数均低于正常参考值。其中，照后7 d，仅为正常对照组的8％。照后14 d和28 d白细胞总数略有回升，约为正常对照组的50％，但仍明显低于正常参考范围。而对于VND3207组来说，仅在照后7 d白细胞数低于正常，在14 d和28 d均已恢复到了正常参考范围。表2中淋巴细胞总数的结果显示，在7 d时，IR组和VND3207组的值均低于对照组，14 d和28 d两组大鼠的淋巴细胞总数均恢复到了正常范围，但VND3207组明显高于IR组，且更接近于对照组。表3中淋巴细胞比率的结果显示，照后7 d，IR组大鼠的淋巴细胞比率较正常组和VND3207组低，照后14和28 d，三组的淋巴细胞比率无显著差异。

表1　VND3207对中子照射大鼠白细胞总数的影响（$\bar{x}\pm s$，$n=5$）

VND3207组与IR组相比＊＊$p<0.01$，＊$p<0.05$，VND3207组、IR组与对照组相♯♯$p<0.01$，♯$p<0.05$

组别	白细胞计数/10^9			
	7 d	14 d	28 d	参考值
对照组	4.70±1.83	10.05±0.93	6.07±0.91	4～10
IR 组	0.33±0.06♯	3.60±0.98♯♯	3.06±0.87♯	4～10
VND3207 组	0.57±0.21＊,♯	6.10±1.95＊,♯	4.8±1.98＊	4～10

表2　VND3207对中子照射大鼠淋巴细胞总数的影响（$\bar{x}\pm s$，$n=5$）

VND3207组与IR组相比＊＊$p<0.01$，＊$p<0.05$，VND3207组、IR组与对照组相♯♯$p<0.01$，♯$p<0.05$

组别	淋巴细胞计数/10^9			
	7 d	14 d	28 d	参考值
对照组	3.77±1.54	5.67±0.23	4.07±0.59	0.8～4
IR 组	0.27±0.05♯	2.45±1.20♯	2.34±0.69♯	0.8～4
VND3207 组	0.35±0.07＊,♯	4.45±0.92＊	3.60±1.33＊	0.8～4

表 3　VND3207 对中子照射大鼠淋巴细胞比率的影响($\bar{x}\pm s,n=5$)

VND3207 组与 IR 组相比 $**\ p<0.01,*\ p<0.05$,VND3207 组、IR 组与对照组相 $\sharp\sharp\ p<0.01,\sharp\ p<0.05$

组别	淋巴细胞比率/%		
	7 d	14 d	28 d
对照组	79.43±4.20	56.00±3.32	66.78±2.96
IR 组	60.27±8.92♯	64.65±2.19♯	73.82±6.32
VND3207 组	77.83±4.48*	60.60±1.70	78.00±7.49

表 4 给出了 VND3207 对中子照射大鼠红细胞总数的影响。结果显示,照后 7 d,IR 组和 VND3207 组大鼠的红细胞总数与正常组相比基本没有差异。照后 14 和 28 d,IR 组大鼠与正常组相比,红细胞总数明显减少。而对于 VND3207 组来说,虽然也表现为比正常组要少,但较 IR 组明显要高。表 5 为 VND3207 对中子辐射大鼠血小板总数的测量数据。结果显示,照后 7 d,IR 组和 VND3207 组大鼠的血小板显著低于正常组。照后 14 和 28 d,IR 组和 VND3207 组大鼠的血小板总数有明显增加,其中 VND3207 组大鼠的血小板总数增长的更快,更接近于正常组,且与 IR 组有显著性差异。

表 4　VND3207 对中子照射大鼠红细胞总数的影响($\bar{x}\pm s,n=5$)

VND3207 组与 IR 组相比 $**\ p<0.01,*\ p<0.05$,VND3207 组、IR 组与对照组相 $\sharp\sharp\ p<0.01,\sharp\ p<0.05$

组别	红细胞计数/10^{12}		
	7 d	14 d	28 d
对照组	6.01±0.90	12.20±0.20	8.24±0.32
IR 组	6.28±0.35	5.07±0.43♯♯	5.68±0.56♯
VND3207 组	5.23±0.39	7.04±0.20*,♯♯	6.45±1.13*

表 5　VND3207 对中子照射大鼠血小板总数的影响($\bar{x}\pm s,n=5$)

VND3207 组与 IR 组相比 $**\ p<0.01,*\ p<0.05$,VND3207 组、IR 组与对照组相 $\sharp\sharp\ p<0.01,\sharp\ p<0.05$

组别	血小板计数/10^{9}		
	7 d	14 d	28 d
对照组	493.00±14.14	494.67±31.34	430.33±58.69
IR 组	36.67±6.65♯♯	170.00±44.14♯♯	315.00±117.38
VND3207 组	57.00±7.07*,♯♯	316.33±70.16*,♯	412.60±63.59*

研究中使用流式细胞仪对对照、IR 和 VND3207 组大鼠外周血血细胞的 T 淋巴细胞进行了亚群分析。如图 4 和图 5 所示,为流式细胞仪检测到的 CD3(绿色)、CD4(蓝色)和 CD8(黄色)的细胞数及其柱状分布图。可见,照射后大鼠出现了 CD4＋T 细胞增高,CD8＋T 细胞减少的现象,大鼠外周血血细胞中 CD4＋T 细胞与 CD8＋T 细胞的之比接近 5 比 1。而 VND3207 组大鼠,CD8＋T 细胞所占比例较 IR 组明显增加,CD4＋T 细胞与 CD8＋T 细胞之比与对照组相同,为正常水平情况下的 2 比 1。

2.4　VND3207 对中子照射大鼠脏器的保护作用

如图 6A-C 所示,分别为 7 d 对照、IR 和 VND3207 组大鼠的脾脏组织切片。可以看到,对于对照组大鼠来说,脾脏的形态结构正常,而 IR 和 VND3207 组的脾脏均表现为明显的白髓萎缩,淋巴细胞中度减少,以及轻度红髓淤血。照后 14 d,如图 6D-F 所示,对照组未见明显异常,IR 组大鼠脾脏表现为白髓轻度萎缩,淋巴细胞数量轻度减少,红髓多核巨细胞增多,较 7 d 有所好转;VND3207 组好转更为明显,仅出现红髓髓外造血轻度增加。

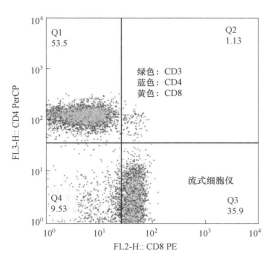

图 4　中子照射后大鼠外周血血细胞 T 淋巴细胞亚群分类流式细胞仪检测结果

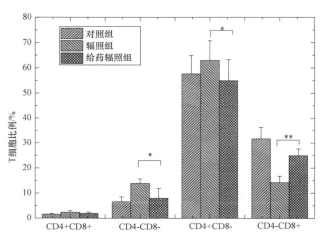

图 5　血细胞不同发育阶段 T 细胞变化

* : $p < 0.05$, * * : $p < 0.01$

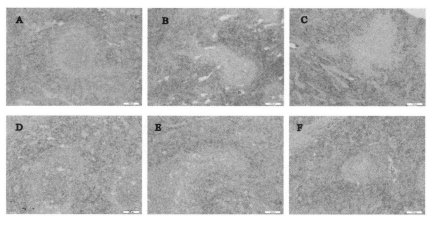

图 6　快中子照射后对照、IR 和 VND3207 组大鼠脾脏的病理切片图

A-C. 快中子照射后 7 d 对照组、IR 和 VND3207 组大鼠脾脏的病理切片，

D-F. 快中子照射后 14 d 对照组、IR 和 VND3207 组大鼠脾脏的病理切片.

图 7A-C 为 7 d 对照、IR 和 VND3207 组大鼠的胸腺组织切片。可见，对于对照组，胸腺皮质至髓质分界清楚，结构清晰，比例适当，胸腺小体散在可见，淋巴细胞形态规则，核染色质分布均匀。照后 7 d 大鼠胸腺明显萎缩（＋＋＋＋，重度），髓质严重萎缩甚至消失，但未见凋亡坏死的淋巴细胞。7 d VND3207 组大鼠胸腺损伤有明显好转，表现为皮髓质交界处少量轻微出血，皮髓质交界不清，淋巴细胞数量尚丰富。14 d IR 和 VND3207 组大鼠胸腺均未见明显异常。

图 7D-F 为 14 d 对照、IR 和 VND3207 组大鼠的肝脏组织切片。可见，对照组肝脏肝小叶形态结构正常，而照后 14 d 大鼠肝脏出现轻度髓外造血，轻微散在肝细胞变性（嗜酸性）和坏死。14 d VND3027 组大鼠肝脏表现为可见少量多核巨细胞，肝细胞形态结构大致正常，伴 kupffer 细胞轻微增多，分叶核细胞的少量浸润。

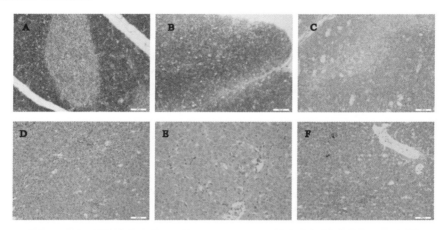

图 7　快中子照射后对照、IR 和 VND3207 组大鼠胸腺和肝脏的病理切片图
A-C. 快中子辐照后 7 d 对照、IR 和 VND3207 组大鼠胸腺的病理切片，
D-F. 快中子辐照后 14 d 对照、IR 和 VND3207 组大鼠肝脏的病理切片.

3　讨论

研究中各脏器的定量结果显示中子照射后 7 和 14 d，IR 组相比对照组胸腺和脾脏指数显著减小，VND3207 组相比 IR 组的胸腺和脾脏指数有明显增加，三组肝脏的脏器指数无明显差异。28 d，VND3207 组和 IR 组的脾脏和肝脏的指数较对照有明显增加。而在正常状况下，各脏器与体重的比值比较恒定。动物免疫功能受损后，脏器重量可能发生改变，从而导致脏器指数也随之改变。脏器指数增大，表示脏器出现了充血、水肿或增生肥大等状况；脏器系数减小，表示脏器发生了萎缩及其他退行性改变。可见，VND3207 在损伤的相对早期阶段（14 d 前），可有效降低免疫系统功能损伤。

外周血包括白细胞总数、淋巴细胞总数、淋巴细胞比率、红细胞和血小板等五个指标的变化显示，中子照射可在较短的时间内造成外周血中的白细胞、淋巴细胞和血小板总数的减少，这三个指标是辐射对免疫系统造成损伤的表现之一，是放射病和免疫力降低的主要表现，由此可见，中子辐照能对大鼠免疫系统造成严重损伤。而给予 VND3207 药物后再照射，可有效抑制这三个指标的减少，表明 VND3207 能减少免疫系统损伤及提高机体免疫功能，对中子辐射损伤具有较好的预防效果。

淋巴细胞是构成免疫器官的基本单位。淋巴细胞分为 T、B、NK、K 细胞等。T 淋巴细胞是胸腺依赖性淋巴细胞，是机体细胞免疫的重要执行者，除担负细胞免疫外，还在免疫调节中起关键作用，在外周血中占 65％～80％，有多种细胞亚群。一般认为 CD3＋细胞代表成熟的总 T 细胞，CD3＋CD4＋CD8-细胞是辅助 T 细胞，CD3＋CD4-CD8＋是抑制性 T 淋巴细胞（效应性），CD4＋CD8＋是非成熟 T 淋巴细胞。研究中利用流式细胞仪检测的 CD3、CD4 和 CD8 细胞数的结果表明，照射后大鼠出现了 CD4＋T 细胞增高，CD8＋T 细胞减少的现象，而在正常的哺乳动物体内，CD4＋T 细胞与 CD8＋T 细胞的之比约为 2 比 1，可见，对照组即满足这一条件。但照射后大鼠中 CD4＋T 细胞与 CD8＋T 细的之比已接近 5 比 1,这主要是由于 IR 组中 CD8＋细胞数量较对照组细胞显著减少而造成的,这说明抑制性 T 淋巴细胞膜抗原的损伤程度大于辅助性 T 淋巴细胞,即抑制性 T 淋巴细胞较辅助性 T 淋巴细胞更敏感,同时也表明中子照射后大鼠的免疫功能出现了严重损伤。而给予 VND3207 后再辐照,CD8＋T 细胞所占比例较 IR 组明显增加,CD4＋T 细胞与 CD8＋T 细胞之比与对照组相同,为正常水平情况下的 2 比 1,表明中子照射前给予 VND3207 药物可减轻抑制性 T 淋巴细胞损伤,降低大鼠机体对中子辐射的敏感性,提高大鼠机体的免疫功能。

4 结论

VND3207 药物能使中子照射大鼠的脏器指数在照射后早期明显增加,能够有效改善血细胞生化指标,促进辐照后大鼠骨髓组织增生,提高有核细胞占全细胞比例数,降低粒红比,具有减少造血功能损伤及促进其恢复的功效。VND3207 药物能有效改善中子照射后大鼠胸腺和脾脏损伤,可使大鼠肝脏出现 kupffer 细胞(吞噬细胞)及分叶核细胞的少量浸润,提示 VND3207 可能具有治疗作用。VND3207 药物可使 CD8＋T 细胞所占比例较单纯辐照组明显增加,恢复 CD4＋T 细胞与 CD8＋T 细胞比值至正常水平,可减轻中子辐射导致的抑制性 T 淋巴细胞损伤,降低大鼠机体对中子辐射的敏感性,提高大鼠机体的免疫功能。

参考文献:

[1] 杨垂绪,梅曼彤. 太空放射生物学[R].1995.

[2] Sutherland B M,Bennett P V,Sidorkina O,et al. Clustered Damages and Total Lesions Induced in DNA by Ionizing Radiation:Oxidized Bases and Strand Breaks[J].Biochemistry,2000,39:8026-8031.

[3] Zhou P K. DNA damage,signaling and repair:Protecting genomic integrity and reducing the risk of human disease[J].Chinese Science Bulletin,2011,56:3119-3121.

[4] 张亚平,李佳颖,陈红红. DNA 双链断裂-集簇性损伤的诱导及其修复特点研究进展[J].中华放射医学与防护杂志,2014:710-713.

[5] 何颖,沈先荣,莫琳芳,等. 方格星虫多糖对低剂量中子辐射损伤大鼠的保护作用[J].中国海洋药物,2014,33:49-55.

[6] Weiss J F,Landauer M R. History and development of radiation-protective agents[J].International journal of radiation biology,2009,85:539-573.

[7] 丁桂荣,郭国桢. 抗辐射损伤药物的研究现状[J].辐射研究与辐射工艺学报,2007,25:321-325.

[8] 刘蕾,崔建国,蔡建明. 中子辐射损伤效应、机制及防护措施研究进展[J].中华放射医学与防护杂志,2017,37:635-640.

[9] 赵斌,张军帅,刘培勋. 辐射防护剂研究现状及其进展[J].核化学与放射化学,2012,34:8-13.

[10] Sasaki YF,Imanishi H,Watanabe M,et al. Suppressing effect of antimutagenic flavorings on chromosome aberrations induced by UV-light or X-rays in cultured Chinese hamster cells[J].Mutation Research,1990,229:1-10.

[11] Keshava C,Keshava N,Ong T M,et al. Protective effect of vanillin on radiation-induced micronuclei and chromosomal aberrations in V79 cells[J].Mutation Research/Fundamental and Molecular Mechanisms of Mutagenesis,1998,397:149-159.

[12] 陈倩倩. 香兰素衍生物 VND3207 对 α 粒子辐射损伤的防护作用[D].安徽医科大学,2010.

[13] 谷蒙蒙. VND3207 对小鼠放射性肠损伤的防护作用及其机制研究[D].苏州大学,2018.

[14] G. Hua,S. Man,W. Yu,et al. Study of the effects of VND3207 on radiation carcinogenesis in mice[C].中国毒理学会第七次全国毒理学大会暨第八届湖北科技论坛,2015.

[15] Li M,Lang Y,Gu M M,et al. Vanillin derivative VND3207 activates DNA-PKcs conferring protection against radiation-induced intestinal epithelial cells injury in vitro and in vivo[J].Toxicology and Applied Pharmacology,2019,387:114855.

[16] Ming L A,Mmg A,Yue L A,et al. The vanillin derivative VND3207 protects intestine against radiation injury by

modulating p53/NOXA signaling pathway and restoring the balance of gut microbiota[J].Free Radical Biology and Medicine,2019,145:223-236.

[17] 谢达菲,樊婵,刘晓丹,等. 响应重离子辐射损伤反应关键基因的辨识与验证[C].中国毒理学会第七次全国会员代表大会暨中国毒理学会第六次中青年学者科技论坛,2018.

[18] 闫述东,关华,王豫,等. 放射损伤细胞中高尔基体弥散现象及香兰素衍生物的防护作用[J].军事医学,2016, 40:809-809.

[19] 隋丽,王潇,周平坤,等. 14 MeV 单能中子致 DNA 链断裂及相应防护研究[J].原子能科学技术,2012,46: 380-384.

[20] 汪传高,汪黎,周平坤,等. 香兰素衍生物 VND3207 对小鼠骨髓细胞遗传损伤的防护效应研究[J].中华放射医学与防护杂志,2010,30:558-560.

Radioprotection of VND3207 in hematopoiesis and the immune system of rat after exposure to neutron radiation

GONG Yi-hao[1,2],LIU Qi[1,2],ZHAO Hong-ling[3],KONG Fu-quan[1,2],
WANG Qiao-juan[1,2],LI Yu-chen[3],ZHANG Wen[3],ZHOU Ping-kun[3],
GUAN Hua[3*],SUI Li[1,2*]

(1. Department of Nuclear Physics,China Institute of Atomic Energy,Beijing 102413,China;

2. National Innovation Center of Radiation Application,Beijing 102413;

3. Department of Radiation Toxicology and Oncology,Beijing Key Laboratory for Radiobiology,

Beijing Institute of RadiationMedicine,Beijing 100850,China)

Abstract:Objective To study the radioprotection of VND3207 in hematopoiesis and the immune system of Wistar rats induced by 14 MeV neutrons. Methods The body weight and viscera index of rats were weighted,the number and morphological distribution of blood cells were measured by the complete blood count(CBC),the T lymphocyte subsets on the surface of blood cells was analyzed by flow cytometry,the tissues of rat were examined by the pathological section. Results For the irradiation rats with VND3207 treatment,compared with the irradiation rats,the body weight and organ index increased;the biochemical indexes of blood cells obviously recovered,the proportion of nucleated cells in the whole cells increased,and the ratio of granulocytes to erythrocytes decreased; the damage of thymus and spleen was released,and the liver appeared small infiltration between Kupffer cells(phagocytes)and lobulated nuclear cells;the proportion of CD8＋T cells increased significantly,and the ratio of CD4＋T cells to CD8＋T cells recovered to the normal level(2∶1). Conclusions VND3207 has the effect of reducing hematopoietic damage and promoting its recovery caused by neutron radiation. VND3207 can reduce the inhibitory T lymphocytes damage and the sensitivity of rats to neutron,and improve the immune function of the rats. VND3207 may have a certain therapeutic effect for neutron radiation damage.

Key words:Neutron;High LET;VND3207;Immune function;Radioprotection